Biologia Unidade e Diversidade da Vida
Volume 3

Tradução da 12ª edição norte-americana

Dados Internacionais de Catalogação na Publicação (CIP)
(Câmara Brasileira do Livro, SP, Brasil)

Biologia : unidade e diversidade da vida, volume
   3 / Cecie Starr ...[et al.] ; tradução All Tasks ;
   revisão técnica Gustavo Augusto Schmidt de Melo
   Filho. -- São Paulo : Cengage Learning, 2012.
   Outros autores: Ralph Taggart, Christine Evers, Lisa
   Starr

   Título original: Biology : the unity and
diversity of life.
   12. ed. norte-americana.

   978-85-221-1091-3

   1. Biologia I. Starr, Cecie. II. Taggart, Ralph.
III. Evers, Christine. IV. Starr, Lisa.
Lisa. V. Melo Filho, Gustavo Augusto Schmidt de.

11-13018   CDD-574

Índice para catálogo sistemático:

1. Biologia 574

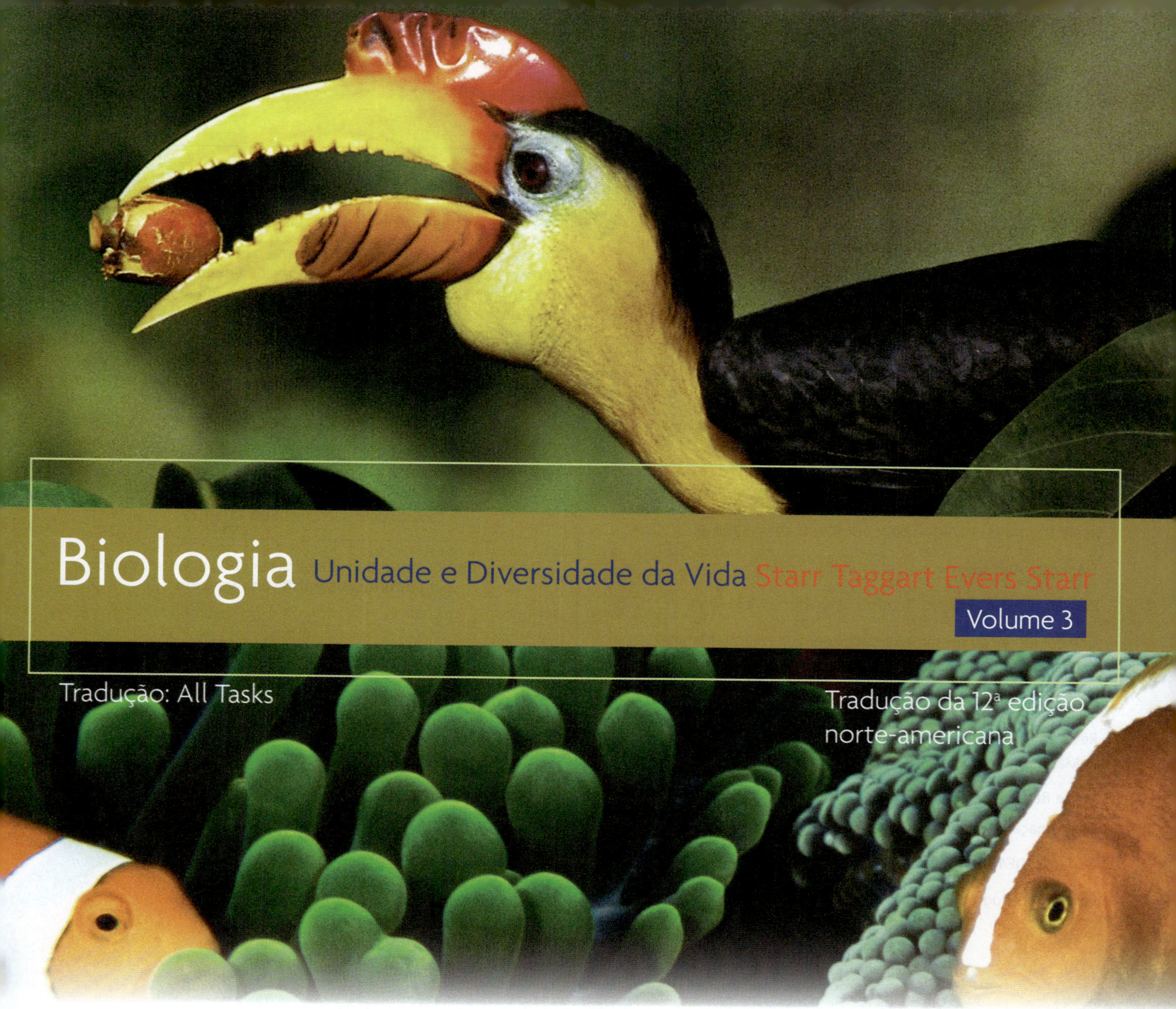

Biologia
Unidade e Diversidade da Vida
Starr Taggart Evers Starr

Volume 3

Tradução: All Tasks

Tradução da 12ª edição norte-americana

Gustavo Augusto Schmidt de Melo Filho

É bacharel e possui licenciatura plena em Ciências Biológicas pela Universidade Estadual Paulista (Unesp), mestrado em Ciências Biológicas na área de Zoologia (Unesp), doutorado em Ciências Biológicas na área de Zoologia – Instituto de Biociências (USP) e pós-doutorado nas áreas de Taxonomia e Zoogeografia pelo Museu de Zoologia da Universidade de São Paulo (MZUSP). Atualmente, é professor adjunto e pesquisador no curso de Ciências Biológicas da Universidade Presbiteriana Mackenzie.

Austrália • Brasil • Japão • Coreia • México • Cingapura • Espanha • Reino Unido • Estados Unidos

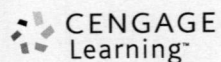

Biologia: Unidade e diversidade da vida
Volume 3
Tradução da 12ª edição norte-americana
Cecie Starr, Ralph Taggart, Christine Evers, Lisa Starr

Gerente editorial: Patricia La Rosa

Supervisora editorial: Noelma Brocanelli

Supervisora de produção gráfica: Fabiana Alencar Albuquerque

Editora de desenvolvimento: Viviane Akemi Uemura

Título Original: Biology: The unity and diversity of life

(ISBN 10: 0-495-55796-X; ISBN 13: 978-0-495-55796-8)

Tradução: All Tasks

Revisão técnica: Gustavo Augusto Schmidt de Melo Filho

Colaboradores da revisão técnica: Esther Lopes Ricci, Marina Granado e Sá e Cristiane Pasqualoto

Copidesque: Miriam dos Santos

Revisão: Olívia Yumi Duarte, Cristiane Mayumi Morinaga e Maria Dolores D. S. Mata

Índice Remissivo: Casa Editorial Maluhy & Co

Diagramação: Triall Composição Editorial Ltda.

Capa: MSDE/Manu Santos Design

Pesquisa iconográfica: Edison Rizzato, Renate Hartifiel e Vivian Rosa

© 2009, 2006 Brooks/Cole, parte da Cengage Learning

© 2013 Cengage Learning Edições Ltda.

Todos os direitos reservados. Nenhuma parte deste livro poderá ser reproduzida, sejam quais forem os meios empregados, sem a permissão por escrito da Editora. Aos infratores aplicam-se as sanções previstas nos artigos 102, 104, 106, 107 da Lei n. 9.610, de 19 de fevereiro de 1998.

Esta editora empenhou-se em contatar os responsáveis pelos direitos autorais de todas as imagens e de outros materiais utilizados neste livro. Se porventura for constatada a omissão involuntária na identificação de algum deles, dispomo-nos a efetuar, futuramente, os possíveis acertos.

Para informações sobre nossos produtos, entre em contato pelo telefone **0800 11 19 39**

Para permissão de uso de material desta obra, envie seu pedido para direitosautorais@cengage.com

© 2013 Cengage Learning. Todos os direitos reservados.

ISBN 13: 978-85-221-1091-9

ISBN 10: 85-221-1091-3

Cengage Learning
Condomínio E-Business Park
Rua Werner Siemens, 111 – Prédio 20 – Espaço 4
Lapa de Baixo – CEP 05069-900 – São Paulo –SP
Tel.: (11) 3665-9900 – Fax: 3665-9901
SAC: 0800 11 19 39

Para suas soluções de curso e aprendizado, visite
www.cengage.com.br

Impresso no Brasil
Printed in Brazil
1 2 3   13 12 11

SUMÁRIO

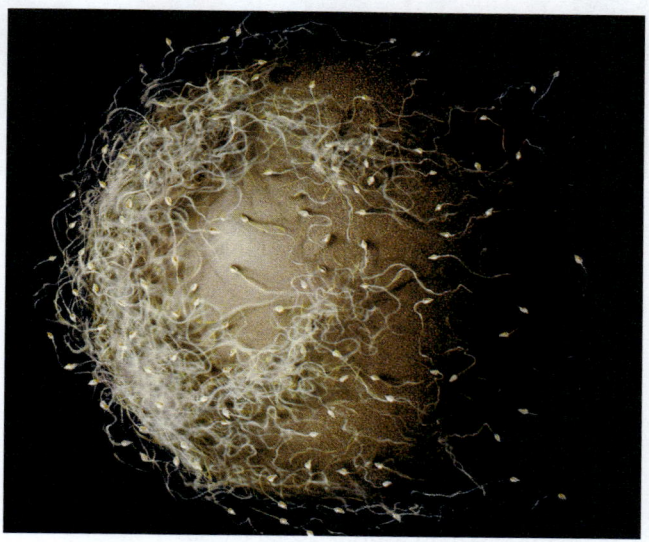

1 Meiose e Reprodução Sexuada 2

Questões de impacto Sexo por quê?

- 1.1 Apresentando os alelos 4
- 1.2 O que a meiose faz 4
  - Duas divisões, e não uma 5
- 1.3 *Tour* visual da meiose 6
- 1.4 Como a meiose produz variações nas características 8
  - Crossing-over na prófase I 8
  - Segregação dos cromossomos em gametas 9
- 1.5 Dos gametas à prole 10
  - Formação de gameta em plantas 10
  - Formação de gameta em animais 10
  - Mais misturas na fertilização 10
- 1.6 Mitose e meiose – uma conexão ancestral? 12

2 Observação de Padrões em Traços Herdados

Questões de impacto Cor da pele

- 2.1 Mendel, ervilhas e padrões hereditários 18
  - Abordagem experimental de Mendel 18
  - Termos usados na genética moderna 19
- 2.2 Lei da segregação dos fatores (primeira lei de Mendel) 20
- 2.3 Lei da segregação independente (segunda lei de Mendel) 22
- 2.4 Além da dominância simples 24
  - Codominância em tipos sanguíneos ABO 24
  - Dominância incompleta 24
  - Epistasia 25
  - Genes de longo alcance 25
- 2.5 Genes ligados (linkage) 26
- 2.6 Os genes e o ambiente 27
- 2.7 Variações complexas nos traços 28
  - Variação contínua 28
  - Sobre fenótipos inesperados 29

3 Cromossomos e Herança Humana

Questões de impacto Genes estranhos, mentes torturadas

- 3.1 Cromossomos humanos 34
  - Determinação de sexo 34
  - Cariotipagem 35
- 3.2 Exemplos de padrões de herança autossômica 36
  - Herança autossômica dominante 36
  - Herança autossômica recessiva 36
  - E os distúrbios neurobiológicos? 37
- 3.3 Muito jovem para ser velho 37
- 3.4 Exemplos de padrões de herança ligada ao cromossomo X 38
  - Hemofilia A 38
  - Daltonismo vermelho-verde 39
  - Distrofia muscular de Duchenne 39
- 3.5 Mudanças herdáveis na estrutura do cromossomo 40
  - A estrutura do cromossomo evolui? 41
- 3.6 Mudanças herdáveis no número de cromossomos 42
  - Alterações autossômicas e Síndrome de Down 42
  - Alteração no número de cromossomos sexuais 43
- 3.7 Análise genética humana 44
- 3.8 Prospectos na genética humana 46

4 Estrutura e Função do DNA

QUESTÕES DE IMPACTO Vem aqui, gatinho

4.1 A caça pelo DNA 52
Evidências precoces e enigmáticas 52
Confirmação da função do DNA 53

4.2 Descoberta da estrutura do DNA 54
Blocos construtores do DNA 54
Padrões de pareamento de bases 55

4.3 Replicação e reparo de DNA 56
Verificação de erros 56

4.4 Utilização de DNA para duplicar mamíferos existentes 58

4.5 Fama e glória 59

5 Do DNA à Proteína

QUESTÕES DE IMPACTO Ricina e seus ribossomos

5.1 DNA, RNA e expressão gênica 64
A natureza das informações genéticas 64
Conversão de um gene em um RNA 64
Convertendo RNAm em proteína 64

5.2 Transcrição: DNA para RNA 66
Replicação de DNA e transcrição comparada 66
Processo da transcrição 66

5.3 RNA e o código genético 68
Modificações pós-transcricionais 68
RNAm – o mensageiro 68
RNAr e RNAt – os tradutores 69

5.4 Tradução: RNA para proteína 70

5.5 Genes mutantes e seus produtos proteicos 72
Mutações comuns 72
O que causa mutações? 72
A prova está na proteína 73

6 Controles sobre os Genes

QUESTÕES DE IMPACTO Entre você e a eternidade

6.1 Expressão gênica nas células eucarióticas 78
Quais genes são utilizados? 78

6.2 Alguns resultados dos controles gênicos eucarióticos 80
Desativação do cromossomo X 80
Formação de flores 81

6.3 Tem uma mosca na minha pesquisa 82

6.4 Controle gênico procariótico 84
Operon da lactose 84
Intolerância à lactose 84

7 Estudo e Manipulação de Genomas

QUESTÕES DE IMPACTO Arroz dourado ou alimento geneticamente modificado?

7.1 Clonagem DNA 90
Recorte e cole 90
Clonagem de DNAc 91

7.2 Dos palheiros para as agulhas 92
Grande Amplificação: PCR 92

7.3 Sequenciamento de DNA 94

7.4 Impressão digital de DNA 95

7.5 Estudando genomas 96
Projeto genoma humano 96
Genômica 97
Chip de DNA 97

7.6 Engenharia genética 98

7.7 Plantas projetadas 98
Plantas geneticamente modificadas 98

7.8 Celeiros biotecnológicos 100
Sobre ratos e homens 100
Células nocaute e fábricas de órgãos 101

7.9 Questões de segurança 101

7.10 Humanos modificados? 102

8 Evidências da Evolução

QUESTÕES DE IMPACTO Medição do tempo

8.1 Crenças iniciais, descobertas intrigantes 108

8.2	Uma abundância de novas teorias *110*
	Encaixar novas evidências em crenças antigas *110*
	Viagem do *Beagle* *110*
8.3	Darwin, Wallace e a seleção natural *112*
	Tatus e ossos velhos *112*
	Percepção-chave – Variação das características *112*
	Seleção natural *113*
8.4	Grandes mentes, pensamentos semelhantes *114*
8.5	Sobre fósseis *114*
	Como os fósseis se formam? *114*
	Registro fóssil *114*
8.6	Datação de peças do quebra-cabeça *116*
8.7	Uma história de baleia *117*
8.8	O tempo em perspectiva *118*
8.9	Deriva continental e oceanos em mudança *120*

9 Processos Evolutivos

QUESTÕES DE IMPACTO O surgimento dos super-ratos

9.1	Indivíduos não evoluem, populações sim *126*
	Variação nas populações *126*
	Patrimônio genético *126*
	Mutação revisitada *127*
	Estabilidade e alteração na frequência dos alelos *127*
9.2	Um olhar mais aproximado no equilíbrio gênico *128*
9.3	Seleção natural revisitada *129*
9.4	Seleção direcional *130*
	Efeitos da predação *130*
	Resistência a antibióticos *131*
9.5	Seleção contra ou a favor de fenótipos extremos *132*
	Seleção de estabilização *132*
	Seleção disruptiva *133*

9.6	Mantendo a variação *134*
	Seleção sexuada *134*
	Polimorfismo balanceado *135*
9.7	Deriva genética – a chance de mudar *136*
	Gargalos e o efeito fundador *136*
9.8	Fluxo gênico *137*
9.9	Isolamento reprodutivo *138*
	Mecanismos de isolamento pré-zigótico *138*
	Mecanismos de isolamento pós-zigótico *139*
9.10	Especiação alopátrica *140*
	Arquipélagos convidativos *140*
9.11	Outros modelos de especiação *142*
	Especiação simpátrica *142*
	Isolamento em zonas híbridas *143*
9.12	Macroevolução *144*
	Padrões de macroevolução *144*
	Teoria evolutiva *145*

10 Organizando Informações sobre Espécies

QUESTÕES DE IMPACTO Bye bye, passarinho

10.1	Taxonomia e cladística *150*
	Uma rosa com qualquer outro nome... *150*
	Classificação *versus* agrupamento *150*
10.2	Comparando forma e função *152*
	Divergência morfológica *152*
	Convergência morfológica *153*
10.3	Comparação de padrões de desenvolvimento *154*
	Genes similares em plantas *154*
	Comparações de desenvolvimento em animais *154*
10.4	Comparação entre DNA e proteínas *156*
	Comparações moleculares *156*
10.5	Transformação de dados em árvores *158*
10.6	Visão prévia da história evolutiva da vida *160*

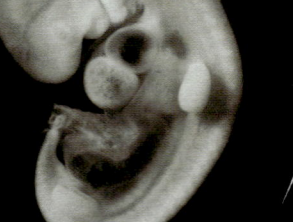
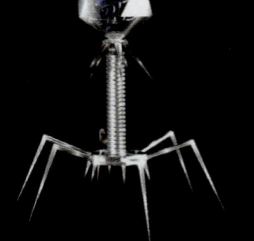

11 Comportamento Animal

QUESTÕES DE IMPACTO Meus feromônios me fizeram fazer isso

11.1 Genética comportamental *166*
  Como os genes afetam o comportamento *166*
  Estudando a variação dentro de uma espécie *166*
  Comparações entre espécies *167*
  Nocautes e outras mutações *167*

11.2 Instinto e aprendizado *168*
  Comportamento instintivo *168*
  Aprendizado sensível ao tempo *168*
  Respostas condicionadas *169*
  Outros tipos de comportamento aprendido *169*

11.3 Comportamento adaptativo *170*

11.4 Sinais de comunicação *170*

11.5 Parceiros, prole e sucesso reprodutivo *172*
  Seleção sexual e comportamento de acasalamento *172*
  Cuidado parental *173*

11.6 Vivendo em grupos *174*
  Defesa contra predadores *174*
  Melhores oportunidades de alimentação *174*
  Hierarquias de domínio *175*
  Custos da vida em grupo *175*

11.7 Por que se sacrificar? *176*
  Insetos sociais *176*
  Ratos-toupeira sociais *176*
  Evolução do altruísmo *176*

11.8 Comportamento humano *177*

12 Ecologia de Populações

QUESTÕES DE IMPACTO Jogos dos números

12.1 Demografia populacional *182*
12.2 Contagens elusivas *183*

12.3 Tamanho da população e crescimento exponencial *184*
  Ganhos e perdas no tamanho da população *184*
  Do crescimento zero ao exponencial *184*
  O que é o potencial biótico? *185*

12.4 Limites ao crescimento da população *186*
  Limites ambientais ao crescimento *186*
  Capacidade biótica máxima e crescimento logístico *186*
  Duas categorias de fatores limitantes *187*

12.5 Padrões de história de vida *188*
  Tabelas de vida *188*
  Curvas de sobrevivência *188*
  Estratégias reprodutivas *189*

12.6 Seleção natural e histórias de vida *190*
  Predação de Lebistes em Trinidad *190*

12.7 Crescimento da população humana *192*
  População humana hoje *192*
  Bases para esse crescimento extraordinário *192*

12.8 Taxas de fertilidade e estrutura etária *194*
  Algumas projeções *194*
  Mudança das taxas de fertilidade *194*

12.9 Crescimento populacional e efeitos econômicos *196*
  Transições demográficas *196*
  Consumo de recursos *196*

12.10 A ascensão dos idosos *197*

13 Estrutura de Comunidades e Biodiversidade

QUESTÕES DE IMPACTO Formigas-de-fogo nas calças

13.1 Que fatores moldam a estrutura da comunidade? *202*
  O nicho *202*
  Categorias de interações entre espécies *202*

13.2 Mutualismo *203*

- 13.3 Interações competitivas *204*
  - Efeitos da competição *204*
  - Repartição de recursos *205*
- 13.4 Interações predador-presa *206*
  - Modelos para interações entre predador-presa *206*
  - O lince canadense e a lebre alpina *206*
  - Coevolução de predadores e presas *207*
- 13.5 Uma corrida armamentista evolucionária *208*
  - Defesas da presa *208*
  - Respostas adaptativas de predadores *209*
- 13.6 Interações parasita-hospedeiro *210*
  - Parasitas e parasitoides *210*
  - Agentes de controle biológico *211*
- 13.7 Estranhos no ninho *211*
- 13.8 Sucessão ecológica *212*
  - Mudança sucessiva *212*
  - Fatores que afetam a sucessão *212*
- 13.9 Interações das espécies e instabilidade da comunidade *214*
  - O papel das espécies-chave *214*
  - Introduções de espécies podem causar desequilíbrio *215*
- 13.10 Invasores exóticos *216*
  - Lutando contra as algas *216*
  - As plantas que infestaram a geórgia *216*
  - Os coelhos que comeram a Austrália *217*
  - Esquilos cinzas contra esquilos vermelhos *217*
- 13.11 Padrões biogeográficos na estrutura da comunidade *218*
  - Padrões continentais e marinhos *218*
  - Padrões insulares *218*

14 Ecossistemas

Questões de impacto Adeus afluente azul

- 14.1 A natureza dos ecossistemas *224*
  - Visão geral dos participantes *224*
  - Estrutura trófica dos ecossistemas *224*
- 14.2 A natureza das teias alimentares *226*
  - Cadeias alimentares interconectadas *226*
  - Quantas transferências? *227*
- 14.3 Fluxo de energia através de ecossistemas *228*
  - Captura e armazenamento de energia *228*
  - Pirâmides ecológicas *228*
  - Eficiência ecológica *229*
- 14.4 Amplificação biológica *230*
- 14.5 Ciclos biogeoquímicos *231*
- 14.6 Ciclo da água *232*
  - Como e onde a água se movimenta *232*
  - Crise global da água *232*
- 14.7 Ciclo do carbono *234*
- 14.8 Gases estufa e mudança climática *236*
- 14.9 Ciclo do nitrogênio *238*
  - Entradas nos ecossistemas *238*
  - Perdas naturais de ecossistemas *239*
  - Interrupções por atividades humanas *239*
- 14.10 Ciclo do fósforo *240*

15 Biosfera

Questões de impacto Surfistas, focas e o mar

- 15.1 Padrões globais de circulação de ar *246*
  - Circulação do ar e climas regionais *246*
  - Aproveitando o sol e o vento *247*
- 15.2 Algo no ar *248*
- 15.3 O oceano, acidentes geográficos e climas *250*
  - Correntes oceânicas e seus efeitos *250*
  - Sombras de chuva e monções *250*
- 15.4 Reinos biogeográficos e biomas *252*
- 15.5 Solos dos principais biomas *254*
- 15.6 Desertos *255*
- 15.7 Pradarias, chaparrais e bosques *256*
  - Pradarias *256*
  - Chaparrais e bosques secos *257*
- 15.8 Florestas de folhas largas *258*

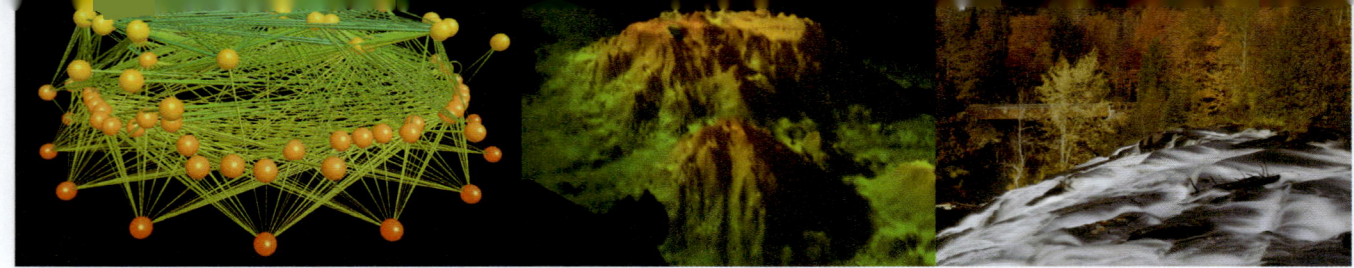

Florestas semiperenifolia e florestas decíduas *258*
Florestas tropicais *258*

15.9 Você e as florestas tropicais *259*

15.10 Florestas coníferas *260*

15.11 Tundra *261*

15.12 Ecossistemas de água doce *262*
Lagos *262*
Riachos e rios *263*

15.13 Água "doce"? *264*

15.14 Zonas costeiras *264*
Áreas alagadas e zona entremaré *264*
Costas rochosas e arenosas *265*

15.15 Os outrora corais do futuro *266*

15.16 O oceano aberto *268*
Zonas e *habitats* oceânicos *268*
Ressurgência – Um sistema de fornecimento de nutrientes *269*

15.17 Clima, copépodes e cólera *270*

16 Impactos Humanos na Biosfera

QUESTÕES DE IMPACTO Um longo alcance

16.1 A crise da extinção *276*
Extinções em massa e recuperações lentas *276*
A sexta maior extinção em massa *277*

16.2 Ameaças atuais às espécies *278*
Perda, fragmentação e degradação dos *habitats* *278*
Colheita excessiva e caça ilegal *278*

Introduções de espécies *279*
Efeitos interativos *279*

16.3 Perdas desconhecidas *280*

16.4 Avaliação da biodiversidade *280*
Biologia da conservação *280*
Monitoramento de espécies indicadoras *280*
Identificação de regiões em perigo *280*

16.5 Efeitos do desenvolvimento e do consumo *282*
Efeitos do desenvolvimento urbano *282*
Efeitos do consumo de recursos *282*

16.6 A ameaça da desertificação *284*

16.7 O problema do lixo *285*

16.8 Manutenção da biodiversidade e de populações humanas *286*
Considerações bioeconômicas *286*
Utilização sustentável da riqueza biológica *286*

Apêndice I. Sistema de Classificação *291*

Apêndice II. Respostas das questões *297*

Apêndice III. Um mapa simples dos cromossomos humanos *299*

Apêndice IV. Terra sem descanso – estágios geológicos e alterações na vida *300*

Apêndice V. Uma visão comparativa da mitose em células vegetais e animais *302*

Glossário *303*

Crédito das imagens *313*

Índice remissivo *317*

Prefácio

Durante a elaboração desta revisão, convidamos para uma reunião educadores que lecionam biologia introdutória para alunos do ensino médio para discutirmos os objetivos de seus cursos. O objetivo principal de quase todos os professores foi algo como: "Fornecer aos alunos as ferramentas para fazer escolhas informadas, familiarizando-os com o funcionamento da ciência." Os alunos que utilizarem este livro não se tornarão biólogos. Ainda assim, para o resto de suas vidas terão de tomar decisões que exigem um conhecimento básico de biologia e do processo científico.

Nosso livro fornece a esses futuros tomadores de decisões uma introdução acessível à biologia. Pesquisas recentes com fotos enfatizam o conceito de que a ciência é um esforço contínuo realizado por uma comunidade diversa de pessoas. Os tópicos de pesquisa não incluem apenas as descobertas dos pesquisadores, mas também como foram realizadas, como o conhecimento mudou com o passar do tempo e o que permanece desconhecido. O papel da evolução é um tema unificador, pois está em todos os aspectos da biologia.

Como autores, sentimos que o conhecimento é originário principalmente da realização de conexões, então procuramos manter um equilíbrio entre acessibilidade e nível de detalhes. Logo, revisamos cada página para fazer que o texto desta edição seja claro e o mais direto possível. Também simplificamos muitas figuras e adicionamos tabelas que resumem os pontos principais.

MUDANÇAS NESTA EDIÇÃO

Questões de impacto Para tornar os assuntos relacionados a *Questões de impacto* mais convidativas, atualizamos o tema, tornamos o texto mais conciso e melhoramos sua integração aos capítulos. Muitos textos novos foram adicionados a esta edição.

Conceitos-chave Resumos introdutórios dos *Conceitos-chave* abordados no capítulo agora são apresentados com gráficos extraídos de seções importantes.

Para pensar Cada seção agora inclui um boxe de *Para pensar*. Aqui, colocamos uma pergunta que retoma o conteúdo crítico da seção, além de fornecer respostas à pergunta em formato de tópicos.

Questões Com respostas que permitem ao aluno verificar seu entendimento sobre uma figura enquanto leem o capítulo.

Exercício de análise de dados Para fixar ainda mais as habilidades analíticas do aluno e proporcionar uma percepção sobre as pesquisas contemporâneas, cada capítulo apresenta um *Exercício de análise de dados*. O exercício traz um texto breve, geralmente sobre um experimento científico, e uma tabela, quadro ou gráfico para ilustrar dados experimentais. O aluno deve usar as informações contidas no texto e no gráfico para responder à série de perguntas.

Alterações específicas Cada capítulo foi amplamente revisado quanto à clareza; esta edição tem novas fotos e figuras novas e atualizadas. Um resumo das alterações está a seguir.

- *Capítulo 1, Meiose e Reprodução Sexuada* – Arte sobre cruzamento, segregação e ciclo de vida revisados.
- *Capítulo 2, Observação de Padrões em Traços Herdados* – Novo texto sobre herança da cor da pele; figuras de cruzamento monohíbrido e dihíbrido revisadas; novo quadrado de Punnett para a cor em cachorros. efeitos ambientais sobre o fenótipo Daphnia adicionado.
- *Capítulo 3, Cromossomos e Herança Humana* – Capítulo reorganizado; discussão expandida e nova figura sobre a evolução da estrutura cromossômica.
- *Capítulo 4, Estrutura e Função do DNA* – Novo texto de abertura sobre clonagem de animais; a seção sobre clonagem de adultos foi atualizada.
- *Capítulo 5, Do DNA à Proteína* – Nova arte comparando o DNA e o RNA, outros desenhos totalmente simplificados; novas micrografias de transcrição de árvore, polissomos.
- *Capítulo 6, Controles Sobre os Genes* – Capítulo reorganizado; seção sobre controle de genes eucarióticos reescrita; fotos sobre inativação do cromossomo X atualizadas; novo desenho do operon lac.
- *Capítulo 7, Estudo e Manipulação de Genomas* – Texto amplamente reescrito e atualizado; novas fotos de milho b, impressão digital do DNA; sequenciamento de arte revisado.
- *Capítulo 8, Evidências da Evolução* – Amplamente revisado e reorganizado. Texto revisado sobre prova/interferência; novo texto voltado para evolução das baleias; escala de tempo geológico atualizada correlacionada com estratos do Grand Canyon.
- *Capítulo 9, Processos Evolutivos* – Amplamente revisado e reorganizado. Novas fotos mostrando a seleção sexual em moscas de olhos saltados, isolamento mecânico em salva.
- *Capítulo 10, Organizando Informações sobre Espécies* – Amplamente revisado e reorganizado. Nova série de fotos comparativas da embriologia; árvore da vida atualizada.
- *Capítulo 11, Comportamento Animal* – Mais informações sobre os tipos de aprendizagem.
- *Capítulo 12, Ecologia de Populações* – Crescimento exponencial e logístico esclarecidos. Material sobre população humana atualizado.
- *Capítulo 13, Estrutura de Comunidades e Biodiversidade* – Nova tabela de interações entre as espécies. Seção sobre concorrência amplamente revisada.
- *Capítulo 14, Ecossistemas* – Novas figuras da cadeia alimentar e redes de alimentos. Cobertura atualizada sobre os gases de efeito estufa.
- *Capítulo 15, Biosfera* – Cobertura melhorada da flutuação sazonal dos lagos, vida no oceano, recifes de coral e ameaças.

- *Capítulo 16, Impactos Humanos na Biosfera* – Abrange a crise da extinção, biologia da preservação, degradação do ecossistema e utilização sustentável das riquezas biológicas.

AGRADECIMENTOS

Não conseguimos expressar em tão singela lista os nossos agradecimentos à equipe que, com tamanha dedicação, tornou este livro realidade. Os profissionais relacionados na página a seguir ajudaram a moldar nosso pensamento. Marty Zahn e Wenda Ribeiro merecem reconhecimento especial por seus comentários incisivos em todos os capítulos, assim como Michael Plotkin por seu grande e excelente retorno. Grace Davidson organizou nossos esforços tranquila e incansavelmente, solucionou os pontos falhos e conformou todas as partes deste livro. A tenacidade do iconógrafo Paul Forkner nos ajudou a alcançar o objetivo de ilustração. Na Cengage Learning, Yolanda Cossio e Peggy Williams nos apoiaram firmemente. Contamos também com a colaboração de Andy Marinkovich, de Amanda Jellerichs, que organizou reuniões com vários professores, de Kristina Razmara, que auxiliou nas questões de tecnologia, de Samantha Arvin, que contribui no âmbito organizacional, e de Elizabeth Momb, que gerenciou todos os materiais impressos.

CECIE STARR, CHRISTINE EVERS E LISA STARR
Junho de 2008

AOS ALUNOS

O que é a vida? A pergunta é básica, porém difícil. Nesta obra os autores partem de exemplos para fundamentar conceitos. Esses conceitos, quando unidos e compreendidos, permitem ao estudante pensar em respostas. A obra *Biologia, Unidade e Diversidade da Vida* se destaca em relação às demais publicações do gênero. A linguagem é clara e objetiva. O conteúdo é ricamente ilustrado, com figuras de excelente qualidade e contextualizado com exemplos interessantes. A obra não apenas apresenta um panorama geral da Biologia moderna, mas se preocupa em explicar o modo como a Biologia funciona enquanto ciência e a forma como os conhecimentos são produzidos nessa área. Assim, o texto não traz apenas conhecimentos, mas convida o estudante brasileiro a pensar sobre o maravilhoso mundo da vida.

Dr. Gustavo A. Schmidt de Melo Filho
Setembro de 2011

COLABORADORES DESTA EDIÇÃO: TESTES E REVISÕES

Marc C. Albrecht
University of Nebraska at Kearney

Ellen Baker
Santa Monica College

Sarah Follis Barlow
Middle Tennessee State University

Michael C. Bell
Richland College

Lois Brewer Borek
Georgia State University

Robert S. Boyd
Auburn University

Uriel Angel Buitrago-Suarez
Harper College

Matthew Rex Burnham
Jones County Junior College

P.V. Cherian
Saginaw Valley State University

Warren Coffeen
Linn Benton

Luigia Collo
Universita' Degli Studi Di Brescia

David T. Corey
Midlands Technical College

David F. Cox
Lincoln Land Community College

Kathryn Stephenson Craven
Armstrong Atlantic State University

Sondra Dubowsky
Allen County Community College

Peter Ekechukwu
Horry-Georgetown Technical College

Daniel J. Fairbanks
Brigham Young University

Mitchell A. Freymiller
University of Wisconsin – Eau Claire

Raul Galvan
South Texas College

Nabarun Ghosh
West Texas A&M University

Julian Granirer
URS Corporation

Stephanie G. Harvey
Georgia Southwestern State University

James A. Hewlett
Finger Lakes Community College

James Holden
Tidewater Community College – Portsmouth

Helen James
Smithsonian Institution

David Leonard
Hawaii Department of Land and Natural Resources

Steve Mackie
Pima West Campus

Cindy Malone
California State University – Northridge

Kathleen A. Marrs
Indiana University – Purdue University Indianapolis

Emilio Merlo-Pich
Glaxo Smith Kline

Michael Plotkin
Mt. San Jacinto College

Michael D. Quillen
Maysville Community and Technical College

Wenda Ribeiro
Thomas Nelson Community College

Margaret G. Richey
Centre College

Jennifer Curran Roberts
Lewis University

Frank A. Romano, III
Jacksonville State University

Cameron Russell
Tidewater Community College – Portsmouth

Robin V. Searles-Adenegan
Morgan State University

Bruce Shmaefsky
Kingwood College

Bruce Stallsmith
University of Alabama – Huntsville

Linda Smith Staton
Pollissippi State Technical Community College

Peter Svensson
West Valley College

Lisa Weasel
Portland State University

Diana C. Wheat
Linn-Benton Community College

Claudia M. Williams
Campbell University

Martin Zahn
Thomas Nelson Community College

1 Meiose e Reprodução Sexuada

QUESTÕES DE IMPACTO | Sexo Por Quê?

Se a função da reprodução é simplesmente a perpetuação do material genético de uma pessoa, então o reprodutor assexuado parece levar vantagem na corrida evolucionária. Na reprodução assexuada, todas as informações genéticas do indivíduo são passadas para toda sua prole, de forma mais simples e rápida. A reprodução sexuada, por outro lado, mistura informações genéticas de dois pais (Figura 1.1), de forma que apenas metade das informações genéticas de cada um é passada à prole.

Então por que sexo? Ao longo do tempo, as condições ambientais mudam. Variações em formas e combinações de características hereditárias são típicas das populações que se reproduzem sexuadamente. Algumas dessas formas são mais adaptáveis do que outras às condições do meio ambiente. Nessas condições de mudança, alguns dos diversos descendentes dos reprodutores sexuados podem ter características que os ajudam a sobreviver às mudanças. Todos os descendentes de reprodutores assexuados são adaptados da mesma forma ao meio ambiente, pois as variações são muito mais raras. Assim, essas espécies são mais vulneráveis às mudanças ambientais.

Outros organismos também fazem parte do meio ambiente e também podem mudar. Pense em um predador e sua presa – digamos, raposas e coelhos. Se um coelho for melhor que os outros, correndo mais que as raposas, terá uma chance maior de escapar, sobreviver e passar a base genética de sua habilidade evasiva aos seus descendentes. Assim, por muitas gerações, os coelhos poderão ser mais rápidos. Se uma raposa for melhor que as outras, correndo mais que os coelhos mais rápidos, terá uma chance maior de comer, sobreviver e passar a base genética de sua habilidade predadora aos seus descendentes. Assim, por muitas gerações, as raposas tenderão a ser mais rápidas. Assim, quando uma espécie muda, outras espécies relacionadas também mudam – uma ideia chamada hipótese da Rainha Vermelha, inspirada no livro de Lewis Carroll, *Through the Looking Glass*. No livro, a rainha de Copas diz à Alice: – "Corra o máximo que puder, para ficar no mesmo lugar".

Uma característica adaptativa tende a se difundir mais rapidamente em uma população que se reproduz sexuadamente do que em uma que se reproduz assexuadamente. Por quê? Na reprodução assexuada, novas combinações de características podem surgir apenas por mutação. Uma característica adaptativa é perpetuada com o mesmo grupo de outras características – adaptativas ou não – até que outra mutação ocorra. Ao contrário, a reprodução sexuada mistura as informações genéticas de indivíduos que muitas vezes têm diferentes formas de características. Ela reúne características adaptativas e as separa das não adaptativas em muito menos gerações.

Porém, ter um ritmo mais rápido de alcançar populações diversificadas geneticamente não significa que a reprodução sexuada ganhe a corrida evolucionária. Em termos de números de indivíduos e de quanto tempo suas linhagens resistem, os organismos mais bem-sucedidos na Terra são as bactérias, que se reproduzem mais frequentemente copiando seu DNA e se dividindo assexuadamente.

 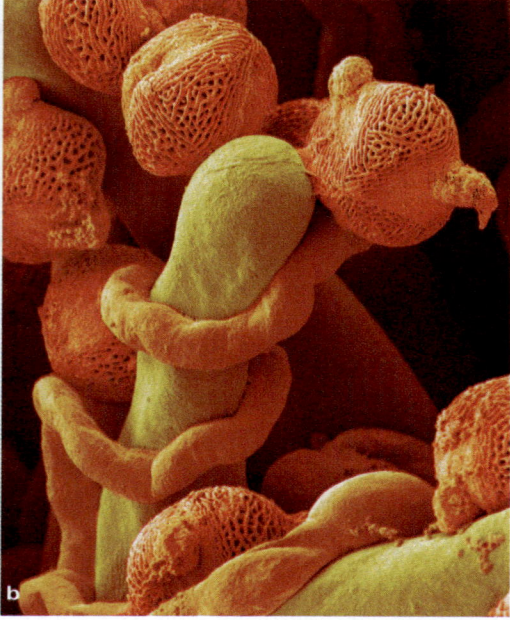

Figura 1.1 (**a**) Momentos nos estágios de reprodução sexuada, um processo que mistura o material genético de dois organismos. (**b**) A foto (*à direita*) mostra grãos de pólen (*laranja*) germinando em carpelos de flores (*amarelo*). Os tubos polínicos com gametas masculinos estão crescendo a partir dos grãos nos tecidos do ovário, que abriga os gametas femininos da flor.

Conceitos-chave

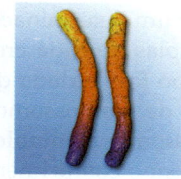

Reprodução sexuada *versus* assexuada
Na reprodução assexuada, o pai transmite suas informações genéticas (DNA) para a prole. Na reprodução sexuada, a prole herda DNA de dois pais que geralmente diferem em alguns alelos. Alelos são formas diferentes do mesmo gene. **Seção 1.1**

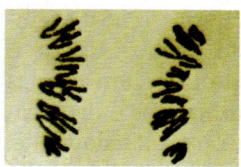

Estágios da meiose
A meiose reduz o número de cromossomos. Ela ocorre nas células especificamente reservadas para a reprodução sexuada (células sexuais ou reprodutivas). A meiose separa os cromossomos da célula reprodutiva diploide em quatro núcleos haploides. **Seções 1.2, 1.3**

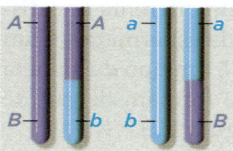

Recombinações e misturas de cromossomos
Durante a meiose, cada par de cromossomos maternos e paternos trocam segmentos. Depois, cada cromossomo é segregado aleatoriamente em um dos novos núcleos. Ambos os processos levam a novas combinações de alelos – e características – na prole. **Seção 1.4**

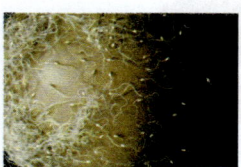

Reprodução sexuada no contexto dos ciclos de vida
Os gametas se formam por mecanismos diferentes em machos e fêmeas. Na maioria das plantas, a formação de esporos e outros eventos ocorrem entre a meiose e a formação de gametas.
Seção 1.5

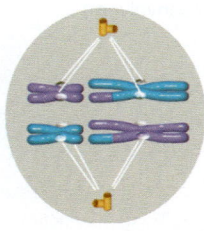

Mitose e meiose comparadas
A meiose pode ter se originado por remodelagem evolucionária de mecanismos que já existiam para mitose e, antes disso, para reparo de DNA danificado. **Seção 1.6**

Neste capítulo

- Este capítulo aborda o conceito de reprodução (apresentado no Volume I). Aqui, detalharemos a base celular da reprodução sexuada e começaremos a explorar os efeitos mais importantes da mistura de genes – um processo que introduz variações em características nos descendentes.
- Você verá os microtúbulos que movem os cromossomos. Certifique-se de que você entende a organização estrutural de cromossomos claramente, tanto quanto o número de cromossomos.
- Você também entenderá a divisão citoplasmática e verificará os produtos genéticos que monitoram e consertam DNAs cromossômicos durante o ciclo celular.

Qual sua opinião? Pesquisadores japoneses criaram com êxito um camundongo "sem pai" com material genético de óvulos de duas fêmeas. O camundongo é saudável e fértil. Os pesquisadores devem ser impedidos de experimentar o processo com óvulos humanos? Conheça a opinião de seus colegas e apresente seus argumentos a eles.

1.1 Apresentando os alelos

- A reprodução assexuada produz cópias geneticamente idênticas ao pai. Por outro lado, a reprodução sexuada apresenta variação nas combinações de características entre a prole.

Cada espécie possui um conjunto singular de **genes**: regiões no DNA que codificam informações sobre características. A coletividade dos genes de um indivíduo contém as informações necessárias para fazer um novo indivíduo. Com a **reprodução assexuada**, um pai produz descendentes que herdarão o mesmo número e tipos de gene. Mutações à parte, então, todos os descendentes da reprodução assexuada são cópias geneticamente idênticas ao pai, isto é, são **clones**.

O padrão hereditário é muito mais complicado com a **reprodução sexuada**, envolvendo meiose, formação de células reprodutivas maduras e fertilização no processo. Na maioria dos eucariontes multicelulares, reprodutores sexuados, a primeira célula de um novo indivíduo possui um par de genes em pares de cromossomos. Tipicamente, um cromossomo de cada par é materno e o outro é paterno. (Figura 1.2).

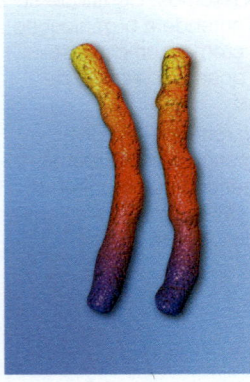

Figura 1.2 Um par de cromossomos, materno e paterno. Eles parecem idênticos nesta micrografia, mas qualquer gene existente em um deles pode diferir levemente de seu parceiro.

Se as informações em cada par de genes fossem idênticas, então a reprodução sexuada também produziria clones. Imagine: toda a população humana seria formada por clones, na qual todos seriam iguais. Mas os dois pares de genes muitas vezes não são idênticos. Por que não? Inevitavelmente, as mutações se acumulam nos genes e alteram permanentemente as informações que carregam. Assim, os dois genes de qualquer par podem "dizer" coisas ligeiramente diferentes sobre uma característica particular. Cada forma diferente de um gene é chamada **alelo**.

Alelos influenciam as diferenças em milhares de características. Por exemplo, se seu queixo tem uma covinha ou não depende de qual alelo você herdou em uma locação cromossômica. Um alelo indica "covinha no queixo". Um alelo diferente indica "sem covinha no queixo". Alelos são um dos motivos pelos quais os indivíduos de uma espécie que se reproduz sexuadamente não se parecem. A prole de reprodutores sexuais herda novas combinações de alelos, que é a base das novas combinações de características.

> **Para pensar**
>
> *Como a reprodução sexuada introduz variações nas características?*
>
> - Alelos são a base das características. A reprodução sexuada resulta em novas combinações de alelos – assim, novas combinações de características – na prole.

1.2 O que a meiose faz

- A meiose é um mecanismo de divisão nuclear que precede a divisão citoplasmática de células reprodutivas imaturas. Ocorre somente em espécies eucarióticas que se reproduzem sexuadamente.

Lembre-se de que o número cromossômico é o número total de cromossomos em uma célula de um determinado tipo. Uma célula diploide tem duas cópias de cada cromossomo; tipicamente, uma de cada tipo foi herdada de cada um dos pais. Exceto para um par de cromossomos sexuais não idênticos, um par de cromossomos é **homólogo**, significando que eles possuem o mesmo comprimento, forma e coleção de genes (*homo*– significa parecido).

A mitose mantém o número dos cromossomos. **Meiose**, um processo diferente de divisão nuclear, divide o número de cromossomos. A meiose ocorre em células reprodutivas imaturas – **células germinativas** – de eucariontes multicelulares que se reproduzem sexuadamente. Em animais, a meiose das células germinativas resulta em estruturas reprodutivas maduras chamadas **gametas**. (Plantas têm um processo ligeiramente diferente que discutiremos posteriormente.) Uma célula espermática é um tipo de gameta masculino; um óvulo é um tipo de gameta feminino. Os gametas geralmente se formam dentro de estruturas reprodutivas especiais (Figura 1.3).

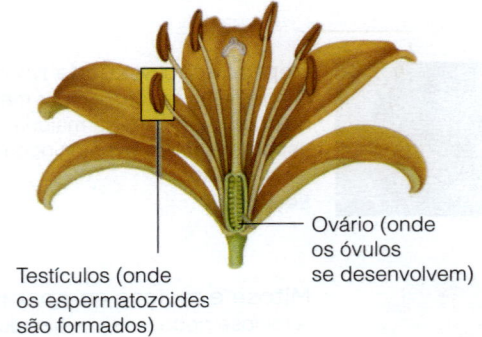

a Planta com flor

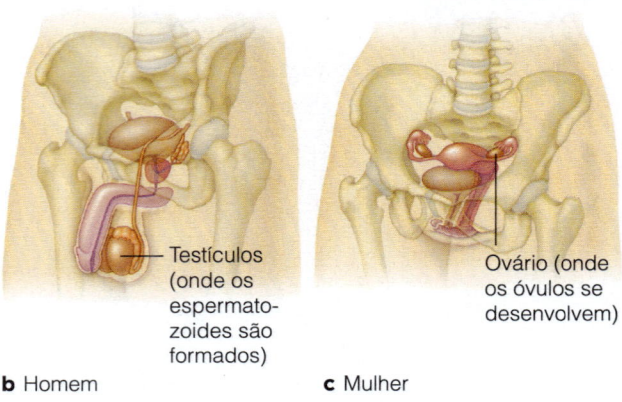

b Homem **c** Mulher

Figura 1.3 Exemplos de órgãos reprodutores, onde as células que produzem os gametas se originam.

Os gametas possuem um conjunto singular de cromossomos; então são **haploides** (*n*): seu número de cromossomos é metade do número diploide (2*n*). As células do corpo humano são diploides, com 23 pares de cromossomos homólogos (Figura 1.4). A meiose de uma célula germinativa humana normalmente produz gametas com 23 cromossomos: um de cada par. O número de cromossomos diploides é obtido na fertilização, quando dois gametas haploides (um óvulo e um espermatozoide) se fundem para formar um **zigoto diploide**, a primeira célula de um novo indivíduo.

Duas divisões, e não uma

A meiose é semelhante à mitose em determinados aspectos. A célula duplica seu DNA antes que o processo de divisão comece. As duas moléculas de DNA e proteínas associadas ficam presas ao centrômero. Enquanto permanecerem presas, elas são cromátides irmãs:

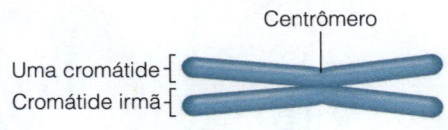

Um cromossomo no estado duplicado

Como na mitose, os microtúbulos de um eixo movem os cromossomos para polos opostos da célula. Contudo, a meiose separa os cromossomos em novos núcleos duas vezes. Duas divisões nucleares consecutivas formam quatro núcleos haploides. Tipicamente, não há intérfase entre as duas divisões, que são chamadas meiose I e II:

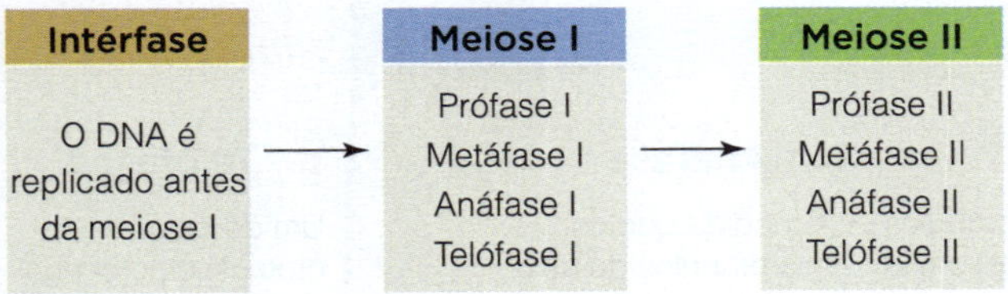

Intérfase	Meiose I	Meiose II
O DNA é replicado antes da meiose I	Prófase I Metáfase I Anáfase I Telófase I	Prófase II Metáfase II Anáfase II Telófase II

Na meiose I, todo cromossomo duplicado se alinha com seu parceiro, homólogo com homólogo. Depois de classificados e arranjados dessa maneira, cada cromossomo homólogo é distanciado de seu parceiro:

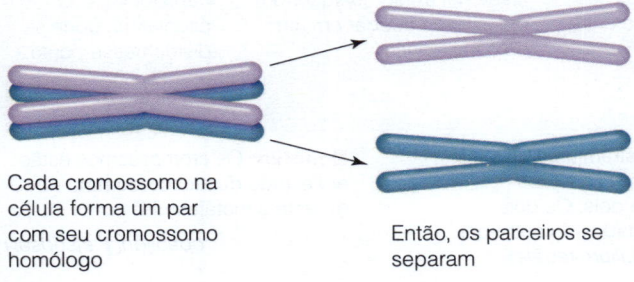

Cada cromossomo na célula forma um par com seu cromossomo homólogo

Então, os parceiros se separam

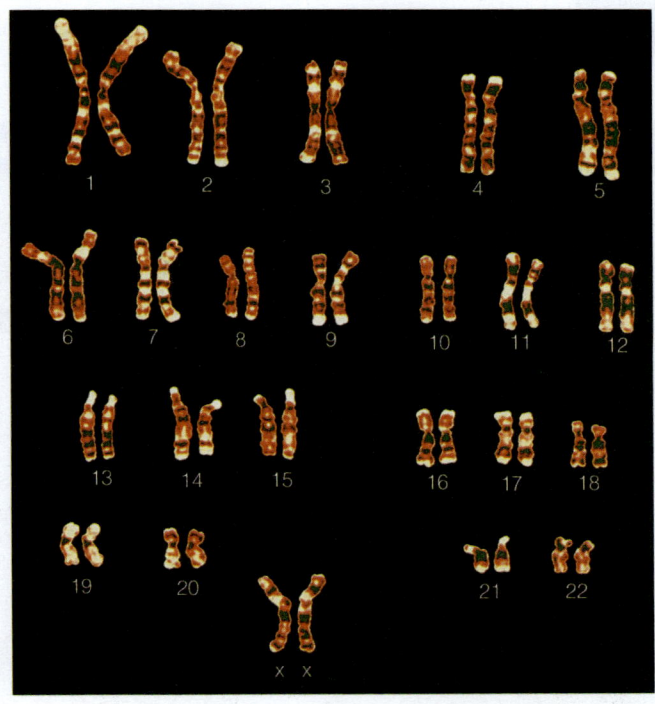

Figura 1.4 Vinte e três pares homólogos de cromossomos humanos. Esse exemplo vem de uma fêmea humana, com dois cromossomos X. Machos humanos têm um emparelhamento diferente de cromossomos sexuais (XY).

Depois que os cromossomos homólogos são distanciados, cada um termina em um dos dois novos núcleos. Os cromossomos ainda são duplicados – as cromátides irmãs ainda estão presas. Durante a meiose II, as cromátides irmãs de cada cromossomo são separadas, e cada uma se transforma em um cromossomo individual não duplicado:

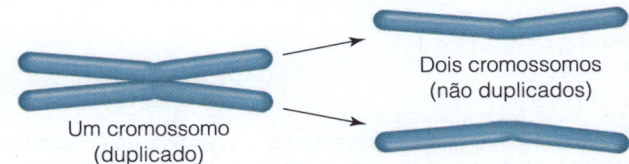

Um cromossomo (duplicado)

Dois cromossomos (não duplicados)

A meiose distribui os cromossomos duplicados de um núcleo diploide (2*n*) em quatro núcleos novos. Cada novo núcleo é haploide (*n*), com uma versão não duplicada de cada cromossomo. Tipicamente, duas divisões citoplasmáticas acompanham a meiose; então, quatro células haploides se formam. A Figura 1.5 da próxima seção mostra os movimentos cromossômicos no contexto dos estágios de meiose.

Para pensar

O que é meiose?

- Meiose é um mecanismo de divisão nuclear que ocorre em células reprodutivas imaturas de eucariotos que se reproduzem sexualmente. Ela divide um número de cromossomos diploide da célula (2*n*) no número haploide (*n*).

1.3 *Tour* visual da meiose

Meiose I

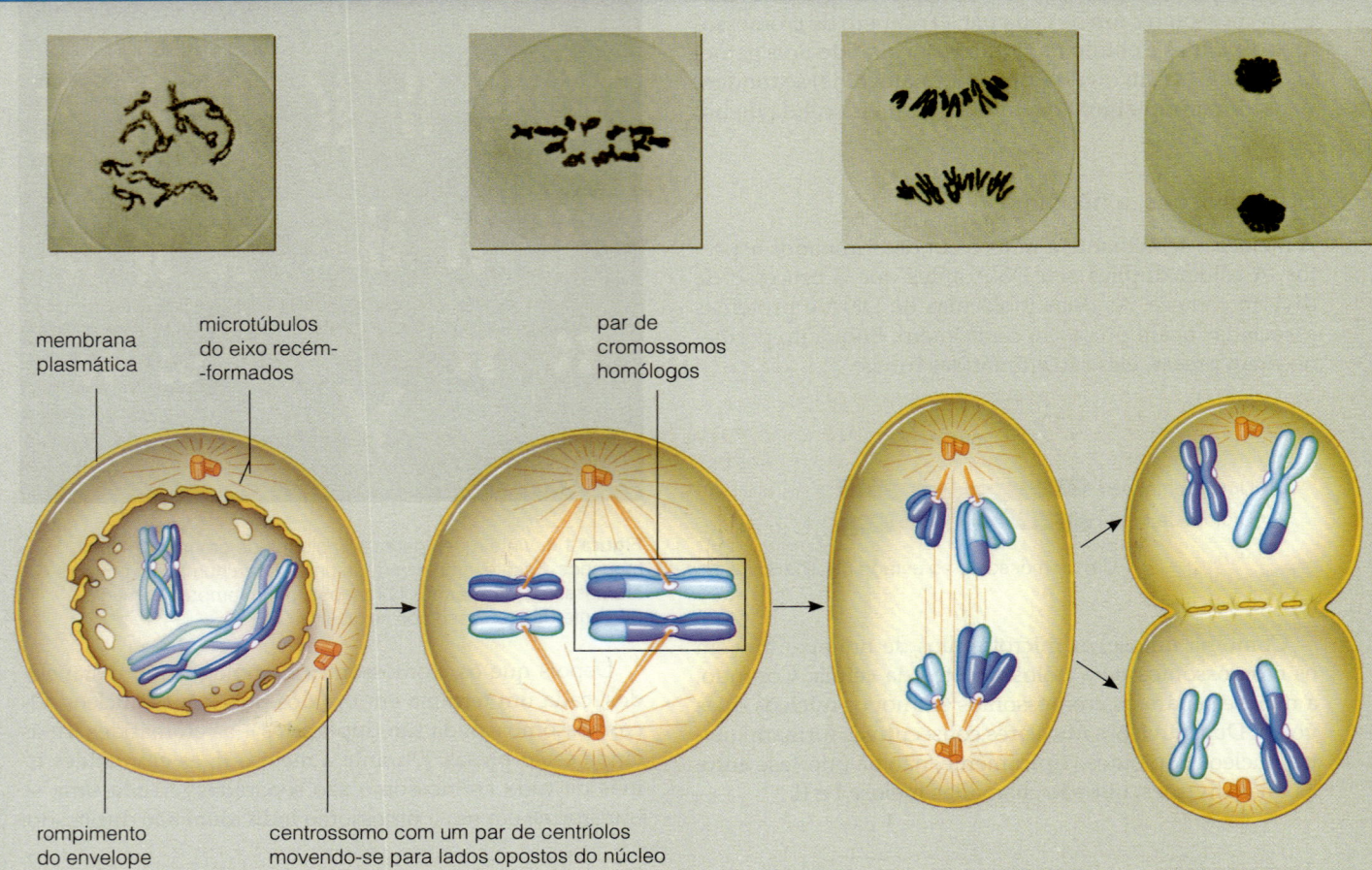

a Prófase I

Os cromossomos foram duplicados na intérfase; então, todos os cromossomos agora consistem em duas cromátides irmãs unidas no centrômero. O núcleo é diploide (2n) – ele contém dois conjuntos de cromossomos, um de cada pai.
Os cromossomos agora se condensam. Cromossomos homólogos emparelham-se e trocam segmentos (conforme indicado pelas quebras coloridas). Forma-se um eixo bipolar. O centrossomo, com seus dois centríolos, se duplica; um par de centríolos agora se move para o lado oposto da célula enquanto o envelope nuclear se rompe.

b Metáfase I

Ao final da prófase I, os microtúbulos no eixo conectaram os cromossomos aos polos do eixo. Cada cromossomo agora está fixado em um polo do eixo e seu análogo está fixado a outro.
Os microtúbulos crescem e encolhem, empurrando e puxando os cromossomos à medida que o fazem. Quando todos os microtúbulos estão no mesmo comprimento, os cromossomos são alinhados no meio do caminho entre os polos do eixo. Esse alinhamento marca a metáfase I.

c Anáfase I

À medida que os microtúbulos do eixo encurtam, eles puxam cada cromossomo duplicado em direção a um dos polos do eixo; assim, os cromossomos homólogos se separam.
O cromossomo (materno ou paterno) que se fixou a um polo do eixo em particular é aleatório, então qualquer um deles pode acabar em um polo específico.

d Telófase I

Um de cada cromossomo chega a cada polo do eixo. Novos envelopes nucleares se formam ao redor dos dois agrupamentos de cromossomos enquanto se condensam. Existem agora dois núcleos haploides (n). O citoplasma pode se dividir nesse ponto.

Figura 1.5 A meiose divide o número de cromossomos. Os desenhos mostram uma célula animal diploide (2n). Para fins de clareza, somente dois pares de cromossomos são ilustrados, mas as células de quase todos os eucariontes têm mais de dois. Os dois cromossomos do par herdado de um dos pais estão em *roxo*; os dois herdados do outro pai estão em *azul*. As micrografias mostram a meiose em uma célula de lírio (*Lilium regale*).

Resolva: Os cromossomos estão em estado duplicado ou não durante a metáfase II?

Resposta: Duplicado.

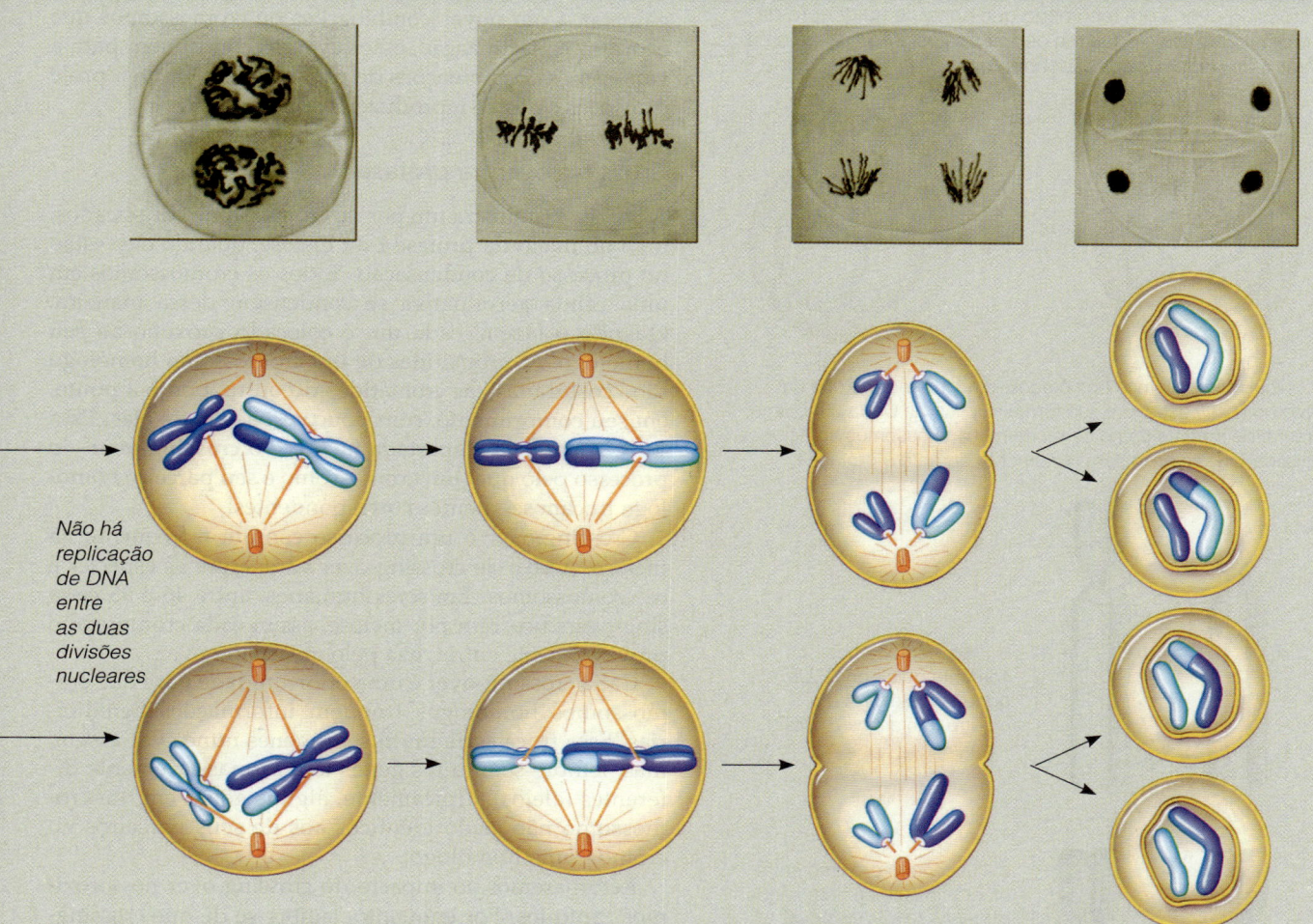

Meiose II

Não há replicação de DNA entre as duas divisões nucleares

e Prófase II

Cada núcleo contém um conjunto completo de cromossomos. Todo cromossomo ainda é duplicado – ele consiste em duas cromátides irmãs unidas no centrômero. Os cromossomos se condensam à medida que o eixo bipolar se forma. Um centríolo se move para o lado oposto de cada novo núcleo, e o envelope nuclear se rompe.

f Metáfase II

Ao final da prófase II, os microtúbulos do eixo conectaram as cromátides irmãs aos polos do eixo. Cada cromátide agora está fixada em um polo do eixo, e sua irmã está fixada a outro. Os microtúbulos crescem e encolhem, empurrando e puxando os cromossomos à medida que o fazem. Quando todos os microtúbulos estão no mesmo comprimento, os cromossomos são alinhados no meio do caminho entre os polos do eixo. Esse alinhamento marca a metáfase II.

g Anáfase II

À medida que os microtúbulos do eixo encurtam, eles puxam cada cromátide irmã em direção a um dos polos do eixo, assim as irmãs se separam.
A cromátide irmã que se fixou a um polo do eixo em particular é aleatória, então qualquer uma delas pode acabar em um polo específico.

h Telófase II

Cada cromossomo agora consiste em uma única molécula de DNA não duplicada. Um de cada cromossomo chega a cada polo do eixo.
Novos envelopes nucleares se formam ao redor de cada agrupamento de cromossomos enquanto se condensam. Existem agora quatro núcleos haploides (n). O citoplasma pode se dividir.

1.4 Como a meiose produz variações nas características

- Crossing-over e recombinação aleatória, na meiose, resultam em novas combinações de características na prole. O crossing-over é um fenômeno que consiste na quebra de cromátides homólogas em certos pontos, seguida de uma troca de pedaços correspondentes.

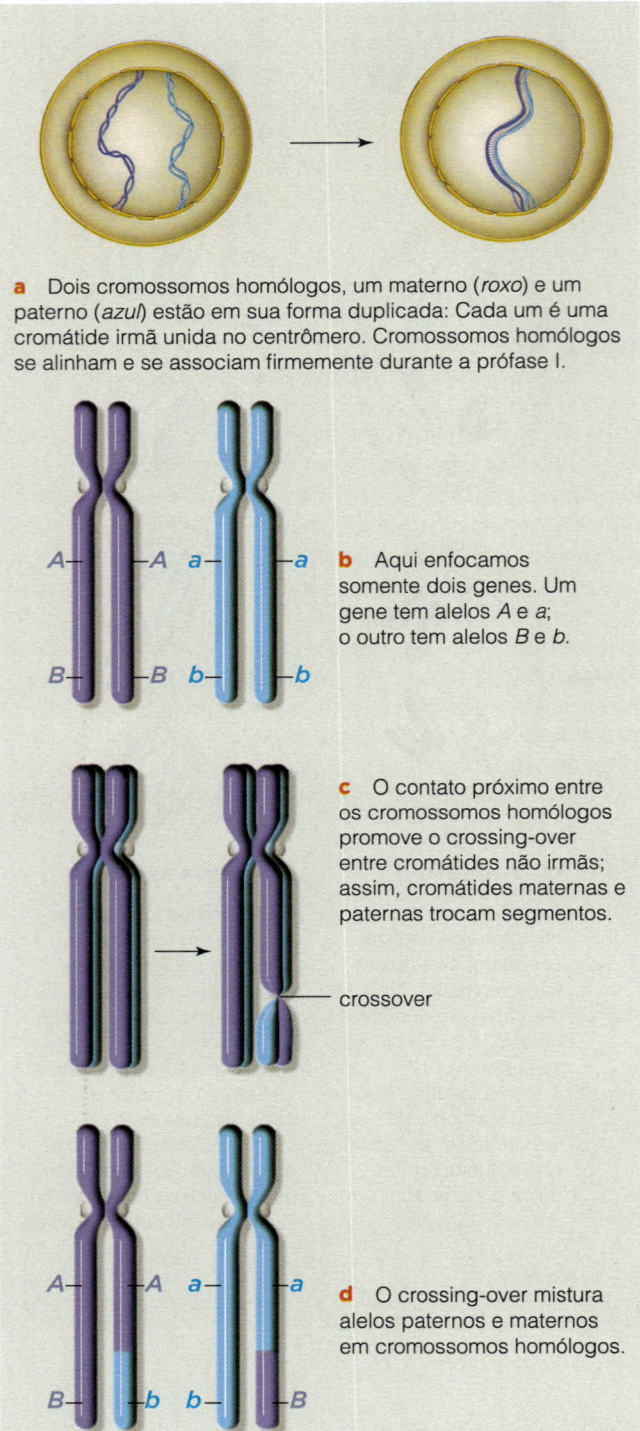

a Dois cromossomos homólogos, um materno (*roxo*) e um paterno (*azul*) estão em sua forma duplicada: Cada um é uma cromátide irmã unida no centrômero. Cromossomos homólogos se alinham e se associam firmemente durante a prófase I.

b Aqui enfocamos somente dois genes. Um gene tem alelos *A* e *a*; o outro tem alelos *B* e *b*.

c O contato próximo entre os cromossomos homólogos promove o crossing-over entre cromátides não irmãs; assim, cromátides maternas e paternas trocam segmentos.

crossover

d O crossing-over mistura alelos paternos e maternos em cromossomos homólogos.

A seção anterior mencionou brevemente que os cromossomos duplicados trocam segmentos com seus parceiros homólogos durante a prófase I. Também mostrou como cada cromossomo se alinha e depois se separa de seu parceiro homólogo durante a anáfase I. Ambos os eventos introduzem novas combinações de alelos nos gametas. Com novas combinações de cromossomos que ocorrem na fertilização, esses eventos contribuem para a variação em combinações de características entre a prole de espécies que se reproduzem sexuadamente.

Crossing-over na prófase I

A Figura 1.6*a* ilustra um par de cromossomos duplicados, logo no início da prófase I da meiose, quando eles estão no processo de condensação. Todos os cromossomos em uma célula germinativa se condensam dessa maneira. Quando o fazem, cada um é colocado próximo ao seu homólogo. As cromátides de um cromossomo homólogo são "costuradas" às cromátides do outro, ponto a ponto, em seu comprimento, com pouco espaço entre elas. Essa direção paralela e apertada favorece o **crossing-over** – o processo pelo qual um cromossomo e seu parceiro homólogo trocam segmentos correspondentes.

Crossing-over é um processo comum e frequente na meiose. A taxa de crossing-over varia entre as espécies e os cromossomos. Em seres humanos, entre 46 e 95 crossing-overs ocorrem por meiose, assim cada cromossomo provavelmente entrecruza pelo menos uma vez.

Cada crossing-over é uma oportunidade para que cromossomos homólogos troquem informações hereditárias. Essa troca seria inútil se os genes nunca variassem, mas, lembre-se, muitos genes têm formas levemente diferentes (alelos). Tipicamente, alguns genes em um cromossomo não serão idênticos aos de seus parceiros no cromossomo homólogo.

Retornaremos ao impacto do crossing-over nos próximos capítulos. Por enquanto, lembre-se de que crossing-over introduz novas combinações de alelos em ambos os membros de um par de cromossomos homólogos, que resulta em novas combinações de características entre a prole.

Figura 1.6 Crossing-over. *Azul* significa um cromossomo paterno e *roxo*, seu homólogo materno.
Para fins de clareza, mostramos apenas um par de cromossomos homólogos e um crossing-over; porém, mais de um crossing-over pode ocorrer em cada par de cromossomo.

Segregação dos cromossomos em gametas

Normalmente, todos os novos núcleos que se formam na meiose I recebem o mesmo número de cromossomos, mas qual homólogo terminará em qual núcleo é aleatório.

O processo de segregação de cromossomos começa na prófase I. Suponha que a segregação esteja acontecendo agora em uma de suas próprias células germinativas. Crossing-overs já fizeram mosaicos genéticos de seus cromossomos, mas vamos deixar esses crossing-overs de lado para simplificar. Pegue os 23 cromossomos que você herdou de sua mãe, e os 23 que você herdou de seu pai.

Pela metáfase I, os microtúbulos que emanam dos polos do eixo alinharam todos os cromossomos duplicados no equador do eixo (Figura 1.5b). Eles prenderam todos os cromossomos maternos em um polo e todos os cromossomos paternos em outro? Provavelmente, não. Os microtúbulos do eixo se prendem aos cinetócoros do primeiro cromossomo que tocam, independentemente de ser materno ou paterno. Homólogos se prendem a polos opostos. Assim, não há padrão para fixação dos cromossomos maternos ou paternos em um polo específico: qualquer cromossomo homólogo pode acabar em qualquer um dos polos.

Depois, na anáfase I, cada cromossomo duplicado se separa de seu parceiro homólogo e é distanciado do polo ao qual se prendeu.

Pense na meiose em uma célula germinativa com apenas três pares de cromossomos. Na metáfase I, os três pares se prenderiam aos polos do eixo em uma das quatro combinações (Figura 1.7). Haveria oito (2^3) combinações possíveis de cromossomos maternos e paternos em novos núcleos que se formam na telófase I.

Na telófase II, cada um dos dois núcleos teria se dividido e originado dois novos núcleos haploides idênticos. (Os núcleos seriam idênticos, pois as cromátides irmãs de cada cromossomo duplicado eram idênticas em nosso exemplo hipotético.) Logo, haveria oito combinações possíveis de cromossomos maternos e paternos nos quatro núcleos haploides que se formam por meiose daquela única célula germinativa.

As células que originam gametas humanos possuem 23 pares de cromossomos homólogos, e não três. Cada vez que uma célula germinativa humana sofre meiose, os quatro gametas que se formam terminam com uma das 8.388.608 (ou 2^{23}) combinações possíveis de cromossomos homólogos! Lembre-se, qualquer número de genes pode ocorrer como alelos diferentes nos homólogos maternos e paternos. Você consegue ter uma ideia por que essas combinações fascinantes de características aparecem entre as gerações de sua árvore genealógica?

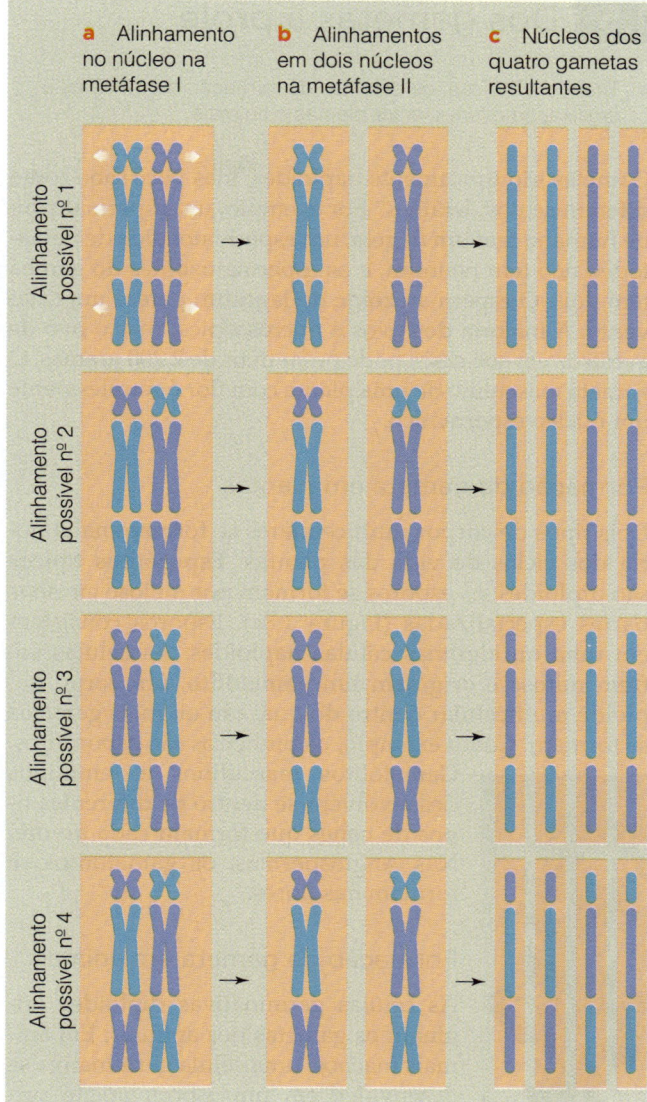

Figura 1.7 Segregação hipotética de três pares de cromossomos na meiose I. Um cromossomo de cada par é embalado em um dos dois novos núcleos aleatoriamente. *À esquerda*: os quatro alinhamentos possíveis de três pares de cromossomos homólogos na metáfase I. *À direita*: as oito combinações resultantes de cromossomos maternos (*roxo*) e paternos (*azul*) nos novos núcleos.

Para pensar

Como a meiose introduz variação nas combinações de características?

- Crossing-over é a recombinação entre cromátides não irmãs de cromossomos homólogos durante a prófase I. Produz novas combinações de alelos parentais.
- Cromossomos homólogos podem ser presos a qualquer polo do eixo na prófase I, de forma que cada homólogo pode ser embalado em qualquer um dos dois novos núcleos. Assim, a recombinação aleatória de cromossomos homólogos aumenta o número de combinações em potencial de alelos maternos e paternos nos gametas.

1.5 Dos gametas à prole

- Tirando a meiose, os detalhes da formação de gametas e fertilização diferem entre plantas e animais.

Gametas são tipicamente haploides, mas você sabe como diferem-se nos detalhes? Por exemplo, um espermatozoide humano tem um flagelo, um espermatozoide de nematódeo não tem nenhum, e os espermatozoides do gambá têm dois. O espermatozoide do lagostim parece um cata-vento. A maioria dos ovos é microscópica, mas o ovo de avestruz em sua casca pode pesar mais de 2.200 gramas. O gameta masculino de uma planta com flor é simplesmente um núcleo espermático.

Formação de gameta em plantas

Dois tipos de corpos multicelulares se formam na maioria dos ciclos de vida das plantas. **Esporófitos** típicos são diploides; os esporos se formam por meiose em suas partes especializadas (Figura 1.8a). Esporos consistem em uma ou algumas células haploides. As células sofrem mitose e originam um **gametófito**, um corpo haploide multicelular dentro do qual um ou mais gametas se formam. Como exemplo, os pinheiros são esporófitos.

Gametófitos masculinos e femininos desenvolvem-se dentro de diferentes tipos de cones que formam cada árvore. Nas Angiospermas, os gametófitos se formam nas flores.

Formação de gameta em animais

As células germinativas diploides originam os gametas nos animais. Em animais machos, uma célula germinativa se desenvolve em um espermatócito primário. Essa grande célula divide-se por meiose, produzindo quatro células haploides que se desenvolvem em espermátides (Figura 1.9). Cada espermátide amadurece como um gameta masculino, que é chamado **espermatozoide**.

Em animais fêmeas, uma célula germinativa transforma-se em oócito primário, que é um óvulo não maduro. Essa célula sofre meiose e divisão, assim como ocorre com um espermatócito primário. Contudo, o citoplasma de uma oócito primário não se divide igualmente, e assim, as quatro células que resultam diferem-se em tamanho e função (Figura 1.10).

Duas células haploides se formam quando o oócito primário se divide após a meiose I. Uma das células, o oócito secundário, ocupa quase todo o citoplasma da célula-mãe. A outra célula, um primeiro corpúsculo polar, é muito menor. Ambas as células passam por meiose II e divisão citoplasmática. Uma das duas células que se formam por divisão do oócito secundário se desenvolve em um segundo corpúsculo polar. A outra célula detém a maior parte do citoplasma e amadurece em um gameta feminino, que é chamado **óvulo**.

Corpúsculos polares não são ricos em nutrientes ou cheios de citoplasma, e geralmente não funcionam como gametas. No momento certo, eles se degeneram. Sua formação simplesmente garante que o óvulo terá um número de cromossomos haploides e também contará com maquinário metabólico para suportar as divisões iniciais do novo indivíduo.

Mais misturas na fertilização

Na **fertilização**, a fusão de dois gametas produz um zigoto. A fertilização restabelece o número de cromossomos parentais. Se a meiose não preceder a fertilização, o número de cromossomos dobraria a cada geração. Se o número de cromossomos mudar, assim também o fará o conjunto de instruções genéticas do indivíduo. Esse conjunto é como um esquema que deve ser estritamente seguido, passo a passo, a fim de se construir um corpo que funcione normalmente. Mudanças no esquema podem ter consequências sérias, geralmente letais.

A fertilização também contribui para a variação que observamos entre a prole de reprodutores sexuados. Pense nisso em termos de reprodução humana. Os 23 pares de cromossomos homólogos são mosaicos de informações genéticas depois dos crossing-over da prófase I.

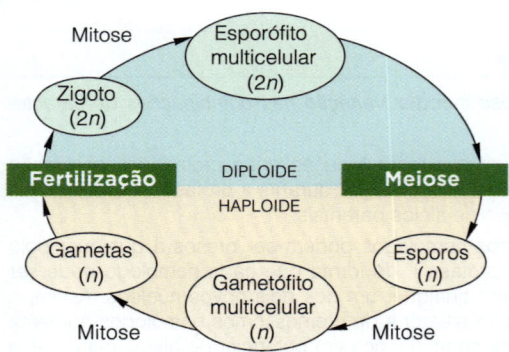

a Ciclo de vida da planta

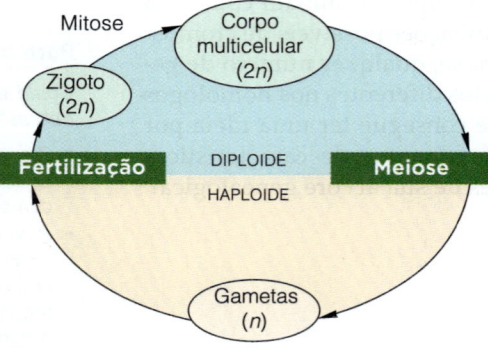

b Ciclo de vida de um animal

Figura 1.8 (**a**) Ciclo de vida generalizado para a maioria das plantas. Um pinheiro é um esporófito. (**b**) Ciclo de vida generalizado para os animais. O zigoto é a primeira célula a se formar quando os núcleos de dois gametas, como um espermatozoide e um óvulo, se fundem na fertilização.

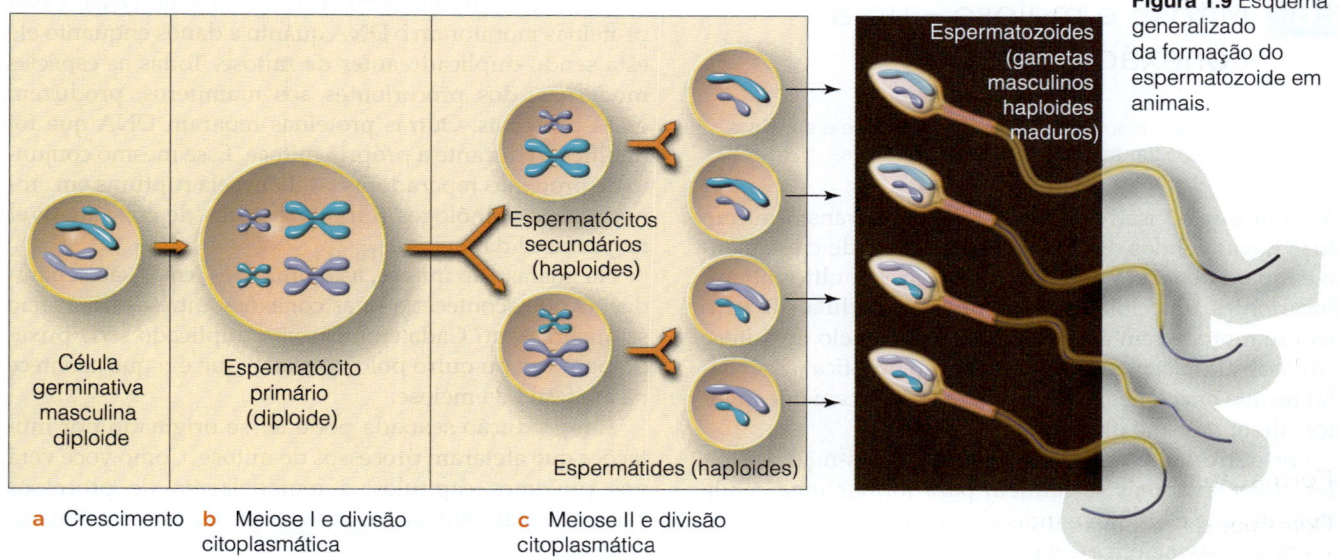

Figura 1.9 Esquema generalizado da formação do espermatozoide em animais.

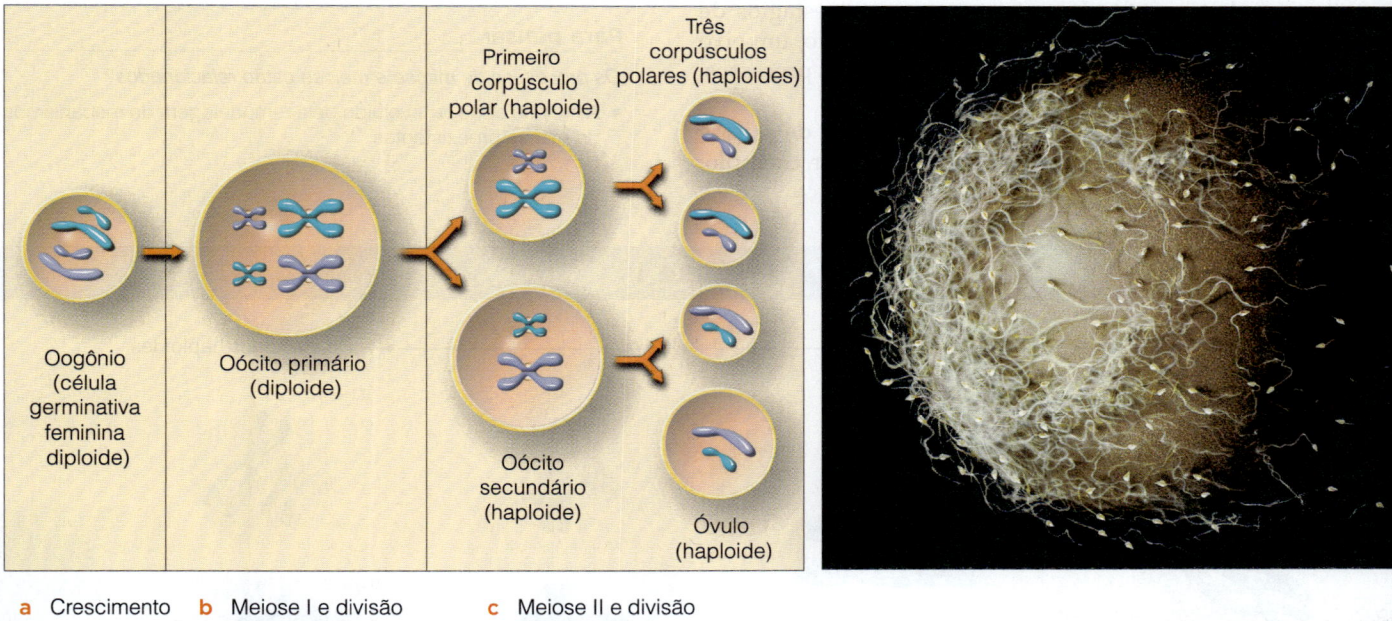

Figura 1.10 Formação do óvulo animal. Os óvulos são muito maiores que o espermatozoide e maiores que três corpúsculos polares. A figura, baseada em uma micrografia eletrônica por varredura, exibe os espermatozoides humanos cercando um óvulo.

Cada gameta que se forma recebe uma entre milhões de combinações desses cromossomos. Então, dentre os muitos gametas masculinos e femininos que se formam, apenas dois realmente se unirão na fertilização. O grande número de maneiras como as informações genéticas parentais podem se combinar na fertilização é surpreendente!

Para pensar

Onde a meiose se encaixa no ciclo de vida de plantas e animais?

- A meiose e a divisão citoplasmática precedem o desenvolvimento de gametas haploides em animais e esporos em plantas.
- A união de dois gametas haploides na fertilização resulta em um zigoto diploide.

CAPÍTULO 1 MEIOSE E REPRODUÇÃO SEXUADA

1.6 Mitose e meiose – uma conexão ancestral?

- Embora tenham resultados diferentes, a mitose e a meiose são processos fundamentalmente semelhantes.

Pela mitose e divisão celular, uma célula se transforma em duas novas células. Esse processo é a base de crescimento e reparo de tecido em todas as espécies multicelulares. Eucariontes unicelulares (e alguns multicelulares) também se reproduzem assexuadamente por meio de mitose e divisão citoplasmática. A reprodução mitótica (assexuada) resulta em clones, que são cópias geneticamente idênticas do organismo original.

Por outro lado, a meiose produz células-mãe haploides, duas das quais se fundem para formar uma célula diploide, que é um novo indivíduo de ascendência mista. A reprodução meiótica (sexuada) resulta em descendentes que são geneticamente diferentes dos pais – e diferentes uns dos outros.

Embora seus resultados finais sejam diferentes, existem paralelos contundentes entre os quatro estágios de mitose e meiose II (Figura 1.11). Como exemplo, um eixo bipolar separa cromossomos durante ambos os processos. Existem mais semelhanças em nível molecular.

Há muito tempo, o maquinário molecular da mitose pode ter sido remodelado para a meiose. Por exemplo, determinadas proteínas reparam quebras no DNA. Essas proteínas monitoram o DNA quanto a danos enquanto ele está sendo duplicado antes da mitose. Todas as espécies modernas, dos procariontes aos mamíferos, produzem essas proteínas. Outras proteínas reparam DNA que foi danificado durante a própria mitose. Esse mesmo conjunto de proteínas reparadoras também sela rupturas em cromossomos homólogos durante eventos de crossing-over na prófase I da meiose.

Na anáfase da mitose, as cromátides irmãs são separadas. O que aconteceria se as conexões entre as irmãs não se quebrassem? Cada cromossomo duplicado seria puxado para um ou outro polo do eixo – que é o que acontece na anáfase I da meiose.

A reprodução sexuada pode ter se originado por mutações que afetaram processos de mitose. Como você verá nos próximos capítulos, a remodelagem de processos existentes para novos processos é um tema evolucionário comum.

> **Para pensar**
>
> *Os processos de mitose e meiose estão relacionados?*
> - A meiose pode ter evoluído pela remodelagem de mecanismos de mitose preexistentes.

Meiose I

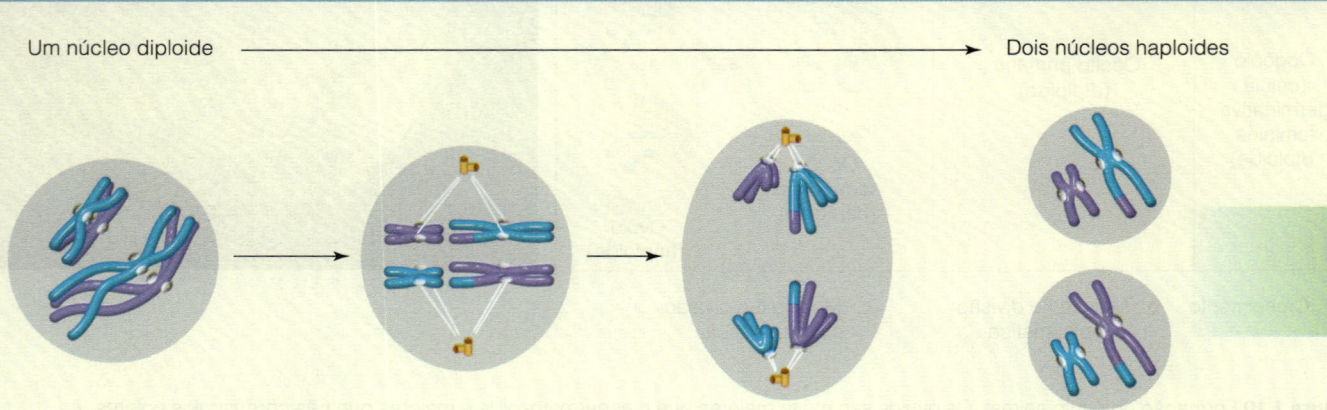

Um núcleo diploide → Dois núcleos haploides

Prófase I
- Os cromossomos se condensam.
- Par de cromossomos homólogos.
- Ocorre crossing-over.
- Forma-se o eixo bipolar; ele prende cromossomos aos polos do eixo.
- O envelope nuclear se rompe.

Metáfase I
- Os cromossomos se alinham no meio do caminho entre os polos do eixo.

Anáfase I
- Cromossomos homólogos se separam enquanto são puxados em direção aos polos do eixo.

Telófase I
- Agrupamentos de cromossomos chegam aos polos do eixo.
- Novos envelopes nucleares se formam.
- Os cromossomos se descondensam.

Figura 1.11 Comparação de mitose e meiose, começando com uma célula diploide contendo dois cromossomos paternos e dois cromossomos maternos.

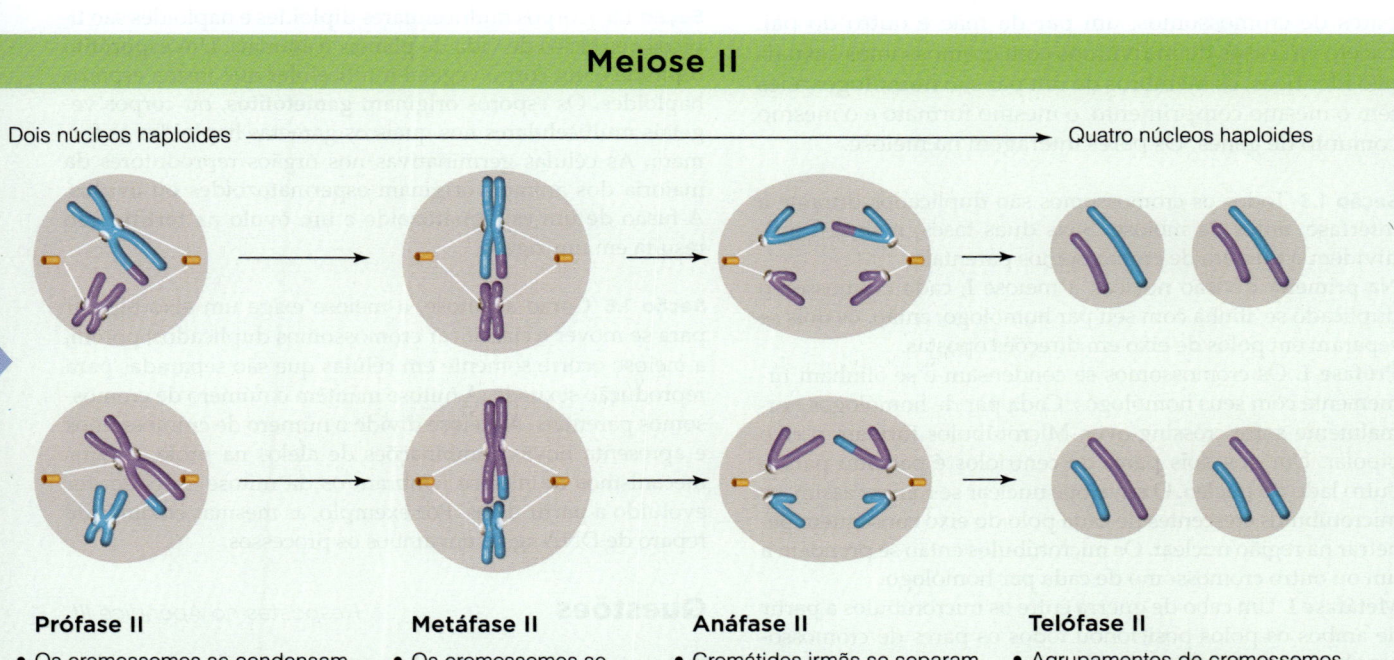

QUESTÕES DE IMPACTO REVISITADAS | Sexo Por Quê?

Existem algumas espécies de peixes, répteis e pássaros somente com fêmeas na natureza. Mas isso não acontece entre os mamíferos. Em 2004, pesquisadores fundiram dois óvulos de camundongos em um tubo de ensaio e produziram um embrião sem usar DNA do macho. O embrião se desenvolveu no primeiro mamífero sem pai no mundo. O camundongo, obviamente uma fêmea, cresceu com saúde, cruzou com um macho e deu à luz uma prole. Os pesquisadores queriam descobrir se um espermatozoide era realmente necessário para o desenvolvimento normal de um embrião.

Resumo

Seção 1.1 Muitos ciclos de vida eucariótica têm fases assexuadas e sexuadas. A prole de **reprodução assexuada** é geneticamente idêntica a seu único pai – ela é formada por **clones**. A prole de **reprodução sexuada** difere da reprodução dos pais, e entre ela mesma, em detalhes de características compartilhadas. Meiose nas células germinativas, formação de gametas haploides e fertilização ocorrem na reprodução sexuada. **Alelos** são formas moleculares diferentes do mesmo **gene**. Cada um especifica uma versão diferente do produto do gene. A meiose embaralha alelos parentais; assim, a prole herda novas combinações de alelos.

Seção 1.2 Meiose, um mecanismo de divisão nuclear que ocorre em **células germinativas** eucarióticas e precede a formação dos **gametas**. A meiose divide (reduz) o número de cromossomos parentais. A fusão de dois núcleos de gametas **haploides** durante a fertilização restabelece o número de cromossomos parentais no **zigoto**, a primeira célula do novo indivíduo.

A prole da maioria dos reprodutores sexuados herda pares de cromossomos, um par da mãe e outro do pai. Exceto em casos de indivíduos com cromossomos sexuais não idênticos, os membros de um par são **homólogos**: eles têm o mesmo comprimento, o mesmo formato e o mesmo conjunto de genes. Os pares interagem na meiose.

Seção 1.3 Todos os cromossomos são duplicados durante a intérfase, antes da meiose. Suas duas fases, meiose I e II, dividem o número de cromossomos parentais.
Na primeira divisão nuclear, a meiose I, cada cromossomo duplicado se alinha com seu par homólogo; então, os dois se separam em polos de eixo em direções opostas.
Prófase I. Os cromossomos se condensam e se alinham firmemente com seus homólogos. Cada par de homólogos normalmente sofre crossing-over. Microtúbulos formam o eixo bipolar. Um dos dois pares de centríolos é passado para o outro lado do núcleo. O envelope nuclear se rompe; assim, os microtúbulos crescentes de cada polo do eixo conseguem penetrar na região nuclear. Os microtúbulos então se prendem a um ou outro cromossomo de cada par homólogo.
Metáfase I. Um cabo de guerra entre os microtúbulos a partir de ambos os polos posicionou todos os pares de cromossomos homólogos no equador do eixo.
Anáfase I. Os microtúbulos separam cada cromossomo de seu homólogo e se movem para polos de eixo opostos. À medida que a anáfase I acaba, um agrupamento de cromossomos duplicados se aproxima de cada polo do eixo.
Telófase I. Dois núcleos se formam; tipicamente, o citoplasma se divide. Todos os cromossomos ainda são duplicados; cada um consiste ainda em duas cromátides irmãs.

A segunda divisão nuclear, a meiose II, ocorre em ambos os núcleos que se formaram na meiose I. Os cromossomos se condensam na **prófase II** e se alinham na **metáfase II**. Cromátides irmãs de cada cromossomo são distanciadas umas das outras na **anáfase II**, e cada uma se torna um cromossomo individual. Ao final da **telófase II**, existem quatro núcleos **haploides**, cada um com um conjunto de cromossomos. Os cromossomos são duplicados nesse estágio.

Seção 1.4 Novas combinações de alelos surgem por eventos na prófase I e metáfase I.
As cromátides não irmãs de cromossomos homólogos sofrem **crossing-over** durante a prófase I: eles trocam segmentos no mesmo local ao longo de seu comprimento, que acaba em novas combinações de alelos que não estavam presentes em qualquer cromossomo parental.
O crossing-over durante a prófase I e a segregação aleatória de cromossomos maternos e paternos em novos núcleos contribuem para a variação nas características entre a prole.

Seção 1.5 Corpos multicelulares diploides e haploides são típicos nos ciclos de vida de plantas e animais. Um **esporófito** diploide é um corpo vegetal multicelular que forma esporos haploides. Os esporos originam **gametófitos**, ou corpos vegetais multicelulares nos quais os gametas haploides se formam. As células germinativas nos órgãos reprodutores da maioria dos animais originam espermatozoides ou **óvulos**. A fusão de um espermatozoide e um óvulo na **fertilização** resulta em um zigoto.

Seção 1.6 Como a mitose, a meiose exige um eixo bipolar para se mover e classificar cromossomos duplicados; porém, a meiose ocorre somente em células que são separadas para reprodução sexuada. A mitose mantém o número de cromossomos parentais. A meiose divide o número de cromossomos e apresenta novas combinações de alelos na prole. Alguns mecanismos de meiose lembram os da mitose e podem ter evoluído a partir deles. Por exemplo, as mesmas enzimas de reparo de DNA agem em ambos os processos.

Questões
Respostas no Apêndice III

1. A meiose e a divisão citoplasmática ocorrem em _____.
   a. reprodução assexuada de eucariontes unicelulares
   b. crescimento e reparo de tecido
   c. reprodução sexuada
   d. b e c

2. A reprodução sexuada exige _____.
   a. meiose
   b. fertilização
   c. formação de esporos
   d. a e b

Exercício de análise de dados

Em 1998, pesquisadores da *Case Western University* estavam estudando a meiose em oócitos de camundongos quando observaram um aumento inesperado e dramático de eventos de meiose anormal (Figura 1.12). A segregação inadequada de cromossomos durante a meiose é uma das principais causas de distúrbios genéticos humanos, que serão discutidos no Capítulo 3.

Os pesquisadores descobriram que os picos nas anomalias meióticas começaram imediatamente depois que as gaiolas plásticas dos camundongos e garrafas de água foram lavadas com um novo detergente alcalino. O detergente danificou o plástico, que começou a soltar *Bisfenol A* (BPA). BPA é uma substância química sintética que imita o estrogênio, um hormônio. O BPA é usado para produzir itens plásticos em policarbonato (incluindo mamadeiras e garrafas de água) e epóxis (incluindo o revestimento na parte interna de latas metálicas de alimentos).

1. Qual a porcentagem de oócitos de camundongos que apresentaram anomalias na meiose sem ter passado por exposição aos itens danificados?
2. Quais grupos de camundongos apresentaram anomalias meióticas em seus oócitos?
3. O que há de anormal na metáfase I à medida que ocorre nos oócitos exibidos na Figura 1.12b, c e d?

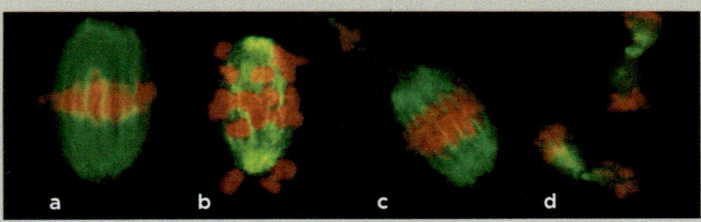

Materiais da gaiola	Número total de oócitos	Anormalidades
Controle: gaiolas novas com garrafas de água	271	5 (1,8%)
Gaiolas danificadas com garrafas de água		
Danos leves	401	35 (8,7%)
Danos graves	149	30 (20,1%)
Garrafas danificadas	197	53 (26,9%)
Gaiolas danificadas com garrafas danificadas	58	24 (41,4%)

Figura 1.12 Anomalias meióticas associadas à exposição a itens de plástico danificados. As micrografias fluorescentes mostram núcleos de oócitos de camundongos na metáfase I. (**a**) Metáfase normal; (**b–d**) Exemplos de metáfase anormal. Os cromossomos são *vermelhos*; as fibras do eixo são *verdes*.

---

3. Qual o nome para formas alternativas do mesmo gene?
4. Geralmente, um par de cromossomos homólogos _____.
   a. carrega os mesmos genes
   b. interage na meiose
   c. tem o mesmo comprimento e formato
   d. todas as anteriores
5. Cromátides irmãs são unidas no _____.
   a. cinetócoro   c. centríolo
   b. eixo   d. centrômero
6. A meiose _____ o número de cromossomos parentais.
   a. dobra   c. mantém
   b. divide   d. mistura
7. A meiose termina com a formação de _____.
   a. duas células   c. quatro células
   b. dois núcleos   d. quatro núcleos
8. As cromátides irmãs de cada cromossomo duplicado se separam durante a _____.
   a. prófase I
   b. prófase II   d. anáfase II
   c. anáfase I   e. b e c
9. Como a meiose contribui para a variação nas características na prole de reprodutores sexuados?
10. A célula mostrada *à direita* está em anáfase II. Sei disso porque _____.
11. Ligue cada termo à sua descrição.
    ___número de cromossomo   a. diferentes formas moleculares do mesmo gene
    ___alelos   b. talvez nenhum entre meiose I, II
    ___metáfase I   c. todos os cromossomos alinhados no equador do eixo
    ___intérfase   d. todos os cromossomos em um determinado tipo de célula

Raciocínio crítico

1. Explique por que você pode prever que a meiose origina diferenças genéticas entre células dos pais e células dos descendentes em menos divisões celulares do que a mitose.
2. Presuma que você seja capaz de medir a quantidade de DNA no núcleo de um oócito primário, e depois no núcleo de um espermatócito primário. Cada um resulta em uma massa *m*. Qual a massa de DNA que você esperaria encontrar no núcleo de cada gameta maduro (cada óvulo e espermatozoide) que se forma após a meiose? Qual massa de DNA estará (1) no núcleo de um zigoto que se forma na fertilização e (2) no núcleo do zigoto após a primeira duplicação de DNA?
3. Os números de cromossomos diploides para as células somáticas de diversas espécies eucarióticas estão relacionados *à direita*. Qual o número de cromossomos que normalmente termina nos gametas de cada espécie? Qual seria esse número depois de três gerações se a meiose não ocorresse antes da formação do gameta?

Mosca de frutas, *Drosophila melanogaster*	8
Ervilha de jardim, *Pisum sativum*	14
Rã, *Rana pipiens*	26
Minhoca, *Lumbricus terrestris*	36
Ser humano, *Homo sapiens*	46
Ameba, *Amoeba*	50
Cachorro, *Canis familiaris*	78
Rato de Vizcacha, *Tympanoctomys barrerae*	102
Cavalinha, *Equisetum*	216

2 Observação de Padrões em Traços Herdados

QUESTÕES DE IMPACTO Cor da Pele

Um dos traços humanos mais visíveis é a cor da pele, que pode ir de muito clara a um marrom muito escuro. A cor surge de melanossomos, organelas nas células da pele que formam os pigmentos vermelhos e preto-amarronzados chamados melaninas. A maioria das pessoas tem praticamente o mesmo número de melanossomos em suas células cutâneas. A variação na cor da pele ocorre porque os tipos e quantidades de melaninas feitas pelos melanossomos variam entre as pessoas.

A pele escura teria sido adaptativa sob a luz intensa do sol das savanas africanas onde os humanos iniciaram sua evolução. A melanina protege as células cutâneas expostas à luz do sol porque absorve radiação ultravioleta (UV), que danifica o DNA e outras moléculas biológicas. A pele escura rica em melanina atua como um protetor solar natural; portanto, reduz o risco de determinados cânceres e outros problemas graves causados pela exposição excessiva à luz do sol.

Os primeiros grupos de humanos que migraram para regiões com climas mais frios foram expostos a menos luz solar. Nessas regiões, a pele mais clara teria sido adaptativa. Por quê? A radiação UV estimula as células da pele a formar uma molécula que o organismo converte em vitamina D, que é essencial. Onde a exposição à luz solar é mínima, o dano da radiação UV é um risco menor que a deficiência de vitamina D, que tem consequências graves para a saúde de fetos em desenvolvimento e crianças. Pessoas com pele escura blindada contra UV têm alto risco de sofrer essa deficiência em regiões na qual a exposição à luz do sol é mínima.

Como a maioria dos outros traços humanos, a cor da pele tem base genética (Figura 2.1). Mais de 100 produtos dos genes afetam a síntese e a deposição de melanina. Mutações em pelo menos alguns desses genes podem ter contribuído para variações adaptativas da cor da pele humana. Por exemplo, o gene SLC24A5 no cromossomo 15 codifica uma proteína de transporte de membrana nos melanossomos. Quase todas as pessoas de ascendência africana, americana ou do leste asiático têm a mesma versão (alelo) desse gene. Por sua vez, quase todas as pessoas de ascendência europeia carregam uma mutação em particular no gene. O alelo europeu resulta em menos melanina e cor de pele mais clara que a versão sem mutação.

Tais padrões genéticos oferecem pistas sobre o passado. Por exemplo, chineses e europeus não compartilham nenhum alelo de pigmentação da pele que também não ocorra em outras populações. Entretanto, a maioria das pessoas com ascendência chinesa tem um alelo em particular do gene *DCT*, cujo produto ajuda a converter tirosina em melanina. Poucos descendentes de europeus ou africanos têm esse alelo. Considerada em conjunto, a distribuição dos genes *SLC24A5* e *DCT* sugere que (1) uma população africana foi ancestral aos chineses e aos europeus, e (2) populações de chineses e europeus se separaram antes de os genes de pigmentação sofrerem mutação e a cor da pele mudar.

A cor da pele é um dos muitos traços humanos que podem variar devido a mutações em um só gene. A pequena escala de tais diferenças é um lembrete de que todos nós compartilhamos um legado genético de ancestralidade comum.

Figura 2.1 Cor da pele. Variações na cor da pele podem ter evoluído como um equilíbrio entre a produção de vitamina D e a proteção contra radiação UV danosa.
A variação na cor da pele e na maioria dos outros traços humanos começa com diferenças nos alelos herdados dos pais. As gêmeas fraternas Kian e Remee nasceram em 2006, filhas de Kylie (*à esquerda*) e Remi (*à direita*). As mães de Kylie e Remi são de ascendência europeia e têm pele clara. Os pais deles têm ascendência africana e pele escura.
Mais de 100 genes afetam a cor da pele nos humanos. Kian e Remee herdaram alelos diferentes de alguns desses genes.

Conceitos-chave

Quando a genética moderna começou
Gregor Mendel reuniu as primeiras evidências experimentais da base genética da herança. Seu trabalho meticuloso proporcionou pistas de que os traços herdáveis são especificados em unidades. As unidades, que são distribuídas em gametas em padrões previsíveis, foram mais tarde identificadas como genes. **Seção 2.1**

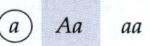

Perspectiva dos experimentos mono-híbridos
Alguns experimentos resultaram na evidência da segregação de genes: quando um cromossomo se separa do seu parceiro homólogo, durante a meiose, os alelos nesses cromossomos também se separam e acabam em gametas diferentes. **Seção 1.2**

Perspectiva de experimentos di-híbridos
Outros experimentos resultaram nas evidências da segregação independente: os genes são tipicamente distribuídos em gametas, independentemente de outros genes. **Seção 2.3**

Variações no tema de Mendel
Nem todos os traços aparecem nos padrões de herança de Mendel. Um alelo pode ser parcialmente dominante sobre um parceiro não idêntico, ou codominante com ele. Múltiplos genes podem influenciar em um traço (característica); alguns genes influenciam em vários traços. O ambiente também influencia na expressão dos genes. **Seção 2.4 e 2.7**

Neste capítulo

- Antes de iniciar este capítulo, certifique-se se você consegue definir de maneira geral genes, alelos e números de cromossomo diploides *versus* haploides.
- Pode ser desejável recordar sobre a estrutura de proteínas, enzimas e pigmentos.
- Enquanto lê, consulte o mapa visual dos estágios da meiose.
- Você irá considerar evidências experimentais de dois grandes tópicos – efeitos do crossing-over e dos alinhamentos da metáfase I sobre a herança.

Qual sua opinião? Tradicionalmente, humanos foram divididos em raças, com base em atributos físicos como cor da pele, que têm uma base genética. Gêmeos como Kian e Remee são de raças diferentes?

2.1 Mendel, ervilhas e padrões hereditários

- Padrões de hereditariedade recorrentes são resultados observáveis da reprodução sexuada.

Por volta de 1850, a maioria das pessoas tinha uma ideia de que os dois pais contribuem com material hereditário para seus descendentes, mas poucas suspeitavam de que o material fosse organizado como unidades, ou genes. Algumas pensavam que o material hereditário devia ser fluido, com fluidos dos dois pais se misturando na fertilização, como café no leite. Essa ideia foi denominada "padrão hereditário mesclado".

Figura 2.2 Gregor Mendel, fundador da genética moderna.

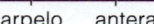
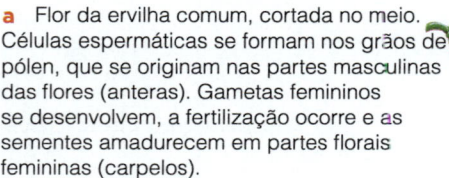

a Flor da ervilha comum, cortada no meio. Células espermáticas se formam nos grãos de pólen, que se originam nas partes masculinas das flores (anteras). Gametas femininos se desenvolvem, a fertilização ocorre e as sementes amadurecem em partes florais femininas (carpelos).

b Pólen de uma planta que sempre produz descendentes com flores roxas é esfregado em um botão de flor de uma planta que sempre produz descendentes com flores brancas. A flor branca teve suas anteras cortadas. A polinização artificial é uma maneira de garantir que uma planta não se autofertilize.

c Mais tarde, as sementes se desenvolvem dentro de cascas na planta fertilizada de forma cruzada. Um embrião, em cada semente, se desenvolve em uma planta madura.

d A cor da flor de cada nova planta é uma evidência indireta, mas observável, de que o material hereditário foi transmitido das plantas-mães.

Figura 2.3 Ervilha comum (*Pisum sativum*), que pode se autofertilizar ou fertilizar de forma cruzada. Os pesquisadores podem controlar a transferência de seu material hereditário de uma flor para outra.

A ideia de "padrão hereditário mesclado" não conseguiu explicar o óbvio. Por exemplo, muitas crianças com cor de olho ou cabelo diferente têm os mesmos pais. Se os fluidos dos pais se misturavam, a cor seria algum tom misto das cores dos pais. Se nenhum dos pais tivesse sardas, nunca haveria crianças sardentas. Um cavalo branco cruzado com um preto sempre deveria produzir crias cinza, mas as crias de tais acasalamento nem sempre têm essa cor. O "padrão hereditário mesclado" não explicou a variação nos traços que as pessoas podiam ver com os próprios olhos.

Charles Darwin não aceitou a ideia de padrão hereditário mesclado. Entretanto, embora a herança fosse central em sua teoria de seleção natural, ele não conseguia ver como ela funcionava. Ele via que formas de traços variavam frequentemente entre indivíduos em uma população. Ele percebeu que variações que ajudam indivíduos a sobreviver e se reproduzir tendem a aparecer mais frequentemente em uma população ao longo de gerações. Entretanto, nem ele nem ninguém na época sabia que o material hereditário é dividido em unidades separadas (genes). Esse conhecimento é crucial para entender como a hereditariedade funciona.

Antes mesmo de Darwin apresentar sua teoria de seleção natural, alguém estava coletando evidências que a embasariam. Gregor Mendel, um monge austríaco (Figura 2.2), estava cultivando cuidadosamente milhares de pés de ervilha. Ao documentar como alguns traços são transmitidos de planta a planta, geração após geração, ele coletou evidências diretas e observáveis de como o padrão hereditário funciona.

Abordagem experimental de Mendel

Mendel passou a maior parte de sua vida adulta em Brno, uma cidade perto de Viena, que agora faz parte da República Checa. Ele não era um homem de interesses limitados que simplesmente tropeçou em princípios impressionantes. Vivia em um mosteiro perto de cidades europeias, que eram centros de investigação científica. Tendo sido criado em uma fazenda, Mendel estava ciente de princípios agrícolas e suas aplicações. Ele se mantinha a par da literatura vigente sobre experimentos de criação. Era um membro dedicado de uma sociedade agrícola e ganhou prêmios por desenvolver variedades aprimoradas de frutas e vegetais.

Logo depois de Mendel entrar no mosteiro em Brno, fez cursos de matemática, física e botânica na Universidade de Viena. Poucos acadêmicos de seu tempo eram treinados em matemática e cultivo de plantas.

Logo após o final de sua educação universitária, Mendel começou a estudar a *Pisum sativum*, a ervilha comum. Essa planta se autofertiliza. Suas flores produzem gametas masculinos e femininos que podem se unir e originar uma nova planta.

As ervilhas podem ser "puras" para alguns traços como flores brancas. A reprodução sempre com as características dos pais para um traço significa que, exceto

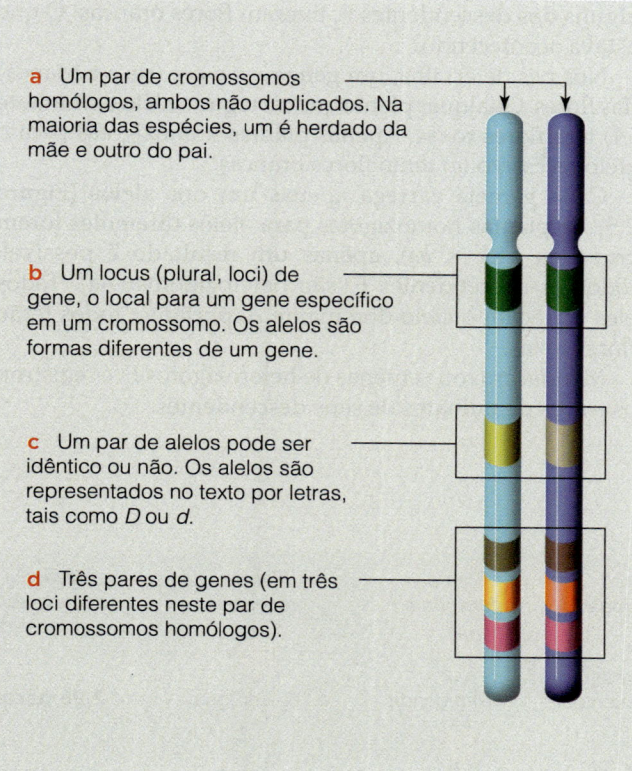

a Um par de cromossomos homólogos, ambos não duplicados. Na maioria das espécies, um é herdado da mãe e outro do pai.

b Um locus (plural, loci) de gene, o local para um gene específico em um cromossomo. Os alelos são formas diferentes de um gene.

c Um par de alelos pode ser idêntico ou não. Os alelos são representados no texto por letras, tais como *D* ou *d*.

d Três pares de genes (em três loci diferentes neste par de cromossomos homólogos).

Figura 2.4 Alguns termos genéticos. Como outras espécies diploides, ervilhas têm pares de genes em pares de cromossomos homólogos. A maioria dos genes vem em formas levemente diferentes chamadas alelos. Diferentes alelos podem resultar em diferentes versões de um traço (característica). Um alelo em um determinado local em um cromossomo pode ou não ser idêntico a seu parceiro no cromossomo homólogo.

Termos usados na genética moderna

Na época de Mendel, ninguém sabia sobre genes, meiose ou cromossomos. Enquanto seguimos seu raciocínio, esclareceremos o cenário substituindo alguns termos modernos, conforme declarado aqui e na Figura 2.4.

1. Genes são unidades de informação sobre traços (características) que podem ser herdadas. Pais transmitem genes a seus descendentes. Cada gene ocorre em uma localidade específica (**locus**) em um cromossomo específico.

2. Células com um número de cromossomos diploide ($2n$) têm pares de genes, localizados em pares de cromossomos homólogos.

3. Uma **mutação** é uma alteração permanente em um gene. Ela pode fazer um traço mudar, como quando um gene para a cor da flor especifica púrpura e uma forma com mutação especifica branca. Tais formas alternativas de um gene são alelos.

4. Todos os membros de uma linhagem "pura" para um traço específico têm alelos idênticos para esse traço. Os descendentes de um cruzamento, ou acasalamento, entre dois indivíduos com formas diferentes de um traço são **híbridos**. Um híbrido tem alelos não idênticos para o traço.

5. Um indivíduo com alelos não idênticos de um gene é **heterozigoto** para o gene. Um indivíduo com alelos idênticos de um gene é **homozigoto** para o gene.

6. Um alelo é **dominante** se seu efeito mascara o efeito de um alelo **recessivo** pareado com ele. Letras maiúsculas como *A* significam alelos dominantes; letras minúsculas como *a* significam recessivos.

7. Um indivíduo **dominante homozigoto** tem um par de alelos dominantes (*AA*). Um indivíduo **homozigoto recessivo** tem um par de alelos recessivos (*aa*). Um indivíduo heterozigoto tem um par de alelos não idênticos (*Aa*). Heterozigotos são híbridos.

8. Expressão genética é o processo pelo qual informações em um gene são convertidas em uma parte estrutural ou funcional de uma célula ou um organismo. Os genes expressos determinam os traços (características) de um indivíduo.

9. Dois termos ajudam a manter a distinção clara entre genes e os traços que eles especificam: **genótipo** refere-se aos alelos em particular que um indivíduo leva; **fenótipo** refere-se aos traços de um indivíduo.

10. F_1 quer dizer os descendentes de primeira geração de pais (P); F_2 significa descendentes de segunda geração. F é abreviação de filial (descendência).

Para pensar

Qual a contribuição de Gregor Mendel para a biologia moderna?
- Mendel coletou "pistas" sobre como a herança funciona na reprodução sexuada, ao rastrear traços observáveis por meio de gerações de pés de ervilha.

por mutações raras, todos os descendentes têm a mesma forma do traço que seu(s) pai(s), geração após geração. Por exemplo, todos os descendentes de ervilhas "puras" com flores brancas também terão flores brancas.

Criadores, como Mendel, fazem fertilização cruzada de plantas quando transferem pólen da flor de uma planta para a flor de outra. (Grãos de pólen são estruturas nas quais os gametas masculinos se desenvolvem. Eles se formam em anteras, que são as partes masculinas de uma flor.) Por exemplo, um criador pode abrir um botão de flor de uma planta com flores brancas e retirar suas anteras. A remoção das anteras evita que a flor fertilize a si mesma. O criador, então, esfrega pólen de outra planta, talvez uma planta pura com flores roxas, nas partes femininas da flor (Figura 2.3). Mendel descobriu que os traços dos descendentes de tais plantas de fertilização cruzada aparecem em padrões previsíveis.

2.2 Lei da segregação dos fatores (primeira lei de Mendel)

- Ervilhas comuns herdam duas "unidades" de informação (genes) para um traço, uma de cada pai.

Um **cruzamento-teste** é um método de determinação de genótipos. Um indivíduo de genótipo desconhecido é cruzado com um que seja homozigoto recessivo. Os traços dos descendentes podem indicar que o indivíduo é heterozigoto ou homozigoto para um traço dominante.

Experimentos mono-híbridos são cruzamentos-teste que verificam uma relação de dominância entre dois alelos em um único locus. Indivíduos com alelos diferentes de um gene são cruzados (ou autofertilizados); traços dos descendentes de tal cruzamento podem indicar se um dos alelos é dominante sobre o outro. Um experimento mono-híbrido típico é um cruzamento entre indivíduos identicamente heterozigotos em um locus gênico ($Aa \times Aa$).

Mendel utilizou experimentos mono-híbridos para encontrar relações de dominância entre sete traços do pé de ervilha. Por exemplo, ele cruzou plantas "puras" para flores roxas com plantas "puras" para flores brancas. Todos os descendentes F_1 desse cruzamento tiveram flores roxas. Quando ele cruzou esses descendentes F_1, alguns dos descendentes F_2 tiveram flores brancas! O que estava acontecendo?

Nos pés de ervilha, um gene rege a cor (roxa e branca) das flores. Qualquer planta que carregue o alelo dominante (A) terá flores roxas. Apenas plantas homozigotas para o alelo recessivo (a) terão flores brancas.

Cada gameta carrega apenas um dos alelos (Figura 2.5). Se plantas homozigotas para alelos diferentes forem cruzadas ($AA \times aa$), apenas um resultado é possível: todos os descendentes F_1 são heterozigotos (Aa). Todos eles carregam o alelo dominante A; portanto, todos terão flores roxas.

Mendel cruzou centenas de heterozigotos F_1 e registrou os traços de milhares de seus descendentes.

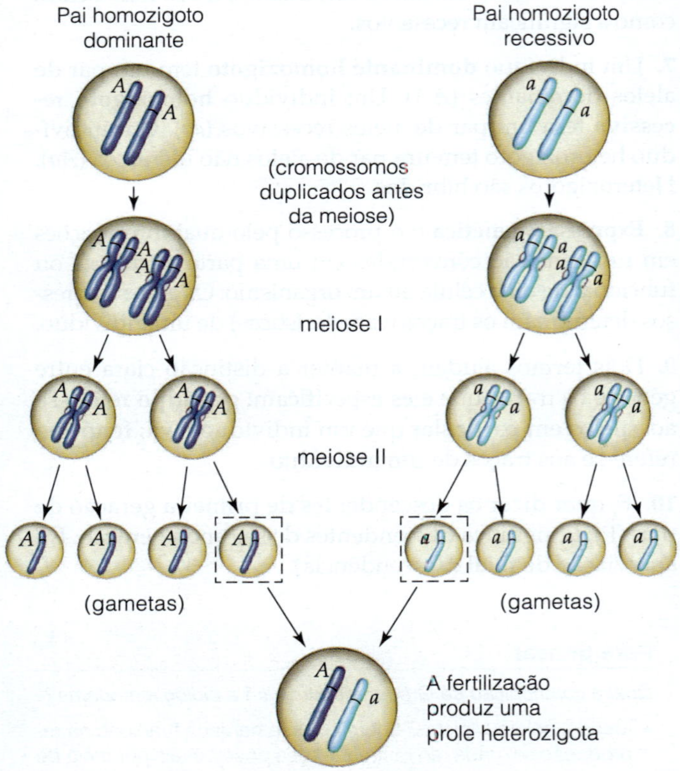

Figura 2.5 Segregação de um par de alelos em um locus gênico.

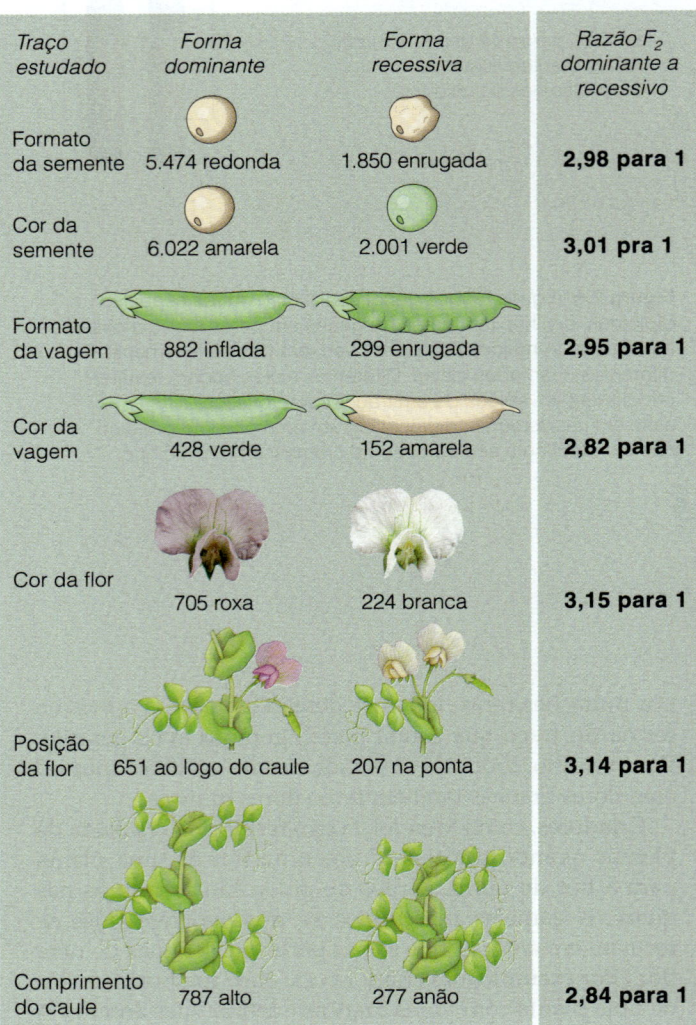

Figura 2.6 Esquema de alguns experimentos mono-híbridos de Mendel com ervilhas, contagens reais de descendentes F_2 com alguns fenótipos que refletem "unidades" hereditárias (alelos) dominantes ou recessivos. Todas as proporções de fenótipos nos descendentes F_2 foram de quase 3 para 1.

Cerca de três em cada quatro plantas F$_2$ tinham o traço dominante, e aproximadamente uma em quatro tinham o traço recessivo (Figura 2.6).

Os resultados previsíveis de Mendel indicaram que a fertilização é um evento casual com um número finito de resultados possíveis. Mendel sabia sobre a **probabilidade**, que é uma medida da chance de um resultado em particular ocorrer. Essa chance depende do número total de resultados possíveis. Por exemplo, se você cruzar dois heterozigotos *Aa*, os dois tipos de gametas (*A* e *a*) podem encontrar quatro caminhos diferentes na fertilização:

Evento possível	Resultado provável
Gameta masculino *A* encontra gameta feminino *A*	1 de 4 descendentes *AA*
Gameta masculino *A* encontra gameta feminino *a*	1 de 4 descendentes *Aa*
Gameta masculino *a* encontra gameta feminino *A*	1 de quatro descendentes *Aa*
Gameta masculino *a* encontra gameta feminino *a*	1 de 4 descendentes *aa*

Cada descendente desse cruzamento tem 3 chances em 4 de herdar pelo menos um alelo dominante *A* (e flores roxas). Ele tem 1 chance em 4 de herdar dois alelos recessivos *a* (e flores brancas). Assim, a probabilidade de um descendente desse cruzamento ter flores roxas ou brancas é de 3 roxas para 1 branca, o que representamos como uma proporção de 3:1. Utilizamos tabelas chamadas **quadrados de Punnett** para calcular a probabilidade de genótipos (e fenótipos) que ocorrerão nos descendentes (Figura 2.7).

As proporções observadas por Mendel não foram exatamente 3:1, mas ele sabia que desvios podem surgir de um erro de amostragem (Volume I, Seção 1.8). Por exemplo, se você jogar cara ou coroa, a probabilidade de dar um dos dois é igual (de 1:1). Entretanto, frequentemente dá cara, ou coroa, várias vezes seguidas. Assim, se você joga cara ou coroa poucas vezes, a proporção observada pode ser bastante diferente da prevista de 1:1. Se você jogar muitas vezes, a probabilidade de ver essa proporção é maior. Mendel minimizou seu erro de amostragem ao maximizar o tamanho de suas amostras.

Os resultados do experimento mono-híbrido de Mendel tornaram-se a base de sua lei de **segregação**, em que cada traço é condicionado por dois fatores que se separam na formação dos gametas. Em termos modernos: células diploides têm pares de genes, em pares de cromossomos homólogos. Os dois genes de cada par são separados um do outro durante a meiose; portanto, terminam em gametas diferentes.

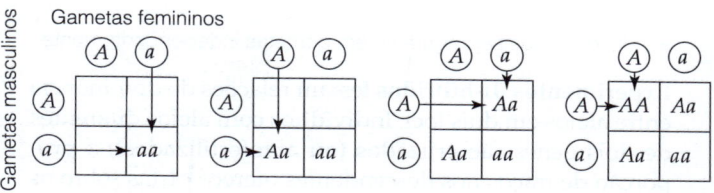

a Da esquerda para a direita, construção passo a passo de um quadrado de Punnett. Os círculos representam gametas e as letras representam alelos: *A* é dominante; *a* é recessivo. Os genótipos da prole resultante estão dentro dos quadrados.

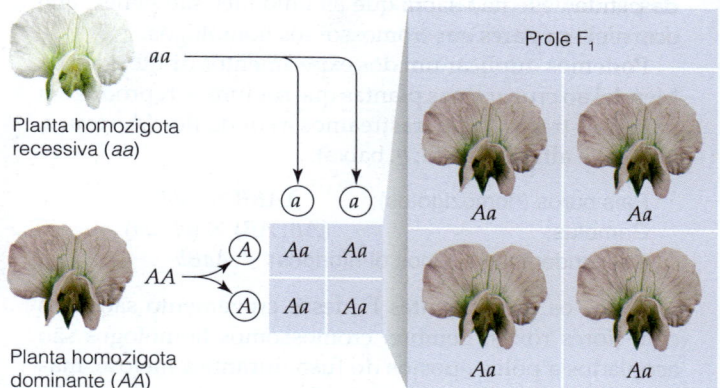

b Um cruzamento entre duas plantas homozigotas ("puras") para duas diferentes apresentações de um mesmo traço, no caso a cor, produz uma prole F$_1$ heterozigota (híbrida).

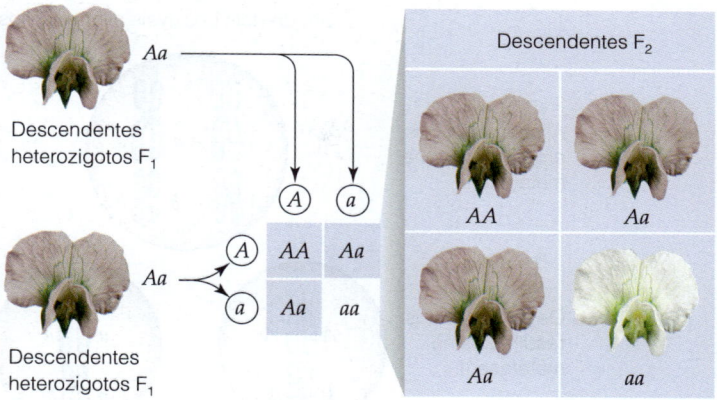

c Um cruzamento entre a prole F$_1$ constitui um experimento mono-híbrido. A proporção da prole F$_2$ neste exemplo é de 3:1 (3 roxas para 1 branca).

Figura 2.7 (**a**) Método do quadrado de Punnett para previsão de resultados prováveis de cruzamentos genéticos. (**b,c**) Um dos experimentos mono-híbridos de Mendel. Em média, a proporção entre fenótipos dominantes e recessivos entre plantas de segunda geração (F$_2$) de um experimento mono-híbrido é 3:1.
Resolva: Quantos genótipos possíveis existem na geração F$_2$?

Resposta: Três: *AA*, *Aa* e *aa*.

Para pensar

O que é a lei de segregação de Mendel?

- Células diploides têm pares de genes, em pares de cromossomos homólogos. Os dois genes de cada par são separados um do outro durante a meiose, portanto terminam em gametas diferentes.
- Mendel descobriu padrões de herança em ervilhas ao registrar e analisar os resultados de muitos cruzamentos-teste.

2.3 Lei da segregação independente (segunda lei de Mendel)

- Muitos genes segregam-se em gametas independentemente.

Experimentos di-híbridos testam relações de dominância entre alelos em dois loci. Indivíduos com alelos diferentes de dois genes são cruzados (ou autofertilizados); a proporção de traços nos descendentes oferece pistas sobre os alelos. Mendel analisou os resultados numéricos de experimentos di-híbridos, mas devido ao entendimento prevalecente sobre hereditariedade, ele só conseguiu supor que "unidades" que especificavam um traço (como cor da flor) se segregam em gametas independentemente de "unidades" que especificavam outros traços (como altura da planta). Ele não sabia que as unidades são genes, que ocorrem em pares em cromossomos homólogos.

Podemos duplicar um dos experimentos di-híbridos de Mendel ao cruzar duas plantas que sempre se reproduzem para dois traços. Aqui, rastreamos a cor da flor (A, roxa; a, branca) e altura (B, alta; b, baixa):

Pais puros (homozigotos):	$AABB \times aabb$
Gametas:	$(AB, AB) \times (ab, ab)$
Descendentes F_1, todos di-híbridos:	$AaBb$

Todos os descendentes F_1 desse cruzamento são altos com flores roxas. Lembre: cromossomos homólogos são acoplados a polos opostos do fuso durante a meiose, mas qual homólogo se acopla a qual polo é aleatório (Seção 1.3). Assim, quatro combinações de alelos são possíveis nos gametas de experimentos di-híbridos $AaBb$: AB, Ab, aB e ab (Figura 2.8).

Se dois di-híbridos são cruzados, seus alelos podem se combinar em 16 formas diferentes na fertilização (quatro tipos de gametas em um indivíduo × quatro tipos de gametas no outro). Em nosso exemplo ($AaBb \times AaBb$), as 16 combinações resultam em quatro fenótipos diferentes (Figura 2.9). Nove das 16 são altas com flores roxas, três são baixas com flores roxas, três são altas com flores brancas e uma é baixa com flores brancas. A proporção desses fenótipos é 9:3:3:1. Com mais pares de genes, mais combinações são possíveis. Se os pais diferem em 20 pares de genes, 3,5 bilhões de genótipos são possíveis!

Mendel publicou seus resultados em 1866, mas aparentemente sua obra foi lida por poucos e entendida por ninguém. Em 1871, ele se tornou abade de seu mosteiro, e seus experimentos pioneiros terminaram. Morreu em 1884, sem saber que seus experimentos seriam o ponto de partida para a genética moderna.

Mais tarde, a hipótese de Mendel ficou conhecida como a lei da **segregação independente**, segundo a qual "os fatores para duas ou mais características segregam-se no híbrido, distribuindo-se independentemente para os gametas, onde se combinam ao acaso". Em termos modernos, a lei afirma que genes são segregados em gametas independentemente de outros genes. A lei é verdadeira para muitos genes na maioria dos organismos. Entretanto, há exceções. Por exemplo, genes que estão relativamente próximos no mesmo cromossomo tendem a ficar juntos durante a meiose (voltaremos a este tópico na Seção 2.5).

> **Para pensar**
>
> *O que é a lei de segregação independente de Mendel?*
>
> - Um gene é distribuído em gametas independentemente de como outros genes estão distribuídos.

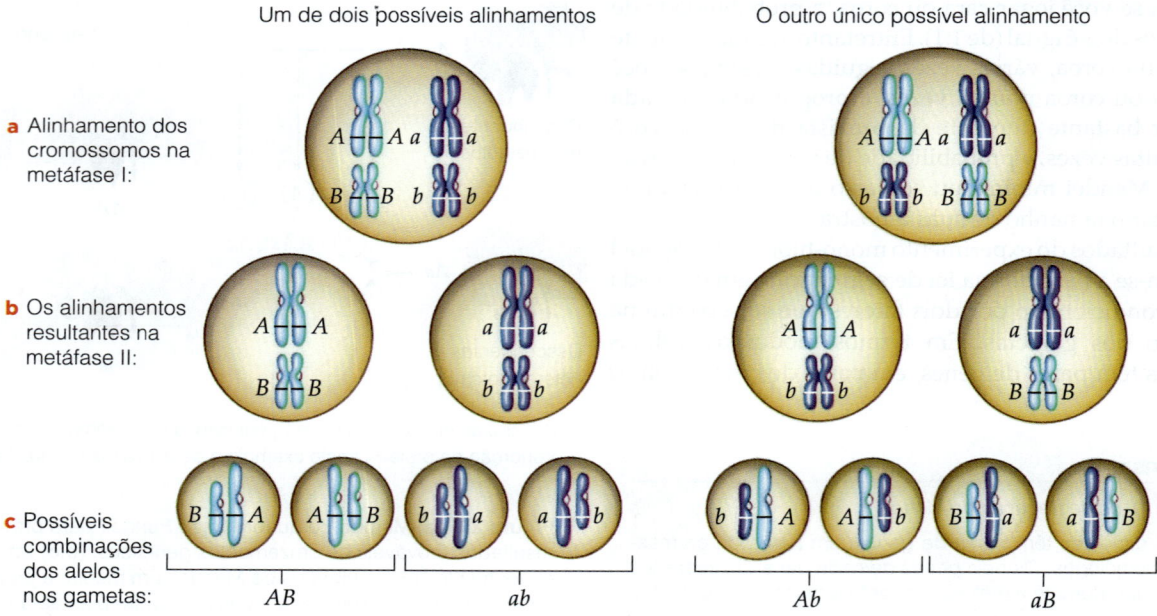

Figura 2.8 Segregação independente na meiose. Este exemplo mostra apenas dois pares de cromossomos homólogos no núcleo de uma célula reprodutiva diploide (2n). Cada cromossomo de um par pode se acoplar a cada polo. Quando dois pares são rastreados, dois alinhamentos de metáfase I são possíveis.

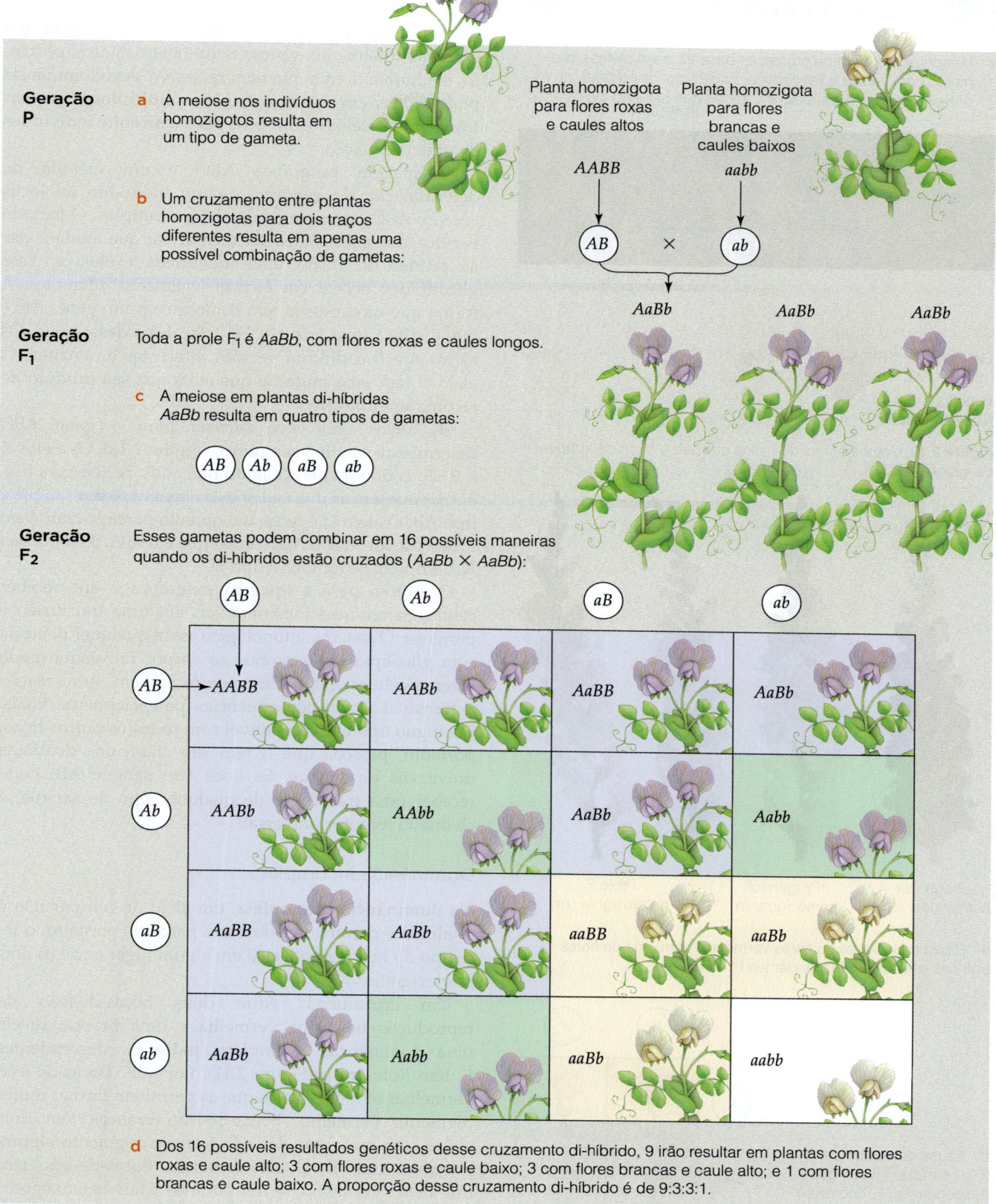

Figura 2.9 Um dos experimentos di-híbridos de Mendel. Aqui, *A* é um alelo para flores roxas; *a*, flores brancas; *B*, plantas altas; *b*, plantas baixas.
Resolva: O que as flores dentro dos quadros representam?

Resposta: Fenótipos dos descendentes.

2.4 Além da dominância simples

- Mendel se concentrou em traços baseados em alelos claramente dominantes e recessivos. Entretanto, os padrões de expressão de genes para alguns traços que não são tão óbvios.

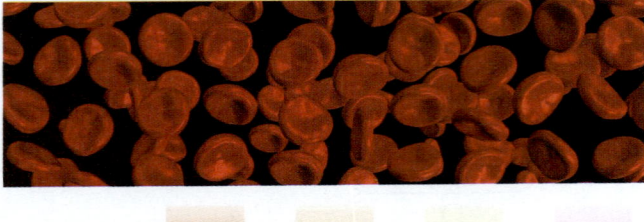

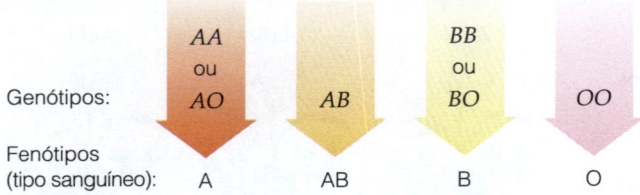

Figura 2.10 Combinações de alelos que são a base da tipagem sanguínea ABO.

a Cruze uma planta de flores vermelhas com uma de flores brancas e todos os descendentes F₁ serão rosa.

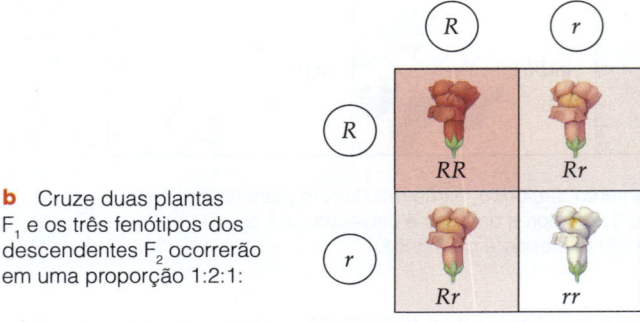

b Cruze duas plantas F₁ e os três fenótipos dos descendentes F₂ ocorrerão em uma proporção 1:2:1.

Figura 2.11 Dominância incompleta em boca-de-leão (*Antirrhinum*).

Codominância em tipos sanguíneos ABO

Com a **codominância**, dois alelos não idênticos de um gene são totalmente expressos em heterozigotos; portanto, nenhum é dominante nem recessivo. A codominância pode ocorrer em **sistemas de alelos múltiplos**, nos quais três ou mais alelos de um gene persistem entre indivíduos de uma população.

A tipagem sanguínea ABO é um método de determinação do genótipo de um indivíduo no locus *genético ABO*, um sistema de alelos múltiplos. O método verifica um glicolipídeo da membrana que ajuda a dar às células do corpo uma identidade exclusiva. Esse glicolipídeo ocorre em formas levemente diferentes. A forma que uma pessoa tem começa com um gene, *ABO*, que codifica uma enzima. Há três alelos desse gene. Os alelos *A* e *B* codificam versões diferentes da enzima. O alelo *O* tem uma mutação que evita que seu produto de enzima se torne ativo.

Os alelos que você carrega para o gene *ABO* determinam seu tipo sanguíneo (Figura 2.10). Os alelos *A* e *B* são codominantes quando pareados. Se seu genótipo é *AB*, você tem as duas versões da enzima, e seu sangue é tipo AB. O alelo *O* é recessivo quando pareado com *A* ou *B*. Se você for *AA* ou *AO*, seu sangue é tipo A. Se for *BB* ou *BO*, é tipo B. Se for *OO*, é tipo O.

O motivo para a tipagem sanguínea é que receber células sanguíneas incompatíveis em uma transfusão é perigoso. O sistema imunológico ataca qualquer hemácia com glicolipídeos estranhos ao corpo. Tal ataque pode fazer as células se agruparem ou romperem – uma reação à transfusão com consequências potencialmente fatais. O sangue tipo O é compatível com todos os outros tipos; portanto, pessoas que o têm são chamadas doadoras universais de sangue. Se você tem sangue AB, pode receber uma transfusão de qualquer tipo de sangue; é chamado receptor universal.

Dominância incompleta

Na **dominância incompleta**, um alelo de um par não é totalmente dominante sobre seu parceiro; portanto, o fenótipo do heterozigoto está em algum lugar entre os dois homozigotos.

Um cruzamento entre duas bocas-de-leão de reprodução fiel, uma vermelha e uma branca, revela uma dominância incompleta: todos os descendentes F₁ têm flores rosa (Figura 2.11). Por quê? Bocas-de-leão vermelhas têm dois alelos que as permitem formar muito pigmento vermelho. Bocas-de-leão brancas têm dois alelos com mutação; eles não formam pigmento algum; portanto, suas flores são incolores. Bocas-de-leão têm um alelo "vermelho" e um "branco"; tais heterozigotos apenas formam pigmento suficiente para colorir as flores de rosa. Cruze duas plantas F₁ rosa e pode-se esperar ver flores vermelhas, rosas e brancas em uma proporção 1:2:1 em descendentes F₂.

Epistasia

Alguns traços são afetados por interações entre produtos gênicos diferentes, um efeito chamado **epistasia**. Tipicamente, um produto gênico suprime o efeito de outro; portanto, o fenótipo resultante é um tanto inesperado. Interações epistáticas entre dois genes em galinhas causam variações dramáticas em suas cristas (Figura 2.12).

Como outro exemplo, vários genes afetam a cor dos pelos do labrador, que pode ser preta, amarela ou marrom (Figura 2.13). A cor dos pelos de um cão depende de como produtos dos alelos em mais de um loci formam um pigmento escuro, melanina, e o depositam nos tecidos. O alelo *B* (preto) é dominante a *b* (marrom). Em um locus diferente, o alelo *E* promove a deposição de melanina nos pelos, mas dois alelos recessivos (*ee*) a reduzem. Um cão com dois alelos *e* tem pelos amarelos independentemente de quais alelos tem no locus *B*.

Figura 2.12 A variação nas cristas, a saliência carnuda e vermelha na cabeça das galinhas, é um resultado de interações entre produtos de alelos em dois loci gênicos.

	EB	Eb	eB	eb
EB	EEBB Negro	EEBb Negro	EeBB Negro	EeBb Negro
Eb	EEBb Negro	EEbb chocolate	EeBb Negro	Eebb chocolate
eB	EeBB Negro	EeBb Negro	eeBB Amarelo	eeBb Amarelo
eb	EeBb Negro	Eebb chocolate	eeBb Amarelo	eebb Amarelo

Genes de longo alcance

Um único gene pode influenciar múltiplos traços, um efeito chamado **pleiotropia**. Genes que codificam produtos utilizados em todo o corpo são os com mais alta probabilidade de serem pleiotrópicos. Por exemplo, fibras longas de fibrilina fornecem elasticidade aos tecidos do coração, da pele, dos vasos sanguíneos, dos tendões e outras partes do corpo. Mutações no gene da fibrilina causam uma desordem genética chamada síndrome de Marfan, na qual tecidos se formam com fibrilina defeituosa ou totalmente ausente. O maior vaso sanguíneo que sai do coração, a aorta, é especialmente afetado. Na síndrome de Marfan, células musculares na espessa parede da aorta não funcionam muito bem e a própria parede não é tão elástica quanto deveria. A aorta se expande sob pressão; portanto, a falta de elasticidade eventualmente a torna fina e permeável. Depósitos de cálcio se acumulam dentro dela. Inflamada, afinada e enfraquecida, a aorta pode se romper abruptamente durante exercícios.

Pode ser muito difícil diagnosticar a síndrome de Marfan. As pessoas afetadas frequentemente são magras, altas e têm articulações soltas, mas existem muitas pessoas altas, magras com articulações soltas sem a desordem. Os sintomas podem não ser aparentes; portanto, muitas pessoas não sabem que têm Marfan. Até recentemente, ela matava a maioria das vítimas antes dos 50 anos. Haris Charalambous foi uma delas (Figura 2.14).

Figura 2.13 Da esquerda para a direita, labrador negro, chocolate e amarelo. Interações epistáticas entre produtos de dois pares de genes afetam a cor dos pelos.

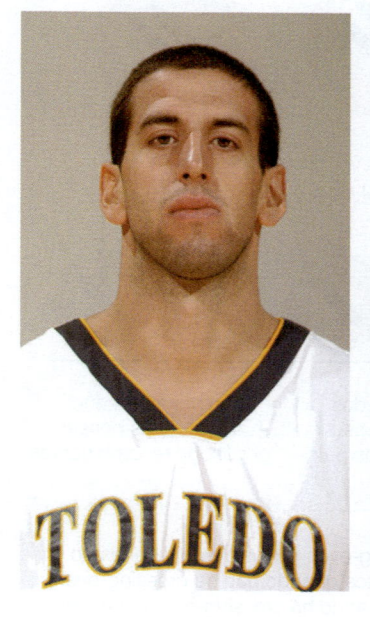

Figura 2.14 O astro de basquete em ascensão, Haris Charalambous, que morreu repentinamente quando sua aorta se rompeu durante exercícios de aquecimento na Universidade de Toledo, em 2006. Ele tinha 21 anos. Charalambous era muito alto e magro, com braços e pernas longos – traços valorizados em atletas profissionais como jogadores de basquete. Esses traços também são associados à síndrome de Marfan. Como muitas outras pessoas, Charalambous não sabia que tinha a síndrome de Marfan. Estima-se que 1 em cada 5 mil pessoas seja afetada por Marfan no mundo inteiro.

Para pensar

Todos os alelos são claramente dominantes ou recessivos?

- Um alelo pode ser totalmente dominante, incompletamente dominante ou codominante com seu parceiro em um cromossomo homólogo.
- Na epistasia, dois ou mais produtos genéticos influenciam um único traço. Na pleiotropia, um único produto genético influencia dois ou mais traços.

2.5 Genes ligados (linkage)

- Quanto mais distantes dois genes estão em um cromossomo, mais frequentemente o crossing-over ocorre entre eles.

Como você aprendeu na Seção 2.3, alelos de genes em diferentes cromossomos se segregam independentemente nos gametas. E quanto a genes no mesmo cromossomo? Mendel estudou sete genes em ervilhas, que têm sete pares de cromossomos. Ele teve sorte ao escolher um gene em cada um desses sete pares de cromossomos? Alguns presumiram que se ele tivesse estudado mais genes, teria descoberto uma exceção a sua lei de segregação independente.

O que acontece é que alguns dos genes que Mendel estudou *estão* no mesmo cromossomo. Os genes estão suficientemente separados para o crossing-over ocorrer entre eles muito frequentemente – tanto que eles tendem a se segregar em gametas independentemente, como se estivessem em cromossomos diferentes. Por sua vez, genes muito próximos em um cromossomo não tendem a se segregar independentemente, porque o crossing-over não ocorre com muita frequência entre eles. Assim, gametas normalmente recebem combinações paternas de alelos de tais genes. Genes que não se segregam de forma independente são considerados genes ligados ou em "linkage" (Figura 2.15).

Alelos de alguns genes ligados ficam juntos durante a meiose mais que outros. O efeito se deve simplesmente à distância relativa entre genes: genes mais próximos em um cromossomo são separados menos frequentemente por crossing-over. Por exemplo, se os genes A e B estiverem duas vezes mais longe em um cromossomo que os genes C e D, podemos esperar que crossing-overs separem alelos dos genes A e B mais frequentemente que separam alelos dos genes C e D:

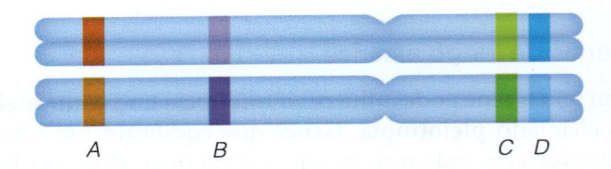

Generalizando a partir desse exemplo, podemos dizer que a probabilidade de um evento de crossing-over separar alelos de dois genes é proporcional à distância entre eles. Em outras palavras, quanto mais próximos dois genes estiverem em um cromossomo, maior a probabilidade de gametas receberem combinações paternas de alelos desses genes. Isto é, quanto mais próximos, menor a possibilidade de crossig-over. Diz-se que genes são firmemente ligados quando a distância entre eles é bem pequena.

Genes localizados em um mesmo cromossomo formam um **grupo de ligação**. Ervilhas têm 7 cromossomos; portanto, têm 7 grupos de ligação. Humanos têm 23 cromossomos; portanto, têm 23 grupos de ligação.

As ligações de genes humanos foram identificadas ao rastrear o padrão hereditário em famílias ao longo de várias gerações. Uma coisa ficou clara: crossing-overs não são nada raros e podem até ser necessários para que a meiose seja concluída. Em muitos eucariotos, pelo menos dois eventos de crossing-over ocorrem entre cada par de cromossomos homólogos durante a prófase I da meiose.

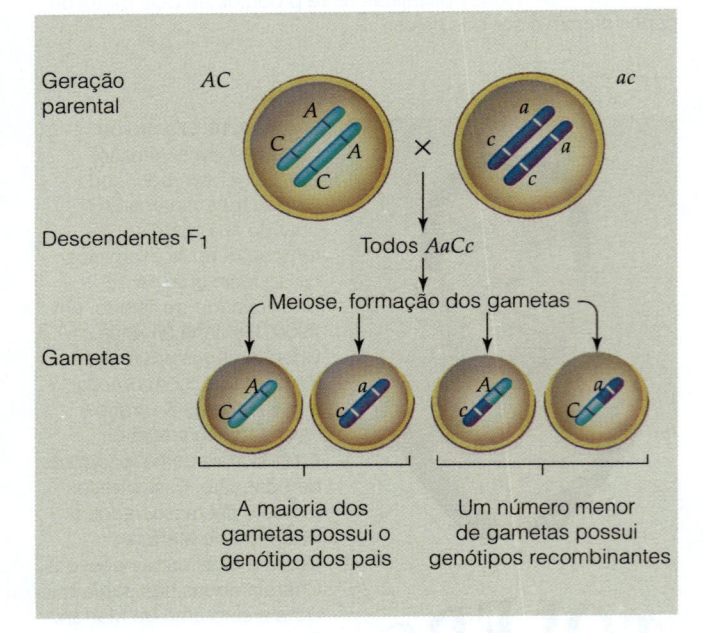

Figura 2.15 Ligação e crossing-over. Alelos de dois genes no mesmo cromossomo ficam juntos quando não há crossing-over entre eles e se recombinam quando há crossing-over entre eles.

Para pensar

Qual é o efeito do crossing-over sobre o padrão hereditário?

- Todos os genes de um mesmo cromossomo fazem parte de um grupo de ligação.
- O crossing-over interrompe (quebra) grupos de ligação. Quanto mais distantes dois genes estão em um cromossomo, mais frequentemente o crossing-over ocorre entre eles.

2.6 Os genes e o ambiente

- O ambiente pode influenciar a expressão gênica.

Variações nos traços nem sempre são o resultado de diferenças nos alelos. Por exemplo, uma enzima sensível ao calor, a tirosinase, que afeta a cor do pelo de gatos siameses. Essa enzima catalisa um passo na síntese da melanina, mas só funciona em regiões mais frias do corpo, como pernas, cauda e orelhas. A tirosinase também afeta a cor do pelo em coelhos Himalaia. Os coelhos são homozigotos para o alelo *ch*, que codifica uma forma de tirosinase que para de funcionar quando a temperatura nas células ultrapassa 33 °C. O calor metabólico mantém as partes mais maciças do corpo suficientemente quentes para desativar a enzima; portanto, o pelo é claro em suas superfícies. As orelhas e outros apêndices mais delgados perdem calor metabólico mais rapidamente, portanto são mais frios e a melanina os escurece (Figura 2.16).

Milefólios (*Achillea millefolium*) oferecem outro exemplo de como o ambiente influencia o fenótipo. O milefólio é útil para experimentos porque cresce de incisões (partes de uma mesma planta brotam quando cortadas e posteriormente plantadas). Todas as incisões de uma planta têm o mesmo genótipo; portanto, os cientistas sabem que os genes não são a causa para eventuais diferenças fenotípicas entre elas. Em um estudo, milefólios geneticamente idênticos desenvolveram diferentes fenótipos quando cultivados em altitudes diferentes (Figura 2.17).

Os invertebrados também mostram variação fenotípica de acordo com condições ambientais. Por exemplo, pulgas-d'água são crustáceos microscópicos de água doce. Insetos aquáticos são seus principais predadores. *Daphnia pulex* vivendo em lagos com poucos predadores têm cabeças arredondadas, mas as que vivem em lagos com muitos predadores possuem espinhos mais longos na cabeça e na cauda (Figura 2.18). Os predadores da *Daphnia* liberam substâncias químicas na água, que ativam o fenótipo diferente.

O ambiente também afeta genes humanos. Um de nossos genes codifica uma proteína que transporta serotonina pela membrana de células cerebrais. A serotonina reduz a ansiedade e a depressão durante momentos traumáticos. Algumas mutações no gene transportador de serotonina podem reduzir a capacidade de lidar com estresse. É como se alguns de nós andássemos de bicicleta pela vida sem um capacete emocional. Apenas quando sofremos uma batida o efeito fenotípico da mutação – depressão – aparece. Outros genes humanos afetam o estado emocional, mas mutações nesse gene reduzem nossa capacidade de superação quando coisas ruins acontecem.

Figura 2.16 Efeito observável do ambiente sobre a expressão gênica. Um coelho Himalaia é homozigoto para um alelo que codifica uma forma sensível ao calor de uma enzima exigida para síntese da melanina. Partes do corpo mais frias, como as orelhas, são escuras. A massa corporal principal é mais quente e clara. Uma parte dos pelos brancos de um coelho foi raspada. Uma bolsa de gelo foi amarrada acima do trecho sem pelos. O pelo cresceu de volta, mas era escuro. A bolsa de gelo havia resfriado a parte o suficiente para a enzima trabalhar, e a melanina foi produzida.

a Incisão madura em altitude elevada (3.060 m acima do nível do mar)

b Incisão madura em média altitude (1.400 m acima do nível do mar)

c Incisão madura em baixa altitude (30 m acima do nível do mar)

Figura 2.17 Experimento demonstrando os efeitos ambientais no fenótipo em milefólios (*Achillea millefolium*). Incisões da mesma planta mãe foram cultivadas no mesmo tipo de solo em três elevações diferentes.

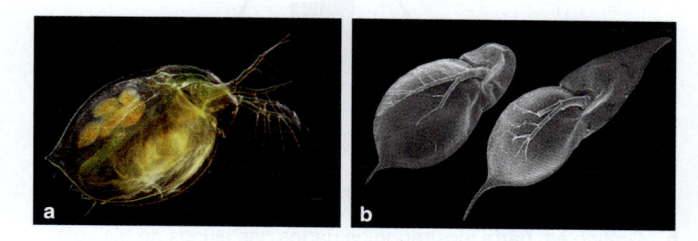

Figura 2.18 (a) Imagem de microscópio óptico de uma pulga-d'água viva. (b) Efeitos fenotípicos da presença de insetos que se alimentam de pulgas-d'água. A forma do corpo à *esquerda* se desenvolve quando predadores são poucos ou ausentes. A forma à *direita* se desenvolve quando a água contém substâncias químicas liberadas pelos insetos predadores. Ela tem espinhos mais longos na cauda e na cabeça.

Para pensar

O ambiente influencia a expressão genética?

- A expressão de alguns genes é afetada por fatores ambientais, como a temperatura. O resultado pode ser a variação nos traços.

2.7 Variações complexas nos traços

- Indivíduos da maioria das espécies variam em alguns de seus traços compartilhados. Muitos traços mostram uma gama contínua de variação.

Variação contínua

Os indivíduos de uma espécie tipicamente variam em muitos de seus traços compartilhados. Alguns desses traços aparecem em duas ou três formas; outros ocorrem em uma gama de pequenas diferenças chamada **variação contínua**. A variação contínua é um resultado da herança poligênica, na qual diversos genes afetam um único traço. Quanto mais genes e fatores ambientais influenciam um traço, mais contínua é sua variação.

Considere a cor dos olhos. A parte colorida é a íris, uma estrutura pigmentada em forma de rosca. Vários fatores genéticos contribuem para a cor da íris ao formar e distribuir melaninas. Quanto mais melanina depositada na íris, menos luz é refletida dela. Íris quase pretas têm depósitos densos de melanina, que absorvem quase toda a luz e refletem quase nenhuma. Depósitos de melanina não são tão amplos em olhos castanhos, que refletem alguma luz incidente. Olhos verdes, cinza e azuis têm menor quantidade de melanina, portanto, refletem mais luz.

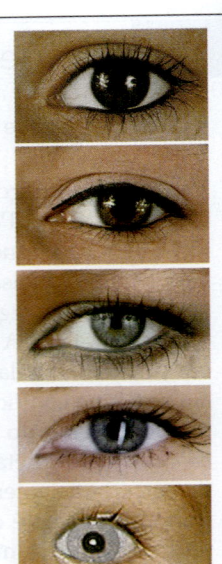

a Variação contínua na altura de estudantes de biologia da Universidade da Flórida. Homens (*acima*) e mulheres (*à direita*) foram divididos em categorias de incrementos de 2,5 cm (uma polegada) de altura. Como o experimento ocorreu em uma universidade norte-americana, os resultados foram divulgados no sistema pés/polegadas, e não no sistema métrico como estamos acostumados.

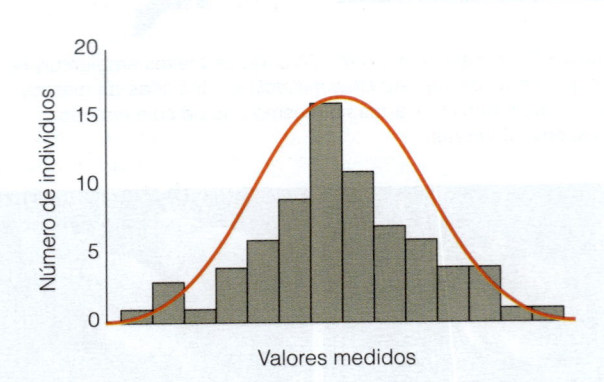

b Gráfico em barra mostrando os dados dos alunos de biologia em A. Observe a distribuição aproximadamente em forma de sino.

Figura 2.19 Variação contínua. Esses exemplos mostram a variação contínua na altura do corpo, um dos traços que ajudam a caracterizar as populações humanas.

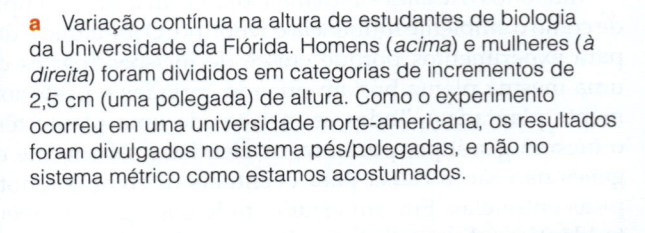

Como determinamos se um traço varia continuamente? Primeiro, dividimos a gama total de fenótipos em categorias mensuráveis, como polegadas ou centímetros de altura. A seguir, contamos quantos indivíduos de um grupo caem em cada categoria; essa contagem dá as frequências relativas de fenótipos em nossa gama de valores mensuráveis. Por fim, mostramos os dados em um gráfico de barras (Figura 2.19). Nesses gráficos, as barras mais curtas são categorias com menos indivíduos, e as mais altas, aquelas com mais indivíduos. Uma linha de gráfico sobre o topo das barras mostra a distribuição de valores para o traço. Se a linha estiver em uma curva em formato de sino, ou **curva em sino**, o traço mostra variação contínua.

Sobre fenótipos inesperados

Quase todos os traços que Mendel estudou apareciam em proporções previsíveis porque os pares de genes por acaso estavam em cromossomos diferentes ou distantes no mesmo cromossomo. Eles tendiam a se segregar independentemente. Entretanto, frequentemente há muito mais variação nos fenótipos, e nem todas são resultado de crossing-over.

Por exemplo, algumas mutações causam a camptodactilia, na qual o formato e o movimento dos dedos são anormais. Algum ou todos os dedos da mão esquerda, direita ou ambas podem ficar dobrados e imóveis (*acima*).

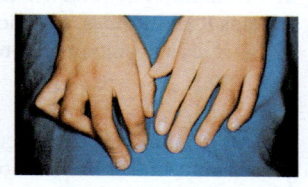

O que causa a variação complexa? A maioria das moléculas orgânicas é sintetizada em vias metabólicas que envolvem muitas enzimas. Genes que codificam tais enzimas podem mudar de várias formas; portanto, seus produtos podem funcionar dentro de um espectro de atividade que vai do excesso à completa ausência. Assim, o produto final de uma via metabólica pode ser formado dentro de uma gama de concentração e atividade. Fatores ambientais frequentemente adicionam mais variações a isso.

Assim, o fenótipo resulta de interações complexas entre produtos gênicos e o ambiente. Retornaremos a esse tópico no Capítulo 9, quando consideraremos algumas consequências evolucionárias das variações no fenótipo.

Para pensar

Como o fenótipo varia?

- Alguns traços têm uma gama de pequenas diferenças, ou variação contínua. Quanto mais genes e outros fatores influenciam um traço, mais contínua é a distribuição do fenótipo.
- Enzimas e outros produtos genéticos controlam passos da maioria das vias metabólicas. Mutações, interações entre genes e condições ambientais podem afetar um ou mais passos e, assim, contribuir para a variação nos fenótipos.

Resumo

Seção 2.1 Ao experimentar com ervilhas, Mendel coletou evidências de padrões pelos quais os pais transmitem genes aos descendentes. **Genes** são unidades de DNA que guardam informações sobre traços (características). Cada um tem seu próprio **locus**, ou localidade, ao longo de um cromossomo. **Mutações** originam formas diferentes de um gene (alelos).

Indivíduos que carregam dois alelos idênticos de um gene são **homozigotos** para o gene: (AA) ou (aa). Indivíduos que se reproduzem sempre para um traço são homozigotos para alelos que afetam o traço. Os descendentes de um cruzamento entre indivíduos homozigotos para alelos diferentes de um gene **são híbridos**, ou **heterozigotos**, com dois alelos não idênticos (Aa).

Um alelo **dominante** mascara o efeito de um alelo **recessivo** pareado com ele no cromossomo homólogo. Um indivíduo com dois alelos dominantes (AA) é **homozigoto dominante**. Um indivíduo com dois alelos recessivos é **homozigoto recessivo** (aa).

Os alelos em qualquer ou todos os loci genéticos constituem um **genótipo** de um indivíduo. A **expressão gênica** resulta no **fenótipo**, que se refere aos traços observáveis de um indivíduo.

Seção 2.2 O cruzamento de indivíduos puros (homozigotos) para duas formas de um traço ($AA \times aa$) produz descendentes F_1 identicamente heterozigotos (Aa). Um cruzamento entre tais descendentes F_1 é um **experimento mono-híbrido**, que pode revelar relações de dominância entre os alelos. Utilizamos **quadrados de Punnett** para calcular a **probabilidade** de ver determinados fenótipos em descendentes F_2 de tais **cruzamentos-teste**:

	A	a		
A	AA	Aa	AA (dominante) Aa (dominante)	Proporção de 3:1
a	Aa	aa	Aa (dominante) aa (recessivo)	esperada do fenótipo

Os resultados do experimento mono-híbrido de Mendel levaram a sua lei de **segregação** (declarada aqui em termos modernos): organismos diploides têm pares de genes, em pares de cromossomos homólogos. Durante a meiose, os genes de cada par se separam; portanto, cada gameta recebe um ou outro gene.

Seção 2.3 O cruzamento de indivíduos homozigotos para duas formas de dois traços ($AABB \times aabb$) produz descendentes F_1 identicamente heterozigotos ($AaBb$). Um cruzamento entre esses descendentes F_1 é chamado **experimento di-híbrido**. As proporções de fenótipos em descendentes F_2 de tais cruzamentos-teste podem revelar relações de dominância entre os alelos. Mendel viu uma proporção de fenótipos 9:3:3:1 em seus experimentos di-híbridos:

9 dominantes para ambos os traços
3 dominantes para *A*, recessivos para *b*
3 dominantes para B, recessivos para *a*
1 recessivo para ambos os traços

Esses resultados levaram à lei da **segregação independente**, aqui declarada em termos modernos: a meiose segrega pares

QUESTÕES DE IMPACTO REVISITADAS | Cor da Pele

Uma pessoa de etnia mista pode formar gametas que contêm misturas diferentes de alelos para pele clara e escura. É bastante raro que um desses gametas contenha todos os alelos para pele escura, ou todos para pele clara, mas acontece, como evidenciado pelas gêmeas Kian e Remee. No caso do gene SLC24A5, uma mutação que ocorreu entre 6.000 e 10.000 anos mudou o 111º aminoácido de seu produto proteico de alanina para treonina. Essa pequena mudança resultou na versão europeia da pele branca.

---

de genes em cromossomos homólogos independentemente de outros pares de genes nos outros cromossomos.

Seção 2.4 Padrões hereditários variam frequentemente. Com a **dominância incompleta**, um alelo não é totalmente dominante sobre seu parceiro em um cromossomo homólogo e ambos são expressos. A combinação de alelos origina um fenótipo intermediário.

Alelos **codominantes** são expressos ao mesmo tempo em heterozigotos, como no **sistema de alelos múltiplos** que sustenta a tipagem sanguínea ABO. Na **epistasia**, produtos em interação de um ou mais genes frequentemente afetam o mesmo traço. Um gene **pleiotrópico** afeta dois ou mais traços.

Seção 2.5 Quanto mais distantes dois genes estão em um cromossomo, maior a frequência de crossing-over entre eles. Genes relativamente próximos um do outro em um cromossomo tendem a ficar juntos durante a meiose, porque menos eventos de crossing-over ocorrem entre eles. Genes relativamente distantes um do outro tendem a se segregar independentemente em gametas. Todos os genes em um mesmo cromossomo constituem um **grupo de ligação**.

Seção 2.6 Diversos fatores ambientais podem afetar a expressão genética em indivíduos.

Seção 2.7 Um traço influenciado pelos produtos de múltiplos genes ocorre frequentemente em uma gama de pequenos incrementos de fenótipo (**variação contínua**).

Questões
Respostas no Apêndice III

1. Alelos são _____.
   a. diferentes formas moleculares de um gene
   b. diferentes fenótipos
   c. homozigotos autofertilizantes e de reprodução fiel
2. Uma curva em sino indica _____ em um traço.
3. Um heterozigoto tem um(a) _____ para um traço sendo estudado.
   a. par de alelos idênticos
   b. par de alelos não idênticos
   c. condição haploide, em termos genéticos
4. Os traços observáveis de um organismo são seu (sua) _____.
   a. fenótipo
   b. sociobiologia
   c. genótipo
   d. pedigree
5. Descendentes de segunda geração de um cruzamento entre pais homozigotos para alelos diferentes são ____.
   a. geração F_1
   b. geração F_2
   c. geração híbrida
   d. nenhuma das anteriores
6. Descendentes F_1 do cruzamento $AA \times aa$ são _____.
   a. todos AA c. todos Aa
   b. todos aa d. $1/2\ AA$ e $1/2\ aa$
7. Consulte a questão 5. Presumindo dominância completa, a geração F_2 mostrará uma proporção fenotípica de _____.
   a. 3:1   c. 1:2:1
   b. 9:1   d. 9:3:3:1
8. Um cruzamento-teste é uma forma de determinar _____.
   a. fenótipo
   b. genótipo
   c. respostas a e b
9. Presumindo dominância completa, cruzamentos entre duas ervilhas F_1 di-híbridas, que são descendentes de um cruzamento $AABB \times aabb$, resultam em proporções de fenótipo F_2 de _____.
   a. 1:2:1   c. 1:1:1:1
   b. 3:1   d. 9:3:3:1
10. A probabilidade de um crossing-over ocorrer entre dois genes no mesmo cromossomo _____.
    a. não está relacionada à distância entre eles
    b. diminui com a distância entre eles
    c. aumenta com a distância entre eles
11. Dois genes bastante próximos no mesmo cromossomo são _____.
    a. ligados
    b. alelos idênticos   d. autossomos
    c. homólogos   e. todas as respostas acima
12. Una cada exemplo à descrição mais adequada.
    ___ experimento di-híbrido   a. bb
    ___ experimento mono-híbrido   b. $AABB \times aabb$
    ___ condição homozigota   c. Aa
    ___ condição heterozigota   d. $Aa \times Aa$

Problemas genéticos
Respostas no Apêndice III

1. Presumindo que a segregação independente ocorra durante a meiose, que tipo(s) de gametas se formarão em indivíduos com os genótipos a seguir?
   a. $AABB$ b. $AaBB$ c. $Aabb$ d. $AaBb$
2. Veja o Problema 1. Determine as frequências de cada genótipo entre descendentes dos seguintes acasalamentos:
   a. $AABB \times aaBB$ c. $AaBb \times aabb$
   b. $AaBB \times AABb$ d. $AaBb \times AaBb$
3. Veja o Problema 2. Presuma que um terceiro gene tenha alelos C e c. Para cada genótipo listado, quais combinações de alelos ocorrerão em gametas, presumindo a segregação independente?
   a. $AABBCC$ c. $AaBBCc$
   b. $AaBBcc$ d. $AaBbCc$

Exercício de análise de dados

Um estudo realizado no ano 2000 mediu a cor média da pele de nativos de mais de 50 regiões e as correlacionou com a quantidade de radiação UV recebida em tais regiões. Alguns de seus resultados são exibidos na Figura 2.20.

1. Qual país recebe mais radiação UV? E menos?

2. Os nativos de qual país têm a pele mais escura? E a mais clara?

3. De acordo com esses dados, como a cor da pele dos nativos se correlaciona com a quantidade de radiação UV que incide em suas regiões?

País	Reflexibilidade da pele	UVMED
Austrália	19,30	335,55
Quênia	32,40	354,21
Índia	44,60	219,65
Camboja	54,00	310,28
Japão	55,42	130,87
Afeganistão	55,70	249,98
China	59,17	204,57
Irlanda	65,00	52,92
Alemanha	66,90	69,29
Holanda	67,37	62,58

Figura 2.20 Cor da pele de nativos e incidência de radiação UV regional. A reflexão da pele mede quanta luz de comprimento de onda de 685 nm é refletida da pele; a UVMED é a radiação UV média anual recebida na superfície da Terra.

4. Às vezes, o gene para a tirosinase sofre mutação; portanto, seu produto não é funcional. Um indivíduo que é homozigoto recessivo para tal mutação não consegue fazer melanina. O albinismo, a ausência de melanina, é o resultado. Humanos e muitos outros organismos podem ter este fenótipo. Nas seguintes situações, quais são os prováveis genótipos do pai, da mãe e de seus filhos?

    a. Ambos os pais têm fenótipos normais; alguns dos filhos são albinos e outros não são afetados.
    b. Ambos os pais são albinos e têm filhos albinos.
    c. A mulher não é afetada, o homem é albino e eles têm um filho albino e três filhos não afetados.

5. Alguns genes são vitais para o desenvolvimento. Quando sofrem mutação, são letais em homozigotos recessivos. Mesmo assim, heterozigotos podem perpetuar alelos recessivos e letais. O alelo Manx (M^L) nos gatos é um exemplo. Gatos homozigotos ($M^L M^L$) morrem antes de nascer. Nos heterozigotos ($M^L M$), a coluna vertebral se desenvolve anormalmente e o gato fica sem rabo (à direita).

Dois gatos $M^L M$ se acasalam. Qual é a probabilidade de qualquer um dos gatinhos sobreviventes ser heterozigoto?

6. Vários alelos afetam traços das rosas, como forma da planta e formato do botão. Alelos de um gene regem se uma planta será uma escaladora (dominante) ou semelhante a um arbusto (recessivo). Todos os descendentes F_1 de um cruzamento entre uma escaladora de reprodução fiel e uma planta tipo arbusto são escaladoras. Se uma planta F_1 for cruzada com uma planta tipo arbusto, cerca de 50% dos descendentes serão arbustos e 50% serão escaladoras. Utilizando os símbolos *A* e *a* para os alelos dominante e recessivo, faça um diagrama de quadrado de Punnett dos genótipos e fenótipos esperados nos descendentes F_1 de um cruzamento entre uma planta F_1 e uma tipo arbusto.

7. Mendel cruzou uma ervilha pura com casca verde com uma pura de casca amarela. Todas as plantas F_1 têm cascas verdes. Que cor é recessiva?

8. Suponha que você identifique um novo gene em ratos. Um de seus alelos especifica branco, outro especifica marrom. Você quer ver se os dois interagem em dominância simples ou incompleta. Que tipos de cruzamentos genéticos dariam a resposta?

9. Em ervilhas-de-cheiro, um alelo para flores roxas (*P*) é dominante a um alelo para flores vermelhas (*p*). Um alelo para longos grãos de pólen (*L*) é dominante a um alelo para grãos de pólen redondos (*l*). Bateson e Punnett cruzaram uma planta com flores roxas/grãos de pólen longos com uma com flores brancas/grãos de pólen redondos. Todos os descendentes F_1 tiveram flores roxas e grãos de pólen longos. Entre a geração F_2, os pesquisadores observaram os seguintes fenótipos:

    296 flores roxas/grãos de pólen longos
    19 flores roxas/grãos de pólen redondos
    27 flores vermelhas/grãos de pólen longos
    85 flores vermelhas/grãos de pólen redondos

Qual é a melhor explicação para esses resultados?

10. Bocas-de-leão com flores vermelhas são homozigotos para alelo R^1. Bocas-de-leão com flores brancas são homozigotos para um alelo diferente (R^2). Plantas heterozigotas ($R^1 R^2$) têm flores rosa. Quais fenótipos devem aparecer entre os descendentes de primeira geração dos cruzamentos listados? Quais são as proporções esperadas para cada fenótipo?

    a. $R^1 R^1 \times R^1 R^2$ c. $R^1 R^2 \times R^1 R^2$
    b. $R^1 R^1 \times R^2 R^2$ d. $R^1 R^2 \times R^2 R^2$

(Alelos incompletamente dominantes normalmente são designados por numerais sobrescritos, como mostrado, não por letras maiúsculas para dominância e minúsculas para recessividade.)

11. Um único alelo mutante origina uma forma anormal de hemoglobina (Hb^S, não Hb^A). Homozigotos ($Hb^S Hb^S$) desenvolvem anemia falciforme (Seção 3.6). Heterozigotos ($Hb^A Hb^S$) têm poucos sintomas. Um casal heterozigoto para o alelo Hb^S planeja ter filhos. Para cada uma das gestações, dê a probabilidade de eles terem um filho:

    a. homozigoto para o alelo Hb^S
    b. homozigoto para o alelo Hb^A
    c. heterozigoto: $Hb^A Hb^S$

3 Cromossomos e Herança Humana

QUESTÕES DE IMPACTO | Genes Estranhos, Mentes Torturadas

"Este homem é brilhante." Essa foi uma parte de uma carta de recomendação de Richard Duffin, um professor de matemática da Carnegie Mellon University. Duffin escreveu a frase em 1948 em nome de John Forbes Nash, Jr. Nash tinha 20 anos no momento e estava se candidatando à Princeton University. Nos dez anos seguintes, Nash fez sua reputação como um dos principais matemáticos. Ele era socialmente desajeitado, assim como tantas pessoas altamente talentosas. Nash não mostrava sintomas que avisam sobre a esquizofrenia paranoide que iria debilitá-lo.

Sintomas mais completos surgiram aos 30 anos. Nash teve que abandonar seu cargo no Massachusetts Institute of Technology. Duas décadas se passaram antes que ele pudesse voltar ao seu trabalho pioneiro em matemática.

De cada cem pessoas, uma é afetada por esquizofrenia. Essa doença neurobiológica (NBD) é caracterizada por ilusões, alucinações, discurso desorganizado e comportamento social anormal. A criatividade excepcional frequentemente acompanha a esquizofrenia. Ela também acompanha outros NBDs, incluindo o autismo, a depressão crônica e a doença bipolar, que se manifesta na forma de surpreendentes mudanças de humor e comportamento social.

Certamente nem toda pessoa com um QI alto tem uma doença neurobiológica, mas uma porcentagem mais alta entre os gênios criativos possuem NBDs, diferentemente dos que não são gênios. Na realidade, pessoas altamente emocionais, saudáveis e criativas possuem mais características de personalidade em comum com pessoas afetadas por NBDs do que com indivíduos mais próximos à norma. Por exemplo, ambas tendem a ser hipersensíveis aos estímulos ambientais. Alguns podem estar à beira da instabilidade mental. Aqueles que desenvolvem NBDs tornam-se parte de uma multidão que inclui o físico Isaac Newton, o filósofo Sócrates, o compositor Ludwig Von Beethoven, o pintor Vincent van Gogh, o psiquiatra Sigmund Freud, o político Winston Churchill, os poetas Edgar Allan Poe e Lord Byron, os escritores James Joyce e Ernest Hemingway e muitos outros (Figura 3.1).

Ainda não identificamos todas as interações entre os genes e o meio ambiente, que poderiam indicar por que tais indivíduos desenvolvem NDB. Mas conhecemos diversas mutações que os predispõem ao desenvolvimento dessas doenças.

De fato, NBDs tendem a acontecer em famílias. Muitas pessoas das mesmas famílias que produzem gênios criativos também produzem pessoas afetadas por NBD – às vezes mais de um tipo. Por décadas, neurocientistas vêm estudando essas famílias. Eles identificaram diversos *loci* gênicos que, quando alterados, são associados a um espectro de doenças neurobiológicas.

Com essa conexão intrigante, convidamos você a estudar a base cromossômica da herança humana.

Figura 3.1 NBDs e a criatividade. Abraham Lincoln (*à esquerda*) sofria de depressão crônica mesmo depois de ter mudado o curso da história norte-americana. O suicídio de Virginia Woolf após um colapso mental é um exemplo trágico de escritores criativos, que são, como um grupo, dezoito vezes mais suicidas, dez vezes mais suscetíveis à depressão e vinte vezes mais suscetíveis ao transtorno bipolar que uma pessoa normal. Pablo Picasso (*à direita*) sofria de depressão e talvez de esquizofrenia.

Conceitos-chave

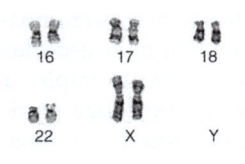

Autossomos e cromossomos sexuais
Os animais possuem cromossomos que não estão ligados ao sexo, denominados autossomos. Os membros de um par autossômico são idênticos no tamanho, na forma e nos genes que carregam. Nas espécies que se reproduzem sexuadamente, além dos autossomos, existem os cromossomos sexuais. Os membros de um par de cromossomos sexuais diferem nos machos e nas fêmeas. **Seção 3.1**

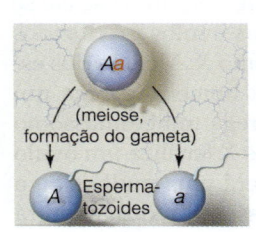

Herança autossômica
Vários genes nos cromossomos autossômicos são expressos, nos padrões mendelianos, como sendo de dominância simples. Alguns alelos dominantes ou recessivos resultam em distúrbios genéticos.
Seções 3.2, 3.3

Herança relacionada ao sexo
Alguns traços são afetados por genes no cromossomo X. Os padrões de herança de tais traços diferem entre homens e mulheres. **Seção 3.4**

Alterações na estrutura ou no número de cromossomos
Em raras ocasiões, um cromossomo pode sofrer uma grande e permanente alteração em sua estrutura, ou o número de autossomos ou cromossomos sexuais pode alterar. Nos humanos, tais alterações geralmente resultam em distúrbios genéticos. **Seções 3.5, 3.6**

Análise da genética humana
Vários procedimentos analíticos e de diagnóstico por vezes revelam distúrbios genéticos. O que um indivíduo, e a sociedade em geral, deve fazer com essas informações fomenta questões éticas. **Seções 3.7, 3.8**

Neste capítulo

- Neste capítulo, você será guiado por seu conhecimento sobre a estrutura cromossômica, mitose, meiose e a formação de gametas.
- Antes de começar, certifique-se de que entende o que são alelos dominantes e recessivos e as condições homozigóticas e heterozigóticas.
- Erro de amostragem, carboidratos, estrutura proteica, córtex celular, pigmentos, glicose e nutrição serão estudados no contexto de diferentes doenças genéticas.

Qual sua opinião? Testes para aferir a predisposição a doenças neurobiológicas serão disponibilizados em breve. Empresas de seguro e empregadores poderiam usar esses testes para diferenciar indivíduos com e sem predisposição?

3.1 Cromossomos humanos

- Nos seres humanos, existem dois cromossomos sexuais. Todos os outros cromossomos humanos são autossomos.

A maioria dos animais, incluindo os seres humanos, possui sexos separados, isto é, são fêmeas ou machos. Eles também têm um número de cromossomos diploides ($2n$), com pares de cromossomos homólogos em suas células. Tipicamente, todos esses cromossomos "somáticos", exceto um único par, são **autossomos**, carregando os mesmos genes tanto em fêmeas quanto em machos. Autossomos de um par têm o mesmo comprimento, forma e localização do centrômero. Já os membros de um par de **cromossomos sexuais** diferem-se entre fêmeas e machos. Essas diferenças determinam o sexo de um indivíduo.

Os cromossomos sexuais dos humanos são chamados X e Y. As células do corpo de mulheres contêm dois cromossomos X (XX); os homens contêm um cromossomo X e um Y (XY). Os cromossomos X e Y diferem-se em comprimento, forma e nos genes que carregam, mas interagem como homólogos durante a prófase I.

Fêmeas XX e machos XY são a regra entre moscas de frutas, mamíferos e muitos outros animais, mas há outros padrões. Em borboletas, traças, pássaros e determinados peixes, os machos têm dois cromossomos sexuais idênticos e não as fêmeas. Fatores ambientais (e não os cromossomos sexuais) determinam o sexo em algumas espécies de invertebrados, répteis e anfíbios. Como exemplo, a temperatura da areia na qual os ovos de tartaruga marinha são enterrados determina o sexo dos recém-nascidos.

Determinação de sexo

Em seres humanos, um indivíduo novo herda uma combinação de cromossomos sexuais que determina se ele se tornará homem ou mulher. Todos os óvulos produzidos pela mulher possuem um cromossomo X. Metade dos espermatozoides produzidos por um homem carrega um cromossomo X; a outra metade carrega um cromossomo Y. Se um espermatozoide carregando X fertiliza um óvulo carregando X, o zigoto resultante será uma mulher. Se o espermatozoide carregar um cromossomo Y, o zigoto será um homem (Figura 3.2a).

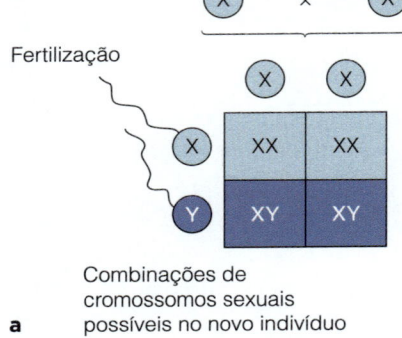

Figura 3.2 Quadrado de Punnett mostrando o padrão de determinação de sexo em humanos. (**b**) Um embrião humano inicial não parece nem homem nem mulher. Então, os minúsculos dutos e outras estruturas que podem se desenvolver em órgãos reprodutores masculinos ou femininos começam a se formar. Em um embrião XX, formam-se os ovários, na ausência do cromossomo Y e seu gene SRY. Em um embrião XY, o produto gênico ativa a formação de testículos, que excretam um hormônio que inicia o desenvolvimento de outras características masculinas. (**c**) Órgãos reprodutores externos em embriões humanos.

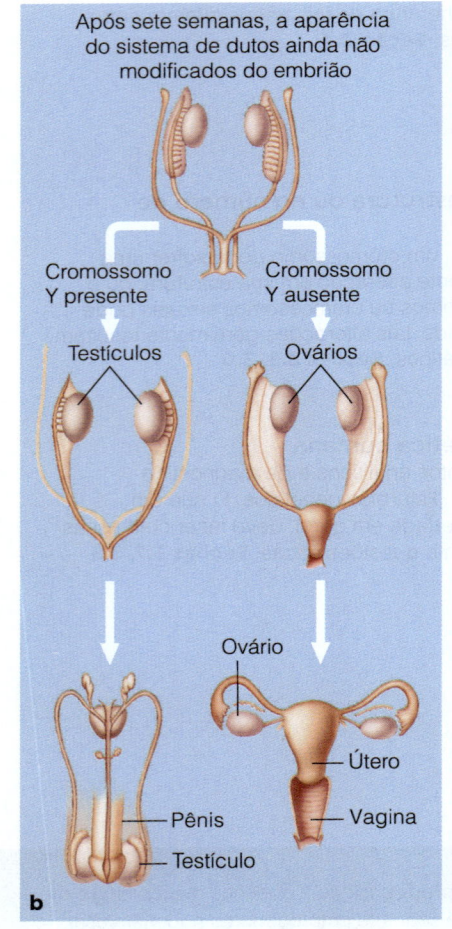

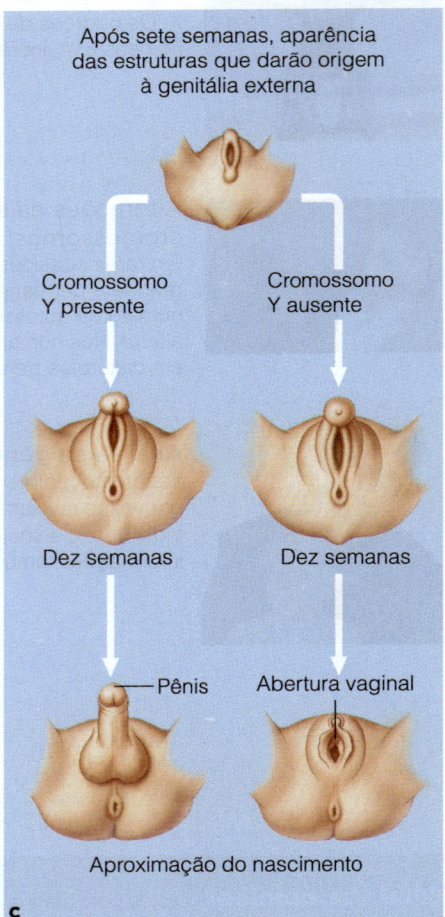

O cromossomo Y carrega apenas 307 genes, mas um deles é o gene *SRY* – o gene principal para a determinação do sexo masculino. Sua expressão em embriões XY desencadeia a formação de testículos, que são gônadas masculinas (Figura 3.2b). Algumas das células nesses órgãos reprodutores masculinos primários produzem testosterona, um hormônio sexual que controla o surgimento de características sexuais secundárias masculinas como pelos no rosto, musculatura mais forte e voz mais grossa. Como sabemos que o *SRY* é o gene sexual masculino principal? Mutações nesse gene fazem com que indivíduos XY desenvolvam genitália externa parecida com a feminina.

Um embrião XX não possui cromossomo Y, nenhum gene *SRY* e muito menos testosterona; então, são formados órgãos reprodutores femininos primários (ovários) em vez dos testículos. Os ovários produzem estrógenos e outros hormônios sexuais que irão reger o desenvolvimento das características sexuais femininas secundárias, como seios maiores e funcionais e depósitos de gordura nos quadris e nas coxas.

O cromossomo humano X carrega 1.336 genes. Alguns desses genes estão associados a características sexuais, como a distribuição de gordura no corpo. Entretanto, a maioria dos genes no cromossomo X rege características não sexuais, como coagulação de sangue e percepção de cores. Tais genes são expressos tanto em homens quanto em mulheres. Os homens também herdam um cromossomo X.

Cariotipagem

Às vezes, a estrutura de um cromossomo pode mudar durante a mitose ou a meiose. O número de cromossomos também pode mudar. Uma ferramenta de diagnóstico chamada cariotipagem nos ajuda a determinar o complemento diploide de cromossomos de um indivíduo (Figura 3.3). Com esse procedimento, células retiradas de um indivíduo são colocadas em um meio fluido de crescimento que estimula a mitose. O meio de crescimento contém colchicina, um veneno que se liga à tubulina e interfere na formação do fuso mitótico. As células entram na mitose, mas a colchicina impede a divisão. Assim, seu ciclo celular para na metáfase.

As células e o meio são transferidos para um tubo. Então, as células são separadas do líquido e uma solução hipotônica é adicionada. As células incham com a água, então os cromossomos dentro delas dividem-se. As células são espalhadas em uma lâmina de microscópio e coloridas para que os cromossomos fiquem visíveis.

O microscópio revela cromossomos em metáfase em cada célula. Uma micrografia de uma única célula é digitalmente reordenada para que as imagens dos cromossomos sejam alinhadas pela localização do centrômero e organizadas de acordo com tamanho, forma e comprimento. A ordem obtida constitui os **cariótipos** de indivíduos, que são comparados ao padrão normal. O cariótipo mostra se há cromossomos extra ou faltando. Alguns outros tipos de anormalidades estruturais também são visíveis.

a Os cromossomos de uma célula do corpo são isolados, depois corados para revelar diferenças nos padrões de associação.

b A imagem é remontada: Os cromossomos são emparelhados por tamanho, posição do centrômero e outras características.

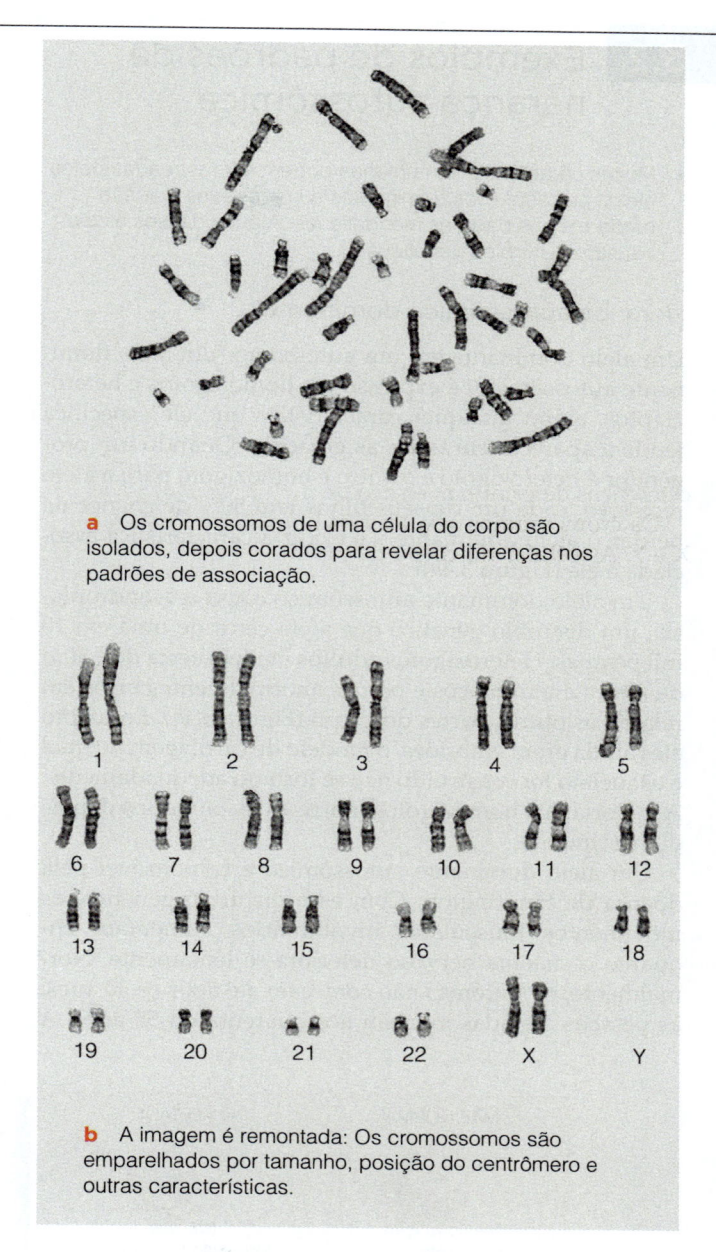

Figura 3.3 Cariotipagem, uma ferramenta de diagnóstico que revela uma imagem do complemento diploide dos cromossomos de uma única célula. Esse cariótipo humano mostra 22 pares de autossomos e um par de cromossomos X.
Resolva: Essa célula foi tirada de um homem ou de uma mulher?

Resposta: Mulher.

Para pensar

Qual é a base da determinação do sexo em seres humanos?

- Os membros de um par de cromossomos sexuais diferem entre fêmeas e machos.
- Outros cromossomos humanos são autossomos – idênticos em machos e fêmeas.

3.2 Exemplos de padrões de herança autossômica

- Muitas características humanas podem ser rastreadas pelos alelos autossômicos dominantes ou recessivos que são herdados nos padrões mendelianos. Alguns desses alelos causam distúrbios genéticos.

Herança autossômica dominante

Um alelo dominante em um autossomo (um alelo dominante autossômico) é expresso em homozigotos e heterozigotos, assim qualquer característica que ele especifica tende a aparecer em todas as gerações. Quando um progenitor é heterozigoto e o outro é homozigoto para o alelo recessivo, cada um de seus filhos tem 50% de chance de herdar o alelo dominante – e exibir a característica associada a ele (Figura 3.4a).

Um alelo dominante autossômico causa a acondroplasia, um distúrbio genético que afeta cerca de uma em 10 mil pessoas. Heterozigotos adultos medem cerca de 1,30m de altura e têm braços e pernas anormalmente curtos em relação às outras partes do corpo (Figura 3.4a). Enquanto eles ainda eram embriões, o modelo de cartilagem no qual o esqueleto foi construído não se formou adequadamente. A maioria dos homozigotos morre antes ou pouco depois do nascimento.

Um alelo dominante autossômico é responsável pela doença de Huntington. Com esse distúrbio genético, os movimentos musculares involuntários aumentam enquanto o sistema nervoso deteriora-se lentamente. Normalmente, os sintomas não começam até após os 30 anos; as pessoas afetadas morrem aos quarenta ou 50 anos. A mutação que causa as doenças de Huntington altera uma proteína necessária para o desenvolvimento das células cerebrais. É uma mutação de expansão, na qual três nucleotídeos são duplicados muitas vezes. Centenas de milhares de outras repetidas expansões ocorrem prejudicialmente nos genes e cromossomos humanos. Ela altera a função de um produto genético crítico.

Um alelo dominante que causa graves problemas pode persistir, pois a expressão do alelo não interfere na reprodução. A acondroplasia é um exemplo. Com a doença de Huntington e outros distúrbios tardios, as pessoas tendem a se reproduzir antes do aparecimento dos sintomas, assim o alelo acaba sendo passado aos filhos.

Herança autossômica recessiva

Como os alelos autossômicos recessivos são expressos somente em homozigotos, as características associadas a eles podem "pular" gerações. Os heterozigotos são portadores: eles não têm a característica. Qualquer filho de dois portadores tem 25% de chance de herdar o alelo de ambos os pais e ser um homozigoto com a característica (Figura 3.4b). Todos os filhos de pais homozigotos serão homozigotos.

A galactosemia é um distúrbio metabólico herdável que afeta cerca de um em cada 50 mil recém-nascidos. Esse caso de herança autossômica recessiva envolve um alelo com uma enzima que ajuda na digestão da lactose existente no leite ou nos laticínios. O corpo normalmente converte lactose em glicose e galactose. Então, uma série de três enzimas converte a galactose em glicose-6-fosfato (Figura 3.5). Esse intermediário pode entrar na glicólise ou pode ser convertido em glicogênio.

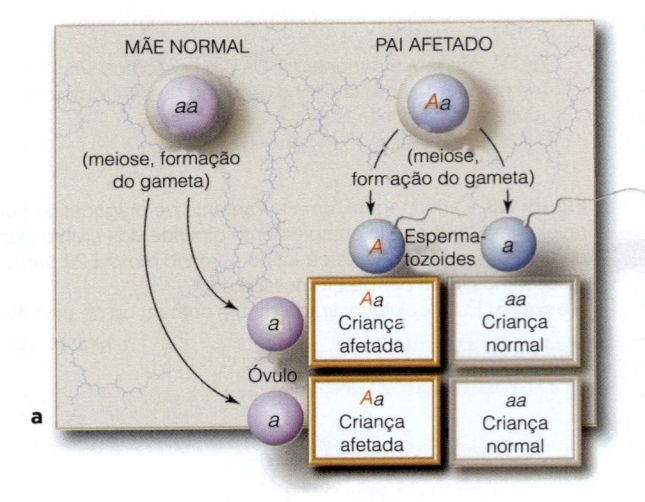

Figura 3.4 (a) Exemplo de herança dominante autossômica. Um alelo dominante (*vermelho*) é totalmente expresso em heterozigotos. (b) Um padrão autossômico recessivo. Neste exemplo, ambos os pais são portadores heterozigotos do alelo recessivo (*vermelho*).

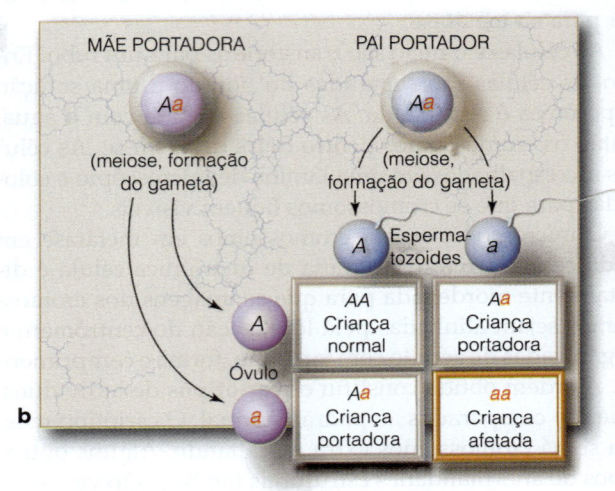

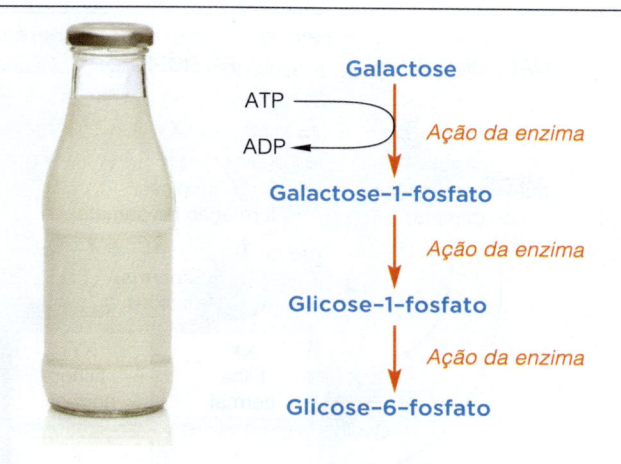

Figura 3.5 Como a galactose é normalmente convertida para uma forma que pode entrar nas reações de quebra que constituem a glicólise. Uma mutação que afeta a segunda enzima na via de conversão origina a galactosemia.

Galactose
ATP
ADP
Ação da enzima
Galactose-1-fosfato
Ação da enzima
Glicose-1-fosfato
Ação da enzima
Glicose-6-fosfato

Pessoas com galactosemia não produzem uma dessas três enzimas; eles são homozigotos recessivos para um alelo mudado. Galactose-1-fosfato acumula-se em níveis tóxicos em seus corpos e pode ser detectada na urina. A condição leva à má nutrição, diarreia, vômito e danos aos olhos, fígado e cérebro.

Quando não recebem tratamento, os galactosêmicos tipicamente morrem jovens. Quando são rapidamente colocados em uma dieta que exclui laticínios, os sintomas podem não ser graves.

E os distúrbios neurobiológicos?

A maioria dos distúrbios neurobiológicos mencionados na introdução do capítulo não segue padrões simples de herança mendeliana. Na maioria dos casos, mutações em um gene não dão origem à depressão, esquizofrenia ou distúrbio bipolar. Genes múltiplos e fatores ambientais contribuem para esses resultados. Não obstante, é útil procurar as mutações que tornam algumas pessoas mais vulneráveis aos NBDs.

Por exemplo, pesquisadores que conduziram estudos extensivos em famílias e gêmeos previram que mutações em genes específicos nos cromossomos 1, 3, 5, 6, 8, 11–15, 18 e 22 aumentam a chance de um indivíduo desenvolver esquizofrenia. Da mesma forma, mutações em genes específicos foram ligadas ao distúrbio bipolar e à depressão.

3.3 Muito jovem para ser velho

- Progeria, distúrbio genético que resulta em envelhecimento acelerado, é causada por mutações em um autossomo.

Imagine ter dez anos com uma mente presa em um corpo que fica mais enrugado, mais frágil – velho – a cada dia. Você não seria alto o suficiente para olhar por cima da mesa. Você pesaria menos de 16 kg, já seria careca e teria a pele enrugada. Provavelmente teria apenas mais alguns anos de vida. Você, assim como Mickey Hays e Fransie Geringer, conseguiria sorrir?

Em média, de cada 8 milhões de humanos recém-nascidos, um terá progeria. Esse indivíduo raro carrega um alelo modificado em um de seus autossomos, que dá origem à síndrome de progeria de Hutchinson-Gilford. Enquanto esse novo indivíduo era ainda um embrião dentro de sua mãe, bilhões de replicações de DNA e divisões celulares mitóticas distribuíram as informações codificadas naquele gene à cada célula corporal recém-formada. Seu legado será uma taxa acelerada de envelhecimento e uma vida muito reduzida.

O distúrbio surge pela mutação espontânea de um gene para a *lamina*, uma proteína que normalmente compõe os filamentos intermediários no núcleo. A lamina alterada não é processada adequadamente. Ela se acumula na membrana nuclear interna e distorce o núcleo. Ainda não se sabe como esse acúmulo causa os sintomas de progeria.

Esses sintomas começam antes dos dois anos. A pele que deveria ser rechonchuda e resistente começa a afinar. Os músculos esqueléticos enfraquecem. Os ossos dos membros que deveriam alongar e crescer ficam menos resistentes. A calvície prematura é inevitável. Pessoas afetadas geralmente não vivem o suficiente para se reproduzir; assim, a progeria não progride em famílias.

A maioria dos portadores de progeria morre no início da adolescência como resultado de derrames ou ataques cardíacos. Esses problemas finais são ocasionados por um endurecimento das paredes das artérias, uma condição típica da idade avançada. Fransie tinha 17 anos quando morreu. Mickey morreu aos 20 anos.

Para pensar

Como você vincula as características aos alelos nos cromossomos autossômicos?

- Muitas características, incluindo alguns distúrbios genéticos, podem ser rastreados pelos alelos dominantes ou recessivos nos autossomos, pois são herdados em padrões mendelianos simples.

3.4 Exemplos de padrões de herança ligada ao cromossomo X

- Alelos do cromossomo X originam fenótipos que refletem padrões mendelianos de herança. Alguns desses alelos causam distúrbios genéticos.

O cromossomo X carrega cerca de 6% de todos os genes humanos. Sabe-se que mutações nesse cromossomo sexual causam ou contribuem para cerca de 300 distúrbios genéticos.

Um alelo recessivo em um cromossomo X (um alelo recessivo ligado a X) deixa determinadas pistas quando causa um distúrbio genético. Primeiro, mais homens que mulheres são afetados por esses distúrbios recessivos ligados a X. Isso ocorre porque as fêmeas heterozigotas para esse gene têm um segundo cromossomo X que carrega o alelo dominante, que mascara os efeitos do recessivo. Os machos têm somente um cromossomo X, então não são protegidos para os efeitos de um gene defeituoso nesse cromossomo (Figura 3.6). Segundo, um pai afetado não pode passar seu alelo recessivo ligado a X para um filho homem, pois todos os filhos que herdam o cromossomo X de seu pai são mulheres. Assim, uma fêmea heterozigota é a ponte entre um macho afetado e seu neto afetado.

Alelos dominantes ligados a X que causam distúrbios são mais raros que os recessivos ligados a X, provavelmente porque tendem a ser letais em embriões machos. Fêmeas, com dois cromossomos X, têm mais frequentemente um alelo funcional que pode mascarar os efeitos de um alelo alterado.

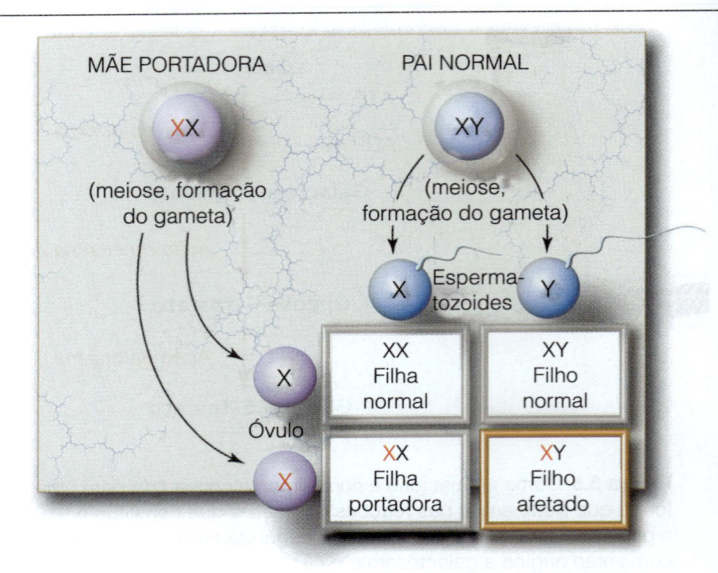

Figura 3.6 Hereditariedade recessiva ligada a X. Nesse caso, a mãe carrega um alelo recessivo em um de seus cromossomos X (*vermelho*).

Hemofilia A

Hemofilia A é um distúrbio recessivo ligado a X que interfere na coagulação sanguínea. A maioria de nós possui um mecanismo de coagulação sanguínea que para rapidamente sangramentos ocorridos em lesões pequenas. O mecanismo envolve produtos proteicos dos genes no cromossomo X.

Figura 3.7 Um caso clássico de hereditariedade recessiva ligada a X: de uma vez, o alelo recessivo ligado a X que resultou em hemofilia estava presente em 18 dos 69 descendentes da Rainha Victoria da Inglaterra, que por vezes casaram entre si.
Dos membros da família real russa mostrados na foto, a mãe (Alexandra, Czarina Nicolas II) era portadora. Devido a sua obsessão com a vulnerabilidade de seu filho Alexis, um hemofílico, ela se envolveu em intrigas políticas que ajudaram a dar início à Revolução Russa de 1917.

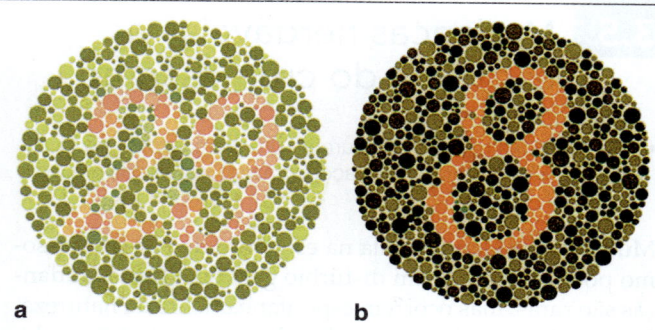

Figura 3.8 *À esquerda*, o que o daltonismo vermelho-verde significa, utilizando cerejas vermelhas maduras em uma folha verde como exemplo. Nesse caso, a percepção de azuis e amarelos é normal, mas o indivíduo afetado tem dificuldades em distinguir vermelho do verde.
Acima, duas placas de Ishihara, que são testes padronizados para diferentes formas de daltonismo. (**a**) Você pode ter uma forma de daltonismo vermelho-verde se você vir o número 7 em vez de 29 nesse círculo. (**b**) Você pode ter outra forma se você vir um 3 em vez de um 8.

O sangramento é prolongado em machos que carregam uma forma mudada de um desses genes ligados a X, ou em fêmeas que são homozigotas para uma mutação (o tempo de coagulação é quase normal em fêmeas heterozigotas). Pessoas afetadas tendem a se machucar com facilidade e o sangramento interno causa problemas em seus músculos e suas juntas.

No século XIX, a incidência de hemofilia A era relativamente alta em famílias reais da Europa e Rússia, provavelmente devido a uma prática comum de endogamia que manteve o alelo perigoso circulando em suas árvores genealógicas (Figura 3.7). Hoje, uma em 7.500 pessoas é afetada, mas esse número pode estar subindo, pois o distúrbio agora é tratável. Mais pessoas afetadas estão vivendo o suficiente para transmitir o alelo aos filhos.

Daltonismo vermelho-verde

O padrão de herança recessiva ligada a X aparece entre indivíduos que têm algum grau de daltonismo. O termo refere-se a uma série de condições na qual um indivíduo não consegue distinguir entre algumas ou todas as cores no espectro de luz visível. Genes mudados resultam em função alterada dos fotorreceptores (receptores sensíveis à luz) nos olhos.

Normalmente, os seres humanos são capazes de perceber as diferenças entre 150 cores. Uma pessoa que é daltônica vermelho-verde vê menos de 25 cores: alguns ou todos os receptores que respondem aos comprimentos de onda vermelha e verde são mais fracos ou ausentes. Algumas pessoas confundem as cores vermelha e verde. Outras veem verde como sombras de cinza, mas percebem bem azuis e amarelos (Figuras 3.8). Duas seções de um conjunto padrão de testes para daltonismo são mostrados na Figura 3.8a,b.

Distrofia muscular de Duchenne

A distrofia muscular de Duchenne (DMD) é um dos vários distúrbios recessivos ligados a X que é caracterizado pela degeneração muscular. A DMD afeta cerca de 1 em 3.500 pessoas, a maioria de meninos.

Um gene no cromossomo X codifica a distrofina, que é uma proteína que suporta estruturalmente as células fundidas em fibras musculares, ancorando o córtex celular à membrana plasmática. Quando a distrofina é anormal ou ausente, o córtex celular enfraquece e as células musculares morrem. Os fragmentos celulares que permanecem nos tecidos ativam uma inflamação crônica.

DMD é tipicamente diagnosticada em meninos entre as idades de três e sete anos. A progressão rápida desse distúrbio não pode ser interrompida. Quando um menino afetado está com cerca de 12 anos, ele começará a usar uma cadeira de rodas. Seus músculos do coração começarão a se decompor. Mesmo com os melhores cuidados, ele provavelmente morrerá antes dos 30 anos, por distúrbios coronários ou insuficiência respiratória (sufocamento).

> **Para pensar**
>
> *Como você vincula as características aos alelos nos cromossomos sexuais?*
>
> - Genes alterados nos cromossomos sexuais causam ou contribuem para mais de 300 distúrbios genéticos. Eles são herdados em padrões característicos.
> - Uma fêmea heterozigota para um desses alelos pode não mostrar sintomas.
> - Os machos (XY) transmitem o alelo ligado a X somente às filhas, e não para os filhos.

3.5 Mudanças herdáveis na estrutura do cromossomo

- Em ocasiões raras, a estrutura de um cromossomo pode mudar. Muitas dessas alterações trazem resultados graves ou letais.

Mudanças em larga escala na estrutura de um cromossomo podem originar um distúrbio genético. Essas mudanças são raras, mas ocorrem espontaneamente na natureza. Elas também podem ser induzidas por exposição a determinadas substâncias químicas ou radiação. De qualquer forma, essas alterações podem ser detectadas por cariotipagem. Mudanças em larga escala na estrutura do cromossomo incluem duplicações, deleções, inversões e translocações.

Duplicação Mesmo cromossomos normais têm sequências de DNA que são repetidas duas ou mais vezes. Essas repetições são chamadas **duplicações**:

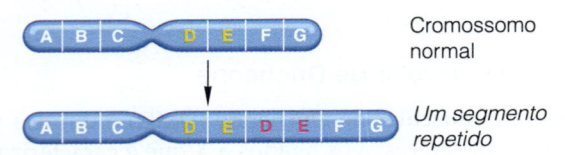

Cromossomo normal

Um segmento repetido

As duplicações podem ocorrer através de cruzamentos desiguais na prófase I. Cromossomos homólogos se alinham lado a lado, mas suas sequências de DNA se desalinham em algum ponto ao longo de seu comprimento. A probabilidade de desalinhamento é maior nas regiões onde o DNA tem longas repetições da mesma sequência de nucleotídeos. Uma porção de DNA é excluída de um cromossomo e se une ao cromossomo parceiro. Algumas duplicações, como as mutações de expansão que causam a doença de Huntington, causam anomalias ou distúrbios genéticos. Outras têm sido evolucionariamente importantes.

Deleção Uma **deleção** é a perda de alguma porção de um cromossomo:

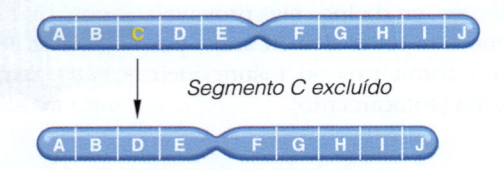

Segmento C excluído

Em mamíferos, as deleções geralmente causam distúrbios graves e muitas vezes são fatais. A perda de genes resulta na interrupção do crescimento, desenvolvimento e metabolismo. Por exemplo, uma pequena deleção no cromossomo 5 causa prejuízo mental e laringe em formato anormal. Crianças afetadas tendem a fazer um barulho como um miado de gato, daí o nome do distúrbio, *cri-du-chat*, que em francês significa "miado do gato" (Figura 3.9).

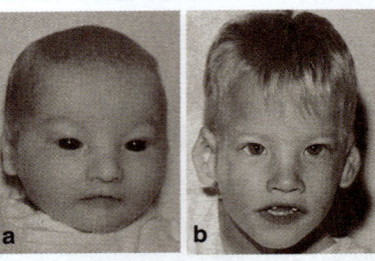

Figura 3.9 Síndrome Cri-du-chat. (**a**) As orelhas dessa criança são baixas em relação aos olhos. (**b**) O mesmo menino, quatro anos mais tarde. O monótono tom agudo da criança com Cri-du-chat pode persistir até a idade adulta.

Inversão Com uma **inversão**, parte da sequência de DNA dentro do cromossomo é direcionado reversamente, sem perda molecular:

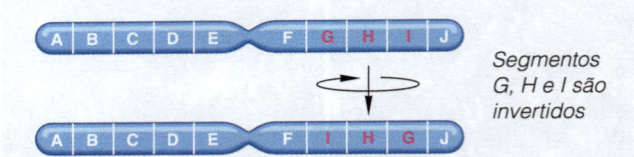

Segmentos G, H e I são invertidos

Uma inversão pode não afetar a saúde do portador se não interromper uma região do gene. No entanto, pode afetar a fertilidade do indivíduo. Cruzamento em uma região invertida durante a meiose pode resultar em deleções ou duplicações que afetam a viabilidade de embriões vindouros. Alguns portadores não sabem que têm uma inversão até serem diagnosticados com infertilidade e terem seu cariótipo testado.

Translocação Se um cromossomo quebra, a parte quebrada pode se anexar a um cromossomo diferente ou a uma parte diferente do mesmo cromossomo. A mudança estrutural é uma **translocação**. A maioria das translocações é recíproca ou equilibrada; dois cromossomos trocam partes quebradas:

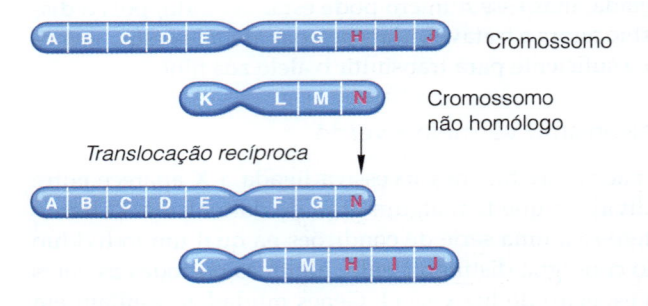

Cromossomo

Cromossomo não homólogo

Translocação recíproca

Uma translocação recíproca que não interrompe um gene pode não ter efeito adverso em seu portador. Muitas pessoas nem percebem que carregam uma translocação até que apresentem dificuldades com a fertilidade. Os dois cromossomos translocados se emparelham anormalmente com suas contrapartes não translocadas durante a meiose. Eles são segregados inadequadamente em cerca da metade das vezes, assim cerca de metade dos gametas resultantes carregará duplicações ou deleções maiores. Se um desses gametas se unir a um gameta normal na fertilização, o embrião resultante quase sempre morre.

Figura 3.10 Padrões de associação do cromossomo humano 2 (**a**) comparado a dois cromossomos de chimpanzé. (**b**) As associações aparecem porque diferentes regiões dos cromossomos absorvem tintura diferentemente.

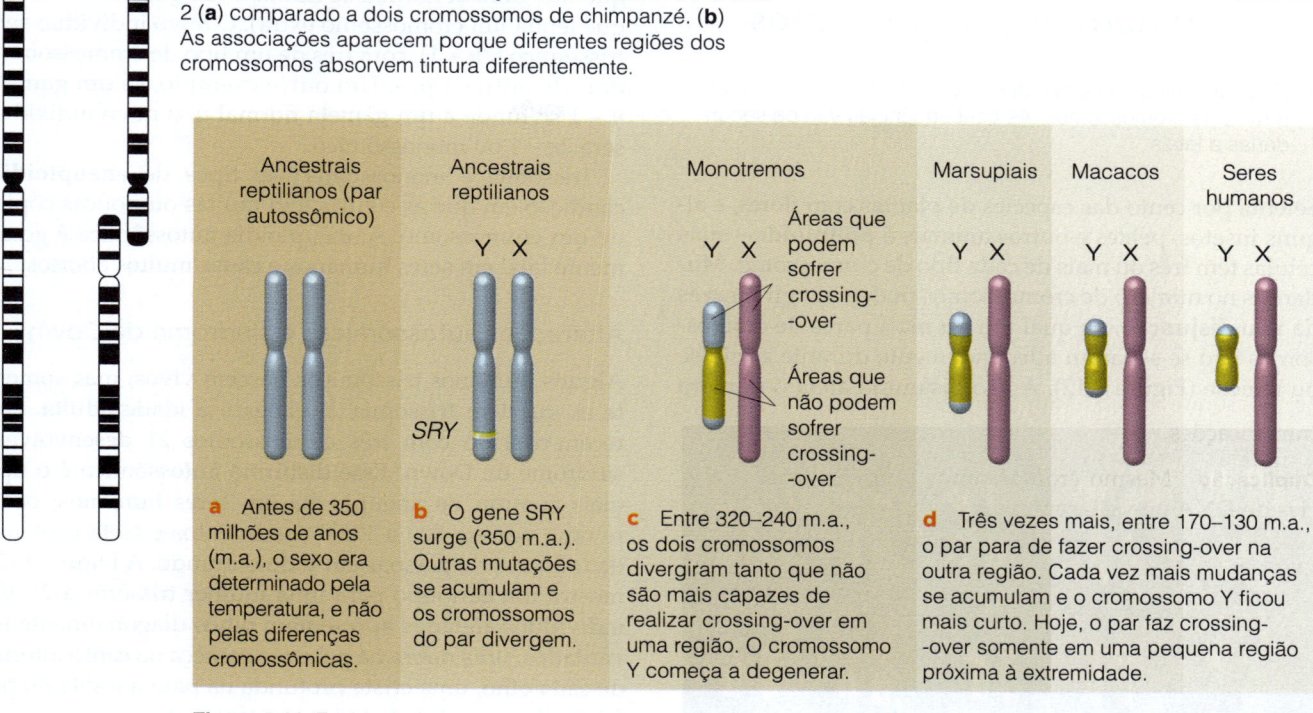

a Antes de 350 milhões de anos (m.a.), o sexo era determinado pela temperatura, e não pelas diferenças cromossômicas.

b O gene SRY surge (350 m.a.). Outras mutações se acumulam e os cromossomos do par divergem.

c Entre 320–240 m.a., os dois cromossomos divergiram tanto que não são mais capazes de realizar crossing-over em uma região. O cromossomo Y começa a degenerar.

d Três vezes mais, entre 170–130 m.a., o par para de fazer crossing-over na outra região. Cada vez mais mudanças se acumulam e o cromossomo Y ficou mais curto. Hoje, o par faz crossing-over somente em uma pequena região próxima à extremidade.

Figura 3.11 Evolução do cromossomo Y (m.a. significa milhões de anos).

A estrutura do cromossomo evolui?

Como você pode ver, alterações na estrutura do cromossomo podem reduzir a fertilidade; indivíduos heterozigotos para diversas mudanças podem não ser capazes de produzir descendentes. Contudo, o acúmulo de diversas alterações em indivíduos homozigotos pode ser o início de uma nova espécie. Pode parecer que esse resultado seja raro, mas pode e ocorre durante as gerações na natureza. Estudos de cariotipagem mostram que alterações estruturais ocorreram no DNA de quase todas as espécies.

Por exemplo, determinadas duplicações permitem que uma cópia de um gene sofra mutação enquanto uma cópia diferente carrega sua função original. Os genes múltiplos e visivelmente similares da cadeia de globina dos seres humanos e de outros primatas aparentemente evoluíram por esse processo. Quatro cadeias de globina se associam em cada molécula de hemoglobina. A versão das cadeias de globina que participam da associação influencia o comportamento de ligação do oxigênio da proteína resultante.

Algumas alterações na estrutura do cromossomo contribuem para diferenças entre organismos bem relacionados, como primatas e seres humanos. Células do corpo humano possuem 23 pares de cromossomos, mas os chimpanzés, gorilas e orangotangos possuem 24. Treze cromossomos humanos são quase idênticos aos cromossomos do chimpanzé. Outros nove são semelhantes, exceto por algumas inversões. Um cromossomo humano combina com até dois nos chimpanzés e outros primatas maiores (Figura 3.10). Durante a evolução humana, dois cromossomos se fundiram de extremidade a extremidade e formaram nosso cromossomo 2. Como sabemos disso? A região fundida contém os resíduos de um telômero, que é uma sequência especial de DNA que fecha a extremidade dos cromossomos.

Como outro exemplo, os cromossomos X e Y já foram autossomos homólogos nos ancestrais similares a répteis de mamíferos. Nesses organismos, a temperatura do ambiente provavelmente determinava o sexo, como ainda o faz em tartarugas e alguns outros répteis atuais. Assim, há cerca de 350 milhões de anos, um dos dois cromossomos sofreu uma mudança estrutural que interferiu no cruzamento, na meiose, e os dois homólogos divergiram durante o tempo evolucionário. Posteriormente, os cromossomos tornaram-se tão diferentes que não fazem mais crossing-over na região alterada, que na época mantinha o gene *SRY* no cromossomo Y. Um dos genes do cromossomo X atual é semelhante ao *SRY*; ele provavelmente evoluiu do mesmo gene ancestral (Figura 3.11).

Para pensar

A estrutura do cromossomo muda?

- Um segmento de um cromossomo pode ser duplicado, excluído, invertido ou translocado. Essa mudança é geralmente prejudicial ou letal, mas pode ser preservada na circunstância rara de um efeito neutro ou benéfico.

3.6 Mudanças herdáveis no número de cromossomos

- Ocasionalmente, novos indivíduos terminam com o número errado de cromossomos. As consequências vão de secundárias a letais.

Setenta por cento das espécies de plantas com flores, e alguns insetos, peixes e outros animais é **poliploide** – suas células têm três ou mais de cada tipo de cromossomo. Mudanças no número de cromossomos podem surgir através da **não disjunção**, na qual um ou mais pares de cromossomos não se separam adequadamente durante a mitose ou meiose (Figura 3.12). A não disjunção afeta o número de cromossomos na fertilização. Por exemplo, suponha que um gameta normal se funda a um gameta $n + 1$ (um que tenha um cromossomo extra). O novo indivíduo será trissômico ($2n + 1$), com três de um tipo de cromossomo e dois de outros tipos. Um outro exemplo, se um gameta $n - 1$ se funde a um gameta normal n, o novo indivíduo será $2n - 1$ ou monossômico.

Trissomia e monossomia são tipos de **aneuploidia**, condição em que as células têm muitas ou poucas cópias de um cromossomo. A aneuploidia autossômica é geralmente fatal em seres humanos e causa muitos abortos.

Alterações autossômicas e síndrome de Down

Alguns humanos trissômicos nascem vivos, mas somente os que têm trissomia 21 chegam à idade adulta. Um recém-nascido com três cromossomos 21 desenvolverá síndrome de Down. Esse distúrbio autossômico é o tipo mais comum de aneuploidia em seres humanos; ocorre uma vez em 800 a 1.000 nascimentos e afeta centenas de milhares de pessoas em todo o mundo. A Figura 3.12a mostra um cariótipo para uma mulher trissômica 21. Os indivíduos afetados apresentam olhos diagonalmente levantados, uma dobra na pele que começa no canto interno de cada olho, uma crista profunda na palma e sola do pé, feições levemente achatadas e outros sintomas.

Nem todos os sintomas externos se desenvolvem em todos os indivíduos. Dito isso, indivíduos trissômicos 21 tendem a ter problemas mentais de moderados a graves e problemas coronários. Seu esqueleto cresce e se desenvolve de maneira anormal; assim, crianças mais velhas têm partes do corpo curtas, juntas frouxas e desalinhamento ósseo nos dedos e quadris. Os músculos e reflexos são fracos e as habilidades motoras, como a fala, se desenvolvem lentamente. Com cuidados médicos, indivíduos trissômicos 21 vivem por cerca de 55 anos. O treinamento precoce pode ajudar indivíduos afetados a aprender a se cuidar sozinhos e realizar atividades normalmente.

Maior incidência de não disjunção geralmente surge com a idade aumentada da mãe (Figura 3.13). A não disjunção pode ocorrer no pai, embora seja bem menos frequente. A trissomia 21 é uma das centenas de condições que podem ser detectadas facilmente pelo diagnóstico pré-natal (Seção 3.8).

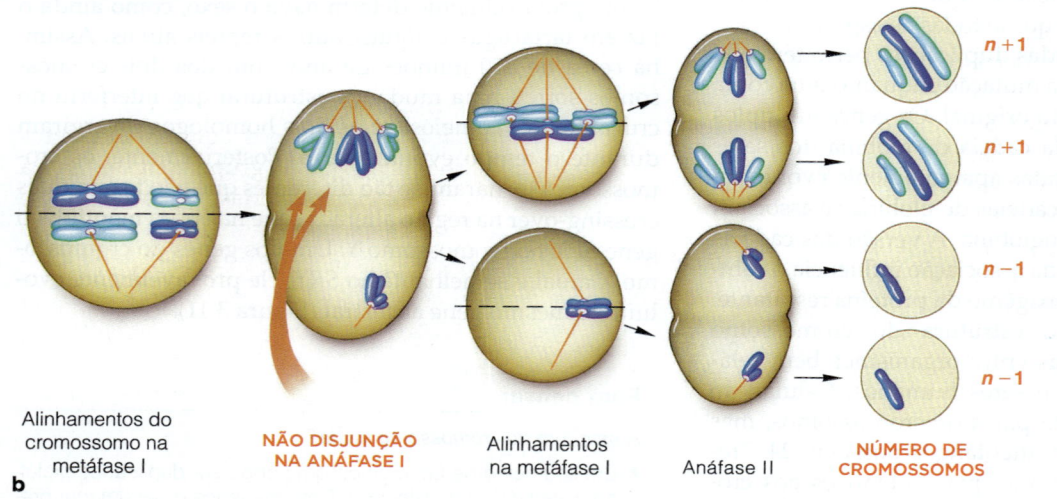

Figura 3.12 (a) Um caso de não disjunção. Esse cariótipo revela a condição da trissomia 21 de uma mulher. (b) Um exemplo de como a não disjunção surge. Dos dois pares de cromossomos homólogos mostrados aqui, um não se separa durante a anáfase I de meiose. O número de cromossomos é alterado nos gametas que se formam após a meiose.

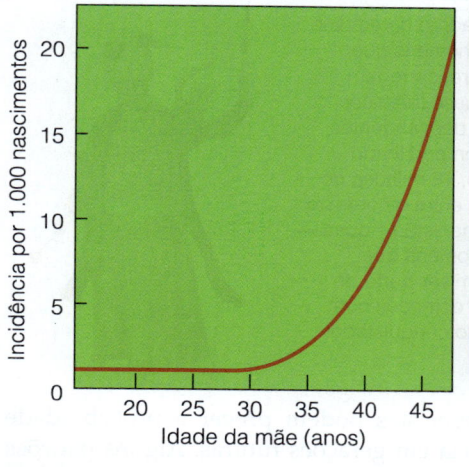

Figura 3.13 Relação entre a frequência de síndrome de Down e a idade da mãe na data do nascimento. Os dados são de um estudo de 1.119 crianças afetadas. O risco de se ter um bebê trissômico 21 aumenta com a idade da mãe. Cerca de 80% dos indivíduos trissômicos 21 nascem de mulheres com cerca de 35 anos. Porém, essas mulheres têm as maiores taxas de fertilidade e têm mais filhos.

Figura 3.14 Criança de 6 anos de idade com síndrome de Turner. As meninas afetadas tendem a ser mais baixas que a média, mas injeções diárias de hormônio podem ajudar a alcançar a altura normal.

Alteração no número de cromossomos sexuais

A não disjunção também causa alterações no número de cromossomos X e Y, com uma frequência de cerca de 1 em 400 nascimentos vivos. Com mais frequência, essas alterações levam a dificuldades de aprendizado e habilidades motoras deterioradas, como atraso na fala. Os problemas também podem ser tão sutis que a causa subjacente nunca é diagnosticada.

Anomalias Cromossômicas do Sexo Feminino Indivíduos com a síndrome de Turner têm um cromossomo X e nenhum cromossomo X ou Y correspondente (XO). Em cerca de 75% das vezes, a condição ocorre devido a não disjunção originária do pai. Uma entre 2.500 a 10 mil meninas recém-nascidas são XO (Figura 3.14). Pelo menos 98% dos embriões XO serão espontaneamente abortados no início da gestação, assim há poucos casos em comparação a outras anomalias dos cromossomos sexuais.

Indivíduos XO não têm tantas desvantagens como os outros aneuploides. Eles crescem numa boa proporção, mas são baixos, com uma altura média em torno de 1,40 m. A maioria não tem função ovariana, então não produzem hormônios sexuais suficientes para amadurecer sexualmente. O desenvolvimento de características sexuais secundárias, como seios, também é afetado.

Uma mulher pode herdar três, quatro ou cinco cromossomos X. A síndrome XXX resultante ocorre em cerca de um em cada 1.000 nascimentos. Somente um cromossomo X é tipicamente ativo em células femininas, assim ter cromossomos X geralmente não resulta em problemas físicos ou médicos.

Anomalias Cromossômicas do Sexo Masculino Cerca de um em cada 500 homens possui um cromossomo X extra (XXY). A maioria dos casos é resultado da não disjunção durante a meiose. O distúrbio resultante, a síndrome de Klinefelter, se desenvolve na puberdade. Homens XXY tendem a ser obesos, altos e estar dentro de um limite normal de inteligência. Eles produzem mais estrogênio e menos testosterona que os homens normais, e esse desequilíbrio hormonal tem efeitos feminilizantes. Os homens afetados tendem a ter testículos e glândulas da próstata pequenos, baixa contagem de espermatozoides, pelos faciais e corporais esparsos, voz aguda e mamas maiores. Injeções de testosterona durante a puberdade podem reverter essas características feminilizadas.

Cerca de um em 500 a 1.000 homens possui um cromossomo Y extra (XYY). Adultos tendem a ser mais altos que a média e podem possuir leve deterioração mental, mas a maioria é normal. Já se pensou que homens XYY tivessem pré-disposição para uma vida criminosa. Essa visão errônea se baseava em um erro de amostragem (muitos poucos casos em grupos estritamente selecionados, como prisioneiros) e no preconceito (os pesquisadores que coletaram os cariótipos também recolheram históricos pessoais dos participantes).

Em 1976, um geneticista dinamarquês reportou resultados de seu estudo de 4.139 homens altos, todos com 26 anos de idade, que tinham se registrado na junta de recrutamento. Além dos dados obtidos em exames físicos e testes de inteligência, as juntas de recrutamento ofereciam dicas sobre status social e econômico, instrução e condenações criminais. Somente 12 dos homens estudados eram XYY, o que significou que o "grupo controle" tinha mais de 4.000 homens. As descobertas? Homens altos e mentalmente deficientes que entraram para o crime são simplesmente mais fáceis de serem pegos – independentemente do cariótipo.

Para pensar

Quais são os efeitos das mudanças no número de cromossomos?

- Não disjunção pode mudar o número de autossomos ou cromossomos sexuais nos gametas. Essas mudanças geralmente causam distúrbios genéticos na prole.
- Anomalias nos cromossomos sexuais são geralmente associados a dificuldades de aprendizado, atrasos na fala e deficiência na habilidade motora.

3.7 Análise genética humana

- Gráficos das conexões genéticas com árvores genealógicas revelam padrões hereditários para determinados alelos.

Alguns organismos, incluindo pés de ervilha e moscas-das-frutas, são ideais para análise genética. Eles têm poucos cromossomos e se reproduzem rapidamente em espaços pequenos sob condições controladas. Não leva muito tempo para rastrear uma característica em muitas gerações.

No entanto, com os seres humanos a história é diferente. Diferentemente das moscas criadas em laboratórios, nós, humanos, vivemos sob condições variáveis, em lugares diferentes, e vivemos tanto quanto os geneticistas que nos estudam. A maioria de nós seleciona nossos próprios parceiros e se reproduz quando deseja. A maioria das famílias humanas não é muito grande, o que significa que tipicamente não há descendentes suficientes para esclarecer quaisquer padrões hereditários.

Logo, para minimizar erros de amostragem, os geneticistas coletam informações de diversas gerações. Se uma característica segue um padrão hereditário mendeliano simples, os geneticistas podem prever a probabilidade de sua recorrência em gerações futuras. Alguns padrões hereditários são pistas para eventos passados (Figura 3.15). Aqueles que analisam árvores genealógicas usam seu conhecimento de probabilidade e padrões hereditários mendelianos. Esses pesquisadores rastrearam muitas anomalias e distúrbios genéticos em um alelo dominante ou recessivo e, muitas vezes, sua localização em um autossomo ou cromossomo sexual (Tabela 3.1).

Figura 3.15 Um padrão hereditário intrigante: 8% dos homens que vivem na Ásia central carregam cromossomos Y quase idênticos, o que implica serem descendentes de um ancestral compartilhado. Em caso afirmativo, 16 milhões de homens que vivem entre o nordeste da China e do Afeganistão – quase um em cada 200 homens que vivem hoje – podem ser parte de uma linhagem que começou com o guerreiro e notório conquistador Genghis Khan.

Tabela 3.1 Exemplos de distúrbios genéticos humanos e anomalias genéticas			
Distúrbio ou Anomalia	Principais Sintomas	Distúrbio ou Anomalia	Principais Sintomas
Herança autossômica recessiva		**Herança recessiva ligada a X**	
Albinismo	Ausência de pigmentação	Síndrome da insensibilidade andrógena	Indivíduo XY, mas com algumas características femininas; esterilidade
Metemoglobinemia hereditária	Coloração azul da pele	Daltonismo vermelho-verde	Incapacidade de distinguir entre algumas ou todas as nuances de vermelho e verde
Fibrose cística	Secreções glandulares anormais levando a danos nos tecidos e órgãos	Síndrome do X frágil	Deficiência mental
Síndrome de Ellis-van Creveld	Nanismo, defeitos coronários e polidactilia	Hemofilia	Capacidade de coagulação do sangue deficiente
Anemia fanconi	Anomalias física, falha de medula óssea	Distrofias musculares	Perda progressiva da função muscular
Galactosemia	Danos ao cérebro, fígado e olhos	Displasia anidrótica ligada a X	Pele em mosaico (placas com ou sem glândulas sudoríparas); outros efeitos
Fenilcetonúria (PKU)	Deficiência mental	**Mudanças na estrutura do cromossomo**	
Anemia falciforme	Efeitos pleiotrópicos adversos nos órgãos de todo o corpo	Leucemia mielógena crônica (LMC)	Superprodução de células brancas na medula óssea; mau funcionamento dos órgãos
		Síndrome Cri-du-chat	Deficiência mental; laringe com formato anormal
Herança autossômica dominante		**Mudanças no número de cromossomos**	
Acondroplasia	Uma forma de nanismo	Síndrome de Down	Deficiência mental; defeitos coronários
Camptodactilia	Dedos curvados e rígidos		
Hipercolesterolemia familiar	Altos níveis de colesterol no sangue; posterior entupimento das artérias	Síndrome de Turner (XO)	Esterilidade; ovários anormais, características sexuais anormais
Doença de Huntington	Sistema nervoso degenera progressive e irreversivelmente	Síndrome de Klinefelter	Esterilidade; deficiência mental leve
Síndrome de Marfan	Tecido conjuntivo anormal ou ausente	Síndrome do XXX	Anomalias mínimas
Polidactilia	Dedos extra na mão, pé ou ambos	Condição XYY	Deficiência mental leve ou nenhum efeito
Progeria	Envelhecimento prematuro drástico		
Neurofibromatose	Tumor do sistema nervoso, pele		

Padrões hereditários são muitas vezes exibidos na forma de gráficos de conexões genéticas, chamados **árvores genealógicas**.

O que fazemos com as informações genéticas? A próxima seção explora algumas das opções. Ao considerá-las, tenha em mente algumas distinções. Primeiro, uma anomalia genética é definida como uma versão rara ou incomum de uma característica, tal como quando uma pessoa nasce com seis dedos em cada mão ou pé em vez dos cinco comuns (Figura 3.16). Essas anomalias não são inerentemente letais. Por outro lado, um distúrbio genético é uma condição herdada que mais cedo ou mais tarde causa problemas médicos de leves a graves. Um distúrbio genético é caracterizado por um conjunto específico de sintomas – uma **síndrome**. Por sua vez, o termo "doença" é geralmente reservado a uma enfermidade causada por infecção ou fatores ambientais.

Outro ponto: alelos que originam distúrbios genéticos graves são geralmente raros nas populações, pois colocam seus portadores em risco. Por que eles não desaparecem por completo? Mutações raras podem reintroduzi-los. Nos heterozigotos, um alelo normal pode mascarar os efeitos de expressão de um alelo recessivo prejudicial. Ou, heterozigotos com um alelo codominante podem ter uma vantagem em um ambiente em particular.

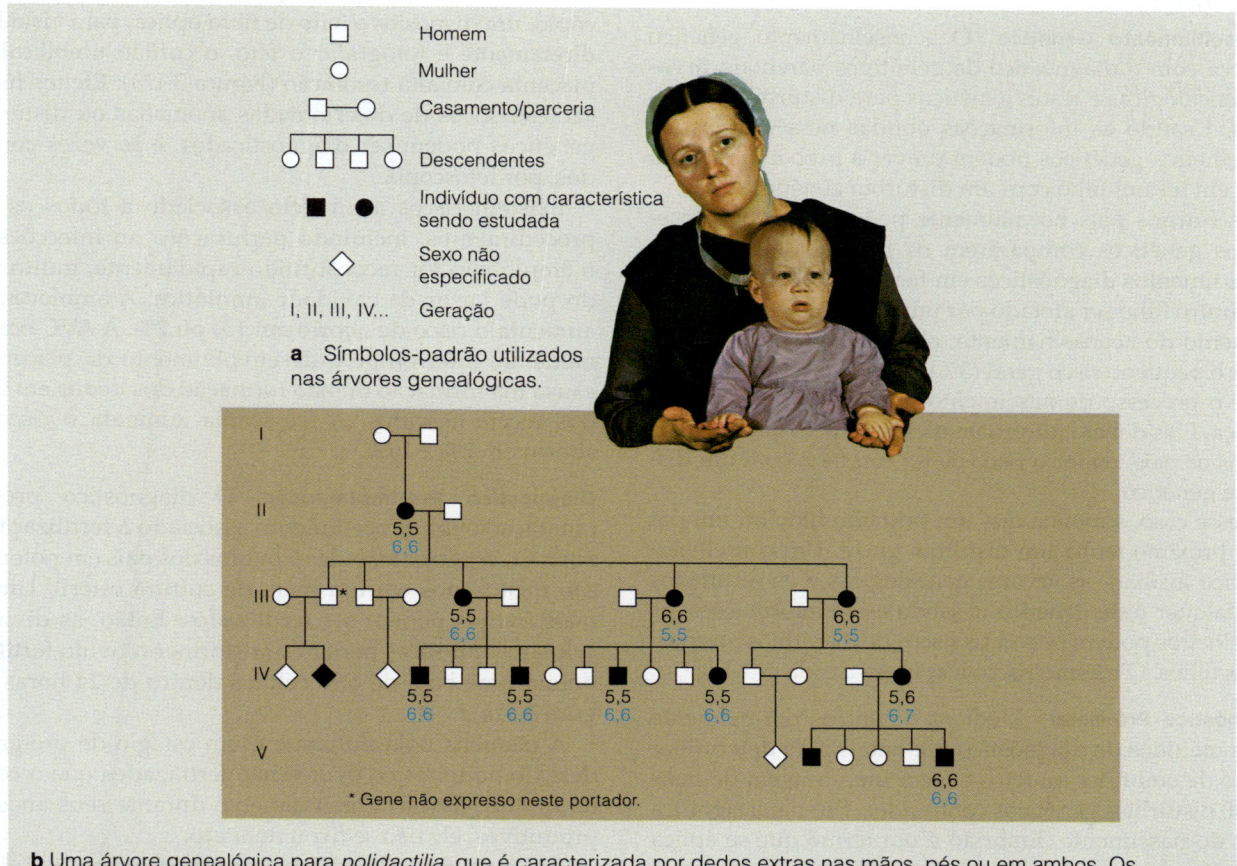

a Símbolos-padrão utilizados nas árvores genealógicas.

* Gene não expresso neste portador.

b Uma árvore genealógica para *polidactilia*, que é caracterizada por dedos extras nas mãos, pés ou em ambos. Os números em *preto* são o número de dedos em cada mão; os números em *azul* são o número de dedos em cada pé. Embora ocorra independentemente, a polidactilia também é um dos vários sintomas da síndrome de Ellis–van Creveld.

Figura 3.16 Árvores Genealógicas.

Para pensar

Como e por que determinamos padrões hereditários em seres humanos?

- Os geneticistas rastreiam características usando árvores genealógicas.
- As árvores genealógicas revelam padrões hereditários para determinados alelos. Esses padrões podem ser usados para determinar a probabilidade de que os futuros descendentes sejam afetados por uma anormalidade ou um distúrbio genético.

3.8 Prospectos na genética humana

- A análise genética pode fornecer aos pais em potencial informações sobre seus futuros filhos.

Com as primeiras novas da gravidez, os futuros pais imaginam se seu filho será normal. Naturalmente, eles querem que seu filho não tenha nenhum distúrbio genético e que a maioria dos bebês realmente possa nascer saudável. Muitos pais em potencial têm dificuldade em aceitar a possibilidade de que um filho possa desenvolver um distúrbio genético grave, mas às vezes isso acontece. Quais são as opções?

Aconselhamento Genético O aconselhamento genético começa com o diagnóstico de genótipos parentais, árvores genealógicas e testes genéticos para distúrbios conhecidos. Usando as informações obtidas nesses testes, os conselheiros genéticos podem prever a probabilidade do casal em ter um filho com um distúrbio genético.

Os futuros pais normalmente pedem para os conselheiros genéticos compararem os riscos associados aos procedimentos diagnósticos em face da probabilidade de seu futuro filho ser afetado por um distúrbio genético. No momento do aconselhamento, eles também devem comparar o pequeno risco geral (3%) de que complicações durante o processo de nascimento possam afetar qualquer criança. Eles devem informar sua idade, pois quanto mais velhos os pais, maior o risco de ter um filho com um distúrbio genético.

Nesse caso, suponha que um primeiro filho ou um parente próximo tenha um distúrbio grave. Um conselheiro genético avaliará as árvores genealógicas e os resultados de qualquer teste genético. Usando essas informações, os conselheiros podem prever os riscos de distúrbios nos próximos filhos. O mesmo risco se aplicará a cada gravidez.

Diagnóstico Pré-Natal Médicos e clínicos normalmente usam métodos de diagnóstico pré-natais para determinar o sexo de embriões ou fetos e fazer uma triagem de mais de 100 distúrbios genéticos conhecidos. Pré-natal significa antes do nascimento. Embrião é um termo que se aplica até as 18 semanas após a fertilização, depois feto é o mais apropriado.

Imagine uma mulher de 45 anos que engravida e se preocupa com a síndrome de Down. Entre as semanas 15 e 20 após a concepção, ela poderá optar pela amniocentese. Nesse procedimento diagnóstico, o médico usa uma seringa para retirar uma pequena amostra de fluido da cavidade amniótica. A "cavidade" é uma bolsa cheia de fluido, envolta por uma membrana – o âmnio – que, por sua vez, envolve o feto. O feto normalmente perde algumas células no fluido. As células suspensas na amostra de fluido podem ser analisadas quanto a diversos distúrbios genéticos, incluindo síndrome de Down, fibrose cística e anemia falciforme.

A amostra de vilosidades coriônicas (AVC) é um procedimento diagnóstico semelhante à amniocentese. O médico retira algumas células do córion, que é a membrana que cerca o âmnio e ajuda a formar a placenta. A placenta é um órgão que mantém o sangue da mãe e do embrião separados, permitindo que substâncias sejam trocadas entre eles. Diferentemente da amniocentese, a AVC pode ser realizada logo na 8ª semana de gravidez.

Atualmente é possível ver um feto vivo se desenvolvendo com a fetoscopia. O procedimento usa um endoscópio, um dispositivo feito de fibra óptica, para visualizar diretamente e fotografar o feto, o cordão umbilical e a placenta com alta resolução (Figura 3.17a). Efeitos físicos característicos de determinadas anomalias ou distúrbios genéticos podem ser diagnosticados, e às vezes corrigidos, por fetoscopia.

Existem riscos a um feto associado a todos os três procedimentos, incluindo perfurações ou infecções. Se o âmnio não for reconstituído rapidamente, muito fluido pode vazar da cavidade amniótica. A amniocentese aumenta o risco de aborto em 1% ou 2%. A AVC ocasionalmente interrompe o desenvolvimento da placenta e causa má formação ou não formação dos dedos em 0,3% dos recém-nascidos. A fetoscopia aumenta o risco de aborto em 2% a 10%.

Diagnóstico Pré-Implantação O diagnóstico pré-implantação é um procedimento associado à fertilização *in vitro*. Os espermatozoides e óvulos dos pais em potencial são misturados em um meio de cultura estéril. Um ou mais óvulos podem ser fertilizados. Então, as divisões celulares mitóticas podem transformar o óvulo fertilizado em uma bola de oito células dentro de 24 horas (Figura 3.17a).

A pequena bola flutuante é um estágio de pré-gravidez. Como todos os óvulos não fertilizados que o corpo da mulher descarta mensalmente durante seus anos reprodutivos, ele não se fixou no útero.

Todas as suas células têm os mesmos genes, mas ainda não estão comprometidos com a especialização de uma maneira ou outra. Os médicos podem remover uma dessas células não diferenciadas e analisar seus genes. Se não houver defeitos genéticos detectáveis, a bola de células é inserida no útero da mãe. A célula retirada não será perdida, e o grupo celular poderá continuar a se desenvolver em embrião. Muitos dos "bebês de proveta" resultantes nascem saudáveis. Alguns casais sob risco de repassar ale-

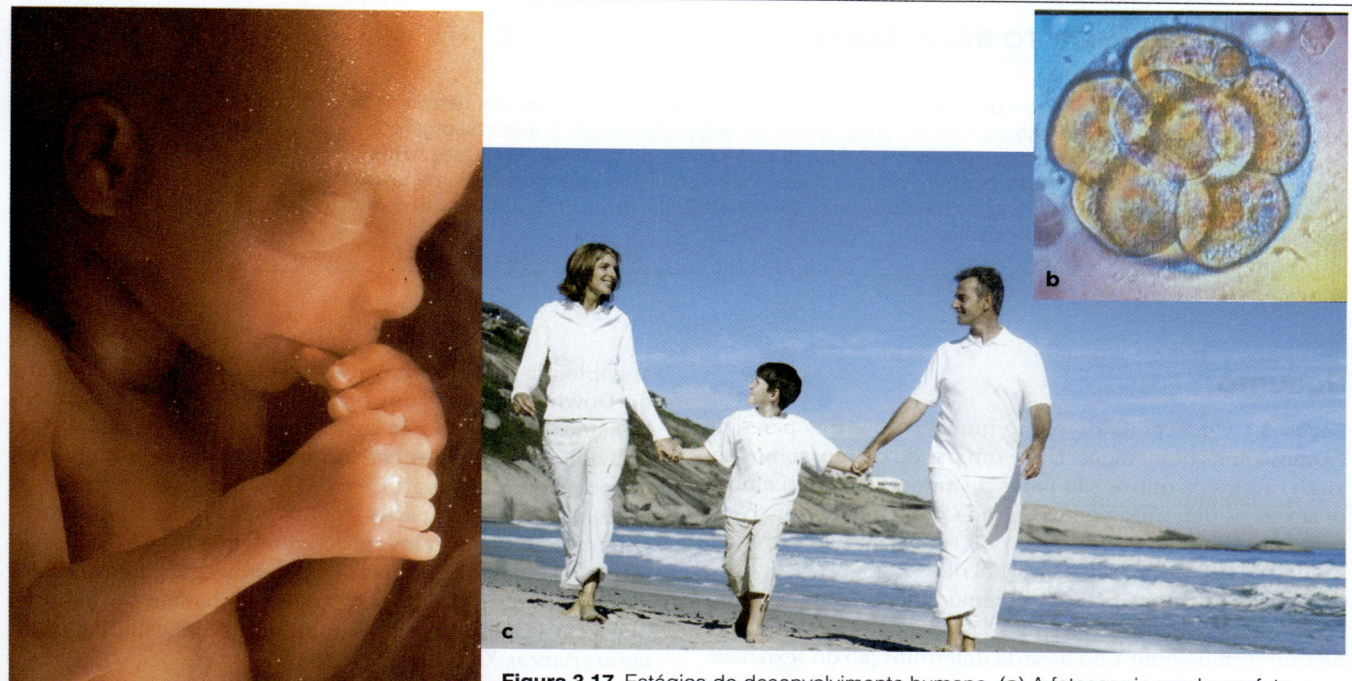

Figura 3.17 Estágios de desenvolvimento humano. (**a**) A fetoscopia revela um feto em alta resolução. (**b**) Estágios de oito células e (**c**) multicelulares de desenvolvimento humano.

los da fibrose cística, distrofia muscular ou algum outro distúrbio genético têm optado por esse procedimento.

Com Relação ao Aborto O que acontece depois que o diagnóstico pré-natal revela um problema grave? Alguns pais em potencial optam pelo aborto induzido. Um aborto é uma expulsão induzida de um embrião ou feto do útero antes do parto. Só podemos dizer que as pessoas devem refletir sobre sua consciência acerca da gravidade do distúrbio genético em face de suas crenças éticas e religiosas.

Tratamentos Fenotípicos Cirurgia, prescrição de drogas, terapia de reposição hormonal e, muitas vezes, controles dietéticos podem minimizar e em alguns casos eliminar os sintomas de muitos distúrbios genéticos. Por exemplo, controles dietéticos rígidos funcionam nos casos de fenilcetonúria ou PKU. Indivíduos afetados por esse distúrbio genético são homozigotos para um alelo recessivo em um autossomo. Eles não conseguem produzir uma forma funcional de uma enzima que catalisa a conversão de um aminoácido (fenilalanina) em outro (tirosina). Como essa conversão é bloqueada, a fenilalanina se acumula e é desviada para outras vias metabólicas. O resultado é uma deterioração da função cerebral.

Pessoas afetadas que restringem a ingestão de fenilalanina podem ter vidas essencialmente normais. Eles devem evitar refrigerantes "diet" e outros produtos que são adoçados com aspartame, um composto que contém fenilalanina.

Triagem Genética A triagem genética é um teste de rotina amplamente usado para alelos associados aos distúrbios genéticos. Ela fornece informações sobre riscos reprodutivos e ajuda as famílias que já foram afetadas por um distúrbio genético. Se um distúrbio for detectado precocemente, tratamentos fenotípicos podem minimizar os danos que ele causa em alguns casos.

Os hospitais rotineiramente fazem a triagem de recém-nascidos quanto aos distúrbios genéticos. Por exemplo, a maioria dos recém-nascidos dos Estados Unidos passa rotineiramente pelo teste para fenilcetonúria. Bebês afetados recebem tratamento desde cedo; assim, podemos ver menos indivíduos com sintomas do distúrbio. Além de ajudar os indivíduos, as informações obtidas da triagem genética pode nos ajudar a estimar a prevalência e distribuição de alelos prejudiciais nas populações.

Existem riscos sociais que devem ser considerados. Como você se sentiria se fosse rotulado como alguém que carrega um alelo "ruim"? Seu conhecimento seria um convite à ansiedade? Se você se tornar pai, mesmo sabendo que é portador de um alelo "ruim", como você se sentiria se seu filho fosse afetado por um distúrbio genético? Não há respostas fáceis nesse quesito.

| QUESTÕES DE IMPACTO REVISITADAS | Genes Estranhos, Mentes Torturadas

Mutações que afetam qualquer um dos passos nas vias metabólicas essenciais poderiam deteriorar a química do cérebro, o que, por sua vez, pode resultar em NBDs. Pessoas com distúrbio bipolar ou esquizofrenia têm a expressão gênica alterada, especialmente em determinadas regiões do cérebro. Pesquisas recentes sugerem que as células de pessoas com esses NBDs produzem quantidades alteradas de enzimas que realizam a fosforilação por transferência de elétrons. Lembre-se de esse estágio da respiração aeróbica produz a maior parte de ATP do corpo. No cérebro, alterações na fosforilação por transferência de elétrons nas células podem, de alguma forma, ativar a criatividade – mas também pode levar à doença.

Resumo

Seção 3.1 Uma célula do corpo humano 23 e três pares de cromossomos homólogos. Um é um par de **cromossomos sexuais**. Todos os outros são pares de **autossomos**. Em ambos os sexos, os dois autossomos de cada par têm o mesmo comprimento, formato e localização no centrômero, e carregam os mesmos genes em seu comprimento.

Fêmeas humanas possuem cromossomos sexuais idênticos (XX) e nos machos eles não são idênticos (XY). O gene *SRY* no cromossomo Y é a base da determinação do sexo masculino. Sua expressão faz com que um embrião desenvolva testículos, que secretam testosterona. Esse hormônio controla o desenvolvimento das características sexuais masculinas secundárias. Um embrião sem cromossomo Y (sem o gene *SRY*) se desenvolve em embrião feminino.

A cariotipagem é uma ferramenta de diagnóstico que revela cromossomos ausentes ou extras, e algumas mudanças estruturais nos cromossomos de um indivíduo. Com essa técnica, os cromossomos na metáfase são preparados para microscopia e depois fotografados. As imagens dos cromossomos são organizadas por suas características como um **cariótipo**.

Seção 3.2, 3.3 Determinados alelos dominantes ou recessivos em autossomos estão associados a anomalias ou distúrbios genéticos.

Seção 3.4 Determinados alelos dominantes e recessivos no cromossomo X são herdados em padrões mendelianos. Alelos que sofreram mutação no cromossomo X contribuem para mais de 300 distúrbios genéticos conhecidos. Os homens não podem transmitir um alelo recessivo ligado a X para seus filhos; a mulher passa esses alelos aos descendentes machos.

Seção 3.5 A estrutura de um cromossomo pode ser alterada por eventos raros, como **duplicação, deleção, inversão** ou **translocação**. A maioria das alterações é prejudicial ou letal. Mesmo assim, muitas se acumularam nos cromossomos de todas as espécies durante o tempo evolucionário.

Seção 3.6 O número de cromossomos de uma célula pode mudar permanentemente. Com mais frequência, essa mudança é resultado da **não disjunção**, que é a falha de um ou mais pares de cromossomos duplicados em se separar durante a meiose. Na **aneuploidia**, as células têm um número alterado de cópias de um cromossomo. No seres humanos, a aneuploidia mais comum, a trissomia 21, causa a síndrome de Down. A maioria dos outros aneuploides autossômicos humanos morre antes do nascimento.

Indivíduos **poliploides** herdam três ou mais de cada tipo de cromossomo de seus pais. Cerca de 70% de todas as plantas com flores, alguns insetos, peixes e outros animais são poliploides.

Uma mudança no número de cromossomos sexuais geralmente resulta em deficiência de aprendizagem e habilidades motoras comprometidas. Os problemas podem ser tão sutis que a causa subjacente pode nunca ser diagnosticada, como entre crianças XXY, XXX e XYY.

Seção 3.7, 3.8 Uma anomalia genética é uma versão incomum de uma característica herdável que não resulta em problemas médicos. Um distúrbio genético é uma condição hereditária que resulta em uma **síndrome** com problemas médicos leves ou graves. Os geneticistas constroem **árvores genealógicas** para estimar a chance de a descendência de um casal herdar uma anomalia ou um distúrbio genético. Os pais em potencial que podem estar sob risco de transmissão de um alelo prejudicial à prole têm opções de triagem e tratamento.

Questões *Respostas no Apêndice III*

1. O(A) _____ de cromossomos em uma célula são(é) comparados(as) para a construção de cariótipos.
    a. comprimento e formato
    b. localização no centrômero
    c. sequência genética
    d. a e b

2. O ____ determina o sexo em seres humanos.
    a. cromossomo X   c. gene *SRY*
    b. gene DII   d. a e c

3. Se um dos pais for heterozigoto para um alelo autossômico dominante e o outro não carregar o alelo, um filho deles tem ___ de chance de ser heterozigoto.
    a. 25%   c. 75%
    b. 50%   d. nenhuma chance: morrerá

4. Mutações de expansão ocorrem ___ dentro e entre genes em cromossomos humanos.
    a. raramente
    b. frequentemente
    c. nunca
    d. somente em múltiplos de três

5. Mencione um distúrbio genético recessivo ligado a X.

Exercício de análise de dados

Um estudo realizado em 1989 buscava a relação genética entre distúrbios de humor e inteligência. William Coryell e seus colegas encontraram pessoas com distúrbio bipolar, depois contaram quantos membros imediatos de suas famílias tinham se formado na faculdade. Alguns resultados são exibidos na Figura 3.18.

1. Qual grupo de pessoas, com distúrbio bipolar e sem distúrbio bipolar, tinha a maior porcentagem de pais com nível superior?

2. De acordo com esses dados, se você tiver um distúrbio bipolar, qual dos seus parentes imediatos provavelmente teria nível superior? Qual seria o menos provável?

3. Os parentes de pessoas com ou sem distúrbio bipolar têm mais probabilidade de ter nível superior?

Proporção de graduados em faculdade entre parentes de pessoas com distúrbio bipolar		
Parente	Não bipolar (%)	Bipolar (%)
Pai	16,1	27,3
Mãe	10,5	18,2
Irmão	23,9	38,7
Irmã	16,1	31,8
Avô	7,6	13,0
Avó	5,1	7,1

Figura 3.18 Proporção de parentes imediatos de pessoas não bipolares e bipolares que se formaram na faculdade.

---

6. Os homens têm probabilidade 16 vezes maior de serem afetados por daltonismo vermelho-verde que as mulheres. Por quê?

7. Essa afirmação é verdadeira ou falsa? Um filho pode herdar um alelo recessivo ligado a X de seu pai.

8. Daltonismo é um caso de herança _____.
  a. autossômica dominante
  b. autossômica recessiva
  c. dominante ligada a X
  d. recessiva ligada a X

9. Uma _____ pode alterar a estrutura do cromossomo.
  a. deleção
  b. duplicação
  c. inversão
  d. translocação
  e. todas as anteriores

10. A não disjunção pode ocorrer durante _____.
  a. a mitose
  b. a meiose
  c. a fertilização
  d. a e b

11. Essa afirmação é verdadeira ou falsa? Células do corpo podem herdar três ou mais de cada tipo de características cromossômicas da espécie, uma condição chamada poliploidia.

12. O cariótipo da síndrome de Klinefelter é _____.
  a. XO
  b. XXX
  c. XXY
  d. XYY

13. Um conjunto reconhecido de sintomas que caracterizam um distúrbio específico é uma _____.
  a. síndrome
  b. doença
  c. árvore genealógica

14. Ligue os termos corretamente.
  ___ poliploidia
  ___ deleção
  ___ aneuploidia
  ___ translocação
  ___ cariótipo
  ___ não disjunção durante a meiose

  a. numeração e definição das características dos cromossomos da metáfase de um indivíduo
  b. segmento de um cromossomo se move para um cromossomo não homólogo
  c. conjuntos extra de cromossomos
  d. gametas com o número errado de cromossomos
  e. um segmento cromossômico perdido
  f. um cromossomo extra

Problemas genéticos *Respostas no Apêndice III*

1. Fêmeas humanas são XX e machos são XY.
  a. O macho herda o X de sua mãe ou de seu pai?
  b. Com relação aos alelos ligados a X, quantos tipos diferentes de gametas um macho pode produzir?
  c. Se uma fêmea é homozigota para um alelo ligado a X, quantos tipos de gametas ela pode produzir com relação àquele alelo?
  d. Se uma fêmea é heterozigota para um alelo ligado a X, quantos tipos de gametas ela pode produzir com relação àquele alelo?

2. Na Seção 3.4, você leu sobre uma mutação que causa um distúrbio genético grave, a síndrome de Marfan. Um alelo que sofreu mutação para o distúrbio segue um padrão de herança autossômica dominante. Qual a chance de uma criança herdá-lo se um dos pais não carregar o alelo e o outro for heterozigoto para ele?

3. Células somáticas de indivíduos com síndrome de Down geralmente têm um cromossomo 21 extra; elas contêm 47 cromossomos.
  a. Em que estágios da meiose I e II um erro pode alterar o número de cromossomos?
  b. Alguns indivíduos com síndrome de Down têm 46 cromossomos: dois cromossomos 21 aparentemente normais e um cromossomo 14 mais longo que o normal. Especule como essa anomalia cromossômica pode ter surgido.

4. Como você já leu anteriormente, a distrofia muscular de Duchenne é um distúrbio genético que surge através da expressão de um alelo recessivo ligado a X. Geralmente, os sintomas começam a aparecer na infância. A perda gradual e progressiva da função muscular leva à morte, geralmente aos 20 anos. Diferentemente do daltonismo, o distúrbio está quase sempre restrito aos homens. Sugira por quê.

5. Na população humana, a mutação de dois genes no cromossomo X causa dois tipos de hemofilia ligada a X (A e B). Em alguns casos, uma mulher é heterozigota para ambos os alelos mudados (um em cada um dos cromossomos X). Todos os seus filhos devem ter hemofilia A ou B.

No entanto, em ocasiões muito raras, uma dessas mulheres dá à luz um filho que não tem hemofilia, e seu cromossomo X não tem qualquer alelo mudado. Explique como esse cromossomo X poderia surgir.

4 Estrutura e Função do DNA

QUESTÕES DE IMPACTO Vem Aqui, Gatinho

Até agora, afirmamos repetidamente que o DNA guarda informações hereditárias. Alguém já demonstrou que isso é verdade? A resposta é sim. Uma demonstração estarrecedora ocorreu em 1997, quando o geneticista escocês Ian Wilmut fez uma cópia genética – um clone – de uma ovelha adulta. Sua equipe removeu o núcleo (e o DNA incluído nele) de um óvulo de ovelha não fertilizado. Eles o substituíram pelo núcleo de uma célula removida da teta de outra ovelha. O óvulo híbrido tornou-se um embrião, e depois um filhote. O filhote, que os pesquisadores chamaram de Dolly, era geneticamente idêntico à ovelha que havia doado a célula da teta.

Inicialmente, Dolly se parecia e agia como uma ovelha normal. Entretanto, cinco anos depois, era gorda e tinha artrite como uma ovelha de 12 anos. No ano seguinte, Dolly contraiu uma doença pulmonar típica de ovelhas geriátricas e foi sacrificada.

Os telômeros de Dolly indicaram que ela havia desenvolvido problemas de saúde porque era um clone. Telômeros são sequências curtas e repetidas de DNA nas extremidades dos cromossomos. Eles ficam cada vez mais curtos à medida que um animal envelhece. Quando Dolly tinha dois anos, seus telômeros eram tão curtos quanto os de uma ovelha de seis anos – a idade exata do animal adulto que havia sido seu doador genético.

Desde que Dolly nasceu, ratos, coelhos, porcos, vacas, cabras, mulas, veados, cavalos, gatos, cães e um lobo foram clonados, mas a clonagem de mamíferos está longe de ser rotineira. Poucas clonagens são bem-sucedidas. Normalmente, são necessárias centenas de tentativas para produzir um embrião, e a maioria dos embriões que se formam morre antes ou pouco depois de nascer. Cerca de 25% dos clones que sobrevivem têm problemas de saúde. Por exemplo, porcos clonados tendem a mancar e ter problemas cardíacos. Eles podem não desenvolver a cauda ou, ainda pior, não desenvolver o ânus.

O que causa esses problemas? Embora todas as células de um indivíduo herdem o mesmo DNA, uma célula adulta utiliza apenas uma fração dele em comparação com uma célula embrionária. Para fazer um clone de uma célula adulta, pesquisadores devem reprogramar seu DNA para funcionar como o DNA de um óvulo. Como a história de Dolly nos lembra, ainda temos muito a aprender sobre como fazer isso.

Por que os geneticistas persistem nisso? Os possíveis benefícios são enormes. Células clonadas de pessoas com doenças incuráveis podem ser cultivadas como tecidos ou órgãos de reposição em laboratórios. Espécies ameaçadas podem ser salvas da extinção, e espécies extintas poderiam ser trazidas de volta. Gado e animais de estimação já estão sendo clonados comercialmente (Figura 4.1).

O aperfeiçoamento dos métodos para fazer clones saudáveis de animais nos aproxima da possibilidade de clonar humanos, tecnicamente e também eticamente. Por exemplo, se a clonagem de um gato falecido para um dono inconsolável é aceitável, por que não seria aceitável clonar um filho falecido para um pai inconsolável? São questões difíceis, mas que podem e devem ser discutidas pela sociedade.

Com este capítulo, voltamos nossa compreensão para como o DNA funciona como base da herança.

Figura 4.1 Demonstração de que o DNA guarda informações hereditárias – clonagem de um adulto. Compare as marcas em Tahini, uma gata Bengal (*acima*) com as de Tabouli e Baba Ganoush, dois de seus clones (*à direita*). A cor do olho muda à medida que um gato Bengal amadurece; mais tarde, os dois clones desenvolverão a mesma cor do olho de Tahini.

Conceitos-chave

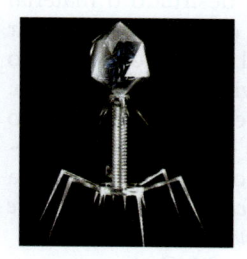

Descoberta da função do DNA
O trabalho de muitos cientistas ao longo de mais de um século levou à descoberta de que o DNA é a molécula que armazena informações hereditárias sobre os traços (características) das espécies. **Seção 4.1**

Descoberta da estrutura do DNA
Uma molécula de DNA consiste em duas cadeias longas de nucleotídeos espiraladas em uma dupla hélice. Quatro tipos de nucleotídeos compõem as cadeias, que são unidas por todo o seu comprimento por ligações de hidrogênio. **Seção 4.2**

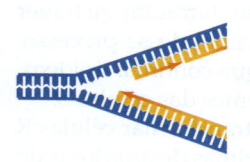

Como as células duplicam seu DNA
Antes de uma célula começar a mitose ou meiose, enzimas e outras proteínas replicam seu(s) cromossomo(s). Filamentos de DNA recém-formados são monitorados quanto a erros. Erros não corrigidos podem se tornar mutações. **Seção 4.3**

Clonagem de animais
O conhecimento sobre a estrutura e a função do DNA é a base de diversos métodos de formação de clones, que são cópias idênticas de organismos. **Seção 4.4**

A nota de rodapé de Franklin
A ciência progride como um esforço em conjunto. Muitos cientistas contribuíram para a descoberta da estrutura do DNA. **Seção 4.5**

Neste capítulo

- Este capítulo parte de radioisótopos, ligações de hidrogênio, reações de condensação, carboidratos, proteínas e ácidos nucleicos.
- Seu conhecimento sobre especificidade da enzima e o ciclo celular lhe ajudará a entender como a replicação de DNA funciona. Também veremos um exemplo da importância dos genes de verificação.
- O que você sabe sobre mitose, meiose e reprodução sexuada lhe ajudará a entender os procedimentos de clonagem. As células utilizadas para clonagem terapêutica não são mais desenvolvidas que aquelas no estágio de oito células do desenvolvimento humano.

Qual sua opinião? Alguns veem clones doentes ou deformados como perdas desagradáveis, mas aceitáveis, das pesquisas de clonagem animal que também produzem avanços médicos para pacientes humanos. A clonagem animal deveria ser banida?

4.1 A caça pelo DNA

- Investigações que levaram a nossa compreensão de que o DNA é a molécula da herança revelam como a ciência progride.

Evidências precoces e enigmáticas

Na época em que Gregor Mendel nasceu, um estudante suíço de Medicina, Johann Miescher, estava doente, com tifo. A doença deixou Miescher parcialmente surdo; portanto, tornar-se médico não era mais uma opção. Ele mudou para a química orgânica. Em 1869, coletava leucócitos de bandagens cheias de pus e também espermatozoides de peixes, para poder estudar a composição do núcleo celular. Tais células não continham muito citoplasma, o que facilitava o isolamento das substâncias em seu núcleo. Miescher descobriu que os núcleos tinham uma substância ácida composta majoritariamente de nitrogênio e fósforo. Mais tarde, a substância seria chamada de ácido **desoxirribonucleico**, ou **DNA**.

Sessenta anos depois, um oficial médico britânico, Frederick Griffith, estava tentando fazer uma vacina para pneumonia. Ele isolou duas cepas (tipos) de *Streptococcus pneumoniae*, uma bactéria que causa a pneumonia. Nomeou uma cepa R, porque cresce em colônias rugosas. Nomeou a outra cepa S, porque cresce em colônias lisas (*smooth*). Griffith utilizou as duas cepas em uma série de experimentos que não levaram ao desenvolvimento de uma vacina, mas revelaram uma evidência sobre a herança (Figura 4.2).

Primeiro, injetou células R vivas em ratos. Os ratos não desenvolveram pneumonia. *A cepa R era inofensiva.*

Em seguida, injetou células S vivas em outros ratos. Os ratos morreram. Amostras de sangue deles estavam repletas de células S vivas. *A cepa S era patogênica; causava pneumonia.*

Depois, ele matou as células S ao expô-las a alta temperatura. *Os ratos injetados com células S mortas não morreram.*

Após isso, ele misturou células R vivas com células S mortas pelo calor e injetou a mistura nos ratos. Os ratos morreram, *e amostras de sangue coletadas dele estavam cheias de células S vivas!*

O que aconteceu no quarto experimento? Se as células S mortas pelo calor na mistura não estivessem realmente mortas, então os ratos injetados com elas no terceiro experimento teriam morrido. Se as células R inofensivas tivessem se transformado em assassinas, os ratos injetados com células R no experimento 1 teriam morrido.

A explicação mais simples era a de que o calor havia matado as células S, mas não havia destruído o material hereditário, incluindo qualquer parte especificada "infectar ratos". De alguma forma, esse material tinha sido transferido das células S mortas para as células R vivas, que o utilizaram.

A transformação foi permanente e hereditária. Mesmo depois de centenas de gerações, os descendentes de células R transformadas eram contagiosos. O que causou a transformação? *Que substância codifica as informações sobre traços que os pais passam para os descendentes?*

Em 1940, Oswald Avery e Maclyn McCarty propuseram-se a identificar essa substância, que chamaram de "princípio transformador". Eles utilizaram um processo de eliminação que testou cada tipo de componente molecular das células S.

Avery e McCarty congelaram e descongelaram repetidamente células S. Cristais de gelo que se formam durante esse processo rompem membranas, liberando, assim, o conteúdo celular. Os pesquisadores, então, filtraram qualquer célula intacta do lodo resultante. Ao final desse processo, os pesquisadores tinham um fluido que continha lipídeos, proteínas e ácidos nucleicos componentes das células S.

O extrato da célula S ainda podia transformar células R depois que tinha sido tratado com enzimas destruidoras de lipídeos e proteínas. Assim, o princípio transformador não podia ser lipídeo ou proteína. Carboidratos haviam sido removidos durante o processo de purificação; então, Avery e McCarty perceberam que a substância que estavam buscando devia ser ácido nucleico – RNA ou DNA. O extrato de célula S ainda podia transformar células R depois do tratamento com enzimas degradantes de RNA, mas não depois do tratamento com enzimas degradantes de DNA. O DNA tinha de ser o princípio transformador.

O resultado surpreendeu Avery e McCarty, que, em conjunto com a maioria de outros cientistas, presumiam que as proteínas eram a substância da hereditariedade. Afinal, os traços são diversos, e acreditava-se que proteínas eram as moléculas biológicas mais diversificadas.

a Ratos injetados com células vivas da cepa R inofensiva não morrem. Células R vivas estão em seu sangue.

b Ratos injetados com células vivas da cepa assassina S morrem. Células S vivas estão em seu sangue.

c Ratos injetados com células S mortas pelo calor não morrem. Nenhuma célula S viva está em seu sangue.

d Ratos injetados com células R vivas mais células S mortas pelo calor morrem. Células S vivas estão em seu sangue.

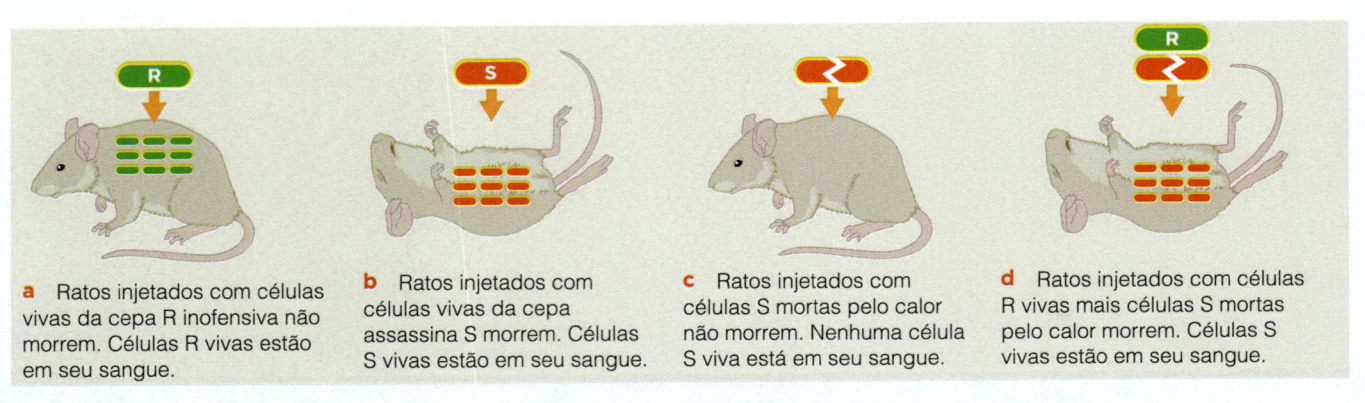

Figura 4.2 Experimentos de Frederick Griffith, nos quais o material hereditário de células *Streptococcus pneumoniae* danosas transformaram as células de uma cepa inofensiva em assassinas.

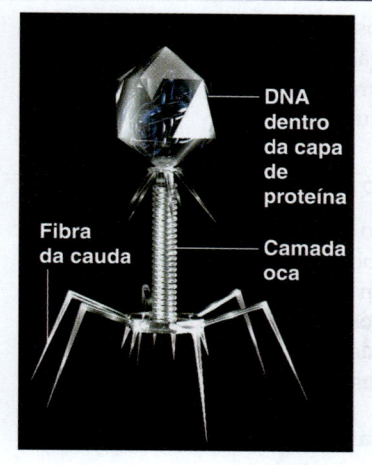

FOCO NA PESQUISA

a Modelo de um bacteriófago.

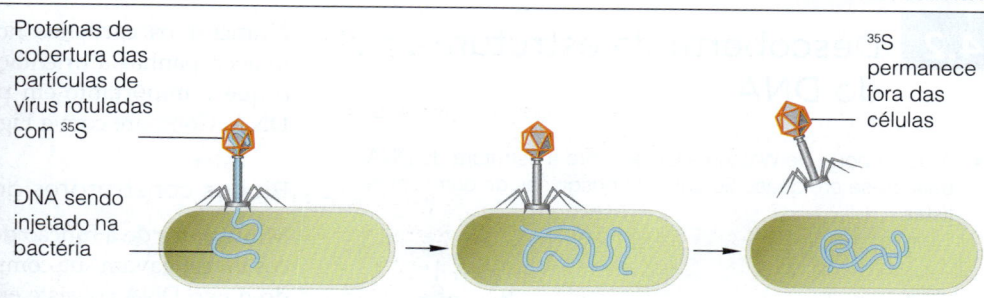

- DNA dentro da capa de proteína
- Fibra da cauda
- Camada oca

Proteínas de cobertura das partículas de vírus rotuladas com ^{35}S

DNA sendo injetado na bactéria

^{35}S permanece fora das células

b Em um experimento, bactérias foram infectadas com partículas de vírus rotuladas com um radioisótopo do enxofre (^{35}S). O enxofre havia rotulado apenas proteínas virais. Os vírus foram removidos da bactéria ao bater a mistura em um liquidificador comum. A maior parte do enxofre radioativo foi detectada nos vírus, não nas células bacterianas. Os vírus não haviam injetado proteína nas bactérias.

DNA de vírus rotulado com ^{32}P

DNA rotulado sendo injetado na bactéria

^{32}P permanece dentro das células

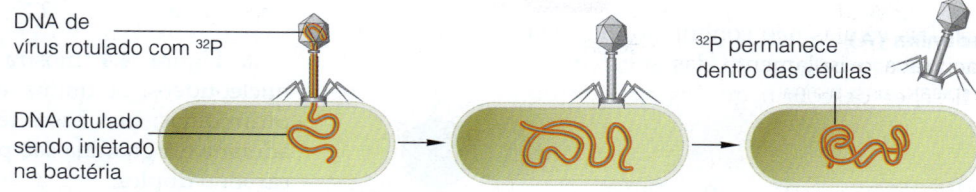

c Em outro experimento, bactérias foram infectadas com partículas de vírus rotuladas com um radioisótopo do fósforo (^{32}P). O fósforo havia rotulado apenas DNA viral. Quando os vírus foram removidos das bactérias, o fósforo radioativo foi detectado principalmente dentro das células bacterianas. Os vírus haviam injetado DNA nas células – evidência de que o DNA é o material genético deste vírus.

Figura 4.3 Experimentos de Hershey-Chase. Alfred Hershey e Martha Chase testaram se o material genético injetado por bacteriófagos nas bactérias é DNA, proteína ou ambos. Os experimentos se basearam no conhecimento de que as proteínas contêm mais enxofre (S) que fósforo (P), e o DNA contém mais fósforo que enxofre.

Outras moléculas simplesmente pareciam uniformes demais. Os dois cientistas estavam tão céticos que publicaram seus resultados só ao se convencerem, depois de anos de experimentação dolorosa, de que o DNA realmente era o material hereditário. Eles também tiveram o cuidado de indicar que não haviam provado que o DNA era o *único* material hereditário.

Confirmação da função do DNA

Em 1950, pesquisadores já haviam descoberto os **bacteriófagos**, um tipo de vírus que infecta bactérias (Figura 4.3a). Como todos os vírus, essas partículas infecciosas carregam informações hereditárias sobre como formar novos vírus. Depois que um vírus infecta uma célula, ela começa a formar novas partículas de vírus. Bacteriófagos injetam material genético em bactérias, mas aquele material era DNA, proteína ou ambos?

Alfred Hershey e Martha Chase decidiram descobrir ao explorar as propriedades conhecidas da proteína (alto conteúdo de enxofre) e DNA (alto conteúdo de fósforo). Eles cultivaram bactérias em meio de crescimento com um isótopo do enxofre, ^{35}S. Nesse meio, a proteína (mas não o DNA) de bacteriófagos que infectaram as bactérias foi rotulada com ^{35}S.

Hershey e Chase permitiram que os vírus rotulados infectassem as bactérias. Eles sabiam por imagens de microscópio eletrônico que fagos acoplam-se a bactérias por caudas delgadas. Eles consideraram que seria fácil romper essa ligação precária; portanto, colocaram a mistura de vírus-bactéria em um liquidificador *Waring* e o ligaram (um liquidificador *Waring* era um dos eletrodomésticos comumente utilizados, na época, como equipamento de laboratório).

Depois de misturar, os pesquisadores separaram as bactérias do fluido que continha vírus e mediram o conteúdo de ^{35}S de cada um separadamente. O fluido continha a maior parte do ^{35}S. Assim, os vírus não haviam injetado proteína nas bactérias (Figura 4.3b).

Hershey e Chase repetiram o experimento utilizando um isótopo do fósforo, ^{32}P, que rotulou o DNA (mas não as proteínas) do bacteriófago. Dessa vez, descobriram que as bactérias continham a maior parte do ^{32}P. Os vírus haviam injetado DNA nas bactérias (Figura 4.3c).

Ambos os experimentos – e muitos outros – apoiaram a hipótese de que o DNA, não a proteína, é o material de hereditariedade comum a toda a vida na Terra.

4.2 Descoberta da estrutura do DNA

- A descoberta de Watson e Crick sobre a estrutura do DNA baseou-se em quase 50 anos de pesquisas de outros cientistas.

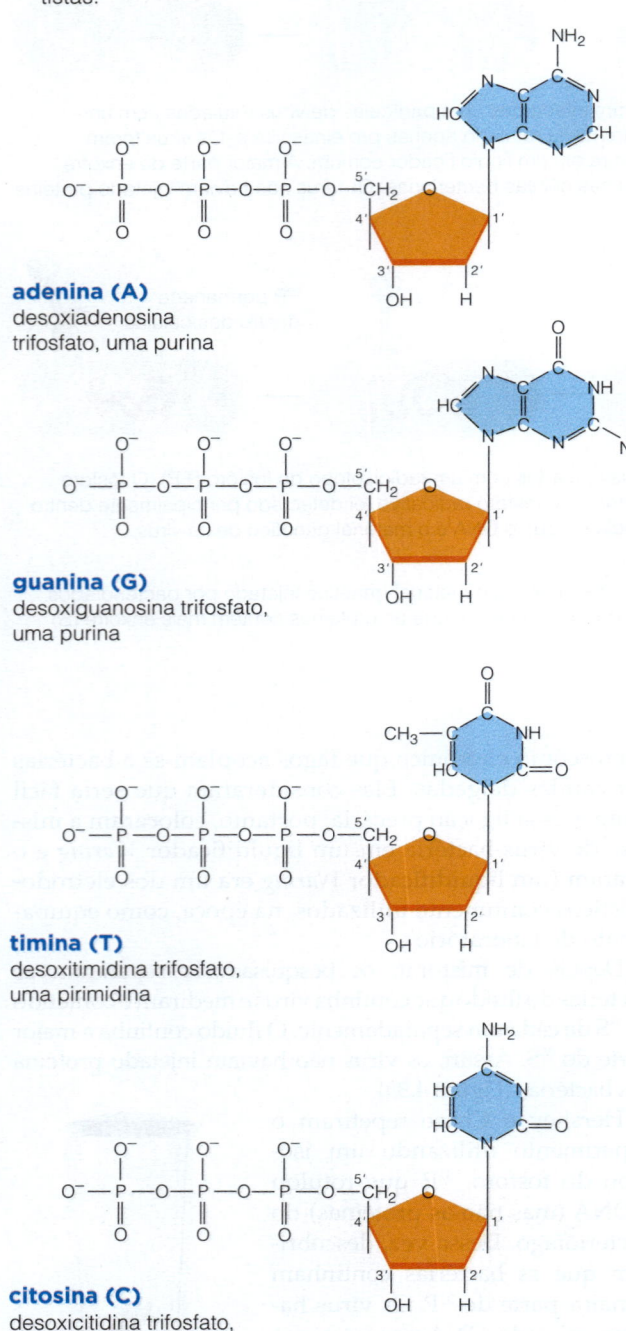

adenina (A)
desoxiadenosina trifosfato, uma purina

guanina (G)
desoxiguanosina trifosfato, uma purina

timina (T)
desoxitimidina trifosfato, uma pirimidina

citosina (C)
desoxicitidina trifosfato, uma pirimidina

Figura 4.4 Quatro tipos que são ligados em filamentos de DNA. Cada um recebe o nome de sua base componente (*em azul*). O bioquímico Phoebus Levene trabalhou a estrutura dessas bases e como elas se conectam no DNA no início do século XX. Ele trabalhou com o DNA por quase 40 anos.

Numerar os carbonos nos anéis de açúcar nos permite acompanhar a orientação das cadeias de nucleotídeo, o que é importante em processos como a replicação de DNA. Compare com a Figura 4.6.

Blocos construtores do DNA

Muito antes de a função do DNA ser conhecida, bioquímicos investigavam sua composição. Eles haviam demonstrado que o DNA consiste em apenas quatro tipos de blocos construtores de nucleotídeos. Um nucleotídeo de DNA tem açúcar de cinco carbonos (desoxirribose), três grupos fosfato e um grupo de quatro bases que contêm nitrogênio:

adenina	guanina	timina	citosina
A	G	T	C

A Figura 4.4 mostra as estruturas desses quatro nucleotídeos. A timina e a citosina são chamadas de pirimidinas; suas bases têm anéis de carbono simples. A adenina e a guanina são purinas; suas bases têm anéis de carbono duplos.

Em 1952, o bioquímico Erwin Chargaff havia feito duas importantes descobertas sobre a composição do DNA. Primeiro, as quantidades de timina e adenina no DNA são iguais, assim como as de citosina e guanina. Segundo, a proporção entre adenina e guanina é diferente entre as espécies. Podemos mostrar as regras de Chargaff como:

$$A = T \quad e \quad G = C$$

As proporções simétricas foram uma pista importante de como os nucleotídeos são organizados no DNA.

A primeira evidência convincente dessa organização veio de Rosalind Franklin, pesquisadora do King's College em Londres especializada em cristalografia de raios X. Nessa técnica, raios X são direcionados sobre uma substância purificada e cristalizada. Átomos nas moléculas da substância espalham os raios X em um padrão que pode ser capturado como uma imagem. Pesquisadores utilizam o padrão para calcular o tamanho, formato e espaçamento entre qualquer elemento repetente das moléculas – todos eles detalhes da estrutura molecular.

Franklin fez a primeira imagem clara de difração de raios X do DNA na forma que ocorre nas células. A partir das informações naquela imagem, ela calculou que o DNA é muito longo em comparação com seu diâmetro de 2 nm. Ela também identificou um padrão repetido a cada 0,34 nm em seu comprimento e outro a cada 3,4 nm.

A imagem e os dados de Franklin chamaram a atenção de James Watson e Francis Crick, ambos da Universidade de Cambridge. Watson, um biólogo americano, e Crick, um biofísico britânico, haviam compartilhado suas ideias sobre a estrutura do DNA. Os bioquímicos Linus Pauling, Robert Corey e Herman Branson recentemente haviam descrito a hélice alfa, um padrão espiralado que ocorre em muitas proteínas. Watson e Crick suspeitaram que a molécula de DNA também fosse uma hélice.

Watson e Crick passaram muitas horas argumentando sobre o tamanho, formato e requerimentos de ligação dos quatro tipos de nucleotídeos que compõem o DNA.

Eles amolaram químicos para ajudá-los a identificar ligações que possam ter ignorado. Eles mexeram com recortes de papelão e fizeram modelos a partir de restos de metal conectados por "ligações" de fios adequadamente anguladas. Os dados de Franklin lhes deram a última peça do quebra-cabeça. Em 1953, Watson e Crick juntaram todas as peças que haviam se acumulado nos últimos 50 anos e construíram o primeiro modelo preciso da molécula de DNA (Figura 4.5).

Watson e Crick propuseram que a estrutura do DNA consiste em duas cadeias (ou filamentos) de nucleotídeos, que saem em direções opostas e são espiraladas em uma dupla hélice. Ligações de hidrogênio entre as bases posicionadas internamente unem os dois filamentos. Apenas dois tipos de pareamentos de base se formam: A com T e G com C. A maioria dos cientistas havia presumido (incorretamente) que as bases tinham de estar na parte externa da hélice, porque seriam mais acessíveis a enzimas copiadoras de DNA dessa forma. Você verá na Seção 4.3 como tais enzimas acessam as bases na parte interna da hélice.

Padrões de pareamento de bases

Como apenas dois tipos de pareamento de bases originam a incrível diversidade de traços que vemos entre as coisas vivas? A resposta é que a ordem na qual um par de bases segue o outro – a **sequência** do DNA – é tremendamente variável. Por exemplo, um pequeno pedaço de DNA de uma petúnia, um humano ou qualquer outro organismo pode ser:

um par de bases — G A C T ou A T C G ou G G G C
                  C T G A   T A G C   C C C G

Observe como os dois filamentos de DNA correspondem-se; cada base em um é pareada adequadamente com uma base parceira no outro. Esse padrão de ligação (A com T, G com C) é o mesmo em todas as moléculas de DNA. Entretanto, o par de bases que segue o próximo na fila difere entre espécies e entre indivíduos da mesma espécie. Assim, o DNA, *a molécula da herança em cada célula, é a base da unidade da vida. Variações na sequência de bases de um indivíduo ou de uma espécie são a base da diversidade da vida.*

Figura 4.5 Estrutura do DNA, conforme ilustrada por uma composição de modelos diferentes.

Watson e Crick com seu modelo

2 nm de diâmetro

0,34 nm entre cada par de bases

3,4 nm de comprimento de cada volta completa da dupla hélice

Os números indicam o carbono dos açúcares ribose (compare com a Figura 4.4). O carbono 3' de cada açúcar é unido pelo grupo fosfato ao carbono 5' do açúcar seguinte. Esses elos formam a estrutura de açúcar-fosfato de cada filamento.

As duas estruturas de açúcar-fosfato vão em paralelo, mas em direções opostas (setas *verdes*). Pense em um filamento como estando de cabeça para baixo em comparação com o outro.

Para pensar

Qual é a estrutura do DNA?

- Uma molécula de DNA consiste em duas cadeias de nucleotídeos (filamentos) que saem em direções opostas e são espiraladas em uma dupla hélice.
- Bases de nucleotídeos posicionadas internamente fazem ligação de hidrogênio entre os dois filamentos. A sempre pareia-se com T, e G com C. A sequência de bases é a informação genética.

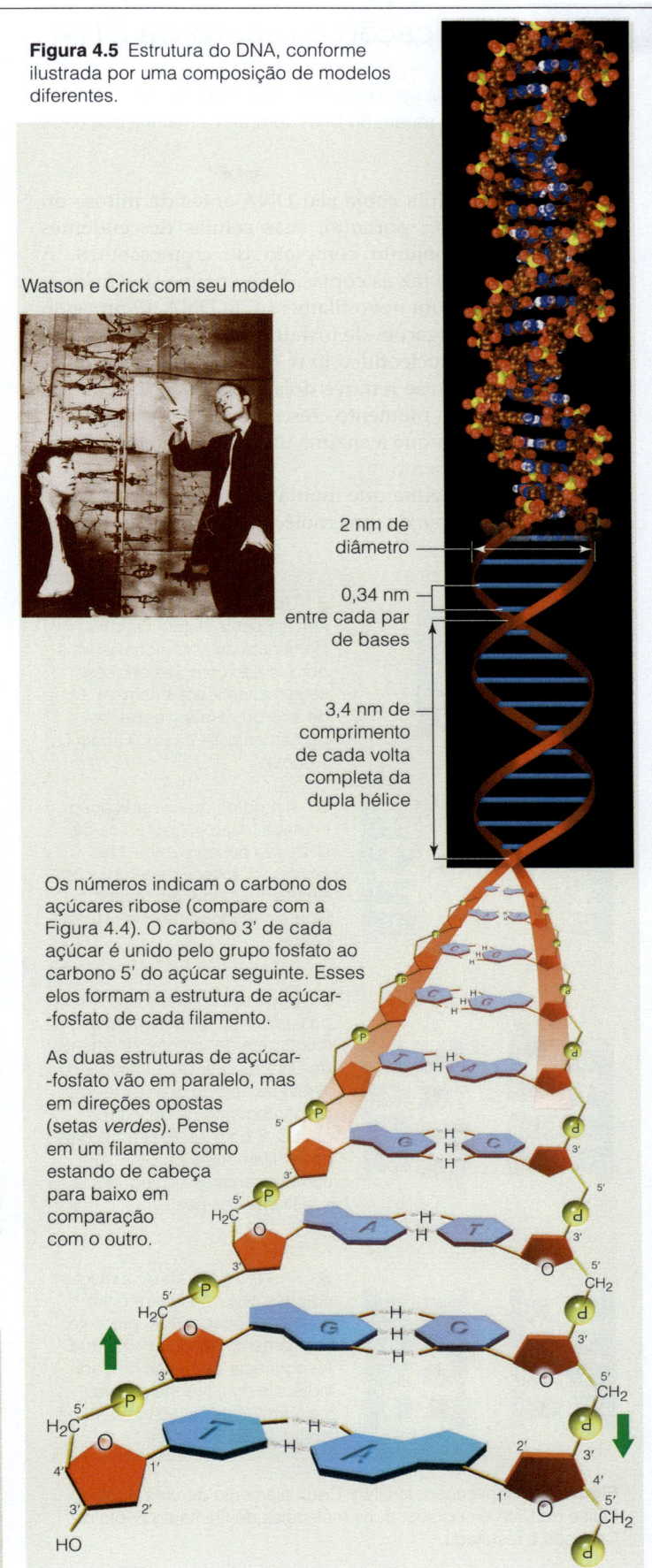

4.3 Replicação e reparo de DNA

- Uma célula copia seu DNA antes da mitose ou meiose I.
- Mecanismos de reparo do DNA corrigem a maioria dos erros de replicação.

Lembre: cada célula copia seu DNA antes da mitose ou meiose I começar; portanto, suas células descendentes herdarão um conjunto completo de cromossomos. A DNA **polimerase** faz as cópias. Essa enzima une nucleotídeos livres em um novo filamento de DNA. O processo é orientado por ligações de fosfato de alta energia nos nucleotídeos. Um nucleotídeo livre tem três grupos fosfato, e a DNA polimerase remove dois deles quando acopla o nucleotídeo a um filamento crescente de DNA. Tal remoção libera energia que a enzima utiliza para acoplar o nucleotídeo ao filamento.

Como uma enzima que monta um único filamento de DNA faz uma cópia de uma molécula de filamento duplo?

a Uma molécula de DNA tem filamento duplo. Os dois filamentos de DNA ficam unidos porque são complementares: seus nucleotídeos unem-se de acordo com as regras de pareamento de bases (G com C, T com A).

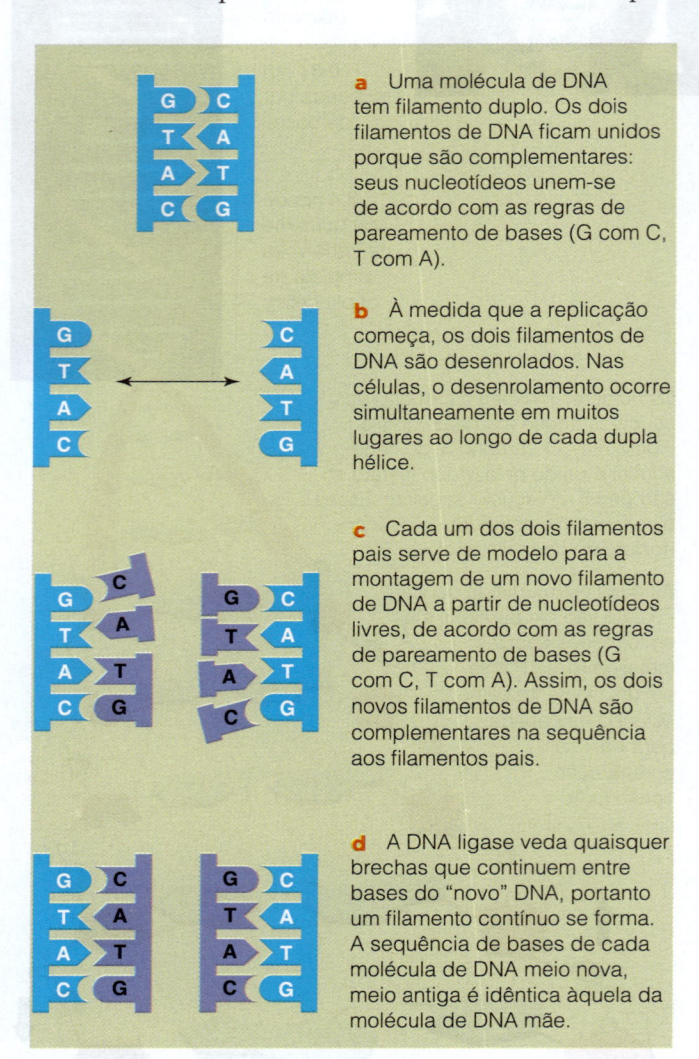

b À medida que a replicação começa, os dois filamentos de DNA são desenrolados. Nas células, o desenrolamento ocorre simultaneamente em muitos lugares ao longo de cada dupla hélice.

c Cada um dos dois filamentos pais serve de modelo para a montagem de um novo filamento de DNA a partir de nucleotídeos livres, de acordo com as regras de pareamento de bases (G com C, T com A). Assim, os dois novos filamentos de DNA são complementares na sequência aos filamentos pais.

d A DNA ligase veda quaisquer brechas que continuem entre bases do "novo" DNA, portanto um filamento contínuo se forma. A sequência de bases de cada molécula de DNA meio nova, meio antiga é idêntica àquela da molécula de DNA mãe.

Figura 4.6 Replicação de DNA. Cada filamento de uma dupla hélice de DNA é copiado; duas moléculas de filamento duplo de DNA são o resultado.

Antes de a replicação começar, cada cromossomo é uma única molécula de DNA – uma dupla hélice. Durante a replicação do DNA, uma enzima chamada DNA helicase rompe as ligações de hidrogênio que unem a hélice; portanto, os dois filamentos de DNA desenrolam-se. Os dois filamentos, então, são replicados independentemente. Cada novo filamento de DNA enrola-se com seu filamento "pai" em uma nova dupla hélice. Assim, depois da replicação, há duas moléculas de filamento duplo de DNA (Figura 4.6). Um filamento de cada molécula é velho e o outro, novo; daí o nome do processo, replicação semiconservativa, ou também chamada de semiconservadora (Figura 4.7).

Numerar os carbonos nos nucleotídeos (Figura 4.5) nos permite acompanhar os filamentos de DNA em uma dupla hélice, porque cada filamento tem um carbono 5' não ligado em uma extremidade e um carbono 3' não ligado na outra:

$$5'\text{———}3'$$
$$3'\text{———}5'$$

A DNA polimerase pode acoplar nucleotídeos livres apenas a um carbono 3'. Assim, pode replicar apenas um filamento de uma molécula de DNA continuamente (Figura 4.8). A síntese do outro filamento ocorre em segmentos, na direção oposta à do desenrolamento. Outra enzima que participa da replicação do DNA, a **DNA ligase**, une esses segmentos em um filamento contínuo de DNA.

Há apenas quatro tipos de nucleotídeos no DNA, mas a ordem na qual eles ocorrem é muito importante. A sequência de nucleotídeos é a informação genética de uma célula; células descendentes devem obter uma cópia exata dela ou a herança se descontrolará. À medida que uma DNA polimerase movimenta-se por um filamento de DNA, utiliza a sequência de bases como modelo, para montar um novo filamento de DNA. A sequência de bases do novo filamento é complementar à do modelo, porque a DNA polimerase segue regras de pareamento de bases.

Por exemplo, a polimerase adiciona uma T à extremidade do novo filamento de DNA quando chega a uma A na sequência do DNA pai e adiciona G quando atinge uma C, e assim por diante. Como cada novo filamento de DNA é complementar na sequência ao filamento pai, ambas as moléculas de filamento duplo que resultam da replicação de DNA são duplicatas da molécula mãe.

Verificação de erros

Uma molécula de DNA nem sempre é replicada com fidelidade perfeita. Ocasionalmente, a base errada é adicionada a um filamento de DNA em crescimento; por vezes, bases são perdidas ou adicionais são acrescentadas. De qualquer forma, o novo filamento de DNA não será mais um par perfeito para seu filamento pai.

Alguns desses erros ocorrem depois que o DNA é danificado por exposição à radiação ou substâncias químicas tóxicas. DNA polimerases não copiam o DNA danificado muito bem.

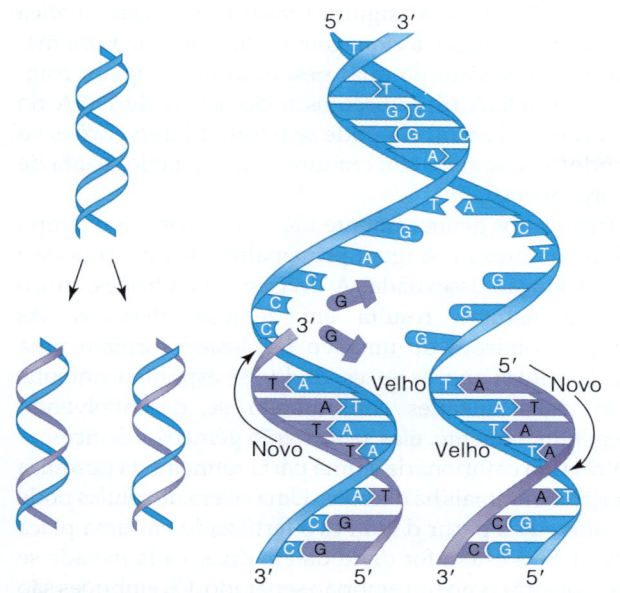

Figura 4.7 Replicação semiconservativa de DNA. Os filamentos pais (*azul*) continuam intactos. Um novo filamento (*roxo*) é montado em cada pai na direção mostrada pelas setas. A estrutura em Y à direita é chamada de forquilha de replicação.

Na maioria dos casos, os **mecanismos de reparo de DNA** consertam o DNA ao remover enzimaticamente e substituir qualquer base danificada ou desigual antes de a replicação começar.

A maioria dos erros de replicação de DNA ocorre simplesmente porque DNA polimerases catalisam um número tremendo de reações muito rapidamente – até 1.000 bases por segundo. Erros são inevitáveis, e algumas DNA polimerases cometem muitos deles. Felizmente, a maioria das DNA polimerases revisa seu próprio trabalho. Elas corrigem quaisquer disparidades ao reverter imediatamente a reação de síntese para remover um nucleotídeo não correspondido e, então, retomar a síntese. Se um erro continuar não corrigido, os controles celulares podem interromper o ciclo celular.

Quando mecanismos de revisão e reparo falham, um erro torna-se uma mutação – uma mudança permanente na sequência de DNA. Um indivíduo ou seus descendentes podem não sobreviver a uma mutação, porque mutações podem causar câncer nas células corporais. Nas células que formam ovos ou espermatozoides, elas podem levar a desordens genéticas nos descendentes. Entretanto, nem todas as mutações são perigosas. Algumas originam variações nos traços que são as matérias-primas da evolução.

Para pensar

Como o DNA é copiado?

- Uma célula replica seu DNA antes da mitose ou meiose I. Cada filamento de uma dupla hélice de DNA serve de modelo para a síntese de um filamento novo e complementar de DNA.
- Mecanismos de reparo de DNA e revisão mantêm a integridade das informações genéticas de uma célula. Erros não reparados podem ser perpetuados como mutações.

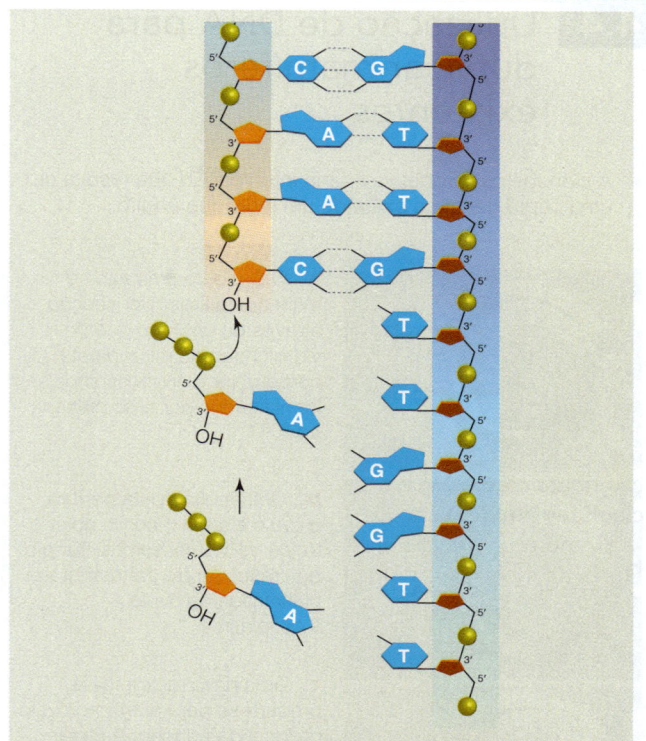

a Cada filamento de DNA tem duas extremidades: uma com um carbono de 5' e outra com um carbono de 3'. A DNA polimerase pode adicionar nucleotídeos apenas ao carbono 3'. Em outras palavras, a síntese de DNA ocorre apenas na direção de 5' para 3'.

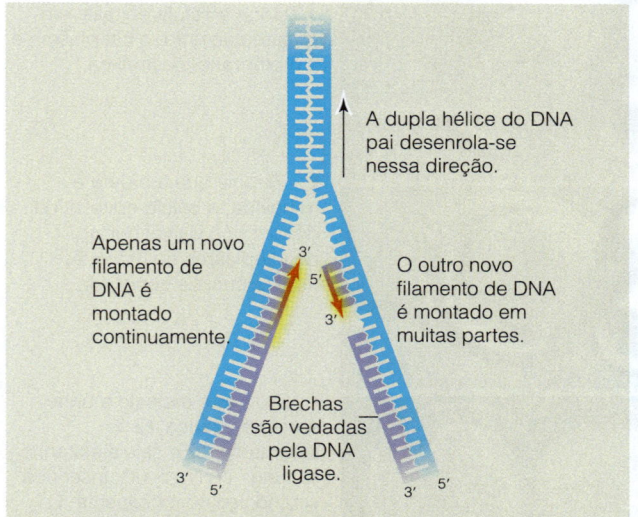

b Como a síntese de DNA ocorre apenas na direção de 5' para 3', somente um dos dois novos filamentos de DNA pode ser montado em uma única peça.

O outro novo filamento de DNA forma-se em segmentos curtos, chamados de fragmentos Okazaki em homenagem aos dois cientistas que os descobriram. A DNA ligase une os fragmentos em um filamento contínuo de DNA.

Figura 4.8 Síntese descontínua de DNA.
Resolva: O que as bolas amarelas representam?

Resposta: Grupos fosfato.

4.4 Utilização de DNA para duplicar mamíferos existentes

- A clonagem reprodutiva é uma intervenção que resulta em uma cópia genética exata de um indivíduo adulto.

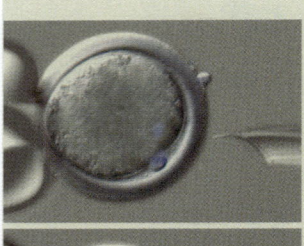

a O óvulo de uma vaca é mantido no lugar por sucção através de um tubo oco de vidro chamado micropipeta. O corpo polar e cromossomos são identificados por uma *mancha roxa*.

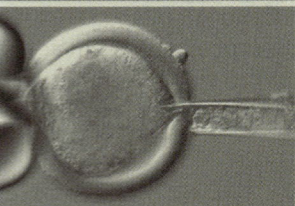

b Uma micropipeta perfura o óvulo e suga o corpo polar e todos os cromossomos. Tudo o que resta dentro da membrana plasmática do óvulo é citoplasma.

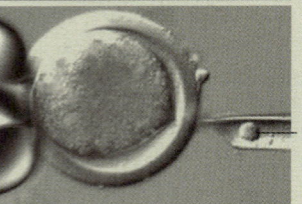

c Uma nova micropipeta prepara-se para entrar no óvulo no local da punção. A pipeta contém uma célula cultivada da pele de um doador animal (célula epitelial).

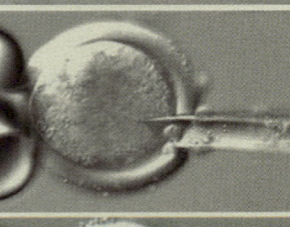

d A micropipeta entra no óvulo e coloca a célula epitelial em uma região entre o citoplasma e a membrana plasmática.

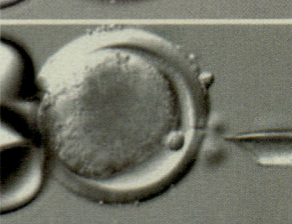

e Depois que a pipeta é removida, a célula epitelial do doador fica visível perto do citoplasma do óvulo. A transferência é concluída.

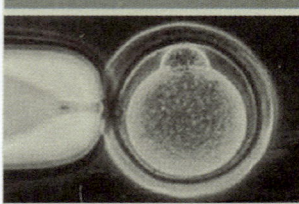

f O óvulo é exposto a uma corrente elétrica. Esse tratamento faz a célula estranha se fundir com o óvulo, inserindo seu núcleo no citoplasma. O óvulo começa a se dividir e um embrião se forma. Depois de alguns dias, o embrião pode ser transplantado para uma mãe hospedeira.

Figura 4.9 Transferência nuclear de célula somática, utilizando células bovinas. Esta série de imagens de microscópio foi realizada por cientistas da Cyagra, uma empresa comercial especializada em clonagem de gado.

A palavra "clonagem" significa fazer uma cópia idêntica de algo. Na biologia, a clonagem pode se referir a um método de laboratório no qual pesquisadores copiam fragmentos de DNA (discutiremos a clonagem de DNA no Capítulo 7). Ela também pode se referir a intervenções na reprodução que resultam em uma cópia genética exata de um organismo.

Organismos geneticamente idênticos ocorrem o tempo todo na natureza e surgem principalmente pelo processo de reprodução assexuada. A divisão de embriões, outro processo natural, resulta em gêmeos idênticos. As primeiras divisões de um ovo fertilizado formam uma bola de células que, às vezes, divide-se espontaneamente. Se as duas metades continuarem se desenvolvendo independentemente, elas se tornarão gêmeos idênticos.

A divisão embrionária é uma parte rotineira da pesquisa e criação de animais há décadas. Uma esfera de células pode ser cultivada a partir de um ovo fertilizado em uma placa de Petri. Se a esfera for dividida em duas, cada metade se desenvolverá como um embrião separado. Os embriões são implantados em mães hospedeiras, que dão à luz gêmeos idênticos. A formação artificial de gêmeos e qualquer outra tecnologia que renda indivíduos geneticamente idênticos é chamada **clonagem reprodutiva**.

Gêmeos obtêm seu DNA dos pais; portanto, têm uma mistura dos traços paternos. Criadores que não querem surpresas podem optar por um tipo de clonagem reprodutiva diferente da divisão embrionária. Esse processo rende descendentes com os traços de apenas um dos progenitores; como se inicia com o DNA nuclear de um organismo adulto, desvia-se da mistura genética da reprodução sexuada. Todos os indivíduos produzidos pela clonagem de uma célula adulta são geneticamente idênticos ao pai. Entretanto, o procedimento apresenta um desafio técnico maior que a divisão embrionária. Uma célula normal de um adulto não começará a se dividir automaticamente como se fosse um ovo fertilizado. Primeiro, ela deve ser enganada para reverter seu relógio de desenvolvimento.

Todas as células descendentes de um ovo fertilizado herdam o mesmo DNA. À medida que células diferentes em um embrião em desenvolvimento começam a utilizar subconjuntos diferentes de seu DNA, elas se diferenciam, ou se tornam diferentes em forma e função. Nos animais, a diferenciação normalmente é uma via de mão única. Quando uma célula especializa-se, todas as células descendentes suas serão especializadas da mesma forma. No momento em que uma célula hepática, muscular ou outra especializada se forma, a maior parte de seu DNA está desligado e não é mais utilizada.

Para clonar um adulto, os cientistas primeiro transformam uma de suas células diferenciadas em uma célula não diferenciada ao reativar seu DNA não utilizado. Na **transferência nuclear da célula somática (SCNT)**, um pesquisador remove o núcleo de um ovo não fertilizado e, depois, insere no ovo um núcleo de uma célula animal adulta (Figura 4.9). Se tudo correr bem, o citoplasma do ovo reprograma o DNA transplantado

Figura 4.10 Liz, a vaca, e seu clone. O clone foi produzido pela transferência nuclear da célula somática, como na Figura 4.9.

para orientar o desenvolvimento de um embrião, que é, então, implantado em uma mãe hospedeira.

O animal nascido da hospedeira é geneticamente idêntico ao doador do núcleo (Figura 4.10). Dolly, a ovelha, e os outros animais descritos na introdução do capítulo foram produzidos utilizando SCNT.

A clonagem adulta agora é uma prática comum entre pessoas que criam gado premiado. Entre outros benefícios, muitos mais descendentes podem ser produzidos em um determinado período pela clonagem que por métodos tradicionais de procriação, e os descendentes podem ser produzidos depois que um animal doador é castrado ou até mesmo morto.

A controvérsia da clonagem adulta não é necessariamente sobre o gado. O problema é que, à medida que as técnicas tornam-se rotineiras, clonar um humano não é mais apenas ficção científica. Pesquisadores já estão utilizando SCNT para produzir embriões humanos para pesquisas, uma prática chamada clonagem terapêutica. Os pesquisadores coletam células não diferenciadas (células-tronco) dos embriões humanos clonados. A clonagem reprodutiva de humanos não é o objetivo de tais pesquisas, mas a transferência nuclear da célula somática seria o primeiro passo para esse fim.

Para pensar

O que é clonagem?

- Tecnologias de clonagem reprodutiva produzem uma cópia exata de um indivíduo – um clone.
- A transferência nuclear da célula somática (SCNT) é um método de clonagem reprodutiva no qual o DNA nuclear de um doador adulto é transferido para um ovo sem núcleo. A célula híbrida desenvolve-se em um embrião geneticamente idêntico ao indivíduo doador.
- A clonagem terapêutica utiliza a SCNT para produzir embriões humanos para pesquisas.

4.5 Fama e glória

- Na ciência, como em outras profissões, nem sempre o reconhecimento público inclui todos os que contribuíram para uma descoberta.

Quando chegou ao King's College, Rosalind Franklin já era uma especialista em cristalografia de raios X. Ela havia resolvido a estrutura do carvão, que é complexa e desorganizada (como são as grandes moléculas biológicas, como o DNA), e adotou uma nova abordagem matemática à interpretação de imagens de difração de raios X. Como Pauling, havia construído modelos moleculares tridimensionais. Sua missão era investigar a estrutura do DNA. Ela não sabia que Maurice já estava fazendo isso, no fim do corredor. Disseram à Franklin que seria a única no departamento trabalhando no problema. Quando Wilkins propôs uma colaboração com ela, Franklin achou que ele estava, estranhamente, interessado demais em seu trabalho e recusou firmemente.

Wilkins e Franklin haviam recebido amostras idênticas de DNA, que tinham sido cuidadosamente preparadas por Rudolf Signer. O trabalho de Franklin com sua amostra rendeu a primeira imagem clara de difração de raios X do DNA, como ocorria dentro das células (Figura 4.11), e ela fez uma apresentação sobre esse trabalho em 1952. O DNA, afirmou, tinha duas cadeias torcidas em uma dupla hélice, com uma estrutura de grupos fosfato na parte externa e bases organizadas de forma desconhecida na parte interna. Ela havia calculado o diâmetro do DNA, a distância entre suas cadeias e suas bases, a inclinação (ângulo) da hélice e o número de bases em cada volta.

Franklin começou a escrever um trabalho de pesquisa sobre seus achados. Enquanto isso, e talvez sem seu conhecimento, Watson revisou a imagem de difração de raios X de Franklin com Wilkins, e Watson e Crick leram um relatório com dados não publicados de Franklin. Crick, que tinha mais experiência em modelagem molecular teórica que Franklin, entendeu imediatamente o que a imagem e os dados significavam. Watson e Crick utilizaram essas informações para construir seu modelo do DNA.

Em 25 de abril de 1953, o trabalho de Franklin apareceu em terceiro lugar em uma série de artigos sobre a estrutura do DNA no jornal *Nature*. Ele embasava com evidências experimentais sólidas o modelo teórico de Watson e Crick, que apareceu no primeiro artigo da série.

Rosalind Franklin morreu aos 37 anos de câncer nos ovários, provavelmente causado pela intensa exposição aos raios X. Como o Prêmio Nobel não é dado postumamente, não compartilhou a honraria em 1962 que foi concedida a Watson, Crick e Wilkins pela descoberta da estrutura do DNA.

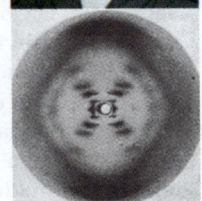

Figura 4.11 Rosalind Franklin e sua famosa imagem de difração de raios X.

CAPÍTULO 4 ESTRUTURA E FUNÇÃO DO DNA

QUESTÕES DE IMPACTO REVISITADAS | Vem Aqui, Gatinho

Óvulos humanos são difíceis de serem obtidos; então, pesquisadores de SCNT estão utilizando células humanas adultas e óvulos sem núcleo de vacas para clonagem terapêutica. O DNA nuclear dos ovos híbridos resultantes é humano e o citoplasma é bovino. Lembre: o citoplasma eucariótico contém mitocôndrias, que têm seu próprio DNA e dividem-se de forma independente. Assim, células de embriões que se desenvolvem a partir desses óvulos híbridos contêm DNA humano e bovino.

Resumo

Seção 4.1 Experimentos com bactérias e bacteriófagos ofereceram evidências sólidas de que o ácido desoxirribonucleico (DNA), não a proteína, é material hereditário.

Seção 4.2 Uma molécula em DNA consiste em dois filamentos de DNA espiralados em uma hélice. Monômeros de nucleotídeos são unidos para formar cada filamento. Um nucleotídeo livre tem um açúcar de cinco carbonos (desoxirribose), três grupos fosfato e um de quatro bases que contêm nitrogênio das quais recebe o nome: **adenina, timina, guanina** ou **citosina**.
Bases dos dois filamentos de DNA em uma dupla hélice pareiam-se de forma consistente: adenina com timina (A–T) e guanina com citosina (G–C). A ordem das bases (a sequência do DNA) varia entre espécies e entre indivíduos. O DNA de cada espécie tem sequências exclusivas que o diferenciam do DNA de todas as outras espécies.

Seção 4.3 Uma célula replica seu DNA antes da mitose ou meiose I começar. Pelo processo de **replicação semiconservativa**, uma molécula de filamento duplo de DNA é copiada e duas moléculas de filamento duplo de DNA idênticas à mãe são o resultado. Um filamento de cada molécula é novo e o outro é antigo, da molécula original.
Durante o processo de replicação, enzimas desenrolam a dupla hélice em vários locais em seu comprimento. A **DNA polimerase** utiliza cada filamento como um modelo para montar novos filamentos complementares de DNA a partir de nucleotídeos livres. A síntese de DNA é descontínua em um dos dois filamentos de uma molécula de DNA. A **DNA ligase** une os segmentos em um filamento contínuo.
Mecanismos de reparo de DNA consertam o DNA danificado por substâncias químicas ou radiação. A revisão por DNA polimerases corrige a maioria dos erros de pareamento de bases. Erros não corrigidos podem ser perpetuados como mutações.

Seção 4.4 Diversas tecnologias de **clonagem reprodutiva** produzem indivíduos geneticamente idênticos (clones). Na transferência nuclear da célula somática (SCNT), uma célula de um adulto é fundida com um ovo sem núcleo. A célula híbrida é tratada com choques elétricos ou outro estímulo que faz a célula se dividir e começar a se desenvolver em um novo indivíduo. A SCNT com células humanas, chamada clonagem terapêutica, produz embriões utilizados para pesquisas com células-tronco.

Seção 4.5 A ciência avança como um esforço comunitário. Idealmente, indivíduos dividem seu trabalho e o reconhecimento pela conquista. Como em todas as empreitadas humanas, nem sempre esses ideais são atingidos.

Questões
Respostas no Apêndice III

1. Bacteriófagos são vírus que infectam _____.
2. Qual não é uma base de nucleotídeo no DNA?
   a. adenina   c. uracila   e. citosina
   b. guanina   d. timina   f. todas estão no DNA.
3. Quais são as regras de pareamento de bases para o DNA?
   a. A–G, T–C   c. A–U, C–G
   b. A–C, T–G   d. A–T, G–C
4. O DNA de uma espécie é diferente do de outras em seus/sua(s) _____.
   a. açúcares
   b. fosfatos
   c. sequência de bases
   d. todas as anteriores
5. Quando a replicação de DNA começa, _____.
   a. os dois filamentos de DNA desenrolam-se um do outro
   b. os dois filamentos de DNA condensam-se para transferências de base
   c. duas moléculas de DNA se ligam
   d. filamentos velhos saem para encontrar filamentos novos
6. A replicação de DNA exige _____.
   a. um DNA modelo
   b. nucleotídeos livres
   c. DNA polimerase
   d. todas as anteriores
7. A DNA polimerase adiciona nucleotídeos a (escolha todas as opções corretas) _____.
   a. DNA de filamento duplo
   b. DNA de filamento simples
   c. RNA de filamento duplo
   d. RNA de filamento simples
8. Mostre o filamento complementar de DNA que se forma neste modelo de fragmento de DNA durante a replicação:

   5'–GGTTTCTTCAAGAGA–3'

9. _____ é um exemplo de clonagem reprodutiva.
   a. Transferência nuclear da célula somática (SCNT)
   b. Reprodução assexuada
   c. Divisão embrionária artificial
   d. Respostas *a* e *c*
   e. Todas as anteriores

Exercício de análise de dados

O gráfico na Figura 4.12 é reproduzido da publicação de Alfred Hershey e Martha Chase em 1952 que mostrou que o DNA é o material hereditário dos bacteriófagos. Os dados são dos mesmos dois experimentos descritos na Seção 4.1, nos quais o DNA de bacteriófagos e proteína foram rotulados com marcadores radioativos e autorizados a infectar bactérias. As misturas vírus-bactérias foram batidas em um liquidificador para separar os dois e os marcadores foram rastreados dentro e fora das bactérias.

1. Antes da mistura, que porcentagem de ^{35}S estava fora das bactérias? Que porcentagem estava dentro? Que porcentagem de ^{32}P estava fora das bactérias? Que porcentagem estava dentro?

2. Depois de 4 minutos no liquidificador, que porcentagem de ^{35}S estava fora das bactérias? Que porcentagem estava dentro? Que porcentagem de ^{32}P estava fora das bactérias? Que porcentagem estava dentro?

3. Como os pesquisadores sabiam que os radioisótopos no fluido vieram de fora das células bacterianas (extracelulares) e não das bactérias que haviam se rompido?

4. A concentração extracelular de qual isótopo, ^{35}S ou ^{32}P, aumentou mais com a mistura? O DNA contém muito mais fósforo que proteínas; as proteínas contêm muito mais enxofre que o DNA. Esses resultados insinuam que os vírus injetam DNA ou proteína nas bactérias? Por quê?

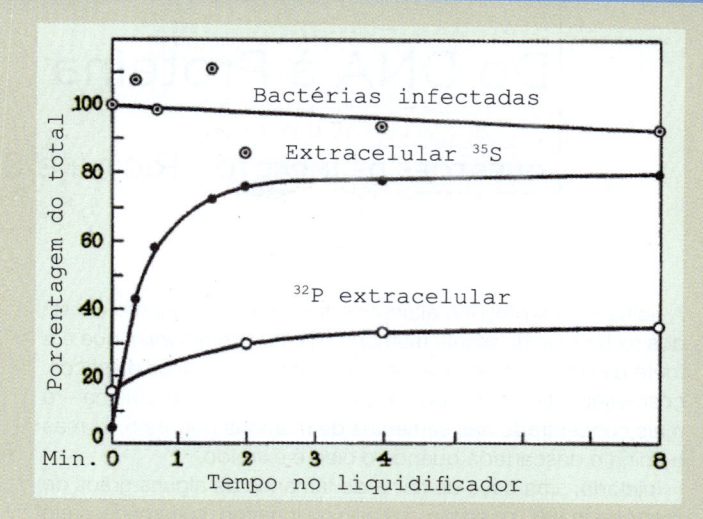

Figura 4.12 Detalhe da publicação de Alfred Hershey e Martha Chase descrevendo seus experimentos com bacteriófagos. "Bactérias infectadas" referem-se à porcentagem de bactérias que sobreviveram ao liquidificador.

Do Journal of General Physiology, 36(1), de 20 de setembro de 1952: "Independent Functions of Viral Protein and Nucleic Acid in Growth of Bacteriophage" (Funções independentes da proteína viral e do ácido nucleico no crescimento de bacteriófagos).

10. Una os termos adequadamente.

   ___ bacteriófago
   ___ clone
   ___ nucleotídeo
   ___ purina
   ___ DNA ligase
   ___ DNA polimerase
   ___ pirimidina

   a. base que contém nitrogênio, açúcar, grupos fosfato
   b. cópia de um organismo
   c. base de nucleotídeo com um anel de carbono
   d. injeta DNA nas bactérias
   e. preenche brechas, veda rompimentos em um filamento de DNA
   f. base de nucleotídeos com dois anéis de carbono
   g. adiciona nucleotídeos a um filamento de DNA em crescimento

- Visite *CengageNOW* para outras perguntas.

Raciocínio crítico

1. Os experimentos de Matthew Meselson e Franklin Stahle embasaram o modelo semiconservativo da replicação. Esses pesquisadores obtiveram DNA "pesado" ao cultivar *Escherichia coli* com ^{15}N, um isótopo radioativo do nitrogênio. Eles também prepararam DNA "leve" ao cultivar *E. coli* na presença de ^{14}N, o isótopo mais comum. Uma técnica disponível lhes ajudou a identificar qual das moléculas replicadas era leve, pesada ou híbrida (um filamento pesado e outro leve). Utilize lápis de cores diferentes para desenhar os filamentos pesado e leve de DNA. Começando com uma molécula de DNA com dois filamentos pesados, mostre a formação das moléculas filhas depois da replicação em um meio com ^{14}N. Mostre as quatro moléculas de DNA que se formariam se as moléculas filhas fossem replicadas uma segunda vez no meio ^{14}N. As moléculas de DNA resultantes seriam leves, pesadas ou mistas?

2. Mutações são alterações permanentes na sequência de bases do DNA de uma célula, a fonte original da variação genética e matéria-prima da evolução. Como as mutações podem se acumular, dado que as células têm sistemas de reparo que consertam alterações ou rompimentos em filamentos de DNA?

3. Pode haver milhões de mamutes lanudos congelados no gelo de glaciares siberianos. Esses mamíferos enormes semelhantes a elefantes estão extintos há 10 mil anos, mas uma equipe de cientistas japoneses financiados pela iniciativa privada planeja ressuscitar um deles ao clonar DNA isolado dos restos congelados. Quais são alguns dos prós e contras, técnicos e éticos, da clonagem de um animal extinto?

4. A *xeroderma pigmentosum* é uma desordem autossômica recessiva caracterizada pela formação rápida de feridas na pele que podem se desenvolver em cânceres. As pessoas afetadas devem evitar todas as formas de radiação – incluindo luz solar e lâmpadas fluorescentes. Elas não têm mecanismos para lidar com o dano que a luz ultravioleta (UV) pode causar nas células da pele porque não têm um mecanismo de reparo do DNA que corrija os dímeros de timina. Quando as bases que contêm nitrogênio no DNA absorvem luz UV, uma ligação covalente pode se formar entre duas bases timina no mesmo filamento de DNA (à esquerda). O dímero de timina resultante faz um vinco no filamento de DNA. Proponha as consequências que podem ocorrer devido a um dímero de timina durante a replicação do DNA.

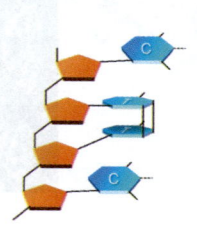

5 Do DNA à Proteína

QUESTÕES DE IMPACTO Ricina e Seus Ribossomos

A ricina é uma proteína altamente tóxica. Está presente em todos os tecidos da planta mamona (*Ricinus communis*), que é a fonte de óleo de mamona, um ingrediente de muitos plásticos, cosméticos, tintas, tecidos e adesivos. O óleo – e a ricina – é mais concentrado nas sementes da mamona (Figura 5.1), mas a ricina é descartada quando o óleo é extraído.

Injetada, uma dose de ricina do tamanho de alguns grãos de sal pode matar um adulto. Inalado ou ingerido, seria necessário uma quantidade maior para o mesmo efeito. Somente o plutônio e a toxina do botulismo são mais mortais. Não há antídoto.

Os efeitos letais de ricina eram conhecidos desde 1888, mas o uso da ricina como uma arma está atualmente banido pela maioria dos países sob o Protocolo de Genebra. Não são necessários habilidades ou equipamentos para produzir a toxina a partir das matérias-primas facilmente obtidas; assim, controlar sua produção é impossível. Logo, a ricina aparece periodicamente nos noticiários.

Por exemplo, no auge da Guerra Fria, Georgi Markov, um escritor búlgaro, desertou para a Inglaterra e estava trabalhando como jornalista para a BBC. Enquanto se dirigia ao ponto de ônibus em uma rua de Londres, um assassino usou a ponta de um guarda-chuva modificado para pressionar uma pequena esfera com ricina na perna de Markov. Ele morreu em agonia três dias depois.

Em 2003, a polícia britânica agiu a partir de uma dica de inteligência e encontrou, em um apartamento em Londres, vidraria de laboratório e sementes de mamona. Traços de ricina foram descobertos na caixa de correios do Senado dos Estados Unidos e no prédio do Departamento de Estado, e também em um envelope endereçado à Casa Branca. Em 2005, o FBI prendeu um homem que tinha sementes de mamona e um rifle de assalto em sua residência na Flórida. Potes de alimento infantil de banana com sementes de mamona também foram notícia em 2005. Em 2006, a polícia encontrou bombas de tubulação e um pote de alimento infantil cheio de ricina no celeiro de um homem no Tennessee. Em 2008, sementes de mamona, armas de fogo e diversos frascos de ricina foram encontrados em um quarto de hotel em Las Vegas depois que seu ocupante foi hospitalizado por exposição à ricina.

A ricina é tóxica porque desativa os ribossomos, as organelas nas quais os aminoácidos são montados em proteínas, em todas as células. As proteínas são críticas para todo processo vital. As células que não conseguem produzi-las morrem muito rapidamente. Uma pessoa que inala ricina normalmente morre com a pressão sanguínea baixa e insuficiência respiratória dentro de alguns dias após a exposição.

Este capítulo detalha como as informações codificadas por um gene são convertidas em um produto do gene – um RNA ou uma proteína. Embora seja extremamente improvável que seus ribossomos se deparem com a ricina, a síntese de proteína vale a atenção, pois ela mantém você – e todos os outros organismos – vivos.

Figura 5.1 *À esquerda*, um exemplo de ricina. Uma dessas cadeias de polipeptídeos (*verde*) ajuda a ricina a penetrar em uma célula viva. A outra cadeia (*bronze*) destrói a capacidade da célula para a síntese de proteínas. A ricina é uma glicoproteína; açúcares anexos às proteínas são exibidos. *À direita*, sementes de mamona, fonte da ricina.

Conceitos-chave

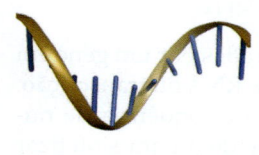

Do DNA ao RNA e à proteína
A proteína consiste em cadeias de polipeptídeos. As cadeias são sequências de aminoácidos que correspondem a sequências de bases de nucleotídeos no DNA, conhecidas como genes. A conversão de um gene em uma proteína tem dois passos: transcrição e tradução. **Seção 5.1**

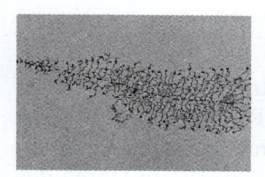

De DNA para RNA: transcrição
Durante a transcrição, um filamento de hélice dupla de um DNA é o modelo para a montagem de um único e complementar filamento de RNA (um transcrito). Cada transcrito de RNA é uma cópia de RNA de um gene. **Seção 5.2**

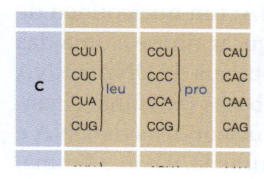

RNA
O RNA mensageiro (RNAm) transporta as instruções de formação de proteína do DNA. Sua sequência de nucleotídeos é lida três bases por vez. Sessenta e quatro trios de base do RNAm – os códons – representam o código genético. Dois outros tipos de RNA interagem com o RNAm durante a tradução daquele código. **Seção 5.3**

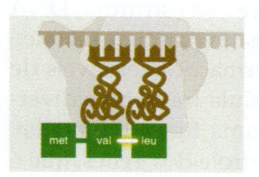

De RNA para proteína: tradução
Tradução é um processo com gasto intensivo de energia pelo qual uma sequência de códons no RNAm é convertida em uma sequência de aminoácidos em uma cadeia de polipeptídeo. **Seção 5.4**

Mutações
Pequenas e permanentes alterações na sequência de nucleotídeos do DNA podem ser resultados de erros de replicação, atividade dos elementos de transposição ou exposição a ambientes nocivos. Tais mutações podem alterar o produto de um gene. **Seção 5.5**

Neste capítulo

- Este capítulo baseia-se no seu entendimento sobre as reações enzimáticas e energia no metabolismo. Você verá como as informações codificadas nos ácidos nucleicos são traduzidas em proteínas.
- Você utilizará o que sabe sobre genes e emparelhamento de base para entender a transcrição, que tem muitas características em comum com a replicação do DNA.
- A última seção deste capítulo aborda as mutações: sua base molecular, como os fatores ambientais causam as mutações e algumas de suas consequências.

Qual sua opinião? É improvável que haja exposição acidental, mas terroristas podem tentar envenenar alimentos ou fontes de água com a ricina. Pesquisadores desenvolveram uma vacina contra a ricina. Você acha que valeria a pena se vacinar?

5.1 DNA, RNA e expressão gênica

- A transcrição converte as informações de um gene em RNA; a tradução converte informações de um RNAm em proteína.

A natureza das informações genéticas

O DNA de uma célula contém todas as informações genéticas, mas como a célula converte essas informações em componentes estruturais e funcionais? Vamos começar com a natureza da própria informação.

O DNA é como um livro, uma enciclopédia que contém todas as instruções para construir um novo indivíduo. Você já conhece o alfabeto usado para escrever o livro: as quatro letras: A, T, G e C, que são as bases de nucleotídeo adenina, timina, guanina e citosina. Cada fita de DNA consiste em uma cadeia de quatro tipos de nucleotídeos. A ordem linear, ou sequência, das quatro bases na fita são as informações genéticas. Essas informações ocorrem em subconjuntos chamados genes, que são as "unidades de herança" de Mendel que você leu no Capítulo 2.

Conversão de um gene em um RNA

A conversão das informações codificadas por um gene em um produto começa com a síntese de RNA ou **transcrição**. Por esse processo, as enzimas usam a sequência de nucleotídeos de um gene como um modelo para sintetizar uma fita de RNA (ácido ribonucleico):

$$DNA \xrightarrow{transcrição} RNA$$

Com exceção do RNA de fita dupla, que é o material genético de alguns tipos de vírus, o RNA geralmente ocorre na forma de uma fita simples. Uma fita de RNA é estruturalmente semelhante a uma fita simples de DNA. Por exemplo, ambas as cadeias têm quatro tipos de nucleotídeos. Como um nucleotídeo de DNA, um nucleotídeo de RNA tem três grupos fosfato, um açúcar ribose e uma das quatro bases. No entanto, os nucleotídeos de DNA e RNA são levemente diferentes. Três das bases (adenina, citosina e guanina) são as mesmas nos nucleotídeos de DNA e RNA, mas a quarta base no RNA é uracila, e não a timina, e o açúcar ribose difere no RNA (Figura 5.2).

Apesar dessas pequenas diferenças na estrutura, DNA e RNA têm funções muito diferentes (Figura 5.3). O único papel do DNA é armazenar as informações herdáveis de uma célula. Por outro lado, uma célula transcreve diversos tipos de RNAs, cada um com uma função diferente. MicroRNAs são importantes no controle dos genes, que é assunto do próximo capítulo. Três tipos de RNA desempenham papéis na síntese de proteínas. **RNA ribossômico (RNAr)** é o principal componente dos ribossomos, estruturas nas quais as cadeias de polipeptídeos são construídas. **RNA transportador (RNAt)** fornece aminoácidos aos ribossomos, um por um, na ordem especificada por um **RNA mensageiro (RNAm)**.

Convertendo RNAm em proteína

RNAm é o único tipo de RNA que carrega uma mensagem construtora de proteína. Essa mensagem é codificada dentro da sequência do próprio RNAm por conjuntos de três bases do nucleotídeo, "palavras genéticas" que seguem uma à outra no comprimento do RNAm. Como as palavras de uma frase, uma série de palavras genéticas pode formar uma parcela significativa de informação – nesse caso, a sequência de aminoácidos de uma proteína.

a Guanina, um dos quatro nucleotídeos no RNA. Os outros (adenina, uracila e citosina) diferem somente em suas bases componentes. Três das quatro bases nos nucleotídeos de RNA são idênticas nos nucleotídeos de DNA.

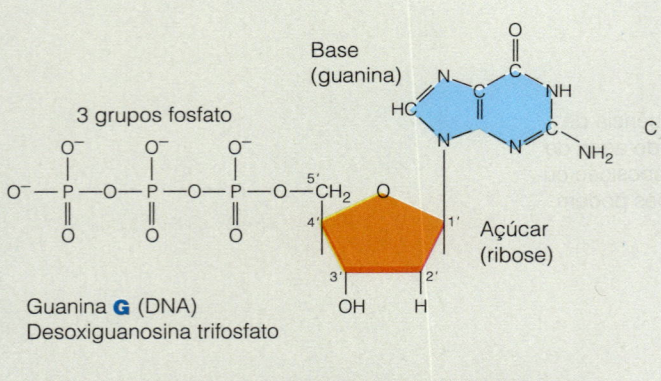

Guanina **G** (DNA)
Guanosina trifosfato

Guanina **G** (DNA)
Desoxiguanosina trifosfato

b Compare a guanina do nucleotídeo do DNA. A única diferença estrutural entre as versões de RNA e DNA de guanina (ou adenina ou citosina) é o grupo funcional no carbono 29 do açúcar.

Figura 5.2 Ribonucleotídeos e nucleotídeos comparados.

Adenina **A**

Guanina **G**

Citosina **C**

Timina **T**

Bases do nucleotídeo de DNA

DNA
Ácido desoxirribonucleico

Base do nucleotídeo

Estrutura açúcar-fosfato

Citosina **C**

Par de base

O DNA tem uma função: ele armazena permanentemente as informações genéticas da célula, que são repassadas para a prole.

RNA
Ácido ribonucleico

RNAs têm diversas funções. Alguns operam como cópias descartáveis de mensagem genética do DNA; outros são catalíticos. Há outros que desempenham papéis no controle genético.

Adenina **A**

Guanina **G**

Citosina **C**

Uracila **U**

Bases do nucleotídeo de RNA

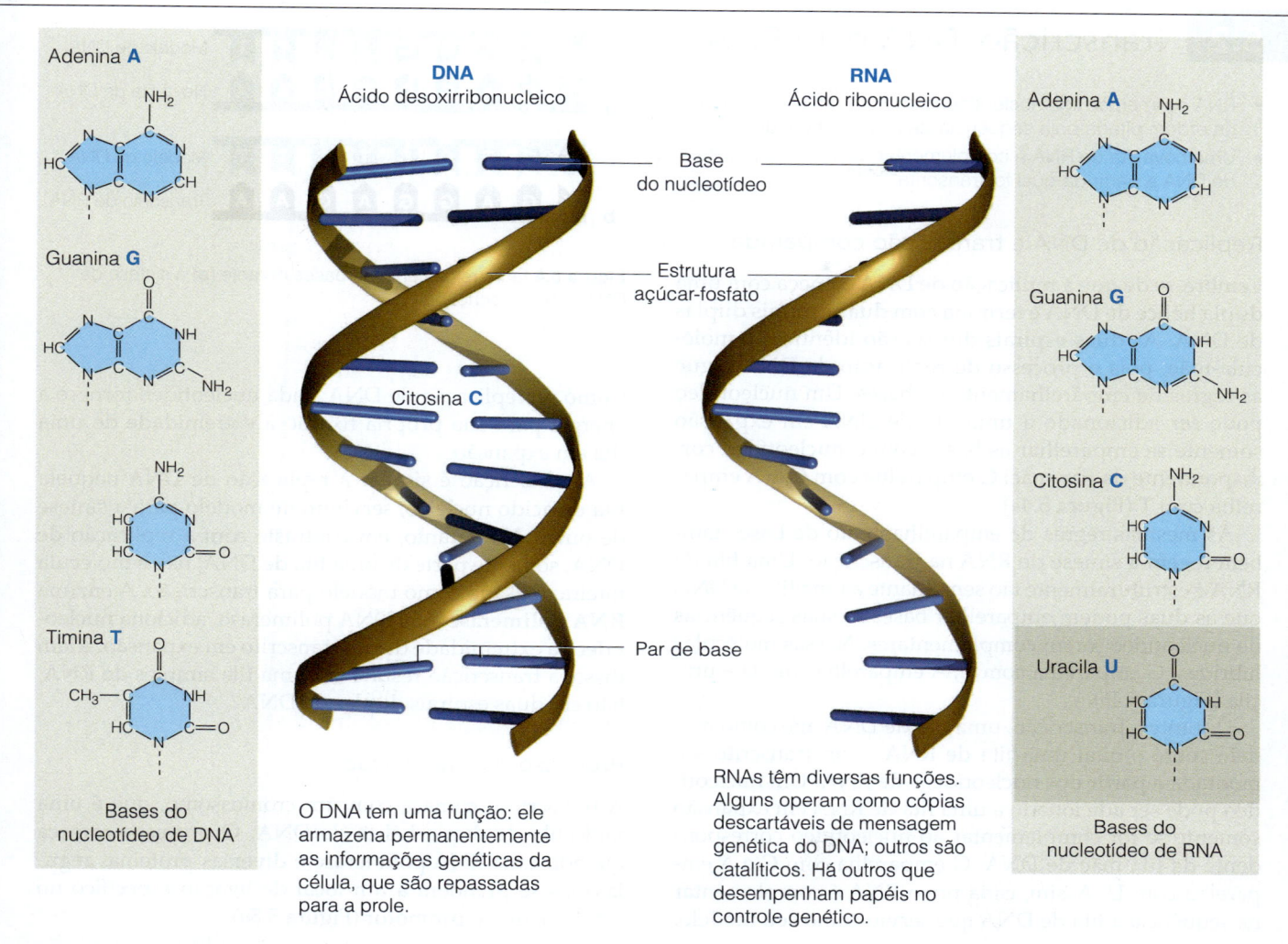

Figura 5.3 DNA e RNA comparados.

Pelo processo de **tradução**, as informações construtoras de proteína em um RNAm são decodificadas (traduzidas) em uma sequência de aminoácidos. O resultado é uma cadeia de polipeptídeo que se enrola e dobra em uma proteína:

$$\text{RNAm} \xrightarrow{\textit{tradução}} \text{PROTEÍNA}$$

As Seções 14.3 e 14.4 descrevem como o RNAr e o RNAt interagem para traduzir a sequência de bases triplas em um RNAm em uma sequência de aminoácidos em uma proteína.

Os processos de transcrição e tradução são parte de **expressão de gene**, um processo de vários passos pelo qual as informações genéticas codificadas são convertidas em uma parte estrutural ou funcional de uma célula ou corpo:

$$\text{DNA} \xrightarrow{\textit{transcrição}} \text{RNAm} \xrightarrow{\textit{tradução}} \text{PROTEÍNA}$$

A sequência de DNA de uma célula contém todas as informações necessárias para produzir as moléculas da vida. Cada gene codifica um RNA, e diferentes tipos de RNAs interagem para montar proteínas a partir de aminoácidos. Proteínas – enzimas – podem montar lipídeos e carboidratos complexos a partir de blocos de construção simples, replicar DNA e produzir RNA, como você verá na próxima seção.

Para pensar

Qual a natureza das informações genéticas carregadas pelo DNA?

- A sequência do nucleotídeo de um gene codifica instruções para construção de um RNA ou produto proteico.
- Uma célula traduz a sequência do nucleotídeo de um gene em RNA.
- Embora o RNA seja estruturalmente similar a uma fita simples de DNA, os dois tipos de moléculas diferem-se funcionalmente.
- Um RNA mensageiro (RNAm) carrega um código construtor de proteína em sua sequência de nucleotídeo, RNArs e RNAts interagem para traduzir essa sequência em proteína.

5.2 Transcrição: DNA para RNA

- RNA polimerase liga nucleotídeos de RNA em uma cadeia na ordem ditada pela sequência de bases de um gene.
- Uma nova fita de RNA é complementar na sequência à fita de DNA a partir da qual foi transcrita.

Replicação de DNA e transcrição comparada

Lembre-se de que a replicação de DNA começa com uma dupla hélice de DNA e termina com duas espirais duplas de DNA. As duas espirais duplas são idênticas à molécula-mãe, pois o processo de replicação de DNA segue as regras de emparelhamento de bases. Um nucleotídeo pode ser adicionado a uma fita de DNA em expansão somente se emparelhar as bases com o nucleotídeo correspondente da fita-mãe: G emparelha com C, e A emparelha com T (Figura 5.4a).

As mesmas regras de emparelhamento de bases também regem a síntese de RNA na transcrição. Uma fita de RNA é estruturalmente tão semelhante a uma fita de DNA que as duas podem emparelhar bases se suas sequências de nucleotídeo forem complementares. Nessas moléculas híbridas, G emparelha com C; A emparelha com U – uracila (Figura 5.4b).

Durante a transcrição, uma fita de DNA age como modelo sobre o qual uma fita de RNA – um transcrito – é montada a partir dos nucleotídeos de RNA. Um nucleotídeo pode ser adicionado a uma fita de RNA em expansão somente se for complementar ao nucleotídeo correspondente da fita-mãe de DNA: G emparelha com C e A emparelha com U. Assim, cada novo RNA é complementar na sequência à fita de DNA que serviu como seu modelo.

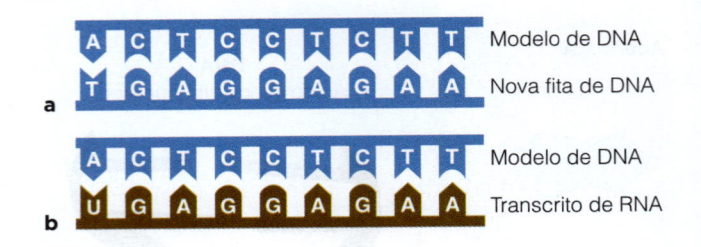

Figura 5.4 Emparelhamento de bases durante (**a**) a síntese de DNA e (**b**) transcrição.

Como na replicação de DNA, cada nucleotídeo fornece a energia para sua própria fixação à extremidade de uma fita em expansão.

A transcrição é similar à replicação de DNA naquela fita de ácido nucleico, servindo de modelo para a síntese de outra. No entanto, em contraste com a replicação de DNA, somente parte de uma fita de DNA, não a molécula inteira, é usada como modelo para transcrição. A enzima **RNA polimerase**, não DNA polimerase, adiciona nucleotídeos à extremidade de um transcrito em expansão. Além disso, a transcrição resulta em uma fita simples de RNA, não em duas espirais duplas de DNA.

Processo da transcrição

A transcrição começa com um cromossomo, que é uma molécula de dupla hélice de DNA. O processo começa quando uma RNA polimerase e diversas proteínas regulatórias se prendem a um local de ligação específico no DNA chamado **promotor** (Figura 5.5a).

a RNA polimerase se liga a um promotor no DNA, com proteínas regulatórias. A ligação posiciona a polimerase próxima a um gene no DNA.
Na maioria dos casos, a sequência do nucleotídeo do gene ocorre somente em uma das duas fitas de DNA. Somente a fita complementar será traduzida em RNA.

b A polimerase começa a se mover ao longo do DNA e o desenrola. Enquanto faz isso, ele liga os nucleotídeos de RNA em uma fita de RNA na ordem especificada pela sequência de base do DNA. A dupla hélice de DNA se enrola novamente depois que a polimerase passa. A estrutura da molécula de DNA "aberta" no local de transcrição é chamada bolha de transcrição, devido a sua aparência.

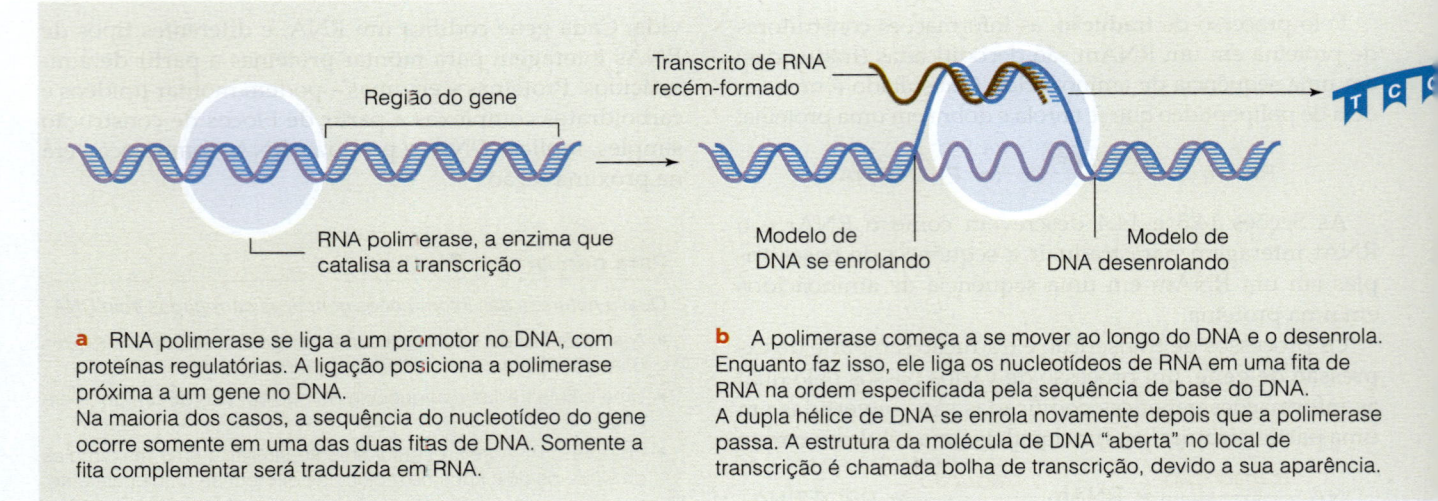

Figura 5.5 Transcrição.

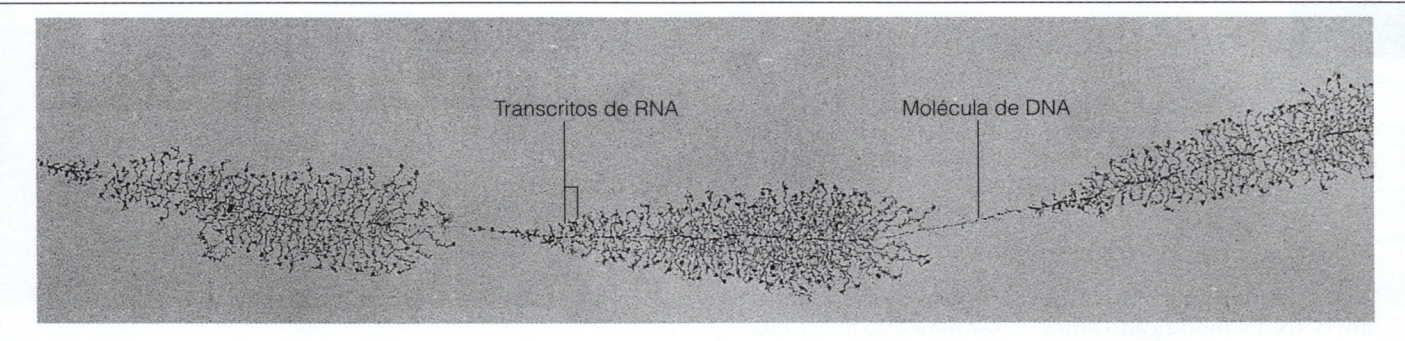

Figura 5.6 Tipicamente, muitas RNA polimerases transcrevem simultaneamente o mesmo gene, produzindo uma estrutura conglomerada muitas vezes chamada "árvore de Natal" devido ao seu formato. Aqui, três genes um ao lado do outro no mesmo cromossomo estão sendo transcritos.

Resolva: As polimerases estão transcrevendo essa molécula de DNA movimentando-se da esquerda para direita ou da direita para esquerda?

Resposta: Esquerda para direita.

A ligação posiciona a polimerase em um local de início de transcrição próximo a um gene. A polimerase começa a se mover ao longo do DNA, na direção 59 para 39 sobre o gene (Figura 5.5b). Enquanto se move, a polimerase libera um pouco a dupla hélice para que ela possa "ler" a sequência de base da fita não codificada de DNA. A polimerase une nucleotídeos de RNA livres em uma cadeia, na ordem ditada pela sequência de DNA. Como na replicação de DNA, a síntese é direcional: uma RNA polimerase adiciona nucleotídeos somente à extremidade 39 de uma fita de DNA em expansão.

Quando a polimerase chega ao fim do gene, o DNA e a nova fita de RNA são liberados. A RNA polimerase segue as regras de emparelhamento de bases; assim, a nova fita de RNA é complementar na sequência de bases à fita de DNA a partir da qual foi transcrita (Figura 5.5c,d). É uma cópia de RNA de um gene.

Tipicamente, muitas polimerases transcrevem uma região particular do gene ao mesmo tempo; assim, muitas fitas de RNA podem ser produzidas rapidamente (Figura 5.6).

Para pensar

Como o RNA é montado?

- Na transcrição, a RNA polimerase usa a sequência de nucleotídeos de uma região do gene em um cromossomo como modelo para montar uma fita de RNA.
- A nova fita de RNA é uma cópia do gene a partir do qual foi transcrita.

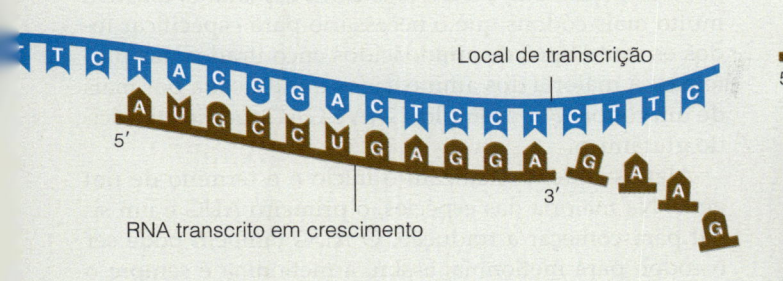

c O que aconteceu na região do gene? A RNA polimerase catalisou a ligação covalente de muitos nucleotídeos para formar uma fita de RNA. A sequência de base da nova fita de RNA é complementar à sequência de base de seu modelo de DNA – uma cópia do gene.

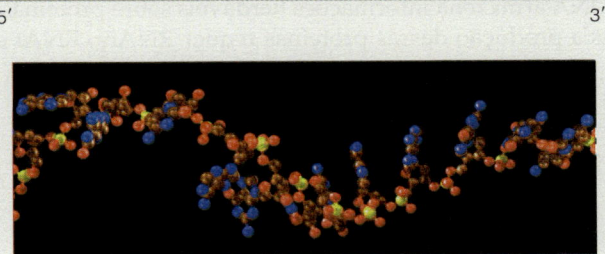

d *Acima*, no final da região do gene, o último trecho do novo transcrito se desenrola e se destaca do modelo de DNA. *Abaixo*, um modelo de varetas e bolas de uma fita de RNA.

5.3 RNA e o código genético

- Trios de bases em um RNAm são "palavras" que formam uma "mensagem" para a construção de uma proteína. Duas outras classes de RNA – RNAr e RNAt – traduzem essas palavras em uma cadeia de polipeptídeo.

Modificações pós-transcricionais

Nos eucariontes, a transcrição ocorre no núcleo, onde o novo RNA é modificado antes de ser remetido ao citoplasma. Assim como uma costureira retira linhas ou adiciona laços a um vestido antes de este sair da oficina, as células eucarióticas ajustam seu RNA antes de este deixar o núcleo.

Por exemplo, a maioria dos genes eucarióticos contém **íntrons** – sequências do nucleotídeo não codificadores – que são removidos de um novo RNA. Os íntrons ocorrem entre os **éxons** – sequências codificadoras (Figura 5.7). Íntrons são transcritos com éxons, mas são removidos antes que o RNA deixe o núcleo. Esse processamento do RNA, chamado "splicing", que ocorre no núcleo celular, consiste na remoção dos íntrons e posterior união dos éxons. O RNAm final possui apenas os éxons, que são as sequências realmente codificadoras. O processo de "splicing" reduz e simplifica o RNAm. Ou todos os éxons permanecem no RNA maduro ou alguns são removidos e o restante permanece unido em várias combinações. Por meio dessas **uniões alternativas**, um gene pode codificar diferentes proteínas.

Novos transcritos que se tornarão RNAms podem ser novamente ajustados após o "splicing". Uma "capa" de guanina modificada se fixa à extremidade do novo RNA (esta extremidade com a "capa" se chama "extremidade 5"). Mais tarde, essa "capa" ajudará o RNAm a se ligar a um ribossomo. Uma cauda de 50 a 300 adeninas também é acrescentada à outra ponta (chamada "extremidade 3") do novo RNAm; daí o nome, cauda poli-A.

RNAm – o mensageiro

O DNA armazena informações herdáveis sobre proteínas, mas a produção dessas proteínas requer RNAm, RNAt e RNAr. Os três tipos de RNA interagem para traduzir as informações do DNA em proteína.

Um RNAm é uma cópia descartável de um gene; seu trabalho é carregar informações construtoras de proteína do DNA para os dois outros tipos de RNA, para tradução. Como frases, a mensagem genética carregada por um RNAm pode ser entendida por quem conhece a linguagem. Cada RNAm é uma sequência linear de "palavras" genéticas, todas soletradas com um alfabeto de apenas quatro nucleotídeos. Cada "palavra" tem três nucleotídeos, e cada uma é um código – um **códon** – para um aminoácido em particular. Um códon segue o próximo ao longo do comprimento de um RNAm. Assim, a ordem de códons em um RNAm determina a ordem de aminoácidos na cadeia de polipeptídeo que será traduzida a partir daí (Figura 5.8).

Com quatro nucleotídeos diferentes possíveis em cada uma das três posições, há um total de 64 códons de RNAm. Coletivamente, os códons constituem o **código genético** (Figura 5.9). Qual dos quatro nucleotídeos está na primeira, segunda e terceira posição de um trio determina qual aminoácido o códon especifica. Por exemplo, o códon AUG (adenina–uracila–guanina) codifica o aminoácido metionina, e o UGG codifica triptofano. Existem muito mais códons que o necessário para especificar todos os vinte tipos de aminoácidos encontrados nas proteínas. A maioria dos aminoácidos é codificada por mais de um códon. Por exemplo, GAA e GAG codificam o ácido glutâmico.

Alguns códons sinalizam o início e o término de um gene. Na maioria das espécies, o primeiro AUG é um sinal para começar a tradução. O AUG também pode ser o códon para metionina; assim, a metionina é sempre o primeiro aminoácido nos novos polipeptídeos desses organismos. UAA, UAG e UGA não especificam um aminoácido. Eles são sinais que param a tradução – códons de parada. Um códon de parada marca o término de uma sequência de codificação em um RNAm.

O código genético é altamente conservador, o que significa que muitos organismos usam o mesmo código e provavelmente sempre usaram. Os procariontes e alguns protistas possuem poucos códons que variam, por exemplo, nas mitocôndrias e nos cloroplastos. Essa variação foi uma evidência que levou à teoria de como as organelas evoluíram.

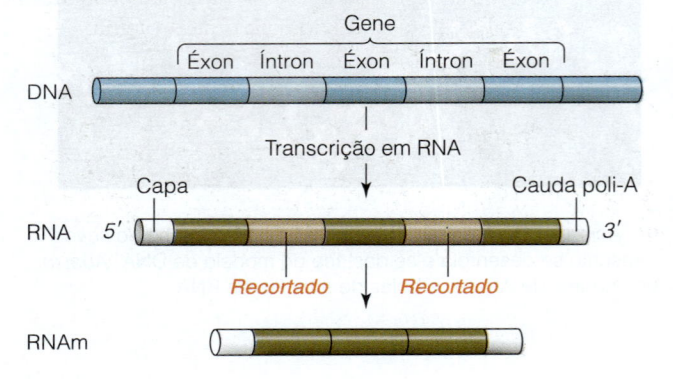

Figura 5.7 Modificação pós-transcricional de RNA no núcleo. Íntrons são removidos, éxons podem ser unidos (*splicing*). Um RNAm também ganha uma cauda poli-A e uma "capa" de guanina modificada.

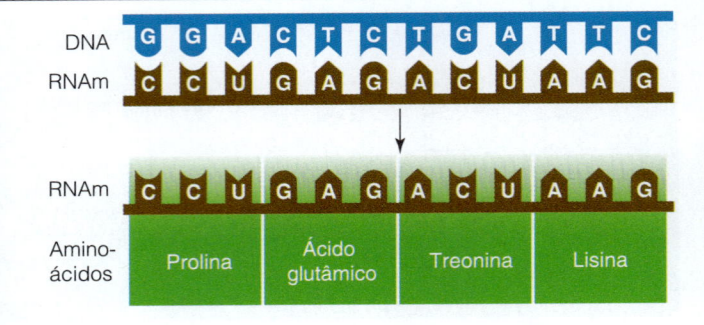

Figura 5.8 Exemplo da correspondência entre DNA e proteínas. Uma fita de DNA é transcrita em RNAm, e os códons do RNAm especificam uma cadeia de aminoácidos.

Primeira base	Segunda base				Terceira base
	U	C	A	G	
U	UUU, UUC } phe UUA, UUG } leu	UCU, UCC, UCA, UCG } ser	UAU, UAC } tyr UAA PARADA UAG PARADA	UGU, UGC } cys UGA PARADA UGG trp	U C A G
C	CUU, CUC, CUA, CUG } leu	CCU, CCC, CCA, CCG } pro	CAU, CAC } his CAA, CAG } gln	CGU, CGC, CGA, CGG } arg	U C A G
A	AUU, AUC } ile AUA AUG met	ACU, ACC, ACA, ACG } thr	AAU, AAC } asn AAA, AAG } lys	AGU, AGC } ser AGA, AGG } arg	U C A G
G	GUU, GUC, GUA, GUG } val	GCU, GCC, GCA, GCG } ala	GAU, GAC } asp GAA, GAG } glu	GGU, GGC, GGA, GGG } gly	U C A G

Figura 5.9 Os 64 códons do código genético. A coluna (à esquerda) lista a primeira base de um códon. A fileira acima lista a segunda base. A coluna (à direita) lista a terceira.
Resolva: Quais códons especificam o aminoácido lisina?

Resposta: AAA e AAG.

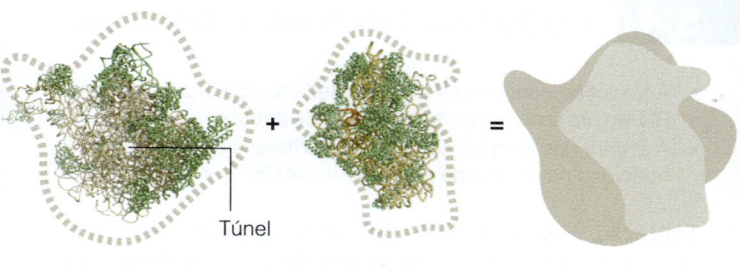

Figura 5.10 O ribossomo consiste em uma subunidade grande e uma pequena. Note o túnel pelo interior da subunidade grande. Os componentes do RNAr do ribossomo (*bronze*) catalisam a montagem das cadeias de polipeptídeos, que se emaranham por esse túnel à medida que se formam. Mostramos um RNAm (*vermelho*) fixado em uma subunidade pequena.

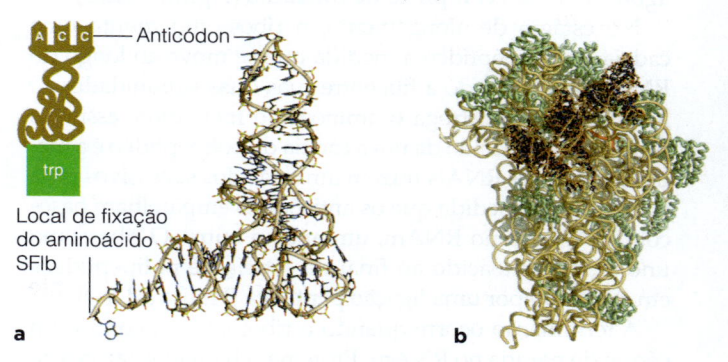

Figura 5.11 RNAt. (**a**) Modelos do RNAt, que carrega o aminoácido triptofano. Cada anticódon do RNAt é complementar a um códon de RNAm. Cada um carrega o aminoácido especificado por aquele códon. (**b**) Durante a tradução, os RNAts se fixam a um ribossomo intacto. Aqui, três RNAts (*marrom*) são fixados na subunidade ribossômica pequena (a subunidade grande não é mostrada, por questões de clareza). Os anticódons dos RNAts se alinham com os códons complementares em um RNAm (*vermelho*).

RNAr e RNAt – os tradutores

Um ribossomo tem uma subunidade grande e uma pequena. Cada uma consiste em proteínas e RNAr (Figura 5.10). RNAr é um dos poucos exemplos de RNA com atividade enzimática: é o RNAr de um ribossomo, e não a proteína, que catalisa a formação de uma ligação peptídica entre aminoácidos.

Como você verá na próxima seção, duas subunidades ribossômicas convergem como um ribossomo intacto em um RNAm durante a tradução. Os RNAts trazem aminoácidos para esse complexo. Um RNAt tem dois locais de fixação: um é um **anticódon**, um trio de nucleotídeos que emparelha pares com um códon RNAm (Figura 5.11). O outro se liga a um aminoácido livre – aquele especificado pelo códon.

Alguns RNAts podem emparelhar bases com mais de um tipo de códon. Por exemplo, os códons AUU, AUC e AUA especificam isoleucina; um RNAt que transporta isoleucina é capaz de emparelhar bases com todos eles.

Como você verá na próxima seção, os RNAts fornecem aminoácidos, um após o outro, para um complexo "ribossomo – RNAm" durante a tradução. A ordem dos códons no RNAm é a ordem na qual os RNAts fornecem suas cargas de aminoácidos para o ribossomo. À medida que os aminoácidos são entregues, o ribossomo os une via ligações peptídicas em uma nova cadeia de polipeptídeos. Assim, a ordem de códons em um RNAm – a mensagem construtora de proteína do DNA – é traduzida em uma proteína.

> **Para pensar**
>
> *Quais são as funções do RNAm, RNAt e RNAr?*
>
> - As bases de nucleotídeo no RNAm são "lidas" em conjuntos de três durante a síntese de proteína. A maioria desses trios de base (códons) codifica aminoácidos. O código genético abrange todos os 64 códons.
> - Um RNAt tem um anticódon complementar para um códon de RNAm, e possui um local de ligação para o aminoácido especificado por aquele códon. Os RNAts fornecem aminoácidos aos ribossomos.
> - Ribossomos, que consistem em duas subunidades de RNAr e proteínas, ligam aminoácidos em cadeias de polipeptídeos.

5.4 Tradução: RNA para proteína

- A tradução converte as informações transportadas por um RNAm em uma nova cadeia de polipeptídeos.
- A ordem dos códons no RNAm determina a ordem dos aminoácidos na cadeia de polipeptídeos.

Tradução, a segunda parte da síntese de proteínas, ocorre no citoplasma de todas as células. Tem três estágios: iniciação, alongamento e terminação.

O estágio inicial começa quando uma subunidade ribossômica se liga a um RNAm. Depois, o anticódon de um RNAt iniciador especial se emparelha com o primeiro códon AUG do RNAm. Então, uma subunidade ribossômica grande se une à subunidade pequena. O agrupamento é agora chamado **complexo de iniciação** (Figura 5.12a,b).

No estágio de alongamento, o ribossomo monta uma cadeia de polipeptídeo à medida que se move ao longo do RNAm, alinhavando a fita entre suas duas subunidades. O RNAt iniciador carrega o aminoácido metionina; assim, o primeiro aminoácido da nova cadeia de polipeptídeo é a metionina. Outros RNAts trazem aminoácidos sucessivos para o complexo à medida que os anticódons emparelham bases com os códons no RNAm, um após o outro. O ribossomo une cada aminoácido ao final da cadeia de polipeptídeos em expansão por uma ligação peptídica (Figura 5.12c-e).

A terminação ocorre quando o ribossomo encontra um códon de parada no RNAm. Proteínas chamadas fatores de liberação reconhecem esse códon e se ligam ao ribossomo. A ligação inicia a atividade da enzima que destaca o RNAt e a cadeia de polipeptídeos do ribossomo (Figura 5.12f).

Em células que estão produzindo muita proteína, novos complexos de iniciação podem se formar em um RNAm antes que outros ribossomos terminem de traduzi-los. Muitos ribossomos podem traduzir simultaneamente o mesmo RNAm, e nesse caso são chamados polissomos (*à esquerda*). Tanto a transcrição como a tradução ocorrem no citoplasma de procariontes, e esses processos estão intimamente ligados no tempo e no espaço. A tradução começa antes que a transcrição seja feita; então, nessas células, uma "árvore de Natal" de transcrição (Figura 5.6) muitas vezes aparece decorada com "bolas" de polissomos.

A tradução é um processo de biossíntese, que exige muita energia para que funcione. Essa energia é fornecida principalmente na forma de transferências do grupo fosfato a partir do nucleotídeo GTP do RNA (Figura 5.2a). O GTP recobre os RNAms eucarióticos e sua hidrólise também alimenta a formação do complexo de iniciação, ligação do RNAt ao ribossomo, movimento do ribossomo ao longo do RNAm, formação de ligações peptídicas e liberação das subunidades ribossômicas a partir do RNAm durante a terminação. O ATP, por sua vez, é usado para fixar aminoácidos aos RNAts livres.

Polissomo

Iniciação

a Um RNAm maduro deixa o núcleo e entra no citoplasma, que tem muitos aminoácidos livres, RNAts e subunidades ribossômicas. Um RNAt iniciador se liga a uma subunidade ribossômica pequena e ao RNAm.

b Uma subunidade ribossômica grande se une e o agrupamento é agora chamado complexo de iniciação.

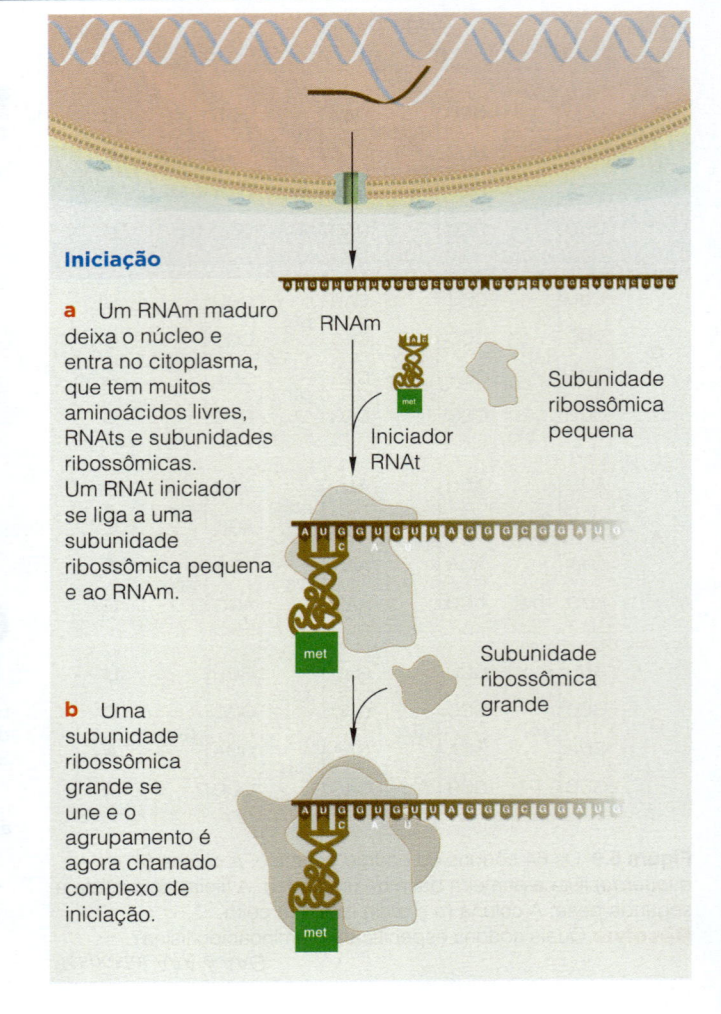

Figura 5.12 Um exemplo de tradução à medida que ocorre nas células eucarióticas.
(**a,b**) Na iniciação, um RNAm, um ribossomo intacto e um RNAt iniciador formam um complexo de iniciação.
(**c–e**) No alongamento, a nova cadeia de polipeptídeos cresce enquanto o ribossomo catalisa a formação de ligações peptídicas entre aminoácidos fornecidos por RNAts.
(**f**) Na terminação, o RNAm e a nova cadeia de polipeptídeos são liberados, e o ribossomo é desmontado.

Para pensar

Como o RNAm é traduzido em proteína?

- A tradução é um processo que exige energia que começa quando um RNAm se une a um RNAt iniciador e duas subunidades ribossômicas.
- Aminoácidos são fornecidos ao complexo por RNAts na ordem ditada pelos códons de RNAm sucessivos. À medida que chegam, os ribossomos se unem, cada um, à extremidade da cadeia de polipeptídeos.
- A tradução termina quando o ribossomo encontra um códon de parada no RNAm.

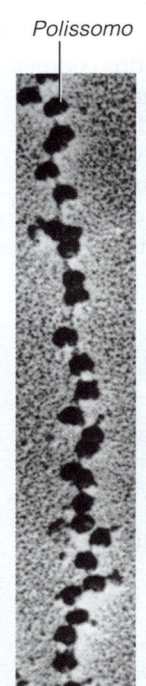

Alongamento

c O RNAt iniciador carrega o aminoácido metionina; assim, o primeiro aminoácido da nova cadeia de polipeptídeo é a metionina. Um segundo RNAt se liga ao segundo códon do RNAm (aqui, o códon é GUG, assim, o RNAt que se liga carrega o aminoácido valina).

Uma ligação peptídica se forma entre os dois primeiros aminoácidos (aqui, metionina e valina)

d O primeiro RNAt é liberado e o ribossomo se move para o próximo códon no RNAm. Um terceiro RNAt se liga ao terceiro códon de RNAm (aqui, esse códon é UUA, assim, o RNAt carrega o aminoácido leucina).

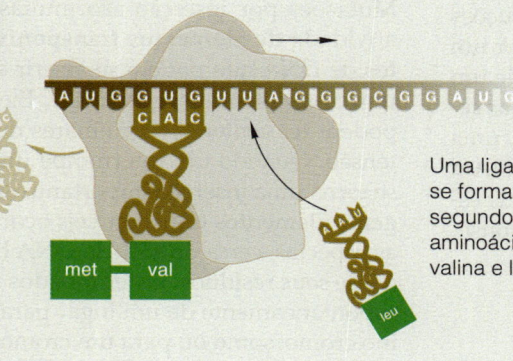

Uma ligação peptídica se forma entre o segundo e o terceiro aminoácidos (aqui, valina e leucina)

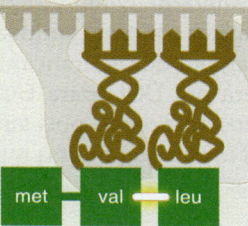

e O segundo RNAt é liberado e o ribossomo se move para o próximo códon. Um quarto RNAt se liga ao quarto códon de RNAm (aqui, esse códon é GGG; assim, o RNAt carrega o aminoácido glicina).

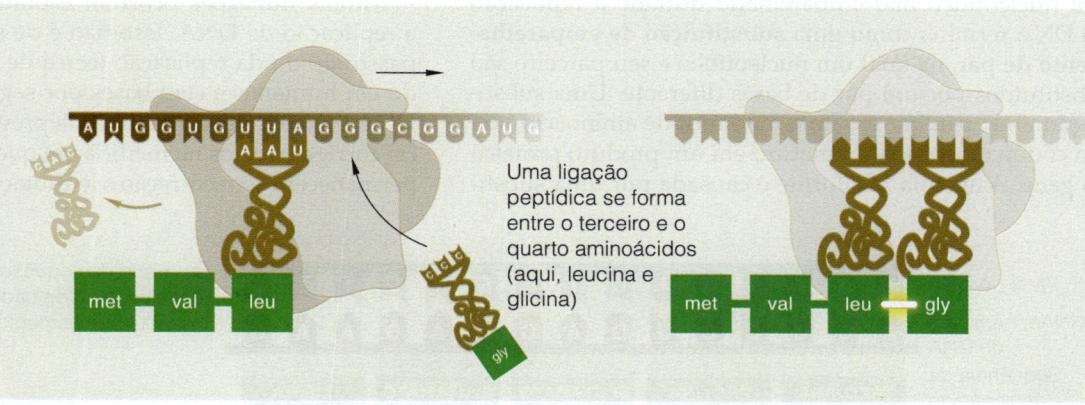

Uma ligação peptídica se forma entre o terceiro e o quarto aminoácidos (aqui, leucina e glicina)

Terminação

f Os passos **d** e **e** são repetidos várias vezes até que o ribossomo encontra um códon de parada no RNAm. O transcrito de RNAm e a nova cadeia de polipeptídeo são liberados do ribossomo. As duas subunidades ribossômicas se separam uma da outra. A tradução agora está completa. Uma das cadeias se unirá ao grupo de proteínas no citoplasma ou entrará no RE rugoso do sistema de endomembrana.

5.5 Genes mutantes e seus produtos proteicos

- Se a sequência do nucleotídeo de um gene muda, pode resultar em um produto genético alterado, com efeitos prejudiciais.

Mencionamos repetidamente mutações com referência ao dano que elas causam e também como matéria-prima da evolução. As mutações são mudanças em pequena escala na sequência do nucleotídeo do DNA de uma célula. Um ou mais nucleotídeos podem ser substituídos por outros ou perdidos, ou ainda nucleotídeos extras podem ser inseridos. Essas mudanças podem alterar as instruções genéticas codificadas no DNA, e o resultado pode ser um produto genético alterado. Lembre-se de que mais de um códon pode especificar o mesmo aminoácido; assim, as células têm uma margem de segurança. Por exemplo, uma mutação que altera um UCU para UCC em um RNAm pode não ter efeitos adicionais, pois ambos os códons especificam serina. No entanto, muitas mutações têm consequências negativas.

Mutações comuns

Um nucleotídeo mal emparelhado durante a replicação do DNA termina como uma **substituição de emparelhamento de par**, na qual um nucleotídeo e seu parceiro são substituídos por um par de bases diferente. Uma substituição pode resultar em uma mudança de aminoácido ou um códon de parada prematuro em um produto proteico do gene. A anemia falciforme é causada por uma substituição de emparelhamento de base no gene da cadeia beta da hemoglobina (Figura 5.13b).

Uma mutação por **deleção**, na qual uma ou mais bases se perde, é menor que uma deleção cromossômica, mas também pode fazer com que a estrutura de leitura de códons de RNAm mude. A mudança altera a mensagem genética (Figura 5.13c). Erros de "deslocamento do módulo de leitura" (*frameshift*) também são causados por mutações por **inserção**, nas quais bases extras são inseridas no DNA. A mutação por expansão que causa a doença de Huntington é um tipo de inserção.

O que causa mutações?

Mutações por inserção são muitas vezes causadas pela atividade de **elementos transponíveis**, que são segmentos de DNA que podem se inserir em qualquer lugar em um cromossomo (Figura 5.14). Elementos transponíveis podem ter centenas ou milhares de pares de base de extensão. Quando um interrompe uma sequência genética, se torna uma inserção importante que muda o produto do gene. Elementos transponíveis ocorrem no DNA de todas as espécies; cerca de 45% do DNA humano consiste deles ou de seus resíduos. Determinados tipos podem se mover espontaneamente de um lugar para outro dentro do mesmo cromossomo ou para um cromossomo diferente.

Muitas mutações ocorrem espontaneamente durante a replicação de DNA. Isso não é de surpreender, dado o passo rápido da replicação (cerca de 20 bases por segundo em humanos e cem bases por segundo em bactérias). DNA polimerases erram a taxas previsíveis, mas a maioria corrige os erros na medida em que ocorrem. Erros que permanecem sem correção são mutações.

a Parte da sequência de DNA, RNAm e aminoácido da cadeia beta de uma molécula de hemoglobina normal.

Parte do DNA: T G A G G A C T C C T C T T C
RNAm transcrito do DNA: A C U C C U G A G G A G A A G
Sequência de aminoácido resultante: TREONINA – PROLINA – GLUTAMATO – GLUTAMATO – LISINA

b Uma substituição de emparelhamento de base no DNA substitui uma timina por uma adenina. Quando o RNAm alterado é traduzido, a valina substitui o glutamato como sexto aminoácido da nova cadeia de polipeptídeo. Hemoglobina com essa cadeia é a HbS – hemoglobina S.

Substituição de base do DNA: T G A G G A C A C C T C T T C
RNAm alterado: A C U C C U G U G G A G A A G
Sequência de aminoácido alterada: TREONINA – PROLINA – VALINA – GLUTAMATO – LISINA

c Deleção da mesma timina causa um erro de "deslocamento do módulo de leitura" (*frameshift mutation*). A estrutura de leitura para o resto do RNAm muda e um produto proteico diferente se forma. Essa mutação resulta em uma molécula de hemoglobina defeituosa. O resultado é a talassemia, um tipo de anemia.

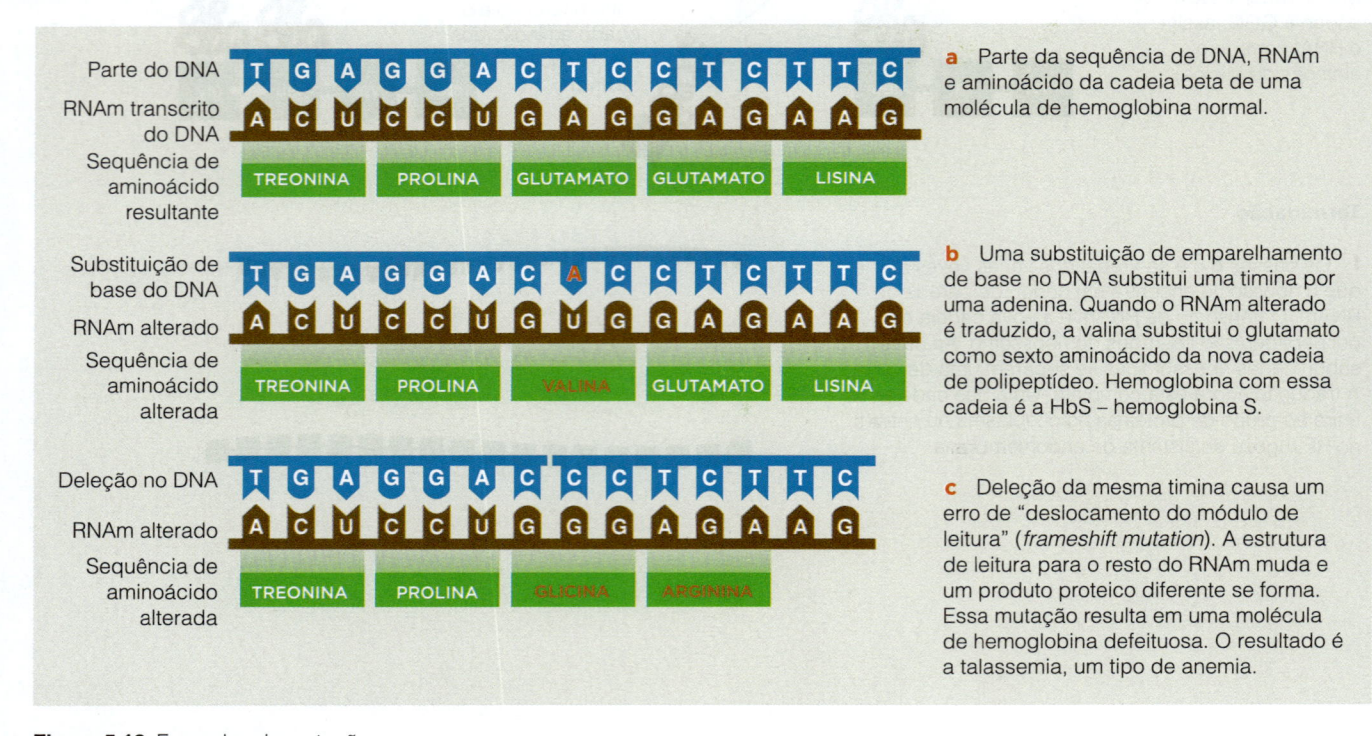

Deleção no DNA: T G A G G A C C C T C T T C
RNAm alterado: A C U C C U G G G A G A A G
Sequência de aminoácido alterada: TREONINA – PROLINA – GLICINA – ARGININA

Figura 5.13 Exemplos de mutação.

Figura 5.14 Barbara McClintock descobriu elementos transponíveis, que entram e saem em locais diferentes no DNA. A coloração curiosamente não uniforme dos grãos individuais no milho (*Zea mays*) a colocou na rota da descoberta. Ela ganhou um Prêmio Nobel por sua pesquisa em 1983.

Diversos genes regem a formação e deposição de pigmentos nos grãos de milho, que são um tipo de semente. Interações entre esses genes e seus produtos resultam em grãos amarelos, brancos, vermelhos, laranja, azuis ou roxos. McClintock percebeu que mutações instáveis nos genes causam listras ou pontos de cor em grãos individuais.

Os mesmos genes de pigmentos ocorrem em todas as células de um grão, mas aqueles próximos a um elemento transponível são inativos. Elementos transponíveis se movem enquanto os tecidos de um grão estão se formando; assim, eles podem acabar em diferentes locais no DNA de linhagens de células diferentes. Listras e pontos nos grãos são a prova de movimento do elemento transponível que desativou ou reativou os diferentes genes de pigmento em diferentes linhagens de célula.

Agentes ambientais prejudiciais podem causar mutações. Por exemplo, algumas formas de energia, como raios X, podem ionizar átomos neutralizando os elétrons. Essa radiação ionizante pode quebrar cromossomos em pedaços, sendo que alguns destes podem se perder durante a replicação de DNA (Figura 5.15). A radiação ionizante também danifica o DNA indiretamente quando penetra no tecido vivo, pois deixa um rastro de radicais livres destrutivos. Lembre-se de que radicais livres danificam o DNA. É por isso que os médicos e dentistas usam as menores doses possíveis de raios X em seus pacientes.

A radiação não ionizante estimula elétrons em um nível de energia elevado, mas não o suficiente para neutralizá-los em um átomo. O DNA absorve um tipo de luz ultravioleta (UV). A exposição à luz UV pode fazer com que duas bases timina adjacentes se liguem covalentemente uma à outra. Essa ligação, um dímero de timina, dobra o DNA (Figura 5.15). Durante a replicação, a parte dobrada pode ser copiada incorretamente; assim, uma mutação é introduzida no DNA. Mutações que causam certos tipos de câncer se iniciam com dímeros de timina. Eles são o motivo pelo qual a exposição da pele sem proteção à luz do sol aumenta o risco de câncer de pele.

Algumas substâncias químicas naturais ou sintéticas também podem causar mutações. Por exemplo, determinadas substâncias químicas na fumaça do cigarro transferem pequenos grupos de hidrocarbonetos às bases no DNA. As bases alteradas se emparelham mal durante a replicação ou interrompem a replicação completamente.

A prova está na proteína

Uma mutação que ocorre em uma célula somática de um indivíduo que se reproduz sexuadamente não é passada para a prole do indivíduo; assim, seus efeitos não duram na população. Uma mutação que surge em uma célula germinativa ou em um gameta, contudo, pode entrar na arena evolucionária. Também pode fazer isso quando repassada para a prole por reprodução assexuada. De qualquer maneira, uma mutação herdada pode afetar a capacidade de um indivíduo de funcionar em seu ambiente. Os efeitos de mutações incontáveis em milhões de espécies tiveram consequências evolucionárias espetaculares – e esse é o assunto dos próximos capítulos.

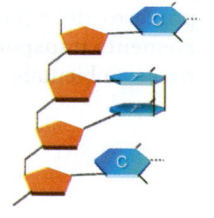

Figura 5.15 Dano ao DNA que pode levar a mutações: um dímero de timina.

Para pensar

O que é uma mutação?

- Uma mutação é uma mudança permanente em pequena escala em uma sequência do nucleotídeo de DNA. Uma substituição, inserção ou deleção no emparelhamento de base pode alterar um produto genético.
- A maioria das mutações surge durante a replicação do DNA como resultado de erros não corrigidos pela DNA polimerase. Algumas mutações ocorrem após a exposição à radiação ou substâncias químicas prejudiciais.
- Uma mutação herdada pode ter efeitos positivos ou negativos sobre a capacidade do indivíduo de funcionar em seu ambiente.

| QUESTÕES DE IMPACTO REVISITADAS | Ricina e Seus Ribossomos

A ricina possui duas cadeias de polipeptídeos. Uma delas se liga a um receptor nas membranas da célula animal que ativa a endocitose. A outra cadeia é uma enzima; ela remove uma base adenina específica de uma das cadeias de RNAr na subunidade ribossômica grande. Uma vez isso ocorrido, o ribossomo para de funcionar. Uma única molécula de ricina pode desativar cerca de 1.500 ribossomos por minuto. A síntese de proteínas desacelera à medida que a ricina desativa o restante dos ribossomos das células.

Resumo

Seção 5.1 O processo de **expressão de gene** inclui dois passos, **transcrição** e **tradução** (Figura 5.16). Ela exige a participação do **RNA mensageiro (RNAm)**, **RNA transportador (RNAt)** e **RNA ribossômico (RNAr)**.

Seção 5.2 Em células eucarióticas, a transcrição ocorre no núcleo e a tradução ocorre no citoplasma. Ambos os processos ocorrem no citoplasma das células procarióticas.
Na transcrição, **RNA polimerase** se liga ao **promotor** no DNA próximo a um gene, depois monta uma fita de RNA ligando nucleotídeos de RNA na ordem ditada pela sequência de bases do DNA.

Seção 5.3 O RNA de eucariontes é modificado antes de deixar o núcleo. Os **íntrons** são removidos. Alguns **éxons** também podem ser removidos e os restantes, unidos em combinações diferentes (*splicing* e **união alternativa**). Uma capa e uma cauda poli-A também são adicionadas às extremidades de um novo RNAm.
O RNAm carrega informações construtoras de proteína do DNA. Sua mensagem genética é escrita em **códons**, conjuntos de três nucleotídeos. Sessenta e quatro códons, a maioria dos quais especifica aminoácidos, constituem o **código genético**. Variações ocorrem entre procariontes, organelas e eucariontes unicelulares.

Cada RNAt tem um **anticódon** que pode emparelhar bases com um códon e se liga ao tipo de aminoácido especificado pelo códon. RNAr catalítico e proteínas compõem as duas subunidades de ribossomos.

Seção 5.4 As informações genéticas transportadas por um RNAm dirigem a síntese de uma cadeia de polipeptídeos durante a tradução. Primeiro, um RNAm, um RNAt iniciador e duas subunidades ribossômicas convergem-se. O ribossomo intacto, então, catalisa a formação de uma ligação peptídica entre aminoácidos sucessivos, que são fornecidos pelos RNAts na ordem especificada pelos códons no RNAm. A tradução termina quando a polimerase encontra um códon de parada.

Seção 5.5 Inserções, deleções e substituições de emparelhamento de bases podem mudar o produto de um gene. Essas mutações podem surgir por erro de replicação, atividade de **elemento transponível** ou exposição a riscos ambientais.

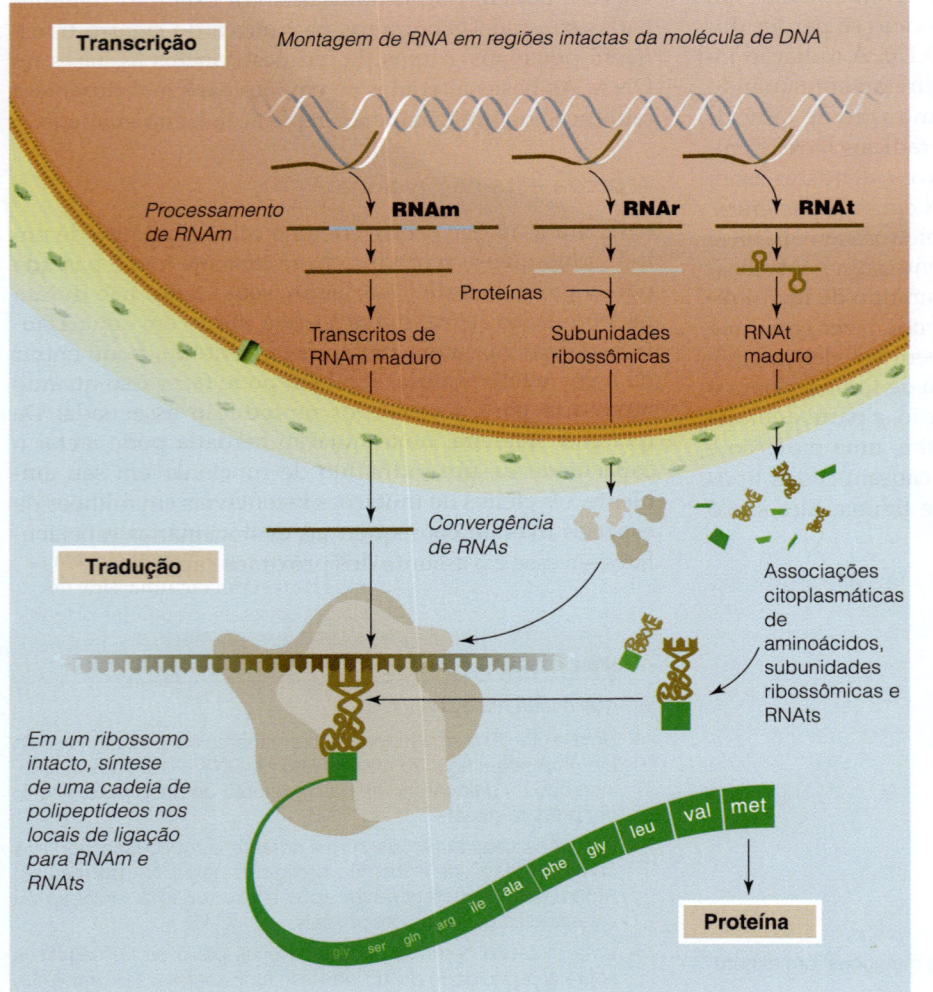

Figura 5.16 Resumo da síntese de proteínas à medida que ocorre nas células eucarióticas.

Exercício de análise de dados

Cerca de uma em 3.500 pessoas carregam uma mutação que afeta o produto do gene *NF1*, que é supressor de tumores. Pessoas heterozigotas para uma dessas mutações têm neurofibromatose, um distúrbio genético autossômico dominante. Entre outros problemas, tumores moles e fibrosos (neurofibromas) formam-se na pele e no sistema nervoso. A condição homozigota pode ser letal. A maioria das mutações associadas à neurofibromatose resulta em junção defeituosa dos 60 éxons do gene. Cada neurofibroma surge tipicamente de uma nova mutação que rompe o alelo funcional de um indivíduo. Em um estudo realizado em 1997, Eduard Serra e seus colegas testaram diversos tumores de um indivíduo com um distúrbio para essas mutações (Figura 5.17).

1. Em quais tumores falta o marcador D17S250? Essa sequência está dentro ou fora do gene *NF1*?

2. Em quatro desses seis tumores, o braço inteiro do cromossomo 17 foi excluído. Quais deles?

3. Pessoas afetadas por neurofibromatose têm probabilidade de 200 a 500 vezes maior de desenvolver tumores malignos que pessoas não afetadas. Por que você acha que isso acontece?

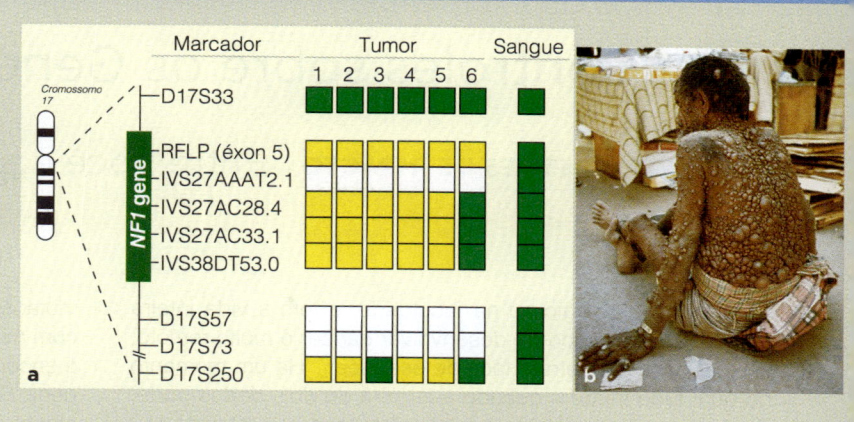

Figura 5.17 Neurofibromatose. (**a**) Análise genética de seis tumores de um indivíduo afetado por neurofibromatose. Cada tumor foi checado quanto à presença de nove sequências de nucleotídeo (marcadores) em ou próximo ao gene *NF1*. Para cada tumor (1–6), as caixas *verdes* indicam que o marcador está presente; as caixas *amarelas* indicam que o marcador está faltando; caixas *brancas* indicam resultados inconclusivos. O sangue também foi testado como controle.
(**b**) Um indivíduo afetado por neurofibromatose.

Questões

Respostas no Apêndice III

1. Um cromossomo contém muitos genes que são transcritos em diferentes _____.
   a. proteínas
   b. polipeptídeos
   c. RNAs
   d. a e b

2. Um local de ligação para RNA polimerase é um _____.

3. A energia que impulsiona transcrição é fornecida por _____.

4. Uma molécula de RNA tipicamente tem fita _____.

5. RNAs se formam por ____; proteínas se formam por ___.
   a. replicação; tradução
   b. transcrição; tradução
   c. tradução; transcrição
   d. replicação; transcrição

6. _____ permanecem no RNAm.
   a. Íntrons
   b. Éxons

7. Quantos códons constituem o código genético?

8. A maioria dos códons especifica um(a) _____.
   a. proteína   c. aminoácido
   b. polipeptídeo   d. RNAm

9. Anticódons se emparelham com _____.
   a. códons de RNAm   c. anticódons de RNA
   b. códons de DNA   d. aminoácidos

10. Energia que impulsiona tradução é fornecida por ___.
   a. ATP   c. UTP
   b. GTP   d. a e b estão corretas

11. Usando a Figura 5.9, traduza esta sequência de nucleotídeo em uma sequência de aminoácidos, começando na primeira base:
   59–GGUUUCUUCAAGAGA–39

12. Cite uma causa de mutação.

13. Ligue cada termo à descrição mais apropriada.
   ___mensagem genética   a. RNAm codificadora de proteína
   ___sequência   b. evade
   ___polissomo   c. lido com trios de base
   ___éxon   d. ordem linear de bases
   ___código genético   e. ocorre somente em grupos
   ___íntron   f. conjunto de 64 códons
   ___elemento transponível g. removido antes da tradução

Raciocínio crítico

1. Cada posição de um códon pode ser ocupada por um de 4 (quatro) nucleotídeos. Se os códons tiverem 2 (dois) nucleotídeos de comprimento, eles poderão codificar um máximo de $4^2 = 16$ aminoácidos. Qual é o número mínimo de nucleotídeos por códon necessário para especificar todos os 20 aminoácidos biológicos?

2. A fumaça do cigarro contém, pelo menos, cinquenta e cinco substâncias químicas diferentes identificadas como carcinogênicas (causadoras de câncer) pela Agência Internacional de Pesquisa sobre o Câncer (IARC). Quando esses carcinógenos entram na corrente sanguínea, as enzimas os convertem em uma série de intermediários químicos mais fáceis de serem excretados. Alguns dos intermediários se ligam irreversivelmente ao DNA. Proponha um mecanismo pelo qual essa ligação cause câncer.

3. A terminação da transcrição do DNA procariótico frequentemente depende da estrutura de um RNA recém-formado. A transcrição para quando o RNAm dobra sobre si mesmo, formando uma estrutura semelhante a um grampo de cabelo como essa à *direita*. Como você acha que essa estrutura para a transcrição?

6 Controles sobre os Genes

QUESTÕES DE IMPACTO Entre Você e a Eternidade

Você está no colégio ou na faculdade, e tem a vida inteira pela frente. Seu risco de desenvolver câncer é muito remoto, uma estatística abstrata fácil de esquecer. "Há um momento no qual tudo muda – quando a largura de dois dedos pode, de repente, ser a distância total entre você e a eternidade." Robin Shoulla escreveu essas palavras depois de ser diagnosticada com câncer de mama. Ela tinha 17 anos. Em uma idade na qual a maioria das jovens pensa em escola, festas e carreiras, Robin lidava com a mastectomia radical – a remoção de um seio, todos os nódulos linfáticos sob o braço e os músculos esqueléticos na parede peitoral abaixo do seio. Ela implorava para o oncologista não utilizar sua veia jugular para a quimioterapia e se perguntava se sobreviveria até o ano seguinte (Figura 6.1).

O transtorno de Robin tornou-se parte de uma estatística – um entre centenas de milhares de novos casos de câncer de mama diagnosticados todos os anos. Destes, cerca de 5% ocorrem em homens e mulheres com menos de 34 anos.

Mutações em alguns genes predispõem indivíduos a desenvolver determinados tipos de câncer. Genes supressores de tumores recebem esse nome porque os tumores apresentam maior probabilidade de ocorrer quando esses genes sofrem mutação. Dois exemplos são *BRCA1* e *BRCA2*. Uma versão com mutação de um ou ambos desses genes frequentemente é encontrada em células do câncer de mama e ovário. Se um gene *BRCA* sofre mutação em uma das três formas especialmente perigosas, uma mulher tem 80% de chance de desenvolver câncer de mama antes dos 70 anos.

Supressores de tumor fazem parte de um sistema de controles rígidos sobre a expressão gênica que mantém as células dos organismos pluricelulares funcionando normalmente. Tais controles regem como e quando genes específicos são transcritos e traduzidos. Você irá considerar o impacto dos controles de genes em capítulos por todo o livro – e em alguns capítulos de sua vida.

Robin Shoulla sobreviveu. Embora a mastectomia radical seja raramente realizada atualmente (um procedimento modificado é menos desfigurador), é a única opção quando células cancerosas invadem os músculos abaixo do seio. Era a única opção de Robin. Ela pode nunca saber qual mutação causou seu câncer. Agora, 16 anos depois, ela tem o que chama de uma vida normal – carreira, marido e filhos. Sua meta como sobrevivente do câncer: "Ficar muito velha com cabelo grisalho e quadris enormes, sorrindo".

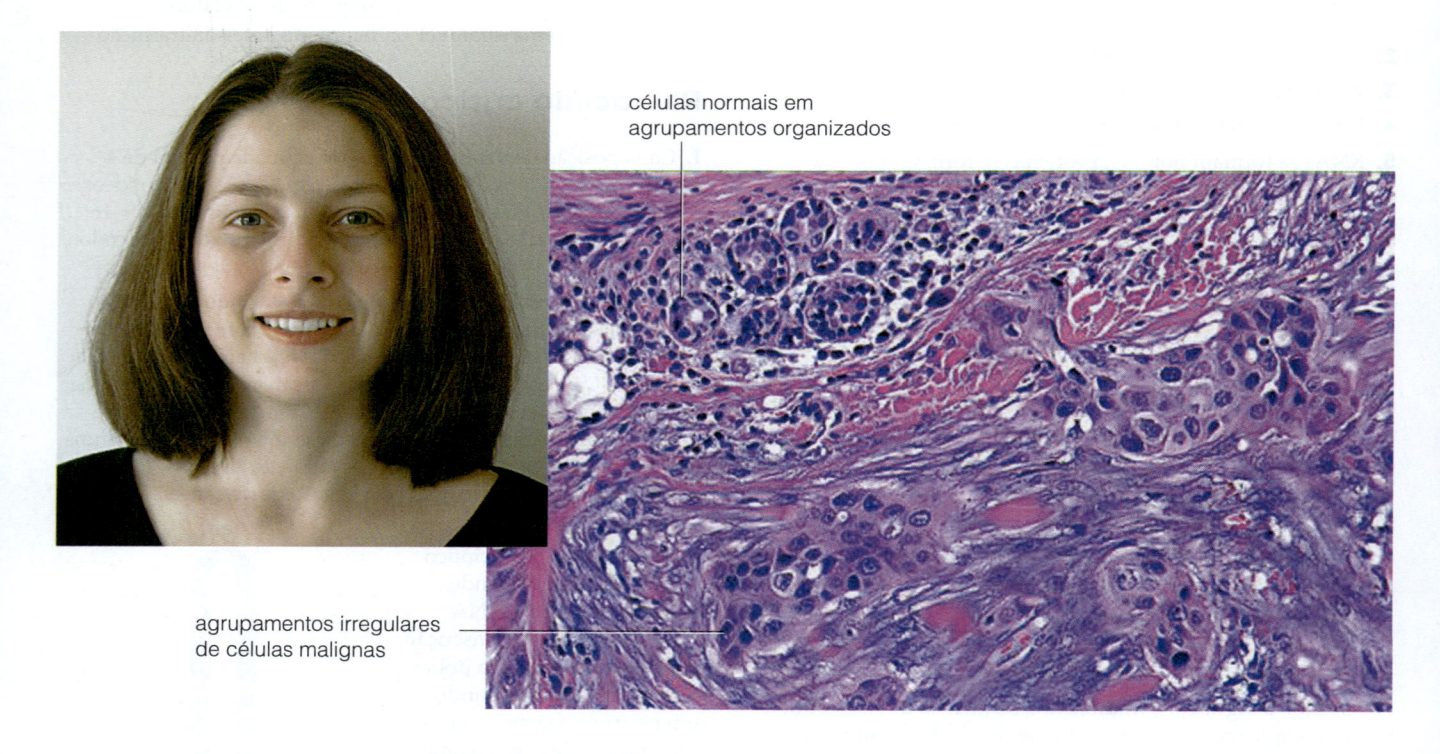

Figura 6.1 Um caso de câncer de mama. *À direita*, esta imagem em microscópio óptico revela agrupamentos irregulares de células de carcinoma que se infiltraram nos dutos lácteos no tecido mamário. *À esquerda*, Robin Shoulla. Exames diagnósticos revelaram células anormais como estas em seu organismo.

Conceitos-chave

Visão geral dos controles sobre a expressão gênica
Diversas moléculas e processos alteram a expressão gênica em resposta a mudanças nas condições dentro e fora da célula. A expressão gênica seletiva também resulta na diferenciação celular, pela qual linhagens celulares diferentes se tornam especializadas. **Seção 6.1**

Exemplos de eucariotos
A expressão organizada e localizada de alguns genes nos embriões origina o plano corporal de organismos pluricelulares complexos. Nos mamíferos, a maioria dos genes em um dos dois cromossomos X é desativada em cada célula. **Seção 6.2**

Desenvolvimento da mosca-das-frutas
Pesquisas com a *Drosophila* revelaram como um plano corporal complexo surge. Todas as células em um embrião em desenvolvimento herdam os mesmos genes, mas utilizam subconjuntos diferentes deles. **Seção 6.3**

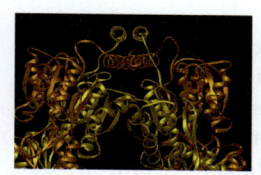

Exemplos de procariotos
Controles genéticos procarióticos regem respostas a mudanças de curto prazo na disponibilidade de nutrientes e outros aspectos do ambiente. Os principais controles genéticos provocam ajustes rápidos na taxa de transcrição. **Seção 6.4**

Neste capítulo

- Uma revisão do que você sabe sobre controles metabólicos será útil enquanto revisitamos o conceito de expressão gênica mais detalhadamente. Pode ser desejável revisar alelos, herança autossômica e mutação.
- Você aplicará o que sabe sobre a organização do DNA cromossômico e determinação sexual e herança vinculada a X nos humanos, enquanto falamos sobre controles sobre transcrição, processamento pós-transcrição, tradução e outros processos que afetam a expressão gênica.
- Você revisitará carboidratos e fermentação e aprenderá sobre o controle genético nos procariotos.

Qual sua opinião? Algumas mulheres com alto risco de desenvolver câncer de mama podem optar pela remoção cirúrgica preventiva dos seios antes que o câncer se desenvolva. Muitas dessas mulheres nunca teriam desenvolvido câncer. Você concorda com esse procedimento?

6.1 Expressão gênica nas células eucarióticas

- Controles gênicos regem os tipos e as quantidades de substâncias presentes em uma célula em qualquer intervalo de tempo.

Quais genes são utilizados?

Todas as células em seu organismo descendem do mesmo óvulo fertilizado; portanto, todas contêm o mesmo DNA com os mesmos genes. Alguns dos genes são transcritos por todas as células; tais genes afetam características estruturais e rotas metabólicas comuns a todas as células.

Figura 6.3 Parte hipotética de um cromossomo que contém um gene. Moléculas que afetam a taxa de transcrição do gene vinculam-se em sequências promotora (*amarela*) e aumentadora (*verde*).

Entretanto, quase todas as células de seu corpo são especializadas. A diferenciação, o processo pelo qual as células se tornam especializadas, ocorre enquanto diferentes linhagens celulares começam a expressar subconjuntos diferentes de seus genes. Os genes utilizados por uma célula determinam as moléculas que ela produzirá, o que, por sua vez, determina que tipo de célula será.

Por exemplo, a maioria de suas células corporais expressa os genes que codificam as enzimas da glicólise, mas apenas glóbulos vermelhos imaturos utilizam os genes que codificam cadeias de globina. Apenas suas células hepáticas expressam genes para enzimas que neutralizam algumas toxinas.

Uma célula raramente utiliza mais de 10% de seus genes de uma só vez. Quais genes são expressos em um determinado momento depende de muitos fatores, como condições no citoplasma e fluido extracelular e o tipo de célula. Os fatores afetam controles que regem todos os passos da expressão gênica, começando com a transcrição e terminando com a entrega de um produto de RNA ou proteína a seu destino final. Tais controles consistem de processos que iniciam, aumentam, desaceleram ou param a expressão dos genes.

Controle da transcrição Muitos controles afetam se a transcrição ocorrerá e o quão rápido alguns genes serão transcritos no RNA (Figura 6.2*a*). Os que evitam que uma RNA polimerase se acople a um promotor perto de um gene também evitam a transcrição do gene. Controles que ajudam a RNA polimerase a se vincular ao DNA também aceleram a transcrição.

Alguns tipos de proteínas afetam a taxa da transcrição ao se vincularem a sequências especiais de nucleotídeos no DNA. Por exemplo, um **ativador** acelera a transcrição quando vinculado a um promotor. Ativadores também se vinculam a sequências de DNA chamadas **aumentadores**. Um aumentador não está necessariamente perto do gene que afeta, e pode até estar em um cromossomo diferente (Figura 6.3). Como outro exemplo, um **repressor** desacelera ou interrompe a transcrição quando se vincula a determinados locais no DNA.

Proteínas reguladoras como ativadores e repressores são chamadas **fatores de transcrição**. Se e quão rapidamente um gene é transcrito depende de quais fatores de transcrição estão vinculados ao DNA.

Interações entre o DNA e as proteínas histonas que o envolvem também afetam a transcrição. A RNA polimerase só pode se acoplar ao DNA desenrolado das histonas. O acoplamento de grupos metil (–CH3) faz o DNA se en-

NÚCLEO

a Transcrição
A ligação de fatores de transcrição a sequências especiais no DNA desacelera ou acelera a transcrição. Modificações químicas e duplicações do cromossomo afetam o acesso físico da RNA polimerase aos genes.

b Processamento de RNAm
Novo RNAm não pode sair do núcleo antes de ser modificado; portanto, controles sobre o processamento de RNAm afetam a duração da transcrição. Controles sobre junção alternativa influenciam a forma final da proteína.

c Transporte de RNAm
RNA não pode atravessar um poro nuclear se não estiver ligado a determinadas proteínas. A ligação da proteína de transporte afeta onde a transcrição será entregue na célula.

CITOPLASMA

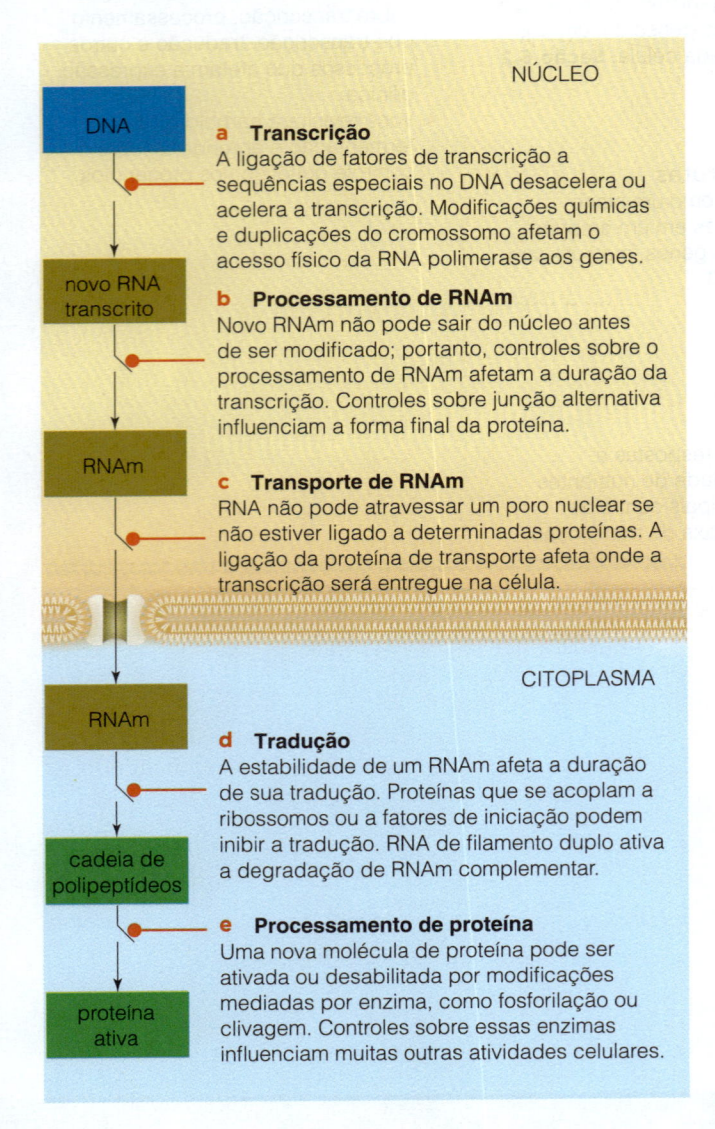

d Tradução
A estabilidade de um RNAm afeta a duração de sua tradução. Proteínas que se acoplam a ribossomos ou a fatores de iniciação podem inibir a tradução. RNA de filamento duplo ativa a degradação de RNAm complementar.

e Processamento de proteína
Uma nova molécula de proteína pode ser ativada ou desabilitada por modificações mediadas por enzima, como fosforilação ou clivagem. Controles sobre essas enzimas influenciam muitas outras atividades celulares.

Figura 6.2 Pontos de controle sobre a expressão gênica eucariótica.

| promotor | éxon1 | íntron | éxon2 | aumentador |

→ local de início da transcrição   ← final da transcrição

rolar firmemente em volta de histonas; assim, a metilação de DNA evita sua transcrição.

O número de cópias de um gene também afeta a rapidez de fabricação de seu produto. Por exemplo, em algumas células, o DNA é copiado repetidamente sem nenhuma divisão citoplasmática entre replicações. O resultado é uma célula cheia de cromossomos politênicos, cada uma consistindo de centenas ou milhares de cópias lado a lado da mesma molécula de DNA. Todos os filamentos de DNA carregam os mesmos genes. A tradução de um gene, que ocorre simultaneamente em todos os filamentos idênticos de DNA, produz muito RNAm, que é traduzido rapidamente em muita proteína. Cromossomos politênicos são comuns nas células das glândulas salivares das larvas de alguns insetos e ovos de anfíbios imaturos (Figura 6.4).

Processamento de RNAm Como você sabe, antes de os RNAms eucarióticos saírem do núcleo, são modificados – separados, tampados e finalizados com uma cauda poli-A. Controles sobre essas modificações podem afetar a forma de um produto proteico e quando aparecerá na célula (Figura 6.2b). Por exemplo, controles que determinam quais éxons são removidos de um RNAm afetam a forma como uma proteína será traduzida.

Transporte de RNAm O transporte de RNAm é outro ponto de **controle** (Figura 6.2c). Por exemplo, nos eucariotos, a transcrição ocorre no núcleo e a tradução, no citoplasma. Um novo RNA só pode atravessar poros do envelope nuclear depois que foi processado adequadamente. Controles que retardam o processamento também atrasam o aparecimento do RNAm no citoplasma e, assim, sua tradução.

Controles também regem a localização do RNAm. Uma sequência curta de bases perto da cauda poli-A de um RNAm é como um CEP. Algumas proteínas que se acoplam ao CEP arrastam o RNAm por elementos citoesqueléticos e o fornecem a uma organela em particular ou área do citoplasma. Outras proteínas que se acoplam à região do CEP evitam que o RNAm seja traduzido antes de chegar a seu destino. A localização do RNAm permite que células cresçam ou se movam em direções específicas. Ela também é crucial para o desenvolvimento embrionário adequado.

Controle de tradução A maioria dos controles sobre a expressão gênica eucariótica afeta a tradução (Figura 6.2d). Muitos regem a produção ou função das várias moléculas que realizam a tradução. Outros afetam a estabilidade do RNAm: quanto mais um RNAm dura, mais proteína pode ser feita a partir dele. Enzimas podem começar a desmontar um novo RNAm rapidamente quando ele chega ao citoplasma. Essa rotatividade permite que as células ajustem sua síntese proteica rapidamente em resposta à mudança nas necessidades. A persistência de um RNAm depende de sua sequência de bases, do comprimento de sua cauda poli-A e de quais proteínas estão acopladas a ele.

Como outro exemplo, microRNAs inibem a tradução de outro RNA. Parte de um microRNA se dobra sobre si mesmo e forma uma pequena região de filamentos duplos. Por um processo chamado interferência de RNA, qualquer RNA de filamento duplo (incluindo um microRNA) é cortado em pequenos pedaços e destruído por complexos enzimáticos especiais. Tais complexos destroem cada RNAm em uma célula que pode formar par de bases com os microRNA. Portanto, a expressão de um microRNA complementar a uma sequência de um gene inibe a expressão desse gene.

Modificação pós-tradução Muitas cadeias de polipeptídeos recém-sintetizadas devem ser modificadas antes de se tornarem funcionais (Figura 6.2e). Por exemplo, algumas enzimas tornam-se ativas apenas depois de serem fosforiladas (outra enzima acoplou um grupo fosfato a elas). Tais modificações pós-tradução podem inibir, ativar ou estabilizar muitas moléculas, incluindo as enzimas que participam da transcrição e da tradução.

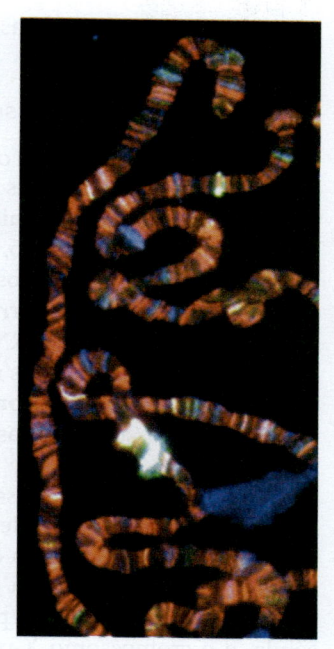

Figura 6.4 Cromossomos politênicos da *Drosophila*. Larvas de *Drosophila* comem continuamente, portanto, usam muita saliva. Nas células de suas glândulas salivares, cromossomos politênicos gigantes se formam por replicação repetida do DNA. Cada um desses cromossomos consiste de centenas ou milhares de cópias do mesmo filamento de DNA, alinhadas lado a lado. A transcrição é visível como saliências, em que o DNA se soltou (*setas*).

Para pensar

O que é controle da expressão gênica?

- A maioria das células de organismos pluricelulares se diferencia quando começa a expressar um subconjunto peculiar de seus genes. Quais genes uma célula expressa depende do tipo de organismo, de seu estágio de desenvolvimento e das condições ambientais.
- Diversos processos de controle regulam todos os passos entre o gene e o produto do gene.

6.2 Alguns resultados dos controles gênicos eucarióticos

- Muitos traços são evidências da expressão gênica seletiva.

Desativação do cromossomo X

Lembre: nos humanos e em outros mamíferos, cada célula de uma fêmea contém dois cromossomos X, um herdado da mãe e o outro, do pai. Um cromossomo X sempre está altamente condensado, mesmo durante a intérfase (Figura 6.5a). Chamamos os cromossomos X condensados de "corpúsculos de Barr", em homenagem a Murray Barr, que os descobriu. A RNA polimerase não consegue acessar a maioria dos genes no cromossomo condensado. A **desativação do cromossomo** X garante que apenas um dos dois cromossomos X nas células de uma fêmea esteja ativo.

A desativação do cromossomo X ocorre quando o embrião ainda é uma esfera de aproximadamente 200 células. Em humanos e muitos outros mamíferos, ocorre independentemente em cada célula do embrião feminino. O cromossomo X materno pode ser desativado em uma célula, e o cromossomo X paterno ou materno pode ser desativado em uma célula próxima. Quando a seleção é feita em uma célula, todos os descendentes dessa célula fazem a mesma seleção enquanto continuam se dividindo e formando tecidos.

Como resultado da desativação do cromossomo X, uma mamífera adulta é um "mosaico" para a expressão de genes ligados a X. Ela tem trechos de tecido nos quais genes do cromossomo X materno são expressos e outros nos quais genes do cromossomo X paterno são expressos.

Os cromossomos X homólogos da maioria das fêmeas têm, pelo menos, alguns alelos não idênticos. Assim, a maioria das fêmeas tem variações nos traços entre segmentos de tecido. Os tecidos mosaicos de uma fêmea são visíveis se ela é heterozigota para algumas mutações do cromossomo X.

Por exemplo, a incontinência pigmentar é uma desordem ligada a X que afeta a pele, os dentes, as unhas e os pelos. Em humanas heterozigotas, tecidos mosaicos aparecem como trechos mais claros e escuros de pele. A pele mais escura consiste de células nas quais o cromossomo X ativo tem o alelo com mutação; a pele mais clara consiste de células nas quais o cromossomo X ativo tem o alelo normal (Figura 6.5c).

Tecidos mosaicos são visíveis também em outras mamíferas. Por exemplo, um gene nos cromossomos X de gatos influencia a cor do pelo. A expressão de um alelo (O) resulta em pelo laranja, e a expressão de outro alelo (o) resulta em pelo negro. Gatos heterozigotos (Oo) têm trechos de pelo laranja e preto. Os trechos laranja crescem de células cutâneas nas quais o cromossomo X ativo carrega o alelo O; trechos negros crescem de células cutâneas nas quais o cromossomo X ativo carrega o alelo o (Figura 6.6).

De acordo com a teoria da compensação de dosagem, a desativação de um cromossomo X equaliza a expressão dos genes do cromossomo X entre os sexos.

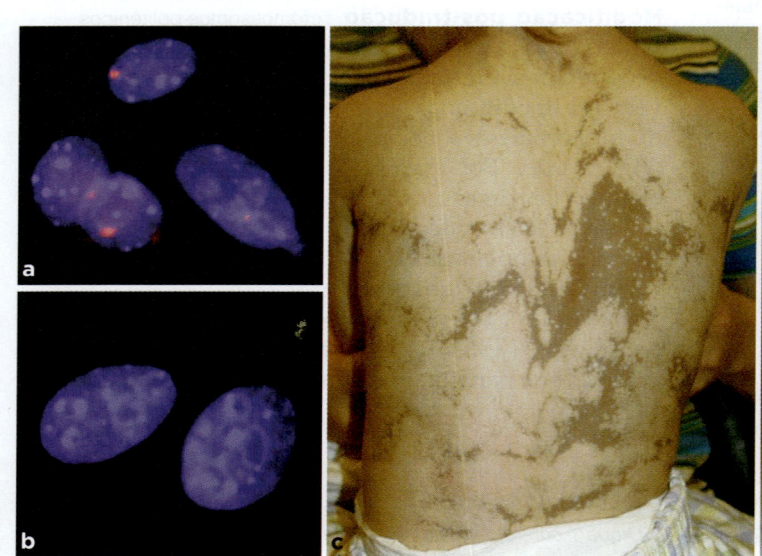

Figura 6.5 Desativação do cromossomo X. (**a**) Corpúsculos de Barr (vermelho) no núcleo de quatro células XX. (**b**) Compare o núcleo de duas células XY. (**c**) Tecidos mosaicos aparecem em humanas heterozigotas para mutações que causam incontinência pigmentar. Em trechos mais escuros da pele desta garota, o cromossomo X com a mutação está ativo. Na pele mais clara, o cromossomo X com o alelo normal está ativo.

Figura 6.6 Por que esta gata é "malhada"? Quando era um embrião, um dos cromossomos X foi desativado em cada uma de suas células. Os descendentes das células formaram trechos mosaicos de tecido. O pelo laranja ou preto resulta da expressão de alelos diferentes no cromossomo X ativo (partes brancas são resultado de um gene diferente, cujo produto bloqueia a síntese de todos os pigmentos).

a O padrão no qual os genes de identidade floral A, B e C são expressos afeta a diferenciação das células que crescem em espirais nos ápices das plantas. Seus produtos genéticos orientam a expressão de outros genes nas células de cada espiral; o resultado é uma flor.

b Mutações nos genes de identidade floral da *Arabidopsis* resultam em flores mutantes. *Acima à esquerda, à direita*, algumas mutações levam a flores sem pétalas. *Abaixo à esquerda*, mutações no gene B levam a flores com sépalas em vez de pétalas. *Abaixo à direita*, mutações no gene C levam a flores com pétalas em vez de estames e carpelos. Compare com a flor normal em (**a**).

Figura 6.7 Controle da formação de flores, revelado por mutações na *Arabidopsis thaliana*.

As células corporais de mamíferos machos (XY) têm apenas um conjunto de genes de cromossomo X. As células corporais das mamíferas (XX) têm dois conjuntos, mas apenas um é expresso. O desenvolvimento normal de embriões femininos depende desse controle.

Como apenas um dos dois cromossomos X é desativado? Um gene de cromossomo X chamado *XIST* realiza a tarefa. Esse gene é transcrito em apenas um dos dois cromossomos X. O produto do gene, um grande RNA, adere ao cromossomo que expressa o gene. O RNA cobre o cromossomo e faz com que se condense em um corpúsculo de Barr. Assim, a transcrição do gene *XIST* evita que o cromossomo transcreva outros genes. O outro cromossomo não expressa *XIST*, portanto não é coberto com RNA; seus genes continuam disponíveis para transcrição. Ainda não se sabe como a célula escolhe qual cromossomo expressará *XIST*.

Formação de flores

Quando é tempo de uma planta florescer, grupos de células que originariam folhas se diferenciam em partes florais – sépalas, pétalas, estames e carpelos. Como a mudança ocorre? Estudos de mutações na planta herbácea *Arabidopsis thaliana* embasam o modelo ABC. Esse modelo explica como as partes especializadas de uma célula se desenvolvem. Três conjuntos de genes reguladores (*master genes*) – A, B e C – guiam o processo. Genes reguladores codificam produtos que afetam a expressão de muitos outros genes. A expressão de um gene regulador inicia cascatas de expressão de outros genes, com o resultado sendo a conclusão de uma tarefa complicada como a formação de uma flor.

Os genes reguladores que controlam a formação de flores são ativados por fatores ambientais como duração do dia. Na ponta de um broto floral (um ramo modificado), células formam espirais de tecido, um sobre o outro como camadas de uma cebola. Células em cada espiral originam diferentes tecidos dependendo de qual de seus genes *ABC* está ativado. Na espiral externa, apenas os genes *A* são ativados e seus produtos acionam eventos que fazem as sépalas se formarem. Células na espiral seguinte expressam os dois genes *A* e *B*; eles originam pétalas. Células mais internas expressam genes *B* e *C*; elas originam estruturas masculinas florais chamadas estames. As células na espiral mais interna expressam apenas os genes *C*; elas originam estruturas florais femininas chamadas carpelos (Figura 6.7a). Estudos dos efeitos fenotípicos das mutações dos genes *ABC* apoiam esse modelo (Figura 6.7b).

Para pensar

Quais são alguns exemplos de controle de expressão gênica?

- A maioria dos genes em um cromossomo X nas mamíferas (XX) é desativada, o que equilibra a expressão gênica com os machos (XY).
- O controle gênico também orienta a formação de flores. Genes reguladores *ABC* são expressos diferentemente nos tecidos de botões florais.

6.3 Tem uma mosca na minha pesquisa

- Pesquisas com moscas-da-fruta produziram a visão de que planos corporais são um resultado de padrões de expressão gênica nos embriões.

Há cerca de 100 anos, a drosófila (*Drosophila melanogaster*) é o sujeito preferido de muitos experimentos de pesquisa. Por quê? Custa quase nada alimentar essa mosca-da-fruta, que tem apenas 3 milímetros de comprimento (*à direita*) e pode viver em frascos. A *D. melanogaster* também se reproduz rapidamente e tem um ciclo de vida curto. Além disso, fazer experimentos em insetos, considerados pestes inconvenientes, apresenta poucos dilemas éticos.

moscas-da-fruta, tamanho real

Muitas descobertas importantes sobre como a expressão gênica orienta o desenvolvimento vieram de pesquisas com a *Drosophila*. As descobertas nos ajudam a entender processos semelhantes nos humanos e em outros organismos e fornecem pistas para nossa história evolucionária compartilhada.

Descoberta de genes homeóticos No momento, sabemos de 13.767 genes nos quatro cromossomos da *Drosophila*. Como na maioria das outras espécies eucarióticas, alguns são genes **homeóticos**: um tipo de gene regulador (*master gene*) que controla a formação de partes específicas do corpo (olhos, pernas, segmentos etc.) durante o desenvolvimento dos embriões. Todos os genes homeóticos codificam fatores de transcrição com um **homeodomínio**, uma região de cerca de 60 aminoácidos que podem se vincular a um promotor ou outra sequência no DNA.

— Homeodomínio
— DNA

A expressão localizada de genes homeóticos nos tecidos de um embrião em desenvolvimento origina detalhes do plano corporal adulto. O processo começa muito antes de as partes do corpo se desenvolverem, à medida que diversos genes reguladores (*master genes*) são expressos em determinadas áreas do embrião inicial. Os produtos desses genes reguladores são fatores de transcrição. Esses fatores formam gradientes de concentração que cobrem todo o embrião. Dependendo de sua localização dentro dos gradientes, células embrionárias começam a transcrever genes homeóticos diferentes. Produtos desses genes homeóticos se formam em áreas específicas do embrião. Os diferentes produtos fazem as células se diferenciarem em tecidos que formam estruturas específicas como asas ou uma cabeça.

Pesquisadores descobriram genes homeóticos analisando o DNA de drosófilas mutantes que tinham partes do corpo crescendo em locais errados. Como exemplo, o gene homeótico *antennapedia* é transcrito em tecidos embrionários que originam um tórax completo com pernas. Normalmente, nunca é transcrito em células de qualquer outro tecido. A Figura 6.8*b* mostra o que acontece depois que uma mutação faz o *antennapedia* ser transcrito no tecido embrionário que origina a cabeça.

Mais de 100 genes homeóticos foram identificados. Eles controlam o desenvolvimento pelos mesmos mecanismos em todos os eucariotos e muitos são intercambiáveis entre espécies. Assim, podemos esperar que tenham evoluído nas células eucarióticas mais antigas. Homeodomínios frequentemente são diferentes entre espécies apenas em substituições conservadoras – um aminoácido substituiu outro com propriedades químicas semelhantes.

Experimentos de nocaute Ao controlar a expressão dos genes, um de cada vez, na *Drosophila*, pesquisadores fizeram outras descobertas importantes sobre como os embriões de muitos organismos se desenvolvem. Em **experimentos de nocaute**, os pesquisadores desativam um gene introduzindo uma mutação nele. Então, observam como um organismo que carrega a mutação se diferencia dos indivíduos normais. As diferenças são pistas para o funcionamento do produto genético ausente. Pesquisadores nomeiam genes homeóticos com base no que acontece em sua ausência. Por exemplo, moscas que tiveram seu gene *"sem olhos"* nocauteado se desenvolvem sem os olhos. O gene *"lerdo"* é exigido para aprendizado e memória. Genes *"sem asas"*, *"enrugado"* e *"minicérebro"* são autoexplicativos. O gene *"tinman"* é necessário

Figura 6.8 Experimentos com genes homeóticos. (**a**) Cabeça normal de mosca. (**b**) A transcrição do gene *antennapedia* nos tecidos embrionários do tórax faz as pernas se formarem no corpo. Uma mutação que faz a *antennapedia* ser transcrita nos tecidos embrionários da cabeça faz as pernas se formarem ali também. O homeodomínio *antennapedia* é modelado *acima*, em *verde*.
(**c**) As mutações da *Drosophila* renderam pistas para a função de genes homeóticos. Na foto, mosca ultrabitórax – um tórax duplo mutante.

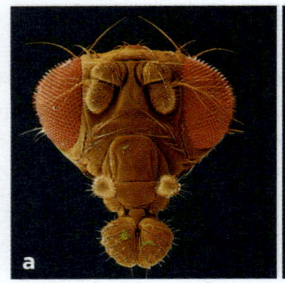

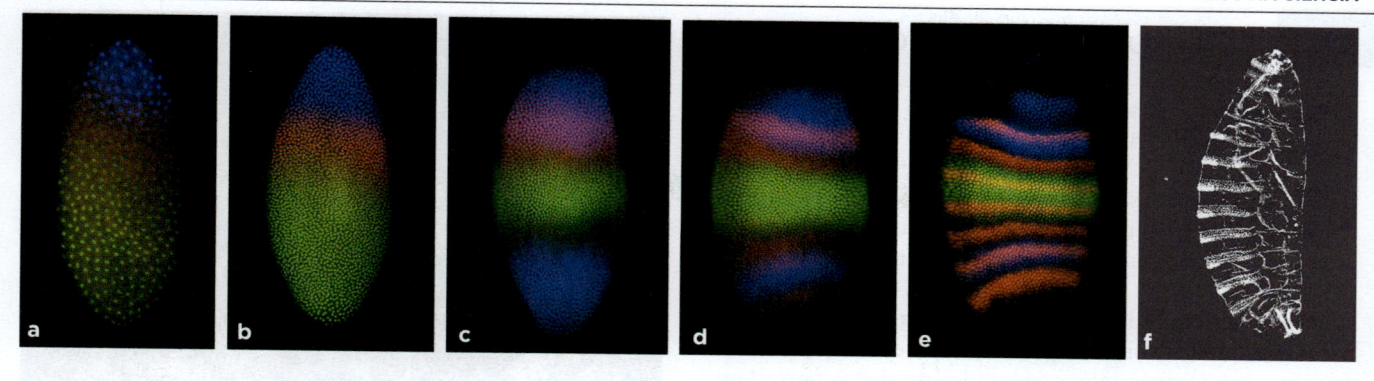

Figura 6.9 Como o controle da expressão gênica forma uma mosca. A expressão de genes reguladores diferentes é mostrada por cores diferentes em imagens de microscopia por fluorescência de embriões inteiros de *Drosophila* em estágios sucessivos do desenvolvimento. Os pontos brilhantes são núcleos de células individuais.
(**a**, **b**) O gene principal *parassegmento ímpar* é expresso (*vermelho*) apenas onde dois produtos genéticos maternos (*azul* e *verde*) se sobrepõem.
(**c–e**) Os produtos de vários genes reguladores, incluindo os dois mostrados aqui em *verde* e *azul*, confinam a expressão do *parassegmento ímpar* (*vermelho*) a sete faixas. (**f**) Um dia depois, sete segmentos se desenvolvem, correspondendo à posição das faixas.

para o desenvolvimento de um coração. Moscas com um gene "*groucho*" com mutação têm pelos demais acima dos olhos. Um gene foi nomeado "*toll*" depois que um pesquisador alemão exclamou isso ao ver os efeitos desastrosos de sua mutação (*toll* em alemão significa "legal!"). A Figura 6.8 mostra algumas moscas mutantes.

Humanos, lulas, ratos e muitos outros animais têm um homólogo do gene *sem olhos* chamado *PAX6*. Nos humanos, mutações no *PAX6* causam desordens nos olhos como a aniridia – íris mal desenvolvidas ou ausentes. A expressão alterada do gene *sem olhos* faz os olhos se formarem não apenas na cabeça de uma mosca-da-fruta, mas também em suas asas e pernas (Figura 6.8c).

O *PAX6* funciona do mesmo jeito nos sapos – faz os olhos se expressarem onde é expresso nos girinos.

Pesquisadores também descobriram que o *PAX6* é um dos genes homeóticos que opera em espécies diferentes. Se o *PAX6* de um humano, rato ou lula for inserido em uma mosca mutante *sem olhos*, tem o mesmo efeito do gene *sem olhos*: um olho se forma onde ele é expresso. Tais estudos são evidências de um ancestral compartilhado entre esses animais evolucionariamente distantes.

Preenchimento dos detalhes dos planos corporais À medida que um embrião se desenvolve, suas células em diferenciação formam tecidos, órgãos e partes do corpo. Algumas células que também migram e aderem a outras células se desenvolvem em nervos, vasos sanguíneos e outras estruturas que entrelaçam os tecidos. Eventos como esses preenchem os detalhes do corpo e são orientados por cascatas de expressão de genes reguladores (*master genes*). A **formação de padrão** é o processo pelo qual um organismo complexo se forma a partir de processos locais em um embrião. A padronização começa à medida que RNAms maternos são entregues a extremidades opostas de um ovo não fertilizado enquanto se forma. Os RNAms maternos localizados são traduzidos logo após o ovo ser fertilizado e seus produtos proteicos se difundem em gradientes que cobrem todo o embrião. As células do embrião em desenvolvimento começam a traduzir genes reguladores diferentes, dependendo de onde caem dentro desses gradientes. Os produtos desses genes também se formam em gradientes sobrepostos. Células do embrião traduzem ainda outros genes reguladores dependendo de onde caem dentro dos gradientes, e assim por diante.

Tal expressão gênica regional durante o desenvolvimento resulta em um mapa tridimensional composto por gradientes de concentração sobrepostos de produtos dos genes reguladores (*master genes*). Os genes reguladores que estão ativos em determinado momento mudam, assim como o mapa. Alguns produtos dos genes reguladores levam células não diferenciadas a se diferenciarem e o resultado são os tecidos especializados. A formação de segmentos do corpo em um embrião de drosófila é um exemplo de como a formação de padrões funciona (Figura 6.9).

6.4 Controle gênico procariótico

- Procariotos controlam a expressão gênica principalmente ao ajustarem a taxa da transcrição.

Procariotos não passam por desenvolvimento e se tornam organismos pluricelulares; portanto, essas células não utilizam genes reguladores. Entretanto, utilizam controles gênicos. Ao ajustar a expressão gênica, podem reagir a condições ambientais. Por exemplo, quando um determinado nutriente se torna disponível, uma célula procariótica começará a transcrever genes cujos produtos permitem à célula utilizar tal nutriente. Quando o nutriente não está disponível, a transcrição desses genes para. Assim, a célula não gasta energia e recursos produzindo produtos gênicos que não são necessários em um momento em particular.

Procariotos controlam sua expressão gênica principalmente ao ajustar a taxa da transcrição. Genes utilizados em conjunto frequentemente ocorrem nos cromossomos de forma sequencial, um após o outro. Todos eles são transcritos juntos em um único filamento de RNA; portanto, sua transcrição é controlável em um único passo. Esse grupo de genes, que funcionam de forma coordenada e conjunta, se chama "operon".

Operon da lactose

A *Escherichia coli* vive no intestino dos mamíferos, onde se alimenta dos nutrientes que passam por ele. Seu carboidrato preferido é a glicose, mas ela pode utilizar outros açúcares, como a lactose no leite. Células da *E. coli* podem coletar a subunidade das moléculas de glicose presente na lactose, utilizando um conjunto de três enzimas. Entretanto, a não ser que haja lactose no intestino, células da *E. coli* mantêm os três genes para essas enzimas desligados.

Há um promotor para os três genes. Envolvendo o promotor, há dois **operadores** – regiões do DNA que são sítios de ligação para um repressor (repressores, lembre-se, param a transcrição). Um promotor e um ou mais operadores que controlam juntos a transcrição de vários genes estruturais são coletivamente chamados de **operon**. Assim, um *operon* é geralmente constituído por três componentes: promotor, operador e genes estruturais.

Onde a lactose não está presente, os repressores *operon* de lactose (*lac*) vinculam o DNA da *E. coli* e genes metabolizadores de lactose permanecem desligados. Uma molécula repressora se liga aos dois operadores e torce a região do DNA com o promotor em um *loop* (Figura 6.10). A RNA polimerase não pode se vincular ao promotor torcido, portanto não consegue transcrever os genes do *operon*.

Quando a lactose *está* no intestino, uma parte dela é convertida em outro açúcar, a alolactose. A alolactose vincula-se ao repressor e muda seu formato. O repressor alterado não consegue mais se ligar aos operadores. O DNA

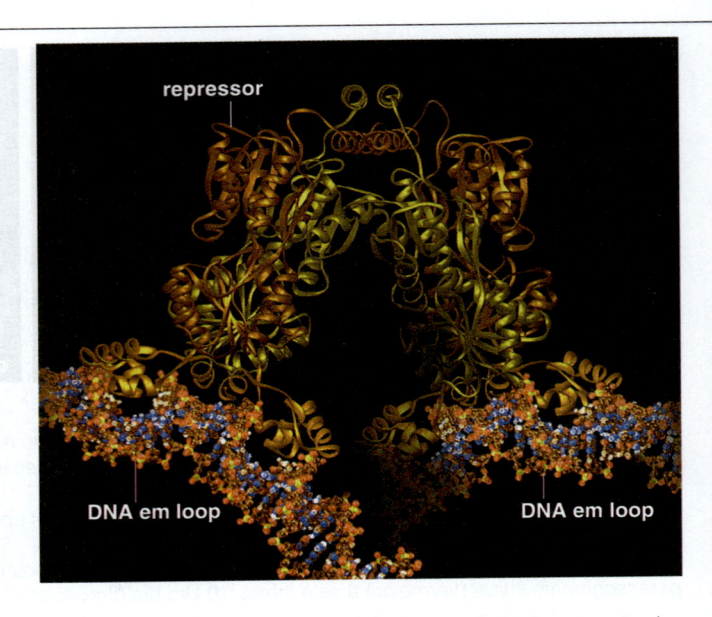

Figura 6.10 Modelo do repressor do *operon* da lactose, mostrado aqui vinculado a operadores. A ligação torce o cromossomo bacteriano em um *loop*, o que, por sua vez, evita que a RNA polimerase se vincule ao promotor do *operon lac*.

em *loop* se desenrola e o promotor agora está livre para a RNA polimerase iniciar a transcrição (Figura 6.11).

Observe que células da *E. coli* utilizam mais enzimas para metabolizar a lactose em comparação com a glicose; portanto, é mais eficiente para elas utilizarem glicose. Assim, quando os dois açúcares estão presentes, células da *E. coli* utilizarão toda a glicose antes de mudarem para o metabolismo da lactose. Mas como a *E. coli* desativa o metabolismo da lactose estando ela presente? Essa bactéria tem um nível adicional de controle. A transcrição dos genes do *operon lac* ocorre muito lentamente, a não ser que um ativador se vincule ao promotor em conjunto com a RNA polimerase. O ativador consiste em uma proteína com um nucleotídeo vinculado chamada AMPc (adenosina monofosfato cíclico). Quando a glicose é abundante, a síntese de AMPc é bloqueada e o ativador não se forma. Quando glicose é escassa, AMPc é produzida. O ativador se forma e se vincula ao promotor do *operon lac*. Genes do *operon lac* são transcritos rapidamente e as enzimas metabolizadoras de lactose são produzidas em velocidade máxima.

Intolerância à lactose

Como filhotes de outros mamíferos, bebês humanos tomam leite. Células no revestimento do intestino delgado secretam lactase, uma enzima que separa a lactose do leite em suas subunidades de monossacarídeos. Na maioria das pessoas, a produção de lactase começa a cair aos 5 anos. Depois disso, fica mais difícil digerir a lactose nos alimentos – uma condição chamada de intolerância à lactose.

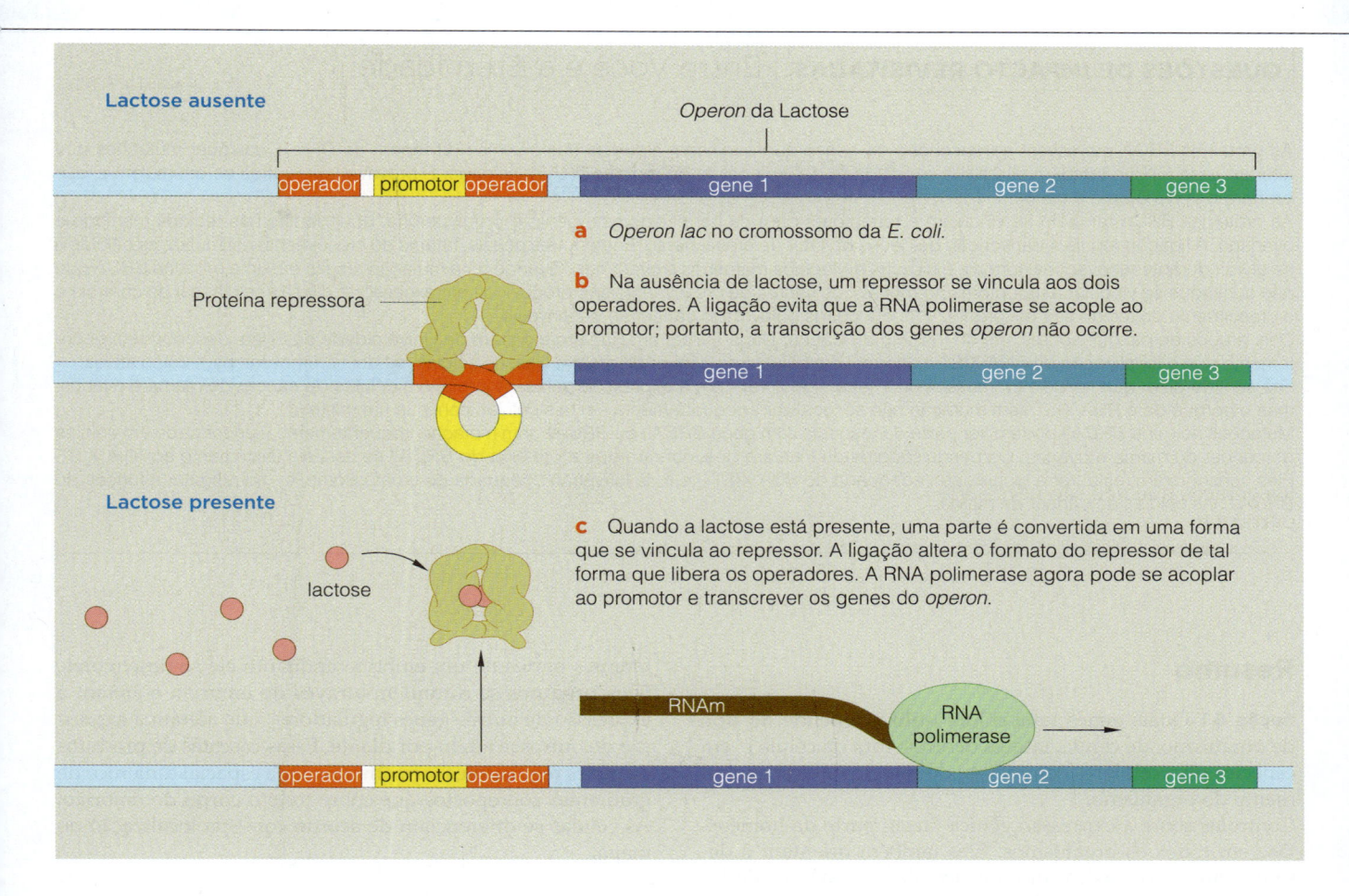

Figura 6.11 Exemplo de controle gênico nos procariotos: *operon* da lactose em um cromossomo bacteriano. O *operon* consiste em um promotor envolvido por dois operadores e três genes para enzimas metabolizadoras de lactose.

a *Operon lac* no cromossomo da *E. coli*.

b Na ausência de lactose, um repressor se vincula aos dois operadores. A ligação evita que a RNA polimerase se acople ao promotor; portanto, a transcrição dos genes *operon* não ocorre.

c Quando a lactose está presente, uma parte é convertida em uma forma que se vincula ao repressor. A ligação altera o formato do repressor de tal forma que libera os operadores. A RNA polimerase agora pode se acoplar ao promotor e transcrever os genes do *operon*.

Resolva: Que parte do *operon* se vincula à RNA polimerase quando a lactose está presente?
Resposta: O promotor.

A lactose não é absorvida diretamente pelo intestino. Assim, moléculas não decompostas no intestino delgado vão para o intestino grosso, que hospeda *E. coli* e muitos outros procariotos. Esses organismos residentes reagem ao suprimento abundante de açúcar ativando seus *operons lac*. Dióxido de carbono, metano, hidrogênio e outros produtos gasosos de suas várias reações de fermentação acumulam-se rapidamente no intestino grosso, distendendo sua parede e causando dor. Os outros produtos de seu metabolismo (carboidratos não digeridos) rompem o equilíbrio soluto–água dentro do intestino grosso e o resultado é diarreia.

Nem todos são intolerantes à lactose. Muitas pessoas têm uma mutação em um dos genes responsáveis pelo desligamento programado da lactase, de forma que continuam produzindo essa enzima. A mutação é dominante autossômica; portanto, até heterozigotos fazem lactase suficiente para continuar bebendo leite sem problemas na vida adulta.

Para pensar

Os procariotos têm controles de expressão gênica?

- Nos procariotos, os principais controles de expressão gênica regulam a transcrição em resposta a mudanças na disponibilidade de nutrientes e outras condições externas.

QUESTÕES DE IMPACTO REVISITADAS | Entre Você e a Eternidade

As proteínas BRCA promovem a transcrição de genes que codificam algumas das enzimas de reparo de DNA. Quaisquer mutações que alteram essa função também alteram a capacidade de uma célula de reparar DNA danificado. É provável que outras se acumulem e isso prepara o cenário para o câncer.

As proteínas BRCA também se vinculam a receptores para os hormônios estrogênio e progesterona, abundantes nos tecidos mamário e ovariano. A ligação regula a transcrição de genes do fator de crescimento. Entre outras coisas, fatores de crescimento estimulam as células a se dividir durante renovações normais e cíclicas de tecidos mamários e ovarianos. Quando uma mutação resulta em uma proteína BRCA que não consegue se vincular a receptores hormonais, os fatores de crescimento são produzidos em excesso. A divisão celular sai de controle e o crescimento do tecido fica desorganizado. Em outras palavras, o câncer se desenvolve.

Dois grupos de pesquisadores, um do Instituto do Câncer Dana-Farber em Harvard e o outro da Universidade de Milão, descobriram recentemente que a localização do RNA XIST é anormal em células do câncer de mama. Nessas células, os dois cromossomos X estão ativos. Faz sentido dizer que ter dois cromossomos X teria algo a ver com a expressão gênica anormal em células do câncer de mama e ovários, mas o porquê de o RNA XIST sem mutação não se localizar adequadamente em tais células continua um mistério.

Mutações no gene *BRCA1* podem ser parte da resposta. Um gene *BRCA1* ou *BRCA2* com mutação frequentemente é encontrado em células de câncer de mama e ovários. Os pesquisadores de Harvard descobriram que a proteína do *BRCA1* se associa fisicamente ao RNA XIST. Eles conseguiram restaurar a localização adequada do RNA XIST – e a desativação adequada do cromossomo X – ao resgatar a função do *BRCA1* nas células do câncer de mama.

Resumo

Seção 6.1 Quais genes uma célula utiliza depende do tipo de organismo, de célula, fatores dentro e fora da célula e, em espécies pluricelulares complexas, do estágio de desenvolvimento do organismo.

Controles sobre a expressão gênica fazem parte da homeostase em todos os organismos. Eles também orientam o desenvolvimento em eucariotos pluricelulares. Todas as células de um embrião compartilham os mesmos genes. À medida que linhagens celulares diferentes utilizam subconjuntos diferentes de genes durante o desenvolvimento, elas se tornam especializadas, um processo chamado **diferenciação** ou **especialização**. Células especializadas formam tecidos e órgãos no adulto.

Diferentes moléculas e processos regem cada passo entre a transcrição de um gene e o fornecimento do produto do gene a seu destino final. Muitos controles operam na transcrição; **fatores de transcrição** como **ativadores** e repressores influenciam a transcrição ao se vincular a promotores, **aumentadores** ou outras sequências no DNA.

Seção 6.2 Nas mamíferas, a maioria dos genes em um dos cromossomos X está permanentemente inacessível. Essa desativação do **cromossomo X** equilibra a expressão gênica entre os sexos (**compensação de dosagem**).

Em plantas, três conjuntos de genes reguladores (*master genes*) orientam a diferenciação celular nas espirais de um broto floral (**modelo ABC**).

Seção 6.3 Experimentos de nocaute envolvendo genes **homeóticos** nas moscas-da-fruta (*Drosophila melanogaster*) revelaram controles locais sobre a expressão gênica que regem o desenvolvimento embrionário de todos os corpos pluricelulares complexos, um processo chamado **formação de padrão**. Diversos genes reguladores são expressos localmente em diferentes partes de um embrião enquanto ele se desenvolve. Seus produtos se difundem através do embrião e afetam a expressão de outros genes reguladores, que afetam a expressão de outros, e assim por diante. Essas cascatas de produtos de genes reguladores formam um mapa espacial dinâmico de gradientes sobrepostos que cobre todo o corpo do embrião. As células se diferenciam de acordo com sua localização no mapa.

Seção 6.4 A maioria dos controles genéticos procarióticos ajusta as taxas de transcrição em resposta a condições ambientais, especialmente disponibilidade de nutrientes. O **operon** da lactose rege a expressão de três genes ativos no metabolismo da lactose.

Dois **operadores** que cercam o promotor são locais de vinculação para um repressor que bloqueia a transcrição.

Questões *Respostas no Apêndice II*

1. A expressão de um determinado gene depende de ___.
   a. tipo de organismo   c. tipo de célula
   b. condições ambientais   d. todas as anteriores

2. A expressão gênica nas células de eucariotos pluricelulares muda em resposta a ___.
   a. condições fora da célula   c. operação de *operons*
   b. produtos dos genes reguladores d. respostas a e b

3. A ligação de ___ a ___ no DNA pode aumentar a taxa de transcrição de genes específicos.
   a. ativadores; promotores   c. repressores; operadores
   b. ativadores; aumentadores   d. respostas a e b

4. Proteínas que influenciam a expressão gênica ao se vincularem ao DNA são chamadas de ___.

5. Cromossomos politênicos se formam em células que ___.
   a. têm muitos cromossomos   c. são poliploides
   b. formam muita proteína   d. b e c estão corretas

Exercício de análise de dados

Investigar uma correlação entre mutações específicas causadoras de câncer e o risco de mortalidade nos humanos é desafiador, parcialmente porque cada paciente com câncer recebe o melhor tratamento disponível no momento. Não há pacientes com câncer formando grupos de controle "não tratados" e a ideia de quais tratamentos são os melhores muda rapidamente à medida que novos medicamentos são disponibilizados e novas descobertas são feitas.

A **Figura 6.12** mostra um estudo no qual 442 mulheres diagnosticadas com câncer de mama foram verificadas quanto a mutações de *BRCA* e seus tratamentos e progresso foram acompanhados ao longo de vários anos. Todas as mulheres no estudo tinham pelo menos dois parentes próximos afetados; portanto, seu risco de desenvolver câncer de mama em decorrência de um fator herdado foi estimado como maior que o da população em geral.

1. De acordo com esse estudo, qual é o risco de uma mulher morrer de câncer se dois de seus parentes próximos têm câncer de mama?

2. Qual é seu risco de morrer de câncer se ela tem um gene *BRCA1* com mutação?

3. A mutação de *BRCA1* ou *BRCA2* é mais perigosa em casos de câncer de mama?

4. Que outros dados você precisaria analisar para tirar uma conclusão sobre a eficácia de eventuais cirurgias preventivas?

Mutações de *BRCA* em Mulheres Diagnosticadas com Câncer de Mama

	BRCA1	BRCA2	Nenhuma Mutação de BRCA	Total
Número total de pacientes	89	35	318	442
Idade média no diagnóstico	43,9	46,2	50,4	
Mastectomia preventiva	6	3	14	23
Ovariectomia preventiva	38	7	22	67
Número de mortes	16	1	21	38
Porcentagem de mortes	18,0	2,8	6,9	8,6

Figura 6.12 Resultados de um estudo de 2007 que investigou mutações de BRCA em mulheres diagnosticadas com câncer de mama. Todas as mulheres no estudo tinham histórico familiar de câncer de mama. Algumas dessas mulheres passaram por mastectomia preventiva (remoção do seio não canceroso) no decorrer do tratamento.
Outras sofreram ovariectomia preventiva (remoção cirúrgica dos ovários) para evitar a possibilidade de ter câncer nos ovários.

---

6. Controles sobre a expressão gênica eucariótica guiam ___.
  a. seleção natural
  b. disponibilidade de nutrientes
  c. desenvolvimento
  d. todas as anteriores

7. A incontinência pigmentar é um raro exemplo de ___.
  a. herança ligada a X dominante autossômica
  b. pigmentação desigual em humanos

8. Pelo modelo ABC, ___.
  a. Antecedentes ativam Behavior (comportamento) que tem Consequências
  b. três conjuntos de genes reguladores (*A,B,C*) controlam a formação de flores
  c. o gene *A* afeta o gene *B*, que afeta o gene *C*
  d. respostas b e c

9. Durante a desativação do cromossomo X, ___.
  a. células femininas são desativadas
  b. RNA cobre cromossomos
  c. pigmentos se formam
  d. respostas a e b

10. Uma célula com um corpúsculo de Barr é ___.
  a. procariótica
  b. uma célula sexual
  c. de uma mamífera
  d. infectada pelo vírus de Barr

11. Os produtos de genes homeóticos ___.
  a. envolvem um *operon* bacteriano
  b. mapeiam o plano corporal geral nos embriões
  c. controlam a formação de partes específicas do corpo

12. Experimentos de nocaute ___ genes.
  a. excluem
  b. desativam
  c. expressam
  d. resposta a ou b

13. A expressão gênica nas células procarióticas muda em resposta a ___.
  a. ativadores; promotores
  b. ativadores; aumentadores
  c. repressores; operadores
  d. respostas a e c

14. Um promotor e um grupo de operadores que controlam o acesso a dois ou mais genes procarióticos é um(a) ___.

15. Una os termos à descrição mais adequada.
  ___ genes *ABC*   a. um grande RNA é seu produto
  ___ gene *XIST*   b. sítio de ligação para o repressor
  ___ operador   c. as células se tornam especializadas
  ___ corpúsculo de Barr   d. adições de –CH3 ao DNA
  ___ diferenciação   e. cromossomo X desativado
  ___ metilação   f. orientam o desenvolvimento de flores

Raciocínio crítico

1. Diferentemente da maioria dos roedores, porquinhos-da-índia estão bem desenvolvidos quando nascem. Em poucos dias, podem comer grama, vegetais e outras plantas.
Suponha que um criador decida separar filhotes de porquinhos-da-índia de suas mães três semanas depois do nascimento. Ele quer criar machos e fêmeas em gaiolas diferentes. No entanto, tem dificuldades para identificar o sexo dos filhotes. Sugira como uma olhada rápida pelo microscópio pode ajudá-lo a identificar as fêmeas.

2. Gatos malhados, com três cores, quase sempre são fêmeas. Gatos machos com o mesmo padrão são raros e, normalmente, estéreis. Por quê?

3. Isolou-se uma cepa de *E. coli* na qual uma mutação prejudicou a capacidade de o ativador de AMPc se vincular ao promotor do *operon* de lactose. Como essa mutação afetará a transcrição do *operon* de lactose quando as células de *E. coli* forem expostas às condições a seguir?
  a. Lactose e glicose estão disponíveis.
  b. Lactose está disponível, mas glicose não.
  c. Lactose e glicose estão ausentes.

7 Estudo e Manipulação de Genomas

QUESTÕES DE IMPACTO Arroz Dourado ou Alimento Geneticamente Modificado?

A vitamina A é necessária para ter boa visão, crescimento e imunidade. Uma criança pode obter o suficiente dessa vitamina comendo cenouras com frequência. Mas, a cada ano, aproximadamente 140 milhões de crianças abaixo de seis anos sofrem com problemas de saúde graves devido à deficiência de vitamina A. Essas crianças não crescem como deveriam e sucumbem facilmente às infecções. Mais de 500 mil delas ficam cegas por causa da deficiência de vitamina A e metade morre um ano após perder a visão.

Não é coincidência que populações com a maior incidência de deficiência de vitamina A também são as mais pobres. A maioria das pessoas em tais populações tende a comer poucos produtos animais, vegetais ou frutas – isto é, não tem acesso aos alimentos que são fontes de vitamina A. Corrigir e prevenir a deficiência da vitamina A pode ser tão simples quanto suplementar a dieta com esses alimentos, mas mudanças nos hábitos alimentares são frequentemente limitadas por tradições culturais e pela pobreza. Assim, questões políticas e econômicas atrapalham programas de suplementação de vitamina.

Os geneticistas Ingo Potrykus e Peter Beyer queriam ajudar essas pessoas melhorando o valor nutricional do arroz. Por que o arroz? Arroz é o alimento básico de três bilhões de pessoas em países pobres em todo o mundo. Economias, tradições e a culinária são baseadas no cultivo e na ingestão do arroz. Então, cultivar e comer arroz que contém vitamina A suficiente para evitar doenças seria compatível com métodos predominantes da agricultura e da alimentação tradicional.

O corpo pode facilmente converter betacaroteno, um pigmento fotossintético laranja, em vitamina A. Porém, usar grãos de arroz para obter betacaroteno está além dos métodos tradicionais do cultivo de plantas. Por exemplo, sementes de milho (grãos) produzem e armazenam betacaroteno, mas mesmo o melhor jardineiro não consegue induzir plantas de arroz a se cruzar com pés de milho.

Potrykus e Beyer modificaram geneticamente plantas de arroz para produzir betacaroteno em suas sementes – nos grãos do Arroz Dourado (Figura 7.1). Como muitos outros organismos geneticamente modificados (OGMs), o Arroz Dourado é transgênico, o que significa que carrega genes de uma espécie diferente. Os OGMs são produzidos em laboratório, não em fazendas, mas eles são uma extensão das práticas de cultivo usadas há milhares de anos para preservar novas plantas e novas raças de animais a partir da espécie selvagem.

Ninguém quer filhos que sofram ou morram. Porém, muitas pessoas não concordam com os OGMs. Alguns se preocupam com a possibilidade de que nossa capacidade de modificar organismos usando a genética tenha superado nossa capacidade de avaliar o impacto dessas modificações. Deveríamos ser mais cautelosos? Duas pessoas criaram uma maneira de manter milhões de crianças longe da morte. Quanto deveríamos nos arriscar como sociedade para ajudar essas crianças?

Nesse momento, os geneticistas contam com as chaves moleculares para o reino da hereditariedade. Como você vê, o que elas estão desencadeando já está tendo impacto na vida e na biosfera.

Figura 7.1 Arroz Dourado, um milagre da ciência moderna.
(**a**) Deficiência de vitamina A é comum no sudeste da Ásia e em outras regiões onde as pessoas subsistem principalmente do arroz.
(**b**) Plantas de arroz com genes inseridos artificialmente produzem e armazenam o pigmento laranja betacaroteno em suas sementes ou grãos de arroz. Os grãos desse Arroz Dourado podem ajudar a prevenir a deficiência de vitamina A em países pobres. Compare com grãos de arroz não modificados (**c**).

Conceitos-chave

Clonagem de DNA
Pesquisadores rotineiramente produzem DNA recombinante cortando e colando DNA de diferentes espécies. Plasmídeos e outros vetores podem carregar DNA estranho para células hospedeiras. **Seção 7.1**

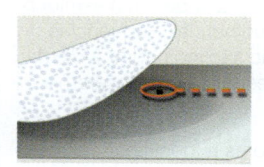

Agulhas em palheiros
Pesquisadores manipulam genes almejados isolando e fazendo muitas cópias de fragmentos de DNA em particular. **Seção 7.2**

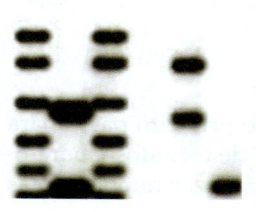

Decifrando fragmentos de DNA
O sequenciamento revela a ordem linear de nucleotídeos em um fragmento de DNA. Uma impressão genética é o arranjo único de sequências de DNA em um indivíduo. **Seções 7.3, 7.4**

Mapeamento e análise de genomas inteiros
Genômica é o estudo de genomas. Esforços para sequenciar e comparar diferentes genomas oferecem perspectivas sobre nossos próprios genes. **Seção 7.5**

Usando as novas tecnologias
Engenharia genética, a modificação direcionada dos genes de um organismo, agora é usada em pesquisa e está sendo testada em aplicações médicas. Ela continua a levantar questões éticas. **Seções 7.6 e 7.10**

Neste capítulo

- Este capítulo requer o entendimento de explicações prévias sobre a estrutura do DNA e as moléculas e processos que fazem a replicação do DNA.
- Nós revisitaremos o RNAm e o bacteriófago no contexto da clonagem de DNA.
- A expressão do gene e os experimentos de manipulação são conceitos importantes na engenharia genética, particularmente quando se aplicam à pesquisa de doenças genéticas humanas.
- Você pode querer relembrar os triglicérides e a lignina.
- Você verá exemplos de como os pesquisadores usam moléculas emissoras de luz como indicadores.

Qual sua opinião? Os alimentos devem ter uma etiqueta contendo as informações nutricionais. Os alimentos contendo transgênicos, de acordo com a lei brasileira de Biossegurança, devem receber uma rotulagem especial. Você concorda com esse procedimento?

7.1 Clonagem DNA

- Pesquisadores retiram DNA de diferentes fontes, depois juntam os fragmentos resultantes.
- Vetores de clonagem podem carregar DNA estranho até as células hospedeiras.

Recorte e cole

Nos anos 1950, a animação com a descoberta da estrutura do DNA deu margem à frustração: ninguém poderia determinar a ordem dos nucleotídeos em uma molécula de DNA. Identificar uma única base entre milhares ou milhões de outras se tornou um enorme desafio técnico.

Uma descoberta aparentemente desvinculada ofereceu uma solução. Alguns tipos de bactérias resistem às infecções por bacteriófago, que são vírus que injetam seu DNA em células bacterianas. Werner Arber, Hamilton Smith e seus colegas descobriram que enzimas especiais dentro da bactéria cortam qualquer DNA de bacteriófago injetado antes de este ter uma chance de se integrar no cromossomo bacteriano.

Essas enzimas restringem o crescimento das populações de bacteriófagos; daí seu nome, enzimas de restrição. Uma **enzima de restrição** cortará o DNA onde quer que uma sequência de nucleotídeo ocorra. Por exemplo, a enzima EcoRI (chamada assim por causa do organismo do qual ela foi isolada, *E. coli*) corta o DNA apenas na sequência GAATTC (Figura 7.2a).

Outras enzimas de restrição cortam sequências diferentes. Muitas delas deixam extremidades de fita simples ou "extremidades pegajosas" nos fragmentos do DNA (Figura 7.2b). Pesquisadores perceberam que as extremidades pegajosas combinadas ligam-se em pares de base, independentemente da origem do DNA (Figura 7.2c).

A enzima DNA ligase acelera a formação das ligações covalentes entre extremidades pegajosas combinadas em uma mistura de fragmentos de DNA (Figura 7.2d). Assim, usando as enzimas de restrição apropriadas e a DNA ligase, pesquisadores podem cortar o DNA de diferentes organismos. O resultado, uma molécula híbrida composta do DNA de dois ou mais organismos, é um **DNA recombinante**.

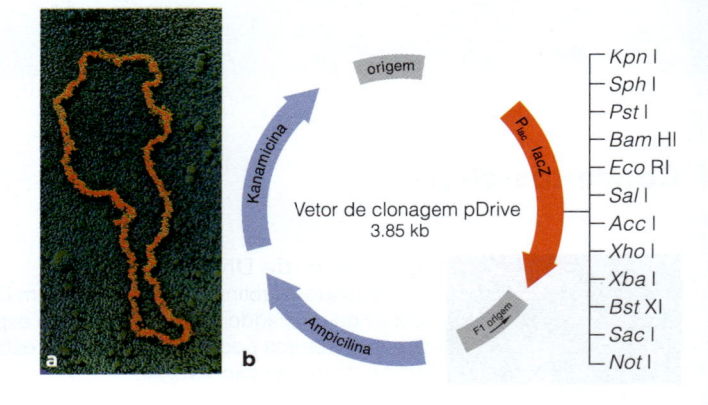

Figura 7.3 Vetores de clonagem. (**a**) Micrografia de um plasmídeo. (**b**) Um vetor de clonagem de plasmídeo comercial. Sequências de reconhecimento de enzima de restrição são indicadas à direita pelo nome da enzima que as corta. Os pesquisadores inserem DNA estranho no vetor nesses locais.

Genes bacterianos ajudam os pesquisadores a identificar células hospedeiras que absorvem um vetor com DNA inserido. Esse vetor carrega dois genes de resistência a antibióticos (*roxo*) e o operon lactose (*vermelho*).

Fazer um DNA recombinante é o primeiro passo para a **clonagem de DNA**, um conjunto de métodos laboratoriais que usam células viventes para fazer muitas cópias de fragmentos específicos do DNA.

Por exemplo, pesquisadores frequentemente inserem fragmentos específicos de DNA nos **plasmídeos**, pequenos círculos de DNA bacteriano que são independentes dos cromossomos (Figura 7.3a). Antes de uma bactéria se dividir, ela copia seu cromossomo e quaisquer plasmídeos, então as células descendentes pegam um de cada. Se um plasmídeo carregar um fragmento de DNA estranho, esse fragmento é copiado e distribuído às células descendentes com o plasmídeo.

Assim, os plasmídeos podem ser vetores de clonagem, moléculas que carregam DNA estranho em células hospedeiras (Figura 7.3b). Uma célula hospedeira que pega um **vetor de clonagem** pode se desenvolver em laboratório para produzir uma enorme população de células geneticamente idênticas chamadas clones.

a Uma enzima de restrição reconhece uma sequência de base específica no DNA (caixas vermelhas). Para esta e muitas outras enzimas, a sequência é a mesma na direção 5' para 3' em ambas as fitas.

b Pesquisadores usam enzimas de restrição para cortar DNA a partir de diferentes fontes em fragmentos. Fragmentos com extremidades coesivas idênticas são misturados.

c Ao combinar extremidades coesivas de diferentes fragmentos, elas emparelham bases umas com as outras, independentemente da fonte do DNA.

d DNA ligase une os fragmentos de DNA onde eles se sobrepõem. Moléculas de DNA recombinante são o resultado.

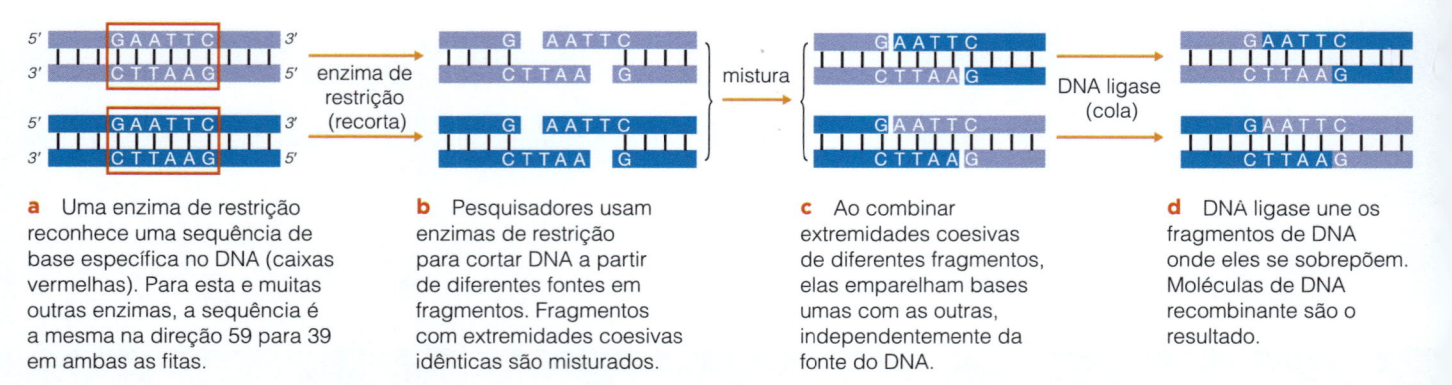

Figura 7.2 Produzindo um DNA recombinante.

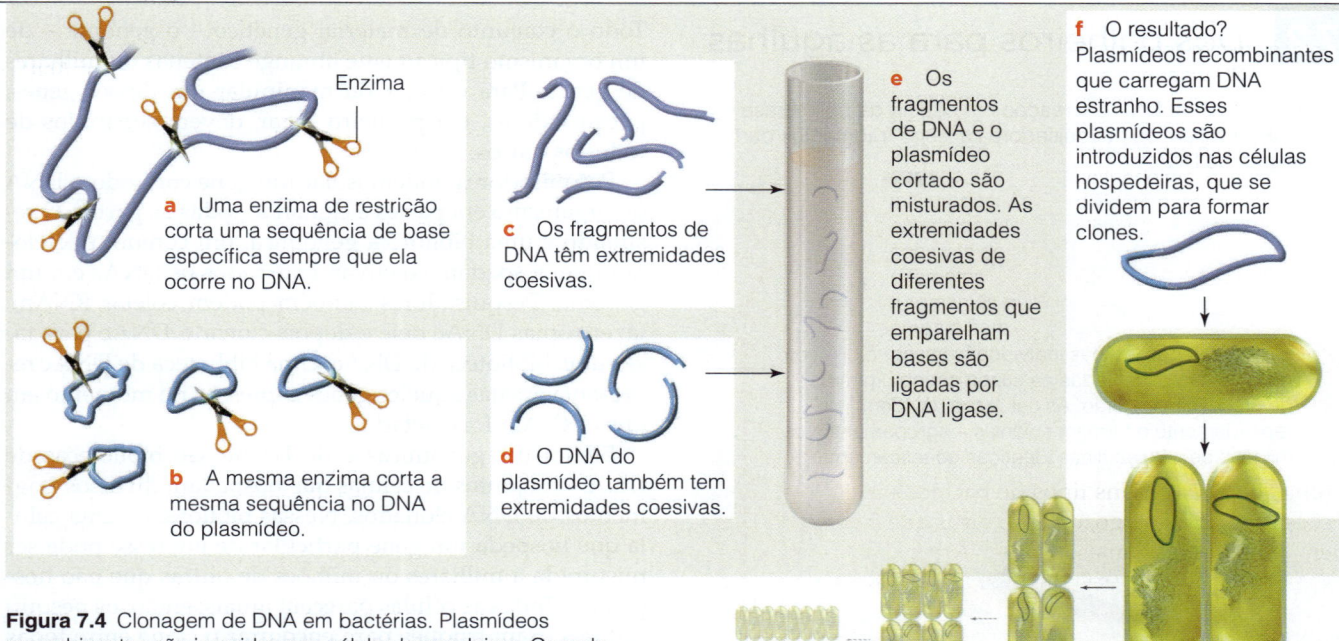

Figura 7.4 Clonagem de DNA em bactérias. Plasmídeos recombinantes são inseridos nas células hospedeiras. Quando as células se multiplicam, elas fazem diversas cópias dos plasmídeos.

a Uma enzima de restrição corta uma sequência de base específica sempre que ela ocorre no DNA.

b A mesma enzima corta a mesma sequência no DNA do plasmídeo.

c Os fragmentos de DNA têm extremidades coesivas.

d O DNA do plasmídeo também tem extremidades coesivas.

e Os fragmentos de DNA e o plasmídeo cortado são misturados. As extremidades coesivas de diferentes fragmentos que emparelham bases são ligadas por DNA ligase.

f O resultado? Plasmídeos recombinantes que carregam DNA estranho. Esses plasmídeos são introduzidos nas células hospedeiras, que se dividem para formar clones.

Cada clone contém uma cópia do vetor e do DNA estranho que carrega (Figura 7.4). Pesquisadores, então, colhem o DNA dos clones e o usam para experiências.

Clonagem de DNAc

O DNA eucariótico, lembre-se, contém íntrons. Portanto, não é fácil descobrir no DNA em que partes do gene estão. Pesquisadores que estudam genes eucarióticos e sua expressão trabalham com RNAm, porque os íntrons já foram excluídos.

O RNA mensageiro não pode ser clonado diretamente, porque as enzimas de restrição e a DNA ligase cortam e copiam apenas DNA fita dupla. Porém, o RNAm pode ser usado como um modelo para fazer DNA de fita dupla em tubo de ensaio. A **transcriptase reversa**, uma enzima de replicação de determinados tipos de vírus, transforma RNAm em DNA. Essa enzima usa o RNAm como um molde para montar uma fita de DNA complementar ou **DNAc**:

DNA polimerase adicionado à mistura retira o RNA da molécula híbrida conforme copia o DNAc em uma segunda fita de DNA. O resultado é uma cópia de DNA com fita dupla do RNAm original:

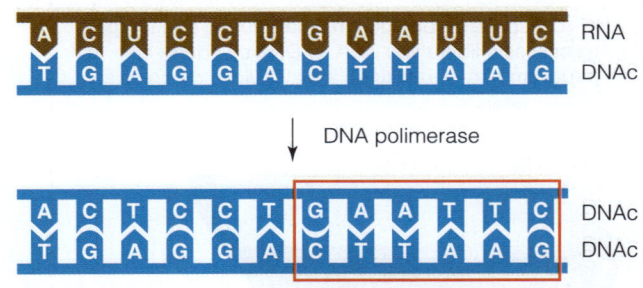

local de reconhecimento *Eco*RI

Como qualquer outro DNA, o DNAc com fita dupla pode ser cortado com enzimas de restrição e os fragmentos podem ser acoplados em um vetor de clonagem usando DNA ligase.

Para pensar

O que é clonagem de DNA?

- A clonagem de DNA utiliza células vivas para fazer cópias idênticas de um fragmento particular do DNA. Enzimas de restrição cortam DNA em fragmentos, depois a DNA ligase sela os fragmentos, transformando-os em vetores de clonagem. O resultado são moléculas de DNA recombinante.
- Um vetor de clonagem que possui DNA estranho pode entrar em uma célula vivente. A célula hospedeira pode se dividir e originar populações enormes de células geneticamente idênticas (clones), cada uma contendo uma cópia de DNA estranho.

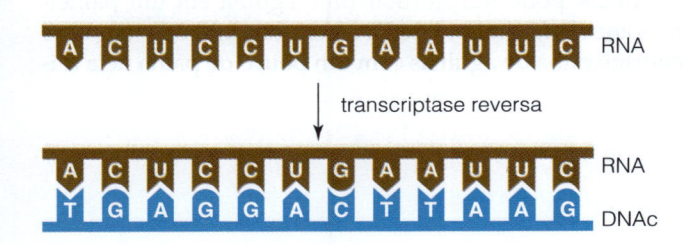

7.2 Dos palheiros para as agulhas

- Bibliotecas de DNA e a reação em cadeia da polimerase (PCR) auxiliam os pesquisadores a isolar fragmentos particulares de DNA.

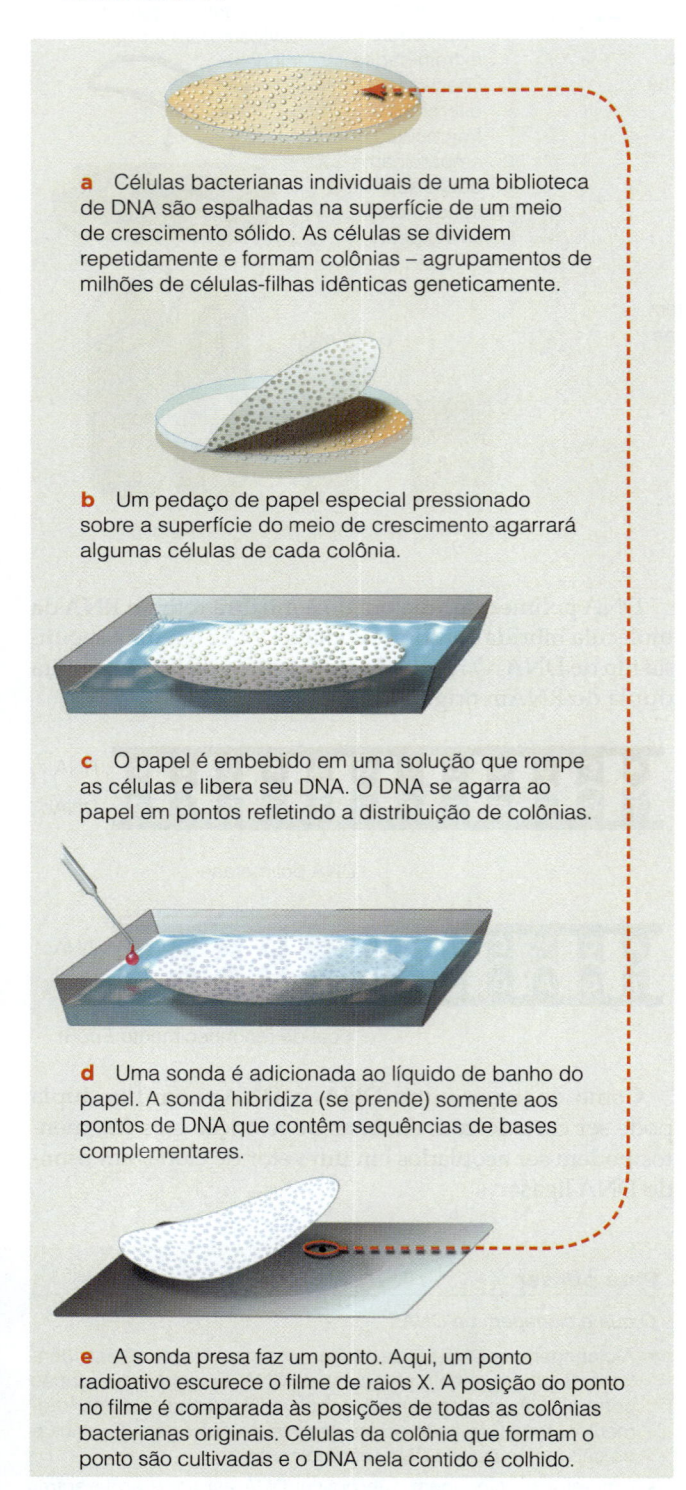

a Células bacterianas individuais de uma biblioteca de DNA são espalhadas na superfície de um meio de crescimento sólido. As células se dividem repetidamente e formam colônias – agrupamentos de milhões de células-filhas idênticas geneticamente.

b Um pedaço de papel especial pressionado sobre a superfície do meio de crescimento agarrará algumas células de cada colônia.

c O papel é embebido em uma solução que rompe as células e libera seu DNA. O DNA se agarra ao papel em pontos refletindo a distribuição de colônias.

d Uma sonda é adicionada ao líquido de banho do papel. A sonda hibridiza (se prende) somente aos pontos de DNA que contêm sequências de bases complementares.

e A sonda presa faz um ponto. Aqui, um ponto radioativo escurece o filme de raios X. A posição do ponto no filme é comparada às posições de todas as colônias bacterianas originais. Células da colônia que formam o ponto são cultivadas e o DNA nela contido é colhido.

Figura 7.5 Hibridização do ácido nucleico. Neste exemplo, uma sonda radioativa ajuda a identificar uma colônia bacteriana que contém uma sequência-alvo de DNA.

Todo o conjunto de material genético – o genoma – de um organismo tipicamente abrange centenas ou milhares de genes. Para estudar ou manipular um desses genes, pesquisadores, em primeiro lugar, devem separá-los de todos os outros.

Pesquisadores podem isolar um gene cortando o DNA do organismo em partes e clonando todas as partes. O resultado é uma biblioteca genômica, um conjunto de clones que hospedam coletivamente todos os DNAs em um genoma. Pesquisadores também podem coletar RNAm, fazer cópias DNAc dele e depois clonar o DNAc para fazer uma biblioteca de DNAc. Uma biblioteca de DNAc representa apenas aqueles genes expressos no momento em que o RNAm foi coletado.

Bibliotecas genômicas e de DNAc são bibliotecas de DNA – conjuntos de células que hospedam diversos fragmentos de DNA clonados. Nessas bibliotecas, uma célula que hospeda um gene particular de interesse pode ser misturada a milhares ou milhões de outras que não hospedam. Todas as células parecem iguais; então, os pesquisadores usam truques para encontrar o clone entre todas as outras – a agulha no palheiro.

Usar uma sonda é um dos truques. Uma sonda é um fragmento de DNA marcado com um indicador. Pesquisadores projetam sondas para combinar com uma sequência de DNA objetivada. Por exemplo, eles podem sintetizar um oligômero (uma pequena cadeia de nucleotídeos) com base em uma sequência de DNA conhecida, depois acoplar um grupo de fosfato radioativo a ele.

A sequência do nucleotídeo de uma sonda é complementar àquele gene objetivado; então, a sonda pode fazer emparelhamento de bases com o gene. O emparelhamento de bases entre DNA (ou DNA e RNA) a partir de mais de uma fonte é chamado hibridização de ácido nucleico. Uma sonda misturada ao DNA a partir de uma biblioteca hibridiza com (adere ao) o gene objetivado (Figura 7.5). Pesquisadores localizam com precisão um clone que hospeda o gene detectando a etiqueta na sonda. O clone é cultivado; assim, uma população enorme de células geneticamente idênticas se forma. O DNA pode, então, ser extraído em massa a partir dessas células.

Grande Amplificação: PCR

Pesquisadores podem isolar e produzir em massa um fragmento de DNA particular sem clonagem. Eles fazem isso com a Reação em Cadeia da Polimerase ou **PCR (*Polymerase Chain Reaction*)**. Esse ciclo de reações quentes e frias utiliza uma DNA polimerase tolerante ao calor para copiar, em bilhões, um determinado fragmento de DNA.

A PCR pode transformar uma agulha em um palheiro – aquele fragmento de DNA em um milhão – em uma enorme pilha de agulhas com um pouco de palha nela (Figura 7.6).

O material inicial para a PCR é uma amostra de DNA com pelo menos uma molécula de uma sequência-alvo. Pode ser um DNA de uma mistura de 10 milhões de clones diferentes, um espermatozoide, um fio de cabelo deixado na cena de um crime ou uma múmia. Essencialmente, qualquer amostra que tenha DNA pode ser usada para PCR.

Primeiro, o material inicial é misturado à DNA polimerase, nucleotídeos e aos primers. **Primers** são oligômeros que fazem emparelhamento de bases com DNA em uma determinada sequência – aqui, em uma das extremidades do DNA a ser amplificado.

Pesquisadores expõem a mistura reativa a ciclos repetidos de temperatura alta e baixa. A temperatura alta quebra as ligações de hidrogênio que seguram as duas fitas de uma dupla hélice de DNA juntas. Durante um ciclo de temperatura alta, cada molécula de DNA de fita dupla se desenrola e se torna uma fita simples. Durante um ciclo de temperatura baixa, as fitas simples de DNA hibridizam com parceiros complementares e o DNA de fita dupla se forma de novo.

A maioria das DNA polimerases seria destruída pelas altas temperaturas necessárias para separar as fitas de DNA. Mas o tipo usado nas reações PCR, *Taq* polimerase, vem do *Thermus aquaticus*. Essa espécie bacteriana vive em fontes superaquecidas; logo, a polimerase é necessariamente tolerante ao calor. Como outras DNA polimerases, a *Taq* polimerase reconhece primers hibridizados como locais para iniciar a síntese de DNA. Durante um ciclo de baixa temperatura, ela começa a sintetizar DNA onde os primers hibridizaram com o modelo. A síntese continua pela fita modelo até que a temperatura suba e o DNA se separe em fitas simples. O DNA recém-sintetizado é uma cópia do alvo.

Quando a mistura esfria, os primers reibridizam e a síntese de DNA começa de novo. A cada ciclo de temperatura, o número de cópias de DNA alvo pode dobrar. Depois de cerca de 30 ciclos de PCR, o número de moléculas modelo pode ser amplificado em cerca de um bilhão.

a Modelo de DNA (*roxo*) é misturado a primers (*vermelho*), nucleotídeos livres e *Taq* DNA polimerase, tolerante ao calor.

b Quando a mistura é aquecida, as fitas de DNA se separam. Quando esfria, alguns hidrogênios dos primers se unem ao modelo de DNA.

c A *Taq* polimerase usa os primers para iniciar a síntese e fitas de DNA complementares se formam. O primeiro ciclo de PCR agora está completado.

d A mistura é aquecida novamente e todo o DNA se separa em fitas simples. Quando a mistura é resfriada, alguns hidrogênios dos primers se unem ao DNA.

e A *Taq* polimerase usa os primers para iniciar a síntese de DNA e fitas complementares de DNA se formam. O segundo ciclo de PCR está completo.

Cada ciclo é capaz de dobrar o número de moléculas de DNA. Depois de 30 ciclos, a mistura contém um número enorme de fragmentos de DNA, todos cópias do DNA modelo.

Para pensar

Como os pesquisadores estudam um único gene no contexto de muitos genes?

- Os pesquisadores fazem bibliotecas de DNA ou usam PCR para isolar um gene de muitos outros genes em um genoma.
- Sondas são usadas para identificar um clone que hospeda um fragmento de DNA de interesse entre muitos outros clones em uma biblioteca de DNA.
- A PCR, reação em cadeia da polimerase, aumenta rapidamente o número de moléculas de um fragmento de DNA em particular.

Figura 7.6 Dois ciclos de PCR. Trinta ciclos dessa reação em cadeia da polimerase podem aumentar o número de moléculas modelo de DNA iniciais em um bilhão de vezes.

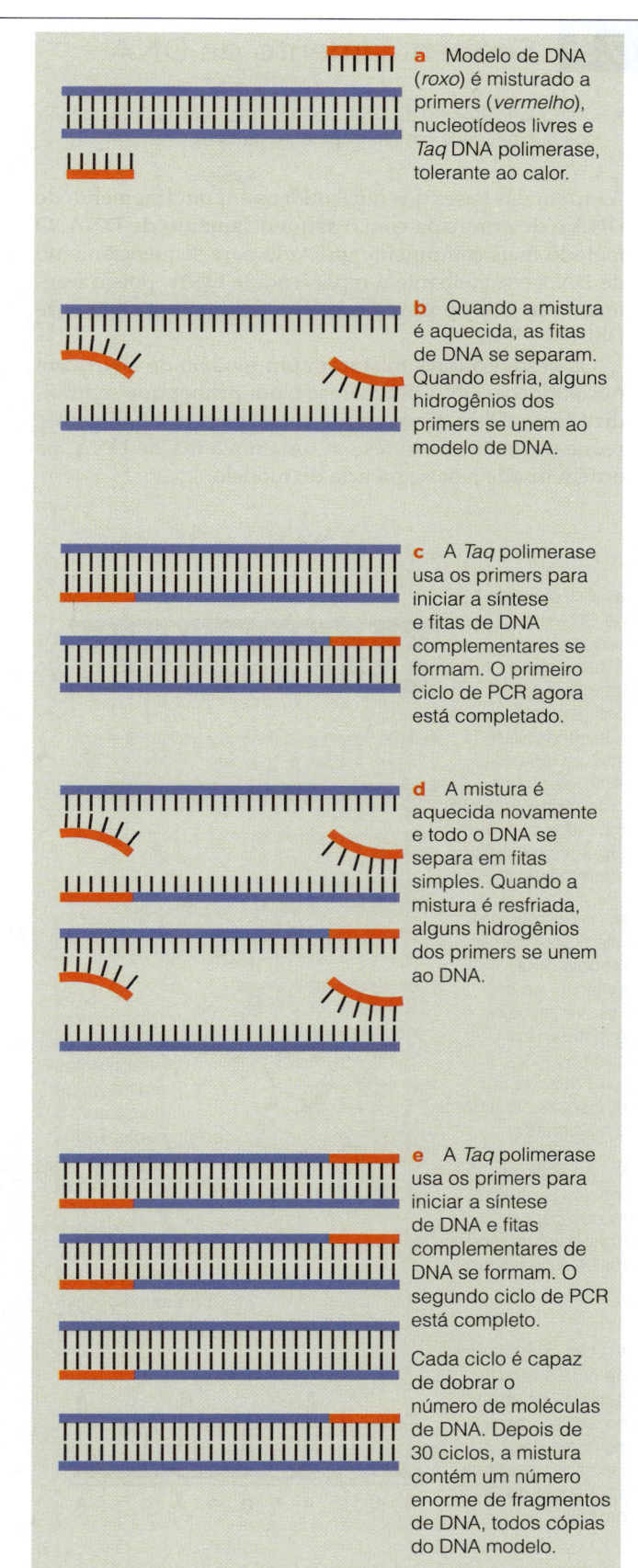

7.3 Sequenciamento de DNA

- O sequenciamento de DNA pode revelar a ordem das bases dos nucleotídeos em um fragmento de DNA.

A ordem das bases dos nucleotídeos em um fragmento de DNA é determinada com o **sequenciamento de DNA**. O método mais comumente utilizado para sequenciamento de DNA é semelhante à replicação de DNA, pois o fragmento de DNA é usado como modelo para a síntese de DNA.

Os pesquisadores misturam um modelo de DNA com nucleotídeos, DNA polimerase e um primer que se hibridiza com o DNA. Começando com o primer, a polimerase reúne nucleotídeos livres em uma nova fita de DNA, na ordem ditada pela sequência do modelo.

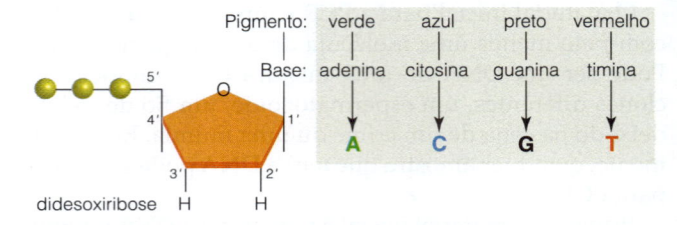

Figura 7.7 Estrutura de um didesoxinucleotídeo. Cada uma das quatro bases é rotulada com um pigmento de cor diferente.

A DNA polimerase une um nucleotídeo a uma fita de DNA somente no grupo hidroxila no carbono 39 da faixa. A mistura da reação inclui quatro tipos de didesoxinucleotídeos, que não têm nenhum grupo hidroxila em seu carbono 39 (Figura 7.7). Durante a reação de sequenciamento, uma polimerase adiciona aleatoriamente um nucleotídeo regular ou um didesoxinucleotídeo ao final de uma fita de DNA em expansão. Se adicionar um didesoxinucleotídeo, o carbono 39 da fita não terá um grupo hidroxila; então, a síntese da fita termina ali (Figura 7.8a,b).

Depois de aproximadamente 10 minutos, existem milhões de fragmentos de DNA de todos os comprimentos; a maioria deles é cópia incompleta do DNA modelo. Todas as cópias terminam com um dos quatro didesoxinucleotídeos (Figura 7.8c). Por exemplo, haverá muitas cópias com dez bases pareadas de comprimento do modelo na mistura. Se a décima base no modelo for adenina, todos esses fragmentos terminarão com uma didesoxiadenina.

Os fragmentos são então separados por **eletroforese**. Com essa técnica, um campo magnético puxa todos os fragmentos de DNA através de um gel semissólido. Fragmentos de DNA de tamanhos diferentes se movem pelo gel a diferentes taxas. Quanto menor o fragmento, mais rápido ele se move, pois fragmentos menores escorregam pelas moléculas emaranhadas do gel mais rapidamente que os fragmentos maiores.

Todos os fragmentos do mesmo comprimento se movem pelo gel à mesma velocidade, reunindo-se em faixas. Todos os fragmentos em uma determinada faixa têm o mesmo didesoxinucleotídeo em suas extremidades. Cada um dos quatro tipos de didesoxinucleotídeos (A, C, G ou T) carrega um rótulo de pigmento colorido diferente, e esses indicadores agora comunicam cores distintas às faixas (Figura 7.8d). Cada cor indica um dos quatro didesoxinucleotídeos; assim, a ordem de faixas coloridas no gel representa a sequência de DNA (Figura 7.8e).

a O fragmento de DNA a ser sequenciado é misturado a um primer, DNA polimerase e nucleotídeos. A mistura também inclui os quatro didesoxinucleotídeos rotulados com quatro pigmentos coloridos diferentes.

b A polimerase usa o DNA como modelo para sintetizar novas fitas várias vezes. A síntese de cada nova fita para quando um didesoxinucleotídeo é adicionado.

c Ao final da reação, existem muitas cópias truncadas de modelo de DNA na mistura.

d Uma eletroforese em gel separa os fragmentos em faixas de acordo com o comprimento. Todos os fragmentos em cada faixa terminam com o mesmo didesoxinucleotídeo; assim, cada faixa é a cor daquele didesoxinucleotídeo.

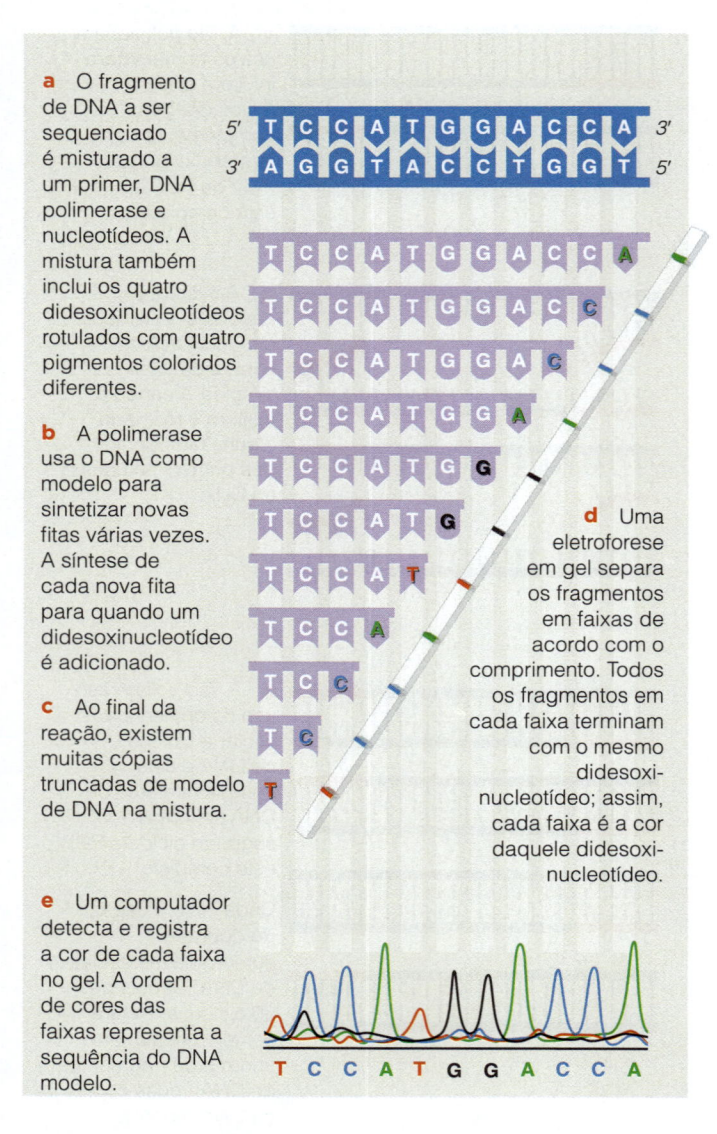

e Um computador detecta e registra a cor de cada faixa no gel. A ordem de cores das faixas representa a sequência do DNA modelo.

Figura 7.8 Sequenciamento de DNA. Pesquisadores usam uma reação de replicação de DNA modificada para determinar a ordem das bases dos nucleotídeos em um fragmento de DNA.

Para pensar

Como é determinada a ordem de nucleotídeos no DNA?

- Com o sequenciamento, uma fita de DNA é parcialmente replicada. Eletroforese é usada para separar os fragmentos resultantes de DNA, que são etiquetados com indicadores, por seu comprimento.

FOCO NA CIÊNCIA

7.4 Impressão digital de DNA

- Um indivíduo pode ser distinguido de todos os outros com base nas impressões digitais de DNA.

Cada espécie possui um conjunto singular de impressões digitais. Além disso, como membros de uma espécie que se reproduz sexuadamente, cada indivíduo tem uma **impressão digital de DNA** – uma disposição única de sequências de DNA. Mais de 99% do DNA em todos os seres humanos é o mesmo, mas a outra fração de 1% é singular em cada indivíduo. Algumas dessas sequências singulares são polvilhadas pelo genoma humano como **curtas repetições consecutivas** – muitas cópias das mesmas sequências de bases pareadas, posicionadas uma após a outra ao longo do comprimento de um cromossomo.

Por exemplo, o DNA de uma pessoa pode conter quinze repetições das bases TTTTC em um determinado local. O DNA de outra pessoa pode ter TTTTC repetida duas vezes no mesmo local. Uma pessoa pode ter dez repetições de CGG; outra pode ter cinquenta. Essas sequências repetitivas entram sorrateira e espontaneamente no DNA durante a replicação, e seus números crescem ou diminuem com as gerações. A taxa de mutação é relativamente alta ao redor das regiões de repetições consecutivas.

A impressão digital de DNA revela diferenças nas repetições consecutivas entre indivíduos. Com essa técnica, PCR é usada para copiar uma região de um cromossomo conhecido como tendo repetições consecutivas de 4 ou 5 nucleotídeos. O tamanho do fragmento de DNA copiado difere entre a maioria dos indivíduos, pois o número de repetições consecutivas naquela região também difere.

Assim, as diferenças genéticas entre indivíduos podem ser detectadas por eletroforese. Como no sequenciamento de DNA, os fragmentos formam faixas de acordo com o comprimento à medida que migram pelo gel. Diversas regiões de DNA cromossômico são tipicamente testadas. Os padrões de faixa resultantes na eletroforese em gel constituem a impressão digital de DNA de um indivíduo – que, para todos os casos, é única. A menos que duas pessoas sejam gêmeas idênticas, as chances de existirem repetições consecutivas idênticas em até três regiões de DNA são uma em 1.000.000.000.000.000.000 – ou uma em um quintilhão – que é muito mais que o número de pessoas que vivem na Terra.

Algumas gotas de sangue, sêmen ou células de um folículo capilar em uma cena de crime ou na roupa de um suspeito rende DNA suficiente para ser amplificado com PCR para se obter a impressão digital de DNA (Figura 7.9). As impressões digitais de DNA se estabeleceram como exatas e incontestáveis, e são frequentemente utilizadas como prova no tribunal. Por exemplo, impressões digitais de DNA são agora rotineiramente apresentadas como prova em disputas de paternidade. A técnica está sendo amplamente utilizada não somente para incriminar um suspeito, mas também para livrar um inocente: a partir desse escrito, as provas de impressão digital de DNA ajudaram a libertar centenas de pessoas inocentes da cadeia.

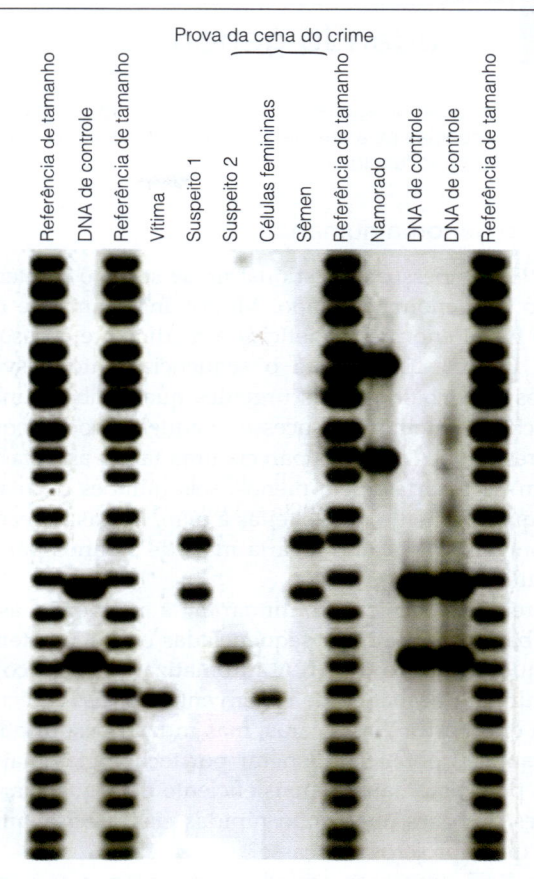

Figura 7.9 Impressão digital de DNA em uma investigação de abuso sexual. Uma região de curtas repetições consecutivas foi amplificada a partir de prova encontrada na cena do crime – o sêmen do agressor e as células da vítima. As duas amostras foram comparadas com a mesma região de repetição consecutiva amplificada a partir do DNA da vítima – seu namorado e dois suspeitos (1 e 2).

A foto mostra uma imagem em raios X de uma eletroforese em gel de um laboratório de análises periciais. As faixas escuras representam fragmentos de DNA de diferentes tamanhos que foram rotulados com um marcador radioativo. Observe as três amostras de DNA de controle (para confirmar que o teste estava funcionando corretamente), e as quatro amostras de referência de tamanho.

Resolva: Qual suspeito é o culpado?

Resposta: Suspeito 1.

A análise da impressão digital de DNA tem muitas aplicações. Por exemplo, a impressão digital de DNA foi usada para identificar os restos mortais de muitas pessoas que morreram no World Trade Center em 11 de setembro de 2001. Ela confirmou que ossos humanos exumados de uma vala rasa na Sibéria pertenciam a cinco indivíduos da família imperial russa, todos mortos em segredo em 1918.

Os pesquisadores também usam as impressões digitais de DNA para estudar a dispersão populacional em seres humanos e outros animais. Como somente uma pequena quantidade de DNA é necessária, esses estudos não são necessariamente limitados às populações vivas. Curtas repetições consecutivas no cromossomo Y também são utilizadas para determinar relações genéticas entre parentes e descendentes masculinos e rastrear a herança étnica de um indivíduo.

7.5 Estudando genomas

- A comparação da sequência de nosso genoma com o de outras espécies está nos dando perspectivas sobre como o corpo humano funciona.

Projeto genoma humano

Em 1986, as pessoas questionaram-se sobre o sequenciamento do genoma humano. Muitos insistiam que decifrá-lo traria enormes benefícios à medicina e à pesquisa pura. Outros diziam que o sequenciamento desviaria fundos de trabalhos mais urgentes que também tinham uma chance melhor de sucesso. Naquela época, sequenciar três bilhões de bases parecia uma tarefa assustadora: seriam necessárias, pelo menos, seis milhões de reações de sequenciamento, todas feitas à mão. Dadas às técnicas disponíveis, o trabalho levaria mais de 50 anos para ser concluído.

Porém, as técnicas continuaram a melhorar; assim, mais bases puderam ser sequenciadas em menos tempo. O sequenciamento de DNA automatizado (robótico) e a PCR tinham acabados de ser inventados. Essas técnicas ainda eram estranhas e caras, mas muitos pesquisadores notaram seu potencial. Esperar por tecnologias mais rápidas parecia a maneira mais eficiente de sequenciar três bilhões de bases, mas quão rápidas elas precisavam ser antes que o projeto começasse?

Em 1987, empresas privadas começaram a sequenciar o genoma humano. Walter Gilbert, um dos inventores do sequenciamento de DNA, iniciou um que pretendia sequenciar e patentear o genoma humano. Esse desenvolvimento provocou um escândalo geral, mas também deu origem a compromissos no setor público. Em 1988, o Instituto Nacional da Saúde dos Estados Unidos (NIH) anexou efetivamente todo o projeto contratando James Watson (do quadro de estrutura do DNA) para chefiar o Projeto Genoma Humano, e oferecendo $ 200 milhões por ano para custeá-lo. Um consórcio se formou entre o NIH e instituições internacionais que foram sequenciando diferentes partes do genoma. Watson reservou 3% do fundo para estudos de assuntos éticos e sociais que surgissem a partir da pesquisa. Ele se demitiu posteriormente devido a um desacordo sobre a patente.

Em meio às correntes questões relacionadas a patentes, a Celera Genomics foi formada em 1998 (Figura 7.10). Com Craig Venter na direção, a empresa pretendia comercializar informações genéticas. A Celera começou a sequenciar o genoma usando técnicas novas e mais rápidas, pois o primeiro a completar a sequência teria base legal para patenteá-la. A concorrência motivou o consórcio público a empregar mais esforços.

Então, em 2000, o Presidente dos Estados Unidos, Bill Clinton, e o Primeiro Ministro Britânico, Tony Blair, declararam, em conjunto, que a sequência do genoma humano não poderia ser patenteada. Celera manteve o sequenciamento mesmo assim. Celera e o consórcio público publicaram separadamente cerca de 90% da sequência em 2001.

Em 2003, 50 anos depois da descoberta da estrutura do DNA, a sequência do genoma humano foi oficialmente completada. Atualmente, cerca de 99% de suas regiões de codificação – 28.976 genes – estão identificados. Os pesquisadores não descobriram tudo o que os genes codificam, somente onde eles se encontram no genoma.

O que fazemos com essa grande quantidade de dados? O próximo passo é descobrir o que a sequência significa.

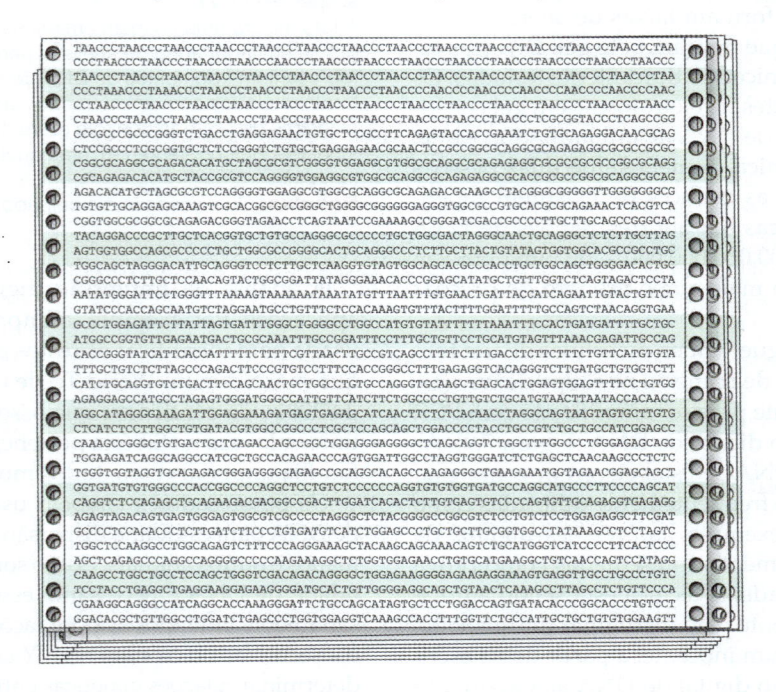

Figura 7.10 Algumas das bases do genoma humano no *Venter's Celera Genomics* em Maryland.

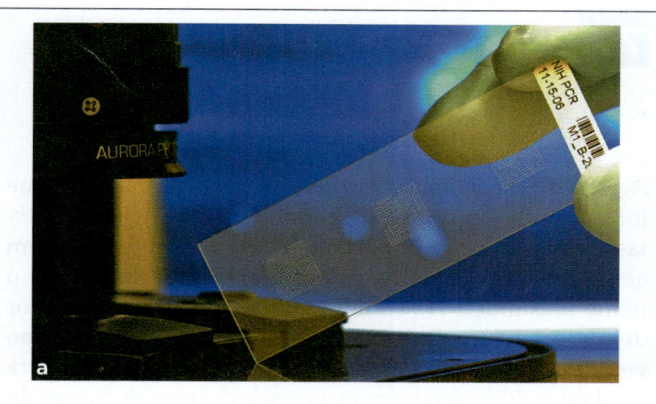

Genômica

Investigações em genomas humanos e outras espécies convergiram para o novo campo de pesquisa da **genômica**. A genômica estrutural enfoca a determinação da estrutura tridimensional de proteínas codificadas por um genoma. A genômica comparada traça um paralelo de genomas de espécies diferentes; similaridades e diferenças refletem relações evolucionárias.

A sequência do genoma humano é uma coleção maciça de dados encriptados. Atualmente, a única maneira de sermos capazes de decifrá-la é comparando a genomas de outros organismos, tendo como premissa que todos os organismos descendem de ancestrais compartilhados; assim, todos os genomas estão relacionados até certa medida. Vemos provas dessas relações genéticas se compararmos os dados da sequência. Por exemplo, as sequências do ser humano e do rato são 78% idênticas; as sequências do ser humano e da banana são cerca de 50% idênticas.

Por mais que essas porcentagens possam ser intrigantes, as comparações de gene com gene oferecem benefícios mais práticos. Nós aprendemos sobre a função de muitos genes humanos estudando seus genes-sósia em outras espécies. Por exemplo, pesquisadores que estudam um gene humano podem desabilitar o mesmo gene em camundongos. Os efeitos da ausência do gene em camundongos são pistas de suas funções em seres humanos.

Esses tipos de experimentos de manipulação revelam a função de muitos genes humanos. Por exemplo, pesquisadores comparando os genomas do ser humano e do camundongo descobriram uma versão humana do gene do camundongo *APOA5*. Esse gene codifica uma proteína que carrega lipídeos no sangue. Camundongos com "nocaute" no gene *APOA5* – isto é, esse gene desabilitado – têm quatro vezes o nível normal de triglicérides no sangue. Os pesquisadores então procuraram – e encontraram – uma correlação entre mutações *APOA5* e altos níveis de triglicérides em seres humanos. Triglicérides alto são um fator de risco para doenças nas artérias coronárias.

Chip de DNA

Pesquisadores genômicos frequentemente usam chips de **DNA**, que são arranjos microscópicos (microarranjos) de amostras de DNA que foram estampadas em pontos separados em pequenas placas de vidro (Figura 7.11*a*). Tipicamente, um microarranjo contém centenas ou milhares de fragmentos de DNA que coletivamente representam um genoma inteiro.

Usando um chip de DNA, os pesquisadores podem comparar os padrões de expressão de genes entre células – talvez tipos diferentes de células em um indivíduo, ou as mesmas células em momentos diferentes ou sob condições diferentes (Figura 7.11*b*). Os genes que são expressos, a cada vez, em quais células, são informações úteis em pesquisa e outras aplicações. Por exemplo, chips de DNA têm sido usados para determinar quais genes estão desregulados nas células cancerígenas. Logo, eles poderão ser usados para fazer uma triagem rápida em uma pessoa em busca de predisposições para doenças, identificar patógenos e em investigações criminais.

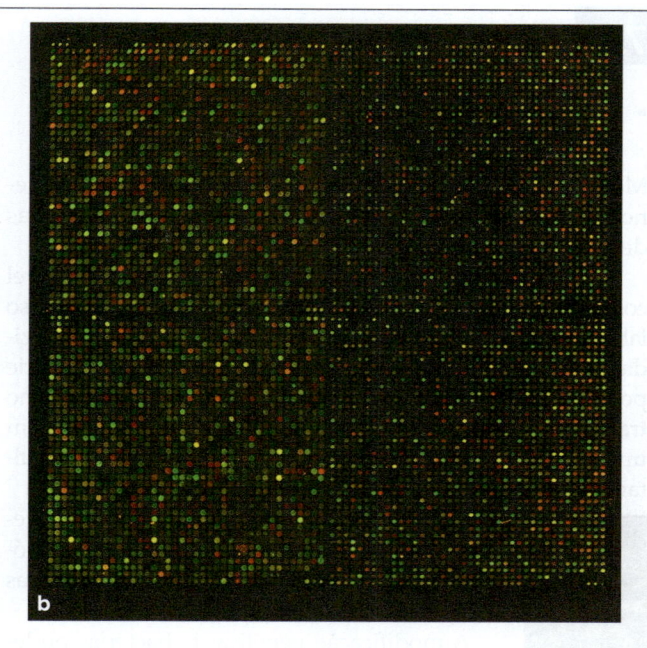

Figura 7.11 (**a**) Um chip de DNA. (**b**) Chips de DNA são frequentemente utilizados na pesquisa da expressão de genes. Aqui, RNA das células de levedura realizando a fermentação foi usado para produzir DNAc, que foi rotulado com um indicador verde; RNA do mesmo tipo de células realizando respiração aeróbica foi usado para produzir DNAc rotulado com um indicador vermelho.
As sondas foram derramadas sobre o chip de DNA com uma formação de 19 milímetros (3/4 de polegada) do genoma completo da levedura – cerca de 6 mil genes. Pontos verdes indicam os genes ativos durante a fermentação; pontos vermelhos, genes ativos durante a respiração aeróbica. Pontos amarelos são uma combinação de verde e vermelho; eles indicam genes ativos em ambas as vias.

Para pensar

O que podemos fazer com as informações fornecidas pela sequência de DNA?

- A análise do genoma humano está rendendo novas informações sobre os genes humanos e como eles funcionam. As informações têm aplicações práticas na medicina, na pesquisa e em outros campos.

7.6 Engenharia genética

- Os organismos geneticamente modificados mais comuns são bactérias e leveduras.

Métodos tradicionais de cruzamento podem alterar genomas, mas somente se indivíduos com as características desejadas cruzarem entre si.

A engenharia genética leva a troca genética a um nível completamente novo. **Engenharia genética** é um processo laboratorial pelo qual alterações deliberadas são introduzidas no genoma de um indivíduo. Um gene de uma espécie pode ser transferido para outra para produzir um organismo **transgênico** ou um gene pode ser alterado e reinserido em um indivíduo da mesma espécie. Ambos os métodos resultam em **organismos modificados geneticamente** (OMGs).

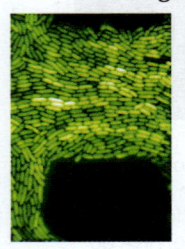

Os OMGs mais comuns são bactérias e leveduras. Essas células têm o maquinário metabólico necessário para fazer moléculas orgânicas complexas e são modificadas facilmente.

A modificação genética de bactérias ou leveduras tem aplicações práticas. Por exemplo, a *E. coli* (à esquerda) foi modificada para produzir uma proteína fluorescente a partir da água-viva. As células são geneticamente idênticas; assim, a variação visível na fluorescência entre elas revela diferenças na expressão do gene. Esses OMGs podem nos ajudar a descobrir porque bactérias individuais se tornam perigosamente resistentes aos antibióticos.

Algumas bactérias e leveduras modificadas geneticamente são "fábricas" de proteínas medicinalmente importantes. Os diabéticos estão entre os primeiros beneficiados por esses organismos. A insulina para suas injeções era extraída de animais, mas causava uma reação alérgica em algumas pessoas. A insulina humana, que não provoca reações alérgicas, é produzida por *E. coli* transgênica desde 1982. Leves modificações do gene também resultaram em insulina humana de ação rápida e liberação lenta. Atualmente diversos hormônios humanos estão sendo produzidos dessa forma, sendo genericamente chamados de "hormônios bioidênticos".

Micro-organismos modificados também produzem proteínas usadas na fabricação de alimentos. Por exemplo, o queijo é tradicionalmente feito com um extrato do estômago do bezerro, que contém a enzima quimotripsina. A maioria dos produtores de queijo usa agora a quimotripsina produzida por bactérias modificadas geneticamente. Outros exemplos são enzimas feitas por OMG que melhoram o sabor e a clareza da cerveja e suco de frutas, retardam o envelhecimento do pão ou modificam gorduras.

Bactérias geneticamente modificadas expressando um gene de água-viva emitem luz verde.

7.7 Plantas projetadas

- Plantas modificadas geneticamente estão amplamente espalhadas pelo mundo.

Agrobacterium tumefaciens é uma espécie de bactéria que infecta muitas plantas, incluindo ervilhas, feijões, batatas e outras safras importantes. Seu plasmídeo contém genes que causam tumores nas plantas infectadas; daí o nome plasmídeo Ti (do inglês, *Tumor-inducing* – indutor de tumor). Os pesquisadores usam o plasmídeo Ti como vetor para transferir genes estranhos ou modificados para as plantas. Eles removem os genes indutores de tumor do plasmídeo, depois inserem os genes desejados. Plantas inteiras podem crescer a partir de células vegetais que absorvem o plasmídeo modificado (Figura 7.12).

Os pesquisadores também transferem genes para as plantas por meio de choques elétricos ou químicos ou bombardeando-as com fragmentos revestidos com DNA.

Plantas geneticamente modificadas

À medida que a colheita se expande para acompanhar o crescimento da população humana, coloca-se uma pressão inevitável sobre os ecossistemas de todo o mundo. A irrigação deixa resíduos minerais e sais nos solos. O solo cultivado sofre erosão, que leva embora a camada superficial. O escoamento bloqueia rios e os fertilizantes nele contidos fazem com que as algas cresçam tão rápido a ponto de sufocar os peixes. Pesticidas podem prejudicar os seres humanos, outros animais e insetos benéficos.

Sob pressão para produzir mais alimentos a custo mais baixo e com menos danos ao meio ambiente, muitos produtores começaram a confiar em colheitas modificadas geneticamente. Algumas dessas plantas modificadas carregam genes que conferem resistência contra doenças devastadoras. Outras fornecem melhores produtos, como uma cepa de trigo transgênico que dobra a produção em relação ao trigo não modificado.

Produtores orgânicos muitas vezes borrifam suas colheitas com esporos de *Bt* (*Bacillus thuringiensis*), uma espécie bacteriana que produz uma proteína que é tóxica somente para as larvas de insetos. As plantas modificadas produzem a proteína *Bt*. As larvas dos insetos morrem logo após ingerirem sua primeira (e única) refeição de OMG. Assim, os produtores podem usar muito menos pesticida nas colheitas (Figura 7.13a).

As plantas transgênicas também estão sendo desenvolvidas para regiões afetadas por secas severas, como a África. Genes que conferem tolerância à seca e resistência contra insetos estão sendo transferidos para plantas como milho, feijão, cana-de-açúcar, mandioca, feijão fradinho, banana e trigo.

Para pensar

O que é engenharia genética?

- Engenharia genética é a alteração direcionada do genoma de um indivíduo que resulta em um organismo modificado geneticamente (OMG).
- Um organismo transgênico é um OMG que carrega um gene de uma espécie diferente. Bactérias e leveduras transgênicas são usadas em pesquisa, medicina e na indústria.

a Uma bactéria *Agrobacterium tumefaciens* contém um plasmídeo Ti que foi modificado para carregar um gene estranho.

b A bactéria infecta uma célula vegetal e transfere o plasmídeo Ti para ela. O DNA do plasmídeo passa a integrar um dos cromossomos da célula vegetal.

c A célula vegetal se divide. Suas células descendentes formam um embrião, que pode se desenvolver em uma planta madura capaz de expressar o gene estranho.

d Plantas transgênicas.

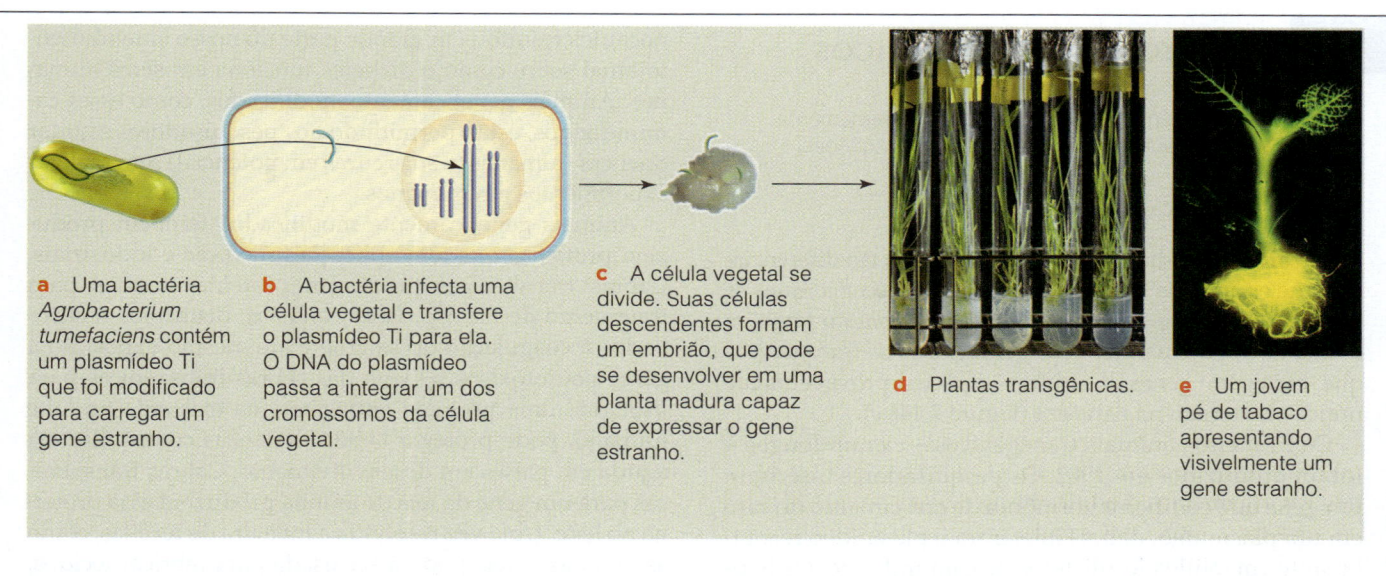

e Um jovem pé de tabaco apresentando visivelmente um gene estranho.

Figura 7.12 (**a–d**) Transferência do plasmídeo Ti de um gene da *Agrobacterium tumefaciens* para uma célula vegetal. (**e**) Planta transgênica expressando um gene para a enzima luciferase do vaga-lume.

Figura 7.13 Exemplos de plantas modificadas geneticamente.

(**a**) Algumas culturas de OMG auxiliam os fazendeiros a usarem menos inseticida. *Acima*, o gene *Bt* conferiu resistência a insetos nas plantas geneticamente modificadas que produziram estas espigas de milho. *Abaixo*, o milho não modificado é mais suscetível a pragas.

(**b**) A lignina fortalece as paredes celulares secundárias de muitos tipos de plantas lenhosas. Antes que seja produzido papel a partir da madeira, a lignina deve ser extraída da polpa. Produtos de papel e combustíveis de queima limpa, como etanol, podem ser produzidos com mais facilidade a partir de madeira de árvores modificadas para produzirem menos lignina. À esquerda, uma planta de controle e à direita, três mudas de álamo em que a expressão de um gene de controle na via de síntese de lignina foi suprimida. As plantas modificadas produziram lignina normal, mas não em grande quantidade.

Essas colheitas podem ajudar as pessoas que dependem da agricultura para obter alimentos e renda em regiões secas e empobrecidas do mundo.

O Serviço de Inspeção da Saúde de Plantas e Animais dos Estados Unidos (APHIS) regula a introdução de OMGs no meio ambiente. Conforme esse escrito, a agência desregulamentou setenta e três plantas geneticamente modificadas, o que significa que as plantas são aprovadas para uso não regulamentado nos Estados Unidos. Mais centenas estão pendentes dessa desregulamentação. No Brasil, o órgão regulamentador para os OMGs é a CTNBio (Comissão Técnica Nacional de Biossegurança).

As plantas geneticamente modificadas mais cultivadas atualmente incluem milho, sorgo, algodão, soja, canola e alfafa. Muitas são alteradas para ter resistência ao glifosato, um herbicida. Em vez de cultivar o solo para controlar ervas daninhas, os produtores podem borrifar seus campos com glifosato, que mata as ervas daninhas, mas não as colheitas modificadas (resistentes). Contudo, as ervas daninhas estão se tornando resistentes ao glifosato, então borrifá-lo não as extermina mais em campos com plantas resistentes à substância. O gene modificado também está aparecendo em plantas selvagens e em colheitas não modificadas, o que significa que os "transgenes" podem migrar, e realmente migram, para o meio ambiente.

A controvérsia levantada por esses OMGs convida você a ler a pesquisa e formar suas próprias opiniões. A alternativa é ser influenciado pela mídia (o termo em inglês "Frankenfood", por exemplo), ou por relatórios de fontes possivelmente parciais (como os produtores de herbicidas).

Para pensar

Existem plantas modificadas geneticamente?

- Plantas com genes modificados ou estranhos agora são colheitas comuns em fazendas.

7.8 Celeiros biotecnológicos

- Animais geneticamente modificados são extremamente valiosos na pesquisa médica e em outras aplicações.

Sobre ratos e homens

O cruzamento tradicional produziu animais tão diferenciados que os animais transgênicos podem parecer comuns se comparados a eles (Figura 7.14a). O cruzamento também é uma forma de manipulação gênica, mas os transgênicos que carregam genes de outras espécies provavelmente nunca ocorreriam na natureza (Figura 7.14b,c).

Os primeiros animais transgênicos – camundongos – foram produzidos em 1982. Os pesquisadores inseriram um gene que codifica o hormônio de crescimento do rato em um plasmídeo, depois injetaram o plasmídeo recombinante em óvulos fertilizados de camundongo. Os óvulos foram implantados na camundongo-mãe substituta. Um terço dos camundongos nascidos da substituta cresceram muito mais que seus irmãos de ninhada (Figura 7.15). O camundongo maior era transgênico: o gene do rato tinha se integrado em seus cromossomos e estava se expressando.

Atualmente, camundongos transgênicos são comuns e muito valiosos em pesquisas que utilizam genes humanos. Por exemplo, os pesquisadores descobriram a função de muitos genes humanos inativando (nocauteando) seus sósias em camundongos (Seção 7.5).

Animais geneticamente modificados também são usados como modelos de muitas doenças humanas. Por exemplo, os pesquisadores desativaram as moléculas envolvidas no controle do metabolismo de glicose, uma por uma, nos camundongos. Estudar os efeitos dos nocautes resultou em grande parte do nosso entendimento atual sobre como o diabetes funciona em seres humanos. Animais geneticamente modificados, como esses camundongos, estão permitindo aos pesquisadores estudar doenças humanas (e suas curas em potencial) sem realizar experimentos em humanos.

Animais geneticamente modificados também produzem proteínas que têm aplicações médicas e industriais. Cabras transgênicas produzem proteínas usadas para tratamento de fibrose cística, infartos, distúrbios relacionados à coagulação do sangue e até mesmo exposição a gases neurotóxicos. O leite das cabras transgênicas para lisozima, uma proteína antibacteriana existente no leite humano, pode proteger bebês e crianças contra diarreia aguda em países em desenvolvimento. Cabras transgênicas para um gene da teia de aranha produzem essa proteína no leite. Uma vez resolvida a maneira de tecê-las, como as aranhas, a teia poderá ser usada para fabricar tecidos, coletes à prova de bala, equipamentos esportivos e produtos médicos biodegradáveis.

Coelhos modificados produzem a interleucina-2 humana, uma proteína que ativa as divisões de células imunológicas. A engenharia genética também nos forneceu cabras leiteiras com leite saudável para o coração, porcos com pouca gordura, porcos que produzem esterco com

Figura 7.14 Animais geneticamente modificados. (**a**) Frango sem penas desenvolvido por métodos de reprodução cruzada em Israel. Esses frangos sobrevivem em desertos, onde sistemas de resfriamento não são uma opção. (**b**) Mira, uma cabra transgênica para antitrombina III humana (uma proteína que inibe a coagulação do sangue). (**c**) O porco à *esquerda* é transgênico para uma proteína fluorescente amarela; seu irmãozinho não transgênico está à *direita*.

baixo teor de fosfato, ovelhas enormes e vacas resistentes à doença da vaca louca.

Manipular os genes de animais levanta dilemas éticos. Por exemplo, muitas pessoas veem a pesquisa com animais transgênicos como inaceitável. Muitas outras a veem simplesmente como uma extensão de milhares de anos de práticas aceitáveis de pecuária: as técnicas mudaram, mas não a intenção. Nós, humanos, ainda temos, por exemplo, um interesse na melhoria do nosso gado.

Células nocaute e fábricas de órgãos

Milhões de pessoas sofrem com órgãos e tecidos danificados, sem reparo. A cada ano, centenas de milhares esperam nas listas de transplante de órgãos. Os doadores humanos são tão poucos que o tráfico ilegal de órgãos é atualmente um problema comum.

Porcos são uma fonte potencial de órgãos para transplantes, pois os órgãos dos porcos e dos seres humanos têm quase o mesmo tamanho e função. Contudo, o sistema imunológico humano luta contra qualquer coisa que reconheça como não sendo seu. Ele rejeita o órgão do porco imediatamente, pois reconhece uma glicoproteína estranha na membrana plasmática das células do porco. Dentro de poucas horas, o sangue coagula dentro dos vasos do órgão e arruína o transplante. Drogas podem suprimir a resposta imunológica, mas também tornam o receptor do órgão particularmente vulnerável à infecção.

Os pesquisadores produziram porcos modificados geneticamente que não têm a glicoproteína prejudicial em suas células. O sistema imunológico humano pode não rejeitar tecidos ou órgãos transplantados desses animais.

Transferir um órgão de uma espécie para outra é chamado **xenotransplante**. Críticos do xenotransplante estão preocupados, entre outras coisas, que os transplantes entre porco e ser humano sejam um convite para que os vírus do porco cruzem as barreiras das espécies e infectem os seres humanos, talvez de forma catastrófica. Suas preocupações não são infundadas. Evidências sugerem que algumas das piores pandemias surgiram da adaptação de vírus animais a novos hospedeiros – os seres humanos.

7.9 Questões de segurança

- A primeira transferência de DNA estranho para bactérias acendeu um debate contínuo sobre perigos potenciais de organismos transgênicos que podem entrar no meio ambiente.

Quando James Watson e Francis Crick apresentaram seu modelo de DNA de dupla hélice em 1953, eles acenderam uma chama global de otimismo acerca da pesquisa genética. O livro da vida parecia estar aberto ao exame detalhado. Na realidade, ninguém era capaz de lê-lo. Inovações científicas muitas vezes não são acompanhadas por descobertas simultâneas das ferramentas necessárias para estudá-las. Novas técnicas teriam de ser inventadas antes que o livro se tornasse legível.

Vinte anos mais tarde, Paul Berg e seus colaboradores descobriram como produzir organismos recombinantes fundindo DNA de duas espécies de bactérias. Isolando o DNA em subconjuntos gerenciáveis, os pesquisadores agora tinham as ferramentas para estudar a sequência em detalhes.

Eles começaram a clonar e analisar DNA de muitos organismos diferentes. A técnica de engenharia genética nascia e, de repente, todos estavam preocupados com ela.

Os pesquisadores sabiam que o DNA em si não era tóxico, mas não podiam prever com certeza o que aconteceria cada vez que eles fundissem material genético de organismos diferentes. Eles criariam acidentalmente um superpatógeno? Eles poderiam produzir uma nova forma perigosa de vida usando o DNA de dois organismos normalmente inofensivos? E se a nova forma escapasse do laboratório e transformasse outros organismos?

Em uma exibição notavelmente rápida e responsável de autorregulamentação, os cientistas chegaram a um consenso sobre novas diretrizes de segurança para pesquisa envolvendo DNA. Adotadas imediatamente, essas diretrizes incluíam precauções quanto aos procedimentos laboratoriais. Elas abrangiam o projeto e uso de organismos hospedeiros que poderiam sobreviver somente dentro de um limite estreito de condições dentro de um laboratório. Os pesquisadores pararam de usar DNA de organismos patogênicos ou tóxicos para experimentos de recombinação até que instalações de contenção adequadas fossem desenvolvidas.

Atualmente, toda pesquisa envolvendo engenharia genética é realizada de acordo com essas diretrizes laboratoriais de biossegurança. A liberação e importação de organismos geneticamente modificados é cuidadosamente regulada pelo USDA (EUA) e CTNBio (Brasil). Esses regulamentos são nosso melhor esforço para minimizar qualquer risco envolvido na pesquisa ou como resultado dela, mas não são uma garantia.

Para pensar

Por que modificamos animais geneticamente?

- Animais que não poderiam ser produzidos por métodos tradicionais de cruzamento estão sendo criados por meio da engenharia genética. Esses animais são usados em pesquisa, medicina e na indústria.

Para pensar

A engenharia genética é segura?

- Rigorosas diretrizes de segurança para pesquisa com DNA foram implantadas há décadas. Espera-se que os pesquisadores obedeçam a esses padrões rígidos de biossegurança.

7.10 Humanos modificados?

- Nós, como sociedade, continuamos a trabalhar tendo em vista as implicações éticas da aplicação de novas tecnologias de DNA. A manipulação de genomas individuais continua, enquanto pesamos os riscos e benefícios dessa pesquisa.

Melhorando Conhecemos mais de 15 mil distúrbios genéticos graves. Coletivamente, eles causam de 20% a 30% das mortes em crianças a cada ano e são responsáveis por metade de todos os pacientes com deficiência mental e um quarto de todas as internações hospitalares. Eles também contribuem para muitos transtornos relacionados à idade, incluindo câncer, doença de Parkinson e diabetes.

Drogas e outros tratamentos podem minimizar os sintomas de algumas doenças genéticas, mas a terapia gênica é a única cura. **Terapia gênica** é a transferência de DNA recombinante para as células do corpo de um indivíduo com a intenção de corrigir um defeito genético ou tratar uma doença. A transferência, que ocorre por meio de vetores virais ou agrupamentos de lipídeos, insere um gene não modificado nos cromossomos de um indivíduo.

A terapia gênica humana é um motivo forte para abraçar a pesquisa sobre engenharia genética. Ela agora está sendo testada como tratamento para fibrose cística, hemofilia A, diversos tipos de câncer, doença retinal hereditária e distúrbios imunológicos não hereditários, entre outras doenças. Os resultados são encorajadores.

Por exemplo, o pequeno Rhys Evans (à esquerda) nasceu com um distúrbio imunológico grave, o SCID-X1. Este se origina a partir de mutações no gene IL2RG, que codifica um receptor para uma molécula de sinalização imunológica. Crianças afetadas por esse distúrbio só podem sobreviver em tendas de isolamento livres de germes, pois elas não conseguem combater infecções.

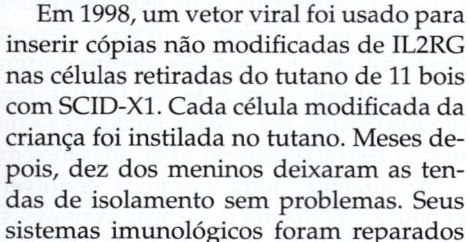

Em 1998, um vetor viral foi usado para inserir cópias não modificadas de IL2RG nas células retiradas do tutano de 11 bois com SCID-X1. Cada célula modificada da criança foi instilada no tutano. Meses depois, dez dos meninos deixaram as tendas de isolamento sem problemas. Seus sistemas imunológicos foram reparados por meio da terapia gênica. Desde então, a terapia gênica libertou muitos outros pacientes de SCID-X1 da vida em isolamento. Rhys é um deles.

Piorando Manipular um gene dentro do contexto de um ser vivente é imprevisível mesmo quando conhecemos sua sequência e onde se encontra dentro do genoma. Por exemplo, ninguém pode prever onde um gene com um vírus injetado será inserido nos cromossomos. Sua inserção pode romper outros genes. Se ela romper um gene, que é parte dos controles sobre a divisão celular, pode ocorrer câncer.

Por exemplo, três meninos do experimento clínico 1998 SCID-X1 desenvolveram leucemia e um deles morreu. Os pesquisadores fizeram uma previsão errada de que o câncer relacionado à terapia gênica seria raro. As pesquisas agora envolvem o gene objetivado para reparo, especialmente quando combinado com o vetor viral que o forneceu.

Outros problemas não previstos às vezes ocorrem com a terapia gênica. Jesse Gelsinger tinha uma deficiência genética rara de ornitina transcarbamilase. Essa enzima do fígado ajuda o corpo a se livrar da amônia, um subproduto tóxico da quebra da proteína. A saúde de Jesse estava bastante estável enquanto estava sob uma dieta com baixas proteínas, mas ele tinha que tomar muitos medicamentos. Em 1999, Jesse foi voluntário em um experimento clínico de uma terapia gênica. Ele teve uma grave reação alérgica ao vetor viral e quatro dias depois de receber o tratamento, seus órgãos falharam e ele morreu. Ele tinha 18 anos.

Nosso entendimento sobre como o genoma humano funciona está claramente atrasado em comparação a nossa capacidade de modificá-lo.

Aperfeiçoando A ideia de usar a terapia gênica humana para curar distúrbios genéticos parece uma meta socialmente aceitável para a maioria das pessoas. Contudo, vamos um passo adiante. Também seria aceitável modificar genes de um indivíduo que está dentro de um limite normal a fim de minimizar ou "melhorar" uma característica em particular? Pesquisadores já produziram camundongos com memória aprimorada, maiores músculos ou capacidades de aprendizagem melhoradas. Por que não com as pessoas?

A ideia de seleção da maioria das características humanas é chamada engenharia eugênica. Ainda assim, quem decide quais formas de características são mais desejáveis? Realisticamente, curas para muitos distúrbios genéticos graves, mas raros, não serão encontradas, pois o benefício financeiro não irá sequer cobrir o custo da pesquisa. No entanto, a eugenia deve render lucros. Quanto os pais em potencial pagariam para ter certeza de que seu filho será alto e terá olhos azuis? Haveria algum problema em construir "super humanos" com força ou inteligência extraordinária? E um tratamento que pode ajudar a perder peso extra e manter a pessoa em forma permanentemente? A área cinza entre interessante e abominável pode ser muito diferente dependendo da pessoa questionada.

Chegando lá Algumas pessoas são inflexíveis e dizem que nunca devemos alterar o DNA de nada. A preocupação é de que a terapia gênica nos coloque em uma ladeira escorregadia que pode resultar em danos irreversíveis para nós mesmos e para a natureza. Nós, como sociedade, podemos não ter a sabedoria de decidir parar uma vez colocado o pé na ladeira. Devemos lembrar da nossa tendência humana peculiar de saltar sem olhar.

E ainda há algo na experiência humana que nos permite sonhar com coisas como asas fabricadas por nós, uma capacidade que nos levou às fronteiras de espaço. Nesse bravo novo mundo, as questões com as quais você se depara são as seguintes: o que suportamos perder se grandes riscos não forem assumidos? E temos o direito de impor as consequências de assumir esses riscos àqueles que escolhem não assumi-los?

| QUESTÕES DE IMPACTO REVISITADAS | Arroz Dourado ou Alimento Geneticamente Modificado?

Betacaroteno é um pigmento fotossintético laranja que é remodelado pelas células do intestino delgado em vitamina A. Potrykus e Beyer transferiram dois genes na via de síntese de betacaroteno para plantas de arroz – um gene a partir do milho e outro a partir de bactérias. Todos os três genes estavam sob controle de um promotor que opera somente em sementes. As plantas de arroz transgênico começam a produzir betacaroteno em suas sementes – grãos de Arroz Dourado. Uma xícara de Arroz Dourado tem betacaroteno suficiente para satisfazer a quantidade recomendada de vitamina A para uma criança. O arroz foi preparado em 2005, mas ainda não foi disponibilizado para consumo humano. Os experimentos sobre biossegurança exigidos pelas agências regulatórias são caros demais para uma agência humanitária do setor público. A maioria dos organismos transgênicos usados para alimentos atualmente foi trazida pelo processo de desregulamentação das empresas privadas.

Resumo

Seção 7.1 **DNA recombinante** consiste em DNA fundido de organismos diferentes. Na **clonagem de DNA**, **enzimas de restrição** cortam o DNA em pedaços, depois a DNA ligase une os pedaços em **plasmídeos** ou outros **vetores de clonagem**. As moléculas híbridas resultantes são inseridas em células hospedeiras, como bactérias. Quando uma célula hospedeira se divide, ela forma imensas populações de células descendentes idênticas ou clones. Cada clone tem uma cópia do DNA estranho.

O RNA não pode ser clonado diretamente. A **transcriptase reversa**, uma enzima viral, é usada para converter RNA de fita simples em DNAc para clonagem.

Seção 7.2 Uma **biblioteca de DNA** é uma coleção de células que hospedam diferentes fragmentos de DNA, frequentemente representando um **genoma** inteiro de um organismo. Os pesquisadores podem usar sondas para identificar células que hospedam um fragmento específico de DNA. O emparelhamento de bases entre ácidos nucleicos a partir de fontes diferentes é chamado **hibridização de ácido nucleico**.

A reação em cadeia da polimerase (**PCR**) usa **primers** e um DNA polimerase resistente ao calor para aumentar rapidamente o número de moléculas de um fragmento de DNA.

Seção 7.3 O **sequenciamento de DNA** pode revelar a ordem de bases de nucleotídeo em um fragmento de DNA. A enzima DNA polimerase é usada para replicar parcialmente um modelo de DNA. A reação produz uma mistura de fragmentos de DNA de comprimentos diferentes. A **eletroforese** separa os fragmentos em faixas.

Seção 7.4 **Curtas repetições consecutivas** são cópias múltiplas de uma sequência curta de DNA que se seguem em um cromossomo. O número e a distribuição de curtas repetições consecutivas, únicas em cada indivíduo, são revelados por eletroforese como uma **impressão digital** de DNA.

Seção 7.5 Os genomas de diversos organismos foram sequenciados. **Genômica**, ou o estudo de genomas, está fornecendo perspectivas sobre a função do genoma humano. Chips de **DNA** são usados para estudar a expressão de genes.

Seções 7.6–7.8 A tecnologia de DNA recombinante e a análise de genoma são a base da **engenharia genética**: modificação direcionada da constituição genética de um organismo. Os genes de uma espécie são inseridos em um indivíduo de uma espécie diferente para formar um organismo **transgênico**, ou um gene é modificado e reinserido em um indivíduo da mesma espécie. O resultado de qualquer um dos processos é um **organismo modificado geneticamente** (OMG). Animais OMG fornecem uma fonte de órgãos para **xenotransplante**.

Seção 7.9 Rigorosos procedimentos de biossegurança minimizam riscos em potencial para os pesquisadores em laboratórios de engenharia genética. Embora esses e outros regulamentos governamentais limitem a liberação de organismos geneticamente modificados no ambiente, essas leis não são garantias contra liberações acidentais ou efeitos ambientais não previstos.

Seção 7.10 Com a **terapia gênica**, um gene é transferido para células sanguíneas para corrigir defeitos ou tratar uma doença.

Questões   *Respostas no Apêndice III*

1. Os pesquisadores podem cortar moléculas de DNA em locais específicos usando _____.
   a. DNA polimerase   c. enzimas de restrição
   b. sondas de DNA   d. transcriptase reversa

2. Preencha a lacuna: A _____ é um pequeno círculo de DNA bacteriano que contém apenas alguns genes e é separado do cromossomo bacteriano.

3. Por transcrição reversa, _____ é montado em um modelo de _____.
   a. RNAm; DNA   c. DNA; ribossomo
   b. DNAc; RNAm   d. proteína; RNAm

4. Para cada espécie, todo _____ no conjunto completo de cromossomos está no _____.
   a. genoma; fenótipo
   b. DNA; genoma
   c. RNAm; início de DNAc
   d. DNAc; início de RNAm

Exercício de análise de dados

Autismo é um transtorno neurobiológico com diversos sintomas que incluem interações sociais prejudicadas, padrões estereotipados de comportamento, como movimentação das mãos ou balanço e, ocasionalmente, capacidade intelectual muito aprimorada. O autismo pode ter uma base genética. Algumas pessoas autistas têm uma mutação na neuroligina-3, um tipo de proteína de adesão da célula que conecta as células cerebrais. Uma mutação altera o aminoácido 451 de arginina para cisteína.

A neuroligina-3 em camundongos e seres humanos é muito parecida. Em 2007, Katsuhiko Tabuchi e seus colegas modificaram geneticamente camundongos para que eles carregassem a mesma substituição de arginina para cisteína em sua neuroligina-3. A mutação causou um aumento na transmissão de alguns tipos de sinais entre as células cerebrais. Camundongos com a mutação tiveram comportamento social piorado e, inesperadamente, capacidade de aprendizagem espacial melhorada (Figura 7.15).

1. Os camundongos modificados ou não modificados foram os que aprenderam o local da plataforma mais rapidamente no primeiro teste?
2. Quais camundongos aprenderam mais rápido da segunda vez?
3. Quais camundongos mostraram mais melhoria na memória entre o primeiro e segundo testes?

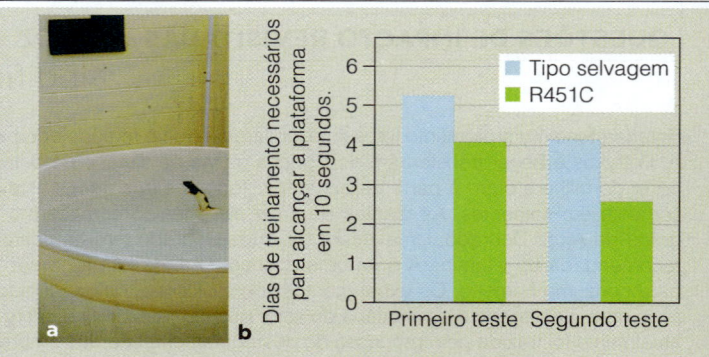

Figura 7.15 Capacidade de aprendizado espacial aprimorado em camundongos com uma mutação na neuroligina-3 (R451C), comparado ao camundongo não modificado (tipo selvagem). Os camundongos foram testados em um labirinto de água, no qual uma plataforma fica submersa alguns milímetros abaixo da superfície de uma piscina funda de água quente (**a**). A plataforma, que não é visível ao camundongo, foi movimentada para o segundo teste. Os camundongos não gostam de nadar, então eles localizam uma plataforma escondida o mais rápido possível. Quando testados novamente, eles podem se lembrar verificando visualmente pistas ao redor da borda da piscina. Quão rápido ele se lembram da localização da plataforma é uma medida de sua capacidade de aprendizado espacial (**b**).

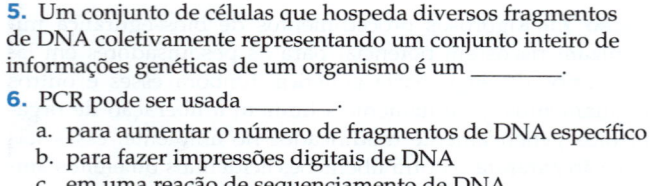

---

5. Um conjunto de células que hospeda diversos fragmentos de DNA coletivamente representando um conjunto inteiro de informações genéticas de um organismo é um _____.
6. PCR pode ser usada _____.
    a. para aumentar o número de fragmentos de DNA específico
    b. para fazer impressões digitais de DNA
    c. em uma reação de sequenciamento de DNA
    d. a e b estão corretas
7. Fragmentos de DNA podem ser separados por eletroforese de acordo com o(a) _____.
    a. sequência   b. comprimento   c. espécie
8. O sequenciamento de DNA conta com _____.
    a. nucleotídeos padrão e etiquetados   c. eletroforese
    b. primers e DNA polimerase   d. todas as anteriores
9. Qual dos seguintes pode ser usado para carregar DNA estranho para as células hospedeiras? Escolha todas as alternativas corretas.
    a. RNA
    b. vírus
    c. PCR
    d. plasmídeos
    e. agrupamentos de lipídeos
    f. explosões de pelotas
    g. xenotransplante
    h. microarranjos de DNA
10. _____ pode ser usado para corrigir um defeito genético.
11. Ligue os termos a sua descrição mais apropriada.

    ___ impressão digital de DNA   a. carrega um gene estranho
    ___ plasmídeo Ti   b. desacelera o crescimento do bacteriófago
    ___ hibridização de ácido nucleico   c. uma coleção única da pessoa de curtas repetições consecutivas
    ___ engenharia eugênica   d. emparelhamento de bases de DNA ou DNA e RNA a partir de diferentes fontes
    ___ transgênico   e. selecionando características "desejáveis"
    ___ OMG   f. geneticamente modificado
    ___ enzima de restrição   g. usado em algumas transferências genéticas

Raciocínio crítico

1. O gene *FOXP2* codifica um fator de transcrição associado ao aprendizado vocal em camundongos, morcegos, pássaros e seres humanos. Mutações em *FOXP2* resultam em vocalizações alteradas em camundongos e diversos distúrbios de linguagem em seres humanos. As proteínas *FOXP2* do chimpanzé, do gorila e do macaco *Rhesus* são idênticas; a versão humana difere em dois dos 715 aminoácidos. A mudança de dois aminoácidos pode ter contribuído para o desenvolvimento da linguagem em seres humanos. Haveria algum problema em transferir o gene *FOXP2* humano para um primata não humano? O que você acha que aconteceria se um animal transgênico aprendesse a falar?

2. Os vírus animais podem sofrer mutação de forma a afetar seres humanos, ocasionalmente com resultados desastrosos. Em 1918, uma pandemia de gripe aparentemente originada com uma cepa da gripe aviária matou 50 milhões de pessoas. Pesquisadores isolaram amostras daquele vírus, a cepa do influenza A (H1N1), a partir de corpos de pessoas infectadas conservadas na permafrost (solo congelado) desde 1918. A partir dessas amostras, os pesquisadores reconstruíram a sequência de DNA do genoma viral, depois reconstruíram o vírus. Sendo 39 mil vezes mais infeccioso que as cepas de gripe modernas, o vírus A (H1N1) reconstruído provou ser 100% letal em camundongos.

Entender como a cepa A (H1N1) funciona nos ajuda a nos defender contra outras cepas semelhantes. Por exemplo, os pesquisadores estão usando o vírus reconstruído para descobrir qual de suas mutações o tornou tão infeccioso e mortal em seres humanos. O trabalho deles é urgente. Uma nova cepa mortal de gripe aviária na Ásia compartilha algumas mutações com a cepa A (H1N1). Atualmente, pesquisadores trabalham para testar a eficiência de drogas antivirais e vacinas com o vírus reconstruído e desenvolver novas drogas.

Críticos da reconstrução do A (H1N1) estão preocupados. Se o vírus escapar das instalações de contenção (mesmo que até agora ainda não o tenha feito), poderá ocorrer outra pandemia. Pior ainda, terroristas poderiam usar a sequência de DNA e métodos não divulgados para produzir o vírus para fins terríveis. Você acha que essa pesquisa nos torna mais ou menos seguros?

Uma fragata macho (*Fregata minor*), nas Ilhas Galápagos, longe da costa do Equador. Cada macho infla um saco gular, um balão de pele vermelha na garganta, exibindo-se para atrair a atenção da fêmea. Os machos espiam por entre os arbustos, com os sacos inflados, até que uma fêmea passe voando. Então, eles sacodem a cabeça para frente e para trás e a chamam. Como outras estruturas que os machos usam somente para cortejar, o saco gular provavelmente é resultado de seleção sexual.

8 Evidências da Evolução

QUESTÕES DE IMPACTO | Medição do Tempo

Como se mede o tempo? Seu nível de conforto é limitado a sua própria geração? Provavelmente você consegue relacionar centenas de anos de eventos humanos, mas e quanto a alguns milhões? Entender o passado distante exige um salto intelectual do familiar para o desconhecido. Talvez a ideia de um asteroide se chocando contra a Terra o ajude a fazer esse salto. Asteroides são pequenos planetas que viajam pelo espaço. Seu tamanho varia de 1 a 1.500 km de largura. Milhões deles orbitam em volta do Sol entre Marte e Júpiter – sobras frias e rochosas da formação de nosso sistema solar.

É difícil localizar asteroides mesmo com os melhores telescópios, porque eles não emitem luz. Muitos atravessam a órbita da Terra, mas a maioria passa por nós sem nem sabermos disso. Alguns passaram perto até demais.

É difícil não notar a cratera Barringer, de 1,6 quilômetro de largura, no Arizona (Figura 8.1a). Um asteroide de 300 mil toneladas fez esse buraco impressionante no arenito quando colidiu com a Terra há 50 mil anos. O impacto foi 150 vezes mais poderoso que o da bomba que arrasou Hiroshima.

Nenhum ser humano testemunhou o impacto, então como sabemos o que aconteceu? Às vezes, temos evidências físicas de eventos que ocorreram antes de estarmos lá para vê-los. Nesse caso, geólogos puderam inferir a causa mais provável da cratera Barringer analisando toneladas de meteoritos, areia derretida e outras pistas rochosas no local.

Evidências semelhantes indicam impactos de asteroides ainda maiores no passado mais distante. Por exemplo, uma extinção em massa – uma perda de grandes grupos de organismos – ocorreu há 65,5 milhões de anos, o que é conhecido como a divisão do K-T. Uma camada incomum de rocha marca essa divisão (Figura 8.1b). Há muitos fósseis de dinossauros abaixo dessa camada. Acima dela, nas camadas de rocha mais recentes, não há fósseis de dinossauros em nenhum lugar. Uma cratera de impacto perto de onde agora é Yucatán data de aproximadamente 65,5 milhões de anos. Coincidência? Muitos cientistas dizem que não. Eles deduzem com base em evidências que o impacto de um asteroide de 10 a 20 quilômetros de largura causou uma catástrofe global que extinguiu os dinossauros.

Você está prestes a dar um salto intelectual pelo tempo, a lugares que eram desconhecidos poucos séculos atrás. Nós o convidamos a se lançar a partir dessa premissa. Fenômenos naturais que ocorreram no passado podem ser explicados pelos mesmos processos físicos, químicos e biológicos que operam hoje. Essa premissa é a base das pesquisas científicas sobre a história da vida. As pesquisas representam uma passagem da experiência para a inferência – do conhecido ao que só pode ser conjecturado. Elas nos dão um olhar impressionante sobre o passado.

Figura 8.1 Da evidência à inferência. (**a**) O que fez a cratera Barringer? Evidências rochosas apontam para um asteroide de 300 mil toneladas que colidiu com a Terra há 50 mil anos. (**b**) Faixas que fazem parte de uma camada peculiar de rocha que se formou há 65,5 milhões de anos no mundo inteiro. A camada marca uma transição repentina no registro de fósseis que implica uma extinção em massa. O canivete vermelho dá uma ideia da escala.

Conceitos-chave

Surgimento do pensamento evolucionário
Há muito tempo, naturalistas começaram a catalogar espécies previamente desconhecidas e pensar na distribuição global de todas as espécies. Eles descobriram semelhanças e diferenças entre grandes grupos, incluindo aqueles representados como fósseis em camadas de rocha sedimentar. **Seções 8.1, 8.2**

Uma teoria toma forma
Evidências da evolução, ou mudanças na linha de descendência, acumularam-se gradualmente. Charles Darwin e Alfred Wallace desenvolveram independentemente uma teoria de seleção natural para explicar como traços hereditários que definem cada espécie evoluem. **Seções 8.2, 8.4**

Evidências de fósseis
O registro de fósseis oferece evidências físicas de mudanças no passado em muitas linhas de descendência. Utilizamos a propriedade do decaimento de radioisótopos para determinar a idade de rochas e fósseis. **Seções 8.5–8.7**

Evidências de biogeografia
A correlação de teorias evolucionárias com a história geológica ajuda a explicar a distribuição de espécies no passado e no presente. **Seções 8.8, 8.9**

Neste capítulo

- Você irá considerar evidências que levaram à formulação das principais premissas da teoria da seleção natural. O que você sabe sobre alelos e herança o ajudará a entender como a seleção natural funciona.
- Este capítulo explora um dos choques que ocorreu entre sistemas de crenças tradicionais e o pensamento científico. Pode ser desejável repensar o que você sabe sobre raciocínio crítico antes de começar. Lembre-se: a ciência só se ocupa com o observável.
- A determinação da idade de rochas antigas e fósseis depende das propriedades do decaimento de radioisótopos e compostos.

Qual sua opinião? Muitas teorias e hipóteses sobre eventos no passado remoto se baseiam necessariamente em traços deixados por esses eventos, não em dados coletados por observações diretas. Evidências indiretas são suficientes para provar uma teoria sobre um evento passado?

8.1 Crenças iniciais, descobertas intrigantes

- Sistemas de crença são influenciados pela extensão de nosso conhecimento. Aqueles que são inconsistentes em relação às observações sistemáticas do mundo natural tendem a mudar com o tempo.

As sementes da indagação biológica foram lançadas no mundo ocidental há mais de 2000 anos. Aristóteles, o filósofo grego, não tinha livros ou instrumentos para guiá-lo e era mais que um coletor de observações aleatórias. Podemos deduzir com base em seus escritos que ele fazia conexões entre suas observações, em uma tentativa de explicar a ordem do mundo natural. Como poucos em seu tempo, Aristóteles via a natureza como um contínuo de organização, da matéria sem vida a plantas e animais complexos. Aristóteles foi um dos primeiros **naturalistas** – pessoas que observam a vida de uma perspectiva científica.

No século XIV, as primeiras ideias de Aristóteles sobre a natureza haviam sido transformadas em uma visão rígida da vida. Segundo essa visão, uma "grande cadeia" se estendia das formas mais baixas (cobras) até humanos e seres espirituais. Cada elo individual na cadeia era um tipo de ser, ou espécie, e dizia-se que cada uma havia sido desenhada e moldada ao mesmo tempo em um estado perfeito. Quando todos os elos fossem descobertos e descritos, o sentido da vida seria revelado.

Naturalistas europeus embarcaram em expedições de pesquisa e trouxeram dezenas de milhares de plantas e animais da Ásia, África, América do Norte e Sul e das Ilhas do Pacífico. As espécies recém-descobertas foram cuidadosamente catalogadas como mais elos na cadeia.

No final do século XIX, Alfred Wallace e outros naturalistas haviam ido além da ideia de estudar espécies apenas para catalogá-las. Eles viam padrões nos locais onde as espécies vivem e como podem estar relacionadas e haviam começado a formular hipóteses sobre as forças ecológicas e evolucionárias que moldam a vida na Terra. Foram pioneiros da **biogeografia** – o estudo de padrões na distribuição geográfica das espécies.

Alguns dos padrões que perceberam levantaram perguntas que não podiam ser respondidas dentro da estrutura dos sistemas de crença prevalecentes. Por exemplo, os exploradores viajantes haviam descoberto plantas e animais vivendo em locais extremamente isolados. As espécies isoladas eram suspeitamente parecidas com plantas e animais que viviam em vastas expansões de mar aberto ou do outro lado de montanhas impenetráveis. Diferentes espécies poderiam estar relacionadas? Caso afirmativo, como as espécies relacionadas poderiam acabar geograficamente isoladas uma da outra?

As aves na Figura 8.2*a–c*, por exemplo, compartilham características muito semelhantes, embora cada uma viva em um continente diferente. Todas as três aves que não voam caminham sobre pernas longas e musculosas em savanas planas e abertas aproximadamente na mesma distância da linha do Equador. Todas esticam seus longos pescoços para observar predadores. Wallace pensava que essas aves poderiam descender de um ancestral comum antigo (e estava certo), mas não tinha ideia de como poderiam ter terminado em continentes diferentes.

Figura 8.2 Espécies parecidas uma com a outra, mas nativas de domínios geográficos distantes.
(**a**) Ema sul-americana, (**b**) avestruz australiano e (**c**) avestruz africano. Todos os três tipos de aves vivem em *habitats* semelhantes. Essas aves relacionadas são diferentes da maioria das outras em vários traços, incluindo suas longas pernas musculosas e a incapacidade de voar.
(**d**) Plantas não relacionadas e de aparência semelhante: um cacto espinhoso nativo dos desertos quentes do sudoeste norte-americano e (**e**) uma eufórbia espinhosa nativa do sudoeste da África.

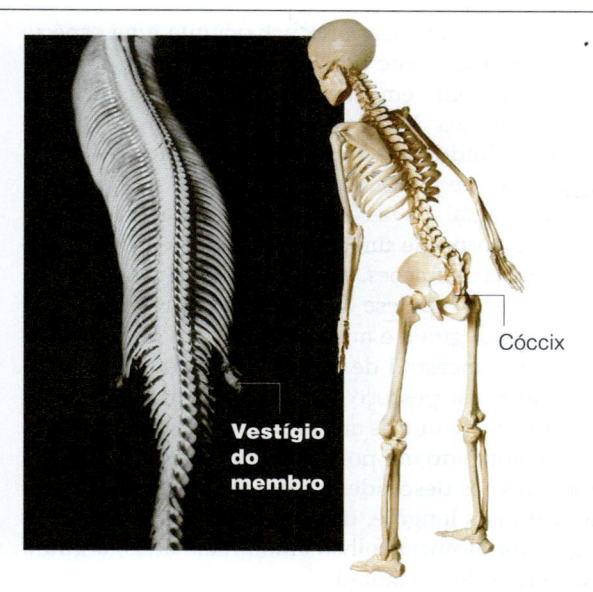

Figura 8.3 Partes vestigiais do corpo. (**a**) Pítons e jiboias têm ossos minúsculos de pernas, mas cobras não caminham.
(**b**) Nós, humanos, usamos nossas pernas, mas não nossos ossos do cóccix.

Figura 8.4 Quebra-cabeça de fósseis. (**a**) Amonite fossilizado que viveu entre 65 e 100 milhões de anos. Este predador marinho se parecia com o náutilo de concha alveolar moderno (**b**).
(**c**) Conchas foraminíferas fossilizadas, cada uma de uma camada diferente de rocha sedimentar em uma sequência vertical e uma um pouco diferente das outras em camadas adjacentes.

Naturalistas da época também tiveram problemas para classificar organismos muito semelhantes em algumas características, mas diferentes em outras. Por exemplo, as duas plantas mostradas na Figura 8.2d,e são nativas de diferentes continentes. Cada uma vive aproximadamente à mesma distância da linha do Equador no mesmo tipo de ambiente – desertos quentes onde a água é sazonalmente escassa. Ambas têm fileiras de espinhos pontiagudos que detêm herbívoros e armazenam água em seus troncos grossos e carnudos. Entretanto, suas partes reprodutivas são muito diferentes; portanto, essas plantas não podem ser tão proximamente relacionadas quanto sua aparência externa sugeriria.

Comparações como essas fazem parte da **morfologia comparativa** – o estudo de planos corporais e estruturas entre grupos de organismos. Organismos externamente muito semelhantes podem ser muito diferentes internamente – pense em peixes e golfinhos. Outros que se diferenciam bastante na aparência externa podem ser muito semelhantes na estrutura subjacente. Por exemplo, um braço humano, a nadadeira de um golfinho, a perna de um elefante e uma asa de morcego têm ossos internos comparáveis.

A morfologia comparativa revelou partes do corpo que não desempenham função aparente, o que aumentou a confusão. De acordo com as crenças prevalecentes, o plano corporal de cada organismo havia sido criado em um estado perfeito. Se esse era o caso, por que havia partes inúteis como ossos de pernas em cobras (que não caminham) ou vestígios de uma cauda em humanos (Figura 8.3)?

Geólogos que mapeavam formações rochosas expostas pela erosão ou escavação haviam descoberto sequências idênticas de camadas de rochas em diferentes partes do mundo. **Fósseis** nas camadas foram reconhecidos como evidências de formas anteriores de vida, mas alguns deles eram intrigantes. Por exemplo, camadas profundas de rocha tinham fósseis de vida marinha simples. As camadas acima delas contavam com fósseis semelhantes, porém mais complexos. Em camadas mais altas, fósseis semelhantes, mas ainda mais complexos, eram parecidos com espécies modernas (Figura 8.4). O que essas sequências de complexidade poderiam significar? Fósseis de animais gigantes que não tinham representantes vivos também estavam sendo desenterrados. Se os animais eram perfeitos no momento da criação, por que agora estavam extintos?

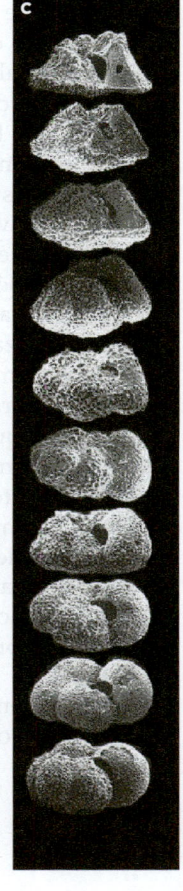

Vistos como um todo, os achados da biogeografia, morfologia comparativa e geologia não se encaixavam com as crenças dominantes no século XIX. Se as espécies não tinham sido criadas em um estado perfeito (e sequências de fósseis e partes do corpo "inúteis" sugeriam que não), talvez as espécies tivessem mudado com o tempo.

Para pensar

Como as observações do mundo natural mudaram nosso pensamento?

- Observações cada vez mais extensivas da natureza no século XIX não se encaixavam nos sistemas de crença dominantes.
- Os achados cumulativos da biogeografia, morfologia comparativa e geologia levaram a novas formas de pensar sobre o mundo natural.

8.2 Uma abundância de novas teorias

- No século XIX, muitos acadêmicos perceberam que a vida na Terra havia mudado com o tempo e começaram a pensar no que poderia ter causado as mudanças.

Encaixar novas evidências em crenças antigas

No século XIX, naturalistas enfrentaram crescentes evidências de que a vida na Terra, e o próprio planeta, tinham mudado com o tempo. Por volta de 1800, Georges Cuvier, especialista em zoologia e paleontologia, estava tentando entender todas as novas informações. Ele havia observado que houve mudanças abruptas no registro de fósseis e que muitas espécies fossilizadas pareciam não ter contrapartes vivas. Dadas essas evidências, ele propôs uma ideia incrível: muitas espécies que já tinham existido agora estavam extintas.

Cuvier também percebeu as evidências de que a superfície da Terra havia mudado. Por exemplo, ele tinha visto conchas fossilizadas em montanhas longe dos mares modernos. Como muitos outros em seu tempo, presumia que a idade da Terra era de milhares, não milhões, de anos. Ele ponderou que forças geológicas diferentes das conhecidas hoje teriam sido necessárias para levantar o piso dos oceanos até o topo das montanhas nesse curto período de tempo. Eventos geológicos catastróficos teriam causado extinções, depois das quais as espécies sobreviventes povoaram novamente o planeta. A ideia de Cuvier ficou conhecida como **catastrofismo**. Agora sabemos que ela é incorreta – os processos geológicos não mudaram ao longo do tempo.

Outro acadêmico, Jean-Baptiste Lamarck, pensava nos processos que orientam a **evolução** – mudança em uma linha de descendência. Lamarck achava que uma espécie melhorava gradualmente ao longo de gerações graças a um impulso inerente em direção à perfeição, para cima na "cadeia" de elos dos seres vivos. Esse impulso direcionaria um "fluido" desconhecido em partes do corpo que precisavam de mudança. Pela hipótese de Lamarck, pressões ambientais e necessidades internas causariam mudanças no corpo de um indivíduo e os descendentes herdariam essas alterações.

Tente utilizar a hipótese de Lamarck para explicar por que o pescoço da girafa é muito comprido. Podemos prever que algum ancestral de pescoço curto da girafa moderna esticava seu pescoço para se alimentar de folhas além do alcance de outros animais. Os alongamentos podem até ter alongado um pouco seu pescoço. Pela hipótese de Lamarck, os descendentes desse animal herdariam um pescoço mais longo e, depois de muitas gerações se esticando para alcançar folhas ainda mais altas, a girafa moderna teria sido o resultado.

Lamark estava correto ao pensar que fatores ambientais afetam os traços de uma espécie, mas errado sobre a herança de características adquiridas. O fenótipo de um indivíduo pode mudar, como quando uma mulher fica musculosa com treinamento de resistência. Entretanto, o filho de uma mãe atlética não nasce com músculos maiores que os de uma mãe não atlética. Os descendentes não herdam traços que um dos progenitores adquire durante sua vida – herdam apenas o DNA. Na maioria das circunstâncias, o DNA passado para os descendentes não é afetado pelas atividades dos pais.

Viagem do *Beagle*

Em 1831, Charles Darwin, de 22 anos, questionava o que fazer com sua vida.

Figura 8.5 (**a**) Charles Darwin. (**b**) Uma réplica do *Beagle* parte de uma praia agitada na América do Sul. Durante a viagem, Darwin se aventurou pelos Andes, onde encontrou fósseis de organismos marinhos em camadas rochosas 3,6 km acima do nível do mar. (**c–e**) As Ilhas Galápagos ficam isoladas no oceano, ao oeste do Equador. Elas surgiram pela ação vulcânica no piso do mar há cerca de 5 milhões de anos. Ventos e correntes carregaram organismos para as ilhas inicialmente sem vida. Todas as espécies nativas descendem desses viajantes. *À direita*, uma patola de pés azuis, uma das muitas espécies que Darwin observou durante sua viagem.

Desde que tinha oito anos, queria pescar, caçar, colecionar conchas ou observar insetos e pássaros – qualquer coisa, menos ficar o dia todo na escola. Mais tarde, por insistência do pai, ele tentou fazer faculdade de Medicina, mas os procedimentos brutos e dolorosos utilizados nos pacientes da época o enojavam. Então, seu exasperado pai lhe implorou para se tornar um clérigo, e Darwin se mudou para Cambridge, onde obteve um diploma em Teologia. Mesmo assim, passava a maior parte do tempo com professores que abraçavam a história natural.

John Henslow, um botânico, percebeu os interesses reais de Darwin. Ele providenciou para que Darwin embarcasse como naturalista a bordo do *Beagle*, um navio prestes a partir em uma expedição de pesquisa à América do Sul. O jovem, que não gostava de frequentar a escola e não tinha treinamento formal em ciências, se tornou rapidamente um naturalista entusiasta.

O *Beagle* partiu para a América do Sul em dezembro de 1831 (Figura 8.5b). Durante a travessia do Atlântico, Darwin leu o presente de despedida de Henslow, o primeiro volume de *Princípios de Geologia*, de Charles Lyell. O que aprendeu lhe deu informações sobre a história geológica das regiões que encontraria em sua jornada.

Durante a viagem de cinco anos do *Beagle*, Darwin encontrou muitos fósseis incomuns. Ele viu diversas espécies vivendo em ambientes que iam de praias arenosas de ilhas remotas a planícies no alto dos Andes.

Também começou a elaborar uma teoria radical. Durante muitos anos, geólogos escavavam arenitos, pedras calcárias e outros tipos de rochas que se formam depois que sedimentos se acumulam lentamente no leito de lagos, rios e oceanos. Tais rochas contêm evidências de que processos graduais de mudança geológica que operam no presente eram os mesmos que operavam no passado distante. Lyell, diferentemente de Cuvier, propunha que catástrofes estranhas não eram necessárias para explicar as mudanças na superfície da Terra.

Ao longo de grandes períodos, processos geológicos cotidianos, como a erosão, poderiam ter esculpido a paisagem atual da Terra. A ideia de que mudanças graduais e repetitivas haviam moldado a Terra ficou conhecida como a **teoria da uniformidade**. Ela desafiava a crença dominante de que a Terra tinha 6 mil anos. De acordo com os acadêmicos tradicionais, as pessoas haviam registrado tudo o que havia acontecido nesses 6 mil anos – e nesse tempo todo ninguém mencionou ter visto uma espécie evoluir. Mesmo assim, pelos cálculos de Lyell, a natureza deve ter levado milhões de anos para esculpir a superfície atual da Terra. Não era tempo suficiente para as espécies evoluírem? Darwin achava que sim. Mas *como* elas evoluíram? Ele acabou dedicando o restante de sua vida a essa questão intrigante.

> **Para pensar**
>
> *Como novas evidências afetam crenças antigas?*
>
> - No século XIX, fósseis e outras evidências levaram alguns naturalistas a propor que a Terra e as espécies nela tinham mudado com o tempo. Os naturalistas também começaram a reconsiderar a idade da Terra.
> - Essas ideias montam o palco para as visões posteriores de Darwin sobre a evolução.

CAPÍTULO 8 EVIDÊNCIAS DA EVOLUÇÃO 111

8.3 Darwin, Wallace e a seleção natural

- As observações de Darwin sobre as espécies em diferentes partes do mundo o ajudaram a entender a força motriz da evolução.

Tatus e ossos velhos

Darwin enviou à Inglaterra os milhares de espécimes que coletou em sua viagem. Entre eles havia fósseis de gliptodontes da Argentina. Esses animais blindados estão extintos, mas têm muitos traços (características) em comum com os tatus modernos (Figura 8.6). Por exemplo, tatus vivem apenas em lugares onde gliptodontes já viveram. Como os gliptodontes, tatus têm uma blindagem protetora que consiste de escamas ósseas incomuns.

Os traços estranhos compartilhados poderiam significar que os gliptodontes eram parentes antigos dos tatus? Caso afirmativo, talvez traços de seu ancestral comum tivessem mudado na linha de descendência que levou aos tatus. Mas por que tais alterações ocorriam?

Percepção-chave – Variação das características

De volta à Inglaterra, Darwin ponderou suas anotações e analisou os fósseis. Ele também leu um ensaio de um de seus contemporâneos, o economista Thomas Malthus. Este último havia correlacionado aumentos no tamanho da população humana com fome, doenças e guerras. Ele propôs que os humanos ficam sem comida, lugar para morar e outros recursos porque tendem a se reproduzir além da capacidade de seu ambiente para sustentá-los. Quando isso acontece, os indivíduos de uma população devem competir entre si pelos recursos limitados ou desenvolver tecnologias para aumentar sua produtividade.

Darwin percebeu que as ideias de Malthus tinham uma aplicação maior: todas as populações, não apenas as humanas, têm a capacidade de produzir mais indivíduos do que seu ambiente pode suportar.

Darwin também refletiu sobre espécies que havia observado durante a viagem. Ele sabia que indivíduos de uma espécie nem sempre eram idênticos. Eles tinham muitos traços em comum, mas podiam variar de tamanho, cor ou outros traços. Darwin percebeu que ter uma versão em particular de um traço variável poderia dar a um indivíduo uma vantagem sobre membros concorrentes de sua espécie. O traço pode aumentar a capacidade de o indivíduo garantir recursos limitados – e sobreviver e se reproduzir – em seu ambiente em particular.

Ele se lembrou de algumas espécies de aves que viu nas Ilhas Galápagos (Figura 8.7). Esse arquipélago é separado da América do Sul por 900 km de mar aberto, portanto, ele poderia presumir que a maioria das espécies de aves que povoavam a ilha tinha estado isolada ali há muito tempo. Diferentes tipos de tentilhões povoam os litorais, baixadas secas e florestas montanhosas das ilhas, e cada espécie tem traços que adaptam seus membros a seu *habitat* em particular.

Darwin também conhecia a seleção artificial, o processo no qual os humanos escolhem traços que favorecem em uma espécie doméstica. Por exemplo, ele estava familiarizado com as variações drásticas nos traços que os criadores de pombos tinham produzido através da reprodução seletiva. Reconhecia que um ambiente podia similarmente selecionar traços que tornam indivíduos de uma população adequados a ele. Por exemplo, suponha que um grupo de aves comedoras de sementes viva em um ambiente seco onde sementes macias são escassas. Uma ave nasce com um bico extraforte que lhe permite abrir sementes duras que outros membros da população não conseguem.

Figura 8.6 Parentes antigos? (**a**) Um tatu moderno, com cerca de 30 centímetros de comprimento. (**b**) Fóssil de um gliptodonte, um mamífero do tamanho de um carro que viveu entre 2 milhões e 15 mil anos atrás.
Gliptodontes e tatus são amplamente separados no tempo, mas compartilham uma distribuição restrita e traços incomuns, incluindo uma blindagem de placas ósseas cobertas por queratina – um material semelhante à pele de crocodilos e lagartos [O fóssil em (**b**) está sem a blindagem da cabeça]. Seus traços peculiares compartilhados foram uma pista que ajudou Darwin a desenvolver uma teoria da evolução por seleção natural.

Figura 8.7 Três das 13 espécies de tentilhões nativas das Ilhas Galápagos.
(a) Um tentilhão de bico grande e rompedor de sementes, *Geospiza magnirostris*.
(b) O tentilhão da terra (*G. scandens*) come frutos de cactos e insetos nas flores do cacto.
(c) O tentilhão *Camarhynchus pallidus* utiliza espinhos do cacto e galhos para encontrar insetos perfuradores de madeira.

Assim, a ave de bico forte pode acessar uma fonte adicional de alimento. Com todas as outras coisas iguais, a ave de bico forte tem melhor chance de sobreviver e se reproduzir nesse ambiente em particular do que os outros indivíduos na população. Ademais, se a dureza do bico tem uma base hereditária, pelo menos uma parte dos descendentes da ave pode herdar a mesma vantagem. Depois de muitas gerações, aves de bico forte provavelmente predominariam nessa população. Assim, ao longo de muitas gerações, o ambiente de uma população pode influenciar os traços compartilhados por seus indivíduos.

Seleção natural

Esses pensamentos levaram Darwin a perceber que a variação nos detalhes de traços compartilhados tornam os indivíduos de uma população variavelmente adequados a seu ambiente. Em outras palavras, os indivíduos de uma população natural variam na **aptidão** (adaptação) ao seu ambiente. Um traço que aumenta a aptidão de um indivíduo é chamado **adaptação** evolucionária, **traço adaptativo** ou ainda **característica adaptativa**.

Indivíduos de uma população natural tendem a sobreviver e se reproduzir com sucesso variado dependendo dos detalhes de seus traços compartilhados. Darwin entendeu que esse processo, que chamou de **seleção natural**, poderia ser a força motriz da evolução. Se um indivíduo tem uma forma de um traço que o torna mais adequado a um ambiente, é mais capaz de competir pelos recursos desse ambiente. Se um indivíduo é mais capaz de competir por recursos, tem mais chance de sobreviver por tempo suficiente para produzir mais descendentes. Se indivíduos que apresentam um traço adaptativo hereditário produzem mais descendentes do que aqueles que não o apresentam, a frequência desse traço tenderá a aumentar na população ao longo de gerações sucessivas. A Tabela 8.1 resume esse raciocínio.

Darwin formulou a hipótese de que o processo de evolução por seleção natural poderia explicar não apenas a variação dentro de populações, mas também a grande diversidade de espécies no mundo e no registro de fósseis.

Tabela 8.1 Princípios da seleção natural

Observações sobre populações
- Populações naturais apresentam uma capacidade reprodutora de aumentar de tamanho com o tempo.
- À medida que uma população se expande, os recursos utilizados por seus indivíduos (como alimento e lugar para morar) eventualmente ficam limitados.
- Quando recursos são limitados, os indivíduos de uma população competem por eles.

Observações sobre genética
- Indivíduos de uma espécie compartilham determinados traços.
- Indivíduos de uma população natural variam nos detalhes de seus traços compartilhados.
- Traços têm uma base hereditária, nos genes. Alelos (formas levemente diferentes de um gene) surgem por mutação.

Inferências
- Uma determinada forma de um traço compartilhado pode tornar seu portador mais competitivo para garantir um recurso limitado.
- Indivíduos mais capazes de garantir um recurso limitado tendem a deixar mais descendentes do que outros de uma população.
- Assim, um alelo associado a um traço adaptativo tende a se tornar mais comum em uma população ao longo de gerações.

Para pensar

O que é seleção natural?
- Seleção natural é o diferencial na sobrevivência e na reprodução de indivíduos em uma população que variam nos detalhes de seus traços compartilhados e herdados.
- Traços favorecidos pela seleção natural são chamados de adaptativos. Um traço adaptativo aumenta as chances de um indivíduo que o carrega de sobreviver e se reproduzir.

8.4 Grandes mentes, pensamentos semelhantes

- As observações de Darwin sobre a evolução foram possibilitadas por contribuição de uma patola de pés azuis de cientistas que o precederam.
- Alfred Wallace desenvolveu, independentemente, a ideia de evolução por seleção natural.

Darwin escreveu suas ideias sobre seleção natural, mas deixou dez anos se passarem sem publicá-las. Enquanto isso, Alfred Wallace, um naturalista que havia estudado a vida selvagem na bacia amazônica e no Arquipélago Malaio, escreveu um ensaio e o enviou a Darwin para conselhos. O ensaio de Wallace havia descrito a teoria de Darwin! Wallace havia escrito anteriormente cartas a Lyell e Darwin sobre padrões na distribuição geográfica das espécies – e também havia ligado os pontos. Wallace agora é chamado de pai da biogeografia (Figura 8.8).

Em 1858, semanas depois de Darwin receber o ensaio de Wallace, suas teorias semelhantes foram apresentadas em conjunto em uma reunião científica. Wallace ainda estava no campo e não sabia nada da reunião, da qual Darwin não participou. No ano seguinte, Darwin publicou *Sobre a origem das espécies*, que forneceu evidências detalhadas embasando sua teoria.

Muitos acadêmicos imediatamente aceitaram a ideia de descendência com modificação, ou evolução. Entretanto, houve um debate acirrado sobre a ideia de que a evolução ocorre por seleção natural. Décadas se passariam antes que evidências experimentais no campo da genética levassem à sua ampla aceitação na comunidade científica.

Figura 8.8 Alfred Wallace, codescobridor do processo de evolução por seleção natural.

Para pensar

Qual foi o papel de Alfred Wallace no desenvolvimento da teoria da evolução por seleção natural?

- Wallace se baseou em suas próprias observações de espécies vegetais e animais e propôs, como Darwin, que a seleção natural é a força motriz da evolução.

8.5 Sobre fósseis

- Fósseis são restos ou marcas de organismos que viveram no passado. Eles nos dão pistas sobre relações evolucionárias.
- O registro de fósseis sempre será incompleto.

Como os fósseis se formam?

A maioria dos fósseis é formada por ossos, dentes, conchas, sementes, esporos ou outras partes duras do corpo mineralizadas (Figura 8.9*a,b*). Rastros fósseis como pegadas e outras impressões, ninhos, tocas, trilhas, buracos, cascas de ovos ou fezes são evidências da atividade de um organismo (Figura 8.9*c*).

O processo de fossilização começa quando um organismo ou seus rastros são cobertos por sedimentos ou cinza vulcânica. A água se infiltra lentamente nos restos, e íons metais e outros compostos inorgânicos dissolvidos na água gradualmente substituem os minerais nos ossos e outros tecidos duros. Sedimentos que se acumulam sobre os restos exercem mais pressão sobre eles. Depois de muito tempo, a pressão e a mineralização transformam os restos em rocha.

A maioria dos fósseis é encontrada em camadas de rocha sedimentar como argilito, arenito e xisto (Figura 8.10). Rocha sedimentar se forma à medida que os rios levam lodo, areia, cinzas vulcânicas e outras partículas da terra para o mar. As partículas se assentam no fundo do mar em camadas horizontais que variam em espessura e composição. Depois de centenas de milhões de anos, camadas de sedimentos foram compactadas em camadas de rocha.

Estudamos as camadas de rocha sedimentar para entender o contexto histórico dos fósseis que encontramos nelas. Normalmente, as camadas mais inferiores de uma pilha foram as primeiras a se formar; as mais próximas da superfície se formaram mais recentemente. Assim, quanto mais profunda a camada de rocha sedimentar, mais antigos os fósseis que contém. A composição de uma camada também é uma pista sobre eventos locais ou globais que ocorriam enquanto ela se formava; a camada de divisão do K-T discutida na introdução do capítulo é um exemplo. As espessuras relativas das diferentes camadas fornecem outras pistas. Por exemplo, as camadas eram finas durante as eras do gelo, quando volumes tremendos de água congelaram e ficaram presos em geleiras. A sedimentação desacelerou à medida que os rios secavam. Quando as geleiras derreteram, a sedimentação retornou e as camadas ficaram mais grossas.

Registro fóssil

Temos fósseis para mais de 250 mil espécies conhecidas. Considerando a gama de biodiversidade atual, devem haver existido muitos milhões a mais, mas nunca conheceremos todas. Por que não?

Há pouca chance de encontrar uma espécie extinta porque fósseis são relativamente raros.

Figura 8.9 Fósseis. (**a**) Fóssil de uma das plantas terrestres mais antigas conhecidas (*Cooksonia*). Seus troncos eram aproximadamente do tamanho de um palito de dente. (**b**) Esqueleto fossilizado de um ictiossauro. Este réptil marinho viveu há cerca de 200 milhões de anos. (**c**) Coprólito. Restos fossilizados de alimentos e vermes parasitas dentro de tais fezes fossilizadas nos informam sobre a dieta e a saúde de espécies extintas. Um animal semelhante a uma raposa expeliu esse.

Na maior parte do tempo, os restos de um organismo são rapidamente obliterados por detritívoros ou decomposição. Materiais orgânicos se decompõem na presença de oxigênio, portanto os restos só persistem se estiverem envolvidos em um material sem ar como âmbar, piche, gelo ou lama. Restos que se tornam fossilizados frequentemente estão deformados, esmagados ou espalhados pela erosão e outras agressões geológicas.

Para que saibamos algo sobre uma espécie extinta que existiu há muito tempo, temos que encontrar um fóssil dela. Para isso, pelo menos um espécime tinha de estar enterrado antes de ser decomposto ou algo o comesse. Além disso, esse local tinha de escapar de eventos geológicos.

As espécies mais antigas não tinham partes duras para fossilizar, então não encontramos muitas evidências delas. Diferentemente de peixes teleósteos ou de moluscos de concha dura, por exemplo, águas-vivas e vermes moles não aparecem muito nos registros de fósseis, embora provavelmente fossem muito mais comuns.

Pense também no número relativo de organismos. Uma planta pode liberar milhões de esporos em uma única estação. Os primeiros humanos viviam em pequenos bandos e poucos descendentes sobreviviam. Quais são as chances de encontrar um só osso humano fossilizado em comparação com as chances de encontrar um esporo de planta fossilizado?

Por fim, imagine uma linha de descendência, uma **linhagem**, que desapareceu quando seu *habitat* em uma ilha vulcânica remota afundou no mar. Ou imagine duas linhagens, uma de curta duração e outra que durou bilhões de anos. Qual tem maior chance de ser representada no registro de fósseis?

Figura 8.10 Os dois tipos mais comuns de rocha sedimentar que contém fósseis: (**a**) arenito, que consiste principalmente de grãos compactados de areia ou minerais, e (**b**) xisto, que é argila ou lama compactada. Ambos se formam em camadas.

Para pensar

O que são fósseis?

- Fósseis são evidências de organismos que viveram no passado remoto, um registro histórico em pedra dura. Os mais antigos normalmente estão nas rochas sedimentares mais profundas.
- O registro de fósseis nunca estará completo. Eventos geológicos obliteraram uma boa parte dele. O restante do registro tende a espécies que tinham partes duras, populações densas com ampla distribuição e que haviam persistido por muito tempo.
- Mesmo assim, o registro de fósseis é substancial o suficiente para nos ajudar a reconstruir padrões e tendências na história da vida.

8.6 Datação de peças do quebra-cabeça

- A datação radiométrica revela a idade de rochas e fósseis.

Um radioisótopo é uma forma de um elemento com núcleo instável. Átomos de um radioisótopo se tornam átomos de outros elementos à medida que seu núcleo se desintegra. Tal decaimento não é influenciado por temperatura, pressão, estado de ligação química ou umidade – só pelo tempo. Como o funcionamento perfeito de um relógio, cada tipo de radioisótopo se decompõe a uma taxa constante em produtos previsíveis chamados de elementos filhos.

Por exemplo, o urânio radioativo 238 se decompõe em tório 234, que se decompõe em outra coisa etc., até se tornar chumbo 206. O tempo que leva para a metade dos átomos de um radioisótopo se decompor em um produto é chamado **meia-vida** (Figura 8.11). A meia-vida de decaimento do urânio 238 em chumbo 206 é de 4,5 bilhões de anos.

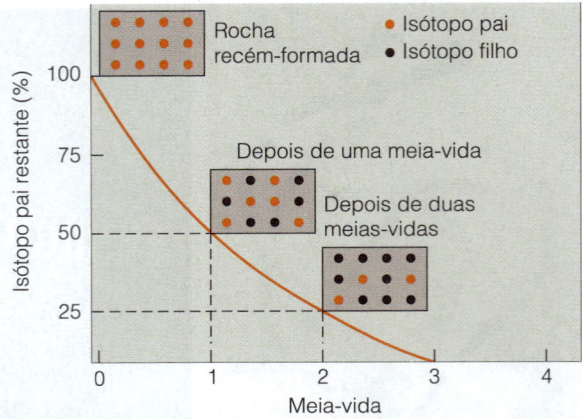

Figura 8.11 Meia-vida – o tempo que leva para metade dos átomos em uma amostra de radioisótopo se decompor.
Resolva: Quanto de um radioisótopo-pai continua depois que duas meias-vidas se passaram? *Resposta: 25 por cento.*

A previsibilidade do decaimento radioativo pode ser utilizada para descobrir a idade de uma rocha vulcânica – a data em que esfriou. A rocha nas profundezas da Terra é quente e derretida; átomos giram e se misturam nela. Rocha que atinge a superfície se resfria e endurece; enquanto isso, os minerais se cristalizam nela. Cada tipo de mineral apresenta uma estrutura e uma composição características. Por exemplo, o mineral zircão (*à direita*) consiste principalmente de fileiras organizadas de moléculas de silicato de zircônio ($ZrSiO_4$). Algumas moléculas em um cristal de zircão têm átomos de urânio substituídos por de zircônio, mas nunca átomos de chumbo, portanto novo zircão que se cristaliza de rocha derretida resfriada não contém chumbo. Entretanto, o urânio se decompõe em chumbo a uma taxa previsível. Assim, com o tempo, átomos de urânio desaparecem de um cristal de zircão e átomos de chumbo se acumulam nele. A proporção entre átomos de urânio e de chumbo em um cristal de zircão pode ser medida com precisão. Essa proporção pode ser utilizada para calcular há quanto tempo o cristal se formou – sua idade.

Acabamos de descrever a **datação radiométrica**, um método que pode revelar a idade de um material ao determinar seu radioisótopo e conteúdo de elemento filho. A rocha terrestre mais antiga conhecida é um minúsculo cristal de zircão de Jack Hills, Austrália. Ela tem 4,404 bilhões de anos.

Fósseis recentes que ainda contêm carbono podem ser datados ao medir seu conteúdo de carbono 14 (Figura 8.12). A maior parte do carbono 14 em um fóssil terá se decomposto depois de cerca de 60 mil anos. A idade de fósseis mais antigos que isso só pode ser estimada pela datação de rochas vulcânicas em fluxos de lava acima e abaixo do local dos fósseis.

a Há muito tempo, quantidades irrisórias de ^{14}C e muito mais ^{12}C foram incorporadas aos tecidos de um náutilo. Os átomos de carbono eram parte de moléculas orgânicas no alimento do náutilo. Enquanto estivesse vivo, o náutilo repunha seus próprios tecidos com carbono garantido dos alimentos. Assim, a proporção entre ^{14}C e ^{12}C em seus tecidos continuava a mesma.

b Quando o náutilo morreu, seu corpo parou de receber carbono. O ^{14}C em seu organismo continuou se decompondo, portanto a quantidade de ^{14}C diminuiu em relação à de ^{12}C. Metade do ^{14}C se decompôs em 5.370 anos, e metade do que havia restado se foi depois de mais 5.370 anos, e assim por diante.

c Caçadores de fósseis descobrem o fóssil. Eles medem sua proporção de ^{14}C para ^{12}C e a utilizam para calcular o número de reduções de meia-vida desde a morte. Neste exemplo, a proporção é um oitavo da proporção entre ^{14}C e ^{12}C em organismos vivos. Assim, este náutilo viveu há aproximadamente 16 mil anos.

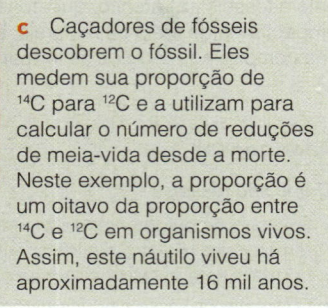

Figura 8.12 Uso de datação radiométrica para descobrir a idade de um fóssil. O carbono 14 (^{14}C) se forma na atmosfera e se combina com oxigênio para se tornar dióxido de carbono. Em conjunto com quantidades muito maiores do isótopo de carbono estável ^{12}C, quantidades irrisórias de ^{14}C entram nas cadeias alimentares através da fotossíntese. Todos os organismos vivos incorporam carbono.

Para pensar

Como determinamos a idade de rochas e fósseis?

- Pesquisadores utilizam a previsibilidade do decaimento de radioisótopos para estimar a idade de rochas e fósseis.

8.7 Uma história de baleia

- Descobertas de novos fósseis continuamente preenchem as brechas em nossa compreensão da história antiga de muitas linhagens.

Por algum tempo, os cientistas acreditaram que ancestrais das baleias provavelmente andaram em terra, depois retornaram à vida na água. Entretanto, evidências para essa linha de raciocínio eram escassas. O crânio e a mandíbula inferior de cetáceos – que incluem baleias e golfinhos – têm características distintas típicas de alguns tipos de animais terrestres carnívoros antigos. Comparações moleculares sugeriram que tais animais eram provavelmente artiodátilos, mamíferos com cascos e um número par de dedos (dois ou quatro) em cada pé; representantes modernos da linhagem incluem hipopótamos, camelos, porcos, veados, ovelhas e vacas.

Até recentemente, mudanças graduais nas características esqueléticas demonstrando a transição de linhagens de baleias da vida terrestre para aquática estavam ausentes do registro de fósseis. Pesquisadores sabiam que havia formas intermediárias porque haviam encontrado um fóssil representante de um crânio de baleia, mas sem um esqueleto completo, o restante da história continuou em especulação. Então, em 2000, Philip Gingerich e seus colegas encontraram dois dos elos ausentes, no Paquistão, quando coletaram esqueletos completos de fósseis de baleias antigas *Rodhocetus* e *Dorudon* (Figura 8.13).

Os pesquisadores sabiam que esses novos espécimes de fósseis representavam formas intermediárias na linhagem das baleias porque ossos antigos intactos de tornozelos semelhantes ao de ovelhas e de crânios semelhantes aos de baleias estavam presentes nos mesmos esqueletos.

Os fósseis recém-descobertos preenchem muitos detalhes da história antiga das baleias. Por exemplo, os ossos do tornozelo do *Rodhocetus* e *Dorudon* têm características distintas em comum com os ossos do tornozelo de artiodátilos extintos e modernos. Cetáceos modernos não têm um remanescente de osso do tornozelo. Com seus ossos intermediários dos tornozelos, *Rodhocetus* e *Dorudon* provavelmente foram desdobramentos da linhagem do artiodátilo antigo para a baleia moderna quando retornou para a vida na água. As proporções entre os membros, crânio, pescoço e tórax do *Rodhocetus* indicam que ele nadava com os pés, não com a cauda. Como as baleias modernas, o *Dorudon* de 5 metros era claramente um nadador de cauda totalmente aquático: todo o membro posterior tinha apenas 12 centímetros de comprimento, pequeno demais para suportar o animal fora da água.

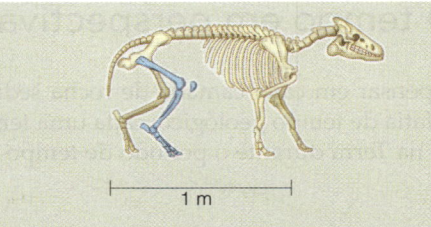

a Um fóssil de 30 milhões de anos de *Elomeryx*. Este pequeno mamífero terrestre era membro do mesmo grupo de artiodátilos que originou hipopótamos, porcos, veados, ovelhas, vacas e baleias.

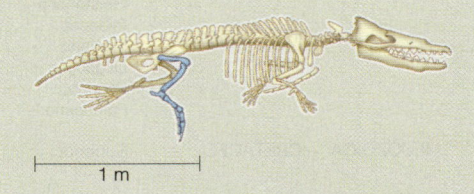

b O *Rodhocetus*, uma baleia antiga, viveu há cerca de 47 milhões de anos. Seus ossos do tornozelo diferenciados indicam uma conexão evolucionária próxima com os artiodátilos. Destaque: compare o osso do tornozelo de um *Rodhocetus* (*à esquerda*) com o de um artiodátilo moderno, um antilocapra (*à direita*).

c *Dorudon atrox*, uma baleia antiga que viveu há cerca de 37 milhões de anos. Seus ossos do tornozelo semelhantes ao de artiodátilos (*à esquerda*) eram pequenos demais para suportar o peso de seu enorme corpo em terra, portanto esse mamífero tinha de ser totalmente aquático.

Figura 8.13 Novos elos na linhagem antiga das baleias.

8.8 O tempo em perspectiva

É possível pensar em cada camada de rocha sedimentar como uma fatia de tempo geológico; cada uma tem pistas para a vida na Terra durante o período de tempo em que foi formada. Datação radiométrica e fósseis nas camadas nos permitem reconhecer sequências semelhantes de camadas de rocha sedimentar em todo o mundo. Transições entre as camadas marcam as fronteiras de grandes intervalos de tempo na **escala de tempo geológico**, ou cronologia da história da Terra (Figura 8.14).

Éon	Era	Período	Época	ma	Principais eventos geológicos e biológicos
FANEROZOICA	CENOZOICA	QUATERNÁRIO	Recente	0,01	Os humanos modernos evoluem. Grande evento de extinção está a caminho.
			Pleistoceno	1,8	
		TERCIÁRIO	Plioceno	5,3	Trópicos e subtrópicos se estendem em direção aos polos. O clima esfria; cerrados e savanas emergem. Radiações adaptativas de mamíferos, insetos, aves.
			Mioceno	23,0	
			Oligoceno	33,9	
			Eoceno	55,8	
			Paleoceno	65,5	
	MESOZOICA	CRETÁCEO	Superior		◄ Grande evento de extinção, talvez precipitado por impacto de asteroide. Extinção em massa de todos os dinossauros e muitos organismos marinhos.
				99,6	
			Inferior		Clima muito quente. Dinossauros continuam dominando. Grupos de insetos modernos importantes aparecem (abelhas, borboletas, pulgas, formigas e insetos herbívoros incluindo afídeos e gafanhotos). Plantas com flores se originam e se tornam as plantas terrestres dominantes.
				145,5	
		JURÁSSICO			Era dos dinossauros. Vegetação luxuriante; gimnospermas e samambaias abundantes. Aves aparecem. Pangeia se rompe.
				199,6	◄ Grande evento de extinção
		TRIÁSSICO			Recuperação da grande extinção ao final do Permiano. Muitos novos grupos aparecem, incluindo tartarugas, dinossauros, pterossauros e mamíferos.
				251	◄ Grande evento de extinção
	PALEOZOICA	PERMIANO			O supercontinente Pangeia e um oceano mundial se formam. Radiação adaptativa de coníferas. Cicadáceas e ginkgos aparecem. O clima relativamente seco leva a gimnospermas adaptadas à seca e insetos como besouros e moscas.
				299	
		CARBONÍFERO			O alto nível de oxigênio na atmosfera estimula artrópodes gigantes. Plantas liberadoras de esporos dominam. Idade de grandes árvores licófitas; vastas florestas de carvão se formam. Ouvidos evoluem nos anfíbios; pênis evoluem nos primeiros repteis (vaginas evoluem mais tarde, somente nos mamíferos).
				359	◄ Grande evento de extinção
		DEVONIANO			Tetrápodes terrestres aparecem. A explosão da diversidade de plantas leva a formas de árvores, florestas e muitos novos grupos de plantas, incluindo licófitas, samambaias com folhas complexas e plantas com sementes.
				416	
		SILURIANO			Radiações de invertebrados marinhos. Primeiras aparições de fungos terrestres, plantas vasculares, peixes teleósteos e, talvez, animais terrestres (miriápodes, aracnídeos).
				443	◄ Grande evento de extinção
		ORDOVICIANO			Grande período para primeiras aparições. As primeiras plantas terrestres, peixes e corais formadores de recifes aparecem. Gondwana vai em direção ao Polo Sul e se torna gelada.
				488	
		CAMBRIANO			A Terra descongela. Explosão da diversidade animal. A maioria dos grandes grupos de animais aparece (nos oceanos). Trilobitas e organismos com conchas evoluem.
				542	
PROTEROZOICA					Oxigênio se acumula na atmosfera. Origem do metabolismo anaeróbio. Origem de células eucarióticas, depois protistas, fungos, plantas, animais. Evidência de que a maior parte da Terra congela em uma série de eras do gelo globais entre 750 e 600 ma.
				2.500	
ARQUEANA E ANTERIOR					3.800 – 2.500 ma. Origem dos procariotos
					4.600 – 3.800 ma. Origem da crosta terrestre, primeira atmosfera, primeiros oceanos. A evolução química e molecular leva à origem da vida (das protocélulas a células procarióticas anaeróbias).

a Transições em camadas de rocha sedimentar marcam grandes períodos de tempo na história da Terra (não na mesma escala). ma: milhões de anos atrás.
Datas da Comissão Internacional sobre dados de Estratigrafia, 2007.

b Podemos reconstruir alguns eventos na história da vida ao estudar evidências nas camadas rochosas. Aqui, os triângulos *azuis* marcam tempos de grandes extinções em massa. "Primeira aparição" se refere à aparição no registro de fósseis, não necessariamente à primeira aparição na Terra; frequentemente descobrimos fósseis significativamente mais velhos que espécimes descobertas anteriormente.

Figura 8.14 Escala de tempo geológico.

Camadas de rocha sedimentar (de cima para baixo):

- Calcário de Kaibab
- Formação de Toroweap
- Arenito de Coconino
- Xisto de Hermit
- Arenito Esplanade
- Formação Wescogame
- Formação Manakacha
- Formação Watahomigi
- Calcário Redwall
- Formação de Temple Butte
- Calcário de Muav
- Xisto Bright Angel
- Arenito Tapeats*
- Formação de Sixtymile*
- Grupo Chuar*
- Formação Nankoweap*
- Grupo Unkar*
- Rochas de Embasamento de Vishnu*

c Camadas de rocha sedimentar expostas pela erosão no Grand Canyon. Cada camada tem uma composição característica e um conjunto de fósseis (alguns mostrados) que refletem eventos durante sua deposição. Por exemplo, o arenito Coconino, que vai da Califórnia a Montana, consiste principalmente de areia bastante desgastada. Marcas onduladas e rastros de répteis são os únicos fósseis nele. Muitos acreditam que é o restante de um vasto deserto de areia, como o Saara é hoje.
*Camadas não visíveis nesta vista do Grand Canyon.

8.9 Deriva continental e oceanos em mudança

- Durante bilhões de anos, movimentos lentos da camada externa da Terra e eventos catastróficos mudaram a terra, a atmosfera e os oceanos, com efeitos profundos sobre a evolução da vida.

Quando os geólogos começaram a mapear pilhas verticais de rocha sedimentar, a teoria da uniformidade prevalecia. Os geólogos sabiam que água, vento, foto e outros fatores naturais alteravam continuamente a superfície da Terra. Eventualmente, ficou claro para eles que tais fatores eram parte de uma mudança geológica maior. Como a vida, a Terra também muda drasticamente. Por exemplo, os litorais atlânticos da América do Sul e da África pareciam se "encaixar" como peças de um quebra-cabeça. Um modelo sugeria que todos os continentes um dia fizeram parte de um supercontinente maior – **Pangeia** – que havia se dividido em fragmentos e separado. O modelo explicava por que os mesmos tipos de fósseis ocorrem em rocha sedimentar dos dois lados do vasto Oceano Atlântico.

No início, a maioria dos cientistas não aceitou o modelo, que foi chamado de deriva continental. Para eles, a ideia de continentes se movendo pela Terra parecia absurda e ninguém sabia o que impulsionaria tal movimento.

No entanto, evidências que embasavam o modelo continuavam aparecendo. Por exemplo, rocha derretida no fundo da Terra transborda e se solidifica na superfície. Alguns minerais ricos em ferro ficam magnéticos quando se solidificam e seus polos magnéticos se alinham com os da Terra quando isso acontece. Se os continentes nunca se movessem, todos esses ímãs rochosos antigos ficariam alinhados de norte a sul, como ponteiros de uma bússola. Na verdade, os polos magnéticos de formações rochosas em continentes diferentes estão alinhados – mas não de norte

Figura 8.16 Esta foto aérea mostra aproximadamente 4,2 km da Falha de San Andreas, que se estende por um total de 1.300 km pela Califórnia. A falha é o limite entre duas placas tectônicas que deslizaram em direções opostas.

a sul. Eles apontam para muitas direções diferentes. Ou os polos magnéticos da Terra se deslocam de seu eixo norte-sul, ou os continentes se movem. Depois, exploradores nas profundezas do oceano descobriram que o fundo do mar não é tão estático e sem recursos como haviam presumido. Cadeias de montanhas imensas se estendem por milhares de quilômetros no fundo do mar.

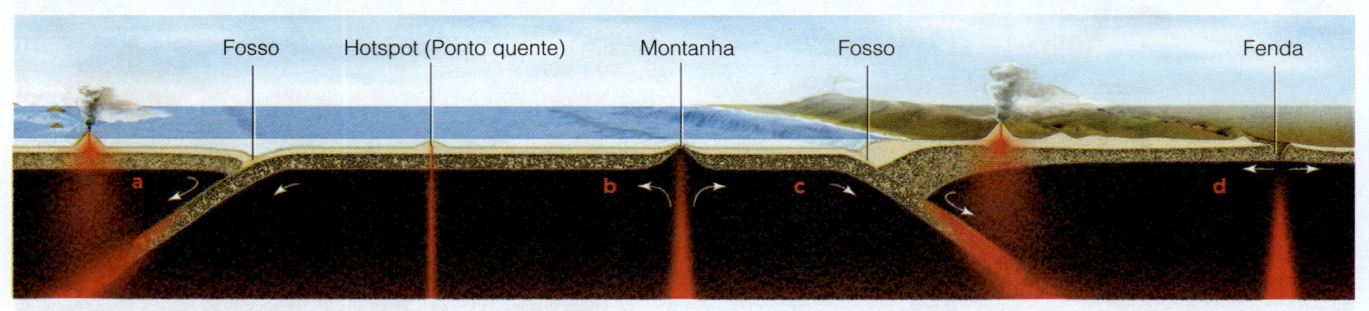

a Plumas de rocha derretida rompem uma placa tectônica no que são chamados hotspot ou "pontos quentes". O arquipélago do Havaí vem se formando desta maneira.

b Em montanhas oceânicas, plumas enormes de rocha derretida transbordando do interior da Terra orientam o movimento de placas tectônicas. Nova crosta se espalha lateralmente enquanto se forma na superfície, forçando placas tectônicas adjacentes a se afastarem da montanha e ir para fossos em outro lugar.

c Nos fossos, a borda de uma placa que avança vai para baixo de uma placa adjacente e a prende. As Cascades, Andes e outras grandes cadeias de montanhas costeiras se formaram assim.

d Em fendas, os continentes se rompem em seu interior à medida que placas se afastam uma da outra.

Figura 8.15 Tectônica das placas. Partes imensas e rígidas da camada externa de rocha da Terra se separam, afastam e colidem, a uma taxa de menos de 10 centímetros por ano. À medida que as placas se movem, formam continentes em todo o mundo. A configuração atual das placas tectônicas da Terra é mostrada no Apêndice III.

FOCO NA PESQUISA

Figura 8.17 Uma série de reconstruções de continentes à deriva. (**a**) O supercontinente Gondwana (*amarelo*) havia começado a se romper na era Siluriana. (**b**) O supercontinente Pangeia se formou durante o Triássico, depois (**c**) começou a se romper no Jurássico. (**d**) Divisão K-T. (**e**) Os continentes atingiram sua configuração moderna no Mioceno. Há cerca de 260 milhões de anos, samambaias de sementes e outras plantas só viviam na área de Pangeia que já havia sido Gondwana. O mesmo ocorreu com répteis semelhantes mamíferos chamados de terapsídeos. *À direita*, folha fossilizada de uma das samambaias de semente (*Glossopteris*). *Mais à direita*, um terapsídeo (*Lystrosaurus*) de cerca de 1 metro de comprimento. Este herbívoro com dentes de elefante se alimentava de plantas fibrosas em planícies aluviais secas.

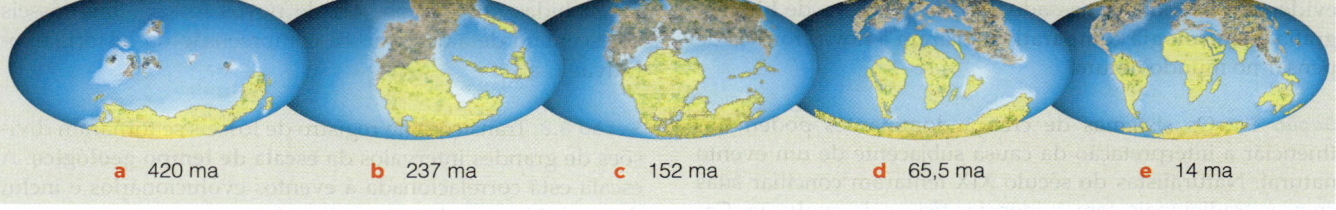

a 420 ma   **b** 237 ma   **c** 152 ma   **d** 65,5 ma   **e** 14 ma

Rocha derretida expelida das montanhas empurra o fundo do mar antigo para fora nas duas direções, depois se resfria e endurece em um novo piso. Em outro lugar, o piso antigo mergulha em valas profundas.

Tais descobertas impressionaram os céticos. Por fim, houve um mecanismo plausível para a deriva continental, que, então, era chamada de teoria da tectônica de placas. Por essa teoria, a camada externa relativamente fina da Terra é rachada em placas imensas, como uma casca de ovo gigante rompida. As placas crescem a partir de montanhas e se afundam em valas (Figura 8.15). Enquanto fazem isso, elas se movem como esteiras transportadoras colossais, deslocando continentes sobre elas para novos locais. O movimento é de cerca de 10 centímetros por ano, mas suficiente para fazer um continente dar a volta ao mundo depois de aproximadamente 40 milhões de anos. Evidências do movimento estão em toda parte, em várias características geológicas de nossas paisagens (Figura 8.16).

Logo os pesquisadores aplicaram a teoria da tectônica de placas para tentar montar alguns quebra-cabeças antigos. Por exemplo, fósseis de uma samambaia, *Glossopteris*, e de um antigo réptil, *Lystrosaurus*, ocorrem em formações geológicas semelhantes na África, Índia, América do Sul e Austrália (Figura 8.17). Como esses organismos ocorreram em muitos continentes sepados por vastas extensões de oceanos? As sementes da *Glossopteris* eram pesadas demais para flutuar ou serem sopradas pelo vento sobre o oceano, e o *Lystrosaurus* era incapaz de nadar longas distâncias entre os continentes. Pesquisadores suspeitavam que ambos evoluíram em um supercontinente ainda mais antigo que a Pangeia. Esse supercontinente, que chamaram de **Gondwana**, deve ter existido há cerca de 300 milhões de anos. Os pesquisadores fizeram esta previsão: se a Antártica já fez parte de Gondwana, deveria ter as mesmas formações geológicas, além de fósseis de *Glossopteris* e *Lystrosaurus*.

Na época, a Antártica ainda não havia sido muito explorada. Expedições posteriores encontraram as formações e os fósseis, embasando a previsão e a teoria da tectônica de placas. Muitas espécies modernas, incluindo as aves na Figura 8.2*a–c*, vivem apenas em lugares que um dia foram parte de Gondwana.

Agora sabemos que a Gondwana se deslocou para o sul, até o Polo, depois para o norte até se fundir com outras massas de terra para formar Pangeia. Sabemos que os continentes estão sempre em movimento. Eles se colidem, viram novos continentes e se colidem de novo. A camada externa de rocha da Terra se solidificou há 4,55 bilhões de anos. Pelo menos cinco vezes desde então um único supercontinente se formou, com um oceano envolvendo seu litoral. Durante todo esse tempo, as forças erosivas da água e do vento reesculpiram a terra. Os impactos e consequências de asteroides também fizeram isso.

Tais mudanças na terra e no oceano e atmosfera influenciaram a evolução da vida. Imagine o início da vida em águas rasas e quentes ao longo dos continentes. Litorais desapareceram quando os continentes se colidiram e eliminaram muitas linhagens. Quando novos *habitats* desapareciam, outros se abriam para as espécies sobreviventes – e a evolução continuou em novas direções.

| QUESTÕES DE IMPACTO REVISITADAS | Medição do Tempo

A camada da divisão K-T consiste de uma argila incomum que se formou há 65 milhões de anos no mundo inteiro (*à direita*). Essa argila é rica em irídio, um elemento raro na superfície da Terra, mas comum em asteroides. Depois de encontrar o irídio, os pesquisadores procuraram evidências de um asteroide suficientemente grande para cobrir toda a Terra com seus detritos. Encontraram uma cratera de cerca de 65 milhões de anos, enterrada sob sedimentos, perto da costa da península de Yucatán, no México. Ela é tão grande – 273,6 km de extensão e 1 km de profundidade – que ninguém a havia notado antes. Essa cratera é uma evidência do impacto de um asteroide 40 milhões de vezes mais poderoso do que o que formou a cratera Barringer – certamente suficientemente grande para ter influenciado muito a vida na Terra. Desde então, pesquisas estimam o tamanho deste asteroide entre 10 km e 20 km de diâmetro.

Resumo

Seção 8.1 No século XIX, **naturalistas** em expedições de pesquisas dando a volta ao mundo traziam observações cada vez mais detalhadas sobre o mundo natural. **Fósseis** eram evidências da vida no passado distante. Estudos de **biogeografia** e **morfologia comparativa** levaram a novas formas de pensar no mundo natural.

Seção 8.2 Os sistemas de crença dominantes podem influenciar a interpretação da causa subjacente de um evento natural. Naturalistas do século XIX tentaram conciliar suas crenças tradicionais com evidências físicas da **evolução**. **Catastrofismo** e a **teoria da uniformidade** foram duas teorias que surgiram nessa época.

- *Sugestão: Leia o artigo "Typecasting a Bit Part" (Definição e fixação de partes), de Stephen J. Gould, The Sciences, Março de 2000.*

Seções 8.3, 8.4 As observações do naturalista Alfred Wallace e de Charles Darwin levaram a uma teoria de como as espécies evoluem. Aqui estão as principais premissas da teoria: uma população tende a crescer até começar a esgotar os recursos de seu ambiente. Indivíduos, então, devem competir por alimento, abrigo dos predadores etc. Indivíduos com formas de traços (características) que os tornam mais competitivos tendem a produzir mais descendentes. **Traços adaptativos (adaptações)** que fornecem maior **aptidão** a um indivíduo se tornam mais comuns em uma população ao longo de gerações, em comparação com formas menos competitivas. A sobrevivência diferencial e a reprodução de indivíduos em uma população que variam nos detalhes de traços compartilhados são chamadas de **seleção natural**. É um dos processos que orienta a evolução.

- *Sugestão: Leia o artigo "What Darwin's Finches Can Teach Us About the Evolutionary Origin and Regulation of Biodiversity" (O que os tentilhões de Darwin podem nos ensinar sobre a origem evolucionária e a regulação da biodiversidade), de B. Rosemary Grant e Peter Grant, Bioscience, Março de 2003.*

Seção 8.5 Muitos fósseis são encontrados em camadas empilhadas de rocha sedimentar. Fósseis mais jovens normalmente ocorrem em camadas depositadas mais recentemente, sobre fósseis mais antigos em camadas mais velhas. Algumas **linhagens** são representadas como séries de fósseis em camadas sequenciais. Fósseis são relativamente escassos, portanto o registro de fósseis sempre estará incompleto. Mesmo assim, ele revela muito sobre a vida no passado antigo.

Seção 8.6 A **meia-vida** característica de um radioisótopo nos permite determinar a idade de rochas e fósseis utilizando uma técnica chamada **datação radiométrica**.

Seção 8.7 Brechas no registro de fósseis frequentemente são preenchidas por descobertas de novos fósseis. Tais fósseis acrescentam detalhes a nossa compreensão da história evolutiva.

Seção 8.8 Transições no registro de fósseis se tornaram divisões de grandes intervalos da **escala de tempo geológico**. A escala está correlacionada a eventos evolucionários e inclui datas obtidas por datação radiométrica.

Seção 8.8 A descoberta da distribuição global de massas de terra e fósseis, rochas magnéticas e fundos do mar se espalhando a partir de cadeias de montanhas oceânicas levou à teoria da tectônica de placas. Por essa teoria, os movimentos das placas tectônicas da Terra levam massas de terra a novas posições. Várias vezes na história da Terra, todas as massas de terra se convergiram como supercontinentes. **Gondwana** e **Pangeia** são exemplos. Tais movimentos tiveram impactos profundos sobre a evolução.

Questões   *Respostas no Apêndice III*

1. Biogeógrafos estudam ___.
   a. deriva continental
   b. padrões na distribuição mundial das espécies
   c. biodiversidade nos continentes e ilhas
   d. *b* e *c* estão corretas
   e. todas estão corretas

2. Os ossos da asa de uma ave são semelhantes aos ossos na asa de um morcego. Essa observação é um exemplo de ___.
   a. uniformidade
   b. evolução
   c. morfologia comparativa
   d. uma linhagem

3. O número de espécies em uma ilha depende do tamanho da ilha e de sua distância de um continente. Essa afirmação mais provavelmente seria feita por _____.
   a. um explorador
   b. um biogeógrafo
   c. um geólogo
   d. um filósofo

Exercício de análise de dados

No final dos anos 1970, o geólogo Walter Alvarez estava investigando a composição da camada de argila de 1 cm de espessura que marca a divisão K-T em todo o mundo. Ele pediu a seu pai, o físico vencedor do prêmio Nobel, Luis Alvarez, para lhe ajudar a analisar a composição elementar da camada. Os Alvarez e seus colegas, os químicos Frank Asaro e Helen Michel, testaram a camada na Itália e na Dinamarca. Os pesquisadores descobriram que a camada da divisão K-T tinha um conteúdo de irídio muito mais alto do que as camadas de rocha ao redor (Figura 8.18). O irídio pertence a um grupo de elementos muito mais abundantes em asteroides e outros materiais do sistema solar do que na crosta terrestre. O grupo de Alvarez concluiu que a camada da divisão K-T deve ter se originado com material extraterrestre. Eles calcularam que um asteroide com 14 km de diâmetro conteria irídio suficiente para ser responsável pela presença desta substância na camada da divisão K-T.

Profundidade da Amostra	Abundância Média de Irídio (ppb)
+ 2,7 m	< 0,3
+ 1,2 m	< 0,3
+ 0,7 m	0,36
camada da divisão	41,6
– 0,5 m	0,25
– 5,4 m	0,30

Figura 8.18 Abundância de irídio na e perto da camada da divisão K-T em Stevns Klint, Dinamarca. Muitas amostras de rocha tiradas acima, abaixo e na camada da divisão foram testadas quanto ao conteúdo de irídio. As profundidades são dadas como metros acima ou abaixo da camada da divisão.
O conteúdo de irídio de uma rocha média da Terra contém 0,4 partes por bilhão (ppb) de irídio. Um meteorito médio contém cerca de 550 partes por bilhão de irídio. Foto (acima à *direita*): Luis e Walter Alvarez com uma parte da camada de irídio.

1. Qual era o conteúdo de irídio da camada da divisão K-T?
2. Quão maior era o conteúdo de irídio da camada de divisão em comparação com a amostra tirada 70 cm acima da camada?

4. Evolução é ____.
   a. seleção natural
   b. mudança em uma linha de descendência
   c. orientada por seleção natural
   d. *b* e *c* estão corretas

5. Se a meia-vida de um radioisótopo é de 20 mil anos, uma amostra na qual três quartos desse radioisótopo se decompuseram tem _____ anos.
   a. 15.000
   b. 26.667
   c. 30.000
   d. 40.000

6. _____ influenciou/influenciaram o registro de fósseis.
   a. Sedimentação e compactação
   b. Movimentos de placas tectônicas
   c. Decaimento de radioisótopos
   d. Todas as anteriores

7. Evidências sugerem que a vida se originou no _____.
   a. Arqueano
   b. Proterozoico
   c. Fanerozoico
   d. Cambriano

8. O Cretáceo terminou há _____ milhões de anos.

9. Forças de mudança geológica incluem _____ (selecione todas as corretas).
   a. erosão
   b. fossilização
   c. vulcões
   d. evolução
   e. movimentos de placas tectônicas
   f. mudança climática
   g. impactos de asteroides
   h. pontos quentes

10. Pangeia ou Gondwana se formou primeiro?

11. Una os termos à descrição mais adequada.
    ___ aptidão
    ___ fósseis
    ___ seleção natural
    ___ meia-vida
    ___ catastrofismo
    ___ uniformidade
    ___ rocha sedimentar

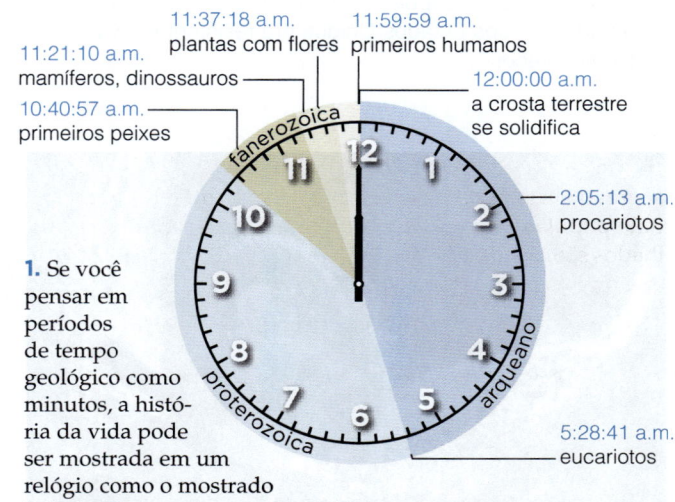

    a. medida(o) pelo sucesso reprodutivo
    b. mudança geológica ocorre continuamente
    c. mudança geológica ocorre em grandes eventos repentinos
    d. bom(a) para encontrar fósseis
    e. sobrevivência do mais apto
    f. característica de um radioisótopo
    g. evidência de vida em um passado distante

Raciocínio crítico

1. Se você pensar em períodos de tempo geológico como minutos, a história da vida pode ser mostrada em um relógio como o mostrado à *direita*. De acordo com esse relógio, a época mais recente começou depois do último 0,1 segundo antes do meio-dia. Onde isso coloca você?

- 10:40:57 a.m. — primeiros peixes
- 11:21:10 a.m. — mamíferos, dinossauros
- 11:37:18 a.m. — plantas com flores
- 11:59:59 a.m. — primeiros humanos
- 12:00:00 a.m. — a crosta terrestre se solidifica
- 2:05:13 a.m. — procariotos
- 5:28:41 a.m. — eucariotos

9 Processos Evolutivos

QUESTÕES DE IMPACTO | O Surgimento dos Super-ratos

Entrando e saindo das páginas da história humana estão os ratos – *Rattus* –, a praga de mamíferos mais notória. Os ratos vivem em centros urbanos, onde o lixo é abundante e não existem predadores naturais. Uma cidade normal sustenta cerca de um rato para cada dez pessoas. Parte desse sucesso se deve à capacidade de reprodução rápida; as populações de ratos podem aumentar dentro de semanas para acompanhar a quantidade de lixo disponível para sua alimentação. Infelizmente para nós, os ratos transportam patógenos e parasitas que causam a peste bubônica, tifo e outras doenças infecciosas. Eles mastigam as paredes e fios, e comem ou infectam de 20% a 30% da nossa produção total de alimentos (Figura 9.1). Os ratos causam prejuízos de bilhões de dólares ao ano, em todo o mundo.

Por anos, as pessoas têm lutado com cães, gatos, armadilhas, locais à prova de ratos e venenos que incluem arsênico e cianeto. Durante os anos 1950, iscas eram usadas contendo warfarina, um composto orgânico sintético que interfere na coagulação do sangue. Os ratos que ingerem iscas envenenadas morrem em alguns dias devido ao sangramento interno ou perda de sangue pelos cortes ou arranhões.

A warfarina era extremamente efetiva, e comparada a outros venenos de rato, tinha menos impacto sobre espécies inofensivas. Tornou-se rapidamente o raticida preferido. Em 1958, contudo, um pesquisador escocês relatou que a warfarina não funcionava contra alguns ratos. Relatórios semelhantes provenientes de países europeus logo se seguiram.

Cerca de 20 anos depois, cerca de 10% dos ratos pegos em áreas urbanas dos Estados Unidos era resistente à warfarina. O que aconteceu?

Para descobrir, os pesquisadores compararam ratos resistentes à warfarina a ratos ainda vulneráveis. Eles rastrearam a diferença em um gene em um dos cromossomos do rato. Determinadas mutações no gene eram comuns entre populações de ratos resistentes à warfarina, mas eram raras entre os ratos vulneráveis. A warfarina se liga com o produto do gene – uma enzima que participa da síntese dependente da vitamina K dos fatores de coagulação do sangue. As mutações tornaram a enzima insensível à warfarina.

"O que aconteceu" foi evolução por seleção natural. À medida que a warfarina exercia pressão sobre as populações de ratos, elas mudaram. As mutações antes raras se tornaram adaptativas. Ratos que tinham um gene não mudado morreram depois de ingerir warfarina. Os que tiveram sorte em ter uma das mutações sobreviveram e a repassaram para sua prole. As populações de ratos se recuperaram rapidamente e uma proporção maior de ratos na próxima geração carregava as mutações. A cada ataque de warfarina, a frequência da mutação nas populações de ratos aumentava.

As pressões da seleção podem mudar e, muitas vezes, mudam. Quando a resistência à warfarina aumentou nas populações de ratos, as pessoas pararam de utilizá-la. A frequência da mutação nas populações de ratos caiu – provavelmente porque os ratos com a mutação são levemente deficientes em vitamina K, assim eles não são tão saudáveis como os ratos normais. Agora, sabemos que a melhor maneira de controlar uma infestação por ratos em áreas urbanas é exercer outro tipo de pressão por seleção: retirar sua fonte de alimentos, que é geralmente o lixo. Assim, os ratos acabam devorando uns aos outros.

Figura 9.1 Os ratos prosperam em qualquer lugar onde haja seres humanos. Colocar veneno de rato em prédios e no solo geralmente não extermina suas populações, que se recuperam rapidamente. Essa prática seleciona ratos que são resistentes aos venenos.

Conceitos-chave

As populações evoluem
Indivíduos de uma população diferem em quais alelos serão herdados, além de diferirem no fenótipo. Nas gerações, qualquer alelo pode aumentar ou diminuir em frequência em uma população. Essa mudança é chamada microevolução.
Seções 9.1, 9.2

Padrões de seleção natural
A seleção natural impulsiona a microevolução. Dependendo da população e seu meio ambiente, a seleção natural pode mudar ou manter o limite de variação em características herdáveis. **Seções 9.3–9.6**

Outros processos microevolutivos
Com a *deriva genética*, a mudança pode ocorrer ao acaso em uma linha de descendência. O fluxo gênico engloba os efeitos evolutivos de mutação, seleção natural e deriva genética.
Seções 9.7, 9.8

Como as espécies surgem
A especiação varia em seus detalhes, mas começa tipicamente depois que o fluxo gênico termina. Eventos microevolucionários que ocorrem independentemente levam a divergências genéticas, que são reforçadas à medida que os mecanismos de isolamento reprodutivo evoluem. **Seções 9.9–9.11**

Padrões macroevolucionários
Padrões de mudança genética que envolvem mais de uma espécie são chamados macroevolução. Padrões recorrentes de macroevolução incluem exaptação, radiação adaptativa e extinção. **Seção 9.12**

Neste capítulo

- Este capítulo reúne evidências para a evolução, que foi introduzida no capítulo anterior.
- Antes de começar, você pode revisar as premissas da teoria da seleção natural, os princípios básicos e termos de genética, além de alguns mecanismos celulares de reprodução.
- Você aprendeu sobre processos que dirigem a evolução e seus efeitos, e deve recorrer a esse conhecimento e também ao conhecimento da base genética das características e os efeitos das mudanças genéticas.
- Seus conhecimentos sobre erro de amostragem e probabilidade o ajudarão a entender as implicações dos experimentos que demonstram a evolução em ação.

Qual sua opinião? Cepas de bactérias resistentes a antibióticos agora são amplamente espalhadas. Uma prática padrão na pecuária animal inclui a aplicação contínua de alguns antibióticos aos animais saudáveis. Essa prática deveria ser interrompida?

9.1 Indivíduos não evoluem, populações sim

- A evolução começa com mutações em indivíduos.
- A mutação é a fonte de novos alelos.
- A reprodução sexuada pode espelhar rapidamente uma mutação em uma população.

Variação nas populações

Todos os indivíduos de uma espécie compartilham determinadas características. Por exemplo, as girafas têm pescoços muitos longos, pintas marrons em um manto branco e assim por diante. Esses são exemplos de características morfológicas (*morpho*, forma). Indivíduos de uma espécie também compartilham características fisiológicas, como atividades metabólicas. Eles também respondem da mesma maneira a determinados estímulos, como quando uma girafa faminta se alimenta das folhas de uma árvore. Essas são características comportamentais.

Contudo, indivíduos de uma população variam em detalhes de suas características compartilhadas. Uma **população** é um grupo de indivíduos da mesma espécie em uma área específica. Pense nas variações na cor e no padrão dos pelos de um cachorro ou gato. A Figura 9.2a sugere uma gama de variações na pele humana e cor dos olhos, e a distribuição, cor, textura e quantidade de cabelos. Quase todas as características de qualquer espécie podem variar e a variação pode ser bem grande (Figura 9.2b).

Muitas características mostram diferenças qualitativas; elas têm duas ou mais formas ou *morfos* diferentes, assim como as folhas de ervilhas roxas e brancas que Gregor Mendel estudou. Além disso, para muitas características, indivíduos de uma população mostram diferenças quantitativas ou um limite de pequenas variações incrementais em uma característica.

Figura 9.2 Amostragem de variação fenotípica em (**a**) seres humanos; e (**b**) um tipo de caracol encontrado nas ilhas do Caribe. A variação em características compartilhadas entre indivíduos é resultado de variações em alelos que influenciam essas características.

Patrimônio genético

Os genes codificam as informações hereditárias sobre características. Os indivíduos de uma população herdam o mesmo número e tipos de genes (exceto os genes nos cromossomos sexuais não idênticos). Juntos, os genes de uma população formam um **patrimônio genético** – um conjunto de recursos genéticos.

Em uma população que se reproduz sexualmente, a maioria dos genes no conjunto tem formas ligeiramente diferentes chamadas **alelos**. Um indivíduo carrega duas cópias de cada gene autossômico e essas cópias podem ou não ser idênticas. O complemento de alelos em um indivíduo é seu genótipo. Os alelos são a principal fonte de variação no fenótipo – as características observáveis de um indivíduo. Por exemplo, a cor dos seus olhos é determinada pelos alelos que você carrega.

Algumas características têm somente duas formas distintas, como os sexos masculino e feminino. O conjunto dessas duas formas é chamado dimorfismo (*di*, dois). O polimorfismo (*poly*, muitos) ocorre quando um gene tem três ou mais alelos que persistem em uma população em alta frequência (maior que 1%). Os alelos ABO que determinam o tipo sanguíneo humano são um exemplo.

Você aprendeu sobre padrões hereditários. A mutação é a fonte de novos alelos. Outros eventos embaralham os alelos existentes em combinações diferentes, mas que mistura é essa! Existem 10.116.446.000 de combinações possíveis de alelos humanos. A menos que você tenha um gêmeo idêntico, é altamente improvável que outra pessoa, com a sua formação genética exata, já tenha vivido ou vá viver no futuro.

Outro ponto sobre a natureza do patrimônio genético: a prole herda um *genótipo*, não um fenótipo. As pressões ambientais podem causar variação na gama de fenótipos, mas esses efeitos não duram mais do que o indivíduo que os possui.

Tabela 9.1 Eventos Genéticos na Herança

Evento Genético	Efeito
Mutação	Fonte de novos alelos
Crossing-over na meiose I	Introduz novas combinações de alelos nos cromossomos
Segregação independente na meiose I	Mistura de cromossomos maternos e paternos
Fertilização	Combina alelos do pai e da mãe
Mudanças no número ou estrutura dos cromossomos	Transposição, duplicação ou perda de cromossomos

Mutação revisitada

Sendo uma fonte original de novos alelos, as mutações merecem mais um pouco de atenção – dessa vez dentro do contexto de seu impacto nas populações. Não podemos prever quando ou em que indivíduo um gene em particular sofrerá mutação. No entanto, podemos prever a taxa média de mutação de uma espécie, que é a probabilidade de que uma mutação ocorra em um determinado intervalo. Em seres humanos, essa taxa é de aproximadamente 175 mutações por pessoa por geração.

Muitas mutações dão origem a alterações estruturais, funcionais ou comportamentais que reduzem as chances de um indivíduo de sobreviver e se reproduzir. Até mesmo uma pequena alteração bioquímica pode ser devastadora. Por exemplo, a pele, os ossos, os tendões, os pulmões, os vasos sanguíneos e outros órgãos dos vertebrados incorporam a proteína colágeno. Se o gene do colágeno mudar e alterar a função da proteína, o corpo inteiro pode ser afetado. Uma mutação que muda dramaticamente o fenótipo é chamada **mutação letal**, pois geralmente resulta em morte.

Uma **mutação neutra** muda a sequência de base no DNA, mas a alteração não tem efeito na sobrevivência ou reprodução. Não auxilia nem prejudica o indivíduo. Por exemplo, se você carrega uma mutação que mantém os lóbulos da sua orelha junto a sua cabeça em vez de mantê-los longe, os lóbulos próximos à cabeça não impediriam a sobrevivência ou reprodução. Assim, a seleção natural não afeta a frequência dessa mutação em particular em uma população.

Ocasionalmente, uma mudança no ambiente favorece uma mutação anteriormente neutra ou ainda uma nova mutação benéfica surge. Por exemplo, uma mutação que afeta o crescimento pode fazer com que um pé de milho cresça mais ou mais rápido e, portanto, oferece melhor acesso à luz do sol e aos nutrientes. Mesmo se uma mutação benéfica oferecer apenas uma pequena vantagem, a seleção natural pode aumentar sua frequência em uma população com o decorrer do tempo.

Mutações têm alterado genomas por bilhões de anos. Cumulativamente, elas dão origem à surpreendente biodiversidade da Terra. Pense nisto. O motivo para você não se parecer com uma bactéria ou com um abacate ou minhoca ou até mesmo com seu vizinho começou com mutações que ocorreram em diferentes linhas de descendência.

Estabilidade e alteração na frequência dos alelos

Pesquisadores rastreiam a **frequência de alelos**: as abundâncias relativas de alelos de um determinado gene entre todos os indivíduos de uma população. Começam a partir de um ponto de referência teórico, chamado **equilíbrio gênico**, que ocorre quando uma população não está evoluindo em relação a um gene. O equilíbrio gênico perfeito só pode ocorrer se todas essas condições forem satisfeitas: mutações nunca acontecem; a população é infinitamente grande; a população fica isolada de todas as outras populações da mesma espécie; todos os indivíduos se combinam aleatoriamente; e todos os indivíduos da população sobrevivem e produzem exatamente o mesmo número de descendentes.

Como você pode imaginar, todas as cinco condições nunca são satisfeitas na natureza; assim, as populações naturais nunca estão em equilíbrio gênico. **Microevolução** ou mudança em pequena escala na frequência de alelos ocorre continuamente em populações naturais, pois os processos que a impulsionam estão sempre ocorrendo. Este capítulo explora os processos microevolutivos – mutação, seleção natural, deriva genética e fluxo gênico – e seus efeitos.

Para pensar

Quais os mecanismos que impulsionam a evolução?

- Caracterizamos parcialmente uma população natural ou espécie pelas características morfológicas, fisiológicas e comportamentais. A maioria das características possui uma base herdável.
- Diferentes alelos podem dar origem a variações em fenótipos – as diferenças nos detalhes de características estruturais, funcionais e comportamentais compartilhadas.
- Os alelos de todos os indivíduos em uma população abrangem um conjunto de recursos genéticos – ou seja, um patrimônio genético.
- Mutação, seleção natural e outros processos microevolutivos afetam as frequências de alelos em um local genético na população.
- Populações naturais estão sempre evoluindo, o que significa que as frequências de alelos em seu patrimônio genético estão sempre mudando com as gerações.

9.2 Um olhar mais aproximado no equilíbrio gênico

- Os pesquisadores sabem se uma população está ou não evoluindo pelo rastreamento de desvios a partir da linha de referência do equilíbrio gênico.

A Fórmula de Hardy-Weinberg Logo no início do século XX, Godfrey Hardy (um matemático) e Wilhelm Weinberg (um físico) aplicaram independentemente as regras de probabilidade a populações que se reproduziam sexuadamente. Eles perceberam que os patrimônios genéticos permanecem estáveis somente quando cinco condições são satisfeitas:

1. Mutações não ocorrem.
2. A população é infinitamente grande.
3. A população é isolada de todas as outras populações da espécie (não há fluxo gênico).
4. O acasalamento é aleatório.
5. Todos os indivíduos sobrevivem e produzem o mesmo número de descendentes.

Essas condições nunca ocorrem de uma vez na natureza. Assim, as frequências de alelos para qualquer gene em um patrimônio compartilhado sempre mudam. Contudo, podemos pensar em uma situação hipotética na qual as cinco condições sejam satisfeitas e uma população não esteja evoluindo.

Hardy e Weinberg desenvolveram uma fórmula simples que pode ser usada para rastrear se uma população de qualquer espécie sexuada está em um estado de equilíbrio gênico. Considere o rastreamento de um par hipotético de alelos que afetam a cor da asa da borboleta. Uma proteína pigmento é especificada pelo alelo dominante A. Se a borboleta herdar dois alelos AA, terá asas azul-escuras. Se ela herdar dois alelos recessivos (aa), terá asas brancas.

Se ela herdar um de cada (Aa), as asas serão de uma cor azul médio (Figura 9.3).

No equilíbrio gênico, as proporções dos genótipos da cor das asas são

$$p^2(AA) + 2pq(Aa) + q^2(aa) = 1,0$$

onde p e q são as frequências de alelos A e a. Essa equação se tornou conhecida como a equação de equilíbrio de Hardy-Weinberg. Ela define a frequência de um alelo dominante (A) e um alelo recessivo (a) para um gene que controla uma característica em particular em uma população.

As frequências de *A* e *a* devem somar 1,0. Para dar um exemplo específico, se *A* ocupar metade de todos os locais para esse gene na população, então *a* deve ocupar a outra metade (0,5 + 0,5 = 1,0). Se A ocupar 90% de todos os locais, então a deve ocupar 10% (0,9 + 0,1 = 1,0). Não importam as proporções.

$$p + q = 1,0$$

Lembre-se de que na meiose, alelos pareados são associados em gametas diferentes. A proporção de gametas com o alelo *A* é p e a proporção com alelo o *a* é q. O quadrado de Punnett na próxima página mostra os genótipos possíveis na próxima geração (*AA*, *Aa* e *aa*). Observe que as frequências dos três genótipos somam 1,0:

$$p^2 + 2pq + q^2 = 1,0$$

490 borboletas AA com asas azul-escuras
490 borboletas AA com asas azul-escuras
490 borboletas AA com asas azul-escuras

420 borboletas Aa com asas azul médio
420 borboletas Aa com asas azul médio
420 borboletas Aa com asas azul médio

90 borboletas aa com asas brancas
90 borboletas aa com asas brancas
90 borboletas aa com asas brancas

População inicial | Próxima geração | Próxima geração

Figura 9.3 Descobrindo se a população está evoluindo. As frequências de alelos da cor da asa entre todos os indivíduos nesta população hipotética de morfoborboletas não estão mudando; assim, a população não está evoluindo para esse traço.

	p Ⓐ	q ⓐ
p Ⓐ	AA (p^2)	Aa (pq)
q ⓐ	Aa (pq)	aa (q^2)

Suponha que a população tenha 1.000 indivíduos e que cada um produza dois gametas:

490 Indivíduos AA fazem 980 gametas A
420 Indivíduos Aa fazem 420 gametas A e 420 gametas a
90 Indivíduos aa fazem 180 gametas A

A frequência de alelos A e a entre 2.000 gametas é

$$A = \frac{980 + 420}{2.000 \text{ alelos}} = \frac{1.400}{2.000} = 0,7 = p$$

$$a = \frac{180 + 420}{2.000 \text{ alelos}} = \frac{600}{2.000} = 0,3 = q$$

Na fertilização, os gametas se combinam aleatoriamente e iniciam uma nova geração. Se o tamanho da população permanece constante em 1.000, haverá 490 indivíduos *AA*, 420 *Aa* e 90 *aa*. As frequências dos alelos para asas azul-escuras, azul médio e brancas são as mesmas que nos gametas originais. Assim, asas azul-escuro, azul médio e brancas ocorrem nas mesmas frequências na nova geração.

Enquanto as suposições que Hardy e Weinberg identificaram continuarem a ser mantidas, o padrão persistirá. Se características aparecem em proporções diferentes de uma geração para outra, porém, uma ou mais das cinco suposições não estará sendo satisfeita. Então a busca pode começar para as forças evolucionárias que direcionam a mudança.

Aplicando a Regra Como a fórmula de Hardy-Weinberg funciona no mundo real? Pesquisadores podem usá-la para estimar a frequência de portadores de alelos que causam características e distúrbios genéticos.

Como exemplo, a hematocromatose hereditária (HH) é o distúrbio genético mais comum entre pessoas de ascendência irlandesa. Os indivíduos afetados absorvem ferro demais dos alimentos. Os sintomas desse distúrbio recessivo autossômico incluem problemas hepáticos, fadiga e artrite. Um estudo na Irlanda descobriu que a frequência para um alelo que causa a HH é de 0,14. Se q = 0,14, então p é 0,86. Com base nesse estudo, a frequência de portador (2pq) pode ser calculada em cerca de 0,24. Essas informações são úteis para os médicos e profissionais da saúde pública.

Outro exemplo: uma mutação no gene BRCA2 tem sido associada ao câncer de mama em adultos. Um desvio das frequências de nascimento previstas pela fórmula de Hardy-Weinberd sugere que essa mutação também pode ter efeitos mesmo antes do nascimento. Em um estudo, os pesquisadores observaram a frequência da mutação entre meninas recém-nascidas. Eles descobriram menos homozigotas que o esperado, com base no número de heterozigotas e na fórmula de Hardy-Weinberg. Assim, parece que a forma homozigota da mutação prejudica a sobrevivência de embriões fêmeas.

9.3 Seleção natural revisitada

- A seleção natural é o processo de evolução mais influente.

O restante deste capítulo explora os mecanismos e efeitos de processos que direcionam a evolução, incluindo a seleção natural. **Seleção natural** é a sobrevivência e reprodução diferenciais entre indivíduos de uma população que varia nos detalhes de suas características compartilhadas. Ela influencia a frequência de alelos em uma população operando em fenótipos que têm uma base genética.

Observamos diferentes padrões de seleção natural, dependendo das pressões da seleção e organismos envolvidos. Às vezes, indivíduos com uma característica em um extremo de um limite de variação são desfavorecidos e aqueles na outra extremidade são favorecidos. Chamamos esse padrão de seleção direcional. Com a seleção de estabilização, as formas intermediárias são favorecidas e as formas extremas, desfavorecidas. Com a seleção disruptiva, formas nos extremos do limite de variação são favorecidas; formas intermediárias são desfavorecidas. Discutiremos esses três modelos de seleção natural, resumido na Figura 9.4, nas seções a seguir.

A Seção 9.6 explora a seleção sexual, um modo de seleção natural que opera em uma população influenciando o sucesso do cruzamento. Esta seção também discute o polimorfismo balanceado, um caso particular de seleção natural no qual indivíduos heterozigotos têm maior adaptabilidade em um certo ambiente do que os indivíduos homozigotos.

A seleção natural e outros processos de evolução podem alterar tanto uma população ou espécie a ponto de esta se tornar uma nova espécie. Discutiremos mecanismos de evolução das espécies em seções posteriores deste capítulo.

Lembre-se, mesmo que possamos reconhecer padrões de evolução, nenhum deles é intencional. A evolução é oportunista.

Figura 9.4 Três modos de seleção natural. As setas *vermelhas* indicam quais formas de uma característica estão sendo contrariadas; as *verdes*, formas que estão sendo favorecidas.

Para pensar

Como ocorre a evolução?

- A seleção natural, uma das forças motrizes da evolução, ocorre em padrões reconhecíveis dependendo dos organismos e seu ambiente.
- A evolução é um processo oportunista.

9.4 Seleção direcional

- Mudar as condições ambientais pode resultar em uma mudança direcional nas frequências de alelos.

Com a **seleção direcional**, as frequências de alelo mudam em uma direção consistente; assim, formas em uma extremidade de um limite de variação fenotípica se tornam mais comuns com o passar do tempo (Figura 9.5). Os exemplos a seguir mostram como as observações em campo fornecem evidência da seleção direcional.

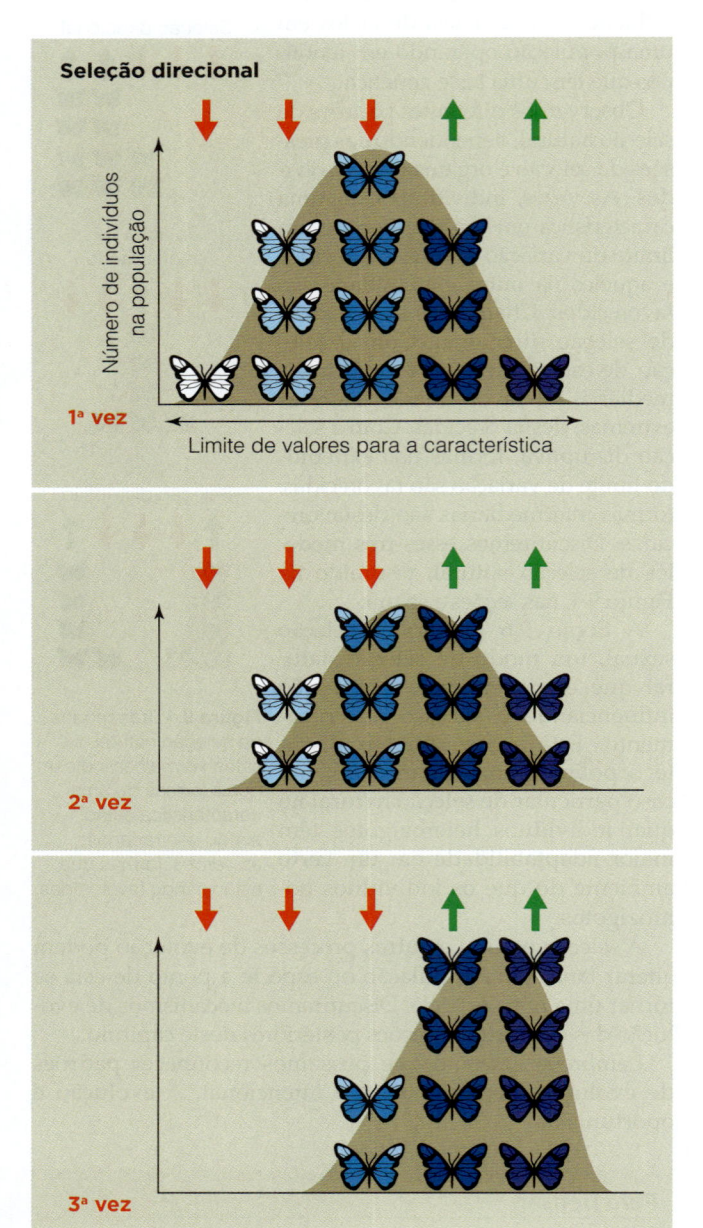

Figura 9.5 Seleção direcional. Essas curvas em forma de sino significam um limite de variação contínua em uma característica de cor na asa da borboleta. As setas *vermelhas* indicam quais formas estão sendo desfavorecidas; as *verdes*, formas que estão sendo favorecidas.

Efeitos da Predação

A Mariposa Salpicada Mariposas salpicadas (*Biston betularia*) se alimentam e cruzam à noite, e descansam imóveis nas árvores durante o dia. Seu comportamento e coloração as camuflam contra os pássaros que se alimentam delas durante o dia.

Mariposas com cores claras eram a forma mais comum na Inglaterra pré-industrial. Um alelo dominante que resultou na cor escura era raro. O ar era limpo e os liquens cinza-claro cresciam nos troncos e galhos da maioria das árvores. Mariposas claras eram camufladas quando descansavam nos liquens, mas as mariposas escuras não (Figura 9.6a).

Nos anos 1850, as mariposas escuras começaram a aparecer com mais frequência. Por quê? A revolução industrial tinha começado e a fumaça das fábricas que queimavam carvão estava começando a mudar o meio ambiente. A poluição do ar estava matando os liquens. Pesquisadores hipotetizaram que as mariposas escuras agora estavam mais bem camufladas que as mariposas claras contra os predadores nas árvores escurecidas pela fuligem (Figura 9.6b).

Nos anos 1950, H.B. Kettlewell usou um método de marcação-liberação-recaptura para testar a hipótese. Ele procriou formas de mariposas em cativeiro e marcou centenas delas de forma que pudessem ser facilmente identificadas depois de serem liberadas na natureza. Ele as soltou próximo às áreas altamente industrializadas ao redor de Birmingham e próximo à área não poluída de Dorset. Sua equipe recapturou mais escuras nas áreas poluídas e mais mariposas claras próximo à Dorset. Eles também observaram pássaros predatórios comendo mais mariposas claras em Birmingham e mais mariposas escuras em Dorset.

	Próximo a Birmingham (alta poluição)	Próximo a Dorset (baixa poluição)
Mariposas cinza-claro		
Soltas	64	393
Recapturadas	16 (25%)	54 (13,7%)
Mariposas cinza-escuro		
Soltas	154	406
Recapturadas	82 (53%)	19 (4,7%)

Controles de poluição entraram em vigor em 1952. Os troncos das árvores ficaram livres da fuligem e os liquens votaram a crescer. Os fenótipos da mariposa mudaram na direção oposta: sempre que a poluição diminuía, a frequência de mariposas escuras diminuía também. Muitos outros pesquisadores desde Kettlewell confirmaram o aumento e queda da forma escura da mariposa salpicada.

Camundongos-do-mato A seleção direcional vem operando entre as população de camundongos-do-mato, também chamados de ratos-canguru (*Chaetodipus intermedius*) no deserto de Sonora no Arizona. Os camundongos-do-mato são pequenos mamíferos que passam o dia dormindo em tocas subterrâneas. Eles saem para procurar sementes à noite.

Figura 9.6 Seleção natural de duas formas da mesma característica, coloração da superfície corporal, em dois cenários. (**a**) Mariposas claras (*Biston betularia*) no tronco de uma árvore sem fuligem são escondidas dos predadores. As escuras se destacam. (**b**) A cor escura é mais adaptativa em locais onde a fuligem escurece o tronco das árvores.

Os camundongos diferem na cor dos pelos: alguns são marrom-claro; outros são cinza-escuro. Em cerca de 80 genes que afetam a cor dos pelos nessa espécie, um gene é responsável pela diferença. Um alelo do gene resulta em pelos claros; o outro, em escuros.

O deserto de Sonora é dominado por afloramentos de granito marrom-claro. Também existem emendas de basalto escuro, restos de fluxos de lava antiga (Figura 9.7*a*). A maioria dos camundongos nas populações que habitam o granito marrom-claro possui pelos marrom-claro (Figura 9.7*b*). A maioria dos camundongos nas populações que habitam a rocha escura possui pelos cinza-escuro (Figura 9.7*c*).

Por quê? Em cada *habitat*, os indivíduos que combinam com a cor da rocha são camuflados contra seus predadores naturais. Corujas que voam à noite veem mais facilmente camundongos que não combinam com a cor da rocha, de forma que os camundongos não combinantes são eliminados preferencialmente em cada população. As corujas são agentes seletivos que mudam direcionalmente a frequência dos alelos de cor dos pelos nas populações de camundongos-do-mato.

Resistência a Antibióticos

Nossas tentativas em controlar o meio ambiente podem resultar em seleção direcional, como no caso dos ratos resistentes à warfarina. O uso de antibióticos é outro exemplo. Antibióticos matam bactérias. As estreptomicinas, por exemplo, bloqueiam a síntese de proteína em determinadas bactérias. As penicilinas interrompem a formação de ligações covalentes entre as glicoproteínas nas paredes celulares bacterianas. As paredes celulares que se formam na presença de penicilina são fracas e se rompem.

Quando seus avós ainda eram jovens, a febre escarlate, tuberculose e pneumonia causava 1/4 das mortes anuais. Desde os anos 1940, temos confiado nos antibióticos para combater essas e outras doenças bacterianas perigosas. Também as utilizamos em outras circunstâncias menos terríveis. Os antibióticos são usados preventivamente, tanto em humanos como em animais. Eles são parte das rações diárias de milhões de reses, porcos, frangos, peixes e outros animais que são mantidos em fazendas de criação.

Figura 9.7 Evidência visível de seleção direcional em populações de ratos-do-mato. (**a**) Ratos-do-mato que têm pelo escuro são mais comuns nessas áreas de rochas basálticas escuras. (**b**,**c**) Os dois tipos de cor de ratos-do-mato, cada um deles posicionado sobre rochas escuras e claras da área.

As bactérias evoluem a uma taxa acelerada em comparação aos seres humanos, em parte porque elas se reproduzem muito rapidamente. Por exemplo, as bactérias intestinais comuns *E. coli* podem se dividir a cada 17 minutos. Cada nova geração é uma oportunidade para mutação, assim o patrimônio genético de uma população bacteriana varia muito. Logo, é muito provável que algumas células sobrevivam a um tratamento antibiótico. Assim, a seleção natural assume. Um curso típico de duas semanas de antibióticos pode potencialmente exercer pressão de seleção sobre cerca de mil gerações de bactérias e cepas resistentes a antibióticos podem ser o resultado. Bactérias resistentes a antibióticos assolam hospitais e agora são muitas vezes encontradas em escolas. Mesmo enquanto os pesquisadores se mexem para encontrar novos antibióticos, essa tendência não é uma boa notícia para milhões de pessoas que contraem cólera, tuberculose ou outra doença bacteriana perigosa todos os anos.

Para pensar

Qual o efeito da seleção direcional?

- Com seleção direcional, as frequências de alelo que fundamentam um limite de variação mudam em uma direção consistente em resposta à pressão de seleção.

9.5 Seleção contra ou a favor de fenótipos extremos

- A seleção de estabilização é uma forma de seleção natural que mantém um fenótipo intermediário.
- A seleção disruptiva é uma forma de seleção natural que favorece formas extremas de uma característica.

A seleção natural pode causar um deslocamento direcional em uma gama de fenótipos de uma população. Dependendo do ambiente e dos organismos envolvidos, o processo também pode favorecer uma forma mediana de uma característica ou pode eliminar a forma mediana e favorecer os extremos.

Seleção de estabilização

Com a **seleção de estabilização**, uma forma intermediária de uma característica é favorecida e as formas extremas não são. Esse modo de seleção tende a preservar os fenótipos medianos em uma população (Figura 9.8). Por exemplo, o peso corporal de tecelões (*Philetairus socius*) está sujeito à seleção de estabilização (Figura 9.9). Pássaros tecelões cooperam para construir grandes ninhos comuns em áreas da savana africana. Entre 1993 e 2000, Rita Covas e seus colegas capturaram, rotularam, pesaram e soltaram pássaros vivendo em ninhos comuns antes de a estação de reprodução começar. Os pesquisadores então recapturaram e pesaram os pássaros sobreviventes depois que a estação de reprodução acabou.

Os estudos em campo de Covas indicaram que o peso corporal em tecelões sociáveis é uma permuta entre os riscos de fome e predação (Figura 9.9). Forragem não é fácil de ser encontrada no *habitat* esparso da savana africana, e os pássaros aprendizes não estocam gordura suficiente para evitar a fome.

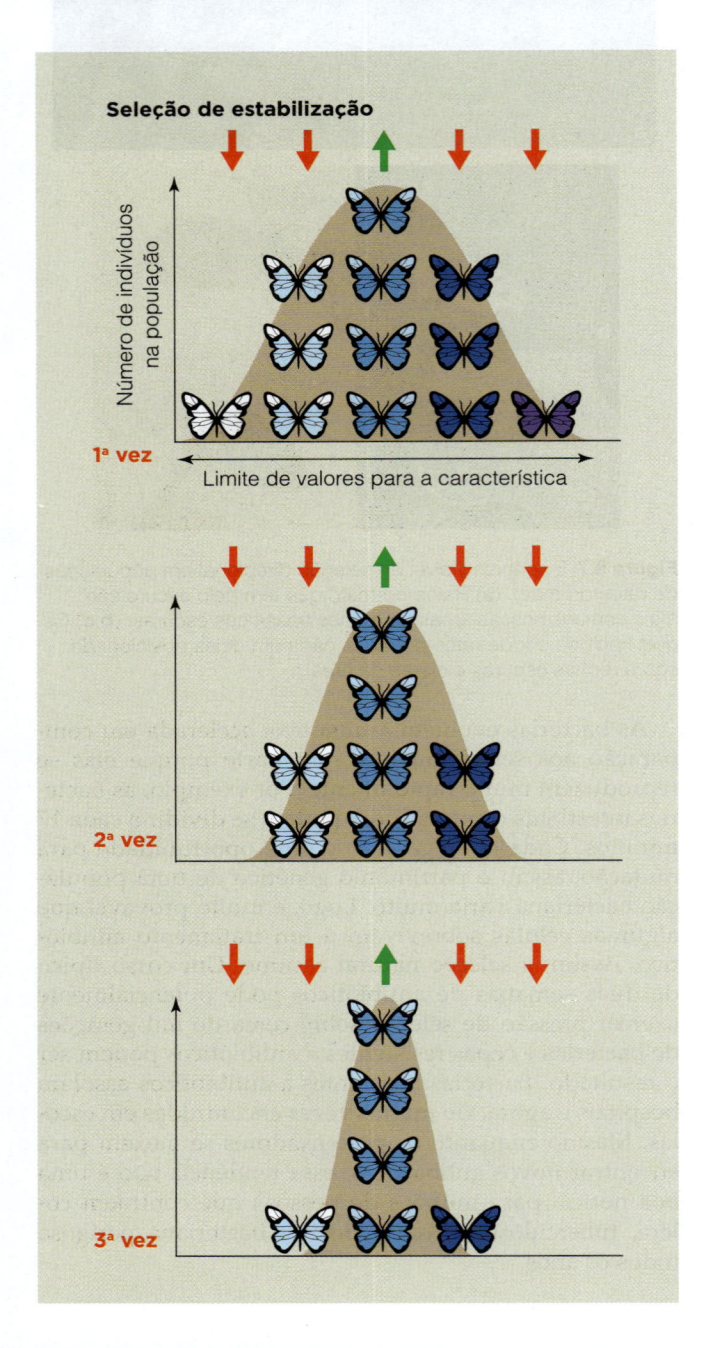

Figura 9.8 A seleção de estabilização elimina formas extremas de uma característica e mantém a predominância de um fenótipo intermediário em uma população. As setas *vermelhas* indicam quais formas estão sendo contrariadas; as *verdes*, formas que estão sendo favorecidas. Compare o conjunto de dados de experimento em campo mostrado na Figura 9.9.

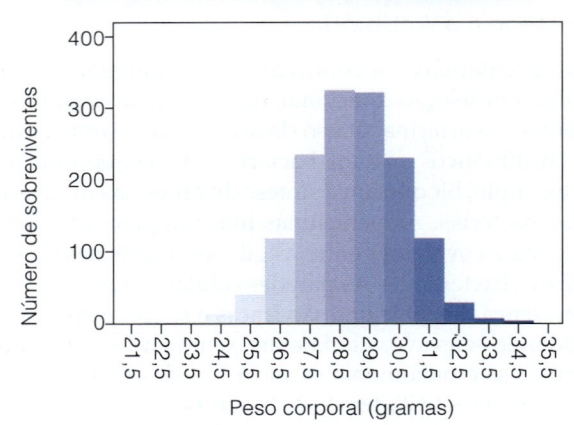

Figura 9.9 Seleção de estabilização em tecelões sociáveis. O gráfico mostra o número de pássaros (cerca de 977) que sobreviveram à estação de reprodução.
Resolva: Qual o peso ideal de um tecelão?

Resposta: Aproximadamente 29 gramas.

Figura 9.10 A seleção disruptiva elimina formas intermediárias de uma característica e mantém as formas extremas.

Um fornecimento de alimentos pequeno desfavorece os pássaros com baixo peso corporal. Pássaros mais gordos podem ser mais atraentes aos predadores e não tão ágeis para escapar. Os predadores selecionam pássaros de peso corporal alto. Assim, pássaros de peso intermediário têm a vantagem seletiva e compõem a maior parte das populações de tecelões sociáveis.

Seleção disruptiva

Com a **seleção disruptiva**, formas de uma característica em ambas as extremidades de um limite de variação são favorecidas e as formas intermediárias são desfavorecidas (Figura 9.11). Considere o tentilhão *Pyrenestes ostrinus*, nativo de Camarões, África. Nesses tentilhões, há uma base genética para bicos de um tamanho particular. Ambos, fêmeas e machos, têm bicos grandes ou bicos pequenos – mas não há tamanhos intermediários. Ambas as formas ocorrem na mesma região geográfica e os pássaros se reproduzem aleatoriamente no que tange ao tamanho do bico. É como se todo adulto humano tivesse 1,20 m ou 1,80 m de altura, com nada entre eles.

Fatores que afetam o desempenho de alimentação do *Pyrenestes* mantêm o dimorfismo no tamanho do bico. Os tentilhões se alimentam principalmente de sementes de dois tipos de junco, que é uma gramínea. Um junco produz sementes duras; o outro, sementes macias. Pássaros com bicos pequenos são melhores para abrir as sementes macias, mas os de bico grande são melhores para quebrar as duras. Todas as sementes são abundantes durante as estações úmidas em Camarões e todos os quebradores de sementes se alimentam de ambos os tipos de sementes. No entanto, as sementes do junco são escassas durante as estações secas da região. Nesses momentos, cada pássaro enfoca a alimentação de sementes que ele abre mais eficientemente. Pássaros com bicos pequenos se alimentam principalmente de sementes macias e os de bico grande se alimentam principalmente de sementes duras. Pássaros com bicos de tamanho intermediário não conseguem abrir qualquer tipo de semente tão eficientemente como outros pássaros, então têm menos probabilidade de sobreviver em estações secas.

Para pensar

Que tipos de seleção natural favorecem formas intermediárias ou extremas de características?

- Com a seleção de estabilização, um fenótipo intermediário é favorecido e formas extremas são eliminadas.
- Com a seleção disruptiva, uma forma intermediária de uma característica é desfavorecida e fenótipos extremos são favorecidos.

bico mais baixo com 12 mm de largura

bico mais baixo com 15 mm de largura

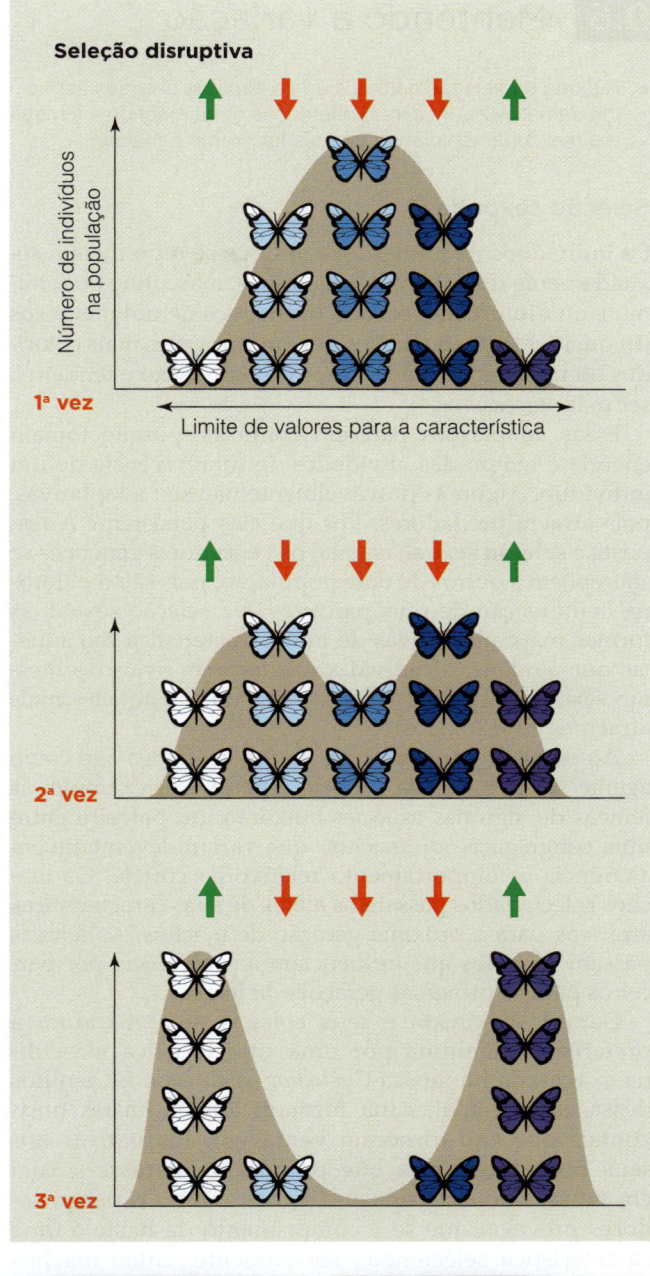

Figura 9.11 Nas populações de tentilhões quebra-sementes africanos, pássaros com bicos que medem aproximadamente 12 ou 15 milímetros são favorecidos. A diferença é um resultado da concorrência por alimentos escassos durante as estações secas.

9.6 Mantendo a variação

- A teoria da seleção natural ajuda a explicar diversos aspectos da natureza, incluindo diferenças entre machos e fêmeas e o relacionamento entre anemia falciforme e malária.

Seleção sexuada

Os indivíduos de muitas espécies que se reproduzem sexuadamente têm diferentes fenótipos, masculino ou feminino, ou **dimorfismo sexual**. Indivíduos de um dos sexos (frequentemente os machos) são muitas vezes mais coloridos ou maiores que indivíduos do outro sexo e tendem a ser mais agressivos.

Essas adaptações parecem confusas, porque tomam energia e tempo das atividades de sobrevivência de um indivíduo. Algumas provavelmente não são adaptativas, pois atraem predadores. Por que elas persistem? A resposta é **seleção sexual**, na qual os vencedores genéticos se sobrepõem a outros de uma população, pois são melhores na manutenção de seus parceiros. Na seleção sexual, as formas mais adaptativas de uma característica são aquelas que ajudam os indivíduos a derrotar rivais do mesmo sexo na disputa pelos parceiros ou são aqueles mais atraentes ao sexo oposto.

Ao escolher parceiros, um macho ou fêmea age como agente seletivo de sua própria espécie. Por exemplo, as fêmeas de algumas espécies buscarão um parceiro entre uma congregação de machos, que variam levemente em aparência e comportamento relativo ao cortejo. Os machos selecionados passam os alelos de suas características atrativas para a próxima geração de machos. As fêmeas passam os alelos que influenciam a preferência por parceiros para as próximas gerações de fêmeas.

Gerald Wilkinson e seus colegas demonstraram a preferência feminina por uma característica masculina exagerada na mosca *Cyrtodiopsis dalmanni*. Os olhos dessa espécie malasiana formam longas hastes horizontais que não fornecem vantagens adaptativas aos seus portadores, mas que provocam interesse sexual em moscas do sexo oposto (Figura 9.12). Os pesquisadores preveem que se o comprimento da haste é uma característica selecionada sexualmente, então machos com hastes mais longas seriam mais atraentes para as moscas fêmeas do que aqueles com hastes mais curtas. Eles acasalaram exemplares com hastes extralongas nos olhos e descobriram que esses machos eram os preferidos das moscas fêmeas. Esses experimentos mostram como características exageradas podem despertar a seleção sexual na natureza.

Fêmeas de muitas espécies originam prole com pouco auxílio dos machos. Nessas espécies, os machos tipicamente acasalam com uma fêmea e as fêmeas escolhem machos que exibem características específicas da espécie, que muitas vezes incluem partes do corpo diferenciadas ou comportamentos chamativos. Características chamativas podem ser um obstáculo físico e podem atrair predadores. Contudo, a sobrevivência de um macho chamativo, apesar de sua óbvia desvantagem em relação aos predadores, implica em saúde e vigor, duas características que provavelmente melhoram as chances da fêmea em ter uma prole saudável e vigorosa.

Os machos da espécie na qual ambos os sexos compartilham responsabilidades parentais geralmente não são excessivamente chamativos. O comportamento durante o namoro nessas espécies pode incluir demonstrações de capacidade de prover do macho, tais como oferecer materiais para o ninho ou alimentos para a fêmea.

Figura 9.12 Seleção sexual. Que hastes sexy nos olhos! Moscas com olhos saltados da espécie *Cyrtodiopsis dalmanni* se agrupam nas raízes aéreas para acasalar. As fêmeas se agrupam preferencialmente ao redor dos machos com olhos mais saltados. Esta foto, tirada em Kuala Lumpur, Malásia, mostra um macho com olhos bem saltados (acima) que conseguiu o interesse de três fêmeas abaixo dele.

Polimorfismo balanceado

Com a seleção de balanceamento, dois ou mais alelos de um gene persistem em alta frequência em uma população. Esse **polimorfismo balanceado** pode ocorrer quando condições no ambiente da população favorecem heterozigotos.

Considere o gene humano *Hb*, que codifica a cadeia beta da globina de hemoglobina. A hemoglobina é a proteína que transporta oxigênio no sangue. *HbA* é o alelo normal desse gene; o alelo *HbS* carrega uma mutação em particular que faz com que os homozigotos desenvolvam anemia falciforme. Indivíduos homozigotos para o alelo *HbS*, muitas vezes, morrem na adolescência ou por volta dos 20 anos. Apesar de ser prejudicial, o alelo *HbS* persiste em frequência muito alta entre as populações humanas em regiões tropicais e subtropicais da Ásia e África.

Por quê? Uma pista para a resposta é que as populações com maior frequência do alelo *HbS* também têm a maior incidência de malária (Figura 9.13). Mosquitos transmitem o agente parasita da malária, o *Plasmodium*, para hospedeiros humanos. O protozoário se multiplica no fígado e depois nas hemácias. As células se rompem e liberam novos parasitas durante fases severas e repetidas da doença.

Os heterozigotos *HbA*/*HbS* têm maior probabilidade de sobreviver à malária do que pessoas que produzem somente hemoglobina normal. São possíveis diversos mecanismos. Por exemplo, células infectadas de heterozigotos assumem uma forma de foice. O formato anormal traz células infectadas à atenção do sistema imunológico, que as destrói – juntamente com os parasitas que elas abrigam. Células infectadas de homozigotos *HbA*/*HbA* não assumem essa forma e o parasita permanece escondido do sistema imunológico.

A persistência do alelo *HbS* pode ser uma questão de males relativos. Malária e anemia falciforme são ambas potencialmente letais. Em áreas onde a malária é comum, heterozigotos *HbA*/*HbS* têm maior probabilidade de sobrevivência e reprodução que os homozigotos *HbA*/*HbA*. Os heterozigotos não são completamente saudáveis, mas produzem hemoglobina normal suficiente para sobreviver. Com malária ou não, eles têm mais probabilidade de viver o suficiente para se reproduzir que os homozigotos *HbS*/*HbS*. O resultado é que quase um terço dos indivíduos que vivem na maioria das regiões afetadas pela malária no mundo são heterozigotos *HbA*/*HbS*.

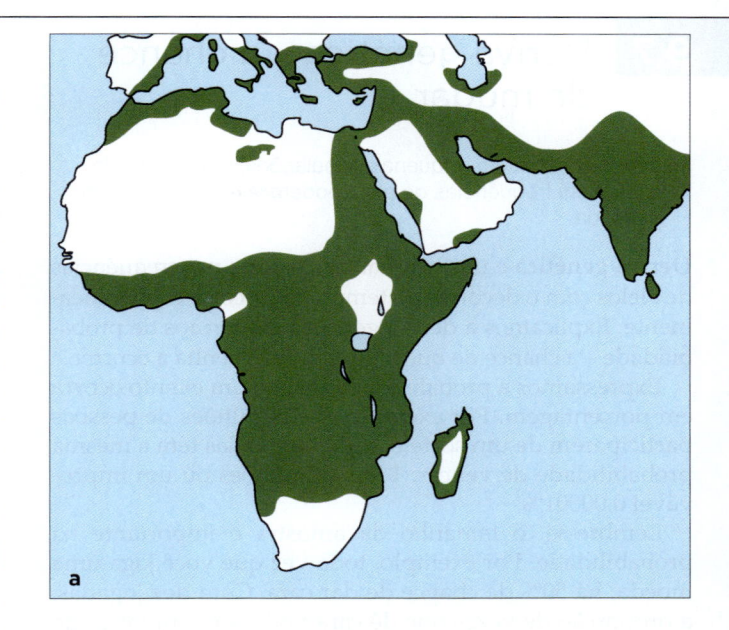

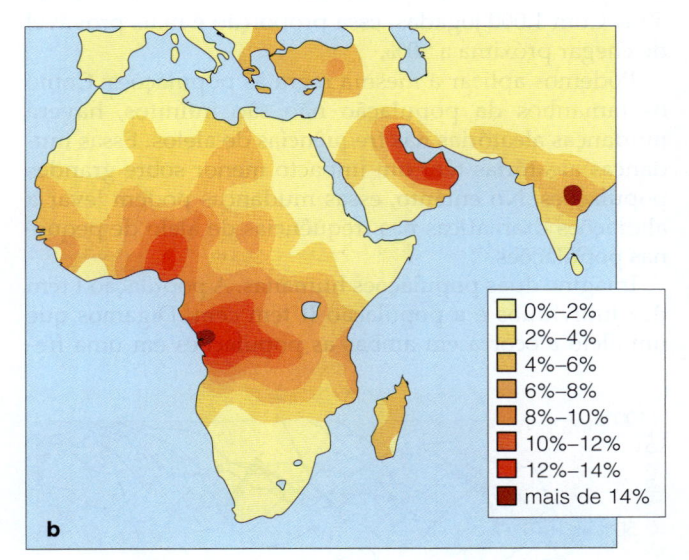

Figura 9.13 Malária e anemia falciforme. (**a**) Distribuição de casos de malária (*verde*) relatada na África, Ásia e Oriente Médio nos anos 1920, antes do início de programas de controle de mosquitos que transmitem o *Plasmodium*. (**b**) Distribuição (por porcentagem) de pessoas portadoras do alelo da anemia falciforme. Observe a correlação próxima entre os mapas.

Para pensar

Como a seleção natural mantém a variação?

- Com a seleção sexual, alguma versão de uma característica dá a um indivíduo uma vantagem sobre os outros na manutenção de parceiros. O dimorfismo sexual é um resultado da seleção sexual.
- Polimorfismo balanceado é um estado no qual a seleção natural mantém dois ou mais alelos em frequências relativamente altas.

9.7 Deriva genética – a chance de mudar

- Especialmente em pequenas populações, mudanças aleatórias em frequências de alelo podem levar à diversidade genética.

Deriva genética é uma mudança aleatória nas frequências de alelos com o decorrer do tempo, que ocorre espontaneamente. Explicamos a deriva genética em termos de probabilidade – a chance de que algum evento venha a ocorrer.

Expressamos a probabilidade de que um evento ocorra em porcentagem. Por exemplo, se 10 milhões de pessoas participarem de um sorteio, cada uma delas tem a mesma probabilidade de vencer: 1 em 10 milhões ou um improvável 0,00001%.

Lembre-se, o tamanho da amostra é importante na probabilidade. Por exemplo, toda vez que você joga uma moeda, há 50% de chance de dar cara. Com dez jogadas, a proporção de vezes que dê cara pode ser bem longe de 50%. Com 1.000 jogadas, essa proporção é mais provável de chegar próxima a 50%.

Podemos aplicar a mesma regra às populações. Como os tamanhos da população não são infinitos, haverá mudanças aleatórias nas frequências de alelos. Essas mudanças aleatórias têm um impacto menor sobre grandes populações. No entanto, essas mudanças podem levar a alterações dramáticas nas frequências de alelo de pequenas populações.

Imagine duas populações humanas. A população I tem dez indivíduos e a população II tem cem. Digamos que um alelo *b* ocorra em ambas as populações em uma frequência de 10%. Somente uma pessoa carrega o alelo na população I. Se essa pessoa não se reproduzir, o alelo *b* se perderá na população. No entanto, dez pessoas na população II carregam o alelo. Todas as dez teriam de morrer sem se reproduzir para que o alelo se perdesse na população II. Assim, a chance de que a população I perca o alelo *b* é maior que para a população II. Steven Rich e seus colegas demonstraram esse efeito em populações de besouros (Figura 9.14).

A mudança aleatória nas frequências de alelo pode levar à perda da diversidade genética e da condição homozigótica. Ambos os resultados da deriva genética são possíveis em todas as populações, mas são mais prováveis nas pequenas. Quando todos os indivíduos de uma população são homozigotos para um alelo, dizemos que ocorreu a **fixação**. Uma vez fixado o alelo, sua frequência não mudará novamente a menos que uma mutação ou fluxo gênico introduza novos alelos.

Gargalos e o efeito fundador

A deriva genética é pronunciada quando alguns indivíduos reconstroem uma população ou iniciam uma nova, como o que ocorre depois de um **gargalo** – uma redução drástica no tamanho da população trazida por pressão severa. Suponha que uma doença contagiosa, perda de *habitat* ou caça excessiva tenha quase dizimado uma população. Mesmo se um número moderado de indivíduos sobreviver, as frequências de alelo terão sido alteradas aleatoriamente.

Por exemplo, o elefante-marinho do hemisfério norte (*Mironga angustirostris*) já esteve em vias de extinção, com apenas 20 sobreviventes conhecidos no mundo nos anos 1890.

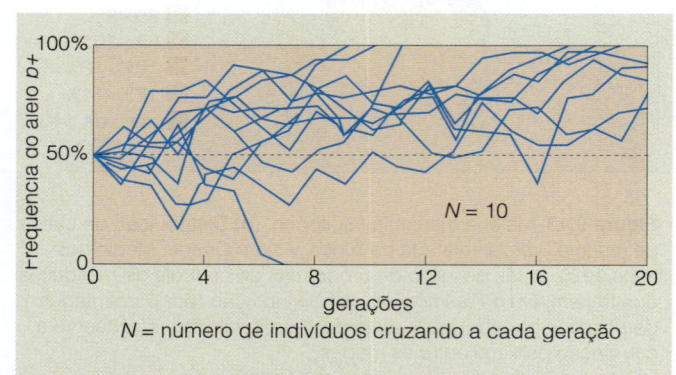

a O tamanho dessas populações de besouros foi mantido em 10 indivíduos de cruzamento. O alelo *b+* se perdeu em uma população (uma linha gráfica termina em 0).

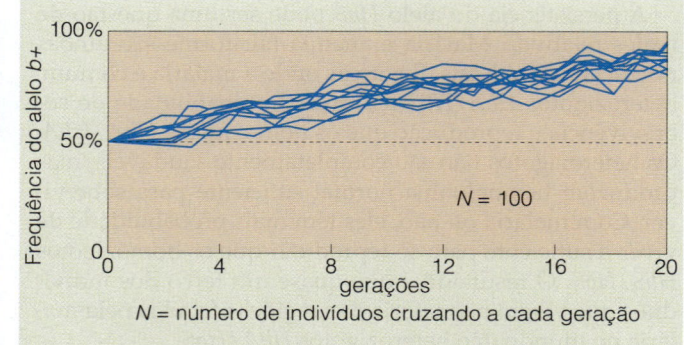

b O tamanho dessas populações foi mantido em 100 indivíduos. A mudança nessas populações foi menor que nas populações pequenas em (**a**).

Figura 9.14 Efeito do tamanho da população sobre a deriva genética em besouros (*Tribolium castaneum*, mostrado à esquerda em um floco de cereal). Besouros homozigotos para o alelo *b* foram cruzados com besouros homozigotos para o alelo *b+* do tipo selvagem. Indivíduos F1 (b+b) foram divididos em populações de (**a**) 10 ou (**b**) 100 machos e fêmeas aleatoriamente selecionados; os tamanhos da população foram mantidos por 20 gerações.

As linhas gráficas em (**b**) são mais suaves que em (**a**), indicando que a deriva foi maior nos conjuntos de 10 besouros e menor nos conjuntos de 100. Observe que a frequência média de alelo *b+* surgiu na mesma taxa em ambos os grupos, uma indicação de que a seleção natural também funcionou: o alelo *b+* foi pouco favorecido.

Resolva: Em quantas populações o alelo *b+* se fixou?

Resposta: Seis.

Restrições à caça implantadas desde então permitiram que a população se recuperasse para cerca de 170 mil indivíduos. Cada um desses elefantes-marinhos é homozigoto para todos os genes analisados, mostrando uma perda do patrimônio genético da população.

Os efeitos da deriva genética podem ser pronunciados quando um grupo pequeno de indivíduos inicia uma nova população. Se o grupo não é representativo da população original em termos de frequências de alelo, a nova população fundada não será representativa também. Esse resultado é chamado **efeito fundador**. Se o grupo fundador era muito pequeno, a diversidade genética da nova população pode ser muito reduzida. Por exemplo, imagine um foco de lírios amarelos e rosa em um continente. Por acaso, um pássaro marinho pousa em um lírio amarelo e algumas sementes aderem à sua plumagem. O pássaro voa para uma ilha remota e deixa cair as sementes. A maioria das sementes tem o alelo para flores amarelas. As sementes brotam e uma população pequena e isolada de lírios se estabelece; a maioria das plantas têm flores amarelas. Na ausência de fluxo gênico para a cor da flor, a deriva genética pode fixar o alelo para flores amarelas na população da ilha.

Os efeitos da deriva genética também são pronunciados em populações naturais. **Cruzamentos** consanguíneos são o cruzamento ou emparceiramento entre parentes próximos, que compartilham um grande números de alelos. Os cruzamentos consanguíneos aumentam a frequência de indivíduos homozigotos, reduzindo a diversidade genética de uma população. A maioria das sociedades desencoraja ou proíbe o incesto (cruzamento entre pais e filhos ou entre irmãos), mas entre parentes mais distantes, como primos, muitas vezes acontece.

Como exemplo, podemos citar a Velha Ordem Amish no Município de Lancaster, Pensilvânia. O povo Amish se casa somente com outros membros Amish; o casamento com outros grupos não é permitido. Essa população tem alta frequência, não comum, de um alelo associado à síndrome de Ellis-van Creveld. Entre outros problemas mais graves, os indivíduos afetados por essa síndrome têm dedos extra nas mãos ou pés. O alelo em particular que afeta a população de Lancaster foi rastreado para um homem e sua esposa, que estavam em um grupo de 400 Amish que imigraram para os Estados Unidos em meados dos anos 1700. Como resultado do efeito fundador e cruzamentos consanguíneos desde então, cerca de uma em oito pessoas na população é agora heterozigota para o alelo, e uma em 200 é homozigota.

9.8 Fluxo gênico

- Indivíduos, juntamente com seus alelos, entram e saem de populações. O fluxo de alelos antecipa mudanças genéticas que tendem a ocorrer dentro de uma população.

Indivíduos da mesma espécie nem sempre permanecem na mesma área geográfica ou na mesma população. Uma população pode perder alelos quando indivíduos a deixam permanentemente, um ato chamado emigração. Uma população ganha alelos quando indivíduos se mudam constantemente para ela, um ato chamado imigração. **Fluxo gênico**, o movimento de alelos entre populações, ocorre em ambos os casos. O fluxo gênico é um processo microevolucionário que antecipa os efeitos evolutivos de mutações, seleção natural e deriva genética. É mais pronunciado entre populações de animais, que tendem a ser mais móveis, mas também ocorre em populações vegetais.

Considere as bolotas que os gaios azuis dispersam quando colhem nozes para o inverno. A cada outono, os gaios visitam repetidamente os carvalhos que contêm as bolotas, depois as enterram no solo de seus territórios, que podem ter até uma milha de tamanho (Figura 9.15). Os gaios transferem as bolotas – e os alelos dentro delas – entre populações de carvalhos que, do contrário, seriam geneticamente isoladas.

Figura 9.15 Gaio azul, um movimentador de bolotas que ajuda a manter os genes fluindo entre populações separadas de carvalho.

Muitos oponentes da engenharia genética se preocupam com o fluxo gênico de organismos transgênicos em populações selvagens. O fluxo já está ocorrendo: o gene *bt* e os genes resistentes a herbicidas foram encontrados em ervas daninhas e colheitas de plantas não modificadas adjacentes aos campos de teste de plantas transgênicas. Os efeitos em longo prazo desse fluxo gênico não são conhecidos atualmente.

Para pensar

O que é deriva genética?

- Deriva genética é uma mudança aleatória nas frequências de alelo no decorrer das gerações. A magnitude de seu efeito é maior em pequenas populações.

Para pensar

O que é fluxo gênico?

- Fluxo gênico é o movimento físico de alelos para dentro e para fora de uma população, por meio de imigração e emigração. Tende a antecipar os efeitos evolutivos de mutação, seleção natural e deriva genética em uma população.

9.9 Isolamento reprodutivo

- A especiação difere em seus detalhes, mas os mecanismos de isolamento reprodutivo são sempre parte do processo.

Existem enormes diferenças entre espécies, tais como em petúnias e baleias, besouros e emas e assim por diante. Esses organismos parecem tão diferentes que é fácil distingui-los. Suas linhagens separadas provavelmente divergiram há tanto tempo que muitas mudanças se acumularam neles. Organismos que compartilham um ancestral mais recente podem ser muito mais difíceis de distinguir (Figura 9.16).

O biólogo evolucionário Ernst Mayr definiu uma espécie como um ou mais grupos de indivíduos que podem potencialmente cruzar entre si, produzir prole fértil e não cruzar com outros grupos. Esse "conceito de espécie biológica" é útil para distinguir espécies que se reproduzem sexuadamente como mamíferos, mas não é universalmente aplicável. Por exemplo, nem todas as populações de uma espécie realmente continua a se cruzar. Podemos nunca chegar a saber se duas populações separadas por uma grande distância poderia realmente se cruzar, mesmo se elas fossem reunidas.

Figura 9.16 Quatro borboletas, duas espécies: Quais são elas? Duas formas das espécies *Heliconius melpomene* estão na fileira *acima*; duas *H. erato* estão na fileira abaixo.

Além disso, as populações frequentemente continuam a cruzar mesmo enquanto divergem em espécies separadas. O ponto é: uma "espécie" é uma construção conveniente, mas artificial da mente humana.

Na natureza, espécies que se reproduzem sexuadamente conquistam e mantêm identidades separadas por **isolamento reprodutivo** – o fim das trocas genéticas entre as populações. Novas espécies surgem pelo processo evolutivo da **especiação**, que começa quando cessa o fluxo gênico entre as populações. Depois, as populações divergem geneticamente à medida que a mutação, seleção natural e deriva genética operam em cada uma independentemente. A especiação pode ocorrer após um período muito longo de divergência ou após uma geração (como frequentemente ocorre entre plantas com flores, por poliploidia).

Mecanismos de isolamento reprodutivo surgem à medida que as populações divergem (Figura 9.17). Esses mecanismos são aspectos hereditários de forma do corpo, função ou comportamento que evita o cruzamento consanguíneo entre as espécies. Mecanismos de isolamento pré-zigóticos evitam a polinização ou acasalamento e os mecanismos de isolamento pós-zigóticos frequentemente resultam em híbridos fracos ou inférteis. Ambos reforçam diferenças entre populações divergentes.

Mecanismos de isolamento pré-zigótico

Isolamento Temporal Populações divergentes não podem ser intercruzadas se o '*timing*' ou ritmo de sua reprodução diferir. Três espécies de cigarras (*à direita*) se alimentam de raízes enquanto amadurecem no subsolo. A cada 17 anos, elas emergem para se reproduzir. Cada uma tem espécies-irmãs com forma e comportamento quase idênticos. Contudo, as irmãs emergem em um ciclo de 13 anos. Uma espécie e suas irmãs poderiam cruzar entre si – exceto pelo fato de que elas só se encontram a cada 221 anos!

Isolamento Mecânico Partes do corpo de uma espécie podem não combinar fisicamente com as de outras espécies que poderiam ser parceiras ou polinizadoras. Por exemplo, a *Salvia mellifera* (sálvia negra) e a *S. apiana* (sálvia branca) crescem nas mesmas áreas, mas os híbridos raramente se formam, pois as flores das duas espécies se especializaram para polinizadores diferentes (Figura 9.18).

Espécies diferentes!

a

Mecanismos de isolamento pré-zigóticos

- Isolamento temporal: indivíduos de diferentes espécies se reproduzem em tempos diferentes.
- Isolamento mecânico: os indivíduos não conseguem acasalar ou polinizar em função de incompatibilidades físicas.
- Isolamento comportamental: indivíduos de diferentes espécies ignoram ou não percebem as "pistas" necessárias para o sexo.
- Isolamento ecológico: indivíduos de diferentes espécies vivem em locais diferentes e nunca se encontram.

Eles cruzam mesmo assim.

b

- Incompatibilidade de gametas: as células reprodutoras se encontram, mas não ocorre a fertilização.

O zigoto se forma, mas...

c

Mecanismos de isolamento pós-zigótico

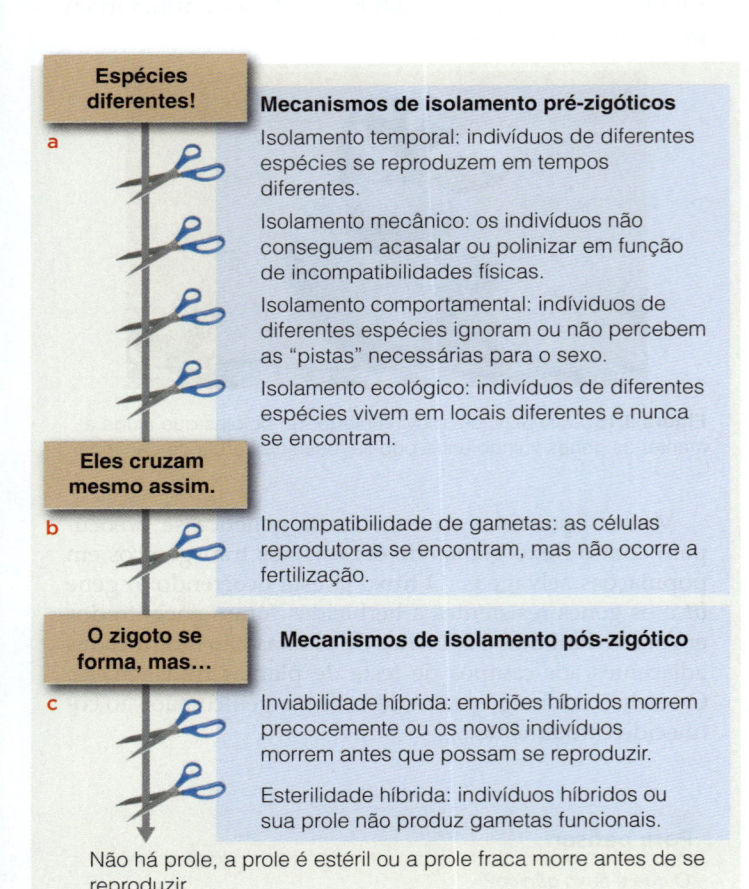

- Inviabilidade híbrida: embriões híbridos morrem precocemente ou os novos indivíduos morrem antes que possam se reproduzir.
- Esterilidade híbrida: indivíduos híbridos ou sua prole não produz gametas funcionais.

Não há prole, a prole é estéril ou a prole fraca morre antes de se reproduzir.

Figura 9.17 Mecanismos de isolamento reprodutivo, que evitam o intercruzamento: barreiras à (**a**) reunião, acasalamento ou polinização; (**b**) fertilização bem-sucedida; e (**c**) sobrevivência, adequabilidade ou fertilidade de embriões ou descendentes.

Figura 9.18 Isolamento mecânico: *à esquerda*, as flores da sálvia negra, *Salvia mellifera*, são muito pequenas para suportar zangões; elas são polinizadas por abelhas menores. *À direita*, os anteras portadoras de pólen das flores de sálvia branca (*S. apiana*) são as pontas de filamentos que se projetam acima das pétalas. As abelhas que pousam nesta flor são pequenas demais para alcançar as anteras, assim, qualquer abelha maior poliniza a sálvia branca.

Partes portadoras de pólen (anteras) de flores de sálvia branca se localizam no final de longos filamentos que se estendem acima das pétalas. As anteras ficam muito altas acima das flores para que as abelhas que pousam nas pétalas recebam o pólen. Assim, pequenas abelhas não conseguem polinizar a sálvia. Essa flor é polinizada principalmente por zangões e outras abelhas grandes. Abelhas grandes têm dificuldade em encontrar equilíbrio nas flores pequenas de sálvia negra; essa espécie é polinizada principalmente por abelhas pequenas.

Isolamento Comportamental Diferenças comportamentais interrompem o fluxo gênico entre espécies relacionadas. Por exemplo, machos e fêmeas de algumas espécies de pássaros se engajam em exibições de cortejo antes do sexo. Uma fêmea reconhece o canto, o abrir de asas ou o prumo de um macho de sua espécie como um prelúdio para o sexo. Fêmeas de diferentes espécies geralmente ignoram esse comportamento.

Isolamento Ecológico Populações adaptadas a diferentes microambientes na mesma área podem ser ecologicamente isoladas. Por exemplo, em Sierra Nevada, duas espécies de manzanitas (uma planta do gênero *Arctostaphylos*) raramente hibridizam. Uma que é melhor adaptada para conservar água habita as encostas secas e rochosas das colinas. A outra vive em encostas mais baixas onde o estresse de água não é tão intenso. A separação significa polinização cruzada improvável.

Incompatibilidade de Gametas As células reprodutivas de diferentes espécies podem ter incompatibilidades moleculares, assim a fertilização não ocorre. Essa pode ser a rota de especiação primária de animais que fertilizam seus ovos liberando espermatozoides que nadam livremente em um *habitat* aquático.

Mecanismos de isolamento pós-zigótico

Viabilidade Híbrida Reduzida Quando as populações divergem, os genes também divergem. Até mesmo cromossomos de espécies que divergiram recentemente podem ter diferenças importantes. Assim, um zigoto híbrido pode ter genes extra ou faltantes ou genes com produtos incompatíveis. Em qualquer um dos casos, seu desenvolvimento provavelmente não ocorrerá corretamente e o embrião resultante morrerá prematuramente. A prole híbrida pode ter adequabilidade reduzida, tal como ocorre com a prole de leões e tigres, que têm mais problemas de saúde e menor expectativa de vida do que indivíduos de qualquer uma das espécies parentais.

Fertilidade Híbrida Reduzida Alguns cruzamentos interespécies produzem prole robusta, mas estéril. Por exemplo, a prole de uma égua (64 cromossomos) que cruzou com um burro (62 cromossomos) é uma mula. Os 63 cromossomos da mula não emparelham uniformemente durante a meiose, assim esse animal produz poucos gametas viáveis.

Quebra Híbrida O cruzamento de híbridos férteis frequentemente produz prole com menor adequabilidade a cada geração sucessiva. Uma combinação equivocada entre DNA nuclear e mitocondrial pode ser a causa (DNA mitocondrial é herdado somente da mãe).

Para pensar

Como as espécies conquistam e mantêm identidades separadas?

- Especiação é um processo evolutivo pelo qual novas espécies se formam. Varia em detalhes e duração, mas o isolamento reprodutivo é sempre parte do processo.
- Indivíduos de uma determinada espécie são mais isolados reprodutivamente do que de indivíduos de outras espécies.

9.10 Especiação alopátrica

- No modo de especiação mais comum, uma barreira física surge e interrompe o fluxo gênico entre populações.

Toda espécie é um resultado único de seu próprio histórico e meio ambiente. Assim, a especiação não é um processo previsível como uma reação metabólica; ela acontece de uma maneira única cada vez que acontece. Contudo, podemos identificar alguns princípios subjacentes.

Mudanças genéticas que levam a uma nova espécie geralmente começam com separação física entre populações, assim a **especiação alopátrica** pode ser o modo mais comum pelo qual novas espécies se formam (*allo* significa diferente; *patria*, terra-mãe). Por esse modo de especiação, uma barreira física separa duas populações e impede o fluxo gênico entre elas. Assim, os mecanismos de isolamento reprodutivo surgem, e mesmo se as populações se encontrarem novamente, seus indivíduos não são capazes de cruzar.

O bloqueio do fluxo gênico por uma barreira geográfica depende dos meios de deslocamento de um organismo ou do modo como seus gametas se dispersam. Populações da maioria das espécies são separadas pela distância e o fluxo gênico entre elas é geralmente intermitente. Barreiras que surgem abruptamente podem interromper o fluxo completamente. Por exemplo, A Grande Muralha da China cortou o fluxo gênico entre plantas polinizadas pelo vento quando foi construída. A análise de DNA mostra que populações de árvores, arbustos e ervas em ambos os lados da muralha agora estão divergindo geneticamente.

O registro fóssil sugere que o isolamento geográfico também acontece lentamente. Por exemplo, ocorreu depois que grandes geleiras avançaram para a América do Norte e Europa durante as eras do gelo e dividiram as populações de plantas e animais. Depois que essas geleiras retrocederam, os descendentes de populações relacionadas se encontraram novamente. Divergências genéticas não eram muitas entre algumas populações separadas; seus descendentes ainda podiam cruzar. Porém os descendentes de algumas outras populações não podiam mais cruzar. O isolamento reprodutivo havia levado à especiação.

Você também se lembra de como a crosta terrestre é fraturada em placas gigantes? Movimentos lentos e colossais inevitavelmente alteram as configurações das massas de terra. À medida que a América Central se formou, parte de uma bacia oceânica antiga ergueu-se e se transformou em uma ponte de terra – agora chamada Istmo do Panamá. Alguns camelídeos atravessaram a ponte para a América do Sul. A separação geográfica levou a novas espécies: lhamas e vicunhas (Figura 9.19).

Arquipélagos convidativos

Um arquipélago é uma cadeia de ilhas a alguma distância de um continente. Florida Keys e outras cadeias de ilhas são tão próximas à terra que o fluxo gênico é mais ou menos desimpedido, assim há pouca especiação. As ilhas havaianas, as Ilhas Galápagos e alguns outros arquipélagos não são próximos à terra firme. Essas ilhas remotas e isoladas são o topo de vulcões que começaram a se acumular no fundo do mar e acabaram chegando à superfície do oceano. Podemos presumir que suas superfícies abrasadoras eram inicialmente áridas e sem vida.

Correntes de vento ou correntes oceânicas carregaram indivíduos de algumas espécies da terra firme para essas ilhas (Figura 9.20).

Figura 9.19 Especiações alopátricas. Os primeiros camelídeos, não maiores que um coelho, evoluíram nas pradarias do Eoceno e desertos da América do Norte. Ao final do Mioceno, eles incluíam o atualmente extinto Procamelus. Registros fósseis e estudos comparativos indicam que o Procamelus pode ter sido o ancestral comum das lhamas (**a**), vicunhas (**b**) e camelos (**c**). Uma linhagem de descendentes se dispersou na África e Ásia e evoluiu até os camelos modernos. Uma linhagem diferente, ancestral das lhamas e vicunhas, se dispersou pela América do Sul depois que uma ponte terrestre se formou entre os dois continentes.

À esquerda, a Terra no fim do Eoceno, antes que a ponte terrestre tenha se formado entre a América do Norte e América do Sul. A América do Norte e Eurásia ainda estavam conectadas por uma ponte terrestre naquela época.

a Alguns indivíduos de uma espécie do continente chega à ilha isolada 1. No novo *habitat*, as populações de seus descendentes divergem e a especiação ocorre.

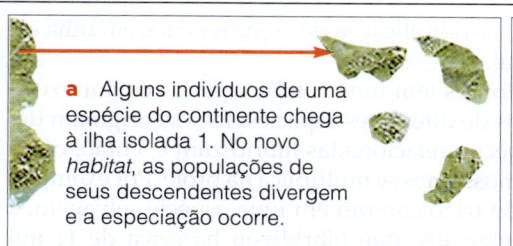

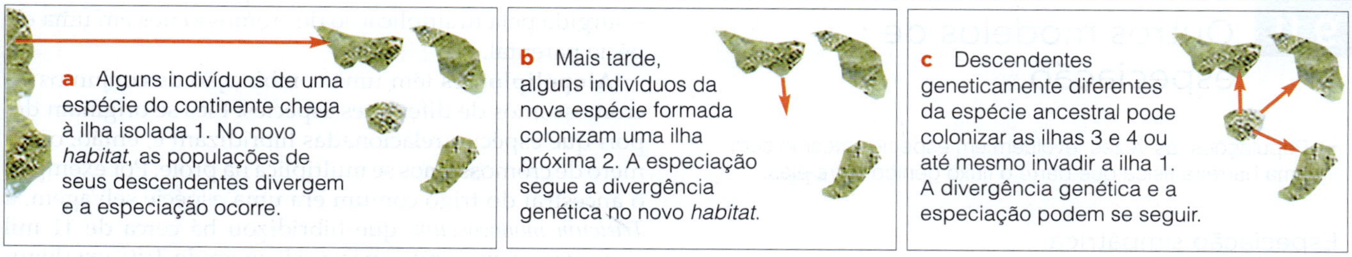

b Mais tarde, alguns indivíduos da nova espécie formada colonizam uma ilha próxima 2. A especiação segue a divergência genética no novo *habitat*.

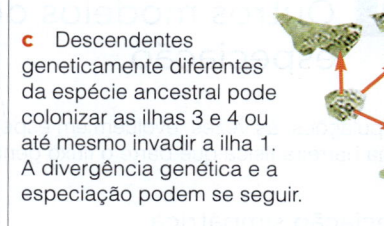

c Descendentes geneticamente diferentes da espécie ancestral pode colonizar as ilhas 3 e 4 ou até mesmo invadir a ilha 1. A divergência genética e a especiação podem se seguir.

Akepa (*Loxops coccineus*)
Insetos, aranhas dos brotos retirados com o bico, um pouco néctar; floresta tropical das montanhas altas

Akekee (*L. caeruleirostris*)
Insetos, aranhas, néctar; floresta tropical das montanhas altas

Tentilhão Nihoa (*Telespiza ultima*)
Insetos, brotos, sementes, flores, ovos de aves marinhas; encostas rochosas ou cheias de arbustos

Palila (*Loxioides bailleui*)
Sementes de mamane retiradas de vagens; brotos, flores, algumas frutas, insetos; florestas secas das montanhas altas

Maui parrotbill (*Pseudonestor xanthophrys*)
Corta galhos secos em busca de larvas de insetos, pupas, lagartas; floresta montanhosa com copa aberta, folhagem densa

Apapane (*Himatione sanguinea*)
Néctar, especialmente das flores ohia-lehua; lagartas e outros insetos; aranhas; florestas das montanhas altas

Poouli (*Melamprosops phaeosoma*)
Caracóis das árvores, insetos no sub-bosque; último macho conhecido morto em 2004

Maui Alauahio (*Paroreomyza montana*)
Insetos da casca e folhas, um pouco de néctar; floresta tropical das montanhas altas

Kauai Amakihi (*Hemignathus kauaiensis*)
Selecionador de cascas; insetos, aranhas, néctar; floresta tropical nas montanhas altas

Akiapolaau (*Hemignathus munroi*)
Procura e retira insetos escondidos em grandes árvores; floresta tropical das montanhas altas

Akohekohe (*Palmeria dolei*)
Maioria néctar de árvores com flores, alguns insetos, pólen; floresta tropical das montanhas altas

Iiwi (*Vestiaria coccinea*)
Maioria néctar, alguns insetos; floresta tropical das montanhas altas

Figura 9.20 (a–c) Especiação alopátrica em um arquipélago isolado. Acima, 12 das 57 espécies e subespécies conhecidas como "honeycreeps" havaianos, com algumas preferências alimentares e de *habitat*. Os bicos desses pássaros são adaptados para se alimentar de insetos, sementes, frutas, néctar em copos florais e outros alimentos. Estudos morfológicos e comparações de sequências de DNA cromossômicos e mitocondriais para proteínas sugerem que o ancestral de todos os "honeycreeps" havaianos assemelha-se ao tentilhão (*Carpodacus*).

Seus descendentes colonizam outras ilhas na cadeia. *Habitat* e pressões de seleção que diferem dentro e entre as ilhas ocasionam divergências que resultam em especiação alopátrica. Mais tarde, novas espécies podem retornar às ilhas colonizadas por seus ancestrais.

A grande ilha do Havaí se formou a menos de 1 milhão de anos atrás. Seus *habitats* vão de antigos leitos de lava, florestas tropicais e pradarias a vulcões cobertos de neve. Os primeiros pássaros a colonizar a ilha encontraram um banquete de frutas, sementes, néctares, insetos – e poucos concorrentes. A quase ausência de concorrência em uma abundância de *habitats* livres incentivaram a especiação rápida. A Figura 9.20 sugere a variação que surgiu entre os "honeycreeps" (aves) havaianos. Assim como milhares de outras espécies, eles são únicos (endêmicos) no Havaí.

Como outro exemplo de sua potencial especiação, as ilhas havaianas formam somente 0,01% da massa de terra total do mundo, sendo que 40% das 1.450 espécies de *Drosophila* (mosca-da-fruta) conhecidas surgiram lá.

Para pensar

Qual o modo mais comum de especiação?

- Com a especiação alopátrica, uma barreira física que surge entre as populações de uma espécie evita o fluxo gênico entre elas. À medida que o fluxo gênico acaba, divergências genéticas dão origem a novas espécies.

9.11 Outros modelos de especiação

- Populações, às vezes, evoluem em espécies mesmo sem uma barreira física que barre o fluxo gênico entre elas.

Especiação simpátrica

Na **especiação simpátrica**, novas espécies se formam dentro dos limites de distribuição de uma espécie existente, na ausência de uma barreira física. *Sym*– significa junto.

A **Especiação por Poliploidia** pode ocorrer em um instante, com uma mudança no número de cromossomos. Às vezes, células somáticas multiplicam seus cromossomos, mas não se dividem durante a mitose. Ou a não disjunção na meiose resulta em gametas com um número não reduzido de cromossomos. Células que resultam desses eventos são **poliploides**: elas têm três (3n) ou mais conjuntos de cromossomos característicos de sua espécie.

A poliploidia ocorre espontaneamente nas plantas, mas é rara em animais. Plantas poliploides são muitas vezes produzidas artificialmente pelo tratamento de brotos ou sementes com colchicina. Essa substância impede a formação de microtúbulos e evita a montagem do eixo durante a mitose ou meiose. Assim, os cromossomos não conseguem se separar. Plantas poliploides tendem a ser maiores e mais robustas que as diploides.

Em alguns casos, um indivíduo poliploide dá origem a uma população inteira. Por exemplo, células poliploides que surgem em uma planta podem se proliferar e formar brotos e flores. Se as flores se autofertilizarem, uma nova espécie pode surgir. A nova espécie será **autopoliploide** – surgida pela multiplicação de cromossomos em uma espécie parental.

Alopoliploides têm uma combinação de conjuntos de cromossomos de diferentes espécies. Eles se originam depois que espécies relacionadas hibridizam e, então, o número de cromossomos se multiplica na prole. Por exemplo, o ancestral do trigo comum era uma espécie selvagem, a *Triticum monococcum*, que hibridizou há cerca de 11 mil anos atrás com outra espécie selvagem de *Triticum* (Figura 9.21). Uma duplicação espontânea de cromossomo no híbrido resultante deu origem ao *T. turgidum*, uma espécie alopoliploide com dois conjuntos de cromossomos. Outra hibridização levou ao trigo comum, a *T. aestivum*.

Muitas vezes, poliploides não produzem prole fértil pelo cruzamento com espécies parentais; os cromossomos mal combinados emparelham de forma anormal durante a meiose. Algumas plantas poliploides são cruzadas com pais diploides para produzir prole estéril que são valiosas para a agricultura. Melões sem sementes são produzidos dessa maneira.

Cerca de 95% das samambaias se originaram por poliploidia; 70% das plantas com flores são agora poliploides, bem como algumas coníferas, alguns insetos e outros artrópodes, moluscos, peixes, anfíbios e répteis.

Outros Exemplos Especiação sem barreira física para fluxo gênico pode ocorrer sem mudança no número de cromossomos. Por exemplo, as espécies irmãs *Howea forsteriana* e *H. belmoreana*, pequenas palmeiras de uso ornamental, divergiram aproximadamente 2 milhões de anos atrás (Figura 9.22). As palmeiras ainda são abundantes em seu *habitat* natural, na Ilha Lord Howe. A ilha é tão pequena que o isolamento geográfico das palmeiras polinizadas pelo vento não é possível, assim sua especiação não pode ter sido alopátrica.

Triticum monococcum (trigo "einkorn") 14AA × espécie desconhecida de *Triticum* 14BB → duplicação espontânea de cromossomo 14AB → *T. turgidum* (trigo "emmer" selvagem) 28AABB × *T. tauschii* (um parente selvagem) 14DD → *T. aestivum* (um dos trigos comuns de pão) 42AABBDD

a Há 11 mil anos, os seres humanos cultivavam trigos selvagens. O trigo "einkorn" tem um número de cromossomos diploide de 14 (dois conjuntos de 7). Ele provavelmente hibridizou com outra espécie de trigo selvagem com o mesmo número de cromossomos.

b Cerca de 8 mil anos atrás, o trigo "emmer" selvagem alopoliploide originou-se de uma planta de trigo híbrida AB na qual o número de cromossomos dobrou. O trigo "emmer" selvagem é tetraploide ou AABB; ele tem dois conjuntos de 14 cromossomos. Há recente interesse culinário no trigo "emmer", também chamado de trigo farro.

c O trigo "emmer" AABB provavelmente hibridizou com o *T. tauschii*, um parente selvagem do trigo. Seu número de cromossomos diploides é 14 (dois conjuntos de 7 DD). Os trigos utilizados para fazer pão comum têm um número de cromossomos de 42 (seis conjuntos de 7 AABBDD).

Figura 9.21 Especiação simpátrica presumida no trigo. Grãos de trigo de 11 mil anos e trigo selvagem diploide foram encontrados no Oriente Médio e a análise de cromossomos indica que eles foram hibridizados. Posteriormente, em um híbrido autofertilizante, cromossomos homólogos não se separaram na meiose, produzindo prole poliploide fértil. Um descendente poliploide hibridizado com uma espécie selvagem. Fazemos pão com os grãos de seus descendentes híbridos.

Figura 9.22 Especiação simpátrica em palmeiras. (**a**) A Ilha Lord Howe é tão pequena que o isolamento geográfico da espécie de palmeira polinizada pelo vento é impossível. (**b**) A palmeira *Howea forsteriana* e a (**c**) palmeira *H. belmoreana* podem ter evoluído geneticamente por isolamento reprodutivo.

O que interrompeu o fluxo gênico entre as duas espécies? Diferenças no pH dos solos da ilha podem ser parte da resposta. A maioria das palmeiras *H. forsteriana* cresce em partes baixas da ilha, onde o pH do solo é básico. As *H. belmoreana* crescem em solos vulcânicos, que são mais ácidos. As palmeiras que crescem no solo básico florescem seis semanas antes que as palmeiras de solo ácido. Podemos presumir que alguns indivíduos de uma espécie de palmeira ancestral que colonizou regiões baixas da ilha começaram a florescer antes da hora. Se a ilha era tão pequena como é agora, o isolamento reprodutivo temporal teria ocorrido sem uma barreira física. A seleção disruptiva teria reforçado a divergência das duas populações.

Ocorreu especiação simpátrica também com as aves "felosas" da Sibéria (*Phylloscopus trochiloides*). Uma cadeia de populações desse pássaro forma um anel ao redor do Tibet. Populações adjacentes se intercruzam, mas pequenas diferenças genéticas entre elas se somam, gerando divergências maiores entre as populações mais distantes. Essa "espécie em Anel" apresenta um paradoxo para aqueles que gostam de categorias puras: populações nas extremidades da cadeia não podem cruzar; assim, são espécies tecnicamente diferentes. Porém, ocorre fluxo gênico continuamente em todo o anel. Onde fica a linha que divide as duas espécies? Ao todo existem mais de 20 "espécies em anel" conhecidas no mundo.

Isolamento em zonas híbridas

A **especiação parapátrica** pode ocorrer quando uma população se estende por uma ampla região que abrange diversos *habitats*. Os diferentes *habitats* exercem pressões de seleção distintas sobre partes da população e o resultado pode ser divergências que levam à especiação. Híbridos que se formam em uma zona de contato entre *habitats* são menos adequados que indivíduos em um dos lados. Um exemplo é mostrado na Figura 9.23.

Para pensar

Pode ocorrer especiação sem barreira física que interrompa o fluxo gênico?

- Por um modelo de especiação simpátrico, novas espécies surgem a partir de uma população mesmo na ausência de uma barreira física.
- Por um modelo de especiação parapátrico, populações que mantêm contato ao longo de uma fronteira evoluem em espécies distintas.

Figura 9.23 Exemplo de especiação parapátrica. Os *habitats* de duas espécies raras de vermes onicóforos, (**a**)*Tasmanipatus barretti* e (**b**) *T. anophthalmus*, cobrem parcialmente uma zona híbrida da ilha da Tasmânia (**c**). A prole híbrida é estéril. Essa população híbrida pode ser o principal motivo de essas duas espécies estarem mantendo identidades separadas na ausência de uma barreira física entre seus *habitats*.

9.12 Macroevolução

- A macroevolução inclui padrões de mudança, tais como uma espécie que origina diversas espécies, a origem de grupos maiores e eventos de extinção importantes.

Padrões de macroevolução

A microevolução descreve mudanças genéticas dentro de uma única espécie ou população. **Macroevolução** é o nome para padrões evolutivos em uma escala maior. Plantas com flores (angiospermas) evoluíram a partir de plantas com sementes (espermatófitas), animais com quatro patas (tetrápodes) evoluíram a partir dos peixes, pássaros evoluíram a partir dos dinossauros – todos são exemplos de macroevolução que ocorreu durante milhões de anos.

Figura 9.24 Espécies coevoluídas. A orquídea *Angraecum sesquipedale*, descoberta em Madagascar em 1852, armazena seu néctar na base de um tubo floral de 30 centímetros de comprimento. Charles Darwin previu que alguém poderia, posteriormente, descobrir um inseto em Madagascar com uma probóscide longa o suficiente para alcançar o néctar e polinizar a flor. Décadas mais tarde, a mariposa-esfinge *Xanthopan morgani praedicta* foi descoberta em Madagascar. Sua probóscide mede 30-35 cm.

Coevolução O processo pelo qual interações ecológicas próximas entre duas espécies fez com que elas evoluíssem conjuntamente é a **coevolução**. Cada espécie age como um agente de seleção sobre a outra e cada uma se adapta às mudanças na outra. Com o passar do tempo evolucionário, as duas espécies se tornam tão dependentes que não podem mais sobreviver uma sem a outra. Conhecemos muitas espécies coevoluídas de predador e presa, hospedeiro e parasita, polinizador e flor (Figura 9.24).

Estase No padrão macroevolucionário mais simples, a **estase**, uma linhagem persiste por milhões de anos, com pouca ou nenhuma alteração. Por exemplo, um tipo de peixe antigo com nadadeira lobada, o celacanto, tinha sido extinto há, pelo menos, 70 milhões de anos. Pelo menos era o que se pensava, até que um pescador pegou um celacanto vivo em 1938. O celacanto moderno é quase idêntico às espécies fósseis de 100 milhões de anos.

Exaptação Uma grande novidade evolutiva tipicamente emerge da adaptação de uma estrutura existente a um fim completamente diferente. Esse padrão macroevolucionário é chamado pré-adaptação ou **exaptação**. Algumas características complexas em espécies modernas tinham valores adaptativos diferentes nas linhagens ancestrais. Em outras palavras, algumas características eram usadas para fins muito diferentes do que são hoje. Por exemplo, penas que permitem os pássaros modernos voarem são derivadas das penas que evoluíram em princípio em alguns dinossauros. Esses dinossauros não poderiam ter usado suas penas para voar, mas provavelmente as usaram para isolamento. Penas em dinossauros foram uma pré-adaptação para as penas que auxiliam o voo em pássaros.

Radiação Adaptativa Uma explosão de divergências a partir de uma única linhagem é chamada **radiação adaptativa** e leva a muitas novas espécies. Esse modelo evolucionário deu origem aos "honeycreepers" havaianos (Figura 9.20). A radiação adaptativa só ocorre quando uma linhagem encontra um conjunto de novos nichos. Pense em um nicho como um modo de vida, como "cavar em sedimentos do fundo do mar" ou "pegar insetos voadores à noite."

Uma linhagem que encontra um novo conjunto de nichos tende a se diversificar com o passar do tempo. Divergências genéticas dão origem a muitas novas espécies que preenchem os nichos. Uma linhagem pode encontrar novos nichos quando alguns de seus indivíduos ganham acesso físico a um novo *habitat*, por exemplo, migrando para uma região diferente. Ou eventos geológicos ou climáticos, às vezes, mudam um *habitat* existente de forma a transformá-lo. Por exemplo, os mamíferos já estiveram distribuídos por regiões tropicais do supercontinente Pangea, que mais tarde se dividiu em continentes que se distanciaram há milhões de anos.

Mudanças em *habitats* e recursos nos continentes à medida que eles se dirigiam a diferentes partes do globo fizeram o cenário para radiações adaptativas das espécies que transportavam.

Algumas mudanças genéticas podem permitir que indivíduos de uma linhagem entrem em novos nichos dentro de seu *habitat* existente. Os nichos já existiam, mas não tinham sido explorados antes da mudança. Uma **inovação chave** é uma modificação estrutural ou funcional que oferece ao seu portador a oportunidade de explorar um *habitat* mais eficientemente ou de um modo novo. Por exemplo, muitos novos nichos se abriram para os ancestrais dos pássaros depois que eles começaram a usar suas partes emplumadas para voar.

Extinção De acordo com estimativas atuais, mais de 99% de todas as espécies que já viveram estão agora **extintas** ou irrevogavelmente perdidas. Além das extinções contínuas em pequena escala, os registros fósseis indicam que existiram mais de 20 **extinções em massa**, que são perdas de muitas linhagens. Estas incluem cinco eventos catastróficos nos quais a maioria das espécies da Terra desapareceu. Depois de cada evento, as radiações adaptativas preencheram nichos vagos com novas espécies. A biodiversidade se recuperou muito lentamente, em cerca de dez milhões de anos (Figura 9.25).

Teoria evolutiva

Os biólogos não duvidam que a macroevolução ocorra, mas muitos discordam sobre como ela ocorre. Contudo, ao escolhermos categorizar os processos evolutivos, temos em mente que as mesmas mudanças genéticas podem estar na raiz de toda evolução, rápida ou lenta, em grande ou pequena escala. Saltos dramáticos na morfologia, se não forem artefatos de lacunas nos registros fósseis, podem ser o resultado de mutações em genes homeóticos ou outros. Macroevolução pode incluir, ou não, mais eventos do que a microevolução. Pode ser um acúmulo de muitos eventos microevolutivos ou pode ser um processo completamente diferente. Os biólogos evolucionários podem discordar com esta ou aquela hipótese, mas todos estão tentando explicar a mesma coisa: como todas as espécies estão relacionadas, por descendência, a partir de ancestrais comuns.

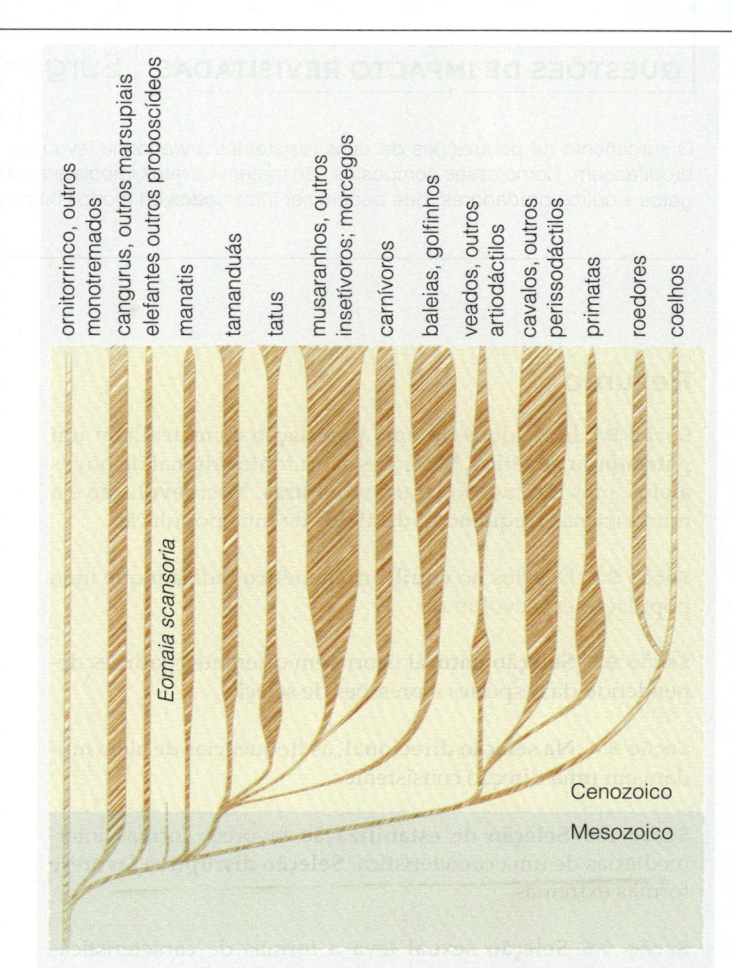

Figura 9.25 Diagrama evolucionário mostrando a radiação adaptativa de mamíferos seguindo o evento extintivo K–T. A largura dos ramos indica o limite de biodiversidade em cada grupo em momentos diferentes. Mostramos somente uma amostra de mamíferos modernos. Toda a linhagem de mamíferos inclui mais de 4 mil espécies modernas.
A fotografia mostra um fóssil de *Eomaia scansoria* (termo grego para "mãe escaladora antiga"), completo com a impressão do pelo. Há aproximadamente 125 milhões de anos, esse comedor de insetos do tamanho de um rato rastejava sobre os galhos baixos. Pensa-se que uma ramificação desta linhagem levou aos mamíferos atuais.

Para pensar

O que é macroevolução?

- Macroevolução abrange padrões de mudança evolutiva em larga escala, tais como radiações adaptativas, a origem de grupos maiores e perdas pela extinção.

QUESTÕES DE IMPACTO REVISITADAS | Surgimento dos Super-ratos

O surgimento de populações de ratos resistentes à warfarina levou ao desenvolvimento de anticoagulantes de segunda geração, como o brodifacoum. Como esses compostos não matam os ratos imediatamente, ratos envenenados podem ser presas de corujas, falcões, águias, gatos e outros predadores, que podem ser intoxicados ou mortos como resultado.

Resumo

Seção 9.1 Indivíduos de uma **população** compartilham um **patrimônio genético**. Mutações são a fonte original de novos **alelos**, mas muitas são **letais** ou **neutras**. **Microevolução** é a mudança nas **frequências de alelos** de uma população.

Seção 9.2 Desvios no **equilíbrio genético** indicam que uma população está evoluindo.

Seção 9.3 **Seleção natural** ocorre em diferentes padrões dependendo das espécies e pressões de seleção.

Seção 9.4 Na **seleção direcional**, as frequências de alelo mudam em uma direção consistente.

Seção 9.5 **Seleção de estabilização** favorece formas intermediárias de uma característica. **Seleção disruptiva** favorece formas extremas.

Seção 9.5 **Seleção sexual** leva a formas de características que realçam o sucesso reprodutivo. **Dimorfismo sexual** é um dos resultados. No **polimorfismo balanceado**, alelos não idênticos para uma característica são mantidos em frequências relativamente altas.

Seção 9.7 **Deriva genética** pode levar à perda de diversidade genética ou **fixação**. É pronunciada em populações pequenas ou de **intercruzamentos**, como aqueles que ocorrem depois de **gargalos** evolucionários. Um gargalo é um tipo de **efeito fundador**.

Seção 9.8 **Fluxo gênico** engloba os efeitos de mutação, seleção natural e deriva genética.

Seção 9.9 Indivíduos de espécies que se reproduzem sexuadamente podem cruzar com êxito sob condições naturais, produzir prole fértil e ser reprodutivamente isolados de outras espécies. **Isolamento reprodutivo** tipicamente ocorre depois que o fluxo gênico para. Divergências levam à **especiação** (Tabela 9.2).

Seção 9.10 Na **especiação alopátrica**, uma barreira geográfica interrompe o fluxo gênico entre populações. Divergências genéticas então dão origem a novas espécies.

Seção 9.11 Com a **especiação simpátrica**, populações em contato físico evoluem geneticamente. Espécies **poliploides** de muitas plantas (e alguns animais) se originaram por duplicações cromossômicas e hibridizações. Na **especiação parapátrica**, populações em contato ao longo de uma fronteira comum evoluem geneticamente.

Seção 9.12 **Macroevolução** inclui padrões e evolução em larga escala. Com a **estase**, uma linhagem muda muito pouco durante o tempo evolucionário. Na **exaptação**, uma linhagem usa uma estrutura para uma finalidade diferente daquela de seus ancestrais. Uma **radiação adaptativa** é a diversificação rápida em novas espécies, que ocupam novos nichos. Uma **inovação chave** é uma modificação que permite a exploração de um novo meio ambiente de uma ou mais maneiras eficientes. **Coevolução** ocorre quando duas espécies agem como agentes de seleção uma sobre a outra. A maioria das espécies que já existiu está **extinta**. **Extinções em massa** ocorreram diversas vezes na história da vida.

Tabela 9.2 Diferentes modelos de especiação

	Alopátrico	Simpátrico	Parapátrico
População original			
Evento iniciador	barreira surge	mudança genética	novo nicho acessado
Isolamento reprodutivo	em isolamento	dentro da população	no novo nicho
Nova espécie			

Questões *Respostas no Apêndice III*

1. Indivíduos não evoluem, _____ sim.
2. Os biólogos definem evolução como _____.
    a. mudança proposital em uma linhagem
    b. mudança hereditária em uma linha de descendência
    c. aquisição de características durante a vida do indivíduo
3. _____ é a fonte original de novos alelos.
    a. Mutação
    b. Seleção natural
    c. Deriva genética
    d. Fluxo gênico
    e. Todas são fontes originais de novos alelos

Exercício de análise de dados

A partir de 1990, infestações de ratos no noroeste da Alemanha começaram a se intensificar apesar do uso continuado de veneno contra roedores. Em 2000, Michael H. Kohn e seus colegas analisaram a genética das populações de rato selvagem em Munique. Para parte da pesquisa, eles coletaram ratos selvagens em cinco cidades e testaram esses ratos quanto à resistência à warfarina e bromadiolona anticoagulante de segunda geração. Os resultados são exibidos na Figura 9.26.

1. Em qual das cinco cidades os ratos eram mais suscetíveis à warfarina?
2. Qual cidade teve a maior porcentagem de ratos selvagens resistentes ao anticoagulante?
3. Qual era a porcentagem de ratos em Olfen resistente à warfarina?
4. Em que cidade você acha que a aplicação de bromadiolona era mais intensiva?

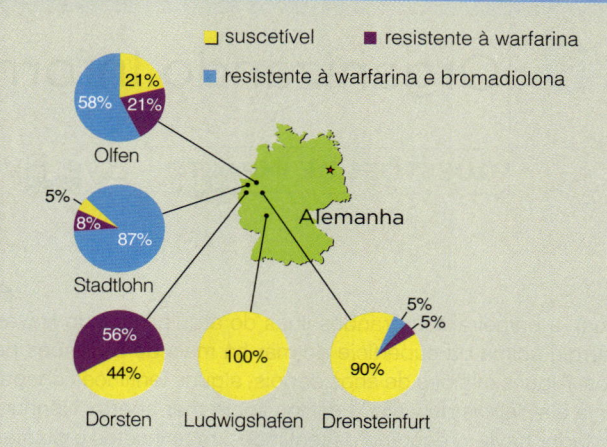

Figura 9.26 Resistência a raticidas anticoagulantes em populações selvagens de ratos na Alemanha, 2000.

---

4. A seleção natural só pode ocorrer em uma população quando existir _____.
   a. diferenças nas formas de características hereditárias
   b. pressões de seleção
   c. a e b

5. Seleção de estabilização _____ (selecione todas que se aplicam).
   a. elimina formas comuns de alelos
   b. elimina formas incomuns de alelos
   c. favorece formas intermediárias de uma característica
   d. favorece formas extremas de uma característica

6. Seleção direcional _____ (selecione todas que se aplicam).
   a. elimina formas comuns de alelos
   b. elimina formas incomuns de alelos
   c. favorece formas intermediárias de uma característica
   d. favorece formas extremas de uma característica

7. Seleção disruptiva _____ (selecione todas que se aplicam).
   a. elimina formas comuns de alelos
   b. elimina formas incomuns de alelos
   c. favorece formas intermediárias de uma característica
   d. favorece formas extremas de uma característica

8. Seleção sexual, como a concorrência entre machos pelo aceso às fêmeas férteis, frequentemente influencia aspectos da forma do corpo e leva à(ao) _____.
   a. agressão   c. dimorfismo sexual
   b. comportamento sexual   d. b e c

9. A persistência do alelo falciforme em alta frequência em uma população é um caso de _____.

10. _____ tende a manter populações diferentes de uma espécie similar uma à outra.

11. Um incêndio devasta todas as árvores em uma faixa de floresta. Populações de uma espécie de sapo que habita árvores em ambos os lados da área queimada divergem. Esse é um exemplo de _____.

12. Ligue os conceitos de evolução.

    _____ fluxo gênico
    _____ seleção natural
    _____ mutação
    _____ deriva genética
    _____ radiação adaptativa
    _____ coevolução

    a. leva a espécies interdependentes
    b. mudanças em uma frequência de alelo da população ao acaso
    c. mudança na frequência de alelos devida à imigração genética, emigração ou ambas
    d. sobrevivência do mais apto
    e. explosão de divergências a partir de uma linhagem em um conjunto de nichos
    f. fonte de novos alelos

Raciocínio crítico

1. Rama, um híbrido de camelo e lhama, nasceu em 1997. Esse tipo de híbrido é chamado de "cama". A ideia era cruzar um animal com a força e resistência do camelo com a docilidade da lhama. No entanto, em vez de ser grande, forte e tranquilo, Rama é menor que o esperado e tem o 'pavio curto' do camelo. Ele gostou de Kamilah, uma "cama" fêmea nascida no início de 2002. A questão é: os descendentes dessa combinação serão férteis? Como serão os descendentes?

   O que a história de Rama nos conta sobre as mudanças genéticas necessárias para isolamento reprodutivo irreversível na natureza? Explique por que um biólogo pode não ver Rama como prova de que lhamas e camelos são da mesma espécie.

2. Alguns teóricos hipotetizaram que muitas das nossas características unicamente humanas surgiram por seleção sexual. Por muitos milhares de anos, mulheres atraídas por homens charmosos, inteligentes e espirituosos talvez incitaram o desenvolvimento do intelecto humano para muito além do necessário para mera sobrevivência. Homens atraídos por mulheres com características juvenis podem ter mudado a espécie como um todo de forma a torná-la menos peluda e com características mais suaves que qualquer outro parente símio. Você é capaz de pensar em algum modo de testar essa hipótese?

10 Organizando Informações sobre Espécies

QUESTÕES DE IMPACTO | Bye Bye, Passarinho

Kauai, a primeira das grandes ilhas do arquipélago do Havaí, emergiu acima da superfície do mar há mais de 5 milhões de anos. Alguns milhões de anos depois, alguns tentilhões chegaram a ela depois de viajar 4 mil km sobre mar aberto. Nenhum predador havia precedido os tentilhões, mas insetos e plantas que tinham folhas macias, néctar, sementes e frutos já estavam ali. Os tentilhões prosperaram. Populações de seus descendentes se expandiram pelos *habitats* ao longo da costa, passando por florestas de baixadas secas e matas em terras altas.

Entre 1,8 milhão e 400 mil anos atrás, erupções vulcânicas criaram o restante do arquipélago. Descendentes dos primeiros tentilhões voaram para as novas ilhas, cada uma com alimentos e locais de nidificação diferentes. Ao longo de muitas gerações, formas e comportamentos únicos evoluíram em muitas linhagens diferentes de aves – os *honeycreepers* havaianos (família Fringillidae; subfamília Drepanidinae). Tais traços permitiram que as aves explorassem oportunidades especiais apresentadas por seus *habitats* nas ilhas.

Os primeiros polinésios chegaram às ilhas do Havaí antes de 1000 DC, e os europeus chegaram em 1778. O rico ecossistema do Havaí era hospitaleiro a todos os recém-chegados, incluindo os cães, gatos, porcos, vacas, cabras, veados e ovelhas dos colonizadores. O gado que fugia começou a comer e destruir plantas da mata que haviam fornecido alimento e abrigo aos *honeycreepers*. Florestas inteiras foram devastadas para cultivar plantas importadas, e essas plantas introduzidas começaram a superar as nativas. Mosquitos, introduzidos em 1826, espalharam malária aviária das aves importadas (como galinhas) para as espécies de pássaros nativos. Ratos clandestinos e cobras devoraram populações de aves nativas e seus ovos. Fuinhas deliberadamente importadas para comer ratos e cobras preferiram se alimentar de pássaros nativos e seus ovos.

Ironicamente, o mesmo isolamento que incentivou radiações adaptativas tornaram os *honeycreepers* vulneráveis à extinção. Essas aves não tinham defesas contra predadores ou doenças do continente. Especializações como bicos extravagantemente alongados se tornaram obstáculos quando os *habitats* das aves mudaram ou desapareceram repentinamente.

Assim, dezenas de espécies de *honeycreepers*, que haviam prosperado nas ilhas antes da chegada dos humanos, estavam extintas por volta de 1778. Hoje, das 71 espécies restantes, 32 estão ameaçadas e 26 estão extintas, apesar de esforços hercúleos desde os anos 1960 (Figura 10.1). Por quê? Espécies invasoras (não nativas) de plantas e animais agora estão estabelecidas e o aumento nas temperaturas globais permite que mosquitos transmissores de doenças invadam *habitats* em altitudes que anteriormente eram frias demais para eles.

Como sabemos tanto sobre a história evolutiva dos *honeycreepers*? Biólogos Taxonomistas são como detetives. Eles utilizam comparações morfológicas e bioquímicas para descobrir relações entre espécies, depois organizam as informações restantes utilizando vários esquemas de classificação. Seus métodos são o foco deste capítulo.

Figura 10.1 Três espécies de *honeycreeper*
(**a**) A *palila* (*Loxioides bailleui*) tem uma adaptação que lhe permite se alimentar principalmente das sementes da *Sophora chrysophylla*. As sementes são tóxicas para a maioria dos outros pássaros. A única população de palila restante está caindo porque essas plantas estão sendo destruídas por vacas e eliminadas por cabras e ovelhas. A Divisão de Florestas e Vida Selvagem do Havaí estimou que apenas 3.862 palilas existiam em 2007.

(**b**) O bico inferior incomum do *akeki* (*Loxops caeruleirostris*) aponta para um lado, permitindo que esse pássaro abra brotos que abrigam insetos. Malária aviária levada por mosquitos à maiores altitudes está dizimando a última população desta espécie. Entre 2000 e 2007, o número de akikis despencou de 7.839 aves para 3.536.

(**c**) Este *poouli* macho (*Melamprosops phaeosoma*) – raro, velho e sem um dos olhos – morreu em 2004 de malária aviária. Havia apenas dois outros *pooulis* vivos na época, mas nenhum foi visto desde então.

Conceitos-chave

Taxonomia
Cada espécie recebe um nome científico em duas partes. Esquemas tradicionais de classificação colocam as espécies em uma hierarquia. Métodos mais recentes que agrupam espécies por ancestralidade compartilhada refletem mais adequadamente a história evolutiva do que os sistemas tradicionais de classificação. **Seção 10.1**

Comparando a forma do corpo
Espécies podem ser agrupadas com base em semelhanças ou diferenças na forma corporal. Linhagens diferentes frequentemente têm partes do corpo semelhantes, que podem ser evidências da descendência de um ancestral compartilhado. **Seção 10.2**

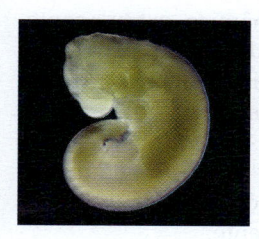

Comparação de padrões de desenvolvimento
Espécies podem ser agrupadas com base em semelhanças ou diferenças nos padrões de desenvolvimento. Linhagens com ancestralidade em comum frequentemente se desenvolvem de maneiras semelhantes. **Seção 10.3**

Comparações bioquímicas
Espécies podem ser agrupadas com base em semelhanças ou diferenças no DNA e nas proteínas. Comparações moleculares nos ajudam a descobrir e confirmar relações entre espécies e linhagens. **Seção 10.4**

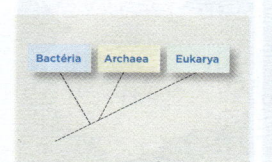

Formação de árvores genealógicas
Diagramas de árvores evolutivas se baseiam na premissa de que todas as espécies se interconectam através de ancestrais compartilhados – alguns remotos, outros recentes. Uma árvore da vida representa nossa melhor compreensão dessas conexões. **Seções 10.5, 10.6**

Neste capítulo

- Este capítulo toma como base a introdução inicial à classificação e diversidade de espécies. Ele explora como as conexões evolutivas entre grupos de organismos são decifradas e como organizamos as informações sobre tais conexões. Organizar o que sabemos sobre a diversidade da vida permite que nos comuniquemos claramente entre nós sobre ela.
- Você aprenderá sobre os tipos de dados coletados para encontrar relações evolutivas. Antes de começar, pode ser desejável revisar o que você sabe sobre DNA, código genético, genômica, equilíbrio gênico e mutações neutras e diversidade genética.
- Você também verá como alguns genes reguladores são evidência de ancestralidade compartilhada.
- Além disso, você verá um exemplo de como utilizamos o sequenciamento de DNA e a impressão digital de DNA.

Qual sua opinião? Frequentemente, quando uma espécie está à beira da extinção, alguns indivíduos são capturados e mantidos em zoológicos para programas de reprodução em cativeiro. Você apoia a remoção dessas espécies altamente ameaçadas de seu ambiente natural, para tentativas de reprodução em cativeiro?

10.1 Taxonomia e cladística

- Agrupamos espécies com base no que sabemos sobre suas relações evolutivas.

Uma rosa com qualquer outro nome...

A **taxonomia**, ciência de nomeação e classificação de espécies, começou há milhares de anos. Entretanto, nomear as espécies de forma consistente se tornou uma prioridade no século XVIII. Na época, exploradores europeus que descobriam o escopo da diversidade da vida estavam tendo cada vez mais problemas para se comunicar sobre espécies, que frequentemente tinham múltiplos nomes. Por exemplo, uma espécie de planta nativa da Europa, África e Ásia era conhecida como rosa canina, bela adormecida, rosa da bruxa, paciência, rosa doce, cereja espinhosa, rosa de anca, rosa amarela, rosa selvagem, fruto de rosa, pé de rosa, fruta do pé e rosa damascena – só para falar dos nomes em português! Uma espécie frequentemente tinha vários nomes em latim também. Esses nomes tendiam a ser descritivos, mas enfadonhos. Por exemplo, o nome em latim para a rosa canina era *Rosa sylvestris inodora seu canina* (rosa canina inodora da floresta), e também *Rosa sylvestris alba cum rubore, folio glabro* (rosa branca rosada da floresta com folhas macias).

O naturalista do século XVIII Carolus Linnaeus elaborou um sistema de nomeação muito mais simples, que ainda utilizamos. Pelo sistema de Linnaeus, cada espécie recebe um nome científico exclusivo em duas partes: a primeira parte é o nome do gênero e, em conjunto com a segunda parte, designa a espécie. Assim, a rosa canina agora tem um nome científico oficial: *Rosa canina*.

Linnaeus também classificou espécies em categorias ainda mais inclusivas. Cada categoria, ou táxon, é um organismo ou um grupo deles; as categorias acima das espécies – gênero, família, ordem, classe, filo, reino e domínio – são táxons superiores (Figura 10.2). Cada táxon superior consiste de um grupo do táxon inferior seguinte.

Uma espécie normalmente é atribuída a táxons superiores com base em traços físicos e moleculares que compartilha com outras espécies. Tal atribuição pode mudar à medida que descobrimos mais sobre as espécies e os traços envolvidos. Por exemplo, Linnaeus agrupou plantas pelo número e organização de partes reprodutivas, um esquema que resultou em pareamentos estranhos como mamoneiras com pinheiros. Hoje, colocamos essas plantas em filos separados.

Classificação *versus* agrupamento

Linnaeus elaborou seu sistema de taxonomia antes que qualquer um soubesse sobre a evolução. Como sabemos agora, a evolução é um processo dinâmico, extravagante, bagunçado e contínuo que pode ser desafiador para aqueles que gostam de ter suas categorias limpas e arrumadas. Por exemplo, a especiação normalmente não ocorre em um momento preciso no tempo: indivíduos frequentemente continuam cruzando entre si, mesmo enquanto populações divergem, e populações que já divergiram podem se unir e cruzar entre si novamente.

DOMÍNIO	Eukarya	Eukarya	Eukarya	Eukarya	Eukarya
REINO	Plantae	Plantae	Plantae	Plantae	Plantae
FILO	Magnoliophyta	Magnoliophyta	Magnoliophyta	Magnoliophyta	Magnoliophyta
CLASSE	Magnoliopsida	Magnoliopsida	Magnoliopsida	Magnoliopsida	Magnoliopsida
ORDEM	Apiales	Rosales	Rosales	Rosales	Rosales
FAMÍLIA	Apiaceae	Cannabaceae	Rosaceae	Rosaceae	Rosaceae
GÊNERO	*Daucus carota*	*Cannabis sativa*	*Malus domesticus*	*Rosa acicularis*	*Rosa canina*
ESPÉCIE					
NOME COMUM	cenoura	maconha	maçã	rosa do ártico	rosa canina

Figura 10.2 Classificação de Linnaeus de cinco espécies relacionadas em níveis diferentes. Cada espécie foi atribuída a táxons ainda mais inclusivos – neste caso, de gênero para domínio.
Resolva: Quais das plantas mostradas aqui estão na mesma ordem?
Resposta: Maconha, maçã, rosa do ártico e rosa canina estão na ordem Rosales.

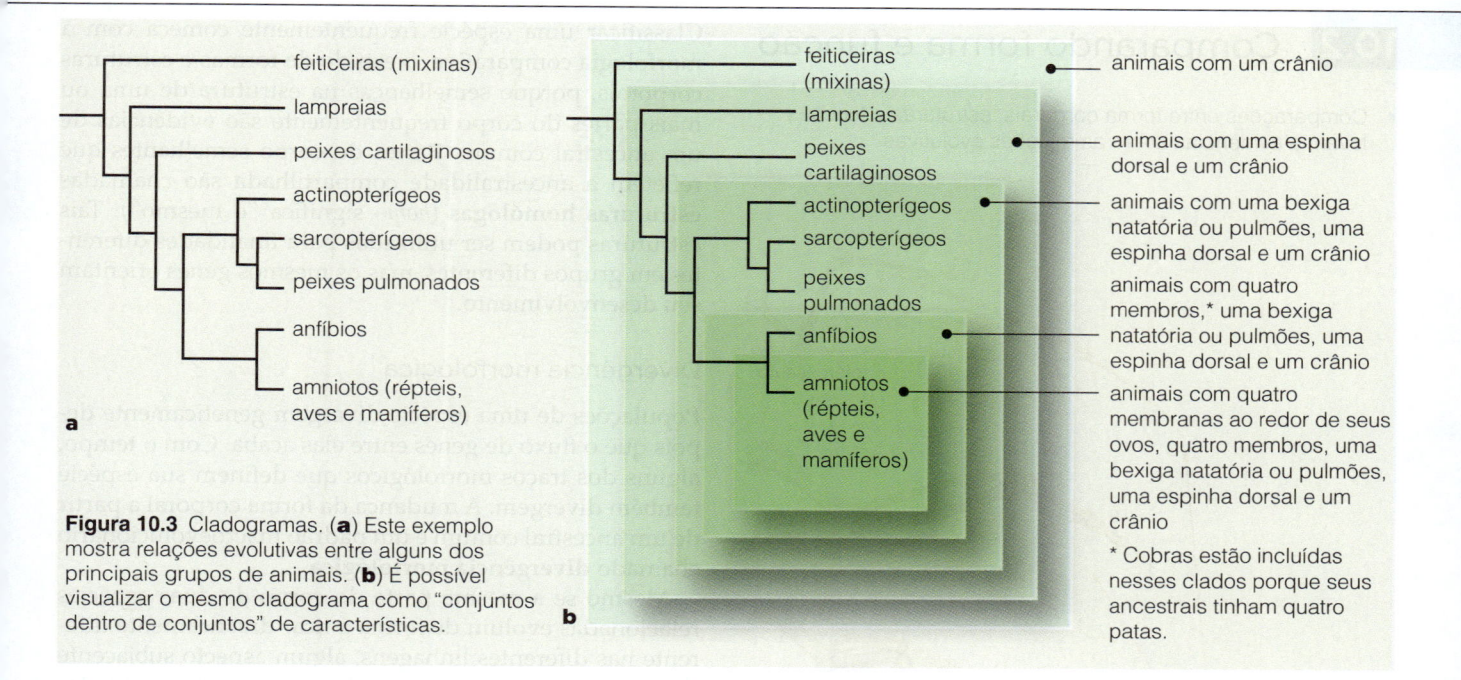

Figura 10.3 Cladogramas. (**a**) Este exemplo mostra relações evolutivas entre alguns dos principais grupos de animais. (**b**) É possível visualizar o mesmo cladograma como "conjuntos dentro de conjuntos" de características.

A taxonomia de Linnaeus pode ser problemática quando os limites entre espécies não são claros, mas o maior problema é que as classificações não necessariamente refletem relações evolutivas, ou a **filogenia**. Nosso entendimento crescente sobre a evolução acarreta uma grande e contínua transformação da maneira como os biólogos veem a diversidade da vida. Em vez de tentar dividir essa tremenda diversidade em uma série de classificações, a maioria dos biólogos agora se concentra nas conexões evolutivas. Cada espécie é vista não como um membro ou representante de uma classificação em uma hierarquia, mas como parte de um panorama maior de evolução.

A questão central da filogenia é: "Quem está relacionado a quem?" Assim, métodos para descobrir a resposta a essa pergunta são uma parte importante dos sistemas de classificação filogenéticos. Um método, a **cladística**, agrupa espécies com base em **caracteres (traços)** compartilhados – características quantificáveis e hereditárias dos organismos de interesse. Um caráter pode ser uma característica física, comportamental, fisiológica ou molecular de um organismo. Como cada espécie tem muitas características, agrupamentos cladísticos podem divergir dependendo das características utilizadas.

O resultado de uma análise cladística é um **cladograma**, um diagrama que mostra uma rede de relações evolutivas (Figura 10.3). Cada linha em um cladograma representa uma linhagem, que pode se ramificar em duas linhagens em um nó. O nó representa um ancestral comum das duas linhagens. Cada ramo termina com um **clado** (de *klados*, uma palavra grega para galho ou ramo), um grupo de espécies que compartilham um conjunto de características. Idealmente, um clado é **um grupo monofilético** composto por um ancestral e todos os seus descendentes. A Seção 10.5 retorna aos cladogramas e como são construídos.

Cladogramas e **outros diagramas evolutivos em árvore** resumem nossas melhores hipóteses embasadas por dados sobre como um grupo de espécies evoluiu. Nós os utilizamos para visualizar tendências e padrões evolutivos. Por exemplo, duas linhagens que emergem de um nó em um cladograma são chamadas **grupos irmãos**. Grupos irmãos têm, como padrão, a mesma idade. Podemos não saber qual é essa idade, mas podemos comparar grupos irmãos em um cladograma e dizer algo sobre suas taxas relativas de evolução.

Como outras hipóteses, diagramas em árvore são revisados à medida que novas informações são coletadas. Entretanto, os diagramas se baseiam em uma premissa sólida: todas as espécies são interconectadas por ancestralidade compartilhada. Tudo está relacionado se você voltar o suficiente no tempo; o trabalho dos biólogos evolutivos e taxonomistas é descobrir onde as conexões estão. As seções a seguir detalham alguns dos tipos de informações comparativas que eles coletam como evidência de relações evolutivas.

Para pensar

Como classificamos as espécies?

- A taxonomia é um conjunto de regras para nomear organismos e dar a eles uma série de classificações com base em seus traços. Embora sejam úteis, classificações taxonômicas não necessariamente refletem as relações evolutivas.
- A cladística é um método de determinação de relações evolutivas ao agrupar espécies que compartilham características. Um clado é um grupo de espécies que compartilham um conjunto de características.
- Diagramas evolutivos em árvore mostram redes de relações evolutivas. Tais diagramas resumem nossa melhor compreensão da história evolutiva de um grupo de organismos.

10.2 Comparando forma e função

- Comparações entre formas corporais, estruturas e funções levam a evidências sobre as relações evolutivas.

Classificar uma espécie frequentemente começa com a morfologia comparativa, o estudo de formas e estruturas corporais, porque semelhanças na estrutura de uma ou mais partes do corpo frequentemente são evidências de um ancestral comum. Partes do corpo semelhantes que refletem a ancestralidade compartilhada são chamadas **estruturas homólogas** (*hom*– significa "o mesmo"). Tais estruturas podem ser utilizadas para finalidades diferentes em grupos diferentes, mas os mesmos genes orientam seu desenvolvimento.

Divergência morfológica

Populações de uma espécie divergem geneticamente depois que o fluxo de genes entre elas acaba. Com o tempo, alguns dos traços morfológicos que definem sua espécie também divergem. A mudança da forma corporal a partir de um ancestral comum é um padrão macroevolucionário chamado **divergência morfológica**.

Mesmo se a mesma parte do corpo de duas espécies relacionadas evoluiu de forma a ficar drasticamente diferente nas diferentes linhagens, algum aspecto subjacente da forma pode continuar semelhante. Um olhar cuidadoso além das modificações peculiares pode revelar herança compartilhada.

Por exemplo, sabemos por ossos de membros fossilizados que todos os vertebrados terrestres modernos compartilham um ancestral que rastejava sobre quatro patas. Descendentes desse réptil anapsídeo ancestral se diversificaram em muitos novos *habitats* em terra e originaram os grupos que chamamos de répteis, aves e mamíferos. Algumas linhagens que tinham se adaptado a caminhar na terra até retornaram para a vida nos mares. A linhagem que originou as baleias é um exemplo.

Os membros com cinco dedos do réptil anapsídeo eram uma "argila evolutiva". Ao longo de milhões de anos, eles se moldaram em membros com funções muito diferentes em muitas linhagens (Figura 10.4). Nos pinguins e golfinhos, os membros agora são nadadeiras. Em cavalos modernos, são longos, têm um único dedo, sendo adequados para correr rapidamente. Entre os elefantes, são fortes e semelhantes a pilares, capazes de suportar um grande peso. Em répteis extintos chamados pterossauros, na maioria das aves e em morcegos, foram modificados para voar. Eles se degeneraram em pequenas saliências em pítons e jiboias, e desapareceram completamente em outras cobras.

O membro de cinco dedos também se modificou no braço e na mão humanos, onde o polegar evoluiu em oposição aos outros dedos. Um polegar oposto foi a base para movimentos mais precisos e uma "pegada" mais firme.

Embora os membros posteriores de vertebrados, de um grupo para o outro, não sejam iguais em tamanho, formato ou função, claramente são parecidos em estrutura e no posicionamento de elementos ósseos. Eles também são parecidos em sua constituição de nervos, vasos sanguíneos e músculos.

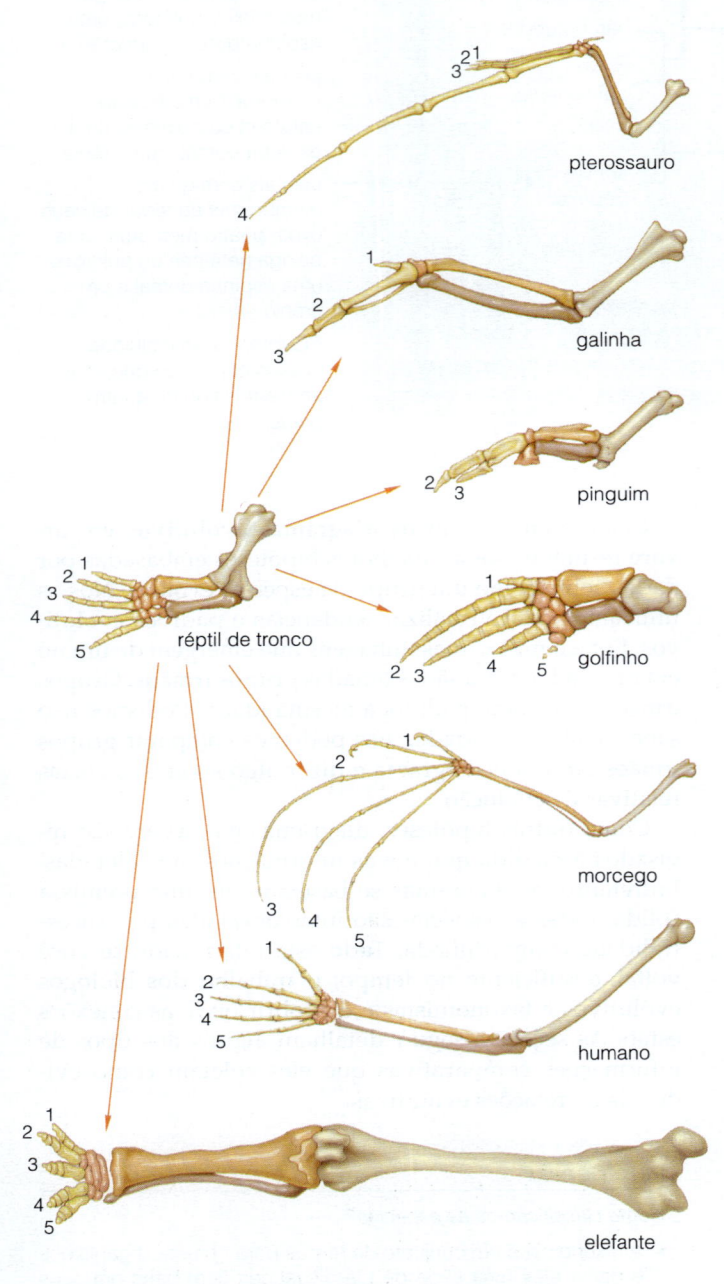

Figura 10.4 Divergência morfológica entre membros anteriores de vertebrados, começando com os ossos de um membro de réptil anapsídeo. O número e a posição de muitos elementos esqueléticos foram preservados quando essas formas diversas evoluíram; observe os ossos dos antebraços. Alguns ossos foram perdidos com o tempo em algumas das linhagens (compare os números 1 a 5). Os desenhos não estão em escala.

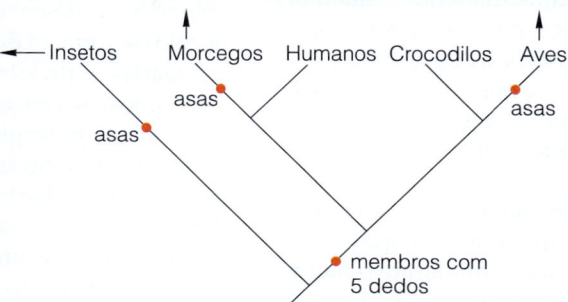

Figura 10.5 Convergência morfológica. As superfícies de voo da asa de um morcego (**a**), de uma ave (**b**) e de um inseto (**c**) são estruturas análogas. (**d**) Este cladograma mostra que as asas evoluíram independentemente nas três linhagens separadas que levaram a morcegos, aves e insetos.

Ademais, comparações entre embriões iniciais de diferentes vertebrados revelam fortes semelhanças nos padrões de desenvolvimento ósseo. Tais semelhanças são evidências de ancestralidade compartilhada.

Convergência morfológica

Partes do corpo semelhantes nem sempre são homólogas; podem ter evoluído independentemente em linhagens separadas como adaptações às mesmas pressões ambientais. Neste caso, tais partes são chamadas estruturas análogas. **Estruturas análogas** são parecidas em diferentes linhagens, mas não evoluíram de um ancestral comum; evoluíram independentemente depois que as linhagens divergiram. A evolução de partes do corpo semelhantes em diferentes linhagens é conhecida como **convergência morfológica**.

Às vezes, podemos identificar estruturas análogas ao estudar sua forma subjacente. Por exemplo, asas de aves, morcegos e insetos executam a mesma função: voar. Entretanto, várias pistas nos dizem que as superfícies de voo dessas asas não são homólogas. As superfícies das asas são adaptadas às mesmas restrições físicas que regem o voo, mas as adaptações são diferentes.

No caso de aves e morcegos, os próprios membros são homólogos, mas as adaptações que os tornam úteis para voar são muito diferentes. A superfície da asa de um morcego é uma extensão fina e membranosa da pele do animal. Por sua vez, a superfície da asa de um pássaro é uma fileira de penas, que são estruturas especializadas derivadas da pele. As asas de insetos são ainda mais diferentes. A asa de um inseto se forma como uma extensão, semelhante a um saco, da parede corporal. Exceto nas nervuras, o saco se achata e funde em uma membrana fina. As nervuras são reforçadas com quitina e suportam estruturalmente a asa.

As adaptações peculiares para o voo são evidências de que as superfícies das asas de aves, morcegos e insetos são estruturas análogas – evoluíram depois que os ancestrais desses grupos modernos divergiram (Figura 10.5).

> **Para pensar**
>
> *Partes do corpo semelhantes indicam uma relação evolutiva?*
>
> - Na divergência morfológica, uma parte do corpo herdada de um ancestral em comum se torna modificada em linhas diferentes de descendência. Tais partes são chamadas de estruturas homólogas.
> - Na convergência morfológica, partes do corpo que parecem semelhantes evoluíram independentemente em linhagens diferentes, não em um ancestral comum. Tais partes são chamadas de estruturas análogas.

10.3 Comparação de padrões de desenvolvimento

- Padrões semelhantes de desenvolvimento embrionário podem ser evidências de relações evolutivas.

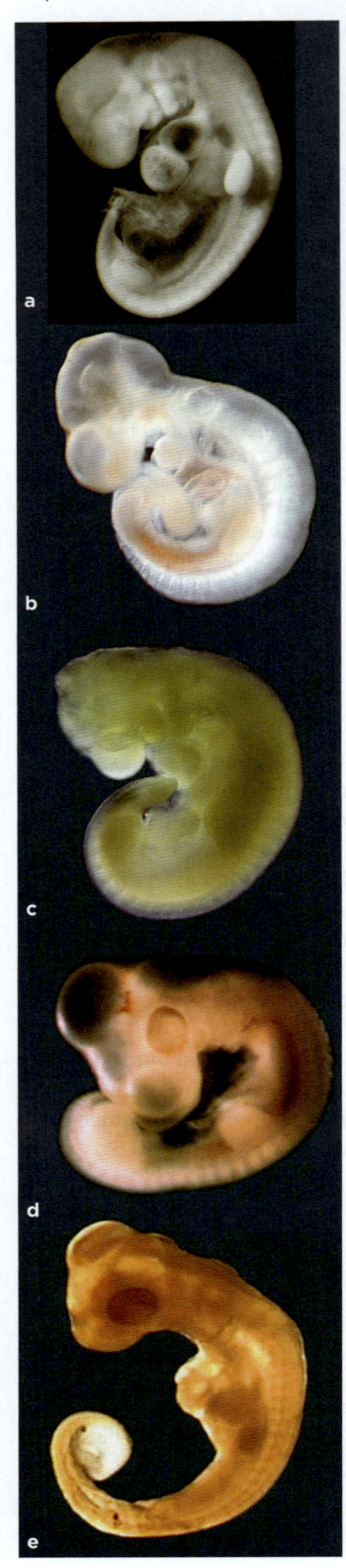

O desenvolvimento de um embrião no corpo de uma planta ou animal é orquestrado, camada após camada, pela expressão dos genes reguladores. A falha de um único gene regulador (*master gene*) nesta sinfonia pode resultar em um plano corporal drasticamente alterado, geralmente com consequências devastadoras.

Como uma mutação em um gene regulador tipicamente desfaz o desenvolvimento, esses genes tendem a ser altamente preservados, o que significa que mudaram pouquíssimo ou nada ao longo do tempo evolucionário. Assim, um gene regulador com uma sequência e função semelhantes em linhagens diferentes é evidência de que tais linhagens estão relacionadas.

Genes similares em plantas

Genes homeóticos são um tipo especial de gene regulador, que guiam a formação de partes específicas do corpo durante o desenvolvimento. Uma mutação em um gene homeótico pode atrapalhar detalhes da forma do corpo. Por exemplo, na *Brassica oleracea* (couve), qualquer mutação que desativa um gene homeótico de identidade floral, chamado de *Apetala1*, resulta em flores diferenciadas.

Tais flores se formam com estruturas reprodutivas masculinas (estames) onde deveriam estar as pétalas. Pelo menos no laboratório, essas flores com estames abundantes são excepcionalmente férteis, mas tais alterações normalmente são desfavorecidas na natureza. Mutações no gene *Apetala1* em *Arabidopsis thaliana* (planta comum) resultam em flores sem nenhuma pétala. O gene *Apetala1* afeta a formação de pétalas em muitas linhagens diferentes, portanto é muito provável que este gene seja o legado de um ancestral compartilhado.

Comparações de desenvolvimento em animais

Quantas Pernas? Os embriões de muitas espécies de vertebrados se desenvolvem de maneiras semelhantes. Seus tecidos se formam do mesmo jeito, à medida que células embrionárias se dividem, diferenciam e interagem. Por exemplo, todos os vertebrados atravessam um estágio no qual têm quatro princípios de membros e uma cauda (Figura 10.6). Então, como as formas adultas dessas linhagens ficam tão diferentes? Parte da resposta pode estar em mudanças hereditárias em passos iniciais cruciais do desenvolvimento. Muito raramente, um plano corporal alterado é vantajoso.

Por exemplo, apêndices corporais tão diversos quanto patas de caranguejo, de besouros, braços de estrelas-do-mar, asas de borboletas, nadadeiras de peixes e patas de ratos começam como agrupamentos de células que se ressaltam da superfície do embrião. Os ressaltos se formam onde o gene homeótico *Dlx* é expresso. O gene *Dlx* codifica um fator de transcrição que sinaliza para agrupamentos de células embrionárias "se destacarem do corpo" e originar um apêndice.

Um gene regulador chamado *Hox* ajuda a esculpir detalhes da forma do corpo. Ele suprime a expressão do *Dlx* em todas as partes de um embrião que não terão apêndices. Onde o *Hox* é expresso, o *Dlx* não é e apêndices não se formam. Por exemplo, o *Hox* é expresso em todo o comprimento de pítons embrionárias, portanto o *Dlx* não é expresso em nenhum lugar no corpo dessa cobra. Como resultado, os minúsculos princípios de membros da píton embrionária nunca amadurecem formando patas posteriores. Em outros organismos, apêndices se formam onde *Hox* não é expresso e *Dlx* é expresso.

O sistema de controle de genes *Dlx/Hox* opera em muitos filos, o que é uma forte evidência de que evoluiu há muito tempo. Provavelmente o *Dlx* veio primeiro; em alguns fósseis do Cambriano, parece que não foi nada suprimido (Figura 10.7a). O controle do gene *Hox* sobre o *Dlx* parece ter evoluído mais tarde (Figura 10.7b-d).

Eternamente Jovem Observar o desenvolvimento do crânio em chimpanzés e humanos fornece evidências de que as duas espécies são parentes próximos. Em um estágio inicial, o crânio de um chimpanzé e o de um humano parecem bem semelhantes.

Figura 10.6 Embriologia comparativa. Vertebrados adultos são diferentes, mas seus embriões são semelhantes nos primeiros estágios do desenvolvimento. Compare a espinha dorsal segmentada, quatro princípios de membros e a cauda desses embriões iniciais: (**a**) humano; (**b**) rato; (**c**) morcego; (**d**) galinha e (**e**) jacaré.

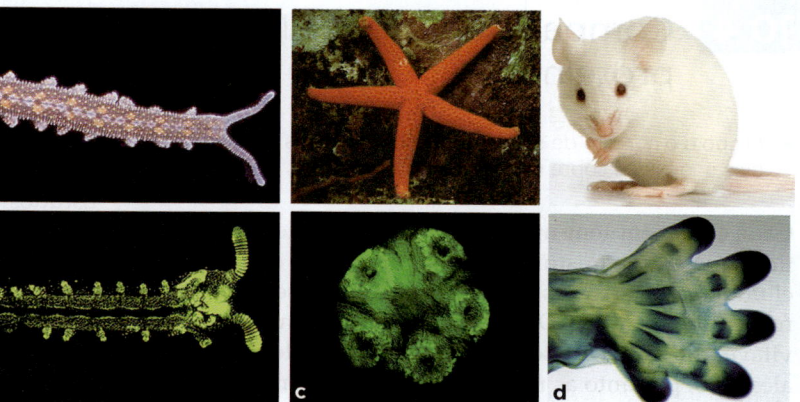

Figura 10.7 Genes reguladores como *Dlx* e *Hox* regem a formação de apêndices em muitas linhagens. Apêndices se formam onde *Dlx* é expresso, e *Dlx* é expresso onde o *Hox* não é. (**a**) Fóssil animal que pode ser um caso de expressão irrestrita de *Dlx* no período Cambriano. Variações na expressão do *Dlx* são reveladas pela fluorescência *verde* nos apêndices de (**b**) um embrião de verme onicóforo e (**c**) um embrião de estrela-do-mar; e por (**d**) coloração *azul* no pé do embrião de um rato.

À medida que o desenvolvimento continua, os dois crânios mudam de formato enquanto partes diferentes crescem a taxas diferentes (Figura 10.8). Entretanto, o crânio humano sofre um crescimento diferencial menos pronunciado do que o do chimpanzé. Como resultado, um adulto humano tem uma caixa cerebral mais redonda, um rosto mais achatado e uma mandíbula menos pronunciada em comparação com um chimpanzé adulto.

Em suas proporções, um crânio humano adulto se parece mais com o de um chimpanzé bebê do que com o de um chimpanzé adulto. A semelhança sugere que a evolução dos humanos envolveu alterações que desaceleraram a taxa de desenvolvimento, fazendo traços anteriormente típicos de estágios juvenis persistirem na vida adulta.

Características juvenis também persistem em outros animais adultos, notavelmente salamandras chamadas de axolotes. As larvas da maioria das espécies de salamandras vivem em água e utilizam brânquias externas para respirar. Pulmões que substituem as brânquias à medida que o desenvolvimento continua permitem que o adulto respire ar e viva na terra. Por sua vez, as axolotes nunca abandonam seu estilo de vida aquático – suas brânquias externas e outros traços larvais continuam na vida adulta.

Os parentes mais próximos das axolotes são as salamandras-tigre. Como é de se esperar, as larvas de salamandras-tigre são parecidas com as de axolotes, embora sejam menores.

Para pensar

As semelhanças no desenvolvimento são pistas para a ancestralidade compartilhada?

- Semelhanças nos padrões de desenvolvimento são o resultado de genes reguladores que foram preservados ao longo do tempo evolucionário.
- Algumas diferenças entre espécies altamente relacionadas surgiram como resultado de alterações na taxa de desenvolvimento.

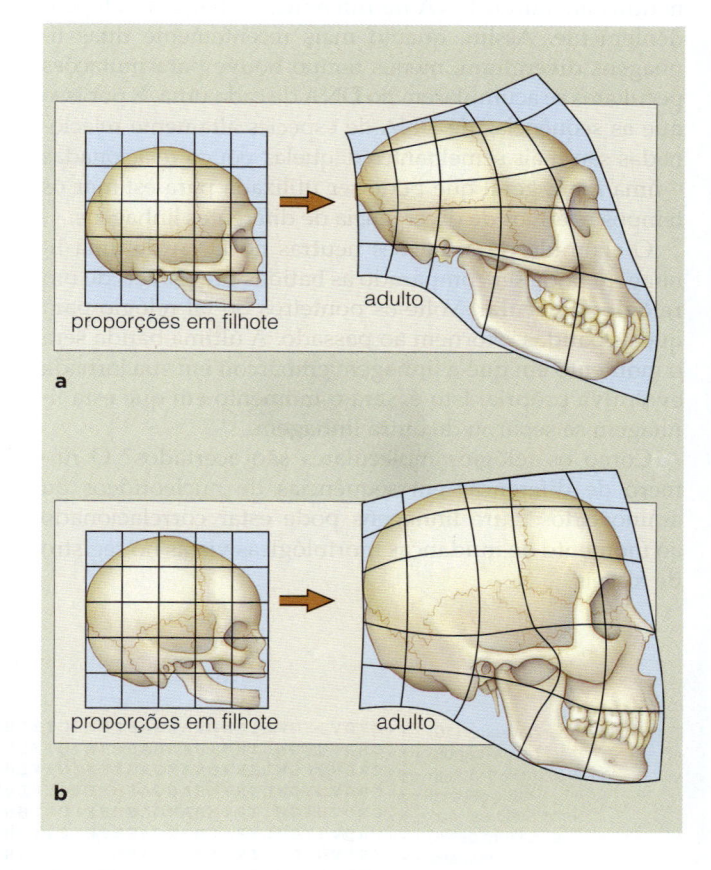

Figura 10.8 Raciocínio sobre as diferenças morfológicas entre dois primatas. Esses crânios são mostrados como pinturas sobre uma folha emborrachada dividida em grades. Alongar as folhas deforma a grade. Diferenças em como são alongadas e análogas a diferentes padrões de crescimento.

Mostradas aqui, mudanças proporcionais durante o desenvolvimento do crânio no (**a**) chimpanzé e nos (**b**) humanos. Os crânios dos chimpanzés mudam mais do que os humanos, portanto as proporções relativas em ossos de humanos adultos e crianças são mais semelhantes do que aquelas de chimpanzés adultos e filhotes.

10.4 Comparação entre DNA e proteínas

- O tipo e o número de semelhanças bioquímicas entre espécies são pistas sobre relações evolutivas.

Cada linhagem tem um conjunto peculiar de características que é uma mistura de traços ancestrais e novos, incluindo características bioquímicas como a sequência de nucleotídeos de seu DNA. Com o tempo, mutações inevitáveis alteram essa sequência. O processo de mutação é aleatório, portanto as mudanças podem ocorrer em qualquer lugar em um cromossomo.

A maioria das mutações que se acumulam em uma linhagem é neutra. Tais mutações têm pouco ou nenhum efeito sobre a sobrevivência ou reprodução de um indivíduo, portanto podemos presumir que se acumulam no DNA de uma linhagem a uma taxa constante. Mutações neutras alteram o DNA de diferentes linhagens independentemente. Assim, quanto mais recentemente duas linhagens divergiram, menos tempo houve para mutações peculiares se acumularem no DNA de cada uma. É por isso que as sequências de DNA de espécies altamente relacionadas são mais semelhantes daquelas pouco relacionadas – uma regra geral que pode ser utilizada para estimar os tempos relativos de divergência de diferentes linhagens.

O acúmulo de mutações neutras no DNA de uma linhagem pode ser comparado às batidas previsíveis de um **relógio molecular**. Volte os ponteiros de tal relógio para que as batidas retornem ao passado. A última batida será o momento em que a linhagem embarcou em sua jornada evolutiva própria. Isto é, será o momento em que esta linhagem se separou de outra linhagem.

Como os relógios moleculares são acertados? O número de diferenças em sequências de nucleotídeos ou aminoácidos entre linhagens pode estar correlacionado ao momento de mudanças morfológicas vistas no registro de fósseis.

A identificação de semelhanças e diferenças bioquímicas entre espécies agora é muito rápida e precisa, graças a muitos avanços no sequenciamento e a técnicas de impressão digital de DNA. Novas sequências de genes e proteínas de muitos genomas são compiladas continuamente em bancos de dados on-line, acessíveis a qualquer pessoa. Estudos comparativos de genômica com tais dados nos mostraram (por exemplo) que cerca de 30% dos 6.609 genes de células de levedura têm contrapartes no genoma humano. O mesmo ocorre com 50% dos 30.971 genes da mosca-da-fruta e 40% dos 19.023 genes da lombriga.

Comparações moleculares

Comparações entre a estrutura primária da proteína (sequências de aminoácidos) frequentemente são utilizadas para determinar relações entre espécies. Duas espécies com muitas proteínas idênticas provavelmente são parentes próximas. Duas espécies com pouquíssimas proteínas semelhantes provavelmente não compartilharam um ancestral por muito tempo – o suficiente para muitas mutações terem se acumulado no DNA de suas linhagens separadas.

Alguns genes essenciais evoluíram pouquíssimo; são altamente conservados ao longo de diversas espécies. Um desses genes codifica o citocromo *b*. Esta proteína é um componente importante das cadeias de transferência de elétrons na mitocôndria. Nos humanos, sua estrutura primária consiste de 378 aminoácidos. A Figura 10.9 compara parte da sequência de aminoácidos do citocromo *b* de várias espécies.

Nas comparações de sequências de aminoácidos, o número de diferenças entre espécies pode nos dar uma ideia das relações evolutivas. Os aminoácidos que diferem também são pistas. Por exemplo, uma mudança de leucina para isoleucina (uma substituição de aminoácido conservadora) pode não afetar muito a função de uma proteína, porque ambos os aminoácidos são não polares e são aproximadamente do mesmo tamanho.

```
honeycreeper havaiano (10)    ...CRDVQFGWLIRNLHANGASFFFICIYLHIGRGIYYGSYLNK--ETWNIGVILLLTLMATAFVGYVLPWGQMSFWG...
            pardal canoro    ...CRDVQFGWLIRNIHANGASFFFICIYLHIGRGLYYGSYLYK--ETWNVGVILLLTLMATAFVGYVLPWGQMSFWG...
    tentilhão da Ilha Gough   ...CRDVQFGWLIRNLHANGASFFFICIYLHIGRGLYYGSYLNK--ETWNVGIILLLALMATAFVGYVLPWGQMSFWG...
            rato veadeiro    ...CRDVNYGWLIRYMHANGASMFFICLFLHVGRGMYYGSYTFT--ETWNIGIVLLFAVMATAFMGYVLPWGQMSFWG...
        urso preto asiático  ...CRDVHYGWIIRYMHANGASMFFICLFMHVGRGLYYGSYLLS--ETWNIGIILLFTVMATAFMGYVLPWGQMSFWG...
            boga (um peixe)  ...CRDVNYGWLIRNLHANGASFFFICIYLHIGRGLYYGSYLYK--ETWNIGVVLLLVMGTAFVGYVLPWGQMSFWG...
                   humano    ...TRDVNYGWIIRYLHANGASMFFICLFLHIGRGLYYGSFLYS--ETWNIGIILATMATAFMGYVLPWGQMSFWG...
  Arabidopsis thaliana (uma planta) ...MRDVEGGWLLRYMHANGASMFLIVVYIHIFRGLYHASYSSPREFVWCLGVVIFLLMIVTAFIGYVLPWGQMSFWG...
        piolho de babuíno    ...ETDVMNGWMVRSIHANGASWFFIMLYSHIFRGLWVSSFTQP--LVWLSGVIILFLSMATAFLGYVLPWGQMSFWG...
          fermento de pão    ...MRDVHNGYILRYLHANGASFFFMVMFMHMAKGLYYGSYRSPRVTLWNVGVIIFTLTIATAFLGYCCVYGQMSHWG...
```

Figura 10.9 Alinhamento de parte da sequência de aminoácidos do citocromo *b mitocondrial* de 20 espécies. Esta proteína é um componente crucial das cadeias de transferência de elétrons da mitocôndria. A sequência do *honeycreeper* é idêntica em dez espécies; os aminoácidos que diferem nas outras espécies são mostrados em *vermelho*. Brechas no alinhamento são indicadas por traços.
Resolva: Com base nesta comparação, que espécie é mais relacionada ao *honeycreeper*?

Resposta: Pardal canoro.

```
...GTAGCCCATATATGCCGCGACGTACAATTCGGCTGACTAATCCGCAACCT...  Vestiaria coccinea (iiwi)
...GTAGCCCATGTATGCCGCGACGTACAATTCGGCTGACTAATCCGCAACCT...  Himatione sanguinea (apapane)
...GTAGCCCACATATGCCGCGACGTACAATTCGGCTGACTAATCCGCAACCT...  Palmeria dolei (akohekohe)
...GTTGCTCACATATGCCGTGACGTACAATTCGGCTGACTAATCCGCAACCT...  Oreomystis mana (creeper)
...GTAGCCCATATATGCCGCGACGTACAATTCGGCTGACTAATCCGCAACCT...  Hemignathus virens (amakihi)
...GTAGCCCACATATGCCGCGACGTACAATTCGGCTGACTAATCCGCAACCT...  Hemignathus munroi (akiapolaau)
...GTAGCCCACATATGCCGTGACGTACAGTTCGGCTGACTAATCCGCAACCT...  Pseudonestor xanthophrys (fringilídeo de Maui)
...GTAGCCCACATATGCCGCGACGTACAATTCGGCTGACTAATCCGAAACCT...  Paroreomyza montana (Maui alauahio)
...GTAGCCCACATATGCCGCGACGTACAATTCGGCTGACTAATCCGTAATCT...  Oreomystis bairdi (akikiki)
...GTAGCCCACATATGCCGCGACGTACAATTCGGCTGACTAATCCGCAACCT...  Loxops coccineus (akepa havaiano)
```

a Parte da sequência de citocromo *b* mitocondrial comparada entre 10 espécies de *honeycreepers*. As diferenças estão mostradas em vermelho. Embora a sequência de aminoácidos do citocromo *b* seja idêntica em todas essas espécies, mutações neutras se acumularam em suas linhagens separadas. As mutações não alteraram a sequência de aminoácidos da proteína resultante.

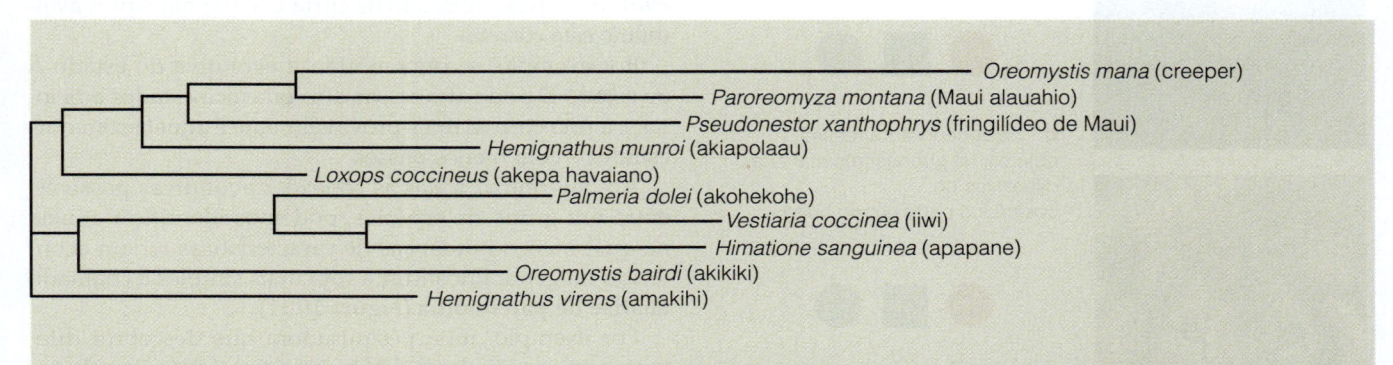

b Uma comparação entre sequências pode ser utilizada para gerar árvores evolutivas. Esta reflete uma comparação entre 790 bases da sequência de DNA do citocromo *b* mitocondrial de dez espécies de *honeycreepers*. O comprimento dos ramos reflete o número de mudanças de caráter (aqui, diferenças de nucleotídeo), o que, por sua vez, implica no tempo relativo de divergência entre as espécies. A organização dos ramos de tais árvores pode diferir dependendo dos dados utilizados para gerá-los.

Figura 10.10 Exemplo de uma comparação de sequências de DNA.

Entretanto, a substituição de uma lisina (que é básica) por um ácido aspártico (que é ácido) pode alterar drasticamente o caráter de uma proteína. Tais substituições não conservadoras frequentemente afetam traços fenotípicos. A maioria das mutações que afetam o fenótipo é desfavorecida, mas ocasionalmente uma prova ser adaptativa. Assim, é mais provável que vejamos substituições não conservadoras em linhagens que divergiram há muito tempo. Substituições não conservadoras, exclusões e inserções de aminoácidos frequentemente estão na raiz das diferenças de fenótipo entre linhagens divergentes.

A sequência de aminoácidos de muitas proteínas é idêntica em linhagens que divergiram recentemente, como os *honeycreepers*. Podemos ter uma ideia de relações evolutivas entre tais linhagens procurando diferenças nas sequências de nucleotídeos de seu DNA (Figura 10.10). Mesmo se a sequência de aminoácidos de uma proteína for idêntica entre linhagens, a sequência de nucleotídeos do gene que a codifica pode diferir devido a redundância no código genético. Por exemplo, uma substituição de nucleotídeos que muda um códon de AAA para AAG em uma região codificadora de proteína provavelmente não afetaria o produto proteico, porque ambos os códons especificam lisina. Esta substituição de bases é um exemplo de mutação neutra.

O DNA dos núcleos, mitocôndrias e cloroplastos de diferentes espécies pode ser utilizado em comparações de nucleotídeos. O DNA mitocondrial também pode ser utilizado para comparar indivíduos diferentes da mesma espécie animal. Mitocôndrias são herdadas intactas de um único progenitor, normalmente a mãe. Elas contêm seu próprio DNA; assim, quaisquer diferenças nas sequências de DNA mitocondrial entre indivíduos maternamente relacionados se devem a mutações, não a recombinação genética durante a fertilização.

Para pensar

Como a bioquímica reflete a história evolutiva?

- As diferenças entre DNA e sequência de aminoácidos são maiores entre linhagens que divergiram há muito tempo e menores entre linhagens que divergiram mais recentemente.

10.5 Transformação de dados em árvores

- Biólogos evolutivos reconstroem a filogenia determinando quais rotas de alteração têm o menor número de passos entre espécies.

a Para ter uma ideia de como a análise de parcimônia funciona, pense em alguns itens que se diferenciam em propriedades mensuráveis. Por exemplo, os três objetos a seguir se diferenciam em duas características, cor e formato:

b Se você misturar esses objetos, há apenas três maneiras diferentes de colocá-los perto um do outro:

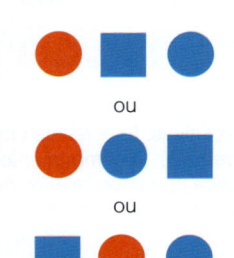

c Agora, pense no número total de diferenças que há entre cada par de objetos adjacentes. Neste exemplo, o arranjo do meio tem um total de duas diferenças. Os outros têm três:

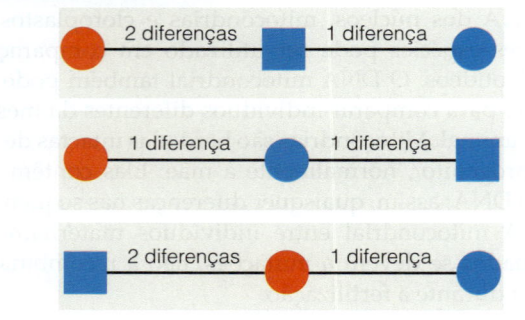

d Se criássemos esses três arranjos trocando um objeto pelos outros dois, uma diferença por vez, o arranjo do meio levaria o menor número de passos.

Figura 10.11 Um exemplo simples de análise de parcimônia. A rota evolutiva com o menor número de passos entre estados é aquela com maior probabilidade de ocorrer.

Para revelar relações evolutivas, biólogos coletam e analisam dados como os tipos descritos nas últimas três seções. Eles procuram diferenças em características específicas – a sequência de nucleotídeos de genomas, um conjunto de detalhes morfológicos ou outras características mensuráveis que diferenciam as espécies de interesse. Quaisquer diferenças de características podem ser utilizadas para a análise, mas quanto maior o conjunto de dados, mais sólidos os resultados.

O princípio básico por trás da cladística é uma regra de simplicidade: se há maneiras diferentes de alteraração de um estado para outro, a maneira com o menor número de passos é a com mais probabilidade de ocorrer. Agora, aplique essa ideia à evolução: quando há muitas rotas evolutivas possíveis, a mais curta é a que mais provavelmente está correta.

Por exemplo, se uma mudança evolutiva do estado A ao estado D pode atravessar dois ou cinco estados adicionais, a rota correta mais provavelmente é aquela com dois estados – com menos passos.

Ao determinar todas as conexões evolutivas possíveis entre um grupo de espécies, podemos identificar aquela na qual menos mudanças de características teriam acontecido no geral. Encontrar a rota mais simples é chamado **análise de parcimônia** (Figura 10.11).

Por exemplo, uma pesquisadora que descobriu diferenças na sequência de DNA entre cinco espécies relacionadas fará o que se chama matriz de características. Ela organiza as sequências como uma grade e identifica as posições nas quais os nucleotídeos diferem (em *vermelho*):

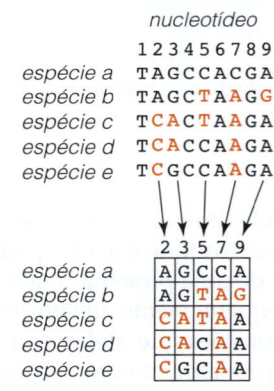

```
                    nucleotídeo
              1 2 3 4 5 6 7 8 9
   espécie a  T A G C C A C G A
   espécie b  T A G C T A A G G
   espécie c  T C A C T A A G A
   espécie d  T C A C C A A G A
   espécie e  T C G C C A A G A
```

```
              2 3 5 7 9
   espécie a  A G C C A
   espécie b  A G T A G
   espécie c  C A T A A
   espécie d  C A C A A
   espécie e  C G C A A
```

Ela utiliza as diferenças em cada coluna da matriz para uma análise de parcimônia. Comparações em pares das cinco sequências revelam três diferenças entre a espécie *a* e a espécie *b*; três entre as espécies *b* e *c*; quatro entre as espécies *a* e *c*, e assim por diante. A pesquisadora (no computador) faz uma árvore evolutiva para cada maneira possível na qual as cinco espécies possam estar conectadas, depois adiciona todas as mudanças de nucleotídeo que teriam de ocorrer em cada cenário. A árvore com o menor número de alterações no geral é aquela com mais chance de estar correta.

Este método foi utilizado para preparar a árvore evolutiva da Figura 10.12. Diferenças entre esqueletos de *honeycreepers* vivos e extintos foram classificadas como diferenças de traços (caracteres). Dados de um grupo externo foram adicionados às comparações para "enraizar" a árvore.

FOCO NA PESQUISA

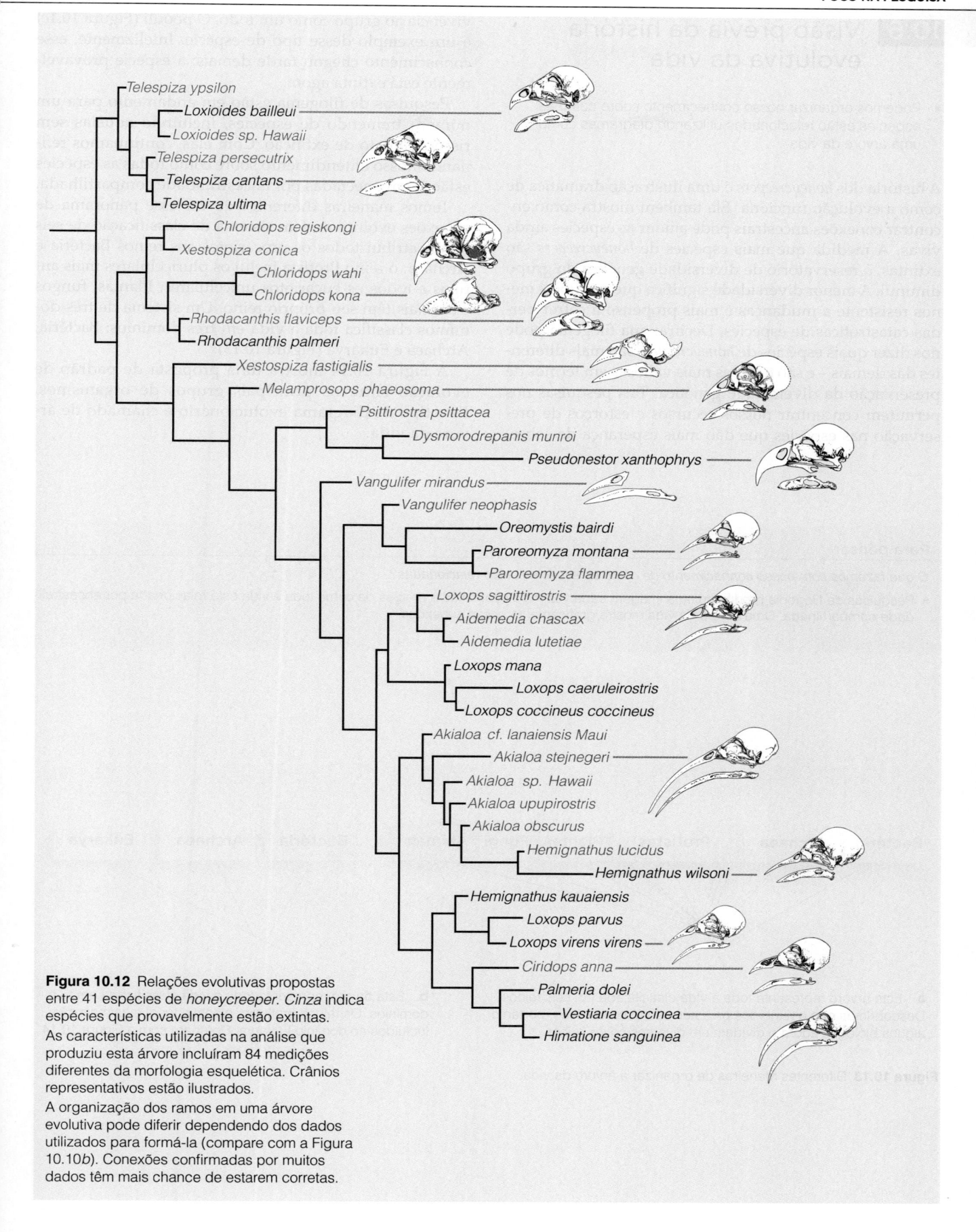

Figura 10.12 Relações evolutivas propostas entre 41 espécies de *honeycreeper*. Cinza indica espécies que provavelmente estão extintas.

As características utilizadas na análise que produziu esta árvore incluíram 84 medições diferentes da morfologia esquelética. Crânios representativos estão ilustrados.

A organização dos ramos em uma árvore evolutiva pode diferir dependendo dos dados utilizados para formá-la (compare com a Figura 10.10*b*). Conexões confirmadas por muitos dados têm mais chance de estarem corretas.

10.6 Visão prévia da história evolutiva da vida

- Podemos organizar nosso conhecimento sobre como as espécies estão relacionadas utilizando diagramas como uma árvore da vida.

A história dos *honeycreepers* é uma ilustração dramática de como a evolução funciona. Ela também mostra como encontrar conexões ancestrais pode ajudar as espécies ainda vivas. À medida que mais espécies de *honeycreepers* são extintas, o reservatório de diversidade genética do grupo diminui. A menor diversidade significa que o grupo é menos resistente a mudanças e mais propenso a sofrer perdas catastróficas de espécies. Decifrar sua filogenia pode nos dizer quais espécies de *honeycreepers* são mais diferentes das demais – e são essas as mais valiosas em termos de preservação da diversidade genética. Tais pesquisas nos permitem concentrar nossos recursos e esforços de preservação nas espécies que dão mais esperança de sobrevivência ao grupo como um todo. O poouli (Figura 10.1c) é um exemplo desse tipo de espécie. Infelizmente, esse conhecimento chegou tarde demais: a espécie provavelmente está extinta agora.

Pesquisas de filogenia estão em andamento para um número tremendo de espécies, incluindo aquelas sem risco imediato de extinção. Com elas, continuamos refinando nosso entendimento sobre como todas as espécies estão interconectadas por ancestralidade compartilhada.

Temos maneiras diferentes de ver esse panorama de conexões evolutivas. Um sistema de classificação de seis reinos atribui todos os procariotos aos reinos Bactéria e Archaea; o reino Protista inclui os pluricelulares mais antigos e todos os eucariotos unicelulares. Plantas, fungos e animais têm seu próprio reino. Um sistema de três domínios classifica toda a vida em três domínios: Bactéria, Archaea e Eukarya (Figura 10.13).

A Figura 10.14 mostra uma proposta de padrão de evolução entre os principais grupos de organismos. Este tipo de diagrama evolucionário é chamado de árvore da vida.

Para pensar

O que fazemos com nosso conhecimento de como as espécies estão relacionadas?

- Pesquisas de filogenia produzem uma imagem cada vez mais específica e precisa de como toda a vida está relacionada por ancestralidade compartilhada. Uma árvore da vida mostra graficamente essas conexões.

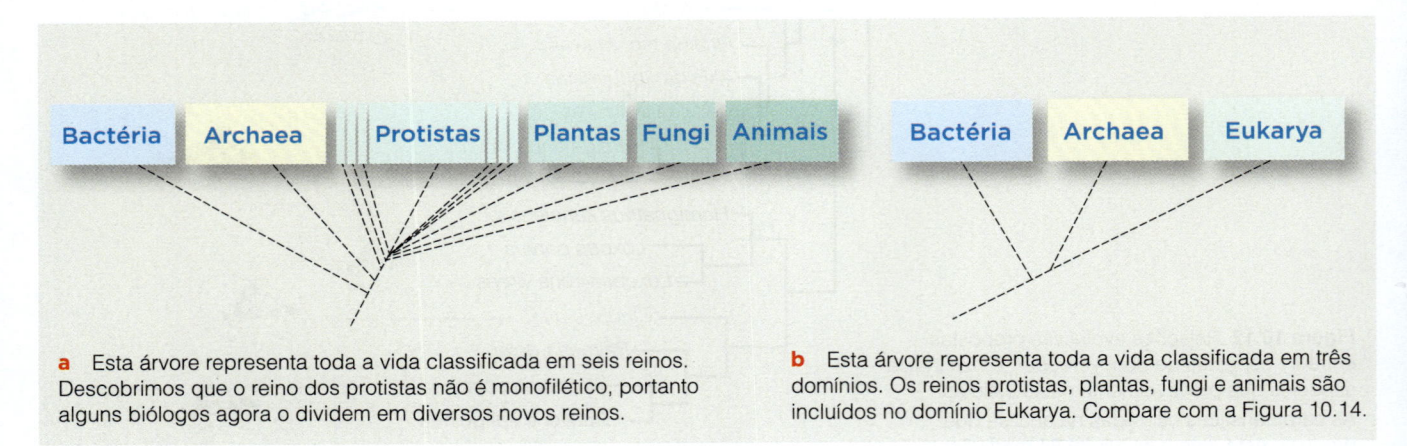

a Esta árvore representa toda a vida classificada em seis reinos. Descobrimos que o reino dos protistas não é monofilético, portanto alguns biólogos agora o dividem em diversos novos reinos.

b Esta árvore representa toda a vida classificada em três domínios. Os reinos protistas, plantas, fungi e animais são incluídos no domínio Eukarya. Compare com a Figura 10.14.

Figura 10.13 Diferentes maneiras de organizar a árvore da vida.

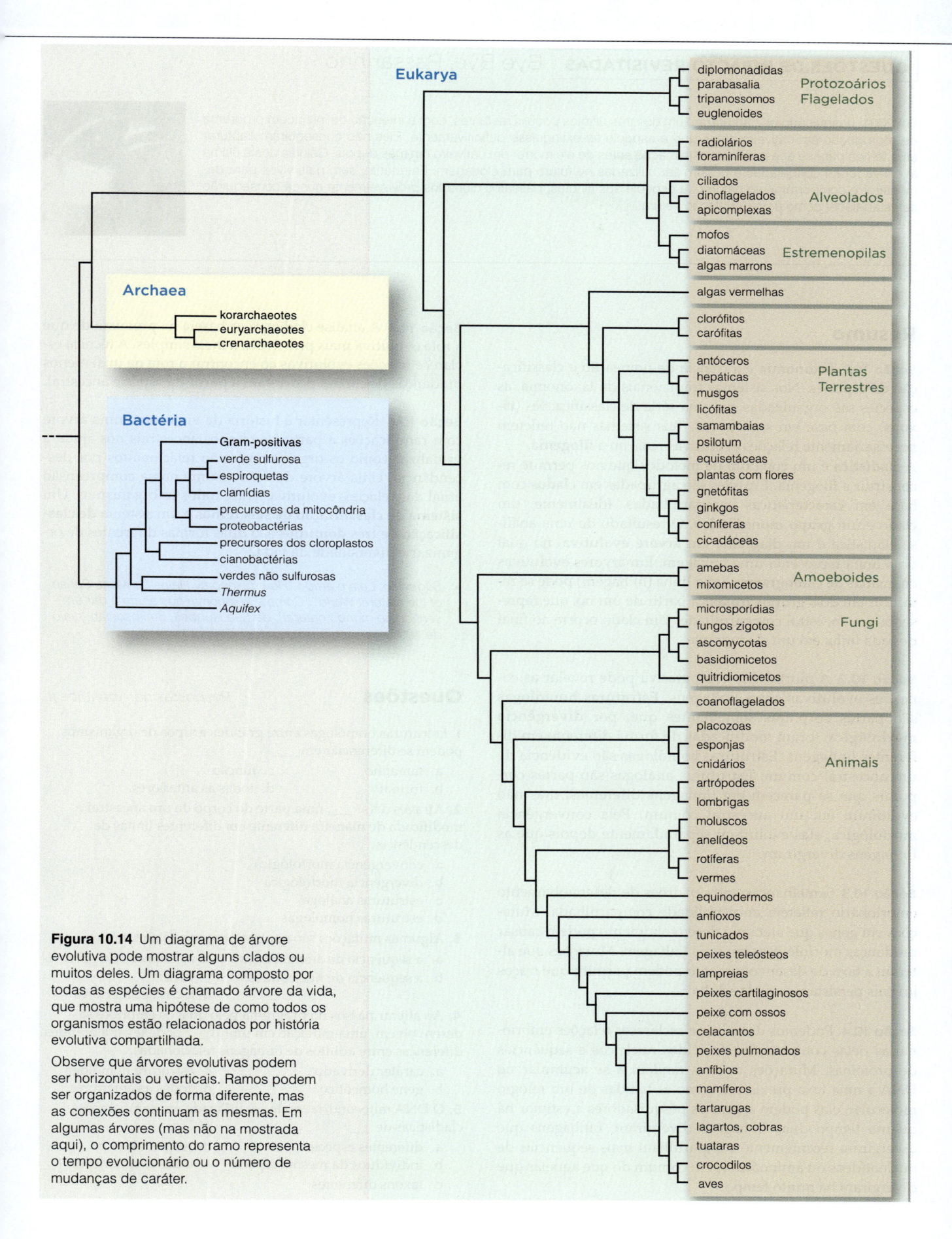

Figura 10.14 Um diagrama de árvore evolutiva pode mostrar alguns clados ou muitos deles. Um diagrama composto por todas as espécies é chamado árvore da vida, que mostra uma hipótese de como todos os organismos estão relacionados por história evolutiva compartilhada.

Observe que árvores evolutivas podem ser horizontais ou verticais. Ramos podem ser organizados de forma diferente, mas as conexões continuam as mesmas. Em algumas árvores (mas não na mostrada aqui), o comprimento do ramo representa o tempo evolucionário ou o número de mudanças de caráter.

Eukarya

Protozoários Flagelados
- diplomonadidas
- parabasalia
- tripanossomos
- euglenoides

- radiolários
- foraminíferas

Alveolados
- ciliados
- dinoflagelados
- apicomplexas

Estremenopilas
- mofos
- diatomáceas
- algas marrons

- algas vermelhas

- clorófitos
- carófitas

Plantas Terrestres
- antóceros
- hepáticas
- musgos
- licófitas
- samambaias
- psilotum
- equisetáceas
- plantas com flores
- gnetófitas
- ginkgos
- coníferas
- cicadáceas

Amoeboides
- amebas
- mixomicetos

Fungi
- microsporídias
- fungos zigotos
- ascomycotas
- basidiomicetos
- quitridiomicetos

- coanoflagelados

Animais
- placozoas
- esponjas
- cnidários
- artrópodes
- lombrigas
- moluscos
- anelídeos
- rotíferas
- vermes
- equinodermos
- anfioxos
- tunicados
- peixes teleósteos
- lampreias
- peixes cartilaginosos
- peixe com ossos
- celacantos
- peixes pulmonados
- anfíbios
- mamíferos
- tartarugas
- lagartos, cobras
- tuataras
- crocodilos
- aves

Archaea
- korarchaeotes
- euryarchaeotes
- crenarchaeotes

Bactéria
- Gram-positivas
- verde sulfurosa
- espiroquetas
- clamídias
- precursores da mitocôndria
- proteobactérias
- precursores dos cloroplastos
- cianobactérias
- verdes não sulfurosas
- *Thermus*
- *Aquifex*

QUESTÕES DE IMPACTO REVISITADAS | Bye Bye, Passarinho

Em 2004, pesquisadores capturaram um dos três últimos pooulis restantes, com a intenção de iniciar um programa de reprodução em cativeiro antes que a espécie se extinguisse definitivamente. Eles não conseguiram capturar uma fêmea para se acasalar com este macho antes de ele morrer em cativeiro um mês depois. Células desta última ave viva foram congeladas e podem ser utilizadas no futuro para clonagem. Entretanto, sem pais vivos para demonstrar o comportamento natural da espécie aos filhotes, pássaros clonados provavelmente nunca conseguirão se estabelecer como uma população natural.

Resumo

Seção 10.1 Taxonomia é a ciência de nomeação e classificação de espécies. Nos sistemas tradicionais de taxonomia, as espécies são organizadas em uma série de classificações (**táxons**) com base em seus traços. Tais sistemas não refletem necessariamente relações evolutivas reais ou a **filogenia**.
A **cladística** é um conjunto de métodos que nos permite reconstruir a filogenia. Espécies são agrupadas em **clados** com base em **características** compartilhadas. Idealmente, um clado é um **grupo monofilético**. O resultado de uma análise cladística é um diagrama em **árvore evolutiva**, no qual uma linha representa uma linhagem. Em árvores evolutivas chamadas de **cladogramas**, uma linha (linhagem) pode se ramificar em dois **grupos irmãos** a partir de um nó, que representa um ancestral compartilhado. Um clado ocorre ao final de cada linha em um cladograma.

Seção 10.2 A morfologia comparativa pode revelar as conexões evolutivas entre linhagens. **Estruturas homólogas** são partes corporais semelhantes que, por **divergência morfológica**, foram modificadas de forma diferente em diferentes linhagens. Estruturas homólogas são evidência de um ancestral comum. Estruturas análogas são partes corporais que se parecem em linhagens diferentes, mas não evoluíram em um ancestral comum. Pela convergência morfológica, elas evoluíram separadamente depois que as linhagens divergiram.

Seção 10.3 Semelhanças entre padrões de desenvolvimento embrionário refletem ancestralidade compartilhada. Mutações em genes que afetam o desenvolvimento podem causar mudanças morfológicas em uma linhagem. Mutações que alteram a taxa de desenvolvimento podem permitir que traços juvenis persistam na vida adulta.

Seção 10.4 Podemos descobrir e esclarecer relações embrionárias pelas comparações de ácidos nucleicos e sequências de proteínas. Mutações neutras tendem a se acumular no DNA a uma taxa previsível; como as batidas de um relógio molecular, elas podem ajudar os pesquisadores a estimar há quanto tempo duas linhagens divergiram. Linhagens que divergiram recentemente compartilham mais sequências de nucleotídeos ou aminoácidos em comum do que aquelas que divergiram há muito tempo.

Seção 10.5 A análise cladística se baseia na premissa de que a rota evolutiva mais provável é a mais simples. A técnica esclarece relações evolutivas ao encontrar a rota na qual menos mudanças de caráter ocorreram a partir da espécie ancestral.

Seção 10.6 Representar a história da vida como uma árvore com ramificações a partir de troncos ancestrais nos ajuda a visualizar como os organismos estão relacionados por descendência. Uma árvore da vida resume nossa compreensão atual das relações evolutivas entre todos os organismos. Um **sistema de classificação de seis reinos** e um sistema **de classificação de três domínios** são duas formas diferentes de organizar a diversidade da vida.

- *Sugestão: Leia o artigo "How Taxonomy Helps Us Make Sense of the Natural World" [Como a taxonomia nos ajuda a dar um sentido ao mundo natural], de Sue Hubbell, Smithsonian, maio de 1996.*

Questões
Respostas no Apêndice II

1. Estruturas homólogas entre grandes grupos de organismos podem se diferenciar em ___.
   a. tamanho   c. função
   b. formato   d. todas as anteriores

2. Através da(s) ___, uma parte do corpo de um ancestral é modificada de maneira diferente em diferentes linhas de descendência.
   a. convergência morfológica
   b. divergência morfológica
   c. estruturas análogas
   d. estruturas homólogas

3. Algumas mutações são neutras porque não afetam ___.
   a. a sequência de aminoácidos   c. as chances de sobrevivência
   b. a sequência de nucleotídeos
   d. todas as anteriores

4. Ao alterar passos no programa pelo qual os embriões se desenvolvem, uma mutação em um(a) ___ pode levar a grandes diferenças entre adultos de linhagens relacionadas.
   a. caráter derivado   c. estrutura homóloga
   b. gene homeótico   d. todas as anteriores

5. O DNA mitocondrial pode ser utilizado em comparações cladísticas de ___.
   a. diferentes espécies   d. respostas a e b
   b. indivíduos da mesma espécie   e. todas as anteriores
   c. táxons diferentes

Exercício de análise de dados

O poouli (*Melamprosops phaeosoma*) foi descoberto em 1973 por um grupo de estudantes da Universidade do Havaí. Sua associação ao clado dos *honeycreepers* era – e ainda é – controversa, principalmente porque sua aparência, odor e comportamento são muito diferentes dos de outros *honeycreepers*. Ele particularmente não tem o cheiro de "tenda antiga" que é uma característica dos outros *honeycreepers*.

Um estudo publicado em 2001 por Robert Fleischer e seus colegas tentou esclarecer as relações entre o *Melamprosops* e outros *honeycreepers* por comparação de morfologia óssea e sequências de DNA. Alguns de seus dados e o cladograma resultante são exibidos na Figura 10.16.

1. De acordo com o cladograma, que espécie(s) é/são mais proximamente relacionada(s) ao poouli? Qual é/são a(s) mais relacionada(s) com o ancestral dos *honeycreepers*?

2. Há alguma espécie de *honeycreeper* mais altamente relacionada à espécie ancestral do que o poouli?

3. Sem contar bases não resolvidas, quantas diferenças há entre as sequências do poouli e do *Melospiza georgiana*? E as sequências entre o poouli e o *Himatione sanguinea*?

Figura 10.16 Comparação entre as sequências de DNA de parte da sequência de controle do citocromo *b* de diferentes espécies dos *honeycreepers* (*abaixo*) e cladograma da filogenia resultante (*direita*). A sequência superior é de um grupo irmão externo; N indica um nucleotídeo não resolvido. Diferenças da sequência do *Melamprosops* estão indicadas em *vermelho*; brechas no alinhamento estão tracejadas.

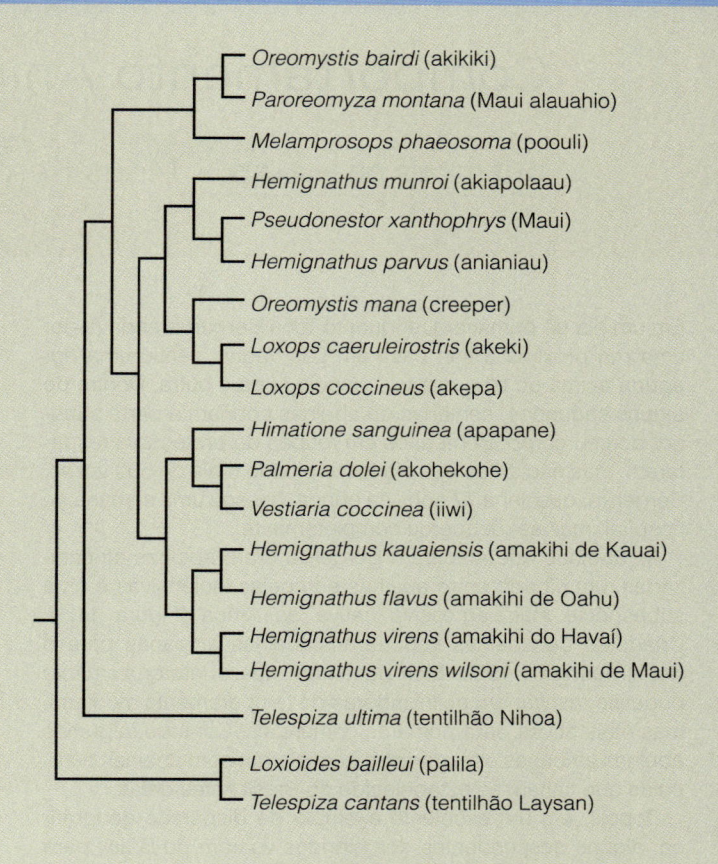

```
Melospiza georgiana (pardal do pântano)   TAGCCACGACACCTTATTATGAA-CCACTAGTGA-A-AACACTCCCGTAGGTATATTCAATAGAT
Paroroeomyza montana                      TCACCAAGACGATCTATTACGCTACACCAGGGAGGATGGCACTCCCACTGGTATATCCACTTGAC
Loxioides bailleui                        TCACTAAGACAGCTTACTACGCCAACTCACGCGAGAGAGCACTCCCGGTGGTATACTCACTTGAT
Telespiza cantans                         TCACCAAGACGGTTCACTATACCACCAAGTGAGAGAGCACTCNNNNGGTATACTCACTTTAC
Hemignathus parvus                        TCACCAAGACGACTTATTGTACAA-CCAAGAGAGNNGCACTCCCAGTGGTAGATTCTCTTGAC
Hemignathus kauaiensis                    TCACTAAGACGACTTATTATACCCAACCAAGAGAAAAGCACCCCCCACGGTAAGTCCTCTTGAC
Himatione sanguinea                       TCGCTTAGACGCCTTATTACGCTAAACCATCACAGANNGCACTACTGTTGGTCGATCCTCTTGAC
Melamprosops phaeosoma                    TCACTAAGACACCTTCTTATGTTCCATCAAGAGAGANNGCACNNNNNGGTATAGCTTCTTGAC
```

Cladograma:
- *Oreomystis bairdi* (akikiki)
- *Paroreomyza montana* (Maui alauahio)
- *Melamprosops phaeosoma* (poouli)
- *Hemignathus munroi* (akiapolaau)
- *Pseudonestor xanthophrys* (Maui)
- *Hemignathus parvus* (anianiau)
- *Oreomystis mana* (creeper)
- *Loxops caeruleirostris* (akeki)
- *Loxops coccineus* (akepa)
- *Himatione sanguinea* (apapane)
- *Palmeria dolei* (akohekohe)
- *Vestiaria coccinea* (iiwi)
- *Hemignathus kauaiensis* (amakihi de Kauai)
- *Hemignathus flavus* (amakihi de Oahu)
- *Hemignathus virens* (amakihi do Havaí)
- *Hemignathus virens wilsoni* (amakihi de Maui)
- *Telespiza ultima* (tentilhão Nihoa)
- *Loxioides bailleui* (palila)
- *Telespiza cantans* (tentilhão Laysan)

---

6. Relógios moleculares se baseiam em comparações do número de mutações _____ entre espécies.

7. A cladística se baseia em _____.
  a. reconstrução de filogenia
  b. análise de parcimônia de muitos clados
  c. diferenças de caráter entre espécies
  d. todas as anteriores

8. Em árvores evolutivas, cada ponto no ramo representa uma _____.
  a. única linhagem   c. divergência
  b. extinção   d. radiação adaptativa

9. Nos cladogramas, grupos irmãos são _____.
  a. cruzados entre si   c. representados por nós
  b. da mesma idade   d. membros da mesma família

10. Una os termos à descrição mais adequada.
  ___ filogenia   a. conjuntos dentro de conjuntos
  ___ cladograma   b. história evolutiva
  ___ genes homeóticos   c. braço humano e asa de ave
  ___ estruturas homólogas   d. semelhantes em diversos táxons
  ___ relógio molecular   e. medição de mutação neutra
  ___ estruturas análogas   f. asa de inseto e asa de ave

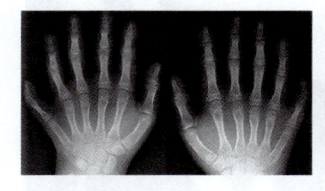

Figura 10.17 Polidactilia. Alguns tipos de mutações resultam em dedos extras nas mãos ou nos pés. Mais frequentemente, os dedos adicionais são duplicatas de outro dedo.

Raciocínio crítico

1. Algumas pessoas ainda se referem a espécies como "primitivas" ou "avançadas". Por exemplo, podem dizer que musgos são primitivos e plantas com flores são avançadas, ou que crocodilos são primitivos e mamíferos são avançados. Por que é incorreto se referir a um táxon moderno como primitivo?

2. A polidactilia é uma desordem herdada caracterizada por dedos extra nas mãos ou nos pés (Figura 10.17). Mutações em alguns genes causam esta desordem. Em que família de genes você acha que as mutações ocorrem?

3. Construa um cladograma utilizando os objetos a seguir:

11 Comportamento Animal

QUESTÕES DE IMPACTO | Meus Feromônios me Fizeram Fazer Isso

Em um dia de primavera, enquanto Toha Bergerub andava por uma rua próxima à sua casa em Las Vegas, sentiu uma dor aguda acima do olho direito – depois outra e outra. Dentro de alguns segundos, centenas de abelhas cobriam a parte superior do seu corpo. Bombeiros em roupas de proteção a resgataram, mas não antes que ela fosse picada mais de 500 vezes. Bergerub, que tinha 77 anos na época, passou uma semana no hospital, mas se recuperou completamente.

As abelhas que atacaram Bergerub eram abelhas africanizadas, um híbrido entre abelhas europeias inofensivas e uma subespécie mais agressiva nativa da África (Figura 11.1). Criadores de abelhas importaram abelhas africanas para o Brasil nos anos 1950. Eles pensaram que o intercruzamento pudesse resultar em polinizadoras de temperamento mediano, mas mais ativas para pomares comerciais. Contudo, algumas abelhas africanas escaparam e acasalaram com abelhas europeias que tinham se estabelecido no Brasil antes delas.

Depois, em um excelente exemplo de dispersão geográfica, alguns descendentes dos híbridos voaram do Brasil para o México e Estados Unidos. Até agora, elas se estabeleceram no Texas, Novo México, Nevada, Utah, Califórnia, Oklahoma, Louisiana, Alabama e Flórida.

As abelhas africanizadas se tornaram conhecidas como "abelhas assassinas", embora raramente matem seres humanos. Elas são encontradas nos Estados Unidos desde 1990, e mais de 15 pessoas morreram depois de terem sido atacadas.

Todas as abelhas defendem suas colmeias por meio de picadas. Cada uma pode picar apenas uma vez e todas produzem o mesmo tipo de veneno. Mesmo assim, comparadas às abelhas europeias, as africanizadas se aborrecem mais facilmente, atacam em números maiores e ficam agitadas por mais tempo. Algumas são conhecidas por terem perseguido pessoas por mais de 400 metros.

O que faz com que as abelhas africanizadas sejam tão irritáveis? Parte da resposta é que elas têm uma resposta aumentada para o feromônio de alarme. Um feromônio é um tipo de sinal químico que é emitido por um indivíduo e influencia outro indivíduo da mesma espécie. Por exemplo, quando uma abelha operária que protege a entrada de uma colmeia sente um intruso, ela libera um feromônio de alarme. As moléculas de feromônio se difundem pelo ar e excitam outras abelhas, que saem voando e picam o intruso.

Em um estudo, pesquisadores testaram centenas de colônias de abelhas africanizadas e europeias para quantificar suas respostas para o feromônio de alarme. Os pesquisadores posicionaram um objeto aparentemente ameaçador, como um pedaço de pano preto, próximo à entrada de cada colmeia. Então, lançaram uma quantidade pequena de um feromônio artificial. As abelhas africanizadas saíram voando de sua colmeia e anularam a ameaça percebida muito mais rapidamente.

As duas cepas de abelhas também mostram outras diferenças comportamentais. As abelhas africanizadas são menos seletivas com o lugar onde estabelecem a colônia. Elas têm maior probabilidade de abandonar sua colmeia depois de uma perturbação. Para preocupação dos apicultores, as abelhas africanizadas estão menos interessadas em armazenar quantidades grandes de mel.

Essas diferenças entre abelhas nos leva ao mundo do comportamento animal – a coordenação de respostas que os animais produzem aos estímulos. Nós convidamos você a refletir primeiro sobre a base genética do comportamento, que é a fundação para seus mecanismos instintivos e aprendidos. Pelo caminho, você também vai se deparar com exemplos do valor adaptável do comportamento.

Figura 11.1 Duas abelhas africanizadas permanecem de guarda na entrada de sua colmeia. Se uma ameaça aparecer, lançarão um feromônio de alarme que estimula as colegas a se juntarem para um ataque.

Conceitos-chave

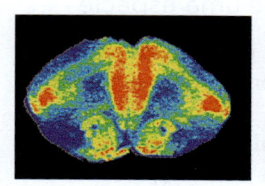

Fundações para o comportamento
As variações comportamentais dentro ou entre espécies frequentemente têm uma base genética. O comportamento também pode ser modificado pelo aprendizado. Quando as características comportamentais têm uma base hereditária, elas podem evoluir via seleção natural. **Seções 11.1–11.3**

Comunicação animal
As interações entre membros de uma espécie dependem de modos avançados de comunicação. Os sinais de comunicação têm significados claros tanto para o remetente como para o receptor dos sinais. **Seção 11.4**

Acasalamento e cuidados parentais
As características comportamentais que afetam a capacidade de atrair e manter um companheiro são formadas por seleção sexual. Machos e fêmeas estão sujeitos às diferentes pressões seletivas. O cuidado parental pode aumentar o sucesso reprodutivo, mas existem custos enérgicos. **Seção 11.5**

Custos e benefícios do comportamento social
A vida em grupos sociais tem benefícios e custos reprodutivos. O comportamento de autossacrifício evoluiu entre alguns tipos de animais que vivem em grupos de famílias grandes. O comportamento humano é influenciado por fatores evolutivos, mas somente os seres humanos fazem escolhas morais. **Seções 11.6–11.8**

Neste capítulo

- Este capítulo utiliza seu conhecimento sobre os sistemas sensoriais e endócrino. Nós discutiremos o papel de hormônios na lactação e outros comportamentos.
- Você pode desejar revisar os conceitos de adaptação e seleção sexual. Você verá outro exemplo do uso de experiências *nocaute*.

Qual sua opinião? As abelhas africanizadas estão expandindo seus limites de distribuição na América do Norte. Aprender mais sobre elas pode nos ajudar a criar maneiras de nos proteger. As pesquisas sobre base genética do seu comportamento deveriam ser uma prioridade governamental?

11.1 Genética comportamental

- Variações no comportamento, em uma espécie ou entre espécies, muitas vezes têm base em diferenças genéticas.

Como os genes afetam o comportamento

O comportamento animal exige uma capacidade para detectar estímulos. Um **estímulo**, lembre-se, é algum tipo de informação sobre o ambiente que um receptor sensorial detectou (Volume II, Seção 9.1). Que tipos de estímulos um animal pode detectar e que tipos de resposta ele pode dar dependem da estrutura de seu sistema nervoso. Diferenças em genes que afetam a estrutura e a atividade do sistema nervoso provocam diferenças no comportamento.

Contudo, tenha em mente que as mutações que afetam o metabolismo ou as características estruturais também influenciam o comportamento. Por exemplo, suponha que você observe que alguns pássaros habitualmente comem grandes sementes e outros preferem sementes pequenas. Aqueles que comem sementes grandes talvez estejam fazendo isso porque não conseguem detectar as sementes pequenas. Ou eles poderiam detectar mas ignorar as sementes pequenas, porque a estrutura de seus bicos permite a eles abrir mais facilmente as sementes maiores.

Estudando a variação dentro de uma espécie

Uma maneira de investigar a base genética do comportamento é examinar diferenças comportamentais entre os membros de uma única espécie. Por exemplo, Stevan Arnold estudou o comportamento alimentar em duas populações de cobras-garter. Algumas cobras-garter vivem em florestas costeiras do noroeste do Pacífico e seu alimento preferido são lesmas da banana, que são comuns na floresta (Figura 11.2a). Adentrando o continente, não existem lemas da banana e as cobras-garter preferem comer peixes e girinos. Essas preferências são inatas? Para descobrir, Arnold ofereceu às cobras-garter recém-nascidas de ambas as populações uma lesma da banana como seu primeiro alimento. A maioria dos descendentes das cobras costeiras comeu. Os descendentes das cobras do interior normalmente ignoraram.

Cobras costeiras recém-nascidas também serpentearam a língua com mais frequência para um *swab* de algodão (uma haste com algodão hidrófilo firmemente enrolado na ponta) embebido em sucos da lesma, como na Figura 11.2b. (Esse movimento da língua puxa moléculas para a boca.) Arnold conjecturou que cobras do interior não têm a habilidade geneticamente determinada de associar o odor das lesmas a "COMIDA!" Ele previu que se as cobras costeiras fossem cruzadas com cobras do interior, a descendência resultante teria uma resposta intermediária aos odores da lesma. Resultados de seus cruzamentos experimentais confirmaram essa previsão. O filhote híbrido serpenteia a língua para *swabs* de algodão com sucos de lesma mais que as cobras recém-nascidas do interior, mas não tão frequentemente quanto às cobras costeiras recém-nascidas. Não ficou determinado exatamente qual gene ou quais genes estão por trás dessa diferença.

Em moscas-da-fruta (*Drosophila melanogaster*) há um gene conhecido que influencia o comportamento alimentar. Marla Sokolowski mostrou que, em populações de moscas-da-fruta selvagens, aproximadamente 70% das moscas são "saltadoras"; elas tendem a mudar de um lugar para outro quando houver alimento. Cerca de 30% das moscas são "assentadas"; elas tendem a se alimentar em um só lugar. O gene para procura de alimentos (*chamado for*) determina se uma mosca é saltadora ou assentada. As moscas que têm o alelo dominante (*F*) são saltadoras. As homozigotas para o alelo recessivo (*f*) são assentadas.

Sokolowski continuou a descobrir a base molecular para as diferenças observadas no comportamento. Ela mostrou que o gene *for* codifica uma proteína quinase dependente de GMPc (PKG). Essa enzima ativa outras moléculas doando um grupo de fosfato para elas e desempenha um papel em muitas vias de sinalização intercelular.

Figura 11.2 (**a**) Lesma de banana, o alimento de escolha das cobras-garter adultas da costa da Califórnia. (**b**) Uma cobra-garter recém-nascida de uma população costeira serpenteia a língua para um *swab* de algodão embebido em fluidos de uma lesma da banana.

Características	Saltadoras	Assentadas
Comportamento na procura de alimentos	Troca de área de alimentação com frequência	Tende a se alimentar em uma área
Genótipo	*FF* ou *Ff*	*ff*
Nível de PKg (enzima)	Mais alto	Mais baixo
Velocidade de aprendizado das pistas olfativas	Mais rápido	Mais lento
Memória em longo prazo para pistas olfativas	Mais curta	Mais longa

Figura 11.3 Características de saltadoras e assentadas, dois fenótipos comportamentais que ocorrem em populações de moscas-da-fruta selvagens. Os dois tipos diferem em comportamento na procura de alimentos, aprendizado e memória, mas não em nível de atividade geral. Quando o alimento não está presente, as saltadoras e assentadas têm a mesma probabilidade de se mudar.

As saltadoras produzem um pouco mais de PKG que as assentadas. A maior quantidade de PKG no cérebro permite às saltadoras aprender sobre novos odores com mais rapidez que as assentadas, mas também faz com que as saltadoras esqueçam o que aprenderam mais rápido. A Figura 11.3 resume os genótipos e comportamentos dos fenótipos saltadora e assentada.

Exemplos como este, em que os pesquisadores podem apontar para um gene único como a causa predominante de variações naturais no comportamento, são extremamente raros. Geralmente, diferenças em muitos genes e exposição a fatores ambientais variados fazem com que os membros de uma espécie sejam diferentes em seu comportamento.

Comparações entre espécies

Comparar o comportamento de espécies relacionadas pode, às vezes, ajudar a esclarecer a base genética de um comportamento. Por exemplo, todos os mamíferos excretam o hormônio hipofisário ocitocina (OT), que age no trabalho de parto e lactação. Em muitos mamíferos, a OT também influencia a afinidade, agressão, territorialidade e outras formas de comportamento.

Entre pequenos roedores silvestres chamados de Microtus (*Microtus ochrogaster*), a OT é a chave hormonal que abre o coração da fêmea. A fêmea se liga a um macho depois de uma noite de repetidos acasalamentos e acasala por toda a vida. Em um teste experimental sobre a influência da OT, pesquisadores injetaram uma droga que bloqueia a ação da OT nos ratos silvestres. As fêmeas que tomaram a injeção deixaram seus parceiros imediatamente.

Diferenças genéticas no número e distribuição de receptores de OT podem ajudar a explicar diferenças nos sistemas de acasalamento entre espécies de roedores silvestres. Por exemplo, os roedores silvestres da pradaria, que são monógamos e se acasalam por toda a vida, têm mais receptores de OT que ratos silvestres da montanha (*M. montanus*), que são altamente promíscuos (Figura 11.4).

Comparados aos machos da espécie de roedores da montanha, os machos da espécie monógama também têm mais receptores para o hormônio antidiurético (ADH) no cérebro anterior. Para testar o efeito dessa diferença, cientistas isolaram o gene para o receptor de ADH em *Microtus silvestres* da pradaria. Então, usaram um vírus para adicionar cópias desse gene no cérebro anterior de alguns machos silvestres naturalmente promíscuos (*M. pennsylvanicus*). Os resultados confirmaram o papel dos receptores de ADH na monogamia. Machos experimentalmente tratados preferiram uma fêmea com a qual já acasalaram em vez de uma nova fêmea. Os machos de controle que receberam o gene em uma região do cérebro diferentes ou vírus com um gene diferente não mostraram nenhuma preferência por uma parceira familiar.

Nocautes e outras mutações

O estudo de mutações também pode ajudar os pesquisadores a entenderem o comportamento. Como exemplo,

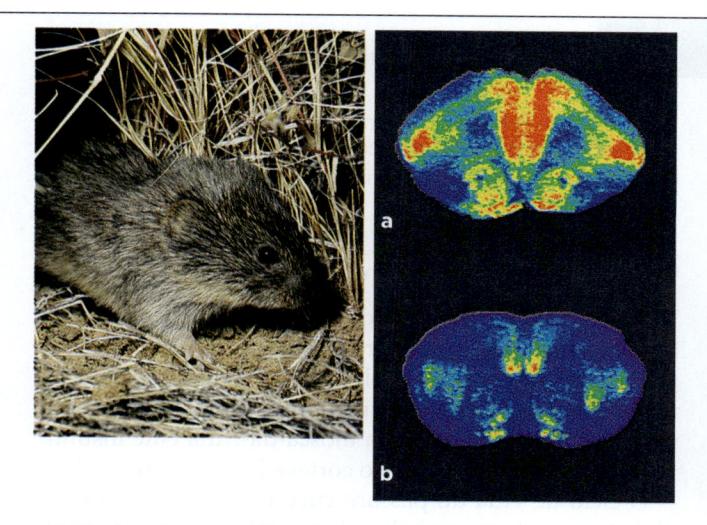

Figura 11.4 Escaneamentos PET da distribuição de receptores de ocitocina (v*ermelho*) dentro do cérebro de (**a**) um Microtus da pradaria que se acasala pela vida toda, e (**b**) um Microtus da montanha, que é promíscuo.

machos da mosca-da-fruta com uma mutação no gene *infrutífero* (*fru*) não realizam os movimentos normais de namoro e cortejam também outros machos além das fêmeas. Quando os pesquisadores compararam os cérebros de mutantes machos *fru* e cérebros de machos normais, descobriram que os mutantes – assim como as fêmeas normais – não tinham um determinado conjunto de neurônios. Aparentemente, o desenvolvimento desse conjunto de neurônios tem um papel sobre a administração da preferência para acasalamento e o comportamento de namoro típicos do macho desta espécie.

Como outro exemplo, experiências nocaute confirmaram a importância da ocitocina no comportamento materno dos ratos. Os pesquisadores produziram ratas onde o gene para o receptor de OT foi banido. Carentes de um receptor funcional para OT, estas ratas não conseguiam responder ao hormônio. Conforme esperado, elas não produziam lactato, pois a ocitocina é necessária para contração dos dutos mamários. Fêmeas com esse gene nocauteado (desligado) também tinham menor probabilidade em readotar filhotes que os pesquisadores retiraram do ninho. Baseados nestes resultados, os pesquisadores concluíram que a ocitocina é necessária para o comportamento materno normal em ratos.

Para pensar

Como os pesquisadores estudam o efeito dos genes sobre o comportamento animal?

- Estudar as variações de comportamento dentro de uma espécie ou entre espécies relacionadas permite aos pesquisadores determinar se a variação tem uma base genética. Essas diferenças são raramente causadas por variação em um único gene; muitos genes afetam o comportamento.
- Os pesquisadores, às vezes, podem determinar o efeito de um gene sobre um comportamento específico estudando indivíduos onde o gene não é funcional.

11.2 Instinto e aprendizado

- Alguns comportamentos são inatos e podem ser desempenhados sem qualquer prática.
- A maioria dos comportamentos é modificada como resultado de experiência.

Comportamento instintivo

Todos os animais nascem com habilidades para **comportamento instintivo** – uma resposta inata a estímulos específicos e geralmente simples. Uma cobra-garter costeira recém-nascida se comporta instintivamente quando ataca uma lesma da banana. Uma mosca-da-fruta bate instintivamente suas asas durante o cortejo de uma fêmea.

O ciclo de vida do pássaro cuco fornece vários exemplos de instinto no trabalho. Este pássaro europeu é um parasita social. As fêmeas põem ovos nos ninhos de outros pássaros. Um cuco recém-nascido é cego, mas o contato com um ovo dos pais adotivos estimula uma resposta instintiva. O filhote maneja o ovo sobre suas costas, depois o empurra para fora do ninho. Esse comportamento remove qualquer competição em potencial pela atenção dos pais adotivos.

A resposta de retirada do ovo do cuco é um **padrão fixo de ação**: uma série de movimentos instintivos ativados por um estímulo específico, que – uma vez iniciado – continua até a conclusão sem a necessidade de estímulos adicionais. Esse comportamento fixo tem vantagens de sobrevivência quando permite uma resposta rápida a um incentivo importante. Porém, uma resposta fixa aos estímulos simples tem limitações. Por exemplo, os pais adotivos do cuco não estão equipados para notar a cor e o tamanho da prole. Um estímulo simples – a boca aberta do filhote – induz o padrão fixo de ação do comportamento de alimentação parental (Figura 11.5).

Figura 11.5 Comportamento instintivo. O pai adotivo alimenta o filhote de cuco em resposta a um estímulo simples: uma boca aberta.

Aprendizado sensível ao tempo

O **comportamento aprendido** é o comportamento que é alterado pela experiência. Alguns comportamentos instintivos podem ser modificados com o aprendizado. Os ataques iniciais da cobra-garter à presa são instintivos, mas a serpente aprende a evitar presas perigosas ou intragáveis. O aprendizado pode ocorrer durante toda a vida do animal ou é restrito a um período crítico.

Imprinting é uma forma de aprendizado que ocorre durante um período de tempo geneticamente determinado. Por exemplo, os filhotes de ganso aprendem a seguir o objeto grande que se curva sobre eles em resposta ao seu primeiro piado (Figura 11.6). Com raras exceções, este objeto é sua mãe. Quando amadurecem, os gansos buscarão um parceiro sexual que seja semelhante ao objeto "impresso".

Uma capacidade genética para aprender, combinada às experiências reais no ambiente, formam a maioria das formas de comportamento. Por exemplo, um pássaro cantor tem uma capacidade inata de reconhecer o canto da sua espécie ao ouvir os machos mais velhos cantando. O macho jovem usa esses cantos como um guia para preencher detalhes de seu próprio canto. Os machos criados só cantam uma versão simplificada da canção de sua espécie, assim como machos expostos apenas ao canto de outras espécies.

Muitos pássaros têm de aprender o canto específico da espécie durante um período limitado, logo no início da vida. Por exemplo, um macho de pardal de coroa branca não cantará normalmente se não ouvir um "tutor" macho de sua própria espécie durante os seus primeiros 50 dias de vida. Ouvir um tutor da mesma espécie em momento posterior da vida não influenciará seu canto.

A maioria dos pássaros também tem de praticar o canto para aperfeiçoá-lo. Em uma experiência, pesquisadores paralisaram temporariamente os músculos da garganta de tentilhões-zebra que estavam começando a cantar. Depois de serem temporariamente incapazes de praticar, estes pássaros nunca mais dominaram o canto.

Figura 11.6 O prêmio Nobel Konrad Lorenz com gansos que o adotaram.

Em contraste, a paralisia temporária dos músculos da garganta em pássaros muito jovens ou adultos não prejudicou a produção do canto. Logo, nessas espécies, há um período crítico para prática do canto, bem como para o aprendizado do canto.

Respostas condicionadas

Quase todos os animais são alunos vitalícios. A maioria aprende a associar determinados estímulos às recompensas e outros a consequências negativas.

No **condicionamento clássico**, a resposta animal involuntária a um estímulo fica associada a outro estímulo apresentado ao mesmo tempo. No exemplo mais famoso, Ivan Pavlov tocava um sino sempre que alimentava um cachorro. Posteriormente, a resposta reflexiva do cachorro à comida – aumento na salivação – era produzida somente pelo som do sino.

No **condicionamento operante**, um animal modifica seu comportamento voluntário em resposta às consequências desse comportamento. Esse tipo de aprendizado foi descrito pela primeira vez sob condições de laboratório. Por exemplo, um rato que pressiona uma alavanca em uma gaiola de laboratório e é recompensado com uma pelota de comida tem maior probabilidade de apertar a alavanca novamente. Um rato que recebe um choque quando entra em uma área em particular da gaiola aprenderá rapidamente a evitar aquela área.

Outros tipos de comportamento aprendido

Na **habituação**, um animal aprende por experiência a não responder a um estímulo que não tem nenhum efeito positivo ou negativo. Por exemplo, pombos nas cidades aprendem a não fugir do grande número de pessoas que caminham por eles.

Muitos animais aprendem sobre os marcos em seu ambiente e formam um tipo de mapa mental. Esse mapa pode ser usado quando o animal precisar retornar para casa. Por exemplo, um caranguejo violinista ("chama-maré") que procura alimento até dez metros longe de sua cova pode correr direto para casa quando perceber uma ameaça.

Muitos animais também aprendem os detalhes de sua paisagem social; eles aprendem a reconhecer parceiros, descendentes ou concorrentes pela aparência, chamados, odor ou uma combinação de estímulos. Por exemplo, quando duas lagostas macho se encontram pela primeira vez, elas lutarão (Figura 11.7). Mais tarde, se reconhecerão pelo odor e se comportarão de acordo, sendo que o perdedor evitará ativamente o vencedor. Uma lagosta também reconhece odor do seu parceiro.

No **aprendizado observacional**, um animal imita o comportamento de outro indivíduo. Por exemplo, Ludwig Huber e Bernhard Voelkel deixaram que micos assistissem outro mico demonstrar como abrir um recipiente de plástico e pegar a guloseima dentro dele. Os micos que viram o demonstrador abriram o recipiente com suas mãos, imitando esse comportamento. Em contraste, aqueles que assistiram um demonstrador abrir a caixa com os dentes tentaram fazer o mesmo (Figura 11.8).

Figura 11.7 Conhecendo um ao outro. Duas lagostas macho brigam em seu primeiro encontro. Mais tarde, o perdedor lembrará o odor do vencedor e o evitará. Se não houver outro encontro, a memória da derrota dura até duas semanas.

Figura 11.8 Aprendizado observacional. Um mico abre um recipiente usando os dentes. Depois de assistir a um indivíduo realizar essa manobra com sucesso, outros micos usarão a mesma técnica. A análise de vídeos de seus movimentos mostrou que os observadores imitaram o comportamento que viram mais cedo.

Para pensar

Como o instinto e o aprendizado formam o comportamento?

- O comportamento instintivo pode ser inicialmente apresentado sem qualquer experiência anterior, como quando um estímulo simples ativa um padrão fixo de ação. Até mesmo o comportamento instintivo pode ser modificado por experiência.
- Certos tipos de aprendizado só podem ocorrer em momentos particulares no ciclo de vida.
- O aprendizado afeta tanto comportamentos voluntários como involuntários.

11.3 Comportamento adaptativo

- Se um comportamento varia e algumas dessas variações têm uma base genética, então ele estará sujeito à seleção natural.

O comportamento que aumenta o sucesso reprodutivo de um indivíduo é adaptativo. Por exemplo, Larry Clark e Russell Mason estudaram o comportamento de decoração do ninho de estorninhos. Estes pássaros dobram os raminhos de plantas aromáticas, como cenoura selvagem, em seus ninhos. Clark e Mason suspeitavam que os pedaços da planta controlassem os ácaros parasitários que atacam os filhotes. Para testar sua hipótese, os pesquisadores substituíram ninhos naturais de estorninho por artificiais que tinham raminhos de cenoura selvagem ou não tinham raminhos. Eles previram que os ninhos decorados teriam menos ácaros que os não decorados.

Depois que os filhotes de estorninho deixaram os ninhos, Clark e Mason registraram o número de ácaros deixados. O número foi maior em ninhos sem raminhos (Figura 11.9). Por quê? Ao que se revelou, um composto orgânico nas folhas de cenoura selvagem previne o amadurecimento dos ácaros.

Mason e Clark concluíram que decorar o ninho com raminhos intimida os ácaros sugadores de sangue. Eles deduziram que esse comportamento é adaptativo, porque promove a sobrevivência dos filhotes, aumentando o sucesso reprodutivo dos pássaros que decoram ninhos.

Como você aprenderá na Seção 11.7, alguns comportamentos que aumentam o sucesso reprodutivo de parentes em detrimento ao indivíduo também podem ser adaptativos.

Para pensar

O que faz um comportamento ser considerado adaptativo?

- A maioria dos comportamentos é adaptativa, porque aumenta o sucesso reprodutivo do indivíduo que o realiza. Alguns são adaptativos porque beneficiam parentes.

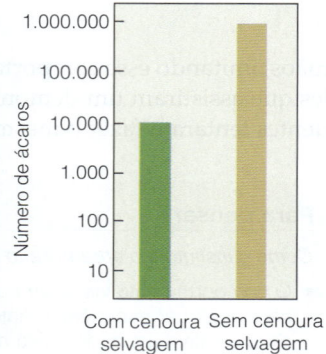

Figura 11.9 Resultados de uma experiência para testar o efeito de raminhos de cenoura selvagem sobre o número de ácaros nos ninhos de estorninho. Ninhos com pedaços de cenoura selvagem tiveram um número significativamente menor que aqueles sem folhagem. Pode haver uma vantagem seletiva no uso da cenoura selvagem e outras plantas aromáticas como materiais do ninho.

11.4 Sinais de comunicação

Cooperar com o acasalamento e de outras maneiras exige que os indivíduos compartilhem informações sobre si mesmos e seu ambiente.

Os **sinais de comunicação** são estímulos para comportamento social entre membros de uma espécie. Sinais químicos, acústicos, visuais e táteis transmitem informações dos sinalizadores aos receptores dos sinais.

Feromônios são estímulos químicos. Os feromônios de sinal fazem com que o receptor altere seu comportamento rapidamente. O feromônio de alarme da abelha é um exemplo, assim como os atrativos sexuais que ajudam os machos e fêmeas a se encontrarem. Feromônios de pré-ativação provocam respostas em longo prazo, como quando uma substância química dissolvida na urina de certos ratos machos ativa a ovulação de fêmeas da mesma espécie.

Muitos sinais acústicos, como o canto do pássaro, atraem parceiros ou definem um território. Outros são sinais de alarme, como o latido do cão da pradaria que adverte um predador.

Um exemplo de sinal visual é uma exibição de ameaça do babuíno, que comunica prontidão para brigar com um rival (Figura 11.10*a*).

Figura 11.10 Sinais visuais. (**a**) Um babuíno macho mostra os dentes em uma exibição de ameaça. (**b**) Pinguins em uma demonstração de cortejo. (**c**) O movimento do lobo diz a outro lobo que o comportamento é de brincadeira, não agressão.

Figura 11.11 Abelhas dançam, um exemplo de exibição tátil.
(a) Abelhas que visitaram uma fonte de alimento perto de sua colmeia retornam e realizam uma *circular* no favo orientado verticalmente na colmeia. As abelhas que mantêm contato com a dançarina posteriormente saem e procuram por alimento próximo à colmeia.
(b) Uma abelha que visita uma fonte de alimento a mais de 100 metros (110 jardas) de sua colmeia realiza uma dança *agitada*. A orientação da dançarina com abdome em agitação na parte reta de sua dança informa outras abelhas sobre a direção do alimento.
(c) Se o alimento estiver alinhado com o sol, a corrida agitada da dançarina procede diretamente para o favo. **(d)** Se o alimento estiver em direção oposta ao sol, a corrida agitada da dançarina é diretamente para baixo. **(e)** Se o alimento estiver 90° à direita da direção do sol, a corrida agitada é compensada por 90° à direita da vertical.
A velocidade da dança e o número de agitações na corrida reta fornecem informações sobre a distância até o alimento. Uma dança inspirada por alimento que está a 200 metros de distância é muito mais rápida e tem mais agitações por corrida reta que uma dança inspirada por uma fonte de alimento a 500 metros de distância.

Resolva: As danças mostradas nas partes c–e indicam distâncias diferentes da colmeia?

Resposta: Não. O número de agitações na corrida reta não varia.

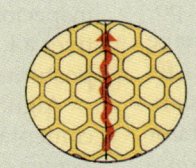

c Quando a abelha se move direto para o favo, recrutas voam direto em direção ao sol.

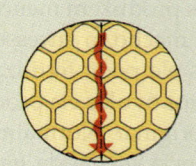

d Quando a abelha se move direto para baixo no favo, recrutas voam para a fonte diretamente para longe do sol.

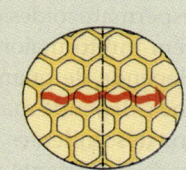

e Quando a abelha se move para a direita da vertical, recrutas voam em ângulo de 90° à direita do sol.

Sinais visuais são parte do cortejo que muitas vezes precede o acasalamento em pássaros (Figura 11.10*b*). Sinais não ambíguos funcionam melhor, assim os movimentos frequentemente ficam exagerados e a forma do corpo evolui de maneira a chamar a atenção aos movimentos.

Com exibições táteis, informações são transmitidas por toque. Por exemplo, depois de detectar alimento, uma abelha operária retorna à colmeia e realiza uma dança complexa. A abelha se movimenta em um padrão definido, empurrando uma multidão de outras abelhas que a cercam. Os sinais dão outras informações sobre a distância e a direção da fonte de alimento (Figura 11.11).

O mesmo sinal, às vezes, funciona em mais de um contexto. Por exemplo, cachorros e lobos pedem para brincar arqueando as costas (Figura 11.10*c*). Esse movimento informa a um amigo que os sinais que se seguem, que poderiam ordinariamente ser interpretados como agressivos ou sexuais, são comportamento de brincadeira amigável.

Um sinal de comunicação evolui e só persiste se beneficiar tanto o remetente como o receptor. Se o sinal tiver desvantagens, então a seleção natural tenderá a favorecer indivíduos que não enviam ou respondem aos sinais. Outros fatores também podem selecionar contra os sinalizadores. Por exemplo, as rãs da espécie túngara atraem as fêmeas com chamados complexos, que também facilitam aos morcegos comedores de rãs atacarem o chamador. Quando os morcegos estão próximos, as rãs macho chamam menos e, geralmente, com menos estilo. O sinal mais tênue é uma alternativa entre localizar um parceiro para acasalar e a necessidade de sobrevivência imediata.

Existem sinalizadores ilegítimos também. Por exemplo, os vaga-lumes atraem parceiros produzindo flashes de luz em um padrão característico. Alguns vaga-lumes fêmeas vivem de machos de outra espécie. Quando uma fêmea predatória vê o flash de um macho das espécie que são suas presas, ela pisca em resposta como se fosse uma fêmea da sua própria espécie. Se ela atraí-lo para perto o suficiente, ela o captura e o come.

Para pensar

Quais são os benefícios e custos dos sinais de comunicação?

- Um sinal de comunicação transfere informações de um indivíduo para outro da mesma espécie. Esses sinais beneficiam tanto o sinalizador como o receptor.
- Os sinais têm um custo potencial. Indivíduos de uma espécie diferente se beneficiam interceptando sinais ou imitando-os.

11.5 Parceiros, prole e sucesso reprodutivo

- Ao estudar o comportamento, esperamos que cada sexo evolua de modo a maximizar seus benefícios e minimizar seus custos, o que pode levar a conflitos.

Seleção sexual e comportamento de acasalamento

Os machos ou fêmeas de uma espécie frequentemente competem pelo acesso aos parceiros, e muitos são seletivos em relação aos seus parceiros. Ambas as situações levam à **seleção sexual**. Conforme explicado na Seção 9.6, este processo microevolutivo favorece as características que fornecem uma vantagem competitiva na atração e, muitas vezes, na manutenção de parceiros.

Mas que sucesso reprodutivo é esse – o do macho ou o da fêmea? Lembre-se, animais machos produzem muitos espermatozoides e as fêmeas produzem menos óvulos, porém muito maiores. Para o macho, o sucesso geralmente depende de quantos óvulos ele pode fertilizar. Para a fêmea, depende mais de quantos óvulos ela produz ou quantos descendentes ela pode originar. Normalmente, o fator mais importante na preferência sexual da fêmea é a qualidade do companheiro e não a quantidade de parceiros.

As moscas-escorpião (*Harpobittacus*) acasalarão somente com machos que fornecem comida. O macho caça e mata uma traça ou algum outro inseto. Então, libera um feromônio sexual que atrai fêmeas para ele e seu "presente nupcial" (Figura 11.12a). A fêmea começa a comer a oferta do macho e a cópula se inicia. Somente depois que a fêmea comeu por cinco minutos ou mais é que ela aceita espermatozoides de seu parceiro. Até mesmo depois que o acasalamento começa, a fêmea pode desistir de seu pretendente caso ela acabe de comer o seu presente. Após concluir o acasalamento, ela poderá buscar um novo macho e seus espermatozoides substituirão o do primeiro parceiro. Desse modo, quanto maior for o presente do macho, maior a chance de que seus espermatozoides realmente acabarão fertilizando os ovos de sua parceira.

Fêmeas de determinadas espécies comparam machos que tenham características atraentes. Considere os caranguejos violinistas ("chama-maré") que vivem nas orlas arenosas. Uma das duas garras do macho é maior; ela muitas vezes é responsável por mais da metade de seu peso corporal total. Durante a estação de reprodução, centenas de machos escavam covas para acasalamento próximas umas das outras. Cada macho fica próximo à sua cova, acenando sua enorme garra. As fêmeas passeiam verificando os machos. Se uma fêmea gostar do que vê, inspeciona a cova do seu pretendente. Só quando a cova tiver a localização e dimensão certas ela acasalará e fará a postura dos ovos.

Algumas fêmeas de pássaros também são difíceis de contentar. Os tetrazes das pradarias (*Centrocercus urophasianus*) convergem para um tipo de arena de exibição comunitária, onde cada um toma posição em um pequeno espaço. Com as penas do rabo erguidas, os machos emitem chamados intensivos inchando e esvaziando grandes bolsas no pescoço (Figura 11.12b). Enquanto fazem isso, eles marcam seu pedaço de pradaria. As fêmeas tendem a selecionar machos com bom território e boa exibição.

Figura 11.12 (**a**) Mosca-escorpião balançando um inseto como um presente nupcial para uma parceira em potencial. As fêmeas de algumas espécies de mosca-escorpião escolhem parceiros sexuais que oferecem o maior presente. (**b**) Um tetraz das pradarias macho exibindo-se enquanto compete pela atenção em uma arena de exibição comunitária.

Posteriormente, elas se isolam para aninhar e originar descendentes sozinhas. Frequentemente, muitas fêmeas favorecem os mesmos poucos machos, enquanto a maioria dos outros machos nunca têm a oportunidade de acasalar.

Em outro padrão comportamental, as fêmeas sexualmente receptivas de algumas espécies formam grupos defensáveis. Quando você se depara com esse grupo, pode observar machos que competem pelo acesso aos agrupamentos. A competição pelos "haréns" já prontos resultou em leões, ovelhas, alces, elefantes marinhos e bisões combativos, só para citar alguns exemplos (Figura 11.13).

Cuidado parental

Quando as fêmeas brigam pelos machos, podemos prever que eles fornecem mais que espermatozoides. Alguns, como o sapo-parteiro, ajudam nos cuidados com os filhotes. O macho mantêm sequências de ovos fertilizados ao redor de suas patas até que os ovos eclodam. Uma vez tendo os ovos sob cuidados, a fêmea pode acasalar com outros machos, se ela conseguir encontrar algum que não esteja carregando ovos. No final da estação de reprodução, machos sem esses ovos são raros e as fêmeas brigam para ter acesso a eles. As fêmeas tentam até se intrometer entre pares que estão se acasalando.

O comportamento parental consome tempo e energia que os pais, por sua vez, poderiam gastar se acasalando novamente. Porém, para alguns animais, o benefício da maior probabilidade de sobrevivência dos filhotes excede o custo da proteção e criação da prole.

Poucos répteis cuidam dos filhotes. Os crocodilos, os répteis mais próximos dos pássaros, são uma exceção notável. Os pais crocodilos enterram seus ovos em um ninho. Quando os filhotes estão prontos para nascer, eles chamam e os pais os desenterram e cuidam deles por algum tempo.

Muitos pássaros são monógamos e ambos os progenitores frequentemente cuidam dos filhotes. Nos mamíferos, os machos geralmente partem depois do acasalamento. As fêmeas criam os filhotes sozinhas e os machos tentam acasalar novamente ou guardar energia para a próxima estação de reprodução (Figura 11.14). Espécies mamíferas nas quais os machos ajudam a cuidar dos filhotes tendem a ser monógamas, pelo menos no curso de uma estação de reprodução. Somente cerca de 5% dos mamíferos são monógamos.

Figura 11.13 Bisões machos em combate durante a estação de reprodução.

Figura 11.14 Uma ursa cuidará de seu filhote até os dois anos de idade. O macho não toma nenhuma parte na criação do filhote.

Para pensar

Como a seleção natural afeta os sistemas de acasalamento?

- Os machos e fêmeas se comportam de modo a maximizar seu próprio sucesso reprodutivo.
- A maioria dos machos compete pelas fêmeas e acasalam com mais de uma. A monogamia e cuidados parentais do macho não são comuns.

11.6 Vivendo em grupos

- Estude o reino animal e você encontrará custos e benefícios evolucionários entre os grupos sociais.

Defesa contra predadores

Em alguns grupos, respostas cooperativas aos predadores reduzem os riscos de todos. Os indivíduos vulneráveis podem ficar alertas aos predadores, se unir em contra-ataque ou tomar parte em defesas mais efetivas (Figura 11.15).

Pássaros, macacos, suricatos, cães da pradaria e muitos outros animais dão chamados de alerta, como na Figura 11.15a. O cão da pradaria emite um latido particular quando avista uma águia e um sinal diferente quando avista um coiote. Outros mergulham em covas para escapar do ataque da águia ou ficam eretos e observam os movimentos do coiote.

As lagartas se alimentam em aglomerados nos galhos e se beneficiam pela repulsão dos pássaros predatórios. Quando um predador em potencial aborda, as lagartas se empinam e vomitam folhas de eucalipto parcialmente digeridas (Figura 11.15b). Birgitta Sillén-Tullberg demonstrou que pássaros predatórios preferem lagartas individuais a um grupo agitado. Quando as lagartas foram oferecidas individualmente, os pássaros comeram uma média de 5,6. Os pássaros que tiveram uma oferta em grupos de 20 lagartas comeram, em média, 4,1.

Sempre que animais se reúnem, alguns indivíduos protegem os outros dos predadores. A preferência pelo centro de um grupo pode criar um **rebanho egoísta**, onde indivíduos se escondem por trás uns dos outros. Esse comportamento ocorre com os peixes-lua. O peixe-lua macho constrói um ninho escavando uma depressão na lama no fundo de um lago. As fêmeas põem ovos nesses ninhos e os caracóis e peixes predam os ovos. A competição pelos locais mais seguros é maior próximo ao centro de um grupo, com machos grandes pegando os locais mais escondidos. Os machos menores se agrupam ao redor deles e suportam o impacto da depredação do ovo. Mesmo assim, os ninhos de machos pequenos são mais seguros na extremidade do grupo do que se estivessem sozinhos.

Melhores oportunidades de alimentação

Muitos mamíferos, incluindo lobos, leões, cães selvagens e chimpanzés, vivem em grupos sociais e cooperam na caça (Figura 11.16). Os caçadores cooperativos são mais eficientes que os solitários? Muitas vezes, não. Em um estudo, os pesquisadores observaram um leão solitário que pegou a presa em cerca de 15% das vezes. Dois leões caçando cooperativamente foram duas vezes mais efetivos na captura de presas, mas tiveram de dividir a comida, o que anulou a vantagem. Quando mais leões se uniram à caçada, a taxa de sucesso por leão caiu. Os lobos mostram um padrão semelhante. Entre os carnívoros que caçam cooperativamente, o sucesso da caçada não parece ser uma vantagem importante da vida em grupo. Indivíduos caçam juntos, mas também podem despistar comedores de carniça, cuidar dos mais jovens e proteger o território.

A vida em grupo também permite a transmissão de características culturais ou comportamentos aprendidos por imitação. Por exemplo, os chimpanzés fazem e usam ferramentas simples arrancando folhas dos galhos. Eles usam varas grossas para fazer buracos em cupinzeiros, depois inserem "varas de pescar" longas e flexíveis para pegar os cupins.

Figura 11.15 Defesas em grupo. (**a**) Cães da pradaria de cauda negra latem emitindo um alarme que adverte os outros sobre predadores. Esse chamado põe o chamador em risco? Não muito. Os cães da pradaria normalmente agem como sentinelas somente depois de terminar de se alimentar e quando estão de pé próximos aos seus abrigos. (**b**) As lagartas australianas formam aglomerados e regurgitam um fluido (as *gotas amarelas*) que não é atraente aos predadores.

Figura 11.16 Membros de uma matilha de lobos (*Canis lupus*). Os lobos cooperam na caçada, cuidam dos jovens e defendem o território. Os benefícios não são igualmente distribuídos. Somente os indivíduos melhor classificados, o macho alfa e fêmea alfa, procriam.

Os chimpanzés retiram a vara e lambem os cupins como um petisco cheio de proteínas. Grupos diferentes de chimpanzés usam ferramentas e métodos de "pesca" de cupins ligeiramente diferentes. Os filhotes de cada grupo aprendem imitando os adultos.

Hierarquias de domínio

Em muitos grupos sociais, indivíduos subordinados não obtêm uma parcela igual de recursos. A maioria das matilhas, por exemplo, tem um macho dominante que procria somente com uma fêmea dominante. Os outros são irmãos e irmãs, tias e tios não procriadores. Todos caçam e levam comida para os indivíduos que cuidam dos jovens sob sua guarida.

Por que um subordinado desistiria de recursos e, frequentemente, privilégios de reprodução? Ele poderia ser ferido ou morto se desafiasse um indivíduo forte. Ele poderia não ser capaz de sobreviver sozinho. Um subordinado poderia até mesmo ter uma chance de reproduzir se viver o bastante ou se seus pares dominantes forem eliminados por um predador ou pela idade avançada. Como exemplo, alguns lobos subordinados sobem na escala social quando a oportunidade surge.

Custos da vida em grupo

Se o comportamento social é vantajoso, então por que existem tão poucas espécies sociais? Na maioria dos *habitats*, os custos excedem os benefícios. Por exemplo, quando indivíduos estão agrupados, eles competem mais pelos recursos. Cormorões e outras aves marinhas formam colônias densas de reprodução. Todos competem pelo espaço e comida.

Grandes grupos sociais também atraem mais predadores. Se os indivíduos estão agrupados, são vulneráveis a parasitas e doenças contagiosas que passam de hospedeiro para hospedeiro. Os indivíduos também estão sob risco de serem mortos ou explorados por outros. Dada a oportunidade, um casal de gaivotas do hemisfério norte pode canibalizar os ovos e até os filhotes de seus vizinhos.

Para pensar

Quais são os benefícios e custos dos grupos sociais?

- Viver em um grupo social pode fornecer benefícios, como através das defesas cooperativas ou proteção contra predadores.
- A vida em grupo tem custos: maior concorrência, maior vulnerabilidade às infecções e exploração entre indivíduos.

11.7 Por que se sacrificar?

- Casos extremos de esterilidade e autossacrifício evoluíram em apenas alguns grupos de insetos e um grupo de mamíferos. Como os genes de indivíduos não reprodutores passaram adiante?

Insetos sociais

Os animais que são eussociais vivem juntos por gerações em um grupo que tem uma divisão reprodutiva e de trabalho. Os insetos eussociais incluem as abelhas, cupins e formigas. Em todos estes grupos, operárias estéreis cuidam cooperativamente da prole produzida por apenas alguns indivíduos procriadores. Essas operárias muitas vezes são altamente especializadas em sua forma e função (Figura 11.17).

Uma abelha rainha é a única fêmea fértil na colmeia. Ela é maior que as outras fêmeas em parte em razão dos seus ovários aumentados (Figura 11.18a). Ela excreta um feromônio que torna todas as outras abelhas estéreis.

Todas as 30 mil a 50 mil abelhas operárias são fêmeas que se desenvolveram a partir de ovos fertilizados colocados pela rainha. Elas alimentam as larvas, mantêm a colmeia e constroem o favo com a cera que excretam. As operárias também colhem o néctar e o pólen que alimentam a colônia. Elas guardam a colmeia e se sacrificam para repelir intrusos.

Na primavera e verão, a rainha põe ovos não fertilizados que se desenvolvem em zangões. Estas abelhas machos não têm ferrão e subsistem com comida colhida por suas irmãs operárias. Todo dia, zangões voam à procura de uma parceira. Se um deles tiver sorte, encontrará uma rainha virgem em seu voo fora da colônia. Ele morre depois de acasalar. Uma rainha jovem acasala com muitos machos e armazena seu esperma para usá-lo durante sua longa vida.

Como as abelhas, os cupins vivem em grupos familiares enormes com uma rainha especializada na produção de ovos. Diferentemente da colmeia de abelhas, o cupinzeiro abriga indivíduos estéreis de ambos os sexos. Um rei fornece esperma à fêmea. Cupins reprodutivos alados de ambos os sexos se desenvolvem sazonalmente.

Ratos-toupeira sociais

A esterilidade e o autossacrifício extremo são incomuns nos vertebrados. Os únicos mamíferos eussociais são os ratos-toupeira africanos. O mais bem estudado é o *Heterocephalus glaber*, o rato-toupeira pelado. Clãs deste roedor quase sem pelos constroem e ocupam tocas nas partes secas da África Oriental.

Um clã de rato-toupeira consiste em uma "rainha" reprodutora (Figura 11.18b), de um a três "reis", com quem ela acasala, e sua prole operária não procriadora. As operárias cuidam da rainha, do(s) rei(s) e dos jovens. Alguns operários servem como escavadores que abrem túneis e câmaras. Quando um escavador encontra uma raiz comestível, ele a carrega em direção à câmara principal e chia. Seu chiado recruta outros operários para ajudar a levar a comida para a câmara. Outros operários funcionam como guardas. Quando um predador aparece, eles o perseguem e atacam sob grande risco para eles mesmos.

Evolução do altruísmo

Uma operária estéril em uma colônia de insetos sociais ou em um clã de ratos-toupeira pelado mostra **comportamento altruísta**: comportamento que melhora o sucesso reprodutivo de outro indivíduo à custa do altruísta. Como este comportamento evoluiu? De acordo com a teoria **da aptidão inclusiva** de William Hamilton, os genes associados ao altruísmo são selecionados se levarem a comportamentos que promovam o sucesso reprodutivo de parentes mais próximos do altruísta.

Um pai diploide que se reproduz sexuadamente cuidando de sua prole não está ajudando cópias genéticas exatas de si mesmo.

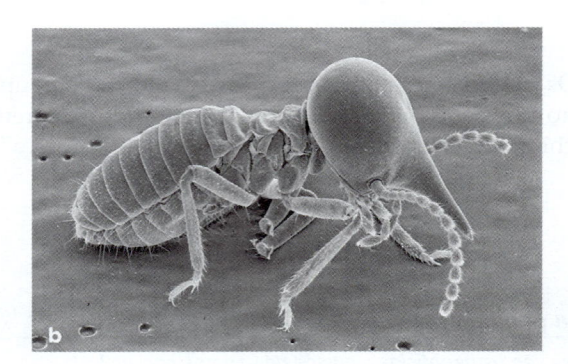

Figura 11.17 Modos especializados de servir e defender a colônia. (**a**) Formiga legionária (*Eciton burchelli*) com mandíbulas formidáveis. (**b**) Cupim soldado (*Nasutitermes*). Ele bombardeia os intrusos com uma gosma pegajosa que vem da sua cabeça em forma de bico.

Figura 11.18 Três rainhas. (**a**) Abelha rainha com suas filhas estéreis. (**b**) Uma rainha rato-toupeira pelado.

Cada um de seus gametas e cada um de seus descendentes herdam metade de seus genes. Outros indivíduos do grupo social que têm os mesmos antepassados também compartilham genes. Irmãos são geneticamente semelhantes, como um pai e sua descendência. Sobrinhos e sobrinhas compartilham cerca de um quarto de genes de seu tio.

As operárias estéreis promovem genes para autossacrifício ajudando parentes próximos a sobreviver e se reproduzir. Nas colônias de abelhas, cupins e formigas, operárias estéreis ajudam os parentes férteis com quem compartilham genes. Uma abelha guardiã morrerá depois da picada, mas seu sacrifício preserva muitas cópias de seus genes em suas colegas de colmeia.

O intercruzamento aumenta a semelhança genética entre parentes e pode desempenhar um papel na sociabilidade do rato-toupeira. Um clã é altamente intercruzado como resultado de muitas gerações de acasalamentos entre irmãos, mãe-filho e pai-filha. Os *habitats* secos e fontes incompletas de comida também podem favorecer a cooperação na escavação, localização de alimentos e na defesa contra concorrentes e predadores.

Para pensar

Como o comportamento altruísta pode ser seletivamente vantajoso?

- O comportamento altruísta pode ser favorecido quando indivíduos transmitem seus genes indiretamente, ajudando os parentes a sobreviver e se reproduzir.

FOCO NA CIÊNCIA

11.8 Comportamento humano

- Forças evolucionárias moldaram o comportamento humano, mas os seres humanos podem fazer escolhas sobre suas ações.

Hormônios e Feromônios Os seres humanos também são influenciados por hormônios que contribuem para o comportamento de ligação em outros mamíferos? Talvez. Considere que o autismo, um distúrbio no desenvolvimento onde a pessoa tem dificuldade em fazer contato social, é frequentemente associado a baixos níveis de ocitocina. Sabe-se que a ocitocina afeta o comportamento de ligação em outros mamíferos.

Os feromônios no suor também podem afetar o comportamento humano. As mulheres que vivem juntas muitas vezes têm ciclos menstruais sincronizados, e experiências mostraram que o ciclo menstrual de uma mulher prolongará ou encurtará depois de ter sido exposta ao suor de uma mulher que estava em uma fase diferente do ciclo. Outras experiências mostraram que a exposição ao suor pode alterar o nível de cortisol da mulher.

Moralidade e Comportamento Se nos sentimos confortáveis ao estudar a base evolucionária do comportamento dos cupins, ratos-toupeira pelados e outros animais, por que algumas pessoas resistem à ideia de analisar a base evolucionária do comportamento humano? Um medo comum é que um comportamento censurável possa ser definido como "natural". Porém, para biólogos, "adaptável" não significa "moralmente correto". Significa simplesmente que um comportamento aumenta o sucesso reprodutivo.

Por exemplo, um infanticídio é moralmente repugnante. Isso é antinatural? Não. Acontece em muitos grupos de animais e em todas as culturas humanas. Os leões frequentemente matam a prole de outros machos quando assumem o comando de um bando. Assim, destituída das tarefas de criação, as leoas podem agora cruzar com o macho infanticida e aumentar o sucesso reprodutivo daquele macho.

E os pais que matam sua própria prole? Em seu livro sobre comportamento materno, a primatologista Sarah Blaffer Hrdy cita um estudo realizado em uma aldeia em Papua-Nova Guiné onde os pais mataram aproximadamente 40% dos recém-nascidos. Como discutido por Hrdy, quando os recursos ou suporte sociais são difíceis, a condição da mãe poderia melhorar se um recém-nascido que possivelmente não sobreviverá for morto. A mãe pode alocar energia para seus outros descendentes ou economizá-la para filhos que venha a ter no futuro.

A maioria de nós considera esse comportamento aterrorizante? Sim. Considerar as possíveis vantagens evolucionárias do comportamento nos ajuda a evitar isso? Talvez. Uma análise das condições sob as quais um infanticídio acontece nos diz que: quando as mães não têm os recursos que precisam para cuidar de seus filhos, elas têm maior probabilidade de prejudicá-los. Nós, como uma sociedade, podemos agir sobre tais informações.

| QUESTÕES DE IMPACTO REVISITADAS | Meus Feromônios me Fizeram Fazer Isso

Quando uma abelha rainha europeia acasa a com um zangão africanizado, suas operárias descendentes são tão agressivas como as operárias em uma colônia pura de africanizadas. Em contraste, um cruzamento entre uma rainha africanizada e um zangão europeu dá origem a operárias com um nível intermediário de agressão. Infelizmente, os acasalamentos entre rainhas europeias e machos africanizados ocorrem com muito mais frequência. Machos africanizados superam competitivamente os machos europeus no acasalamento.

Resumo

Seção 11.1 Comportamento se refere às respostas coordenadas que um animal produz para um **estímulo**. Os genes que afetam o sistema nervoso frequentemente afetam o comportamento, mas outros genes também podem influenciá-lo. Estudos das variações comportamentais naturais dentro e entre espécies fornecem informações sobre a base genética para comportamentos, assim como o estudo de mutações induzidas ou naturais.

Seção 11.2 Comportamento instintivo pode ocorrer sem ter sido aprendido por experiência. Um **padrão fixo de ação** é uma série instintiva de respostas para um estímulo simples. O **comportamento aprendido** é alterado por experiência. "Imprinting" é uma forma de aprendizado que acontece somente durante um período inicial sensível na vida. No **condicionamento clássico**, um animal aprende a associar uma resposta involuntária a um estímulo com outros estímulos. No **condicionamento operante**, um animal modifica um comportamento voluntário em resposta às consequências do comportamento. Na **habituação**, um animal para de responder a um incentivo contínuo. No **aprendizado observacional**, ele imita ações de outro.

Seção 11.3 Um comportamento que tem uma base genética está sujeito à evolução por seleção natural. Formas adaptativas de comportamento evoluíram como resultado de diferenças individuais no sucesso reprodutivo em gerações passadas.

Seção 11.4 Sinais de comunicação permitem aos animais da mesma espécie compartilhar informações. Esses sinais evoluem e persistem somente se beneficiarem tanto o remetente como o receptor do sinal.
Os sinais químicos como os **feromônios** têm papéis na comunicação social, assim como os sinais acústicos e sinais visuais que são parte do cortejo e exibições de ameaça, além dos sinais táteis.

Seção 11.5 A seleção sexual favorece características que dão a um indivíduo um limite competitivo para atrair e frequentemente manter parceiros. As fêmeas de muitas espécies selecionam machos que têm características ou tomam parte em comportamentos que consideram atraentes. Quando números grandes de fêmeas se agrupam em uma área defensável, os machos podem competir uns com os outros para controlar essas áreas.
O cuidado parental tem custos reprodutivos em termos de reprodução e sobrevivência futura. É adaptativo quando os benefícios para um conjunto de descendentes compensam os custos.

Seção 11.6 Animais que vivem em grupos sociais podem se beneficiar cooperando na detecção de predadores, defesa e criação dos filhotes. Um **rebanho egoísta** se forma quando animais se escondem uns atrás dos outros. Os benefícios da vida em grupo são frequentemente distribuídos desigualmente. Espécies que vivem em grandes grupos incorrem em custos, incluindo aumento de doenças e parasitismo e aumento na competição por recursos.

Seção 11.7 Formigas, cupins e alguns outros insetos, como também duas espécies de ratos-toupeira, são eussociais. Eles vivem em colônias com gerações sobrepostas e têm uma divisão reprodutiva de trabalho. A maioria dos membros da colônia não se reproduz; eles ajudam seus parentes em vez disso. De acordo com a **teoria da aptidão inclusiva**, esse **comportamento altruísta** é perpetuado porque indivíduos altruístas compartilham genes com seus parentes reprodutivos. Os indivíduos altruístas ajudam a perpetuar os genes que levam ao seu altruísmo promovendo o sucesso reprodutivo de parentes próximos que carregam cópias desses genes.

Seção 11.8 Hormônios e, possivelmente, feromônios influenciam o comportamento humano. Um comportamento que é adaptativo no sentido evolucionário pode ainda ser julgado pela sociedade como moralmente errado. A ciência não trata da moralidade.

Questões *Respostas no Apêndice II*

1. Os genes afetam o comportamento de indivíduos _____.
    a. influenciando o desenvolvimento dos sistemas nervosos
    b. afetando os tipos de hormônios nos indivíduos
    c. determinando quais estímulos podem ser detectados
    d. todas as anteriores

2. Stevan Arnold ofereceu lesmas às cobras-garter recém-nascidas de diferentes populações para testar sua hipótese de que a resposta das cobras às lesmas _____.
    a. era formada por seleção indireta
    b. é um comportamento instintivo
    c. se baseia em feromônios
    d. é adaptativa

3. Um comportamento é definido como adaptativo se _____.
    a. variar entre indivíduos de uma população
    b. ocorrer sem aprendizado anterior
    c. aumentar o sucesso reprodutivo de um indivíduo
    d. for difundido em uma espécie

4. A linguagem da dança transmite informações sobre a distância ao alimento via sinais _____.
    a. táteis   c. acústicos
    b. químicos   d. visuais

5. Um _____ é uma substância química que transporta informações entre indivíduos da mesma espécie.
    a. feromônio   c. hormônio
    b. neurotransmissor d. todas as anteriores

Exercício de análise de dados

As abelhas se dispersam formando novas colônias. Uma rainha velha deixa a colmeia junto com um grupo de operárias. Estas abelhas saem e encontram um local para instalar a nova colmeia. Enquanto isso, na colmeia antiga, uma nova rainha emerge, acasala e assume o comando. Uma nova colmeia pode ficar a vários quilômetros da antiga.

Abelhas africanizadas formam novas colônias com mais frequência que as europeias, uma característica que contribui para sua dispersão. As abelhas africanizadas também se espalham assumindo o comando de colmeias existentes de abelhas europeias. Além disso, em áreas onde colmeias de europeias e africanizadas coexistem, as rainhas europeias têm mais probabilidade de se acasalar com machos africanizados, introduzindo assim características africanizadas na colônia. A Figura 11.19 mostra os municípios nos Estados Unidos onde as abelhas africanizadas se estabeleceram de 1990 a 2006.

1. Em que lugar dos Estados Unidos as abelhas africanizadas se estabeleceram inicialmente?
2. Em que estados as abelhas africanizadas apareceram pela primeira vez em 2005?
3. Por que é provável que o transporte humano de abelhas tenha contribuído para a expansão das abelhas africanizadas para a Flórida?
4. Baseado neste mapa, você esperaria que abelhas africanizadas colonizassem outros estados nos próximos cinco anos?

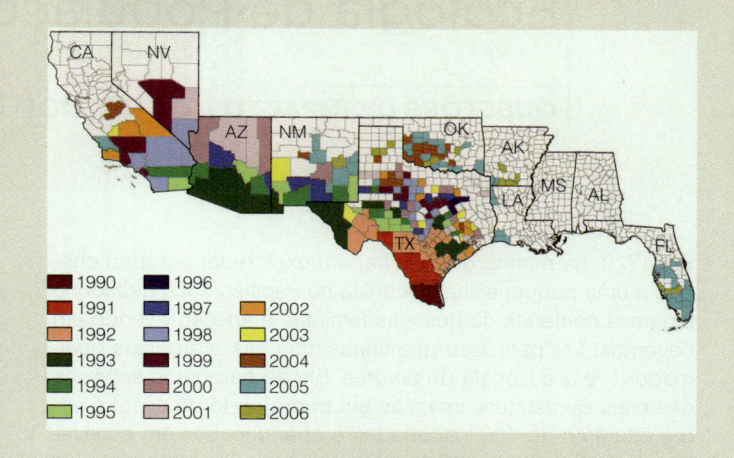

Figura 11.19 A dispersão de abelhas africanizadas nos Estados Unidos de 1990 a 2006. O USDA (United States Department of Agriculture) adiciona um município a este mapa somente quando o Estado declara oficialmente a existência de abelhas africanizadas naquele município. As abelhas podem ser identificadas como africanizadas com base nas características morfológicas ou análise de seu DNA.

6. Nos _____, machos e fêmeas tipicamente cooperam nos cuidados dados aos filhotes.
    a. mamíferos
    b. pássaros
    c. anfíbios
    d. todas as anteriores

7. Geralmente, a vida em um grupo social custa ao indivíduo em termos de _____.
    a. concorrência por comida, outros recursos
    b. vulnerabilidade a doenças contagiosas
    c. competição por parceiros
    d. todas as anteriores

8. O comportamento social evolui porque _____.
    a. os animais sociais são mais avançados que os solitários
    b. sob algumas condições, os custos da vida social aos indivíduos são compensados por benefícios à espécie
    c. sob algumas condições, os benefícios da vida social para um indivíduo compensam os custos para esses indivíduos
    d. sob a maioria das condições, a vida social não tem nenhum custo ao indivíduo

9. Insetos eussociais _____.
    a. vivem em grupos de famílias estendidos
    b. incluem cupins, abelhas e formigas
    c. mostram uma divisão reprodutiva de trabalho
    d. a e c
    e. todas as anteriores

10. Ajudar outros indivíduos em um custo reprodutivo para alguém pode ser adaptativo se os que são ajudados forem _____.
    a. membros de outra espécie
    b. competidores por parceiros
    c. parentes próximos
    d. sinalizadores ilegítimos

11. Verdadeiro ou falso? Alguns mamíferos vivem em colônias e atuam como operários estéreis que servem aos parentes próximos.

12. Ligue os termos à descrição mais apropriada.

    ___ padrão fixo de ação
    ___ altruísmo
    ___ base de comportamento instintivo e comportamento aprendido
    ___ imprinting
    ___ feromônio

    a. forma de aprendizado que depende do tempo e requer exposição a estímulos-chave
    b. Genes + experiência real
    c. série de respostas que chegam a ser concluídas independente do retorno do ambiente
    d. assistência a outro indivíduo às próprias custas
    e. um sinal de comunicação

Raciocínio crítico

1. Por milhões de anos, os únicos objetos brilhantes no céu noturno eram as estrelas ou a lua. Mariposas noturnas as utilizavam para navegar em uma linha direta. Hoje, o instinto do voo em direção a objetos brilhantes faz com que as mariposas se esgotem voando ao redor de lampiões e batendo contra vidraças brilhantes. Esse comportamento não é adaptativo, então por que ele persiste?

2. Ratos-toupeira de Damaraland são parentes dos ratos-toupeira pelados (Figura 11.18). Em seus clãs, indivíduos não reprodutores de ambos os sexos ajudam cooperativamente um casal reprodutor. Mesmo assim, indivíduos reprodutores em colônias de ratos-toupeira selvagens de Damaraland geralmente não estão relacionados e poucos subordinados sobem na hierarquia ao *status* de reprodutor. Os pesquisadores suspeitam que fatores ecológicos, não genéticos, foram a força seletiva mais importante no altruísmo do rato-toupeira de Damaraland. Explique por quê.

12 Ecologia de Populações

QUESTÕES DE IMPACTO Jogo dos Números

Em 1722, na manhã de Páscoa, um explorador europeu chegou a uma pequena ilha vulcânica no Pacífico Sul e descobriu algumas centenas de pessoas famintas e ariscas vivendo em cavernas. Ele percebeu gramíneas murchas e arbustos queimados – e a ausência de árvores. Ele se perguntou sobre as centenas de estátuas imensas em pedra perto da costa e sobre as cerca de 500 inacabadas e abandonadas em escavações em terra (Figura 12.1). Algumas pesavam 100 toneladas e mediam 10 metros de altura.

A Ilha de Páscoa, como foi chamada, não mede mais que 164 quilômetros quadrados. Arqueólogos determinaram que viajantes das Marquesas descobriram essa parte oriental da Polinésia há mais de 1.650 anos.

O lugar era um paraíso. Seu solo vulcânico suportava florestas densas e gramados belíssimos. Os colonos utilizavam palmeiras longas e retas para construir canoas reforçadas com corda feita de fibra das árvores hauhau. Eles usavam madeira como combustível para cozinhar peixes e golfinhos. Desmatavam florestas para plantar lavouras. Tinham muitos filhos.

Em 1440, aproximadamente 15 mil pessoas viviam na ilha. O rendimento das plantações caiu; colheitas contínuas e erosão haviam eliminado nutrientes do solo. Peixes desapareceram das águas perto da ilha, então os pescadores tinham de ir cada vez mais longe, para o mar aberto.

Os que estavam no poder construíam estátuas para apelar aos deuses. Eles mandavam os outros esculpirem imagens de tamanho jamais visto e levar as novas estátuas para a costa. Guerras se sucederam e, em 1550, ninguém se aventurava no mar para pescar. Eles não podiam construir mais canoas porque não havia mais árvores.

À medida que a autoridade central ruiu, os poucos habitantes que restaram foram morar em cavernas e lançavam ataques entre si. Os vencedores comiam os perdedores e derrubavam suas estátuas. Mesmo se os sobreviventes quisessem, não tinham como sair da ilha. A população, um dia crescente, ruiu.

Qualquer população natural tem a capacidade de aumentar em número, dadas as condições certas. Na América do Norte, os veados-galheiros se comportam como os antigos colonos da Ilha de Páscoa. Com comida abundante e poucos predadores, seus números estão disparando. A população excessiva de veados danifica florestas, lavouras e aumenta a incidência de acidentes nas estradas.

Com este capítulo, começamos uma análise dos princípios que regem o crescimento e a sustentabilidade de todas as populações. Os princípios são o fundamento da ecologia – o estudo sistemático de como os organismos interagem entre si e com seu ambiente. Tais interações começam dentro e entre populações e se estendem a comunidades, ecossistemas e à biosfera.

Figura 12.1 Fileira de estátuas imensas na Ilha de Páscoa. Os habitantes as construíram há muito tempo, aparentemente como um pedido de ajuda depois que sua população, um dia imensa, devastou seu paraíso tropical. Seu apelo não teve nenhum efeito sobre a reversão da perda de biodiversidade na ilha e no mar ao redor. A população humana também não se recuperou.

Conceitos-chave

Estatísticas vitais
Ecólogos explicam o crescimento populacional em termos de tamanho da população, densidade, distribuição e número de indivíduos em diferentes faixas etárias. Estudos de campo permitem que ecólogos estimem o tamanho e a densidade da população. **Seções 12.1, 12.2**

Taxas exponenciais de crescimento
O tamanho de uma população e a base reprodutiva influenciam sua taxa de crescimento. Quando a população aumenta a uma taxa proporcional a seu tamanho, ela está crescendo exponencialmente. **Seção 12.3**

Limites ao crescimento
Com o tempo, uma população em crescimento tipicamente esgota a capacidade biótica máxima – o número máximo de indivíduos de uma espécie que os recursos ambientais conseguem sustentar. Algumas populações estabilizam depois de um grande declínio. Outras nunca se recuperam. **Seção 12.4**

Padrões de sobrevivência e reprodução
Disponibilidade de recursos, doenças e predação são grandes fatores que podem restringir o crescimento populacional. Esses fatores limitantes diferem entre as espécies e moldam seus padrões de história de vida. **Seções 12.5, 12.6**

A população humana
As populações humanas contornaram os limites do crescimento por meio da expansão global para novos *habitats*, intervenções culturais e tecnologias inovadoras. Mesmo assim, nenhuma população pode continuar se expandindo indefinidamente. **Seções 12.7–12.10**

Neste capítulo

- Você considerará fatores que limitam o crescimento populacional, incluindo a contracepção.
- Discutiremos sobre os efeitos de doenças infecciosas e da impressionante capacidade reprodutiva dos procariotos.
- O fluxo gênico e a seleção direcional serão discutidos no contexto de populações em evolução. Também consideraremos como erros de amostragem afetam estudos de populações.

Qual sua opinião? Números cada vez maiores de veados-galheiros ameaçam plantas nas florestas e os animais que dependem delas. O estímulo à caça a veados nas regiões onde seu excesso é uma ameaça a outras espécies é a melhor solução? Conheça a opinião de seus colegas e apresente seus argumentos a eles.

12.1 Demografia populacional

- O tamanho, a densidade, a distribuição e a estrutura etária de uma população são moldados por fatores ecológicos e podem mudar com o tempo.

Ecólogos normalmente utilizam o termo "população" para se referir a todos os membros de uma espécie dentro de uma área definida pelo pesquisador. Estudos da ecologia populacional começam com a **demografia**: estatísticas que descrevem tamanho, estrutura etária, densidade, distribuição e outros fatores da população. **Tamanho da população** é o número de indivíduos na população. **Estrutura etária** é o número de indivíduos em cada uma das várias faixas etárias. Os indivíduos frequentemente são agrupados como pré-reprodutivos, reprodutivos ou pós-reprodutivos.

Os que estão na categoria de pré-reprodutivos têm a capacidade de produzir descendentes quando amadurecem. Em conjunto com indivíduos no grupo reprodutivo, compõem a **base reprodutiva** da população.

Densidade populacional é o número de indivíduos em uma parte especificada de um *habitat*. Um *habitat*, lembre, é o tipo de lugar onde uma espécie vive. Caracterizamos um *habitat* por suas características físicas e químicas e sua gama de espécies.

Densidade se refere a quantos indivíduos estão em uma área, mas não como são dispersos através dela. Até um *habitat* que parece uniforme, como uma praia arenosa, tem variações de luz, umidade e muitas outras variáveis. Uma população pode viver em apenas uma pequena parte do *habitat*, e pode fazer isso o tempo inteiro ou em só uma parte dele.

O padrão no qual indivíduos são dispersos em seu *habitat* é a **distribuição populacional**. Ela pode ser agrupada, quase uniforme ou aleatória (Figura 12.2).

Uma distribuição agrupada é mais comum por vários motivos. Primeiro, as condições e os recursos tendem a ser desiguais. Animais se agrupam em uma fonte de água, sementes brotam apenas em solo úmido, e assim por diante. Segundo, a maioria das sementes e alguns filhotes de animais não conseguem se dispersar para longe dos pais. Terceiro, alguns animais passam a vida em grupos sociais que oferecem proteção e outras vantagens.

Com uma distribuição quase uniforme, os indivíduos são mais igualmente espaçados do que esperaríamos com base apenas no acaso. Tal distribuição é relativamente rara. Ela acontece quando a competição por recursos ou território é intensa, como em uma colônia de ninhos de aves marinhas.

Observamos a distribuição aleatória apenas quando condições do *habitat* são quase uniformes, a disponibilidade de recursos é relativamente estável e indivíduos de uma população ou pares deles não se atraem nem se evitam. Cada aranha-lobo não caça longe de sua toca, que pode estar em qualquer lugar no solo da floresta (Figura 12.2*b*).

A escala da área de estudo e o tempo de um estudo podem influenciar o padrão de distribuição observado. Por exemplo, aves marinhas frequentemente são espaçadas de maneira quase uniforme em um local de ninhada, mas esses locais são agrupados no litoral. Além disso, essas aves se agrupam durante a temporada de procriação, mas se dispersam quando ela acaba.

Figura 12.2 Três padrões de distribuição populacional: (**a**) agrupado, como em cardumes de peixes-esquilos; (**b**) aleatório, como quando aranhas-lobo cavam suas tocas em praticamente qualquer lugar no solo da floresta; e (**c**) mais ou menos uniforme, como na colônia de ninhada do pinguim real.

Para pensar

Como descrevemos uma população natural?

- Cada população tem demografias características, como tamanho, densidade, padrão de distribuição e estrutura etária.
- Condições ambientais e interações entre espécies moldam essas características, que podem mudar com o tempo.

12.2 Contagens elusivas

- Ecólogos realizam estudos de campo para testar hipóteses sobre populações e monitorar o *status* de populações ameaçadas.

Muitos veados-galheiros (*Odocoileus virginianus*) vivem nas florestas, campos e arredores de cidades na América do Norte. Como é possível descobrir quantos veados vivem em uma região em particular?

Uma contagem total seria uma medida atenta da densidade populacional total. Nos Estados Unidos, funcionários do censo tentam uma contagem de populações humanas a cada dez anos, embora nem todos atendam. Ecólogos, às vezes, fazem contagens de grandes espécies em pequenas áreas, como focas em seus terrenos de procriação e estrelas-do-mar em uma poça de maré.

Mais frequentemente, uma contagem total seria pouco prática, então eles fazem uma amostra de parte da população e estimam sua densidade total. Por exemplo, é possível dividir um mapa de sua região em pequenos lotes, ou quadrados. **Quadrados** são áreas de amostragem de tamanho e formato iguais, como retângulos, quadriláteros e hexágonos. Pode-se contar veados individuais em vários lotes e, dali, extrapolar o número médio para toda a região. Frequentemente ecólogos fazem tais estimativas para plantas e outras espécies imóveis (Figura 12.3). Essas estimativas correm o risco de erro de amostragem, se o número de lotes amostrados não for grande.

Ecólogos utilizam **métodos de captura-recaptura** para estimar os tamanhos de populações de veados e outros animais que não ficam imóveis. Primeiro, prendem e marcam alguns indivíduos. Veados recebem coleiras, esquilos são tatuados, salmões são etiquetados, aves recebem anéis nas pernas, borboletas têm marcadores nas asas etc. (Figura 12.4). Os animais marcados são libertados no momento 1. No momento 2, as armadilhas são remontadas. A proporção de animais marcados na segunda amostra é, então, considerada representativa da proporção marcada em toda a população:

$$\frac{\text{indivíduos marcados na amostragem no momento 2}}{\text{total capturado na amostragem 2}} = \frac{\text{indivíduos marcados na amostragem no momento 1}}{\text{tamanho total da população}}$$

Idealmente, indivíduos marcados e não marcados da população são capturados aleatoriamente, nenhum animal marcado é ignorado e a marcação não afeta o fato de animais morrerem ou partirem durante o intervalo de estudo.

No mundo real, indivíduos recapturados podem não ser uma amostra aleatória – podem representar excessivamente ou mal sua população. Esquilos marcados após serem atraídos por iscas em caixas agora podem estar condicionados a se aproximar ou fugir delas. Em vez de enviar etiquetas de peixes marcados por correio aos ecólogos, um pescador pode guardá-las como suvenir. Aves perdem os anéis.

Estimativas de tamanho populacional também podem variar dependendo da época do ano em que são feitas. A distribuição de uma população pode mudar sazonalmente. Muitos tipos de animais se movem entre partes diferentes de sua faixa em resposta a mudanças sazonais na abundância de recursos.

Assim como com outros dados populacionais, a precisão de estimativas de tamanho pode aumentar por amostragens repetidas. Quanto mais dados podem ser acumulados, menor o risco de erro de amostragem.

Figura 12.3 Arbustos chaparral fáceis de contar na base oriental da Serra Nevada. Eles são um exemplo de um padrão de distribuição relativamente uniforme. Plantas individuais competem por água escassa neste deserto, que tem verões extremamente quentes e secos e invernos amenos.

Figura 12.4 Dois indivíduos marcados para estudos de população. (**a**) veado na Flórida; e (**b**) borboleta-coruja (*Caligo*) na Costa Rica.

12.3 Tamanho da população e crescimento exponencial

- Populações são unidades dinâmicas. Elas continuamente adicionam e perdem indivíduos. Todas as populações têm capacidade de aumentar de tamanho.

Ganhos e perdas no tamanho da população

Populações mudam de tamanho continuamente. Elas aumentam de tamanho graças a nascimentos e à **imigração**, a chegada de novos residentes de outras populações. Elas diminuem de tamanho em decorrência de mortes e da **emigração**, a partida de indivíduos que formam residência permanente em outro lugar. Por exemplo, uma população de tartarugas de água doce muda de tamanho na primavera, quando jovens tartarugas se mudam do lago natal. As jovens emigrantes tipicamente se tornam imigrantes em outro lago distante.

E quanto há indivíduos de espécies que migram diariamente ou sazonalmente? Uma **migração** é uma viagem recorrente de ida e volta entre regiões, normalmente em resposta a mudanças ou gradientes esperados em recursos ambientais. Alguns ou todos os membros de uma população deixam uma área, passam tempo em outra e, depois, voltam. Para nossas finalidades, podemos ignorar tais ganhos e perdas recorrentes, porque podemos presumir que eles se balanceiem com o tempo.

Do crescimento zero ao exponencial

Crescimento populacional zero é um intervalo durante o qual o número de nascimentos é balanceado pelo de mortes. O tamanho da população permanece estável, sem aumento ou diminuição líquida no número de indivíduos. Podemos medir nascimentos e mortes em termos de taxas por indivíduo, ou *per capita*. *Capita* significa "cabeça", como na contagem de cabeças. Subtraia a taxa de mortes *per capita* de uma população (d) de sua taxa de nascimentos *per capita* (b) e você terá a **taxa de crescimento** *per capita*, ou r:

$$\underset{\text{(taxa de crescimento per capita)}}{r} = \underset{\text{(taxa de mortes per capita)}}{d} - \underset{\text{(taxa de nascimentos per capita)}}{b}$$

Desde que r permaneça constante e superior a zero, o **crescimento exponencial** continuará: o tamanho da população aumentará na mesma proporção a cada intervalo de tempo sucessivo.

Imagine uma população de 2.000 ratos vivendo em um campo. Se 1.000 ratos nascem a cada mês, a taxa de nascimento é de 0,5 por rato por mês (1.000 nascimentos/2.000 ratos). Se 200 ratos morrem a cada mês, a taxa de mortes é de 200/2.000 = 0,1 por rato por mês. Dadas essas taxas de nascimentos e mortes, r é 0,5 – 0,1 = 0,4 por rato por mês. Em outras palavras, a população de ratos cresce 4% a cada mês.

Figura 12.5 (a) Aumentos líquidos mensais em uma população hipotética de ratos quando a taxa de crescimento *per capita* (r) é de 0,4 por rato por mês e a população inicial é de 2000.
(b) Faça um gráfico desses dados numéricos e você terá uma curva de crescimento em J.

		Tamanho da População Inicial		Tamanho da População Inicial		Tamanho da Nova População
$G =$	$r \times$	2.000	$=$	800		2.800
	$r \times$	2.800	$=$	1.120		3.920
	$r \times$	3.920	$=$	1.568		5.488
	$r \times$	5.488	$=$	2.195		7.683
	$r \times$	7.683	$=$	3.073		10.756
	$r \times$	10.756	$=$	4.302		15.058
	$r \times$	15.058	$=$	6.023		21.081
	$r \times$	21.081	$=$	8.432		29.513
	$r \times$	29.513	$=$	11.805		41.318
	$r \times$	41.318	$=$	16.527		57.845
	$r \times$	57.845	$=$	23.138		80.983
	$r \times$	80.983	$=$	32.393		113.376
	$r \times$	113.376	$=$	45.350		158.726
	$r \times$	158.726	$=$	63.490		222.216
	$r \times$	222.216	$=$	88.887		311.103
	$r \times$	311.103	$=$	124.441		435.544
	$r \times$	435.544	$=$	174.218		609.762
	$r \times$	609.762	$=$	243.905		853.667
	$r \times$	853.667	$=$	341.467		1.195.134

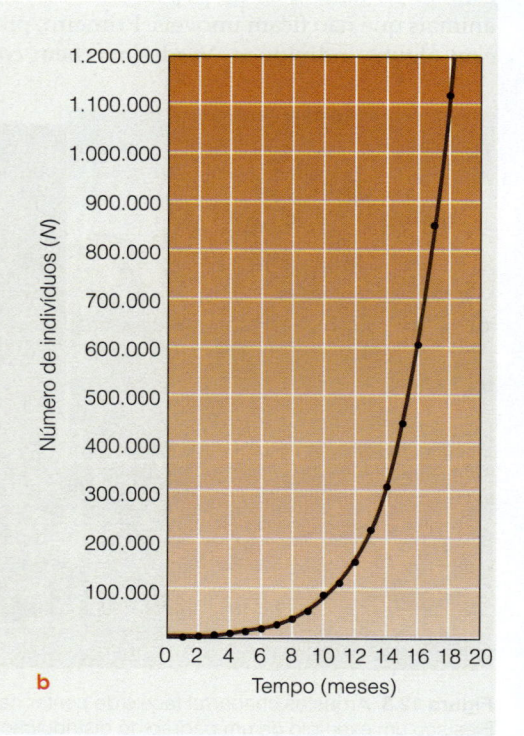

a

b

Figura 12.6 Efeito das mortes sobre a taxa de aumento para duas populações hipotéticas de bactérias. Faça um gráfico do crescimento populacional de células bacterianas que se reproduzem a cada meia hora e você terá a curva de crescimento 1. Depois, faça um gráfico do crescimento populacional de células bacterianas que se dividem a cada meia hora, com 25% morrendo entre divisões, e você terá a curva de crescimento 2. As mortes desaceleram a taxa de aumento, mas desde que a taxa de nascimentos supere a de mortes e seja constante, o crescimento exponencial continuará.

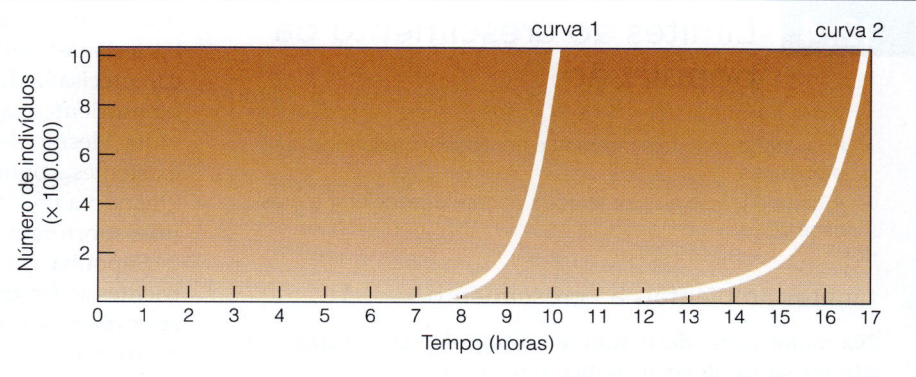

Podemos calcular o crescimento populacional (G) para cada intervalo com base na taxa de crescimento *per capita* (r) e no número de indivíduos (N):

$$\underset{\substack{\text{(crescimento da} \\ \text{população por} \\ \text{unidade de tempo)}}}{G} = \underset{\substack{\text{(taxa de} \\ \text{crescimento} \\ \textit{per capita})}}{r} \times \underset{\substack{\text{(número de} \\ \text{indivíduos)}}}{N}$$

Depois de um mês, 2.800 ratos estão correndo no campo (Figura 12.5a). Um aumento líquido de 800 ratos férteis aumentou a base reprodutiva. Todos se reproduzem, portanto o tamanho da população se expande, para um aumento líquido de 0,4 × 2.800 = 1.120. O tamanho da população agora é de 3.920. A esta taxa de crescimento, o número de ratos aumentaria de 2.000 para mais de 1 milhão em dois anos! Faça um gráfico dos aumentos com relação ao tempo e você terá uma curva em J característica do crescimento exponencial (Figura 12.5b).

Com o crescimento exponencial, uma população aumenta cada vez mais rapidamente, embora a taxa de crescimento *per capita* continue a mesma. É como o acúmulo de juros em uma conta bancária. A taxa de juros anual permanece fixa, mas todo ano o valor de juros pagos aumenta. Por quê? Os juros anuais pagos na conta aumentam o tamanho do saldo e o próximo pagamento de juros será calculado com base nesse saldo maior.

Em populações com crescimento exponencial, r é como a taxa de juros. Embora r permaneça constante, o crescimento da população acelera à medida que seu tamanho aumenta. Quando 6 mil indivíduos se reproduzem, o crescimento da população é três vezes maior do que era quando havia apenas 2 mil reprodutores.

Como outro exemplo, pense em uma única bactéria em um frasco de cultura. Depois de 30 minutos, a célula se divide em duas. Essas duas células se dividem, e assim por diante, a cada 30 minutos. Se nenhuma célula morrer entre as divisões, o tamanho da população dobrará em cada intervalo – de 1 para 2, para 4, 8, 16, 32 etc. O tempo necessário para uma população duplicar de tamanho é seu **tempo de duplicação**.

Considere como o tempo de duplicação funciona em nosso frasco de bactérias. Após 9,5 horas, ou 19 duplicações, há mais de 500 mil células bacterianas. Depois de 10 horas, ou 20 duplicações, há mais de 1 milhão. A curva 1 na Figura 12.6 é um gráfico dessa mudança ao longo do tempo.

O tamanho de r afeta a velocidade de crescimento exponencial. Suponha que 25% das bactérias em nosso frasco hipotético morram a cada 30 minutos. Sob tais condições, seriam necessárias 17 horas, em vez de 10, para a população chegar a 1 milhão (curva 2 na Figura 12.6). A maior taxa de mortes diminui r, portanto o crescimento exponencial ocorre mais lentamente. Entretanto, desde que r seja maior do que zero e constante, o gráfico do crescimento é uma curva em J.

O que é o potencial biótico?

Agora, imagine uma população vivendo em um *habitat* ideal, livre de todas as ameaças, como predadores e patógenos. Cada indivíduo tem muito abrigo, alimento e outros recursos vitais. Sob tais condições, uma população atingiria seu **potencial biótico**: a taxa *per capita* máxima possível de aumento para sua espécie.

Todas as espécies têm um potencial biótico característico. Para muitas bactérias, é de 100% a cada meia hora aproximadamente. Para os humanos é de cerca de 2% a 5% por ano.

A taxa de crescimento real depende de muitos fatores. A distribuição etária de uma população, a frequência com que se reproduz e quantos descendentes um indivíduo pode produzir são exemplos. A população humana não atingiu seu potencial biótico, mas está crescendo exponencialmente. Retornaremos ao tópico da população humana mais tarde no capítulo.

Para pensar

O que determina o tamanho de uma população e sua taxa de crescimento?

- O tamanho de uma população é influenciado por suas taxas de nascimentos, mortes, imigração e emigração.
- Subtraia a taxa de mortes *per capita* da taxa de nascimentos *per capita* para obter r, a taxa de crescimento *per capita* de uma população. Desde que r seja constante e superior a zero, uma população crescerá exponencialmente. Com o crescimento exponencial, o número de indivíduos aumenta cada vez mais rápido com o tempo.
- O potencial biótico de uma espécie é sua taxa de crescimento populacional máxima possível sob condições ideais.

12.4 Limites ao crescimento da população

- Populações naturais raramente continuam crescendo sem problemas.
- A competição e a aglomeração podem desacelerar o crescimento.

Limites ambientais ao crescimento

Na maior parte do tempo, uma população não consegue atingir seu potencial biótico em virtude dos limites ambientais. É por isso que estrelas-do-mar – cujas fêmeas poderiam botar 2,5 milhões de ovos a cada ano – não enchem os oceanos. Qualquer recurso essencial com pouca oferta é um **fator limitante** ao crescimento populacional. Alimentos, íons minerais, refúgio de predadores e locais seguros para ninhos são exemplos.

Muitos fatores podem limitar potencialmente o crescimento populacional. Qual deles é o primeiro a entrar em falta, limitando o crescimento, varia de um ambiente para outro.

Para ter uma noção dos limites ao crescimento, recomece com uma célula bacteriana em um frasco de cultura, onde é possível controlar as variáveis. Primeiro, enriqueça o meio de cultura com glicose e outros nutrientes de que as bactérias precisam para o crescimento. Em seguida, deixe que se reproduzam.

Inicialmente, o crescimento pode ser exponencial. Então, ele desacelera e o tamanho da população torna-se relativamente estável. Depois de um breve período estável, o tamanho da população despenca até todas as células bacterianas morrerem. O que aconteceu? A maior população precisava de mais nutrientes. Com o tempo, os níveis de nutrientes caíram e as células não podiam mais se dividir. Mesmo depois de a divisão celular parar, as células existentes continuaram coletando e usando nutrientes. Quando a oferta de nutrientes se esgotou, as últimas células morreram.

Suponha que você tenha continuado adicionando nutrientes ao frasco. O crescimento populacional ainda desaceleraria e pararia. Como antes, as bactérias eventualmente morreriam. Por quê? Como outros organismos, bactérias geram resíduos metabólicos. Com o tempo, esses resíduos se acumulariam e envenenariam o *habitat*, evitando mais crescimento. Nenhuma população pode crescer exponencialmente para sempre. Remova um fator limitante e outro se torna limitante.

Capacidade biótica máxima e crescimento logístico

Capacidade biótica máxima se refere ao número máximo de indivíduos de uma população que um dado ambiente pode sustentar indefinidamente. Essencialmente, significa que o suprimento sustentável de recursos determina o tamanho da população. Podemos utilizar o padrão de **crescimento logístico**, mostrado na Figura 12.7, para reforçar este ponto. De acordo com esse padrão, uma pequena população começa a aumentar lentamente de tamanho, depois rapidamente, então seu tamanho se nivela à medida que sua capacidade biótica é atingida.

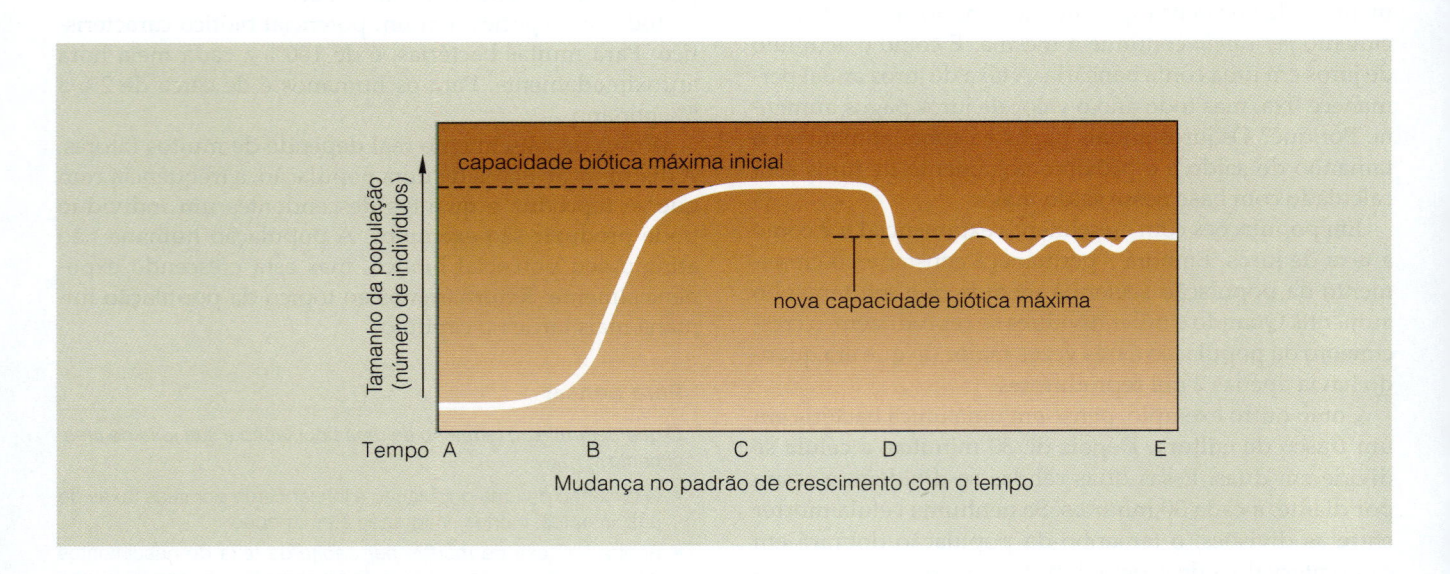

Figura 12.7 Curva em S idealizada, característica do crescimento logístico. Depois de uma fase de crescimento rápido (tempo B a C), o crescimento desacelera e a curva achata à medida que a capacidade biótica é atingida (tempo C a D).

No mundo real, o tamanho da população frequentemente declina quando uma mudança no ambiente reduz a capacidade biótica (tempo D a E). Isso aconteceu com a população humana na Irlanda em meados do século XIX. A requeima, uma doença causada por um fungo, destruiu as plantações de batata, que eram o principal item das dietas irlandesas.

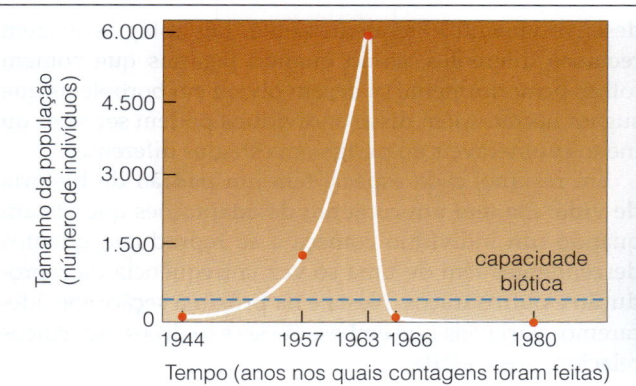

Figura 12.8 Gráfico de mudanças em uma população de renas que excedeu a capacidade biótica de seu *habitat* (linha tracejada *azul*) e não se recuperou.

O gráfico do crescimento logístico produz uma curva em S, como mostrado na Figura 12.7 (A até C). Em formato de equação,

crescimento populacional por unidade de tempo = taxa de crescimento máximo populacional *per capita* × número de indivíduos × proporção de recursos ainda não utilizados

Uma curva em S é simplesmente uma aproximação do que acontece na natureza. Frequentemente, uma população que cresce rápido excede sua capacidade biótica. A Figura 12.8 mostra o que aconteceu com uma pequena população de renas. À medida que o tamanho da população aumentou, cada vez mais indivíduos competiram por recursos como alimento e abrigo, então cada rena recebeu uma porção menor. Mais indivíduos morreram de fome e menos filhotes nasceram. As mortes começaram a superar os nascimentos. Por fim, a taxa de mortes disparou e a de nascimentos despencou.

Duas categorias de fatores limitantes

Fatores dependentes de densidade reduzem o sucesso reprodutivo e aparecem ou pioram com a aglomeração. A competição por recursos limitados leva a efeitos dependentes de densidade, e também a doenças. Patógenos e parasitas podem se espalhar mais facilmente quando hospedeiros estão aglomerados. Como um exemplo, populações humanas em cidades sustentam números imensos de ratos que podem transmitir peste bubônica, tifo e outras doenças infecciosas mortais.

Fatores dependentes de densidade controlam o tamanho da população por meio de retroalimentação negativa (*feedback negativo*). A alta densidade faz esses fatores entrarem em jogo, então seus efeitos atuam para reduzir a densidade da população. Um padrão de crescimento logístico resulta deste efeito de retroalimentação.

Fatores independentes de densidade diminuem o sucesso reprodutivo também, mas sua probabilidade de ocorrer e a magnitude de seu efeito não são afetadas pela aglomeração. Incêndios, tempestades de neve, terremotos e outros desastres naturais afetam populações, densas ou não. Por exemplo, em dezembro de 2004, um potente tsunami (uma onda gigante causada por um terremoto)

Em 1944, durante a Segunda Guerra Mundial, uma equipe da Guarda Costeira dos Estados Unidos estabeleceu uma estação em St. Matthew, uma ilha 320 quilômetros a oeste do Alasca, no mar de Bering. Eles levaram 29 renas como fonte de alimento reserva. Renas comem liquens. Mantos espessos de liquens cobriam a ilha, que não tinha mais de 51 quilômetros de comprimento e 6,4 quilômetros de largura. A Segunda Guerra Mundial terminou antes que qualquer rena fosse morta. A Guarda Costeira foi embora, deixando para trás aves marinhas, raposas do ártico, arganazes – e uma manada de renas saudáveis sem predadores suficientemente grandes para caçá-las.

Em 1957, o biólogo David Klein visitou St. Matthew. Em uma caminhada de uma ponta à outra da ilha, contou 1.350 renas bem alimentadas e viu liquens destroçados e imprestáveis. Em 1963, Klein e outros três biólogos voltaram à ilha. Eles contaram 6 mil renas. Não conseguiram deixar de notar a profusão de pegadas e fezes de renas e muitos liquens destroçados e mortos.

Klein retornou a St. Matthew em 1966. Ossos esbranquiçados de renas cobriam a ilha. Quarenta e duas renas ainda estavam vivas. Apenas uma era macho; tinha galhadas anormais, o que tornava sua reprodução improvável. Não havia filhotes. Klein percebeu que milhares de renas haviam morrido de fome durante o inverno anormalmente duro de 1963 para 1964. Nos anos 1980, não havia mais nenhuma rena na ilha.

atingiu a Indonésia. Ele matou cerca de 250 mil pessoas. O nível de aglomeração não aumentou ou reduziu a probabilidade de o tsunami ocorrer ou atingir alguma ilha em particular. A equação de crescimento logístico não pode ser utilizada para prever os efeitos de fatores independentes da densidade.

Para pensar

Como fatores limitantes afetam o crescimento populacional?

- A capacidade biótica máxima é o número máximo de indivíduos de uma população que pode ser sustentado indefinidamente pelos recursos de um determinado ambiente.
- Com o crescimento logístico, o crescimento da população é mais rápido quando a densidade é baixa, desacelera à medida que a população se aproxima da capacidade biótica e, depois, nivela.
- Fatores dependentes de densidade como doenças resultam em um padrão de crescimento logístico. Fatores independentes de densidade como desastres naturais também afetam o tamanho da população.

12.5 Padrões de história de vida

- A duração da vida, a idade na maturidade e o número de descendentes produzidos variam imensamente. A seleção natural influencia esses fatores que interferem na história de vida dos organismos.

Até o momento, você viu populações como se todos os seus membros fossem idênticos com relação à idade. Para a maioria das espécies, no entanto, indivíduos que formam um grupo estão em muitos estágios diferentes de desenvolvimento. Frequentemente, tais estágios exigem recursos diferentes, como quando lagartas que comem folhas posteriormente se desenvolvem em borboletas que sugam néctar. Além disso, indivíduos podem ser mais ou menos vulneráveis ao perigo em estágios diferentes.

Em resumo, cada espécie tem um **padrão de história de vida**. Ela tem um conjunto de adaptações que afetam quando um indivíduo começa a se reproduzir, quantos descendentes tem de uma só vez, a frequência da reprodução e outros traços. Nesta e na próxima seção, consideraremos variáveis que embasam esses padrões específicos relacionados à idade.

Tabelas de vida

Cada espécie tem uma duração de vida característica, mas poucos indivíduos sobrevivem até a idade máxima possível. A morte é mais provável em algumas idades. Indivíduos tendem a se reproduzir durante uma faixa etária esperada e mais provavelmente morrem durante outra faixa.

Padrões específicos à idade em populações são úteis para seguradoras e convênios médicos, além dos ecólogos. Tais investigadores se concentram em uma coorte – um grupo de indivíduos nascidos durante o mesmo intervalo – do momento de seu nascimento até a morte do último.

Ecólogos frequentemente dividem uma população natural em faixas etárias e registram as taxas de nascimento e mortalidade específicas à idade. Os dados resultantes são resumidos em uma tabela de vida (Tabela 12.1). Essas tabelas informam decisões sobre como mudanças, colheita de uma espécie ou alteração de seu ambiente podem afetar os números das espécies.

Os cronogramas de nascimentos e mortes para a coruja-pintada do norte são um exemplo. Elas foram citadas em leis federais que interromperam o desmatamento mecanizado no *habitat* da coruja – florestas antigas no noroeste do Pacífico.

As tabelas de vida humana normalmente não se baseiam em uma coorte real. Em vez disso, informações sobre as condições atuais são utilizadas para prever os nascimentos e as mortes para um grupo hipotético. A Tabela 12.2 é uma dessas tabelas de vida para humanos baseada nas condições nos Estados Unidos em 2003.

Curvas de sobrevivência

Uma **curva de sobrevivência** é uma linha que surge quando se faz um gráfico da sobrevivência específica em relação à idade da coorte em seu *habitat*. Cada espécie tem uma curva de sobrevivência característica. Esses tipos são comuns na natureza.

Uma curva tipo I indica que a sobrevivência é alta quanto maior for a expectativa de vida. Populações de grandes animais que têm um ou, no máximo, poucos descendentes em um momento e dão cuidado amplo a esses filhotes mostram esse padrão (Figura 12.9a). Por exemplo, uma elefanta tem um filhote por vez e cuida dele por vários anos. Curvas tipo I são típicas de populações humanas quando indivíduos têm acesso a bom atendimento médico.

Tabela 12.1 Tabela de vida anual para uma população vegetal*

Intervalo de idade (dias)	Sobrevivência (número que sobrevive no início do intervalo)	Número que morre durante o intervalo	Taxa de mortes (número de mortes/número de sobreviventes)	Taxa de "nascimentos" durante o intervalo (número de sementes de cada planta)
0–63	996	328	0,329	0
63–124	668	373	0,558	0
124–184	295	105	0,356	0
184–215	190	14	0,074	0
215–264	176	4	0,023	0
264–278	172	5	0,029	0
278–292	167	8	0,048	0
292–306	159	5	0,031	0,33
306–320	154	7	0,045	3,13
320–334	147	42	0,286	5,42
334–348	105	73	0,790	9,26
348–362	22	22	1,000	4,31
362–	0	0	0	0
		996		

* Phlox drummondii; dados de W. J. Leverich e D. A. Levin, 1979.

Tabela 12.2 Tabela de vida para humanos (com base em condições de 2003, nos Estados Unidos)

Faixa etária	Número no início da faixa	Número que morre durante a faixa etária	Expectativa de vida (anos restantes) relatada	Nascimentos vivos no início da faixa
0–1	100.000	687	77,5	
1–5	99.313	124	77,0	
5–10	99.189	73	73,1	
10–15	99.116	95	68,2	6.781
15–20	99.022	328	63,2	415.262
20–25	98.693	474	58,4	1.034.454
25–30	98.219	467	53,7	1.104.485
30–35	97.752	542	48,9	965.633
35–44	97.210	767	45,2	475.606
44–45	96.444	1.157	39,5	103.679
45–50	95.287	1.702	35,0	5.748
50–55	93.585	2.441	30,6	374
55–60	91.185	3.425	26,3	
60–65	87.760	5.092	22,2	
65–70	82.668	7.133	18,4	
70–75	75.535	9.825	14,9	
75–80	65.710	12.969	11,8	
80–85	52.741	15.753	9,0	
85–90	36.988	15.648	6,8	
90–95	21.344	12.363	5,0	
95–100	8.977	6.614	3,6	
100+	2.363	2.363	2,6	

Uma curva tipo II indica que as taxas de morte não variam muito com a idade (Figura 12.9b). Nos lagartos, pequenos mamíferos e grandes aves, indivíduos idosos apresentam aproximadamente a mesma chance de morrer de doenças ou predação do que os jovens.

Uma curva tipo III indica que a taxa de mortes para uma população atinge o pico no início da vida. É típica de espécies que produzem muitos descendentes pequenos e fornecem pouco ou nenhum cuidado paterno. A Figura 12.9c mostra como a curva despenca para ouriços-do-mar, que liberam grandes números de ovos. Larvas de ouriços-do-mar são pequenas e desprotegidas, portanto peixes, enguias e lesmas-do-mar devoram a maioria delas antes que partes duras protetoras possam se desenvolver. Uma curva tipo III é comum para invertebrados marinhos, insetos, peixes fungos e para plantas anuais como a *Phlox* (Tabela 12.1).

Estratégias reprodutivas

Alguns organismos, como o bambu e o salmão do Pacífico, reproduzem-se apenas uma vez e, depois, morrem. Outras, como carvalhos, ratos e humanos, reproduzem repetidamente. Estratégias de uma única chance são favorecidas quando um indivíduo provavelmente não terá uma segunda chance de se reproduzir. Para o salmão do Pacífico, a reprodução exige uma jornada arriscada do mar para um rio. Para o bambu, as condições ambientais que favorecem a reprodução ocorrem apenas esporadicamente.

A densidade populacional também pode influenciar a estratégia reprodutiva ideal. Com baixa densidade, haverá pouca competição por recursos, portanto indivíduos que transformam recursos em descendentes rapidamente estão em vantagem. Esses indivíduos se reproduzem enquanto ainda jovens, produzem muitos descendentes pequenos e investem pouquíssimo no cuidado paterno. A seleção que favorece traços que maximizam o número de descendentes é chamada **seleção *r*** (própria de ambientes instáveis). Quando a densidade populacional se aproxima de sua capacidade biótica, superar os outros na competição por recursos se torna mais importante. Grandes indivíduos que se reproduzem tardiamente e produzem menos descendentes, de melhor qualidade, têm vantagem nesse cenário.

A seleção quanto a traços que melhoram a qualidade dos descendentes é a **seleção *K*** (comum em ambientes estáveis). Alguns organismos têm traços associados principalmente à seleção *r* ou à seleção *K*, mas a maioria apresenta uma mistura desses traços. Atualmente, a teoria da seleção **r/K** está sendo criticada, por falta de embasamento experimental.

Para pensar

Como pesquisadores estudam e descrevem padrões de história de vida?

- Rastrear uma coorte (um grupo de indivíduos) do nascimento até a morte do último exemplar revela padrões de reprodução, morte e migrações.
- Curvas de sobrevivência revelam diferenças na sobrevivência específica em relação à idade, entre espécies ou entre populações da mesma espécie.
- Diferentes ambientes e densidades populacionais podem favorecer diferentes estratégias reprodutivas.

a Elefantes têm sobrevivência tipo I, com baixa mortalidade até a idade avançada.

b Garças brancas pequenas são populações do tipo II, com uma taxa de mortes relativamente constante.

c Ouriços-do-mar são populações tipo III. Espinhos protegem este adulto, mas as larvas são minúsculas, moles e vulneráveis a predação.

Figura 12.9 Três curvas de sobrevivência generalizadas e exemplos.

12.6 Seleção natural e histórias de vida

- A predação pode atuar como pressão de seleção, moldando padrões de história de vida.

Predação de Lebistes em Trinidad

Há muitos anos, dois biólogos evolutivos pingando de suor e segurando redes de pesca caminhavam por uma correnteza. John Endler e David Reznick estavam nas montanhas de Trinidad, uma ilha ao sul do mar do Caribe. Eles queriam capturar lebistes (*Poecilia reticulata*), pequenos peixes que vivem em correntezas rasas de água doce (Figura 12.10). Os biólogos estavam começando o que se tornaria um estudo em longo prazo de traços dos lebistes, incluindo padrões de história de vida.

Lebistes machos normalmente são menores e mais coloridos que as fêmeas da mesma idade. As cores de um macho servem de sinais visuais durante rituais de acasalamento. As fêmeas menos chamativas são menos conspícuas a predadores e, diferentemente dos machos, continuam crescendo após atingir a maturidade sexual.

Reznick e Endler estavam interessados em como predadores influenciam a história de vida dos lebistes. Para seus estudos, escolheram correntezas com muitas cascatas pequenas. Essas cascatas são barreiras que evitam que os lebistes em uma parte da correnteza passem facilmente para a outra. Como resultado, cada correnteza tem várias populações de lebistes e pouquíssimo fluxo genético ocorre entre essas populações.

As cascatas também evitam que predadores de lebistes vão para diferentes partes da correnteza. Neste *habitat*, os principais predadores de lebistes são peixes Cyprinodontiformes (*killifish*) e ciclídeos.

a *Direita*, lebiste que compartilhou uma correnteza com *killifish*.

b *Direita*, lebiste que compartilhou uma correnteza com ciclídeos.

Figura 12.10 (**a,b**) Lebistes que compartilharam correntezas com seus dois predadores, *killifish* e ciclídeo. (**c**) O biólogo David Reznick contemplando as interações entre lebistes e seus predadores em uma correnteza de água doce em Trinidad.

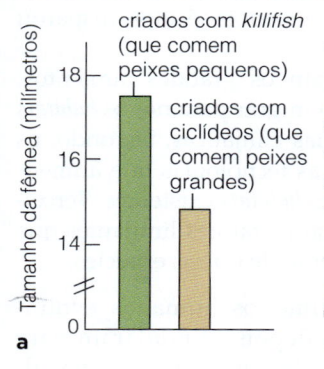

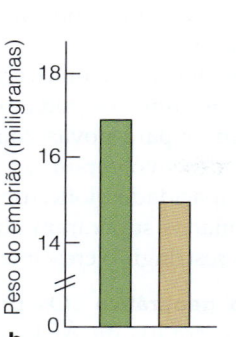

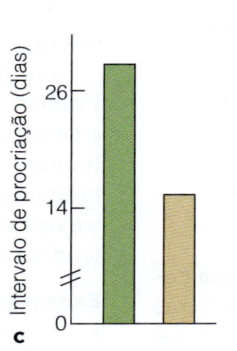

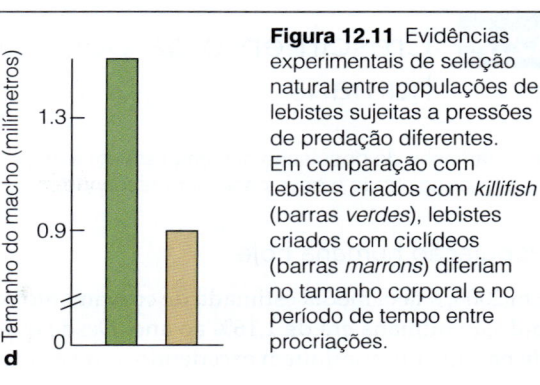

Figura 12.11 Evidências experimentais de seleção natural entre populações de lebistes sujeitas a pressões de predação diferentes. Em comparação com lebistes criados com *killifish* (barras *verdes*), lebistes criados com ciclídeos (barras *marrons*) diferiam no tamanho corporal e no período de tempo entre procriações.

Esses dois tipos de peixes predadores diferem no tamanho e nas preferências por presas. O *killifish* é relativamente pequeno e se alimenta principalmente de lebistes imaturos. Ele ignora os adultos maiores. Os ciclídeos são peixes grandes. Eles tendem a perseguir lebistes maduros e ignorar os pequenos. Algumas partes das correntezas têm um tipo de predador, mas não o outro, portanto populações diferentes de lebistes enfrentam pressões de predação diferentes.

Como Reznick e Endler descobriram, lebistes em correntezas com ciclídeos crescem mais rapidamente e são menores na maturidade do que os em correntezas com *killifish* (Figura 12.11). Além disso, lebistes caçados por ciclídeos se reproduzem mais cedo, têm mais descendentes de uma só vez e procriam mais frequentemente.

Essas diferenças na história de vida eram genéticas ou eram causadas por diferenças ambientais? Para descobrir, os cientistas coletaram lebistes de correntezas dominadas por ciclídeos e por *killifish*. Eles cultivaram os dois grupos em aquários separados sob condições idênticas, sem predadores presentes. Duas gerações depois, os traços de história de vida desses grupos ainda eram diferentes, como nas populações naturais. Aparentemente, as diferenças nos traços de história de vida observadas na natureza têm uma base genética.

Reznick e Endler formularam a hipótese de que predadores servem de agentes seletores que influenciam traços da história de vida de lebistes. Os cientistas fizeram uma previsão: **se** os traços de história de vida são reações adaptativas à predação, **então** eles mudarão quando uma população for exposta a um novo predador.

Para testar sua previsão, Reznick e Endler encontraram uma região de correnteza acima de uma cascata que tinha *killifish*, mas não lebistes ou ciclídeos. Eles levaram alguns lebistes de uma região abaixo da cascata onde havia ciclídeos, mas não *killifish*. No local experimental, os lebistes que haviam vivido anteriormente apenas com ciclídeos agora estavam expostos a *killifish*. O local de controle era a região a jusante abaixo da cascata, onde os parentes dos lebistes transferidos ainda coexistiam com ciclídeos.

Reznik e Endler revisitaram a correnteza durante 11 anos e 36 gerações de lebistes. Eles monitoraram traços de lebistes acima e abaixo da cascata. Seus dados mostraram que lebistes no local acima da cascata (montante) estavam evoluindo. A exposição a um novo predador havia causado grandes mudanças em sua taxa de crescimento, idade na primeira reprodução e outros traços de história de vida. Por contraste, lebistes no local de controle não mostraram essas mudanças. Como Reznick e Endler concluíram, traços de história de vida em lebistes podem evoluir rapidamente em resposta à pressão seletiva exercida pela predação.

Pesca excessiva e o bacalhau do atlântico A evolução de traços de vida em resposta à pressão da predação não é meramente interessante. Ela tem importância comercial. Como os lebistes evoluíram em resposta aos predadores, o bacalhau do Atlântico Norte (*Gadus morhua*) evoluiu em resposta à pressão da pesca. O bacalhau do Atlântico Norte pode ser grande. De meados dos anos 1980 ao início dos 1990, o número de pescadores à caça de bacalhau aumentou. Pescadores ficavam com os maiores e devolviam os menores. Este comportamento humano colocou os bacalhaus que ficaram sexualmente maduros quando ainda eram pequenos em vantagem, e esses se tornaram cada vez mais comuns. À medida que o número de bacalhaus caiu, peixes cada vez menores foram mantidos.

Em retrospectiva, um rápido declínio na idade na primeira reprodução foi um sinal de que a população de bacalhaus estava sob grande pressão. Em 1992, o Canadá baniu a pesca do bacalhau em algumas áreas. Essa proibição, e outras restrições, chegaram tarde demais para evitar que a população de bacalhau do Atlântico despencasse. A população ainda não se recuperou dessa queda.

Se os biólogos tivessem reconhecido as mudanças de história de vida como uma advertência, poderiam ter sido capazes de salvar esses peixes e proteger a subsistência de milhares de trabalhadores. O monitoramento de dados de história de vida para outros peixes economicamente importantes pode ajudar a evitar a pesca excessiva de outras espécies no futuro.

12.7 Crescimento da população humana

- O tamanho da população humana está em seu nível mais alto já registrado e deve continuar crescendo.

População humana hoje

Em 2008, a taxa média estimada de crescimento para a população humana era de 1,16% ao ano. Desde que as taxas de nascimento continuem excedendo as de morte, adições anuais orientarão um crescimento absoluto maior a cada ano para um futuro previsível.

Embora muitas pessoas desfrutem de recursos abundantes, cerca de $\frac{1}{5}$ da população humana vive em grave pobreza e mais de 800 milhões estão desnutridos (Figura 12.12). Mais de 1 bilhão de pessoas não têm acesso à água potável limpa. Mais de 2 milhões enfrentam falta de madeira combustível, da qual dependem para aquecer seus lares e cozinhar seus alimentos. Populações crescentes apenas aumentarão a pressão sobre recursos limitados.

Bases para esse crescimento extraordinário

Como chegamos a esse embate? Durante a maior parte de sua história, a população humana cresceu muito lentamente. A taxa de crescimento começou a aumentar há cerca de 10 mil anos e, nos últimos dois séculos, disparou (Figura 12.13).

Três tendências promoveram os grandes aumentos. Primeiro, os humanos podiam migrar para novos *habitats* e se expandir para novas zonas climáticas. Segundo, os humanos desenvolveram novas tecnologias que aumentaram a capacidade biótica dos *habitats* existentes. Terceiro, os humanos superaram alguns fatores limitantes que tendem a restringir o crescimento de outras espécies.

Expansão geográfica Os primeiros humanos evoluíram nos cerrados da África, depois se mudaram para as savanas. Presumimos que eles subsistiam principalmente de alimentos vegetais, mas provavelmente também caçavam animais. Bandos de caçadores-coletores se mudaram da África há cerca de 2 milhões de anos. Há 44 mil anos, seus descendentes estavam estabelecidos em uma boa parte do mundo. Poucas espécies podem se expandir em uma gama tão grande de *habitats*, mas os primeiros humanos tinham cérebros grandes que lhes permitiram desenvolver as habilidades necessárias. Eles aprenderam a acender fogueiras, construir abrigos, fazer roupas, fabricar ferramentas e cooperar em caçadas. Com o advento da linguagem, o conhecimento dessas habilidades não morreu com o indivíduo. Em comparação com a maioria das espécies, os humanos demonstraram maior capacidade de se dispersar mais por longas distâncias e se estabelecer em novos ambientes fisicamente desafiadores.

Maior capacidade biótica A partir de 11 mil anos atrás, bandos de caçadores-coletores mudaram para a agricultura. Em vez de contar com bandos migratórios de animais selvagens, eles se assentaram em vales férteis e outras regiões que favoreciam a colheita sazonal de frutos e grãos. Eles desenvolveram uma base mais confiável para a vida. Um fator crucial foi a domesticação de gramíneas selvagens, incluindo espécies ancestrais do trigo e arroz modernos. Assim, as pessoas colhiam, armazenavam e plantavam sementes em um só lugar. Elas domesticaram animais como fontes de alimento e para puxar enxadas. Cavavam calhas de irrigação e desviavam água para as lavouras.

A produtividade agrícola se tornou a base para aumentos nas taxas de crescimento da população. Cidades se formaram. Posteriormente, os suprimentos de alimentos cresceram novamente. Fazendeiros começaram a utilizar fertilizantes químicos, herbicidas e pesticidas para proteger suas plantações. O transporte e a distribuição de alimentos melhoraram.

Mesmo da maneira mais simples, o gerenciamento de suprimentos por meio de práticas agrícolas aumentou a capacidade biótica para a população humana.

Fatores limitantes contornados Até cerca de 300 anos atrás, a desnutrição e as doenças infecciosas mantinham as taxas de morte suficientemente altas para mais ou menos equilibrar as de nascimento.

Bancos de silos de milho nos Estados Unidos.

Figura 12.12 Longe dos humanos bem alimentados em países altamente desenvolvidos, uma criança etíope mostra os efeitos da fome. A Etiópia é um dos países em desenvolvimento mais pobres, com renda anual *per capita* de US$ 120. A ingestão calórica média está mais de 25% abaixo do mínimo necessário para manter a boa saúde. A desnutrição atrapalha o crescimento, enfraquece o corpo e prejudica o desenvolvimento cerebral de cerca de metade das crianças da Etiópia. Apesar de faltas contínuas de alimento, a população da Etiópia tem uma das mais altas taxas de crescimento do mundo. Se o crescimento continuar na taxa atual, a população de 75 milhões dobrará em menos de 25 anos.

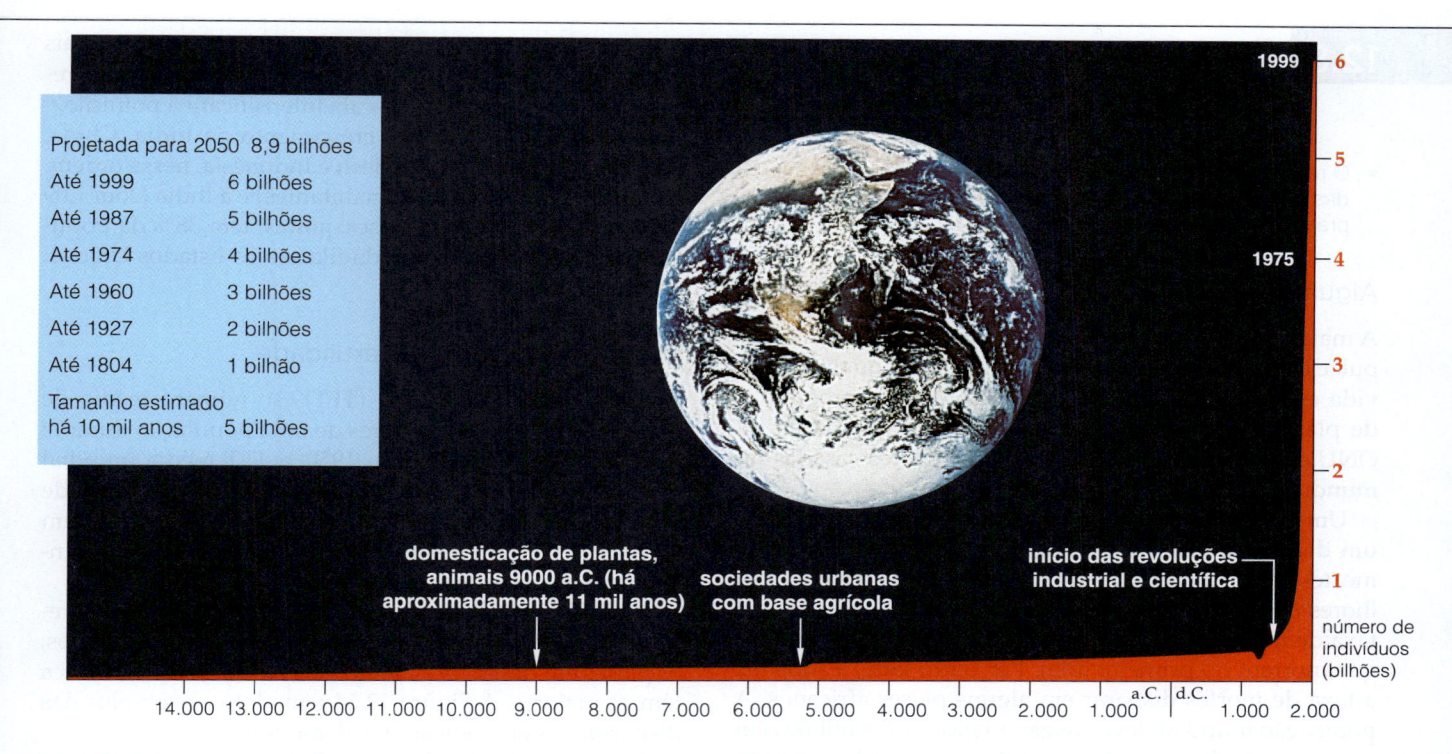

Projetada para 2050	8,9 bilhões
Até 1999	6 bilhões
Até 1987	5 bilhões
Até 1974	4 bilhões
Até 1960	3 bilhões
Até 1927	2 bilhões
Até 1804	1 bilhão
Tamanho estimado há 10 mil anos	5 bilhões

Figura 12.13 Curva de crescimento (*vermelha*) para a população humana mundial. A caixa *azul* indica quanto tempo levou para a população humana crescer de 5 para 6 bilhões. A queda entre os anos 1347 e 1351 marca o período no qual 60 milhões de pessoas morreram durante uma pandemia que pode ter sido um tipo de peste bubônica.

Doenças infecciosas são controles dependentes de densidade. Pestes devastaram cidades populosas. Em meados do século XIV, $\frac{1}{3}$ da população da Europa foi dizimada por uma pandemia conhecida como Peste Negra. Doenças transmitidas pela água, como a cólera, e associadas à má higiene se alastraram. Então, o encanamento melhorou, vacinas e medicamentos começaram a reduzir a mortalidade pela doença. Os nascimentos cada vez mais superaram as mortes – "*r*" ficou maior e o crescimento exponencial acelerou.

A Revolução Industrial ocorreu em meados do século XVIII. As pessoas haviam descoberto como aproveitar a energia de combustíveis fósseis, começando com o carvão. Em questão de décadas, cidades da Europa ocidental e da América do Norte se tornaram industrializadas. A Primeira Guerra Mundial incentivou o desenvolvimento de mais tecnologias. Depois da guerra, as fábricas se voltaram para a produção em massa de carros, tratores e outros bens de consumo. Progressos nas práticas agrícolas significavam que menos fazendeiros eram necessários para suportar uma população maior.

Em resumo, ao controlar agentes de doenças e utilizar combustíveis fósseis – uma fonte concentrada de energia –, a população humana contornou muitos fatores que haviam limitado sua taxa de crescimento.

Aonde as dispersões distantes e avanços contínuos na tecnologia e na infraestrutura nos levaram? Foram necessários mais de 100 mil anos para a população humana chegar a 1 bilhão. Como a Figura 12.13 mostra, levou apenas 123 anos para chegar a 2 bilhões, 33 mais para atingir 3 bilhões, mais 14 para os 4 bilhões e, então, outros 13 para chegar a 5 bilhões. Foram necessários apenas mais 12 anos para atingir 6 bilhões! Não há dúvida de que novas tecnologias continuarão aumentando a capacidade biótica humana da Terra, mas o crescimento não pode ser sustentado indefinidamente.

Por que não? Os aumentos contínuos no tamanho da população farão controles dependentes de densidade exercer seus efeitos. Por exemplo, viajantes globais podem levar patógenos para áreas urbanas densas no mundo inteiro em questão de semanas. Além disso, recursos limitados causam dificuldades econômicas e disputas civis.

Para pensar

Por que as populações humanas cresceram tanto e o que podemos esperar?

- Através da expansão para novos *habitats*, intervenções culturais e inovações tecnológicas, a população humana desviou temporariamente a resistência ao crescimento.
- Sem inovações tecnológicas, controles dependentes de densidade serão ativados e desacelerarão o crescimento da população humana.

12.8 Taxas de fertilidade e estrutura etária

- O reconhecimento dos riscos apresentados pelo aumento das populações levou a um maior planejamento familiar em praticamente todas as regiões.

Algumas projeções

A maioria dos governos reconhece que o crescimento populacional, a falta de recursos, a poluição e a qualidade de vida estão interconectados. Muitos oferecem programas de planejamento familiar, e a Divisão de População da ONU estima que cerca de 60% das mulheres casadas no mundo usam algum tipo de contracepção.

Um aumento no uso de contraceptivos contribui para um declínio global na taxa de nascimentos. As taxas de mortes também estão caindo na maioria das regiões. Melhores dietas e cuidados com a saúde estão reduzindo a taxa de mortalidade infantil (número de crianças por mil que morrem no primeiro ano). Por outro lado, a Aids fez a taxa de mortes disparar em alguns países africanos. A população mundial deve chegar ao pico de 8,9 bilhões em 2050 e possivelmente cair à medida que o século terminar.

Pense em todos os recursos que serão necessários. Teremos de aumentar a produção de alimentos e encontrar mais energia e água doce para atender às necessidades mais básicas de bilhões de outras pessoas. A utilização de recursos naturais em maior escala intensificará a poluição.

Esperamos ver o maior crescimento na Índia, China, Paquistão, Nigéria, Bangladesh e Indonésia, nessa ordem. A China (com 1,3 bilhão de habitantes) e a Índia (com 1,09 bilhão) superam outros países; juntas, têm 38% da população mundial. O próximo da fila são os Estados Unidos, com 294 milhões.

Mudança das taxas de fertilidade

A **taxa de fertilidade total** (TFT) é o número médio de crianças nascidas de mulheres de uma população durante seus anos reprodutivos. Em 1950, a TFT média mundial era de 6,5. Atualmente, é de 2,7, ainda acima do nível de reposição de 2,1 – ou número médio de crianças que um casal deve ter para manter a população em nível constante, dadas as taxas de morte atuais.

As TFTs variam entre países. TFTs estão no nível de reposição, ou abaixo dele, em muitos países desenvolvidos; os países em desenvolvimento no leste da Ásia e na África têm as maiores. A Figura 12.14 tem alguns exemplos das disparidades em indicadores demográficos.

A comparação de diagramas de estrutura etária é reveladora. Na Figura 12.15, o foco é na faixa etária reprodutiva para os próximos 15 anos. Mulheres geralmente têm filhos quando estão entre 15 e 35 anos. Podemos esperar que populações com uma base mais ampla cresçam mais rapidamente. A população dos Estados Unidos, por exemplo, tem uma base relativamente estreita sob uma ampla área que representa os 78 milhões de pessoas da geração *baby-boom* (Figura 12.15*c*). Esta coorte começou a se formar em 1946 quando soldados norte-americanos voltaram para casa após a Segunda Guerra e começaram a ter filhos.

Os aumentos globais na população parecem certos. Mesmo se um casal a partir dessa época não tiver mais de dois filhos, o crescimento da população não poderá desacelerar durante 60 anos. Cerca de 1,9 bilhão de pessoas estão prestes a entrar na idade reprodutiva. Mais de $\frac{1}{3}$ da população mundial está na ampla base pré-reprodutiva.

A China tem o mais amplo programa de planejamento familiar. Seu governo desestimula o sexo antes do casamento. Ele pede que as pessoas adiem o casamento e limitem famílias a um ou dois filhos. Oferece abortos, contraceptivos e esterilização gratuitamente a casais casados, com unidades móveis e paramédicos disponíveis até em áreas remotas. Casais que seguem as diretrizes recebem mais alimentos, atendimento médico gratuito, melhores casas e bônus salariais.

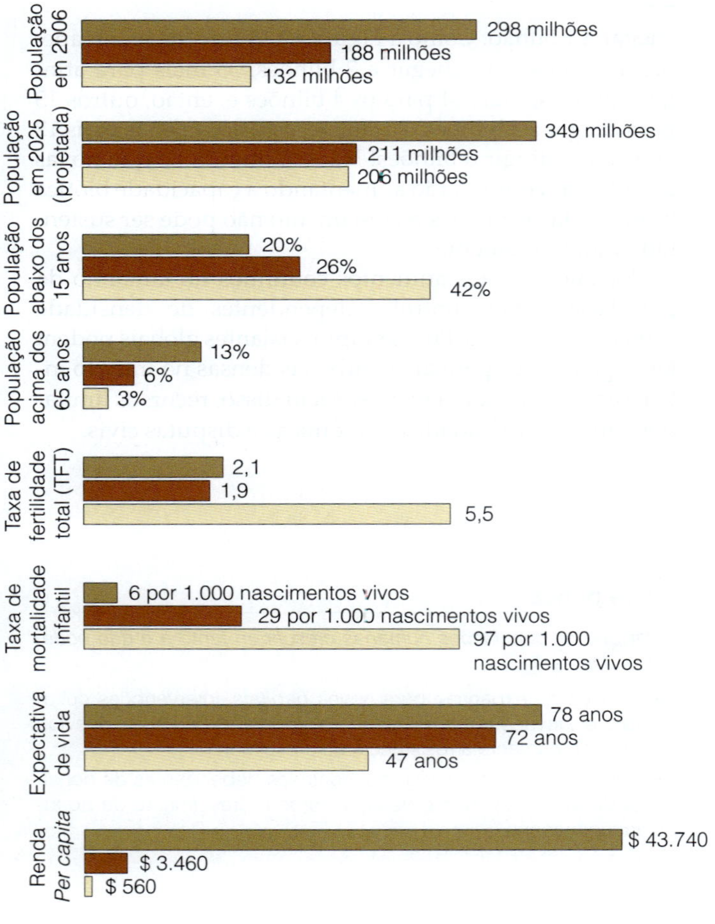

População em 2006
298 milhões
188 milhões
132 milhões
População em 2025 (projetada)
349 milhões
211 milhões
206 milhões
População abaixo dos 15 anos
20%
26%
42%
População acima dos 65 anos
13%
6%
3%
Taxa de fertilidade total (TFT)
2,1
1,9
5,5
Taxa de mortalidade infantil
6 por 1.000 nascimentos vivos
29 por 1.000 nascimentos vivos
97 por 1.000 nascimentos vivos
Expectativa de vida
78 anos
72 anos
47 anos
Renda *Per capita*
$ 43.740
$ 3.460
$ 560

Figura 12.14 Principais indicadores demográficos para três países, principalmente em 2006. Os Estados Unidos (barra *marrom*) são altamente desenvolvidos, o Brasil (barra *vermelha*) é moderadamente desenvolvido e a Nigéria (barra *bege*) é menos desenvolvida.

Resolva: Qual é a diferença na expectativa de vida entre os Estados Unidos e a Nigéria?

Resposta: 31 anos.

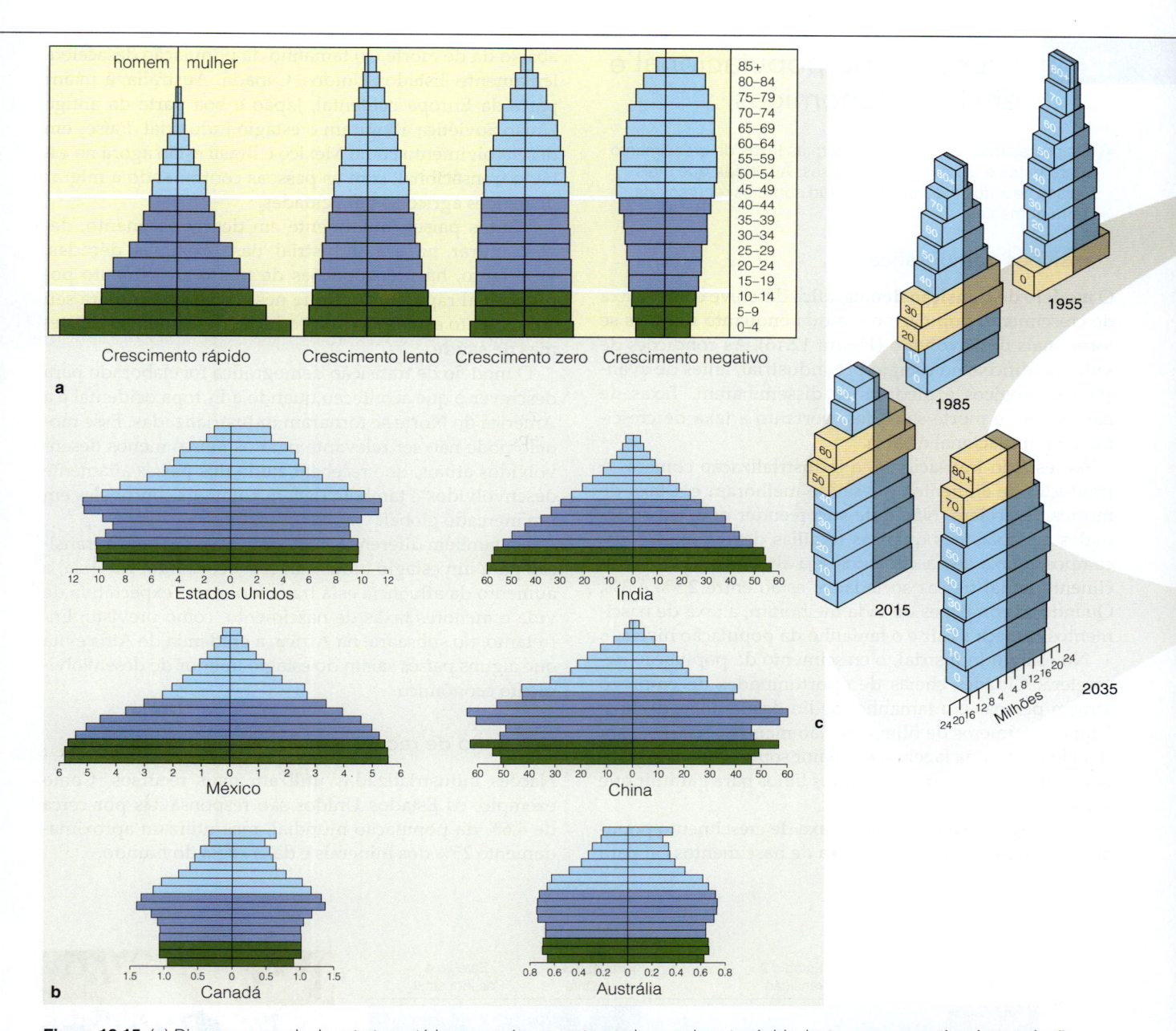

Figura 12.15 (**a**) Diagramas gerais de estrutura etária para países com taxas de crescimento rápido, lento, zero e negativo da população. Os anos pré-reprodutivos são as barras *verdes*; anos reprodutivos, *roxas;* anos pós-reprodutivos, *azuis-claras*. Um eixo vertical divide cada gráfico em homens (*esquerda*) e mulheres (*direita*). As larguras das barras correspondem às proporções de indivíduos em cada faixa etária.
(**b**) Diagramas de estrutura etária em 1997 para seis países. Os tamanhos da população são medidos em milhões.
(**c**) Diagramas sequenciais de estrutura etária para a população dos Estados Unidos. Barras *douradas* rastreiam a geração *baby-boom*.

Seus filhos recebem bolsa de estudo e tratamento especial quando entram no mercado de trabalho. Pais com mais de dois filhos perdem benefícios e pagam mais impostos. Desde 1972, a TFT da China caiu drasticamente, de 5,7 para 1,75. Uma consequência não imaginada tem sido uma mudança na proporção entre sexos no país. A preferência cultural tradicional por filhos, especialmente entre áreas rurais, levou alguns pais a abortar fetos de meninas ou cometer infanticídios. Entre os menores de 15 anos na China, há 1,134 menino para cada menina. O governo está oferecendo incentivos financeiros e fiscais adicionais a pais de meninas. Enquanto isso, mesmo com todas essas medidas, a bomba-relógio populacional continua funcionando na China. Cerca de 150 milhões de jovens mulheres agora compõem a faixa etária pré-reprodutiva.

> **Para pensar**
>
> *Como a taxa de fertilidade humana mudou e o que pode ser esperado?*
>
> - A taxa de fertilidade total mundial vem declinando, mas ainda está acima do nível de reposição.
> - Mesmo se a taxa de fertilidade total declinar até seu nível de reposição no mundo inteiro, a população continuará aumentando; mais de $\frac{1}{3}$ está em uma ampla base pré-reprodutiva.

12.9 Crescimento populacional e efeitos econômicos

- Os países mais desenvolvidos têm as taxas de crescimento mais lentas e utilizam mais recursos. À medida que mais países se industrializam, a pressão sobre os recursos da Terra aumenta.

Transições demográficas

O **modelo de transição demográfica** descreve como a taxa de crescimento populacional muda enquanto um país se torna mais desenvolvido (Figura 12.16). As condições de vida são difíceis no estágio pré-industrial, antes de avanços tecnológicos e médicos se disseminarem. Taxas de nascimento e morte são altas, portanto a taxa de crescimento populacional é baixa.

No estágio transacional, a industrialização começa. A produção de alimentos e a saúde melhoram e a taxa de mortes desacelera. Não é de surpreender que, em sociedades agrícolas nas quais as famílias devem ajudar nos campos, a taxa de nascimentos seja alta. As taxas de crescimento anual nessas sociedades estão entre 2,5% e 3%. Quando as condições de vida melhoram, a taxa de nascimentos começa a cair e o tamanho da população nivela.

No estágio industrial, o crescimento da população desacelera. Cidades cheias de oportunidades de emprego atraem pessoas e o tamanho médio das famílias declina. Grandes números de filhos não são mais necessários para trabalhar em uma fazenda e a maior sobrevivência significa que não é necessário ter muitos filhos para garantir que alguns sobrevivam.

No estágio pós-industrial, a taxa de crescimento populacional se torna negativa. A taxa de nascimentos cai para abaixo da de morte e o tamanho da população desacelera lentamente. Estados Unidos, Canadá, Austrália, a maior parte da Europa ocidental, Japão e boa parte da antiga União Soviética atingiram o estágio industrial. Países em desenvolvimento como México e Brasil estão agora no estágio transacional, com as pessoas continuando a migrar de regiões agrícolas para cidades.

Muitos países, atualmente em desenvolvimento, devem entrar na era industrial nas próximas décadas. Entretanto, há preocupações de que o crescimento populacional rápido e contínuo nesses países superará seu crescimento econômico, a produção de alimentos e sistemas de saúde.

O modelo de transição demográfica foi elaborado para descrever o que aconteceu quando a Europa ocidental e a América do Norte se tornaram industrializadas. Esse modelo pode não ser relevante para os países menos desenvolvidos atuais, que recebem ajuda dos países altamente desenvolvidos e também devem competir contra eles em um mercado global.

Há também diferenças regionais em quão bem a transição para um estágio industrial está ocorrendo. Na Ásia, o aumento da afluência está trazendo maior expectativa de vida e menores taxas de nascimento, como previsto. Entretanto, no subsaara, na África, a epidemia de Aids evita que alguns países saiam do estágio inferior de desenvolvimento econômico.

Consumo de recursos

Nações industrializadas utilizam mais recursos. Como exemplo, os Estados Unidos são responsáveis por cerca de 4,6% da população mundial, mas utilizam aproximadamente 25% dos minerais e da energia do mundo.

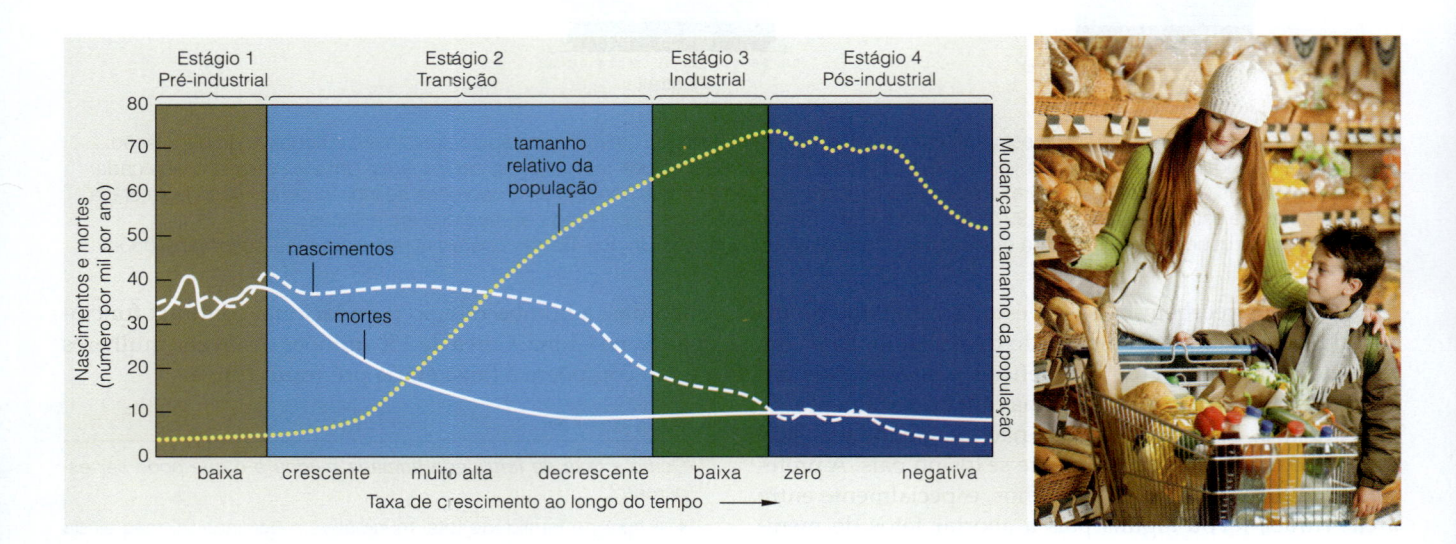

Figura 12.16 Modelo de transição demográfica para mudanças nas taxas de crescimento e nos tamanhos da população, correlacionadas com mudanças de longo prazo na economia.

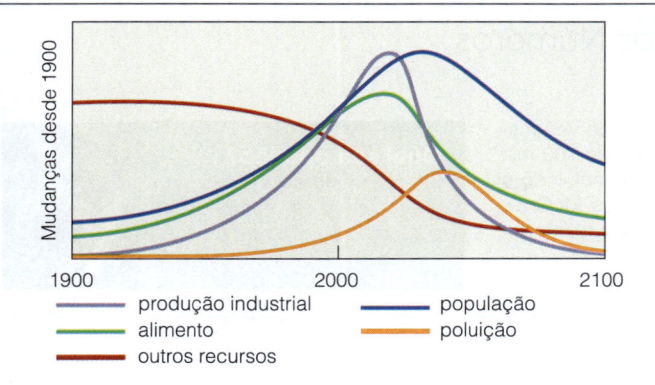

Figura 12.17 Projeção computadorizada do que pode acontecer se o tamanho da população humana continuar disparando sem mudanças drásticas na política e inovações tecnológicas. As hipóteses eram de que a população já teria superado a capacidade biótica e as tendências atuais permaneceriam inalteradas.

Bilhões de pessoas que vivem na Índia, China e outras nações menos desenvolvidas sonham em ter os mesmos tipos de bens de consumo das pessoas nos países desenvolvidos. A Terra não tem recursos suficientes para possibilitar isso. Para todos os agora vivos, ter um estilo de vida como o do norte-americano médio exigiria quatro vezes os recursos presentes na Terra.

O que acontecerá se a população humana continuar crescendo como previsto? Como encontraremos os alimentos, a energia, a água e os outros recursos básicos necessários para sustentar tantas pessoas? Podemos fornecer a educação, habitação, assistência médica e outros serviços sociais necessários?

Alguns modelos sugerem que não (Figura 12.17). Outros analistas alegam que podemos nos adaptar a um mundo mais lotado **se** tecnologias inovadoras melhorarem a produtividade das lavouras, **se** as pessoas usarem menos carne para proteína e **se** os recursos forem divididos mais igualmente entre regiões. Fizemos grandes progressos no aumento de nossa produção agrícola, mas tivemos menos sucesso em levar alimento às pessoas que precisam dele.

Para pensar

Como a industrialização afeta o crescimento populacional e o consumo de recursos?

- Diferenças no crescimento populacional e no consumo de recursos entre países podem ser correlacionadas a níveis de desenvolvimento econômico. As taxas de crescimento tipicamente são maiores durante a transação para a industrialização.
- Condições globais mudaram de forma, portanto o modelo de transição demográfica pode não se aplicar mais a nações modernas.
- Uma pessoa média que vive em uma nação altamente desenvolvida utiliza muito mais recursos do que uma em um país menos desenvolvido.

12.10 A ascensão dos idosos

- Enquanto alguns países enfrentam a superpopulação, outros têm taxas de nascimento em queda e uma idade média crescente.

Em alguns países desenvolvidos, a taxa de fertilidade total decrescente e a maior expectativa de vida resultaram em uma alta proporção de adultos mais velhos. No Japão, pessoas com mais de 65 anos atualmente compõem cerca de 20% da população. Nos Estados Unidos, a proporção de pessoas acima dos 65 está projetada para atingir esse nível em 2030 (Figura 12.18). Em 2050, poderá haver até 31 milhões de norte-americanos com mais de 85 anos. No Brasil os jovens predominam amplamente, mas a situação tende a mudar com o tempo.

O envelhecimento da população acarreta implicações sociais. Indivíduos mais velhos tradicionalmente são apoiados por uma força de trabalho mais jovem. Nos Estados Unidos, a maioria dos idosos recebe pagamentos de aposentadoria e atendimento médico subsidiado pelo governo. Como resultado da inflação e dos aumentos na expectativa de vida, os benefícios distribuídos aos atuais idosos excedem as contribuições feitas por essas pessoas ao programa. Quando a geração *baby-boom* começar a receber os benefícios, o déficit disparará. Manter o sistema funcionando exigirá contribuições ainda maiores da população mais jovem que ainda trabalha. Números crescentes de idosos debilitados também desafiarão o sistema de saúde. Assim, encontrar maneiras de manter as pessoas saudáveis no final da vida é uma prioridade econômica e social.

Figura 12.18 Dois dos 37 milhões de norte-americanos acima dos 65 anos.

Para pensar

Como a desaceleração do crescimento populacional afeta a distribuição etária?

- Quando o crescimento da população desacelera, a proporção de indivíduos mais velhos aumenta.

QUESTÕES DE IMPACTO REVISITADAS | Jogo dos Números

Muitos estados norte-americanos lutam para controlar números crescentes de veados-galheiros. Em Ohio, o número subiu de 17 mil veados em 1970 para mais de 700 mil. Em West Virginia, eles estão devastando plantas que crescem na floresta, incluindo o ginseng selvagem, um importante produto de exportação. O biólogo James McGraw argumenta que controlar veados e salvar as florestas de West Virginia exigirá a reintrodução de grandes predadores ou o aumento da caça aos veados.

Qual sua opinião?
Sem predadores naturais, as quantidades de veados estão disparando. Estimular a caça a veados é a melhor solução?

Resumo

Seções 12.1, 12.2 Cada população é um grupo de indivíduos da mesma espécie. Seu crescimento é afetado por sua **demografia**. Isso inclui **tamanho da população** e **estrutura etária**, como o tamanho da **base reprodutiva**. Também inclui **densidade populacional** e **distribuição da população**. A maioria das populações na natureza apresenta um padrão de distribuição agrupado.

A contagem do número de indivíduos em **quadrados** é uma forma de estimar a densidade de uma população em uma área especificada. **Métodos de captura-recaptura** podem ser utilizados para estimar a densidade populacional de animais móveis.

Seção 12.3 **Imigração** e **emigração** afetam permanentemente o tamanho da população, mas a **migração**, não. A taxa de nascimentos *per capita* menos a taxa de mortes *per capita* nos dá r, a **taxa de crescimento *per capita*** da população. Quando os nascimentos igualam as mortes, temos **crescimento populacional zero**. Em casos de **crescimento exponencial**, o crescimento de uma população é proporcional a seu tamanho. O tamanho da população aumenta a uma taxa fixa em qualquer intervalo. O tempo necessário para uma população duplicar é o **tempo de duplicação**. A taxa máxima possível de aumento é o **potencial biótico** de uma espécie.

Seção 12.4 **Fatores limitantes** restringem aumentos populacionais. Com o **crescimento logístico**, uma pequena população começa a crescer lentamente, depois rapidamente, então se nivela quando a **capacidade biótica** é atingida. **Fatores dependentes de densidade** são condições ou eventos que reduzem o sucesso reprodutivo e têm um efeito crescente com a aglomeração. **Fatores independentes de densidade** são condições ou eventos que podem reduzir o sucesso reprodutivo, mas seu efeito não varia com a aglomeração.

Seções 12.5, 12.6 O tempo até a maturidade, o número de eventos reprodutivos, o número de descendentes por evento e a duração de vida são aspectos de um **padrão de história de vida**. Uma **coorte** é um grupo de indivíduos que nasceram ao mesmo tempo. Três tipos de **curvas de sobrevivência** são comuns: uma alta taxa de mortes mais tarde, uma taxa constante em todas as idades ou uma alta taxa no início da vida. Histórias de vida têm uma base genética e estão sujeitas a seleção natural. Em baixas densidades populacionais, a **seleção r** favorece a produção rápida do máximo possível de descendentes. A uma maior densidade populacional, a **seleção K** favorece o investimento de mais tempo e energia em menos descendentes de maior qualidade. A maioria das populações tem uma mistura de traços com seleção r e K.

Seção 12.7 A população humana passou dos 6,6 bilhões. A expansão para novos *habitats* e a agricultura permitiram os primeiros aumentos. Mais tarde, inovações médicas e tecnológicas aumentaram a capacidade biótica e contornaram muitos fatores limitantes.

Seção 12.8 A **taxa de fertilidade total** (TFT) de uma população é o número médio de crianças nascidas de mulheres durante seus anos reprodutivos. A TFT global está caindo e a maioria dos países apresenta programas de planejamento familiar de algum tipo. Mesmo assim, a base pré-reprodutiva da população mundial é tão grande que o tamanho desta continuará crescendo por pelo menos 60 anos.

Seção 12.9 O **modelo de transição demográfica** prevê como as taxas de crescimento da população humana mudarão com a industrialização. Geralmente, a taxa de mortes e a de nascimentos cairão com o aumento da industrialização, mas as condições nos países podem variar de formas que afetem essa tendência. Nações desenvolvidas têm um consumo *per capita* muito maior de recursos do que nações não desenvolvidas. A Terra não tem recursos suficientes para suportar a população atual no estilo das nações desenvolvidas.

Seção 12.10 A desaceleração do crescimento populacional leva a um aumento na proporção de idosos na população.

Questões *Respostas no Apêndice II*

1. Mais comumente, indivíduos de uma população mostram uma distribuição ___ em seu *habitat*.
  a. agrupada   c. quase uniforme
  b. aleatória   d. nenhuma das anteriores

2. A taxa na qual o tamanho da população aumenta ou cai depende da taxa de ___.
  a. nascimentos   c. imigração   e. respostas a e b
  b. mortes   d. emigração   f. todas as anteriores

3. Suponha que 200 peixes sejam marcados e libertados em um lago. Na semana seguinte, 200 peixes são capturados e 100 deles têm marcas. Há cerca de ___ peixes neste lago.
  a. 200   b. 300   c. 400   d. 2.000

Exercício de análise de dados

Em 1989, Martin Wikelski iniciou um estudo de longo prazo das populações de iguanas marinhas nas ilhas Galápagos. Ele marcou as iguanas em duas ilhas – Genovesa e Santa Fé – e coletou dados sobre como seu tamanho corporal, sobrevivência e taxas reprodutivas variaram com o tempo. As iguanas comem algas e não têm predadores, portanto as mortes normalmente resultam de falta de alimento, doenças ou idade. Seus estudos mostraram que os números caíram durante eventos do *El Niño*, quando as águas ao redor aqueceram.

Em janeiro de 2001, um navio petroleiro encalhou e vazou uma pequena quantidade de petróleo nas águas de Santa Fé – a Figura 12.19 mostra o número de iguanas marcadas que Wikelski e sua equipe contaram no censo de populações de estudo pouco antes do vazamento e cerca de um ano depois.

1. Que ilha tinha mais iguanas marcadas na época do primeiro censo?

2. Quanto o tamanho da população de cada ilha mudou entre o primeiro e o segundo censos?

3. Wikelski concluiu que as mudanças em Santa Fé eram o resultado do vazamento de óleo em vez da temperatura do mar ou outros fatores climáticos comuns às duas ilhas. Como os números do censo seriam diferentes daqueles observados se um evento adverso tivesse afetado as duas ilhas?

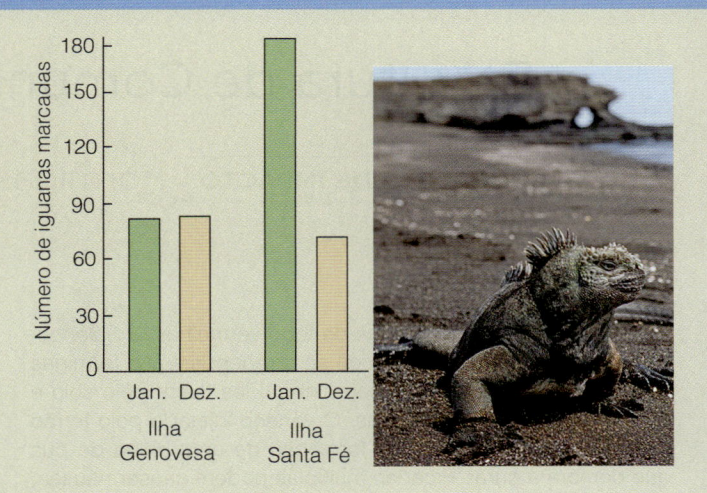

Figura 12.19 Mudança de números de iguanas marinhas marcadas em duas ilhas Galápagos. Um vazamento de óleo aconteceu perto de Santa Fé pouco antes do censo de janeiro de 2001 (barras *verdes*). Um segundo censo foi realizado em dezembro de 2001 (barras *marrons*).

4. Uma população de vermes cresce exponencialmente em um monte de esterco. Há 30 dias, havia 400 vermes e agora há 800. Quantos vermes haverá daqui a 30 dias, presumindo que as condições permaneçam constantes?
   a. 1.200   b. 1.600   c. 3.200   d. 6.400

5. Para uma determinada espécie, a taxa máxima de aumento por indivíduo em condições ideais é seu (sua) ___.
   a. potencial biótico
   b. capacidade biótica máxima
   c. resistência ambiental
   d. controle de densidade

6. ___ é um fator independente de densidade que influencia o crescimento da população.
   a. Competição por recursos
   b. Doença infecciosa
   c. Predação
   d. Clima rigoroso

7. Um padrão de história de vida para uma população é um conjunto de adaptações que influenciam a ___ de um indivíduo.
   a. longevidade
   b. fertilidade
   c. idade na maturidade reprodutiva
   d. todas as anteriores

8. A população humana passou dos 6,6 bilhões. Ela era aproximadamente metade disso em ___.
   a. 2004   b. 1960   c. 1802   d. 1350

9. Em comparação com países menos desenvolvidos, os mais desenvolvidos têm maior ___.
   a. taxa de mortes
   b. taxa de nascimentos
   c. taxa de fertilidade total
   d. taxa de consumo de recursos

10. O ___ crescimento populacional aumenta a proporção de indivíduos mais idosos em uma população.
    a. menor   b. maior

11. Una cada termo a sua descrição mais adequada.
    ___ capacidade biótica
    ___ crescimento exponencial
    ___ potencial biótico
    ___ fator limitante
    ___ crescimento logístico

    a. taxa máxima de aumento por indivíduo sob condições ideais
    b. gráfico do crescimento da população como uma curva em S
    c. número máximo de indivíduos sustentáveis pelos recursos em um determinado ambiente
    d. gráfico do crescimento da população como uma curva em J
    e. recurso essencial que restringe o crescimento da população quando escasso

Raciocínio crítico

1. Relembre a Seção 12.6. Quando pesquisadores levaram lebistes de populações presas de ciclídeos para um *habitat* com *killifish*, as histórias de vida dos lebistes transplantados evoluíram. Eles começaram a se parecer com as populações de lebistes presas de *killifish*. Os machos ficaram maiores; algumas escamas ficaram maiores e manchas mais coloridas se formaram. Como uma queda na pressão de predação de peixes sexualmente maduros pode favorecer esta mudança?

2. Os diagramas de estrutura etária para duas populações hipotéticas são mostrados à direita. Descreva a taxa de crescimento de cada população e discuta os problemas sociais atuais e futuros que cada uma provavelmente enfrentará.

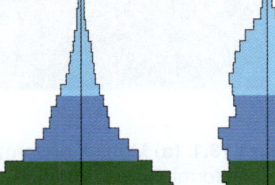

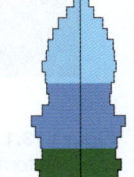

13 Estrutura de Comunidades e Biodiversidade

QUESTÕES DE IMPACTO Formigas-de-fogo nas Calças

Pise em um ninho de formigas-de-fogo vermelhas, a *Solenopsis invicta* (Figura 13.1a) e você se arrependerá. As formigas são rápidas para defender seu ninho. Elas fluem pelo solo e infligem uma série de picadas. O veneno injetado pelo ferrão causa ardência e resulta na formação de uma bolha de pus que demora a curar. Picadas múltiplas podem causar náusea, vertigem e – raramente – a morte.

A *S. invicta* chegou aos Estados Unidos vinda da América do Sul nos anos 1930, provavelmente como clandestinas em um navio. As formigas se espalharam a partir do sudeste e foram encontradas até o oeste na Califórnia e ao norte em Kansas e Delaware.

Como muitas espécies introduzidas as formigas acabam com comunidades naturais. Elas atacam gado, animais de estimação e a vida selvagem. Elas também se sobrepõem às formigas nativas e podem estar contribuindo para o declínio de outras formas nativas de vida selvagem. Por exemplo, o lagarto de chifres do Texas desapareceu da maior parte de sua área original quando a *S. invicta* se mudou e deslocou as formigas nativas – o alimento do lagarto. O lagarto de chifres não consegue comer as formigas-de-fogo importadas.

Invicta quer dizer "invencível" em latim e a *S. invicta* está fazendo jus ao nome da espécie. Os praguicidas não conseguiram deter a dispersão dessas formigas importadas.

As substâncias químicas poderiam até facilitar a dispersão eliminando preferencialmente as populações de formiga nativas.

Ecólogos estão relacionando controles biológicos para essas formigas. Moscas forídeas controlam a *S. invicta* em seu *habitat* nativo (Figura 13.1b). As moscas são parasitoides, um tipo de parasita que mata seu anfitrião. A mosca perfura a cutícula de uma formiga adulta, então coloca um ovo nos tecidos. O ovo eclode em uma larva, que cresce e come os tecidos fazendo uma passagem até a cabeça da formiga. Depois que a larva fica grande suficiente, faz com que a cabeça da formiga caia (Figura 13.1c). A larva se desenvolve em adulto dentro da cabeça destacada.

Várias moscas forídeas foram introduzidas em Estados meridionais. As moscas estão sobrevivendo, se reproduzindo e aumentando seu alcance. Elas provavelmente nunca aniquilarão todas as *S. invicta* em áreas afetadas, mas espera-se que elas reduzam a densidade de colônias.

Este exemplo introduz a estrutura de uma comunidade: padrões no número de espécies e suas abundâncias relativas. Como você verá, interações de espécies e perturbações ao *habitat* podem alterar a estrutura da comunidade de maneiras expressivas – de forma previsível ou inesperada.

Figura 13.1 (**a**) Montes de formigas-de-fogo vermelhas importadas (*S. invicta*). (**b**) Uma mosca forídea que coloca seus ovos nas formigas. (**c**) Uma formiga que perdeu a cabeça depois que a larva de uma mosca forídea se mudou para dentro dela.

Conceitos-chave

Características de comunidade
Uma comunidade consiste em todas as espécies em um *habitat*. Cada espécie tem um nicho, que é a soma de suas atividades e relações. O histórico de um *habitat*, suas características biológicas e físicas e as interações entre espécies afetam a estrutura da comunidade. **Seção 13.1**

Tipos de interações das espécies
Comensalismo, mutualismo, competição, predação e parasitismo são tipos de interações interespecíficas. Elas influenciam o tamanho da população das espécies participantes, que, por sua vez, influenciam a estrutura da comunidade. **Seções 13.2–13.7**

Estabilidade e mudança da comunidade
As comunidades têm certos elementos de estabilidade, como quando algumas espécies persistem em um *habitat*. As comunidades também mudam, como quando novas espécies se mudam para o *habitat* e outras desaparecem. Características físicas do *habitat*, interações das espécies, perturbações e eventos aleatórios afetam como uma comunidade muda com o passar do tempo. **Seções 13.8–13.10**

Padrões globais na estrutura da comunidade
Biogeógrafos identificaram padrões regionais na distribuição de espécies. Eles mostraram que regiões tropicais têm o maior número de espécies e também que as características das ilhas podem ser usadas para predizer quantas espécies uma ilha conterá. **Seção 13.11**

Neste capítulo

- Neste capítulo, você verá como a seleção natural e a coevolução formam as características das espécies nas comunidades.
- Você verá exemplos de interações interespecíficas como bactérias que vivem em protistas, interações entre planta-polinizador, liquens e nódulos de raiz e micorrizas.
- Você considerará a evolução das defesas da presa como ricina (Introdução ao Capítulo 5), nematocistos e o modo que a evolução afeta os patógenos.
- Conhecimentos de biogeografia ajudará você a entender como as comunidades diferem.

Qual sua opinião? Atualmente, somente uma fração das caixas importadas é inspecionada quanto à presença inadvertida ou deliberada de espécies exóticas. As inspeções adicionais que melhor protegem as comunidades nativas valeriam o custo?

13.1 Que fatores moldam a estrutura da comunidade?

- A estrutura da comunidade se refere ao número e abundâncias relativas de espécies em um *habitat*. Ela muda com o decorrer do tempo.

O tipo de lugar onde uma espécie normalmente vive é seu ***habitat***, e todas as espécies que vivem em um *habitat* representam uma **comunidade**. Uma comunidade tem uma estrutura dinâmica. Ela exibe mudanças em sua diversidade de espécies, isto é, o número e as abundâncias relativas dessas espécies.

Muitos fatores influenciam a estrutura da comunidade. Primeiro, o clima e a topografia influenciam as características do *habitat*, inclusive temperatura, solo e umidade. Segundo, um *habitat* tem somente certos tipos e quantidades de alimentos e outros recursos. Terceiro, as próprias espécies têm características que as adaptam a certas condições de *habitat*, como na Figura 13.2. Quarto, as espécies interagem de modos que provocam mudanças em seus números e abundâncias. Finalmente, o momento e o histórico de perturbações, tanto naturais como induzidas por humanos, afetam a estrutura da comunidade.

Figura 13.2 Duas das doze espécies de pombos que se alimentam de frutas nas florestas tropicais de Papua Nova Guiné: (**a**) o pombo-imperial-bicolor; (**b**) o pombo-coroado-victoria. As árvores da floresta diferem no tamanho da fruta e galhos que a sustentam. Os grandes pombos comem frutas grandes. Os menores, com bicos pequenos, não conseguem abrir frutas grandes com casca grossa. Eles comem as frutas pequenas e moles em galhos muito finos para suportar pombos grandes. As árvores alimentam os pássaros, que ajudam as árvores. As sementes nas frutas resistem à digestão no intestino do pássaro. Os pombos dispersam fezes ricas em sementes durante o voo a alguma distância das árvores, que competiriam com as novas mudas por água, minerais e luz solar. Na dispersão, as mudas têm uma chance melhor de sobrevivência.

Tabela 13.1 Interações diretas entre duas espécies

Tipo de Interação	Efeito na Espécie 1	Efeito na Espécie 2
Comensalismo	Útil	Nenhum
Mutualismo	Útil	Útil
Concorrência interespecífica	Prejudicial	Prejudicial
Predação	Útil	Prejudicial
Parasitismo	Útil	Prejudicial

O nicho

Todas as espécies de uma comunidade compartilham o mesmo *habitat* – o mesmo "endereço" – mas cada uma também tem uma "profissão" ou papel ecológico único que as separa. Esse papel é o **nicho** da espécie, que descrevemos em termos de condições, recursos e interações necessárias para sobrevivência e reprodução.

Aspectos de um nicho animal incluem temperaturas que podem ser toleradas, os tipos de alimentos e os tipos de locais onde podem se procriar ou esconder. Uma descrição do nicho de uma planta incluiria seus requisitos de solo, água, luz e polinizador.

Categorias de interações entre espécies

As espécies em uma comunidade interagem de várias maneiras (Tabela 13.1). O **comensalismo** beneficia uma espécie e não afeta a outra. A maioria das bactérias em seu intestino são comensais. Elas se beneficiam vivendo dentro de você, mas não ajudam ou prejudicam. O **mutualismo** fornece benefícios para ambas as espécies. A **concorrência interespecífica** prejudica ambas as espécies. A **predação** e **parasitismo** ajudam uma espécie à custa de outra. Os predadores são organismos vivos livres que matam sua presa. Os parasitas vivem *sobre* ou *em* um hospedeiro e, normalmente, não o matam.

Parasitismo, comensalismo e mutualismo poderiam todos ser tipos de **simbiose**, que significa "viver junto". Entretanto, convencionou-se aplicar o termo apenas para relações mutuamente vantajosas. Espécies simbióticas, ou simbiontes, passam a maior parte ou todo seu ciclo de vida em associação próxima à outra. Um endossimbionte é uma espécie que vive dentro de seu parceiro.

Independentemente de se uma espécie ajuda ou prejudica outra, duas espécies que interagem por grandes períodos podem coevoluir. Com a **coevolução**, cada espécie é um agente seletivo que altera o limite de variação em outra.

Para pensar

O que é uma comunidade biológica?

- Uma comunidade consiste em todas as espécies em um *habitat*, cada uma com um nicho ou papel ecológico único.
- As espécies em uma comunidade interagem e podem se beneficiar, danificar ou não ter nenhum efeito líquido uma sobre outra. Algumas são simbiontes; elas se associam durante a maioria ou todo seu ciclo de vida.

13.2 Mutualismo

- Uma interação mutualista beneficia ambos os parceiros.

Seres mutualistas são comuns na natureza. Por exemplo, pássaros, insetos, morcegos e outros animais servem como polinizadores de plantas com flores. Os polinizadores se alimentam de néctar e pólen ricos em energia. Em troca, eles transferem pólen entre plantas, facilitando a polinização. Os pombos retiram alimento das árvores da floresta tropical, mas dispersam suas sementes em novos locais (Figura 13.2).

Em alguns tipos de mutualismo, nenhuma espécie é capaz de completar seu ciclo de vida sem a outra. As iúcas (plantas do gênero *Yucca*) e as mariposas que as polinizam mostram essa interdependência (Figura 13.3). Em outros casos, o mutualismo é útil, mas não um requisito de vida ou morte. A maioria das plantas, por exemplo, usa mais de um polinizador.

Os mutualistas ajudam a maioria das plantas a absorver íons minerais. As bactérias fixadoras de nitrogênio, que vivem nas raízes de legumes como ervilhas, fornecem à planta nitrogênio extra. Os fungos micorriza que vivem em raízes melhoram a absorção de minerais nas plantas.

Outros fungos se associam a bactérias ou algas fotossintéticas, formando líquens. Em todos os tipos de mutualismo, existem conflitos entre os parceiros. Em um líquen, o fungo viveria melhor obtendo o máximo de açúcar possível de seu parceiro fotossintético. Esse parceiro viveria melhor mantendo o máximo de açúcar possível para seu próprio uso.

Alguns mutualistas defendem uns aos outros. Por exemplo, a maioria dos peixes evita anêmonas-do-mar, que têm células urticantes chamadas cnidócitos em seus tentáculos. Porém, o peixe-palhaço pode se aninhar entre esses tentáculos (Figura 13.4). Uma camada de muco especial protege o peixe contra os cnidócitos e os tentáculos o mantêm protegido dos peixes predadores. O peixe-palhaço retribui ao seu parceiro perseguindo os poucos peixes que se alimentam dos tentáculos da anêmona-do-mar.

Por fim, reflita sobre a teoria segundo a qual determinadas bactérias aeróbicas se tornaram endossimbiontes mutualistas das primeiras células eucarióticas. As bactérias receberam nutrientes e abrigo. No momento certo, elas evoluíram em mitocôndrias e forneceram ATP ao "hospedeiro". As cianobactérias que vivem dentro de células eucarióticas evoluíram em cloroplastos por um processo semelhante.

Figura 13.3 Mutualismo no deserto alto do Colorado. Cada espécie de *Yucca* é polinizada por uma espécie de mariposa, que não é capaz de completar seu ciclo de vida em qualquer outra planta. A mariposa amadurece quando a *Yucca* floresce. A mariposa fêmea coleta pólen da planta e o enrola formando uma bola. Depois ela voa para outra flor, perfura o seu ovário e põe os ovos lá dentro. Quando está saindo, ela empurra a bola de pólen para a plataforma receptora de pólen da flor. Depois que os grãos de pólen germinam, eles dão origem a tubos polínicos, que crescem pelos tecidos ovarianos e fornecem células espermáticas para os óvulos da planta. As sementes se desenvolvem depois da fertilização.
Enquanto isso, ovos da mariposa se desenvolvem em larvas que comem algumas sementes, depois escavam sua saída do ovário. As sementes que as larvas não comeram dão origem a novas plantas de *Yucca*.

Figure 13.4 A anêmona-do-mar *Heteractis magnifica*, que abriga cerca de uma dúzia de espécies de peixes. Ela tem uma associação mutualista com o peixe-palhaço rosa (*Amphiprion perideraion*). Esse peixe minúsculo, mas agressivo, afugenta os peixe-borboleta predadores que morderiam as pontas dos tentáculos da anêmona. O peixe não consegue sobreviver e se reproduzir sem a proteção de uma anêmona. A anêmona não precisa do peixe para se proteger, mas vive melhor com ele.

Para pensar

O que é mutualismo?

- Mutualismo é uma interação de espécies onde cada espécie se beneficia associando-se à outra.
- Em alguns casos, o mutualismo é necessário para ambas as espécies; mais frequentemente, não é essencial para um ou ambos os parceiros.

13.3 Interações competitivas

- Os recursos são limitados e os indivíduos de diferentes espécies, muitas vezes, competem pelo acesso a eles.

Como Charles Darwin entendeu, a intensa concorrência por recursos entre indivíduos da mesma espécie leva à evolução por seleção natural. Interações competitivas entre diferentes espécies – concorrência interespecífica – não são normalmente tão intensas. Por que não? Os requisitos de duas espécies poderiam ser semelhantes, mas nunca serão idênticos, como são para indivíduos da mesma espécie.

Na concorrência por interferência, uma espécie evita ativamente que outra acesse algum recurso. Como exemplo, uma espécie carniceira frequentemente tentará espantar outra de cima de uma carcaça (Figura 13.5).

Como outro exemplo, algumas plantas usam armas químicas contra concorrência em potencial. As substâncias químicas aromáticas que exsudam dos tecidos de artemísias, nogueiras negras e eucaliptos se espalham pelo solo ao redor destas plantas. As substâncias químicas evitam que outros tipos de plantas germinem ou cresçam.

Na concorrência de exploração, as espécies não interagem diretamente; cada uma reduz a quantidade de recursos disponíveis para a outra usando esse recurso. Por exemplo, cervos e gaios azuis comem bolotas nas florestas de carvalho. Quanto mais bolotas os pássaros comem, menos existem para o cervo.

Efeitos da competição

Os cervos e os gaios azuis gostam das bolotas de carvalho, mas cada um deles também possui outras fontes de alimento. As espécies diferem em seus requisitos de recurso. A espécie compete mais atentamente quando a provisão de um recurso compartilhado é o principal fator limitador para ambos.

Nos anos 1930, G. Gause conduziu experiências com duas espécies de protistas ciliados (*Paramecium*) que competem por presas bacterianas. Quando cultivados separadamente, as curvas de crescimento para estas espécies foram quase as mesmas. Quando cultivadas em conjunto, o crescimento de uma espécie ultrapassou a outra e, posteriormente, a levou à extinção (Figura 13.6).

As experiências feitas por Gause e outros são a base do conceito de **exclusão competitiva**: sempre que duas espécies exigem o mesmo recurso limitado para sobreviver ou se reproduzir, o melhor concorrente levará a outra espécie competidora à extinção naquele *habitat*.

Os concorrentes podem coexistir quando suas necessidades por recurso não são exatamente as mesmas, porém, a concorrência geralmente suprime o crescimento da população de ambas as espécies. Por exemplo, Gause também estudou duas espécies de *Paramecium* com diferentes preferências alimentares. Quando cultivadas juntas, uma se alimentava de bactérias suspensas em líquido do tubo de cultura. A outra comia células de levedura próximas à parte inferior do tubo. Quando cultivadas juntas, as taxas de crescimento da população caíram em ambas as espécies, mas elas continuaram a coexistir.

Experiências realizadas por Nelson Hairston mostraram os efeitos da concorrência entre salamandras glutinosas (*Plethodon glutinosus*) e salamandras de bochecha vermelha (*P. jordani*). As salamandras coexistem em *habitats* arborizados (Figura 13.7). Hairston removeu todas as salamandras glutinosas de determinados lotes de teste e todas as salamandras de bochecha vermelha de outros. Ele deixou um grupo final de lotes inalterados como controle.

Depois de cinco anos, os números e abundâncias das duas espécies não mudaram nos lotes de controle. Nos lotes com salamandras glutinosas, a densidade populacional subiu rapidamente. Os números também aumentaram em lotes que continham somente a salamandra com bochecha vermelha. Hairston concluiu que onde quer que essas salamandras coexistam, as interações competitivas suprimem o crescimento populacional de ambas.

Figura 13.5 Concorrência interespecífica entre carniceiros. (**a**) Uma águia dourada e uma raposa de cara vermelha sobre uma carcaça de alce. (**b**) Em uma demonstração dramática de concorrência de interferência, a águia ataca a raposa com suas garras. Depois desse ataque, a raposa retrocede, deixando a águia com a carcaça.

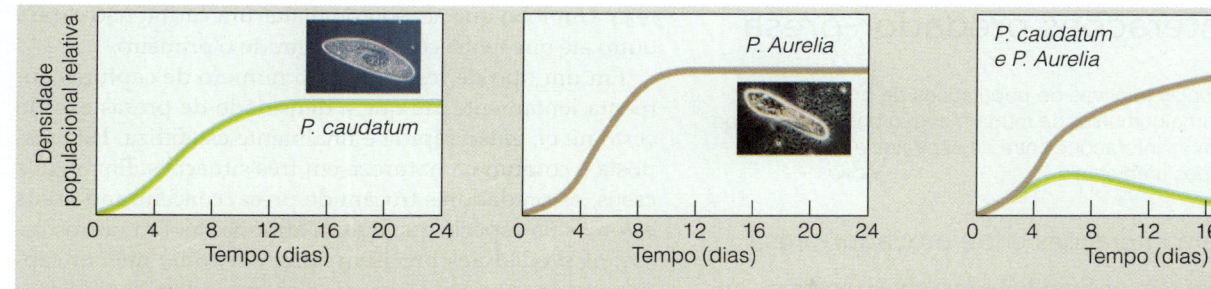

a *Paramecium caudatum* e *P. Aurelia* que crescem em frascos de cultura separados estabeleceram populações estáveis. As curvas do gráfico em S indicam o crescimento e estabilidade logísticos.

b Para esta experiência, as duas espécies foram cultivadas juntas. O *P. aurelia* (curva *marrom*) levou a *P. caudatum* à extinção (curva *verde*).

Figura 13.6 Resultados de exclusão competitiva entre duas espécies relacionadas que competem pelo mesmo alimento. Duas espécies não podem coexistir indefinidamente no mesmo *habitat* quando exigem recursos idênticos.

Repartição de recursos

Pense novamente nas espécies de pombos comedores de frutas. Todos eles precisam de frutas, mas cada um come frutas de um determinado tamanho. Suas preferências são um caso de **repartição de recursos**: uma subdivisão de um recurso essencial, que reduz a concorrência entre as espécies que a exigem.

Semelhantemente, três espécies de plantas anuais vivem no mesmo campo. Todas elas exigem minerais e água, mas suas raízes os absorvem em profundidades diferentes (Figura 13.8).

Quando espécies com requisitos bem parecidos compartilham um *habitat*, a concorrência coloca pressão seletiva sobre elas. Em cada espécie, indivíduos que diferem da maioria das espécies competitivas são favorecidos. O resultado pode ser o **deslocamento de caractere**: com o passar das gerações, uma característica de uma espécie diverge de um modo que reduz a intensidade da concorrência com a outra espécie. A modificação da característica promove a repartição de um recurso.

Por exemplo, os pesquisadores Peter e Rosemary Grant demonstraram uma mudança no tamanho do bico do tentilhão de Galápagos *Geospiza fortis*. Aconteceu depois que um tentilhão maior, o *G. magnirostris*, se mudou para a ilha onde o *G. Fortis* vivia sozinho. A chegada do *G. magnirostris* colocou os indivíduos de *G. fortis* com bico grande em desvantagem. Eles agora tinham que competir com o *G. magnirostris* pelas sementes grandes. O *G. fortis* de bico pequeno não tinha concorrência e apresentou maior sucesso reprodutivo. Como resultado, o tamanho de bico médio do *G. fortis* diminuiu com o passar do tempo.

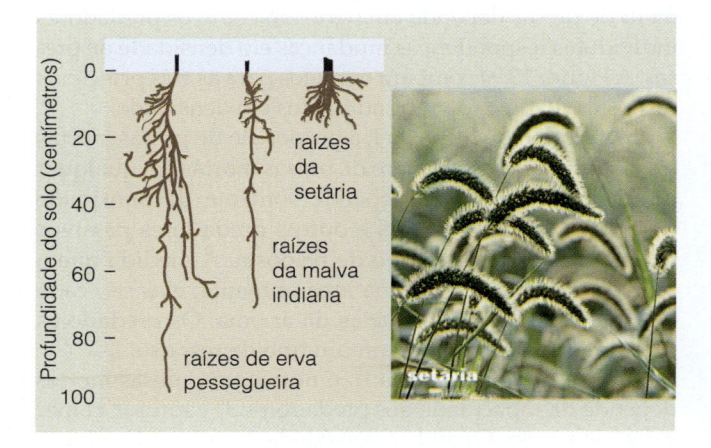

Figura 13.8 Um caso de repartição de recursos entre três espécies de plantas anuais em um campo arado, porém abandonado. As raízes de cada espécie absorvem água e íons minerais de uma profundidade de terra diferente. Isso reduz a concorrência entre elas e permite que coexistam.

Figura 13.7 Duas espécies de salamandras, *Plethodon glutinosus* (parte superior) e *P. jordani* (parte inferior), que competem em áreas onde seus *habitats* se sobrepõem.

Para pensar

O que acontece quando espécies competem por recursos?

- Em algumas interações, uma espécie bloqueia ativamente o acesso de outra a um recurso. Em outras interações, uma espécie é simplesmente melhor que outra na exploração de um recurso compartilhado.
- Quando duas espécies competem, a seleção favorece indivíduos cujas necessidades são menos parecidas com as da espécie concorrente.

13.4 Interações predador-presa

- As abundâncias relativas de populações de predadores e presas de uma comunidade mudam com o passar do tempo em resposta às interações entre as espécies e mudanças nas condições ambientais.

Modelos para interações entre predador-presa

Os **predadores** são consumidores que obtêm energia e nutrientes das **presas**, que são organismos vivos que os predadores capturam, matam e comem. A quantidade e tipos de espécies de presas afetam a diversidade e abundância de predadores, da mesma forma que os tipos e número de predadores afetam as presas.

A extensão em que uma espécie de predador afeta o número de presas depende em parte em como os predadores individuais respondem às mudanças em densidade de presas. A Figura 13.9a compara modelos para as três principais respostas do predador aos aumentos em densidade.

Em um tipo de resposta I, a proporção de presas mortas é constante, então o número de presas mortas em qualquer intervalo determinado depende somente da densidade de presas. Aranhas-tecelãs e outros predadores passivos tendem a mostrar este tipo de resposta. À medida que o número de moscas em uma área aumenta, elas são cada vez mais capturadas nas teias da aranha. Os predadores filtradores também mostram um tipo de resposta I.

Em um tipo de resposta II, o número de presas mortas depende da capacidade dos predadores de capturar, comer e digerir a presa. Quando a densidade de presas aumenta, a taxa de capturas aumenta abruptamente, pois existem mais presas para serem pegas. Posteriormente, a taxa de aumento desacelera, porque cada predador é exposto a mais presas do que ele consegue lidar de uma vez. A Figura 13.9b é um exemplo deste tipo de resposta, que é comum na natureza. Um lobo que acabou de matar um caribu não caçará outro até que tenha comido e digerido o primeiro.

Em um tipo de resposta III, o número de capturas aumenta lentamente até que a densidade de presas exceda certo nível, então rápida e finalmente estabiliza. Esta resposta é comum na natureza em três situações. Em alguns casos, os predadores trocam de presa, concentrando seus esforços na espécie que é mais abundante. Em outros casos, os predadores precisam aprender como melhor capturar cada espécie de presa; eles aprendem mais lições quando há mais presas ao redor. Em outros casos, o número de esconderijos para a presa é limitado. Só depois que a densidade de presas aumenta e alguns desses indivíduos ficam sem lugar para se esconder, o número de capturas aumenta.

Saber qual o tipo de resposta de um predador a uma determinada presa ajuda os ecólogos a prever os efeitos da predação em longo prazo em uma população dessas presas.

O lince canadense e a lebre alpina

Em alguns casos, um atraso na resposta do predador à densidade de presas leva a mudanças cíclicas na abundância de predadores e presas. Quando a densidade de presas abaixa, o número de predadores recua. Como resultado, as presas ficam mais seguras e seu número aumenta. Este aumento permite o aumento de predadores. Então, a predação faz com que a população de presas diminua e o ciclo começa novamente.

Considere uma oscilação de dez anos em populações de um predador, o lince canadense, e a lebre alpina, que é sua presa principal (Figura 13.10).

Para determinar as causas desse padrão, Charles Krebs e colaboradores rastrearam as densidades populacionais de lebres por dez anos no Vale do Rio Yukon do Alaska.

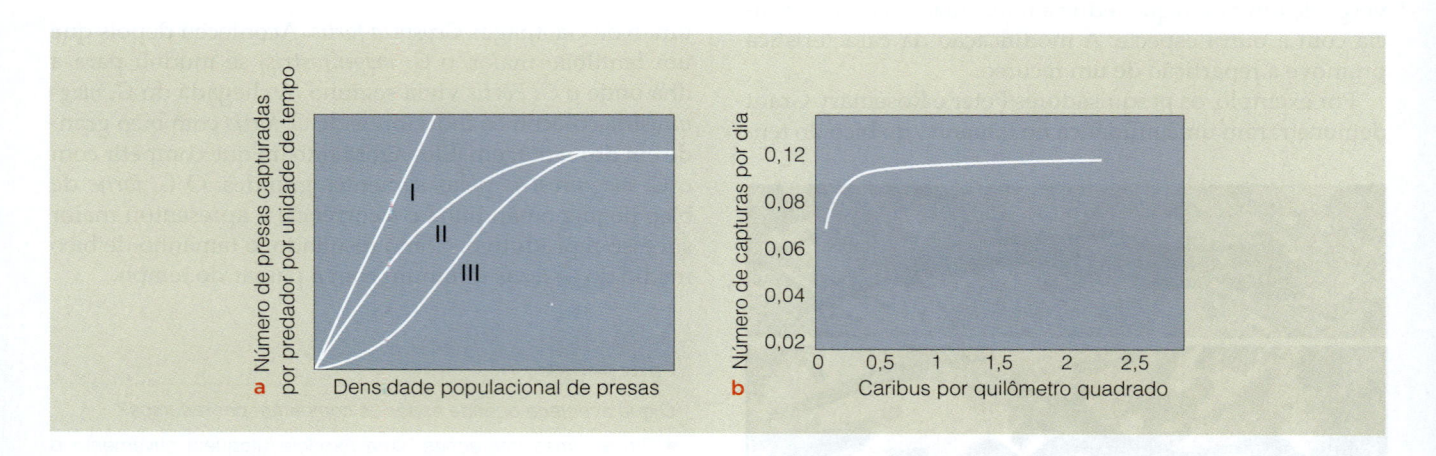

Figura 13.9 Três modelos para respostas de predadores à densidade de presas. Tipo I: O consumo de presas sobe linearmente à medida que a densidade de presas sobe. Tipo II: O consumo de presas é inicialmente alto, depois se estabiliza à medida que o predador se satisfaz. Tipo III: Quando a densidade de presas é baixa, demora mais para caçar a presa, então a resposta de predador é baixa.
(**b**) Uma resposta do Tipo II na natureza. Por um mês de inverno no Alasca, B.W. Dale e seus colaboradores observaram quatro matilhas de lobos (*Canis lupus*) se alimentando de caribus (*Rangifer tarandus*). A interação se encaixa no modelo do Tipo II para resposta funcional de predadores à densidade de presas.

Figura 13.10 Gráfico das abundâncias de lince canadense (*linha pontilhada*) e lebres alpinas (*linha sólida*), com base em contagens de peles vendidas por caçadores para a Companhia da Baía de Hudson durante um período de 90 anos. Charles Krebs observou que a predação aumentou a agilidade entre as lebres alpinas, que estão em vigília constante durante as fases de declínio de todo o ciclo. A fotografia *à direita* sustenta a hipótese de Krebs de que existe uma interação de três níveis acontecendo, uma delas envolvendo plantas.
O gráfico pode ser um bom teste se você tende a aceitar conclusões de outra pessoa sem questionar sua base científica.
Que outros fatores podem ter afetado o ciclo? O tempo variou, com invernos mais rigorosos impondo maior demanda por lebres (para manter os linces quentes) e taxas de mortalidade mais altas? O lince competiu com outros predadores, como corujas? Os predadores se voltaram para presas alternativas durante os pontos baixos do ciclo da lebre?

Eles estabeleceram lotes de controle e lotes experimentais medindo um quilômetro quadrado usando cercas para manter os mamíferos predatórios fora desses lotes. Alimento extra ou fertilizantes que ajudavam as plantas a crescer foram usados em outros lotes. Os pesquisadores capturaram e colocaram marcadores em mais de 1.000 lebres alpinas, linces e outros animais e depois os liberaram.

Nos lotes sem predadores, a densidade da lebre dobrou. Nos lotes com alimento extra, triplicou. Nos lotes com alimento extra e menos predadores, aumentou 11 vezes.

As manipulações experimentais atrasaram os declínios cíclicos na densidade populacional, mas não os interromperam. Por que não? Corujas e outras aves de rapina voam sobre as cercas. Somente 9% das lebres marcadas morreram de fome; os predadores mataram algumas outras. Krebs concluiu que um modelo simples de predador-presa ou planta-herbívoro não explicava completamente seus resultados. Outras variáveis estavam em ação em uma interação em diversos níveis.

Coevolução de predadores e presas

As interações entre predadores e presas podem influenciar características das espécies. Se uma determinada característica genética em uma espécie de presa ajuda a escapar da predação, aquela característica aumentará em frequência. Se alguma característica do predador ajudar a superar uma defesa da presa, também será favorecida. Cada melhoria defensiva seleciona uma melhoria em predadores, que seleciona outra melhoria defensiva, e assim por diante, em uma corrida armamentista sem fim. A próxima seção descreve alguns resultados.

Para pensar

Como as populações de predadores e presas mudam com o passar do tempo?

- As populações de predadores mostram três padrões gerais de resposta para mudanças na densidade de presas. Os níveis populacionais de presas podem mostrar oscilações recorrentes.
- Os números nas populações de predadores e presas, muitas vezes, variam de modos complexos que refletem os diversos níveis de interação em uma comunidade.
- As populações de predadores e presas exercem pressões seletivas umas sobre as outras.

13.5 Uma corrida armamentista evolucionária

- Os predadores provocam a seleção de melhores defesas na presa e as presas provocam a seleção de predadores mais eficientes.

Defesas da presa

Os capítulos anteriores introduziram alguns exemplos de defesas da presa. Muitas espécies têm partes duras que as tornam difíceis de serem ingeridas. As espículas em uma esponja, conchas dos moluscos, o exoesqueleto das lagostas e caranguejos, espinhos dos ouriços-do-mar – todas estas características ajudam a intimidar os predadores e contribuem para o sucesso evolutivo.

Existem também muitas características hereditárias que funcionam na **camuflagem**: o formato do corpo, padrão de cores, comportamento ou uma combinação de fatores fazem com que um indivíduo se misture ao seu ambiente. Os predadores não conseguem comer a presa que não conseguem detectar. A Seção 9.4 explica como os alelos que melhoraram a camuflagem de uma espécie de presa, o rato do deserto, foram adaptativas a um *habitat* em particular.

A camuflagem é bem difundida. Os pássaros do pântano chamados socoís-vermelhos vivem entre canas altas. Quando ameaçados, eles apontam seus bicos para cima e se misturam com as canas (Figura 13.11*a*). Em um dia com brisa, o pássaro realça o efeito balançando-se ligeiramente. Uma lagarta com padrões de cores manchadas se parece com as fezes de pássaro. Plantas do deserto do gênero *Lithops* normalmente parecem pedras (Figura 13.11*b*). Elas florescem somente durante uma breve estação chuvosa, quando muitas outras plantas são uma tentação para os herbívoros.

Muitas espécies de presas contêm substâncias químicas com sabor ruim ou que fazem mal aos predadores. Algumas produzem toxinas por processos metabólicos. Outras usam armas químicas ou físicas que obtêm de suas presas. Por exemplo, depois que as lesmas-do-mar comem uma anêmona-do-mar ou água-viva, elas podem armazenar seus cnidócitos contendo ferrões em seus próprios tecidos.

Folhas, talos e sementes de muitas plantas contêm substâncias amargas e de difícil digestão ou substâncias químicas tóxicas. Lembra-se da introdução ao Capítulo 5? Ela explica como a ricina age para matar ou adoecer animais. A ricina evoluiu em sementes de ricino como uma defesa contra herbívoros. Cafeína, em grãos de café, e nicotina, nas folhas de tabaco, evoluíram como defesas contra insetos.

Muitas espécies de presas anunciam seu sabor ruim ou propriedades tóxicas pela **coloração de advertência**. Elas têm padrões e cores brilhantes que os predadores aprendem a reconhecer e evitar. Por exemplo, um sapo poderia pegar uma vespa uma vez, mas a picada dolorosa dessa vespa ensinaria o sapo que as faixas pretas e amarelas significam ME EVITE!

Mimetismo é uma convergência evolutiva na forma do corpo; as espécies assemelham-se umas às outras. Em alguns casos, dois ou mais organismos com melhor defesa acabam se parecendo.

Figura 13.11 Camuflagem das presas. (**a**) Que pássaro? Quando um predador se aproxima de seu ninho, o socoí-vermelho estica seu pescoço (que é colorido como as canas secas ao redor), aponta o bico para cima e balança como as canas ao vento. (**b**) Encontre as plantas (*Lithops*) que se escondem dos herbívoros com o auxílio de sua forma, padrão e coloração de pedra.

a Um inseto perigoso

b E outra imitação comestível

Figura 13.12 Exemplo de mimetismo. Espécies de insetos comestíveis muitas vezes se assemelham às espécies tóxicas ou sem sabor que não são muito relacionadas. (**a**) Uma vespa pode dar uma picada dolorosa. Poderia ser o modelo para vespas que não têm ferrão, (**b**) besouros e moscas de aparência notavelmente semelhante.

Em outras, uma espécie de presa apetitosa e inofensiva evolui a mesma coloração de advertência que uma espécie impalatável ou bem defendida (Figura 13.12). Os predadores podem evitar a imitação depois de experimentar um gosto asqueroso, uma secreção irritante ou uma picada dolorosa da espécie semelhante.

Quando um animal é encurralado ou está sob ataque, a sobrevivência pode depender de um truque. O gambá "se faz de morto", outros animais surpreendem os predadores. Quando encurralados, muitos animais, inclusive gambás, algumas serpentes, muitos sapos e alguns insetos, excretam ou espirram repelentes malcheirosos ou irritantes.

Respostas adaptativas de predadores

O sucesso evolutivo de um predador depende da ingestão da presa. Cautela, camuflagem e modos de evitar os repelentes são contramedidas para as defesas da presa. Por exemplo, alguns besouros comestíveis borrifam substâncias químicas nocivas em seus predadores. O rato-gafanhoto agarra o besouro e mergulha o 'pulverizador' no chão, depois mastiga a cabeça desprotegida (Figura 13.13a). Algumas características evoluídas nos herbívoros são respostas às defesas vegetais. O trato digestivo dos coalas consegue lidar com as folhas duras e aromáticas do eucalipto, que fariam mal a outros mamíferos herbívoros.

Além disso, um predador mais veloz pega mais presas. Considere a chita, o animal terrestre mais rápido do mundo. Uma registrou 114 quilômetros por hora. Comparada a outros felinos grandes, a chita tem pernas mais longas em relação ao tamanho do corpo e garras não retráteis que agem como ganchos para aumentar a tração. A gazela de Thomson, sua principal presa, pode correr maiores distâncias, mas não tão rápido (80 quilômetros por hora). Sem um início vantajoso, a gazela pode ser abatida.

A camuflagem ajuda predadores e presas. Pense em ursos polares brancos caçando focas no gelo, tigres listrados agachados em grama alta dourada e peixes-escorpião no fundo do mar (Figura 13.13b). A camuflagem pode ser muito atordoante entre os insetos predatórios (Figura 13.13c). Mesmo assim, a cada nova característica de camuflagem, os predadores selecionam uma habilidade detectora aprimorada na presa.

Figura 13.13 Respostas dos predadores às defesas das presas. (**a**) Os ratos-gafanhoto mergulham a região posterior "borrifadora" de substâncias químicas do besouro no chão e comem a cabeça. (**b**) Este peixe-escorpião é um predador venenoso com nadadeiras carnosas que o camuflam, cores múltiplas e muitos espinhos. (**c**) Onde as flores cor-de-rosa terminam e o louva-a-deus cor-de-rosa começa?

13.6 Interações parasita-hospedeiro

- Os predadores têm somente uma interação rápida com a presa, mas os parasitas vivem em seus hospedeiros.

Parasitas e parasitoides

Os **parasitas** passam toda ou parte de sua vida vivendo em outros organismos, do qual roubam nutrientes. Embora a maioria dos parasitas seja pequena, eles podem ter um impacto importante sobre as populações de seus hospedeiros. Muitos parasitas são patógenos; eles causam doença em seus hospedeiros. Por exemplo, o *Myxobolus cerebralis* é um parasita da truta, salmão e peixes relacionados. Após a infecção, o peixe hospedeiro desenvolve uma doença "rodopiante" mortal (Figura 13.14).

Mesmo quando um parasita não provoca esses sintomas dramáticos, a infecção pode debilitar o hospedeiro de forma que ele fique mais vulnerável à predação ou menos atraente para parceiros em potencial. Algumas infecções parasitárias causam esterilidade. Outras mudam a relação percentual entre sexos de sua espécie hospedeira. Os parasitas afetam o número de hospedeiros alterando as taxas de natalidade e mortalidade. Eles também afetam indiretamente espécies que competem com seu hospedeiro. O declínio no número de trutas causado pela doença rodopiante permite o crescimento das populações de peixes concorrentes.

Às vezes, a drenagem gradual de nutrientes durante uma infecção parasitária leva indiretamente à morte. O hospedeiro fica tão fraco que não consegue lutar contra infecções secundárias. Uma morte rápida é rara. Geralmente, a morte só acontece quando um parasita ataca um novo hospedeiro – um sem defesas coevoluídas – ou depois que o corpo é subjugado por uma enorme população de parasitas.

Sob condições evolutivas, matar rapidamente o hospedeiro é ruim para o parasita. Idealmente, um hospedeiro deve viver tempo suficiente para que o parasita produza uma descendência abundante. Quanto mais o hospedeiro sobreviver, mais descendentes o parasita poderá produzir. É por isso que nós podemos prever que a seleção natural favorecerá parasitas que causam efeitos menos fatais nos hospedeiros.

Alguns parasitas passam sua vida inteira em uma única espécie de hospedeiro. Outros têm hospedeiros diferentes durante as diferentes fases do ciclo de vida. Insetos e outros artrópodes podem agir como **vetores**: organismos que carregam um parasita de hospedeiro para hospedeiro.

Até mesmo algumas plantas são parasitárias. Espécies não fotossintéticas, como a cuscuta (*Cuscuta* sp), obtêm energia e nutrientes de uma planta hospedeira (Figura 13.15). Outras espécies realizam fotossíntese, mas roubam nutrientes e água de seu hospedeiro. A maioria dos viscos (*Viscum*) é assim; suas raízes modificadas se conectam aos tecidos vasculares das árvores hospedeiras.

Muitas tênias, fascíolas e alguns nematódeos são invertebrados parasitários, assim como os carrapatos, muitos insetos e alguns crustáceos.

Parasitoides são insetos que colocam ovos em outros insetos. As larvas eclodem, desenvolvem-se no corpo do hospedeiro, comem seu tecido e, posteriormente, o matam. As moscas forídeas que eliminam as formigas vermelhas descritas na introdução deste capítulo fazem isso. Até 15% de todos os insetos podem ser parasitoides.

Os **parasitas sociais** são animais que tiram vantagem do comportamento de um hospedeiro para completar seu ciclo de vida. Cucos e molotros norte-americanos são parasitas sociais.

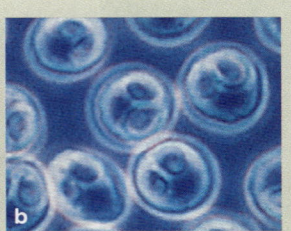

Figura 13.14 (**a**) Uma truta jovem com a espinha torcida e rabo escurecido causados pela doença rodopiante, que danifica cartilagem e nervos. Deformidades na mandíbula e movimentos rodopiantes são outros sintomas. (**b**) Esporos de *Myxobolus cerebralis*, o parasita que causa a doença. A doença agora aparece em muitos lagos e rios em estados do oeste e nordeste dos Estados Unidos.

Figura 13.15 (**a**) Fios-de-ovos (*Cuscuta*), também conhecido como cipó-dourado ou cabelo-das-feiticeiras. Esta planta parasitária quase não tem clorofila. (**b**) Caules sem folhas se enroscam ao redor de uma planta hospedeira durante o crescimento. Raízes modificadas penetram nos tecidos vasculares do hospedeiro e absorvem água e nutrientes.

Agentes de controle biológico

Hoje, alguns parasitas e parasitoides são criados comercialmente para uso como agentes de controle biológico. O uso desses agentes é promovido como uma alternativa aos praguicidas. Por exemplo, algumas vespas parasitoides atacam afídios, que são pragas amplamente difundidas em plantas.

Os agentes de controle biológico efetivos são adaptados para determinadas espécies de hospedeiros e para seu *habitat*. Eles são bons em detectar os hospedeiros. Sua taxa de crescimento populacional é alta comparada à do hospedeiro. Sua descendência se dispersa com facilidade. Além disso, eles produzem um tipo de resposta III às mudanças na densidade de presas (Seção 13.4), sem muito atraso depois que o tamanho populacional das presas ou hospedeiros muda.

O controle biológico não está livre de seus próprios riscos. A liberação de diversas espécies de agentes de controle biológico em uma área pode permitir a concorrência entre eles e reduzir sua efetividade contra um objetivo pretendido. Os parasitas introduzidos também podem seguir alvos não pretendidos além, ou em vez, daquelas espécies que devem controlar.

Por exemplo, os parasitoides deliberadamente introduzidos nas ilhas havaianas atacaram o objetivo errado. Eles foram trazidos para controlar percevejos, que são pragas nas colheitas do Havaí. Ao invés disso, os parasitoides dizimaram a população de percevejos koa, o maior inseto nativo do Havaí. Os parasitoides introduzidos também foram envolvidos nos declínios contínuos das populações de muitas borboletas e mariposas nativas havaianas.

> **Para pensar**
>
> *O que são parasitas, parasitoides e parasitas sociais?*
> - As espécies parasitárias se alimentam com base em outras espécies, mas geralmente não eliminam seu hospedeiro.
> - Parasitoides são insetos que comem outros insetos de dentro para fora.
> - Os parasitas sociais manipulam o comportamento social de outra espécie para seu próprio benefício.

FOCO NA EVOLUÇÃO

13.7 Estranhos no ninho

- O nome do gênero do "molotro de cabeça marrom" (*Molothrus*) significa intruso em latim. Eles se intrometem em outros ninhos de pássaros e colocam seus ovos lá.

Os molotros (*Molothrus ater*) evoluíram nas Grandes Planícies da América do Norte e eram comensais do bisão. Grandes rebanhos destes ungulados robustos agitavam insetos à medida que migravam pelos prados e, sendo comedores de inseto, os molotros vagavam ao redor deles (Figura 13.16a).

Esses pássaros são parasitas sociais que colocam seus ovos nos ninhos construídos por outros pássaros, assim os molotros jovens são criados por pais adotivos. Muitas espécies se tornaram "hospedeiras" para os pássaros de cabeça marrom; eles não tinham a capacidade de reconhecer as diferenças entre ovos de molotro e seus próprios ovos. As crias exigem ser alimentadas pelos pais adotivos e muitas vezes menores (Figura 13.16b). Por milhares de anos, os molotros perpetuaram seus genes à custa de hospedeiros.

Quando os pioneiros norte-americanos se mudaram para o oeste, muitos abriram caminho pelos bosques para formar pastos. Os molotros então mudaram para a outra direção. Eles se adaptaram facilmente a uma vida com novos ungulados – o gado nas pradarias artificiais; daí seu nome em inglês ('cowbirds' – pássaros da vaca). Eles começaram a penetrar os bosques adjacentes e explorar novas espécies. Hoje, os molotros parasitam pelo menos 15 tipos de pássaros nativos norte-americanos. Alguns desses pássaros estão ameaçados de extinção.

Além de serem oportunistas bem-sucedidos, os molotros são grandes reprodutores. Uma fêmea pode colocar um ovo por dia durante dez dias, dar um descanso aos ovários, fazer o mesmo novamente e depois novamente em uma única temporada.

Figura 13.16 (**a**) Os molotros de cabeça marrom (*Molothrus ater*) originalmente evoluíram como comensais do bisão nas Grandes Planícies da América do Norte. (**b**) Os molotros são parasitas sociais. O filhote grande à esquerda é um molotro. O pai adotivo bem menor está criando o molotro em lugar de sua própria descendência.

13.8 Sucessão ecológica

- As espécies que estão presentes em uma comunidade dependem dos fatores físicos, tais como clima, e fatores bióticos, como quais espécies chegaram antes e a frequência de transtornos.

Mudança sucessiva

A composição de espécies de uma comunidade pode mudar com o decorrer do tempo. A espécie frequentemente altera o *habitat* de modos que permitem que outra espécie entre e a substitua. Nós chamamos esse tipo de sucessão ecológica.

O processo de sucessão começa com a chegada das **espécies pioneiras**, que são colonizadores oportunistas de *habitats* novos ou recentemente desocupados. As espécies pioneiras têm altas taxas de dispersão, crescem e amadurecem rápido e produzem muitos descendentes. Mais tarde, outras espécies substituem as pioneiras. As substitutas são substituídas, e assim por diante.

A **sucessão primária** é um processo que começa quando a espécie pioneira coloniza um *habitat* estéril sem solo, como uma ilha vulcânica nova ou terra exposta pelo recuo de uma geleira (Figura 13.17). Os primeiros pioneiros a colonizarem um novo *habitat* são muitas vezes musgos e liquens. Eles são pequenos, têm um ciclo de vida breve e podem tolerar luz solar intensa, extremas mudanças de temperatura e pouca ou nenhuma terra. Algumas plantas que florescem anualmente com sementes dispersas pelo vento também estão entre os pioneiros.

Os pioneiros ajudam a construir e melhorar o solo. Ao fazê-lo, eles podem estabelecer o cenário para sua própria substituição. Muitas espécies pioneiras se associam a bactérias fixadoras de nitrogênio, e então conseguem crescer em *habitats* pobres neste nutriente. As sementes de espécies posteriores encontram abrigo em tapetes de pioneiros. Os resíduos e restos orgânicos se acumulam e, adicionando volume e nutrientes a terra, este material ajuda outras espécies a se estabelecerem. Espécies sucessivas posteriores frequentemente ofuscam e, eventualmente, deslocam as anteriores.

Na **sucessão secundária**, uma área destruída dentro de uma comunidade se recupera. Se o solo melhorado ainda estiver presente, a sucessão secundária pode ser rápida. Ocorre normalmente em campos abandonados, florestas queimadas e áreas de terra onde as plantas foram mortas por erupções vulcânicas.

Fatores que afetam a sucessão

Quando o conceito de sucessão ecológica foi desenvolvido pela primeira vez no final dos anos 1800, pensava-se ser um processo previsível e direcional. Fatores físicos, como clima, altitude e tipo de solo, foram considerados os principais determinantes das espécies que apareceram durante a sucessão. Ainda de acordo com esta visão, a sucessão culmina em uma "comunidade clímax", uma gama de espécies que persistirá com o passar do tempo e será reconstituída no caso de destruição.

Os ecólogos agora percebem que a composição de espécies de uma comunidade muda, frequentemente de maneiras impossíveis de prever. As comunidades não passam por uma via longa em direção a algum estado de clímax predeterminado.

Figura 13.17 Uma via observada de sucessão primária na região da Bacia Glacial do Alasca. (**a**) À medida que a geleira recua, a água derretida lixivia minerais das rochas e pedregulhos deixados para trás. (**b**) Em áreas descongeladas por mais que um século, os abetos Sitka são a espécie predominante.

Figura 13.18 Um laboratório natural para sucessão depois da erupção do Monte Santa Helena em 1980. (**a**) A comunidade na base deste vulcão foi destruída. (**b**) Em menos que uma década, a espécie pioneira entrou. (**c**) Doze anos mais tarde, mudas de uma espécie dominante, o abeto de Douglas, se estabeleceram.

Eventos fortuitos podem determinar a ordem em que as espécies chegam a um *habitat* e, deste modo, afetam o curso da sucessão. A chegada de certa espécie pode facilitar ou dificultar o estabelecimento de outras. Como exemplo, a grama marinha só cresce ao longo de um contorno da costa se as algas já tiverem colonizado aquela área. As algas agem como local de ancoradouro para a grama. Em contraste, quando a artemísia se estabelece em um *habitat* seco, as substâncias químicas que ela excreta no solo mantêm a maioria das outras plantas longe dali.

Os ecólogos tiveram a oportunidade de investigar estes fatores depois que a erupção do Monte Santa Helena, em 1980, nivelou cerca de 600 quilômetros quadrados de floresta no Estado de Washington (Figura 13.18). Os ecólogos registraram o padrão natural de colonização, além de realizar experiências em lotes dentro da zona de explosão. Eles adicionaram sementes de certas espécies pioneiras em alguns lotes e deixaram outros livres. Os resultados mostraram que algumas pioneiras ajudavam outras plantas que chegaram mais tarde a se estabelecer. Pioneiras diferentes mantiveram as que chegaram posteriormente longe do local.

Esses transtornos também podem influenciar a composição de espécies nas comunidades. De acordo com a **hipótese do distúrbio intermediário**, a riqueza de espécies é maior em comunidades onde os distúrbios são moderados em intensidade ou frequência. Nesses *habitats*, existe tempo suficiente para que novos colonos cheguem e se estabeleçam, mas não o suficiente que a exclusão competitiva provoque extinções:

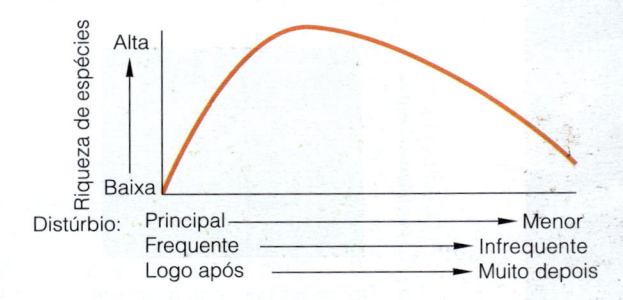

Em resumo, a visão moderna de sucessão sustenta que a composição de espécies de uma comunidade é afetada por (1) fatores físicos, como solo e clima; (2) eventos aleatórios, como a ordem em que as espécies chegam; e (3) a extensão dos distúrbios em um *habitat*. Como o segundo e terceiro fatores podem variar até mesmo entre duas regiões geograficamente próximas, é geralmente difícil prever exatamente como uma determinada comunidade será a qualquer momento no futuro.

Para pensar

O que é sucessão?

- Sucessão é um processo pelo qual uma gama de espécies substitui outra com o decorrer do tempo. Pode ocorrer em um *habitat* estéril (sucessão primária) ou em uma região na qual uma comunidade existiu anteriormente (sucessão secundária).
- Os eventos aleatórios provocam mudanças sucessivas difíceis de prever.

13.9 Interações das espécies e instabilidade da comunidade

- A perda ou acréscimo de até mesmo uma espécie pode desestabilizar o número e abundâncias de espécies em uma comunidade.

O papel das espécies-chave

Conforme visto anteriormente, distúrbios físicos em curto prazo podem influenciar a composição de espécies de uma comunidade. Mudanças climáticas em longo prazo ou alguma outra variável ambiental também têm seus efeitos. Além disso, uma mudança nas interações pode alterar dramaticamente a comunidade favorecendo algumas espécies e prejudicando outras.

O equilíbrio instável das forças em uma comunidade se torna o foco quando observamos os efeitos de uma espécie-chave. Uma **espécie-chave** tem um grande efeito desproporcional sobre uma comunidade com relação à sua abundância. Robert Paine foi o primeiro a descrever o efeito de uma espécie-chave após suas experiências nos litorais rochosos na costa da Califórnia. Espécies que vivem nas zonas entremarés rochosas resistem à rebentação agarrando-se às rochas. Uma rocha onde elas possam se agarrar é um fator limitador. Paine estabeleceu lotes de controles com a estrela-do-mar *Pisaster ochraceus* e sua principal presa – chítons, caramujos, cracas e mexilhões. Nos lotes experimentais, ele removeu todas as estrelas-do-mar.

Mexilhões (*Mytilus*) podem ser a presa escolhida pelas estrelas-do-mar. Na ausência destas, eles assumiram os lotes experimentais de Paine; eles se tornaram os concorrentes mais fortes e impediram a entrada de sete outras espécies de invertebrados. Nesta zona entremarés, a predação por estrelas-do-mar normalmente mantém o número de espécies de presas alto, porque restringe a exclusão por mexilhões. Remova todas as estrelas-do-mar e a comunidade diminui de quinze espécies para oito.

O impacto de uma espécie-chave pode variar entre *habitats* que diferem em seus conjuntos de espécies. Caramujos (*Littorina littorea*) são moluscos comedores de algas, que vivem na zona intermareal. Jane Lubchenco descobriu que removê-los pode aumentar *ou* diminuir a diversidade de espécies de algas, dependendo do *habitat* (Figura 13.19).

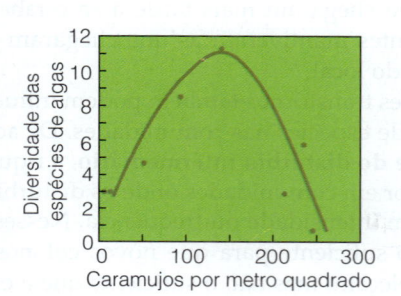

Figura 13.19 Efeito da concorrência e predação em uma zona entremarés. (**a**) Caramujos (*Littorina littorea*) afetam o número de espécies de algas de modos diferentes em *habitats* marinhos diferentes. (**b**) *Chondrus* e (**c**) *Enteromorpha*, dois tipos de algas em seus *habitats* naturais. (**d**) Ao retirar algas dominantes em poças de maré (*Enteromorpha*), os caramujos promovem a sobrevivência de espécies de algas menos competitivas que poderiam crescer em excesso. (**e**) *Enteromorpha* não cresce em rochas. Aqui, *Chondrus* é dominante. Os caramujos encontram *Chondrus* dura e as comem, ao invés de espécies menos competitivas. Fazendo isso, os caramujos diminuem a diversidade de algas nas rochas.

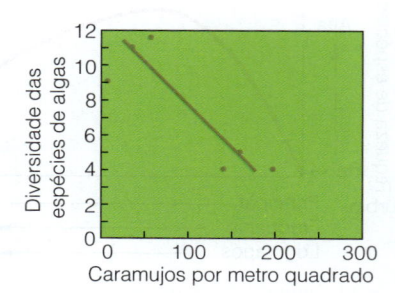

Tabela 13.2 Resultados de introduções de algumas espécies nos Estados Unidos

Espécies Introduzidas	Origem	Modo de Introdução	Resultado
Jacinto de água	América do Sul	Introduzido intencionalmente (1884)	Bloqueia as vias aquáticas; outras plantas são mascaradas
Doença holandesa do ulmeiro: *Osphiostoma ulmi* (fungo) Besouro-bicudo (vetor)	Ásia (entrando pela Europa)	Acidental; em madeira de ulmeiro infectado (1930) Acidental; em madeira de ulmeiro infectado (1909)	Milhões de ulmeiros maduros destruídos
Fungo da praga da castanheira	Ásia	Acidental; em berçários de plantas (1900)	Quase todas as castanheiras orientais americanas mortas
Mexilhão zebra	Rússia	Acidental; em água de lastro de navio (1985)	Bloqueou tubulações e válvulas de entrada de água das usinas de força; desalojou os bivalves nos Grandes Lagos
Besouro japonês	Japão	Acidental; em piris ou azaleias (1911)	Perto de 300 espécies de plantas (p. ex., frutas cítricas) desfolhadas
Lampreia-do-mar	Atlântico Norte	Acidental; nos cascos dos navios (anos 1860)	Truta, outras espécies de peixes destruídas nos Grandes Lagos
Estorninho europeu	Europa	Liberação intencional, cidade de Nova York (1890)	Concorrente dos pássaros nativos que faziam seus ninhos em cavidades; danos às colheitas; vetor da doença suína
Nútria	América do Sul	Liberação acidental de animais cativos sendo criados para extração de peles (1930)	Danos às colheitas, destruição de diques; pastagem em excesso em *habitats* pantanosos

Em poças de maré, caramujos preferem comer uma determinada alga (*Enteromorpha*) que pode se sobrepor a outras espécies de algas. Mantendo aquela alga em xeque, os caramujos ajudam outras espécies de algas menos competitivas a sobreviver. Em rochas de zonas entremarés inferiores, *Chondrus* e outras algas duras e vermelhas dominam. Aqui, os caramujos preferencialmente comem algas competitivamente mais fracas. Eles promovem a riqueza de espécies em poças de maré, mas a reduz nas rochas.

Nem todas as espécies-chave são predadoras. Por exemplo, os castores podem ser uma espécie-chave. Estes grandes roedores cortam árvores roendo seus troncos. Algumas das árvores derrubadas são usadas para construir represas que criam um reservatório onde apenas um fluxo raso poderia existir. Assim, a presença de castores afeta os tipos de peixe e invertebrados aquáticos que estão presentes.

Introduções de espécies podem causar desequilíbrio

Instabilidades também são colocadas em ação quando residentes de uma comunidade estabelecida saem do limite de distribuição e passam a residir em outro lugar com êxito. Este tipo de movimento direcional, chamado dispersão geográfica, acontece de três maneiras.

Primeira, em um número de gerações, uma população pode expandir o alcance de sua distribuição movendo-se lentamente para regiões periféricas. Segundo, uma população pode ser deslocada de seus limites por ventos continentais, em um ritmo lento quase imperceptível em longos períodos de tempo. Terceiro, alguns indivíduos podem ser rapidamente transportados através de grandes distâncias, um evento chamado dispersão em salto. Os pássaros que viajam longas distâncias facilitam tais saltos levando sementes de plantas. Atualmente, os humanos têm sido a principal causa da dispersão em salto. Eles introduziram espécies que os beneficiavam, conforme traziam plantas de colheita das Américas para a Europa. Eles também transportaram clandestinos sem a intenção de fazê-lo, como quando besouros asiáticos foram importados juntamente com produtos de madeira.

Quando você ouvir alguém falando entusiasticamente sobre espécies exóticas, você pode apostar com certeza que essa pessoa não é um ecólogo. Uma **espécie exótica** é um residente de uma comunidade estabelecida que se dispersou além de sua área e se estabeleceu em outro lugar. Diferentemente da maioria das espécies importadas, que nunca se estabelecem fora de casa, uma espécie exótica se insinua permanentemente em uma nova comunidade.

Em seu novo *habitat*, a espécie exótica geralmente não é molestada por concorrentes, predadores, parasitas e doenças que a mantinham em xeque em sua casa. Livres de suas restrições habituais, a espécie exótica pode se sobrepor às espécies nativas similares em seu novo *habitat*.

Você já aprendeu como algumas introduções estão afetando a estrutura de comunidades. A introdução do capítulo descreveu o quanto as formigas vermelhas importadas que chegaram da América do Sul se sobrepuseram às espécies de formigas norte-americanas. Por exemplo, a morte súbita dos carvalhos é causada por um protista da Ásia. Um parasita da Europa é a causa da doença rodopiante em trutas. A lista de espécies exóticas prejudiciais é longa. A Tabela 13.2 lista algumas introduções famosas e a próxima seção descreve quatro outras com alguns detalhes.

Para pensar

Como uma única espécie pode afetar a estrutura da comunidade?

- Uma espécie-chave é aquela que tem um efeito importante na riqueza das espécies e abundâncias relativas em um *habitat*.
- A remoção de uma espécie-chave ou introdução de uma espécie exótica podem afetar os tipos e abundâncias de espécies em uma comunidade.

13.10 Invasores exóticos

- Espécies estrangeiras introduzidas por atividades humanas estão afetando comunidades nativas em todo continente.

Lutando contra as algas

Os galhos longos, verdes, plumosos da *Caulerpa taxifolia* ficam lindos em aquários de água salgada, então pesquisadores do Aquário de Stuttgart na Alemanha desenvolveram uma cepa estéril desta alga verde e a compartilharam com outras instituições marinhas. Foi do Museu Oceanográfico de Mônaco que a cepa híbrida escapou para a natureza? Alguns dizem sim, Mônaco diz que não.

Em todo caso, um pequeno pedaço da cepa do aquário foi encontrado crescendo no Mediterrâneo, próximo a Mônaco, em 1984. Hélices de barcos e redes de pesca dispersaram a alga, e ela agora cobre uma grande área do fundo do mar no Mediterrâneo e no Adriático (Figura 13.20a).

A *C. taxifolia* é ruim? A cepa do aquário pode viver em orlas arenosas ou rochosas e na lama. Diferentemente de seus pais tropicais, ela também pode sobreviver em água fria e poluída. Ela tem o potencial para desalojar algas endêmicas, crescer em excesso em recifes e destruir redes alimentares marinhas. Seu sucesso se deve em parte à produção de uma toxina (Caulerpenina) que envenena invertebrados e peixes, incluindo comedores de algas que mantêm outras algas em xeque.

Em 2000, mergulhadores descobriram *C. taxifolia* crescendo próxima à costa meridional da Califórnia. Alguém deve ter descartado água de um aquário caseiro em um escoamento pluvial ou na própria lagoa. O governo e grupos privados entraram depressa em ação. Até agora, programas de erradicação e vigilância funcionaram, mas a um custo de mais de $ 3,4 milhões.

Importar *C. taxifolia* ou qualquer espécie estritamente relacionada à espécie *Caulerpa* foi proibido em vários países. Para proteger comunidades aquáticas nativas, a água de aquários nunca deve ser despejada em escoamentos pluviais ou em vias fluviais. Ela deve ser descartada em uma pia ou banheiro para que o tratamento da água residual possa matar quaisquer esporos de algas.

As plantas que infestaram a geórgia

Em 1876, a kudzu ou puerária (*Pueraria montana*) foi introduzida nos Estados Unidos vinda do Japão. Em seu *habitat* nativo, esta trepadeira perene é bem-comportada, com um sistema extenso de raiz. *Parecia* uma boa ideia usá-la para forragem e para controlar a erosão em declives, mas a kudzu cresceu mais rápido no sudeste americano. Nenhum herbívoro nativo ou patógeno adaptou-se para atacá-la. Espécies concorrentes de plantas não apresentam nenhuma ameaça séria para ela.

Figura 13.20 (**a**) Cepa de aquário da *Caulerpa taxifolia* sufocando um ecossistema marinho ricamente diverso.
(**b**) Kudzu (*Pueraria montana*) na Carolina do Sul. Esta trepadeira se tornou invasiva em muitos estados de costa a costa. Ruth Duncan do Alabama (*acima*), que faz 200 cestos de trepadeira kudzu por ano, não consegue acompanhar o ritmo da planta.

FOCO SOBRE O MEIO AMBIENTE

Com nada que possa pará-la, a kudzu pode crescer até 60 metros (200 pés) por ano. Essas trepadeiras agora cobrem leitos de riachos, árvores, postes telefônicos, casas e quase qualquer outra coisa em seu caminho (Figura 13.20b). Com suas raízes profundas, a kudzu resiste a incêndios. O pastejo de cabras e herbicidas ajudam, porém as cabras comem a maioria das outras plantas juntamente com ela, enquanto os herbicidas poluem a água. Invasões de kudzu agora se estendem de Connecticut até a Flórida e são reportadas no Arkansas. Ela cruzou o Rio Mississipi até o Texas. Graças à dispersão em saltos, ela é agora uma espécie invasiva também no Oregon.

Por outro lado, os asiáticos usam uma goma extraída de kudzu em bebidas, medicamentos herbários e doces. Uma fábrica processadora de kudzu, no Alabama, pode exportar esta goma para a Ásia, onde a demanda atualmente excede o fornecimento. Além disso, a kudzu pode ajudar a salvar florestas; ela pode ser uma fonte alternativa de papel e outros produtos de madeira. Hoje, aproximadamente 90% dos papéis de parede asiáticos se baseia em kudzu.

Os coelhos que comeram a Austrália

Durante os anos 1800, colonos britânicos na Austrália não conseguiam pegar coalas e cangurus e, então, eles passaram a importar animais familiares de casa. Em 1859, no que seria o início de um desastre ecológico enorme, um proprietário de terras no norte da Austrália importou e distribuiu duas dúzias de coelhos europeus (*Oryctolagus cuniculus*). Boa comida e grande caça desportiva – essa era a ideia. Um *habitat* ideal para coelhos, sem predadores naturais – essa era a realidade.

Seis anos mais tarde, o proprietário de terras tinha matado 20 mil coelhos e tinha sido assediado por mais 20 mil. Os coelhos desalojaram os animais de fazenda e causaram o declínio da vida selvagem nativa. Agora, entre 200 a 300 milhões estão saltitando pela metade sul do país. Bandos imensos destroem pastagens e a vegetação arbustiva. Suas tocas enfraquecem e erodem o solo.

Os coelhos já foram caçados e suas tocas fumigadas, fechadas e dinamitadas. Os primeiros ataques mataram 70% deles, mas os coelhos se recuperaram em menos de um ano. Uma cerca de mais de 3.000 km de comprimento foi construída para proteger a Austrália Ocidental, mas os coelhos a ultrapassaram antes que os trabalhadores pudessem terminar o trabalho.

Em 1951, o governo introduziu um vírus *myxoma* que normalmente infecta coelhos sul-americanos. O vírus causa mixomatose. Esta doença tem efeitos leves em seu hospedeiro coevoluído, mas quase sempre mata o *O. cuniculus*. Pulgas e mosquitos transmitem o vírus para novos hospedeiros. Sem defesas coevoluídas contra a importação, os coelhos europeus morreram aos milhões. Mas a seleção natural, desde então, favoreceu um aumento nas populações de coelhos resistentes ao vírus importado.

Em 1991, em uma ilha despovoada em Spencer Gulf, na Austrália, pesquisadores soltaram coelhos que foram injetados com um calicivírus. Os coelhos morreram com coágulos de sangue em seus pulmões, coração e rins. Então, em 1995, o vírus de teste escapou da ilha, talvez em insetos vetores.

A combinação de dois vírus importados, juntamente com métodos tradicionais de controle, fez com que a população de coelhos ficasse sob controle. Ainda existem coelhos, mas a vegetação está crescendo novamente e os herbívoros nativos estão aumentando em número.

Esquilos cinza contra esquilos vermelhos

O esquilo cinza (*Sciurus carolinensis*) é nativo do leste da América do Norte, onde ele ocorre nas florestas, jardins e parques. Tornou-se também comum na Inglaterra e partes da Itália, onde foram introduzidos. Nesses locais, o esquilo é considerado uma praga exótica que prosperou à custa do esquilo vermelho nativo da Europa (*Sciurus vulgaris*). Na Inglaterra, os esquilos cinza importados excedem o número dos vermelhos nativos em 66 para 1.

Os esquilos cinza estão em vantagem sobre seus primos europeus, porque eles detectam e roubam nozes que os esquilos vermelhos armazenaram para o inverno. Além disso, os esquilos cinza carregam e espalham um vírus que mata os esquilos vermelhos da Inglaterra, mas eles mesmos não são afetados pelo vírus.

Para proteger os esquilos vermelhos restantes, os britânicos começaram a capturar e matar os esquilos cinza. Esforços para desenvolver uma droga anticoncepcional que seria eficiente contra os esquilos cinza também já está a caminho.

13.11 Padrões biogeográficos na estrutura da comunidade

- A riqueza e as abundâncias relativas das espécies diferem de um *habitat* ou região do mundo para outra.

A **biogeografia** é o estudo científico sobre como as espécies estão distribuídas no mundo natural. Nós vemos padrões que correspondem a diferenças na luz solar, temperatura, chuva e outros fatores que variam com a latitude, elevação ou profundidade da água. Ainda há outros padrões que se relacionam ao histórico de um *habitat* e as espécies ali existentes. Cada espécie tem sua própria fisiologia, sua capacidade para dispersão, requisitos por recursos e interações com outras espécies.

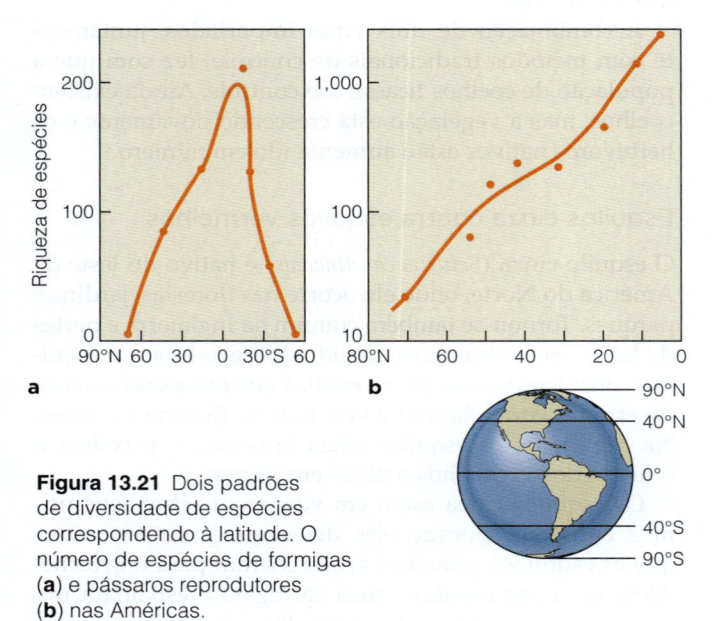

Figura 13.21 Dois padrões de diversidade de espécies correspondendo à latitude. O número de espécies de formigas (**a**) e pássaros reprodutores (**b**) nas Américas.

Padrões continentais e marinhos

Talvez o padrão mais notável de riqueza de espécies corresponda à distância do equador. Para a maioria dos principais grupos de plantas e animais, o número de espécies é maior na região dos trópicos e recua do equador para os polos. A Figura 13.21 ilustra dois exemplos deste padrão. Considere somente alguns fatores que ajudam a provocar esse padrão e mantê-lo.

Primeiro, as latitudes tropicais interceptam luz solar mais intensa e recebem mais chuva, e sua estação de crescimento é mais longa. Como resultado, a disponibilidade de recursos tende a ser maior e mais confiável na região dos trópicos que em outros lugares. A resultante é um grau de inter-relacionamentos especializados que não são possíveis onde as espécies são ativas por períodos menores.

Segundo, as comunidades tropicais têm evoluído por muito tempo. Já as comunidades temperadas tendem a ser mais recentes, algumas formadas somente após a última glaciação.

Terceiro, a riqueza de espécies pode estar reforçando a si mesma. O número de espécies de árvores em florestas tropicais é muito maior que em florestas comparáveis em latitudes mais altas. Onde mais espécies de plantas competem e coexistem, mais espécies de herbívoros também coexistem, em parte porque nenhuma espécie herbívora sozinha é capaz de superar todas as defesas químicas de todas as plantas. Além disso, mais predadores e parasitas podem evoluir em resposta a mais tipos de presas e hospedeiros. Os mesmos princípios se aplicam a recifes tropicais.

Padrões insulares

As ilhas são verdadeiros laboratórios de estudos populacionais. Elas também têm sido laboratórios para estudos de comunidades. Por exemplo, em meados dos anos 1960, erupções vulcânicas formaram uma nova ilha a 33 quilômetros (21 milhas) da costa da Islândia.

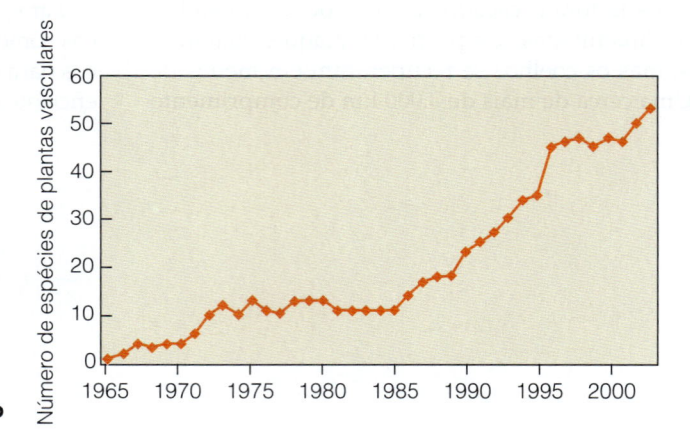

Figura 13.22 Surtsey, uma ilha vulcânica em 1983 (**a**). O gráfico (**b**) mostra o número de espécies de plantas vasculares encontradas em pesquisas anuais. As gaivotas começaram a se alojar na ilha em 1986.

Figure 13.23 Padrões de biodiversidade insulares.
Efeito da distância: a riqueza de espécies em ilhas de um determinado tamanho diminui à medida que a distância de uma eventual fonte de espécies colonizadoras sobe. *Os círculos verdes* são valores para ilhas com menos de 300 quilômetros da fonte colonizadora. Os *triângulos laranja* são valores para ilhas a mais de 300 quilômetros (190 milhas) de uma fonte de colonos.
Efeito da área: entre ilhas à mesma distância de uma fonte de espécies colonizadoras, as ilhas maiores tendem a sustentar mais espécies que as menores.
Resolva: Qual deve ter mais espécies, uma ilha de 100 km² a mais de 300 km da fonte colonizadora ou uma ilha de 500 km² a menos de 300 km de uma fonte colonizadora? *Resposta: A ilha de 500 km².*

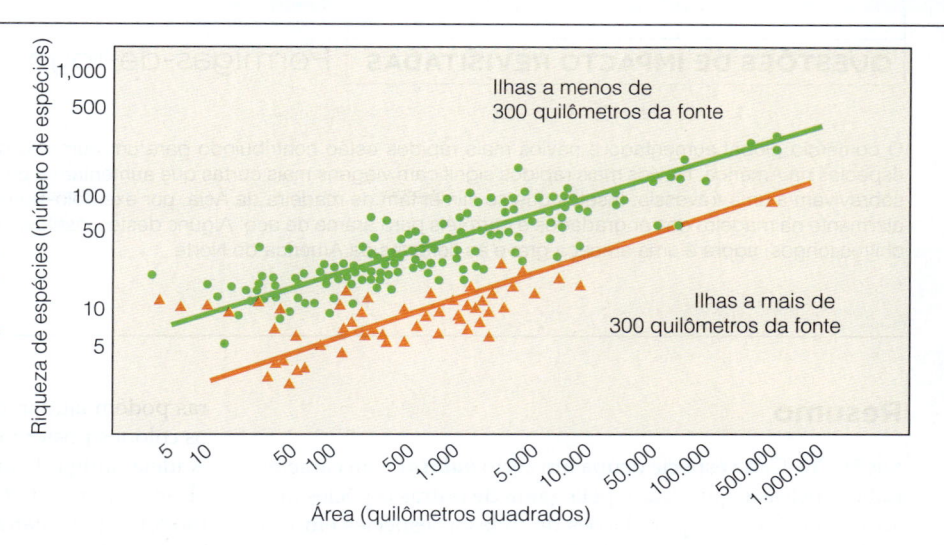

A ilha foi chamada Surtsey (Figura 13.22). Bactérias e fungos foram os primeiros colonos. A primeira planta vascular se estabeleceu na ilha em 1965. Musgos apareceram dois anos mais tarde e prosperaram. Os primeiros líquens foram encontrados cinco anos depois. A taxa de chegadas de novas plantas vasculares aumentou consideravelmente depois que uma colônia de gaivotas se estabeleceu em 1986. Este exemplo ilustra o importante papel dos pássaros na introdução de espécies nas ilhas.

O número de espécies em Surtsey não continuará aumentando para sempre. Podemos estimar quantas espécies existirão quando o número se estabilizar? O **modelo de equilíbrio da biogeografia de ilhas** aborda essa questão. De acordo com este modelo, o número de espécies vivendo em qualquer ilha reflete um equilíbrio entre as taxas de imigração para novas espécies e taxas de extinção para as já estabelecidas. A distância entre uma ilha e uma fonte continental de colonos afeta, as taxas de imigração. O tamanho da ilha afeta ambas as taxas de imigração e extinção.

Considere em primeiro lugar o **efeito da distância**: ilhas longe de uma fonte de colonos recebem menos imigrantes que as mais próximas a uma fonte, pois a maioria das espécies não consegue se dispersar muito longe de um continente.

A riqueza de espécies também é formada pelo **efeito de área**: grandes ilhas tendem a sustentar mais espécies que as pequenas. Mais colonos aparecerão em uma ilha maior simplesmente em virtude de seu tamanho. Além disso, grandes ilhas podem oferecer uma variedade de *habitats*, como elevações. Estas opções tornam mais provável que uma espécie recém-chegada encontre um *habitat* apropriado. Finalmente, grandes ilhas podem sustentar populações maiores de espécies que as ilhas pequenas. Quanto maior uma população, menos provável que ela seja localmente extinta como o resultado de algum caso fortuito.

A Figura 13.23 ilustra como interações entre o efeito da distância e o efeito de área podem influenciar o número de espécies em ilhas.

Robert H. MacArthur e Edward O. Wilson em princípio desenvolveram o modelo de equilíbrio da biogeografia de ilhas no final dos anos 1960. Desde então, ele tem sido modificado e seu uso tem sido expandido. Hoje os cientistas pensam em *habitats* naturais cercados por um "mar" de *habitats* degradados, como se fossem ihas. Muitos parques e reservas de vida selvagem se encaixam nessa descrição. Os modelos baseados em ilha podem ajudar a estimar o tamanho de uma área que deve ser separada como reserva protegida para assegurar a sobrevivência de uma espécie.

Mais uma observação sobre comunidades insulares: uma ilha frequentemente difere de sua fonte de colonos em aspectos físicos, como chuva e tipo de solo. Também difere no que tange à gama de espécies; nem toda espécie alcança a ilha. Como resultado destas diferenças, uma população em uma ilha, muitas vezes, enfrenta pressões de seleção diferentes do que seus parentes da mesma espécie no continente e evolui em um modo diferente como resultado.

Em um padrão que é o oposto do deslocamento de caractere, uma espécie pode se encontrar em uma ilha que não tenha um concorrente importante, que vive no continente. Na ausência dessa competição, as características da população da ilha podem se tornar mais parecidas com a do concorrente que foi deixado para trás.

> **Para pensar**
>
> *Quais são os padrões biogeográficos que interferem na riqueza de espécies?*
>
> - Geralmente, a riqueza de espécies é maior nos trópicos e menor nos polos. Os *habitats* tropicais têm condições que mais espécies podem tolerar, e as comunidades tropicais, muitas vezes, evoluíram por mais tempo que as temperadas.
> - Quando uma nova ilha se forma, a riqueza de espécies aumenta com o passar do tempo e depois estabiliza. O tamanho de uma ilha e sua distância da fonte colonizadora influenciam sua riqueza de espécies.

QUESTÕES DE IMPACTO REVISITADAS | Formigas-de-fogo nas Calças

O comércio global aumentado e navios mais rápidos estão contribuindo para um aumento na taxa de introduções de espécies na América. Navios mais rápidos significam viagens mais curtas que aumentam a probabilidade de que pragas sobrevivam a uma travessia. Insetos que se alimentam de madeira da Ásia, por exemplo, aumentam em uma frequência alarmante na madeira dos engradados e carretéis para arame de aço. Alguns destes insetos, como o besouro asiático de chifres longos, agora é uma ameaça grave às florestas da América do Norte.

Resumo

Seção 13.1 Cada espécie ocupa um certo **habitat** com características físicas e químicas e pela gama de outras espécies que ali vivem. Todas as populações de todas as espécies em um *habitat* são uma **comunidade**. Cada espécie em uma comunidade tem seu próprio **nicho** ou modo de viver. Interações de espécies entre membros de uma comunidade incluem o **comensalismo**, que não ajuda ou prejudica qualquer das espécies, o **mutualismo**, que beneficia ambas as espécies, a **concorrência interespecífica**, que prejudica ambas as espécies e o **parasitismo** e **predação**, onde uma espécie se beneficia à custa de outra. Comensalismo, mutualismo e parasitismo podem ser uma **simbiose**, onde as espécies vivem juntas. Espécies que interagem sofrem **coevolução**.

Seção 13.2 No mutualismo, duas espécies interagem e ambas se beneficiam. Alguns mutualistas não conseguem completar seu ciclo de vida sem a interação.

Seção 13.3 Pelo processo de **exclusão competitiva**, uma espécie sobrepõe um rival com as mesmas necessidades por recursos, levando-o a extinção. O **deslocamento de caractere** torna espécies concorrentes menos semelhantes, o que facilita a **repartição de recursos**.

Seções 13.4, 13.5 **Predadores** são livres e normalmente matam sua **presa**. Os números de predadores e presas frequentemente flutuam em ciclos. A capacidade de carga, o comportamento do predador e a disponibilidade de outra presa afeta estes ciclos. Predadores e suas presas exercem pressão de seleção uns sobre os outros. Os resultados evolutivos dessa seleção incluem **coloração de advertência, camuflagem** e **mimetismo**.

Seções 13.6, 13.7 **Parasitas** vivem em um hospedeiro e retiram nutrientes de seus tecidos. Como resultado, os hospedeiros podem morrer ou não. Um vetor animal frequentemente transporta o parasita entre hospedeiros. Os **parasitoides** colocam ovos em um hospedeiro e suas larvas o devoram. Os **parasitas sociais** manipulam alguns aspectos comportamentais do anfitrião.

Seção 13.8 Sucessão ecológica é a substituição sequencial de uma gama de espécies por outra com o decorrer do tempo. A **sucessão primária** ocorre em novos *habitats*. A **sucessão secundária** ocorre nos *habitats* destruídos. As primeiras espécies de uma comunidade são as **espécies pioneiras**. As pioneiras podem ajudar, dificultar ou não ter nenhum efeito sobre os colonos posteriores.

A ideia antiga de que todas as comunidades eventualmente alcançam um estado de clímax previsível foi substituída por modelos que enfatizam o papel do acaso e dos distúrbios ambientais. A **hipótese do distúrbio intermediário** sustenta que os distúrbios ambientais de intensidade e frequência moderadas maximizam a diversidade de espécies.

Seções 13.9, 13.10 A estrutura da comunidade reflete um equilíbrio instável de forças que opera com o decorrer do tempo. As principais forças são a concorrência e a predação. **Espécies-chave** são muito importantes na manutenção da composição de uma comunidade. A remoção de uma espécie-chave ou a introdução de uma **espécie exótica** – uma espécie que evoluiu em uma comunidade diferente – pode alterar permanentemente a estrutura de uma comunidade.

Seção 13.11 A riqueza de espécies, o número de espécies em certa área variam com a latitude, elevação e outros fatores. As regiões tropicais tendem a ter mais espécies que as regiões de latitude mais alta. O **modelo de equilíbrio da biogeografia de ilha** ajuda os ecólogos a estimarem o número de espécies que se estabelecerá em uma ilha. O **efeito de área** é a tendência das ilhas grandes em ter mais espécies que as ilhas pequenas. O **efeito da distância** é a tendência de ilhas próximas a uma fonte de colonos em ter mais espécies que ilhas distantes.

Questões
Respostas no Apêndice III

1. Um *habitat*_____.
   a. tem características físicas e químicas distintas
   b. é onde os indivíduos de uma espécie normalmente vivem
   c. é ocupado por várias espécies
   d. todas as anteriores

2. O nicho da espécie inclui seus_____.
   a. requisitos de *habitat*
   b. requisitos de alimentos
   c. requisitos reprodutivos
   d. todas as anteriores

3. Qual não pode ser uma simbiose?
   a. mutualismo   c. comensalismo
   b. parasitismo   d. concorrência interespecífica

4. Os lagartos e pássaros que compartilham um *habitat* e comem moscas são um exemplo de competição_____.
   a. exploratória   d. interespecífica
   b. por interferência e. a e d
   c. intraespecífica

Exercício de análise de dados

As moscas forídeas que decapitam formigas são apenas um dos agentes de controle biológico usados para combater as formigas-de-fogo importadas. Os pesquisadores também listaram o auxílio do *Thelohania solenopsae*, outro inimigo natural das formigas. Este microsporídio é um parasita que infecta formigas e encolhe os ovários da fêmea (a rainha) produtora de ovos da colônia. Como resultado, uma colônia encolhe em números e eventualmente é extinta. Estes controles biológicos são úteis contra as formigas-de-fogo importadas? Para descobrir, cientistas trataram áreas infestadas com praguicidas tradicionais ou praguicidas mais controles biológicos (moscas e o parasita). Os cientistas deixaram alguns lotes sem tratamento como controle. A Figura 13.24 mostra os resultados.

1. Como o tamanho da população nos lotes de controle mudou durante os primeiros meses do estudo?
2. Como o tamanho da população nos dois tipos de lotes tratados mudou durante esse mesmo intervalo?
3. Se este estudo tivesse terminado depois do primeiro ano, você concluiria que os controles biológicos tiveram um efeito importante?
4. Como os dois tipos de tratamento (somente praguicida contra praguicida mais controles biológicos) diferem em seus efeitos em prazo mais longo?

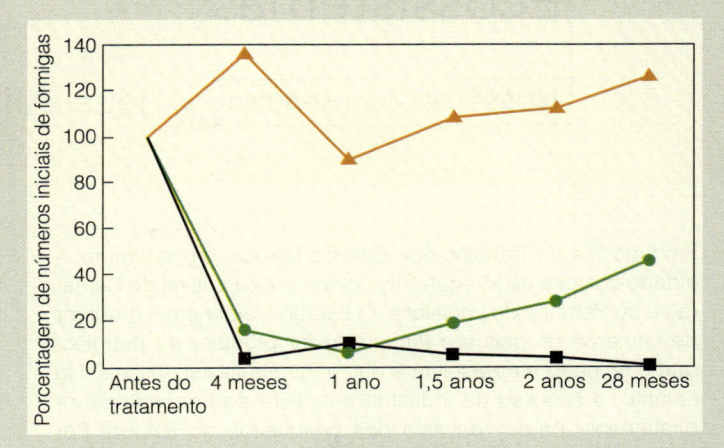

Figura 13.24 Efeitos dos dois métodos de controle das formigas-de-fogo vermelhas importadas. O gráfico mostra os números de formigas vermelhas importadas em um período de 28 meses. *Os triângulos laranja* representam lotes de controle sem tratamento. *Os círculos verdes* são lotes tratados apenas com praguicidas. *Os quadrados pretos* são lotes tratados com praguicida e agentes de controle biológico (moscas forídeas e parasita microsporídio).

---

5. Com o deslocamento de caractere, duas espécies concorrentes se tornam _____.
   a. mais semelhantes
   b. menos semelhantes
   c. simbiontes
   d. extintas

6. Populações de predadores e presas _____.
   a. sempre coexistem em níveis relativamente estáveis
   b. podem sofrer mudanças cíclicas ou irregulares em densidade
   c. não podem coexistir indefinidamente no mesmo *habitat*
   d. b e c

7. Ligue os termos às descrições mais apropriadas.
   ___ predação   a. uma espécie livre se alimenta de outra e geralmente a mata
   ___ mutualismo   b. duas espécies interagem e ambas se beneficiam pela interação
   ___ comensalismo   c. duas espécies interagem e uma se beneficia enquanto a outra não é nem ajudada, nem prejudicada
   ___ parasitismo   d. uma espécie se alimento de outra, mas geralmente não a mata
   ___ concorrência interespecífica   e. duas espécies tentam utilizar o mesmo recurso

8. Segundo uma hipótese atualmente favorecida, a riqueza de espécies de uma comunidade é maior entre distúrbios físicos de intensidade ou frequência _____.
   a. baixas
   b. intermediárias
   c. altas
   d. variáveis

9. Verdadeiro ou falso? Os parasitoides normalmente vivem dentro de seu hospedeiro sem matá-lo.

10. Ligue os termos às descrições mais apropriadas.
    ___ dispersão geográfica   a. colonizador oportunista de *habitat* estéril ou destruído
    ___ efeito de área   b. afeta muito outra espécie
    ___ espécies pioneiras   c. os indivíduos saem da gama de seu *habitat* e se estabelecem em outro lugar
    ___ comunidade clímax   d. mais espécies em ilhas maiores do que em ilhas pequenas à mesma distância da fonte de colonos
    ___ espécies fundamentais   e. gama de espécies no final de estágios sucessionais em um *habitat*
    ___ espécies exóticas   f. permite aos concorrentes coexistirem
    ___ repartição de recursos   g. muitas vezes se sobrepõe, desaloja as espécies nativas da comunidade estabelecida

Raciocínio crítico

1. Com a resistência aos antibióticos aumentando, os pesquisadores estão procurando maneiras de reduzir o uso destas drogas. O gado antes alimentado com comida enriquecida com antibióticos agora recebe alimento probiótico que pode proteger populações de bactérias úteis no intestino do animal. A ideia é que se existir uma população grande de bactérias benéficas, então as bactérias prejudiciais não poderão se estabelecer ou prosperar. Qual princípio ecológico está guiando esta pesquisa?

2. Os pássaros que não voam e que vivem em ilhas muitas vezes têm parentes no continente que podem voar. A espécie da ilha presumivelmente evoluiu de uma espécie voadora, que, na ausência de predadores, perdeu sua capacidade de voar. Muitos pássaros que não voam em ilhas estão agora desaparecendo, pois ratos e outros predadores têm sido introduzidos em sua ilha antes isolada. Apesar da mudança na pressão seletiva, nenhum pássaro da ilha recuperou a capacidade de voo. Por que é improvável que isso aconteça?

14 Ecossistemas

QUESTÕES DE IMPACTO Adeus, Afluente Azul

Em todo Dia do Trabalho nos Estados Unidos, em setembro, a cidade costeira de Morgan City comemora o Festival do Camarão e do Petróleo da Louisiana. O Estado é o principal produtor de camarão do país e o terceiro maior produtor de petróleo, que é refinado em gasolina e outros combustíveis fósseis. No entanto, o sucesso da indústria petroleira pode contribuir indiretamente para o declínio dos pesqueiros do Estado. Por quê? A atmosfera inferior está se aquecendo, e a queima de combustíveis fósseis é uma das causas. À medida que o clima esquenta, as águas superficiais do oceano ficam mais quentes e se expandem, geleiras derretem e o nível do mar aumenta.

Se as tendências atuais continuarem, algumas áreas costeiras ficarão submersas. Com mais de 40% dos pântanos de água salgada do país, a Louisiana tem mais a perder. Os pântanos costeiros do Estado, ou afluentes, já estão em perigo. Represas e barragens retêm sedimentos que normalmente seriam depositados nos mangues. Desde a década de 1940, a Louisiana perdeu uma área de pantanal do tamanho do Estado de Rhode Island (Figura 14.1).

Os pântanos e mangues da Louisiana são um tesouro ecológico. Milhões de aves migratórias passam o inverno ali. Eles também são a fonte de mais de 3,5 bilhões de dólares em peixes, camarões e frutos do mar. Se os mangues e os pântanos desaparecerem, a receita também desaparecerá.

Igualmente preocupante é o que acontecerá com cidades baixas ao longo da costa depois que os pantanais se forem. Então, não haverá nada para amortecer tempestades devastadoras que ameaçam a costa durante os furacões.

Em 2005, o furacão categoria 5 Katrina atingiu a Costa do Golfo. Ventos fortes e inundações arruinaram inúmeras edificações e mais de 1.700 pessoas morreram. Modelos de mudanças climáticas sugerem que, se as temperaturas continuarem subindo, provavelmente mais furacões atingirão a categoria 5.

Os modelos também indicam que o aquecimento dos mares promoverá o crescimento excessivo de algas, o que pode matar peixes. A água mais quente pode estimular o crescimento de muitos tipos de bactérias patogênicas, portanto mais pessoas devem ficar doentes depois de nadar em água contaminada ou comer frutos do mar pescados nela.

Em terra, ondas de calor estão se tornando mais intensas à medida que a temperatura global aumenta e mais pessoas morrem de colapso por calor. Estimulados por temperaturas maiores e temporadas de seca estendidas, incêndios estão se tornando mais frequentes e devastadores. Mosquitos transmissores de doenças agora estão se espalhando para regiões que eram frias demais para eles há poucos anos.

Este capítulo trata do fluxo de energia e nutrientes através de ecossistemas. Ele lhe dará as ferramentas para fazer um raciocínio crítico sobre os impactos humanos nos ambientes da Terra. Nós nos tornamos grandes participantes nos fluxos globais de energia e nutrientes antes mesmo de entendermos totalmente como os ecossistemas funcionam. Decisões que tomamos hoje sobre mudanças climáticas globais e outras questões ambientais provavelmente moldarão os ambientes da Terra – e a qualidade da vida humana – no futuro.

Figura 14.1 *Esquerda*, campo de pesca na Louisiana. Ele foi construído em um pântano um dia próspero que, agora, abriu caminho para as águas abertas da Baía Barataria.

Acima, um projeto de restauração de mangue no Refúgio Nacional de Vida Selvagem Sabine, na Louisiana. Nos pântanos que se tornaram água aberta, sedimentos são intercalados e gramíneas de mangues são plantadas neles.

Conceitos-chave

Organização de ecossistemas
Um ecossistema consiste em uma comunidade e seu ambiente físico. Um fluxo unidirecional de energia e um ciclo de matéria entre seus participantes o mantêm. É um sistema aberto, com aportes e saídas de energia e nutrientes. **Seção 14.1**

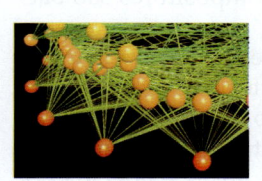

Teias alimentares
Cadeias alimentares são sequências lineares de relações de alimentação. Cadeias alimentares se conectam de forma cruzada formando as teias alimentares. A maior parte da energia que entra em uma teia alimentar volta para o ambiente, principalmente como calor metabólico. Nutrientes são reciclados dentro da teia alimentar. **Seção 14.2**

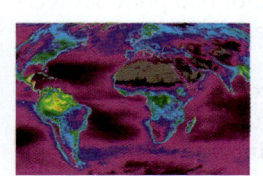

Fluxo de energia e materiais
Ecossistemas diferem em quanta energia seus produtores capturam e quanta é armazenada em cada nível trófico. Algumas toxinas que entram em um ecossistema podem se tornar cada vez mais concentradas enquanto passam de um nível trófico a outro. **Seção 14.3, 14.4**

Ciclo de água e nutrientes
A disponibilidade de água, carbono, nitrogênio, fósforo e outras substâncias influencia a produtividade primária. Essas substâncias se movem lentamente em ciclos globais, de reservatórios ambientais para teias alimentares e de volta aos reservatórios. **Seção 14.5-14.10**

Neste capítulo

- Este capítulo se baseia em sua compreensão das leis da termodinâmica. Discutimos os papéis ecológicos de produtores, como fitoplâncton, e de decompositores.
- Você será lembrado da importância da água para o mundo da vida e como a transpiração funciona. Também veremos os efeitos da chuva ácida e o papel da água na lixiviação de nutrientes.
- Você verá como a fixação de nitrogênio desempenha um papel essencial nos ciclos de nutrientes e como o excesso de nitrogênio contribui para proliferações de algas. Você também aprenderá mais sobre desequilíbrios de carbono e será lembrado de que o carbono é armazenado em lamaçais com turfas e nas conchas de protistas como foraminíferas. Você também verá novamente tentativas de controlar a doença causada por protistas malária.
- Discussões sobre ciclos de nutrientes também utilizarão seu conhecimento sobre placas tectônicas.

Qual sua opinião? A fumaça do escapamento de veículos motorizados contém gases estufa. Quanto menor a quilometragem do veículo, menos gases estufa emite por quilômetro. Os padrões mínimos de economia de combustível para carros e caminhões deveria aumentar?

14.1 A natureza dos ecossistemas

- Em um ecossistema, energia e nutrientes do ambiente fluem entre uma comunidade de espécies.

Visão geral dos participantes

Sistemas naturais diversificados abundam na Terra. No clima, tipo de solo, variedade de espécies e outras características, os prados diferem de florestas, que diferem de tundras e desertos. Corais diferem do mar aberto, que diferem de rios e lagos. Mesmo assim, apesar de todas essas diferenças, todos os sistemas são parecidos em muitos aspectos de sua estrutura e função.

Definimos um **ecossistema** como um conjunto de organismos e um ambiente físico, todos interagindo através de um fluxo unidirecional de energia e um ciclo de nutrientes. É um sistema aberto, porque exige aportes contínuos de energia e nutrientes para se sustentar (Figura 14.2).

Todos os ecossistemas funcionam com energia capturada por **produtores primários**. Esses autótrofos, ou "autoalimentadores", obtêm energia de uma fonte não viva – geralmente luz solar – e a utilizam para construir compostos orgânicos a partir de dióxido de carbono e água. Plantas e fitoplâncton são os principais produtores. Eles capturam energia do sol para montar açúcares a partir de dióxido de carbono e água, pelo processo da fotossíntese.

Consumidores são heterótrofos que obtêm energia e carbono ao se alimentar de tecidos, detritos e restos de produtores e de outros heterótrofos. Podemos descrever os consumidores por suas dietas. Herbívoros comem plantas. Carnívoros comem outros animais. Parasitas vivem dentro de ou em um hospedeiro vivo e se alimentam de seus tecidos. Onívoros devoram materiais animais e vegetais. **Detritívoros**, como minhocas, comem pequenas partículas de matéria orgânica, ou detrito. **Decompositores** se alimentam de resíduos e restos orgânicos e os decompõem em blocos construtores inorgânicos. Os principais decompositores são bactérias e fungos.

A energia flui em uma única direção – para dentro de um ecossistema, através de seus principais componentes vivos, e de volta ao ambiente físico. A energia luminosa capturada por produtores é convertida em energia de ligação em moléculas orgânicas, que, então, é liberada por reações metabólicas que cedem calor. Este é um processo unidirecional porque a energia do calor não pode ser reciclada; produtores não podem converter calor em energia de ligação química.

Por sua vez, muitos nutrientes circulam em um ecossistema. O ciclo começa quando produtores coletam hidrogênio, oxigênio e carbono de fontes inorgânicas, como ar e água. Eles também coletam nitrogênio dissolvido, fósforo e outros minerais necessários para a biossíntese. Nutrientes vão de produtores para os consumidores que os comem. Depois que um organismo morre, a decomposição devolve nutrientes para o ambiente, de onde produtores os coletam novamente.

Nem todos os nutrientes permanecem em um ecossistema; tipicamente, há ganhos e perdas. Íons minerais são acrescentados a um ecossistema quando processos de desgaste decompõem rochas e quando ventos sopram poeira rica em minerais de outros locais. Lixiviação e erosão do solo removem minerais. Ganhos e perdas de cada mineral tendem a se balancear com o tempo em um ecossistema saudável.

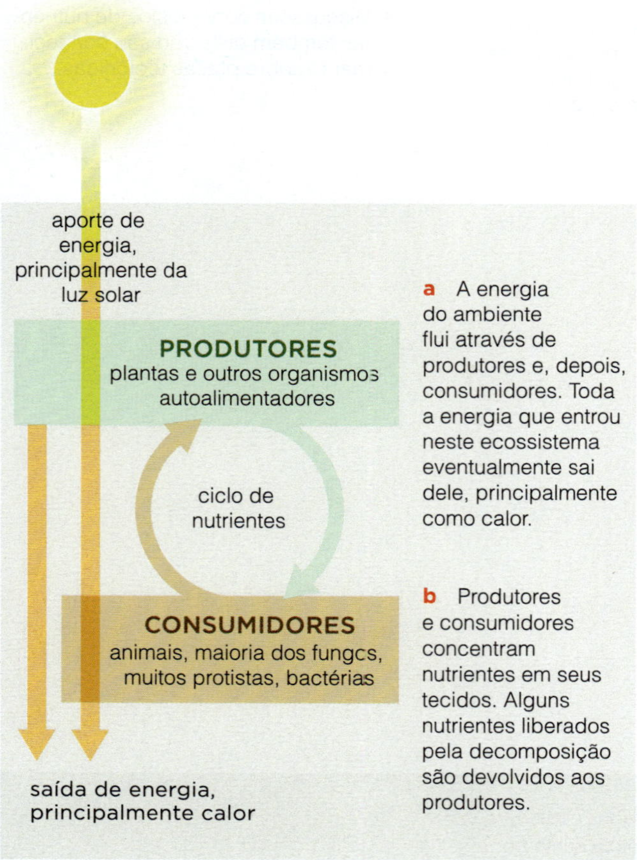

Estrutura trófica dos ecossistemas

Todos os organismos de um ecossistema participam de uma hierarquia de relações de alimentação chamada de **níveis tróficos** ("trof" significa nutrição). Quando um organismo come o outro, energia é transferida. Todos os organismos no mesmo nível trófico em um ecossistema estão à mesma "distância" em relação ao aporte de energia para aquele sistema.

---

aporte de energia, principalmente da luz solar

PRODUTORES
plantas e outros organismos autoalimentadores

ciclo de nutrientes

CONSUMIDORES
animais, maioria dos fungos, muitos protistas, bactérias

saída de energia, principalmente calor

a A energia do ambiente flui através de produtores e, depois, consumidores. Toda a energia que entrou neste ecossistema eventualmente sai dele, principalmente como calor.

b Produtores e consumidores concentram nutrientes em seus tecidos. Alguns nutrientes liberados pela decomposição são devolvidos aos produtores.

Figura 14.2 Modelo para ecossistemas em terra, nos quais o fluxo de energia começa com os autótrofos que capturam energia do Sol. A energia flui em uma única direção através do ecossistema. Nutrientes passam por um ciclo entre produtores e consumidores.

Figura 14.3 Exemplo de cadeia alimentar e níveis tróficos correspondentes em prado de gramíneas altas no Kansas.

Gavião — **Quarto Nível Trófico** carnívoro (consumidor de terceiro nível)

Pardal — **Terceiro Nível Trófico** carnívoro (consumidor de segundo nível)

Gafanhoto — **Segundo Nível Trófico** herbívoro (consumidor primário)

Gramínea *Andropogon girardii* — **Primeiro Nível Trófico** autótrofo (produtor primário)

Uma **cadeia alimentar** é uma sequência de passos pela qual energia capturada por produtores primários é transferida a organismos em níveis tróficos sucessivamente superiores. Por exemplo, gramíneas *Andropogon gerardii* e outras plantas são os principais produtores primários de um prado de gramíneas altas (Figura 14.3). Elas estão no primeiro nível trófico desse ecossistema. Em uma cadeia alimentar, a energia flui da *Andropogon gerardii* para gafanhotos, pardais e, finalmente, gaviões. Gafanhotos são os consumidores primários; eles estão no segundo nível trófico. Pardais que comem gafanhotos são consumidores de segundo nível e estão no terceiro nível trófico. Gaviões são consumidores de terceiro nível e estão no quarto nível trófico.

Em cada nível trófico, organismos interagem com os mesmos grupos de predadores, presas ou ambos. Onívoros se alimentam em vários níveis, portanto nós os dividiríamos em diferentes níveis ou os atribuiríamos um nível próprio.

Identificar uma cadeia alimentar é uma maneira simples de começar a pensar em quem come quem no ecossistema. Lembre que muitas espécies diferentes normalmente estão competindo por alimento de formas complexas. Produtores de prados de gramíneas altas (principalmente plantas com flores) alimentam mamíferos de pastagem e insetos herbívoros. Entretanto, muitas espécies mais interagem no prado de gramíneas altas e na maioria dos outros ecossistemas, especialmente em níveis tróficos inferiores. Diversas cadeias alimentares se conectam de forma cruzada – como teias alimentares – e este é o tópico da próxima seção.

Para pensar

Qual é a estrutura trófica de um ecossistema?

- Um ecossistema inclui uma comunidade de organismos que interagem com seu ambiente físico por um fluxo de energia unidirecional e um ciclo de materiais.
- Autótrofos utilizam uma fonte de energia ambiental e fazem seus próprios compostos orgânicos a partir de matérias-primas inorgânicas. Eles são os produtores primários do ecossistema.
- Autótrofos estão no primeiro nível trófico de uma cadeia alimentar, uma sequência linear de relações de alimentação que ocorre através de um ou mais níveis de heterótrofos, ou consumidores.

14.2 A natureza das teias alimentares

- Todas as teias alimentares consistem de múltiplas cadeias alimentares interconectadas. Ecólogos que estudaram teias e cadeias alimentares descobriram padrões de organização. Esses padrões refletem restrições ambientais e ineficiência na transferência de energia de um nível trófico para outro.

Cadeias alimentares interconectadas

Um diagrama de **teia alimentar** ilustra interações tróficas entre espécies em um sistema em particular. A Figura 14.4 dá uma pequena amostra dos participantes em uma teia alimentar ártica. Quase todas as teias alimentares incluem dois tipos de cadeias alimentares. Em uma **cadeia alimentar de pastagem**, a energia armazenada em tecidos de produtores flui para herbívoros, que tendem a ser animais relativamente grandes.

NÍVEIS TRÓFICOS SUPERIORES
Uma amostragem de carnívoros que se alimentam de herbívoros e uns dos outros

- humano (Inuk)
- lobo ártico
- raposa do ártico
- falcão-gerifalte
- coruja-das-neves
- arminho

SEGUNDO NÍVEL TRÓFICO
Principais consumidores primários (herbívoros)

- arganaz
- coelho polar

mosquito — pulga
Consumidores parasitas se alimentam em mais de um nível trófico.

PRIMEIRO NÍVEL TRÓFICO
Esta é apenas parte dos produtores primários.

- gramíneas, caniços
- *Saxifraga oppositifolia*
- salgueiro ártico

Detritívoros e Decompositores (nematódeos, anelídeos, insetos sapróbios, protistas, fungos, bactérias)

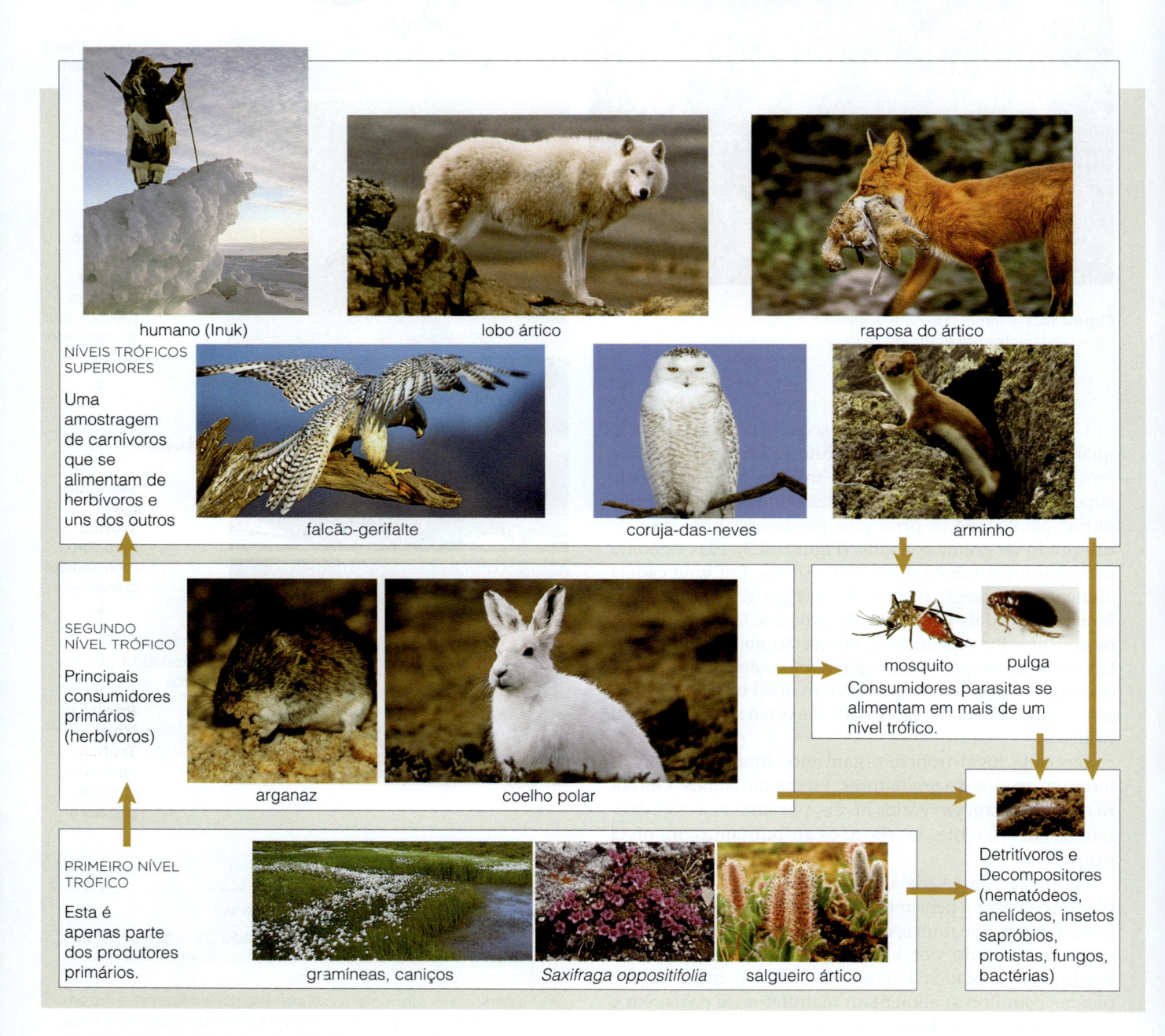

Figura 14.4 Uma amostragem muito pequena de organismos em uma teia alimentar ártica em terra.

Figura 14.5 Modelo computadorizado para uma teia alimentar no East River Valley, Colorado. Esferas significam espécies. Suas cores identificam níveis tróficos, com produtores (em *vermelho*) na parte inferior e predadores (*amarelo*) no topo. As linhas conectoras engrossam, começando de uma espécie comida para a comedora.

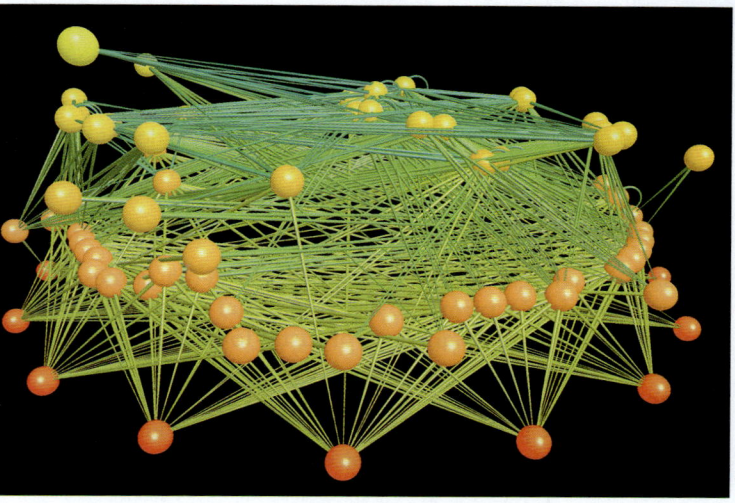

Em uma **cadeia alimentar detrital**, a energia nos produtores flui para os detritívoros, que tendem a ser animais menores, e para decompositores.

Na maioria dos ecossistemas terrestres, grande parte da energia armazenada nos tecidos de produtores atravessa cadeias alimentares detritais. Por exemplo, em um ecossistema ártico, animais de pastagem como arganazes, lemingues e lebres pastam algumas plantas. Entretanto, muito mais matéria vegetal se torna detrito. Pedaços de material vegetal morto sustentam detritívoros como nematódeos e insetos que vivem no solo, além de decompositores como bactérias do solo e fungos.

Cadeias alimentares de pastagem tendem a predominar em ecossistemas aquáticos. Zooplânctons (protistas heterotróficos e animais minúsculos que derivam ou nadam) consumem a maior parte do fitoplâncton. Uma quantidade menor de fitoplâncton termina no fundo do mar como detrito.

Cadeias alimentares detritais e de pastagem se interconectam para formar a teia alimentar geral. Por exemplo, animais em níveis tróficos superiores frequentemente comem animais de pastagem e detritívoros. Além disso, depois que animais de pastagem morrem, a energia em seus tecidos flui para detritívoros e decompositores.

Quantas transferências?

Quando ecólogos olharam para teias alimentares de diversos ecossistemas, descobriram alguns padrões comuns. Por exemplo, a energia capturada pelos produtores normalmente não atravessa mais de quatro ou cinco níveis tróficos. Até em ecossistemas com muitas espécies, o número de transferências é limitado. Lembre que transferências de energia não são tão eficientes assim. Perdas de energia limitam o comprimento de uma cadeia alimentar.

Estudos de campo e simulações em computador de ecossistemas alimentares aquáticos e terrestres revelam mais padrões. Cadeias alimentares tendem a ser mais curtas em *habitats* nos quais as condições variam amplamente com o tempo. Cadeias tendem a ser mais longas em *habitats* estáveis, como as profundezas do oceano. As teias mais complexas tendem a ter uma grande variedade de herbívoros, como em savanas. Por comparação, as teias alimentares com menos conexões tendem a ter mais carnívoros.

Diagramas de teias alimentares ajudam os ecólogos a prever como os ecossistemas reagirão a mudanças. Neo Martinez e seus colegas construíram a teia mostrada na Figura 14.5. Ao comparar diferentes teias alimentares, eles perceberam que interações tróficas conectam espécies mais proximamente do que as pessoas pensavam. Em média, cada espécie, em qualquer teia alimentar, estava a dois elos de distância de todas as outras espécies. Noventa e cinco por cento das espécies estavam a menos de três elos uma da outra, mesmo em grandes comunidades com muitas espécies. Como Martinez concluiu em um trabalho que discutia seus achados, "Tudo está ligado a tudo." Ele advertiu que a extinção de qualquer espécie em uma teia alimentar possa ter impacto em muitas outras espécies.

Para pensar

Como o fluxo de energia afeta cadeias e teias alimentares?

- Tecidos de plantas vivas e outros produtores são a base para cadeias alimentares de pastagem. Restos de produtores são a base para teias alimentares detritais.
- Quase todos os ecossistemas incluem cadeias alimentares de pastagem e detritais que se interconectam como a teia alimentar do sistema.
- As perdas de energia cumulativas das transferências de energia entre níveis tróficos limitam o comprimento de cadeias alimentares.
- Mesmo quando um ecossistema tem muitas espécies, interações tróficas unem cada espécie a muitas outras.

14.3 Fluxo de energia através de ecossistemas

- Produtores primários capturam energia e coletam nutrientes, que então vão para outros níveis tróficos.

Captura e armazenamento de energia

O fluxo de energia através de um ecossistema começa com a **produção primária**: a taxa na qual produtores (mais frequentemente plantas ou protistas fotossintéticos) capturam e armazenam energia. A quantidade de energia capturada por todos os produtores no ecossistema é definida como a produção primária bruta do sistema. A porção de energia que os produtores investem no crescimento e na reprodução (em vez de na manutenção) é a produção primária líquida.

Fatores como temperatura e disponibilidade de água e nutrientes afetam o crescimento dos produtores e, assim,

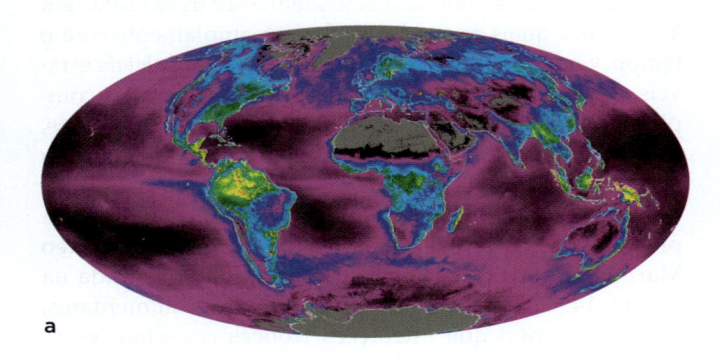

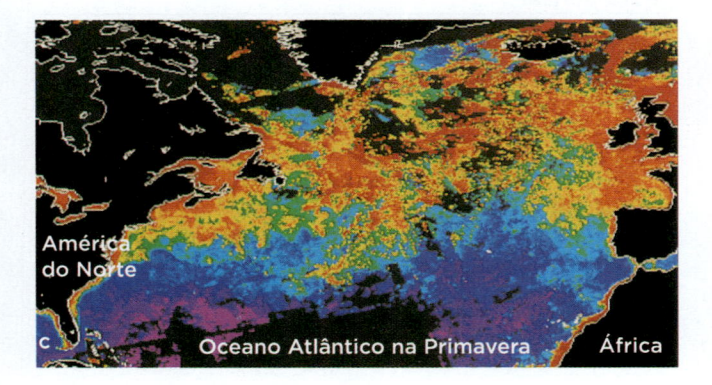

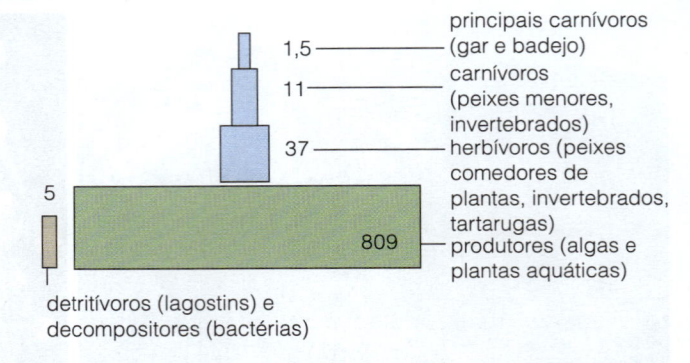

Figura 14.7 Biomassa (em gramas por metro quadrado) para Silver Springs, um ecossistema de água doce na Flórida. Neste sistema, produtores primários compõem grande parte da biomassa.

- 1,5 — principais carnívoros (gar e badejo)
- 11 — carnívoros (peixes menores, invertebrados)
- 37 — herbívoros (peixes comedores de plantas, invertebrados, tartarugas)
- 809 — produtores (algas e plantas aquáticas)
- 5 — detritívoros (lagostins) e decompositores (bactérias)

influenciam a produção primária. Como resultado, a produção primária varia entre *habitats* e também pode variar sazonalmente (Figura 14.6). Por área unitária, a produção primária em terra tende a ser maior que a nos oceanos. Entretanto, como os oceanos cobrem cerca de 70% da superfície da Terra, contribuem com quase metade da produtividade primária líquida global.

Pirâmides ecológicas

Ecólogos frequentemente representam a estrutura trófica de um ecossistema na forma de pirâmides ecológicas. Em tais diagramas, produtores primários formam coletivamente uma base para camadas sucessivas de consumidores acima deles. Uma **pirâmide de biomassa** ilustra o peso seco de todos os organismos em cada nível trófico de um ecossistema. A Figura 14.7 mostra a pirâmide de biomassa para Silver Springs, um ecossistema aquático na Flórida.

Comumente, produtores primários compõem a maior parte da biomassa em uma pirâmide, e os principais carnívoros contribuem com pouca biomassa. Se você visitasse Silver Springs, veria muitas plantas aquáticas, mas pouquíssimos *gars*, ou peixes boca de jacaré (o principal predador neste ecossistema). Da mesma forma, ao atravessar um prado, você veria mais gramíneas do que gaviões.

Entretanto, se produtores são pequenos e se reproduzem rapidamente, uma pirâmide de biomassa pode ter sua camada menor na parte inferior. Por exemplo, produtores em mar aberto são protistas unicelulares que dedicam mais energia do que coletam à reprodução rápida, em vez de à construção de um corpo grande.

Figura 14.6 Produtividade primária. (**a**) Resumo de dados de satélite sobre a produção primária líquida em 2002. A produtividade tem código *vermelho* (mais alta) e cai para *laranja*, *amarelo*, *verde*, *azul* e *roxo* (mais baixa). (**b**,**c**) Dados de satélite mostrando mudanças sazonais na produtividade primária líquida para o norte do Oceano Atlântico.

Eles são comidos tão rapidamente quanto se reproduzem, então uma biomassa menor de fitoplânctons pode suportar uma biomassa maior de zooplâncton e organismos que se alimentam no fundo do mar.

Uma **pirâmide de energia** ilustra como a quantidade de energia usável diminui enquanto é transferida através de um ecossistema. A energia da luz do sol é capturada na base (produtores primários) e declina nos níveis sucessivos até o ápice (principais carnívoros). Pirâmides de energia sempre estão com sua camada mais larga na parte inferior. Tais pirâmides mostram o fluxo de energia por unidade de água (ou terra) por unidade de tempo. A Figura 14.8 mostra a pirâmide de energia para o ecossistema de Silver Springs e o fluxo de energia que essa pirâmide representa.

Eficiência ecológica

Entre 5% e 30% da energia nos tecidos dos organismos em um nível trófico terminam nos tecidos daqueles no nível trófico seguinte. Vários fatores influenciam a eficiência de transferência. Primeiro, nem toda energia coletada por consumidores é utilizada para construir biomassa. Uma parte é perdida como calor metabólico. Segundo, nem toda biomassa pode ser digerida pela maioria dos consumidores. Poucos herbívoros têm a capacidade de decompor a lignina e a celulose que reforçam corpos da maioria das plantas terrestres.

Da mesma forma, muitos animais têm alguma biomassa "presa" em um esqueleto interno ou externo. Pelos, penas e cabelos fazem parte da biomassa difícil de digerir. A eficiência ecológica de transferências de energia normalmente é maior em ecossistemas aquáticos do que em terra. Algas não têm lignina e, assim, são mais facilmente digeridas do que plantas terrestres. Além disso, ecossistemas aquáticos normalmente têm uma proporção maior de ectotermos (animais de sangue frio), como peixes, do que ecossistemas terrestres. Ectotermos perdem menos energia como calor do que endotermos (animais de sangue quente), portanto mais energia é transferida para o nível seguinte. Maiores eficiências de transferência permitem cadeias alimentares mais longas.

Para pensar

Como a energia flui através de ecossistemas?

- Produtores primários capturam energia e a convertem em biomassa. Medimos este processo como produção primária.
- Uma pirâmide de biomassa mostra o peso seco dos organismos em cada nível trófico de um ecossistema. Sua camada maior é normalmente de produtores, mas a pirâmide para alguns sistemas aquáticos é invertida.
- Uma pirâmide de energia mostra a quantidade de energia que entra em cada nível. Sua camada maior sempre está na parte inferior (produtores).
- A eficiência das transferências tende a ser maior em sistemas aquáticos, onde produtores primários normalmente não têm lignina e os consumidores tendem a ser ectotermos.

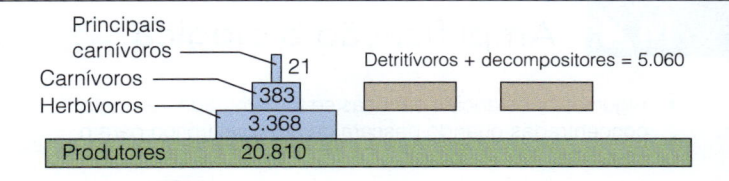

---

a Pirâmide de energia para o ecossistema de Silver Springs. O tamanho de cada degrau da pirâmide representa a quantidade de energia que entra naquele nível trófico anualmente, como mostrado detalhadamente a seguir.

Principais carnívoros — 21
Carnívoros — 383
Herbívoros — 3.368
Produtores — 20.810
Detritívoros + decompositores = 5.060

b A cada ano, 1.700.000 kcal de energia solar recaem em cada metro quadrado do ecossistema de Silver Springs.

c 98,8% desta energia que entra não é capturada pelos produtores. 1.679.190 (98,8%)

Aporte de Energia: 1.700.000 kcal por metro quadrado por ano

Fluxo de energia através de componentes vivos: 20.810 (1,2%)

d Os produtores coletam 20.810 kcal de energia, mas transferem apenas 3.368 kcal para herbívoros. O restante é perdido como calor ou termina em detritos e resíduos.

	Energia em resíduos, restos	Fluxo de energia para o próximo nível trófico	Energia perdida como calor ou para o fluxo a jusante
Produtores → Herbívoros	4.245	3.368	13.197
Herbívoros → Carnívoros	720	383	2.265
Carnívoros → Principais carnívoros	90	21	272
Principais carnívoros → Detritívoros e decompositores	5		16

Detritívoros e decompositores: 5.060

e Com cada transferência subsequente, apenas uma pequena fração da energia atinge o nível trófico seguinte.

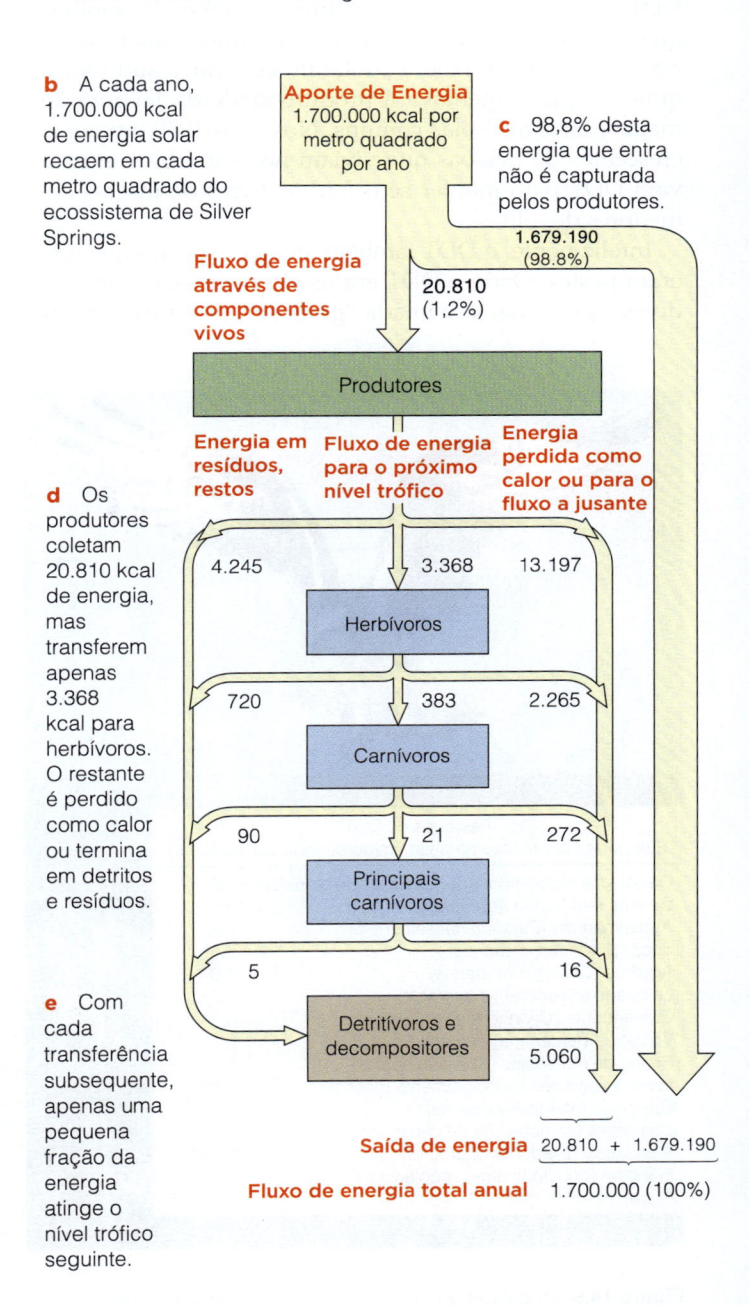

Saída de energia: 20.810 + 1.679.190
Fluxo de energia total anual: 1.700.000 (100%)

Figura 14.8 Fluxo de energia anual em Silver Springs medido em quilocalorias (kcal) por metro quadrado por ano. **Resolva:** Qual porcentagem de energia os carnívoros receberam dos herbívoros e foi passada posteriormente para carnívoros superiores?

Resposta: 21/383 × 100 = 5,5%.

14.4 Amplificação biológica

- Algumas substâncias danosas se tornam cada vez mais concentradas quando passam de um nível trófico para o seguinte.

DDT e Silent Spring O pesticida sintético dicloro-difenil-tricloroetano, ou DDT, foi inventado no final do século XIX e foi muito utilizado na década de 1940. A aspersão de DDT salvou a vida de muitos humanos ao matar piolhos que espalhavam tifo e mosquitos que transmitiam malária. Fazendeiros também adotaram essa nova substância química que aumentava a produtividade da lavoura ao matar pestes agrícolas comuns. Nos anos 1950, números crescentes de pessoas que viviam nos subúrbios utilizavam DDT para manter seus jardins livres de insetos comedores de folhas.

Infelizmente, o DDT também afetava espécies que não eram pestes. Onde o DDT era usado para controlar uma doença por fungos chamada "grafiose", pássaros canoros morriam. Em florestas aspergidas para matar larvas de insetos, o DDT penetrava nos rios e matava peixes.

Rachel Carson, que havia trabalhado para o Fish and Wildlife Service dos Estados Unidos, começou a compilar informações sobre os efeitos danosos do uso de pesticidas. Ela publicou seus achados em 1962 no livro *Silent Spring*. O público aceitou as ideias de Carson, mas a indústria de pesticidas armou uma campanha para desacreditá-la. Na época, Carson lutava contra um câncer de mama em estágio terminal. Mesmo assim, defendeu sua posição vigorosamente até morrer, em 1964.

Depois da morte de Carson, o estudo sobre o impacto do DDT aumentou. Pesquisadores demonstraram que o DDT, como outras substâncias químicas sintéticas, sofre amplificação biológica. Por este processo, uma substância química que se degrada lentamente ou não se degrada fica cada vez mais concentrada em tecidos de organismos enquanto ascende em uma cadeia alimentar (Figura 14.9). Em aves carnívoras, como águias-marinhas, pelicanos marrons, águias carecas e falcões peregrinos, altos níveis de DDT fragilizam os ovos, fazendo o tamanho das populações despencar.

Reconhecendo os efeitos ecológicos do DDT, os Estados Unidos baniram seu uso e exportação. Populações de aves predatórias nesse país se recuperaram. Alguns países ainda utilizam DDT para combater mosquitos transmissores de malária, mas a aplicação é limitada à aspersão em ambientes fechados.

Até esse uso é polêmico; algumas pessoas gostariam de ver uma proibição mundial a essa substância química. Além das preocupações ambientais, elas citam estudos que indicam que a exposição materna a DDT durante a gravidez pode causar mortes prematuras e afeta o desenvolvimento mental da criança.

A ameaça do mercúrio As aves sofreram muito com os efeitos do DDT, mas peixes recebem destaque quando se trata de poluição por mercúrio. Usinas que queimam carvão e alguns processos industriais colocam mercúrio no ar, depois a chuva o lava para os *habitats* aquáticos. Em algumas regiões, rolamento de minas abandonadas ou em operação também contribui para o mercúrio na água.

Como o DDT, mercúrio se acumula enquanto sobe pelas cadeias alimentares. O mercúrio afeta negativamente o desenvolvimento do sistema nervoso humano, portanto crianças e mulheres grávidas ou amamentando não devem comer peixes contaminados. Tubarões, peixes-espada, cavalinhas e malacantídeos são os mais arriscados. Você também deve evitar esses peixes, que podem estar contaminados com mercúrio, se está pensando em engravidar no futuro próximo. Quando o mercúrio se deposita em seus tecidos, pode demorar um ano para seu corpo se livrar dele.

Todos devem evitar fazer de peixes com possível alto teor de mercúrio uma grande parte de sua dieta. Você pode receber os benefícios de peixes à saúde ao escolher outras espécies com menos mercúrio. Por exemplo, lampreia, salmão, sardinha, badejo e atum light enlatado são boas opções. Se você pesca e planeja comer o que pescou, consulte as advertências locais quanto a contaminantes.

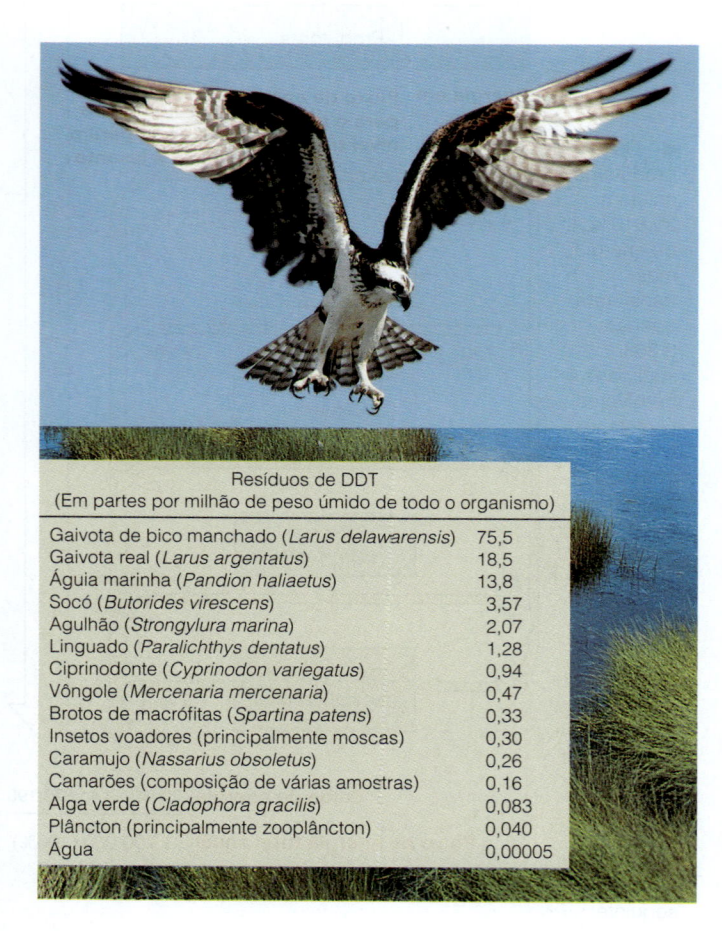

Resíduos de DDT (Em partes por milhão de peso úmido de todo o organismo)	
Gaivota de bico manchado (*Larus delawarensis*)	75,5
Gaivota real (*Larus argentatus*)	18,5
Águia marinha (*Pandion haliaetus*)	13,8
Socó (*Butorides virescens*)	3,57
Agulhão (*Strongylura marina*)	2,07
Linguado (*Paralichthys dentatus*)	1,28
Ciprinodonte (*Cyprinodon variegatus*)	0,94
Vôngole (*Mercenaria mercenaria*)	0,47
Brotos de macrófitas (*Spartina patens*)	0,33
Insetos voadores (principalmente moscas)	0,30
Caramujo (*Nassarius obsoletus*)	0,26
Camarões (composição de várias amostras)	0,16
Alga verde (*Cladophora gracilis*)	0,083
Plâncton (principalmente zooplâncton)	0,040
Água	0,00005

Figura 14.9 Amplificação biológica em um estuário em Long Island, Nova York, como relatado em 1967 por George Woodwell, Charles Wurster e Peter Isaacson. Os efeitos do DDT variam entre as espécies. Águias marinhas como a da foto acima são altamente sensíveis. A 4 ppm de DDT, os ovos de águias marinhas são frágeis e provavelmente não chocarão. Gaivotas toleram doses muito mais altas de DDT sem efeitos sobre a casca do ovo.

14.5 Ciclos biogeoquímicos

- Nutrientes vão de reservatórios ambientais não vivos para organismos vivos e voltam para esses reservatórios.

Em um **ciclo biogeoquímico**, um elemento essencial sai de um ou mais reservatórios ambientais não vivos, atravessa organismos vivos e volta para os reservatórios (Figura 14.10). Oxigênio, hidrogênio, carbono, nitrogênio e fósforo são alguns dos elementos essenciais a todas as formas de vida. Chamamos esses e outros elementos necessários de nutrientes.

Dependendo do elemento, reservatórios ambientais podem incluir as rochas e sedimentos da Terra, águas e atmosfera. Processos químicos e geológicos movem elementos de e para esses reservatórios. Por exemplo, elementos que estavam presos em rochas se tornam parte da atmosfera como resultado de atividade vulcânica. O soerguimento eleva rochas onde elas são expostas a forças erosivas de vento e chuva. As rochas se dissolvem lentamente; elementos nelas entram em rios e, eventualmente, em mares.

Elementos entram na parte viva de um ecossistema através de produtores primários. Organismos fotossintéticos coletam íons essenciais dissolvidos na água. Plantas terrestres também coletam dióxido de carbono do ar.

Algumas bactérias fixam gás nitrogênio. Sua ação disponibiliza este nutriente para os produtores. Nutrientes atravessam teias alimentares quando organismos comem um ao outro. Fungos e procariontes aceleram o ciclo de nutrientes dentro de um ecossistema ao decompor restos e resíduos de outros organismos, para que elementos que estavam presos a esses materiais sejam disponibilizados novamente aos produtores primários.

As próximas seções descrevem os quatro ciclos biogeoquímicos que afetam os elementos mais abundantes em organismos vivos. No ciclo da água, o oxigênio e o hidrogênio se movem em escala global como parte de moléculas de água. Em ciclos atmosféricos, uma forma gasosa de um nutriente como carbono ou nitrogênio atravessa ecossistemas. Um nutriente que não ocorre frequentemente, como o gás fósforo, move-se em ciclos sedimentários. Tais nutrientes se acumulam no fundo do mar e, depois, voltam à terra por movimentos lentos da crosta terrestre.

Para pensar

O que são ciclos biogeoquímicos?

- Ciclos biogeoquímicos descrevem o fluxo contínuo de nutrientes entre reservatórios ambientais não vivos e organismos vivos.
- Procariontes desempenham um papel crucial em transferências entre partes vivas e não vivas do ciclo.
- Elementos que ocorrem em gases atravessam ciclos atmosféricos. Elementos que normalmente não ocorrem como um gás se movem em ciclos sedimentares.

Figura 14.10 Ciclo bioquímico generalizado. Em tais ciclos, um nutriente se move entre reservatórios ambientais não vivos, entra e sai da parte viva de um ecossistema. Para todos os nutrientes, a parte presa em reservatórios ambientais excede muito a quantidade em organismos vivos.

14.6 Ciclo da água

- Todos os organismos são majoritariamente água e o ciclo desse recurso essencial tem implicações para toda vida.

Como e onde a água se movimenta

O oceano contém a maior parte da água da Terra (Tabela 14.1). Como a Figura 14.11 mostra, no **ciclo da água**, ela se move entre a atmosfera, os oceanos e reservatórios ambientais em terra. A energia da luz solar orienta a evaporação, a conversão de água de forma líquida em vapor. A transpiração é a evaporação de água de partes de plantas. Em camadas altas e frias da atmosfera, a condensação de vapor de água em gotas origina as nuvens. Mais tarde, nuvens liberam água como precipitação – chuva, neve ou granizo.

Uma **vertente** é uma área na qual toda a precipitação é drenada em um curso d'água específico. Ela pode ser pequena como um vale que alimenta uma corrente ou grande como a bacia do rio Mississippi, que cobre cerca de 41% da parte continental dos Estados Unidos.

A maior parte da precipitação que cai em uma vertente penetra no solo. Uma parte é coletada em **aquíferos**, camadas de rocha permeável que retêm água. **Lençol freático** é água no solo e aquíferos. Quando o solo fica saturado, a água se torna **rolamento**; flui sobre o solo e entra em correntezas.

A água que flui move nutrientes dissolvidos para uma vertente. Experimentos na vertente Hubbard Brook, em New Hampshire, ilustraram que a vegetação ajuda a desacelerar a perda de nutrientes. O desflorestamento experimental causou um aumento na perda de íons minerais (Figura 14.12).

Crise global da água

Nosso planeta tem muita água, mas a maior parte dela é salgada demais para beber ou usar na irrigação. Se a água da Terra enchesse uma banheira, a quantidade de água doce que poderia ser usada sustentavelmente em um ano encheria uma colher de chá. Da água doce que usamos, cerca de dois terços vão para a agricultura, mas a irrigação pode danificar o solo. Água encanada frequentemente tem alta concentração de sais.

Tabela 14.1 Reservatórios ambientais de água

Principais Reservatórios	Volume (10^3 km cúbicos)
Oceano	1.370.000
Gelo polar, geleiras	29.000
Lençol freático	4.000
Lagos, rios	230
Umidade do solo	67
Atmosfera (vapor d'água)	14

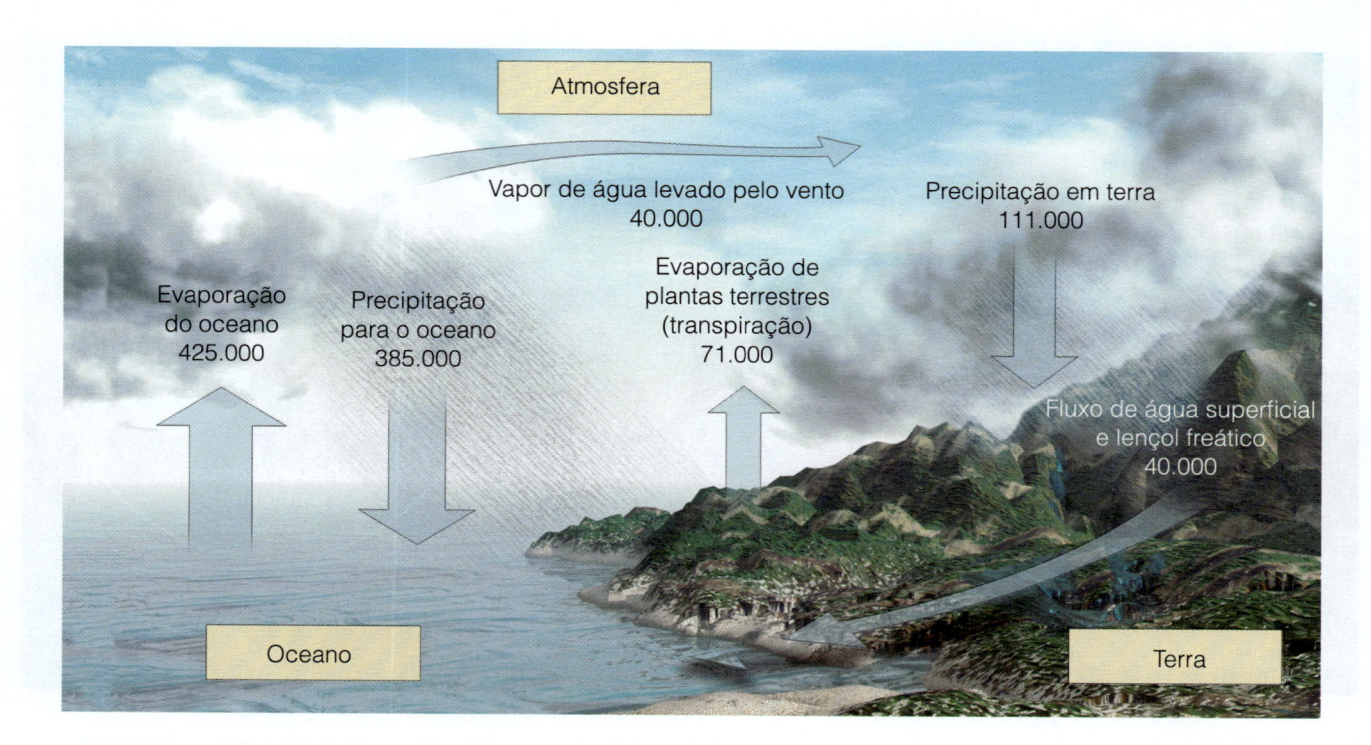

Figura 14.11 Ciclo da água. As setas identificam processos que movimentam água. Os números mostrados indicam as quantidades movidas, conforme medido em quilômetros cúbicos por ano.

- Atmosfera
- Vapor de água levado pelo vento 40.000
- Precipitação em terra 111.000
- Evaporação do oceano 425.000
- Precipitação para o oceano 385.000
- Evaporação de plantas terrestres (transpiração) 71.000
- Fluxo de água superficial e lençol freático 40.000
- Oceano
- Terra

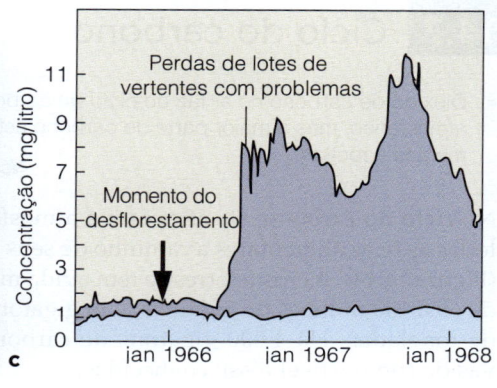

Figura 14.12 Vertente experimental de Hubbard Brook. (**a**) O rolamento nesta vertente é coletado por bacias de concreto para monitoramento fácil. (**b**) Este lote de terra ficou totalmente sem vegetação como um experimento. (**c**) Depois do desmatamento experimental, os níveis de cálcio no rolamento aumentaram seis vezes (*azul médio*). Um lote de controle na mesma vertente não mostrou aumento semelhante durante este período (*azul claro*).

A **salinização**, o acúmulo de sais minerais no solo, prejudica as plantas e diminui a lavoura.

O lençol freático fornece água potável para grande parte da população humana. A poluição desta água agora representa uma ameaça. Substâncias químicas que vazam de aterros, detritos perigosos e tanques de armazenamento subterrâneos frequentemente a contaminam. Diferentemente de rios e correntezas, que podem se recuperar facilmente, o lençol freático poluído é difícil e caro de limpar.

Retiradas excessivas de água também são comuns – água é retirada de aquíferos mais rapidamente do que os processos naturais a repõem. Quando água doce é retirada em excesso de um aquífero perto da costa, a água salgada entra e a substitui. A Figura 14.13 destaca regiões de depleção de aquíferos e intrusão de água salgada nos Estados Unidos.

Retiradas excessivas já acabaram com metade do aquífero Ogallala, que se estende de South Dakota ao Texas. Este aquífero fornece água de irrigação para cerca de 20% das lavouras do país. Nos últimos 30 anos, retiradas excederam a reposição por um fator de dez. O que acontecerá quando a água acabar?

Contaminantes como esgoto, resíduos animais e substâncias químicas agrícolas tornam água de rios e lagos imprópria para beber. Além disso, poluentes interrompem ecossistemas aquáticos e, em alguns casos, levam espécies vulneráveis à extinção.

A **dessalinização**, a retirada de sal da água do mar, pode ajudar a aumentar os suprimentos de água doce. Entretanto, o processo exige muito combustível fóssil. A dessalinização é viável principalmente na Arábia Saudita e outros lugares com populações pequenas e reservas de combustível muito grandes. Além disso, o processo produz montanhas de sais residuais que devem ser descartadas.

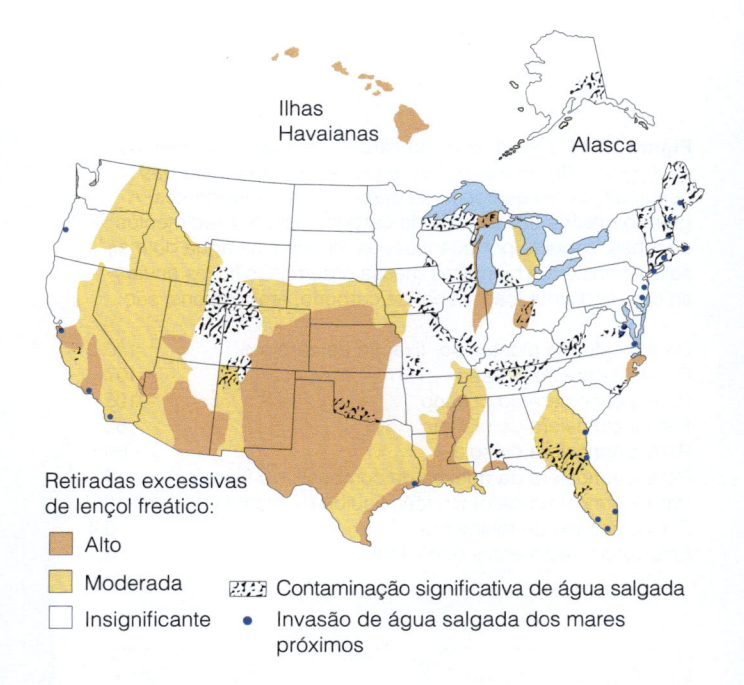

Figura 14.13 Problemas com lençol freático nos Estados Unidos.

Para pensar

Como é o ciclo da água e como os humanos afetam esse recurso?

- No ciclo da água, ela se move em escala global. Ela se move lentamente do oceano – o principal reservatório – através da atmosfera, para a terra e de volta ao oceano.
- Da água doce que as populações humanas usam, cerca de dois terços sustentam a agricultura.
- Aquíferos que fornecem uma boa parte da água potável do mundo estão ficando poluídos e esgotados.

14.7 Ciclo do carbono

- Dióxido de carbono no ar faz do ciclo de carbono um ciclo atmosférico, mas a maior parte do carbono está em sedimentos e rochas.

No **ciclo do carbono**, ele atravessa a atmosfera inferior e todas as teias alimentares a caminho de seus reservatórios (Figura 14.14). A crosta terrestre tem ainda mais carbono – de 66 a 100 milhões de gigatons. Um gigaton é um bilhão de toneladas. Há 4.000 gigatons de carbono nas reservas de combustível fóssil conhecidas.

Organismos contribuem para os depósitos de carbono na Terra. Protistas unicelulares como foraminíferos produzem carapaças ricas em carbonato de cálcio. Há centenas de milhões de anos, números incontáveis dessas células morreram, afundaram e foram enterrados em sedimentos no fundo do mar. O carbono em seus restos faz um ciclo lento, à medida que movimentos da crosta terrestre soerguem partes do fundo do mar, tornando-o parte de um ecossistema terrestre.

A maior parte do movimento anual de carbono ocorre entre o oceano e a atmosfera. O oceano contém 38 mil a 40 mil gigatons de carbono dissolvido, principalmente na forma de bicarbonato e íons carbonato. O ar contém cerca de 766 gigatons de carbono, principalmente em combinação com oxigênio na forma de dióxido de carbono (CO_2).

Em terra, os detritos no solo contêm 1.500 a 1.600 gigatons de carbono. Lamaçais de turfa e a camada congelada, uma camada de solo perpetuamente congelada sob regiões árticas, são grandes reservatórios. Outros 540 a 610 gigatons estão presentes na biomassa, ou tecidos de organismos.

As correntes oceânicas movem carbono das águas oceânicas superiores para reservatórios no fundo do mar. Dióxido de carbono entra em águas superficiais quentes e é convertido em bicarbonato. Então, os ventos e diferenças regionais na densidade orientam o fluxo de água marinha rica em bicarbonato em um loop gigante da superfície dos oceanos Pacífico e Atlântico até o fundo dos mares do Atlântico e Antártica. Aqui, o bicarbonato entra em reservatórios profundos e frios antes de a água subir novamente (Figura 14.15).

Figura 14.14 *Direita*, ciclo do carbono em (**a**) ecossistemas marinhos; e (**b**) ecossistemas terrestres. Caixas *douradas* destacam os reservatórios de carbono mais importantes. A grande maioria dos átomos de carbono está em sedimentos e rochas, seguida por quantidades menores na água do mar, solo, atmosfera e biomassa (nessa ordem). Os fluxos anuais típicos na distribuição global de carbono, em gigatons, são:

Da atmosfera a plantas por fixação de carbono	120
Da atmosfera ao oceano	107
Para a atmosfera do oceano	105
Para a atmosfera de plantas	60
Para a atmosfera do solo	60
Para a atmosfera da queima de combustíveis fósseis	5
Para a atmosfera da destruição líquida de plantas	2
Para o oceano de rolamento	0,4
Enterro em sedimentos oceânicos	0,1

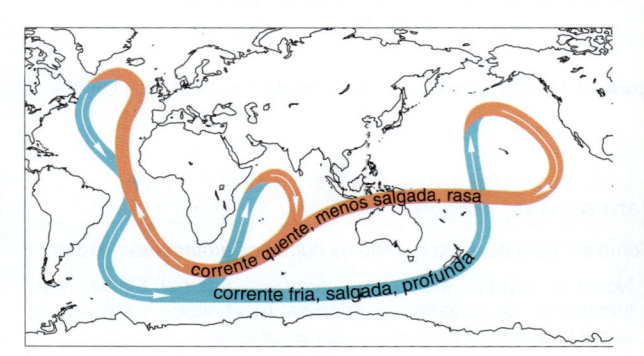

Figura 14.15 Loop que leva dióxido de carbono para o reservatório oceânico profundo. O loop afunda no Atlântico Norte frio e salgado. Ele levanta no Pacífico mais quente.

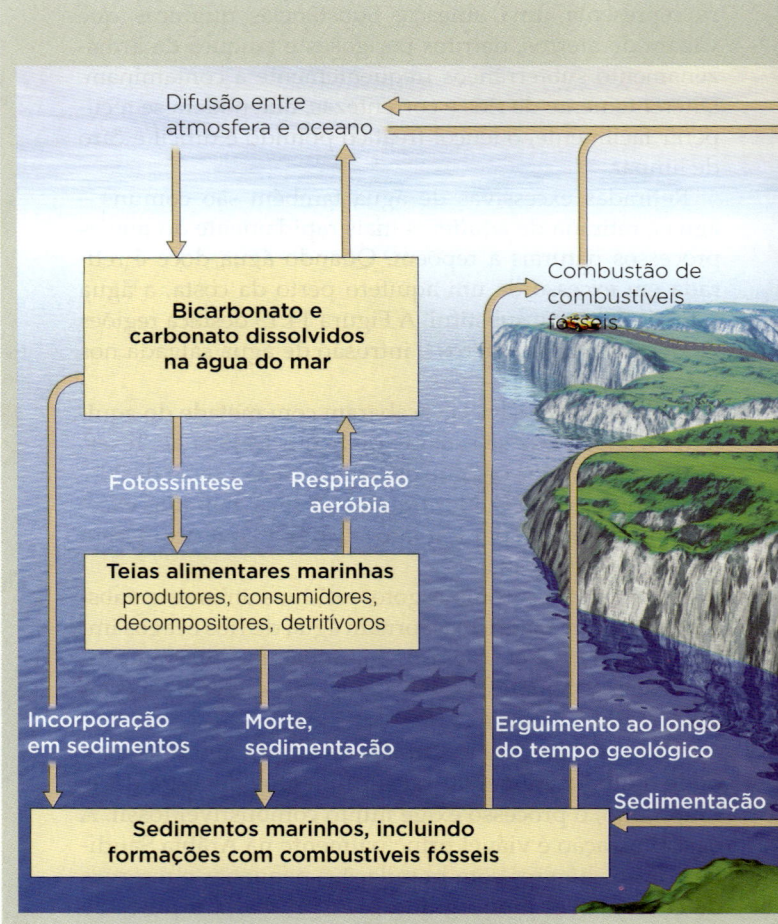

O armazenamento de carbono nas profundezas do oceano ajuda a amortecer qualquer efeito de curto prazo dos aumentos no carbono atmosférico.

Às vezes, biólogos se referem ao ciclo global de carbono na forma de dióxido de carbono e bicarbonato como ciclo de carbono-oxigênio. Plantas, fitoplânctons e algumas bactérias fixam carbono quando realizam fotossíntese. A cada ano, eles prendem bilhões de toneladas métricas de carbono em açúcares e outros compostos orgânicos. A quebra desses compostos pela respiração aeróbia libera dióxido de carbono no ar.

Mais dióxido de carbono escapa no ar quando combustíveis fósseis ou florestas queimam e quando vulcões entram em erupção. O tempo em que um ecossistema retém um determinado átomo de carbono varia. Material orgânico se decompõe rapidamente em florestas tropicais, portanto o carbono não se acumula na superfície do solo. Por sua vez, lamaçais e outros *habitats* anaeróbios não favorecem a decomposição, portanto material se acumula, como em lamaçais de turfa.

Humanos estão alterando o ciclo do carbono. A cada ano, retiramos de 4 a 5 gigatons de combustível fóssil de reservatórios ambientais. Nossas atividades colocam cerca de 6 gigatons mais carbonos no ar do que pode ser levado para reservatórios oceânicos por processos naturais. Apenas cerca de 2% do excesso de carbono que entra na atmosfera se dissolve em água do mar. O dióxido de carbono no ar prende o calor, portanto maiores produções dele podem ser um fator na mudança climática global. A próxima seção aborda essa possibilidade e algumas implicações ambientais.

Para pensar

O que é o ciclo do carbono?

- No ciclo do carbono-oxigênio, o carbono entra e sai de ecossistemas principalmente combinado com oxigênio, como em dióxido de carbono, bicarbonato e carbonato.
- A crosta terrestre é o maior reservatório de carbono, seguida pelo oceano. A maior parte do ciclo anual de carbono ocorre entre o oceano e a atmosfera.

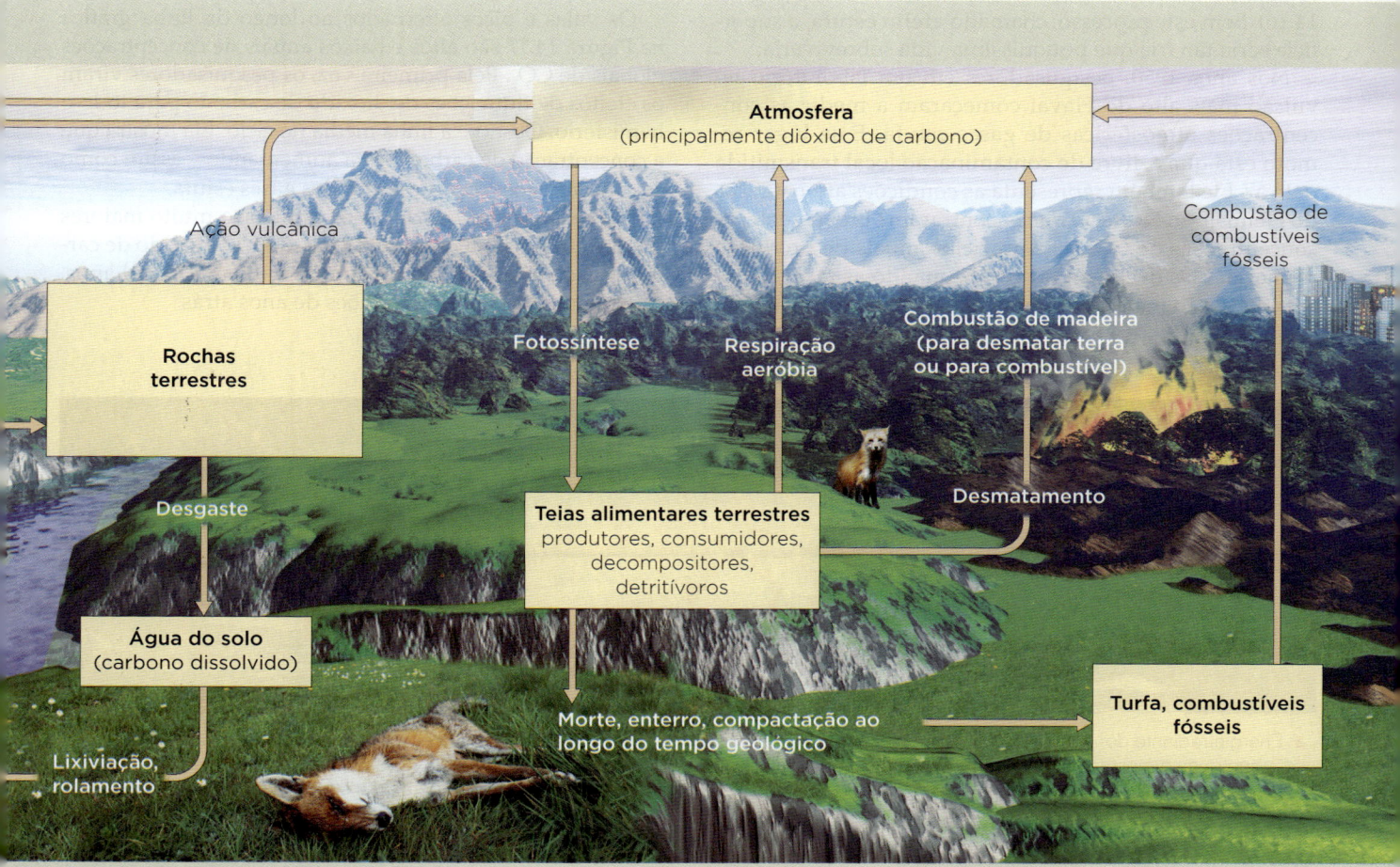

14.8 Gases estufa e mudança climática

- Concentrações de gases na atmosfera da Terra ajudam a determinar a temperatura próximo da superfície. Atividades humanas estão alterando as concentrações de gases e causando mudança climática.

Concentrações de várias moléculas gasosas influenciam profundamente a temperatura média da atmosfera perto da superfície da Terra. Essa temperatura, por sua vez, tem efeitos prolongados sobre climas globais e regionais.

Moléculas atmosféricas de dióxido de carbono, água, oxido nitroso, metano e clorofluorcarbono (CFCs) estão entre os principais itens nas interações que podem alterar as temperaturas globais. Coletivamente, os gases prendem calor como uma estufa – daí, o nome familiar "gases estufa".

Energia radiante do sol atravessa a atmosfera e é absorvida pela superfície da Terra. A energia aquece a superfície, o que significa que esta emite radiação infravermelha (calor). A energia infravermelha irradia de volta em direção ao espaço, mas os gases estufa na atmosfera interferem em seu progresso. Como? Os gases absorvem uma parte da energia infravermelha e, então, emitem uma parte dela de volta em direção à superfície da Terra (Figura 14.16). Sem este processo, chamado **efeito estufa**, a superfície seria tão fria que pouquíssima vida sobreviveria.

Nos anos 1950, pesquisadores em um laboratório no vulcão mais alto do Havaí começaram a medir as concentrações atmosféricas de gases estufa. Esse lugar remoto está quase livre de contaminação local transmitida pelo ar. Ele também representa as condições atmosféricas do Hemisfério Norte. O que encontraram? Brevemente, as concentrações de CO_2 seguem ciclos anuais de produção primária. Elas declinam no verão, quando as taxas de fotossíntese são mais altas. Aumentam no inverno, quando a fotossíntese declina, mas a respiração aeróbia e a fermentação continuam.

Os vales e picos alternados ao longo da linha gráfica na Figura 14.17 são altos e baixos anuais de concentrações globais de CO_2. Pela primeira vez, os pesquisadores viram os efeitos de flutuações de dióxido de carbono para todo o hemisfério. Observe a linha média no ciclo. Ela mostra que a concentração de carbono está aumentando – assim como as concentrações de outros grandes gases estufa.

Níveis atmosféricos de gases estufa são muito maiores do que eram na maior parte do passado. O dióxido de carbono pode estar em seu nível mais alto em 470 mil anos, possivelmente desde 20 milhões de anos atrás.

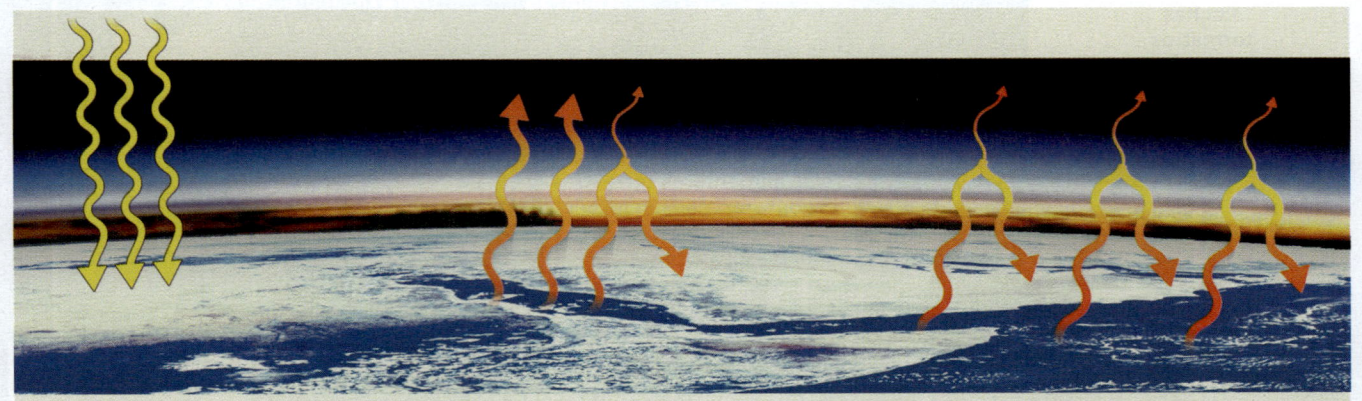

Figura 14.17 *Página oposta*, gráficos de aumentos recentes em quatro categorias de gases estufa atmosféricos. Um fator essencial é o número de veículos que queimam gasolina em grandes cidades. *Acima*, Cidade do México em uma manhã com névoa. Com 10 milhões de habitantes, é uma das maiores cidades do mundo.

a Energia radiante do sol penetra na atmosfera inferior e aquece a superfície da Terra.

b A superfície aquecida irradia calor (radiação infravermelha) de volta em direção ao espaço. Gases estufa absorvem uma parte da energia infravermelha e, então, emitem uma parte dela de volta em direção à Terra.

c Maiores concentrações de gases estufa prendem mais calor perto da superfície da Terra. As temperaturas superficiais do mar aumentam, então mais água evapora para a atmosfera. A temperatura da superfície da Terra aumenta.

Figura 14.16 Efeito estufa.

FOCO SOBRE O MEIO AMBIENTE

a Dióxido de carbono (CO_2). De todas as atividades humanas, a queima de combustíveis fósseis e o desmatamento contribuem mais para o aumento dos níveis atmosféricos.

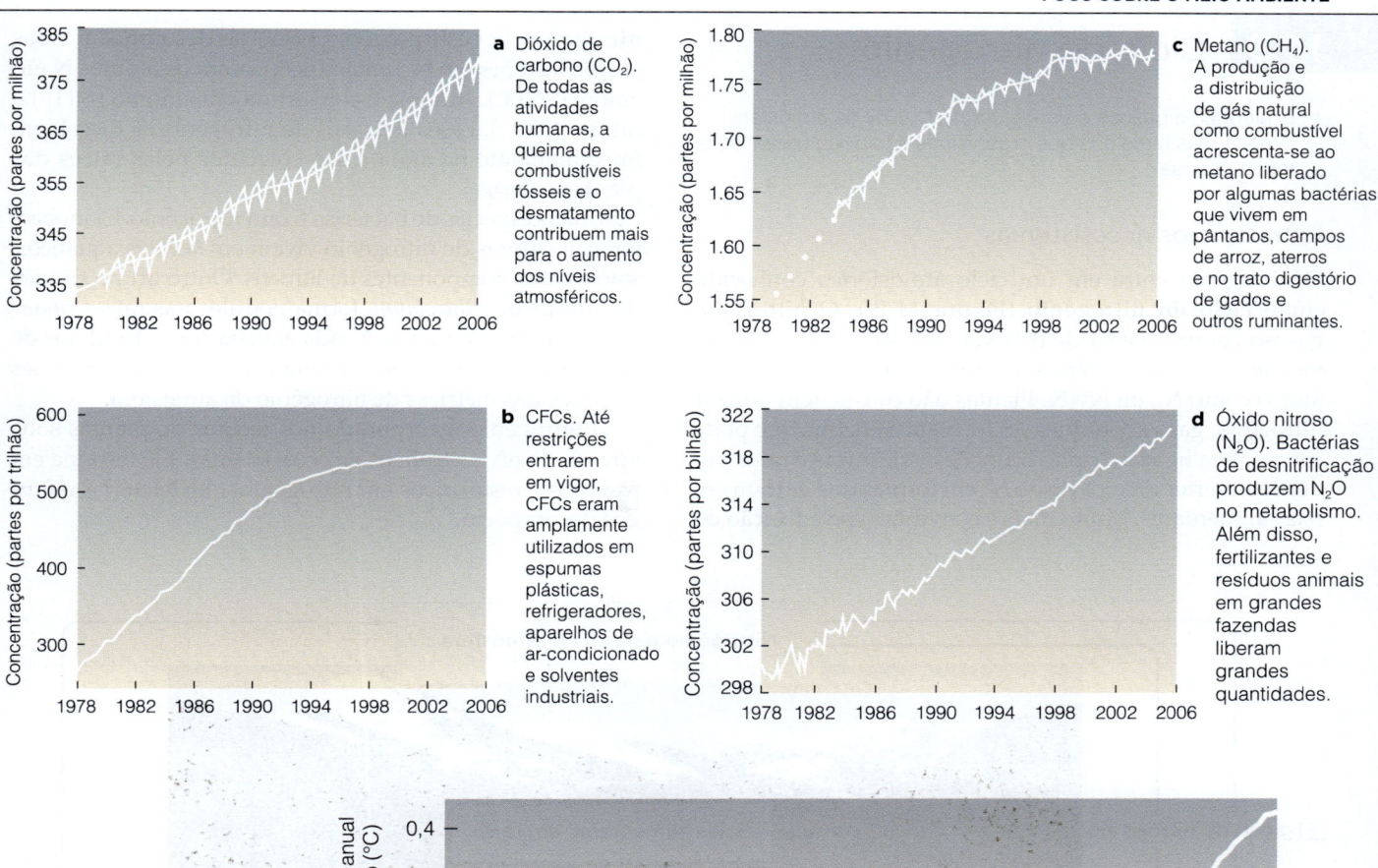

b CFCs. Até restrições entrarem em vigor, CFCs eram amplamente utilizados em espumas plásticas, refrigeradores, aparelhos de ar-condicionado e solventes industriais.

c Metano (CH_4). A produção e a distribuição de gás natural como combustível acrescenta-se ao metano liberado por algumas bactérias que vivem em pântanos, campos de arroz, aterros e no trato digestório de gados e outros ruminantes.

d Óxido nitroso (N_2O). Bactérias de desnitrificação produzem N_2O no metabolismo. Além disso, fertilizantes e resíduos animais em grandes fazendas liberam grandes quantidades.

Figura 14.18 Mudanças registradas na temperatura média global sobre terra e mar entre 1880 e 2005, dada como graus acima ou abaixo da temperatura média de 1960 a 1990.

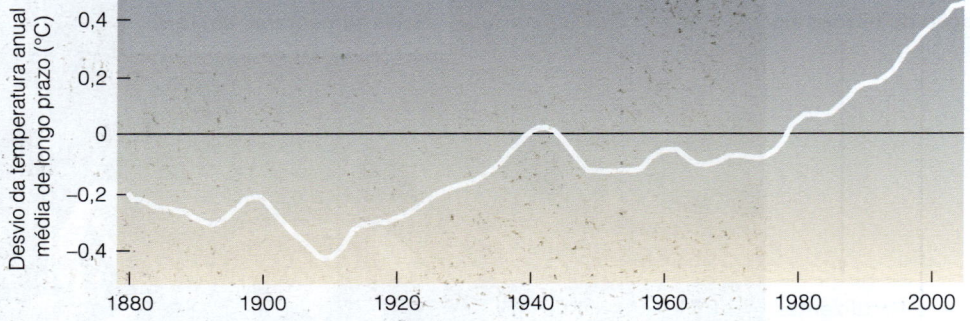

Há consenso científico de que atividades humanas – principalmente a queima de combustíveis fósseis – estão contribuindo significativamente para os aumentos atuais nos gases estufa. A grande preocupação é que o aumento possa ter consequências ambientais duradouras.

O aumento nos gases estufa pode ser um fator no aquecimento global, um aumento em longo prazo na temperatura perto da superfície da Terra (Figura 14.18). Nos últimos 30 anos, a temperatura superficial global aumentou a uma taxa mais rápida, em 1,8 °C por século. O aquecimento é mais dramático nas latitudes mais altas do Hemisfério Norte.

Dados de satélites, estações meteorológicas e balões, navios de pesquisa e programas computadorizados sugerem que algumas mudanças climáticas irreversíveis já estão a caminho. A água se expande à medida que é aquecida, e o aquecimento também derrete geleiras e outros gelos. Juntas, a expansão térmica e a adição de água derretida farão o nível do mar subir. No último século, o nível do mar pode ter subido até 20 cm e a taxa de aumento parece estar acelerando.

Cientistas esperam que aumentos contínuos de temperatura tenham efeitos prolongados sobre o clima. Uma taxa maior de evaporação alterará os padrões de chuva globais. Chuvas intensas e alagamentos provavelmente se tornarão mais frequentes em algumas regiões, enquanto secas aumentam em outras. Furacões provavelmente se tornarão mais intensos.

Vale a pena repetir: à medida que as investigações continuam, um objetivo essencial das pesquisas é investigar todas as variáveis em jogo. Com relação às consequências da mudança climática, a variável mais crucial pode ser a que não conhecemos.

14.9 Ciclo do nitrogênio

- O nitrogênio gasoso compõe cerca de 80% da atmosfera inferior, mas a maioria dos organismos não pode utilizá-lo na forma gasosa.

Entradas nos ecossistemas

O nitrogênio entra em um ciclo atmosférico conhecido como **ciclo do nitrogênio** (Figura 14.19). O nitrogênio gasoso compõe cerca de 80% da atmosfera. Ligações covalentes triplas mantêm seus dois átomos de nitrogênio juntos como N_2, ou $N\equiv N$. Plantas não conseguem utilizar nitrogênio gasoso porque não formam a enzima que pode romper sua ligação tripla. Erupções vulcânicas e raios podem converter uma parte do N_2 em formas que entram em teias alimentares. Muito mais é convertido pela **fixação de nitrogênio**. Por este processo, bactérias decompõem todas as três ligações em N_2, então incorporam os átomos N em amônia (NH_3). Amônia é convertida em amônio (NH_4^+) e nitrato (NO_3^-). Esses dois sais de nitrogênio se dissolvem imediatamente na água e são coletados pelas raízes das plantas.

Muitas espécies de bactérias fixam nitrogênio. Cianobactérias fixadoras de nitrogênio vivem em *habitats* aquáticos, solo e como componentes de liquens. Outro grupo fixador de nitrogênio, *Rhizobium*, forma nódulos nas raízes de ervilhas e outros legumes. A cada ano, bactérias fixadoras de nitrogênio coletivamente coletam cerca de 270 milhões de toneladas métricas de nitrogênio da atmosfera.

O nitrogênio incorporado nos tecidos de plantas sobe através de níveis tróficos de ecossistemas. Ele termina em resíduos e restos ricos em nitrogênio, que bactérias e fungos decompõem.

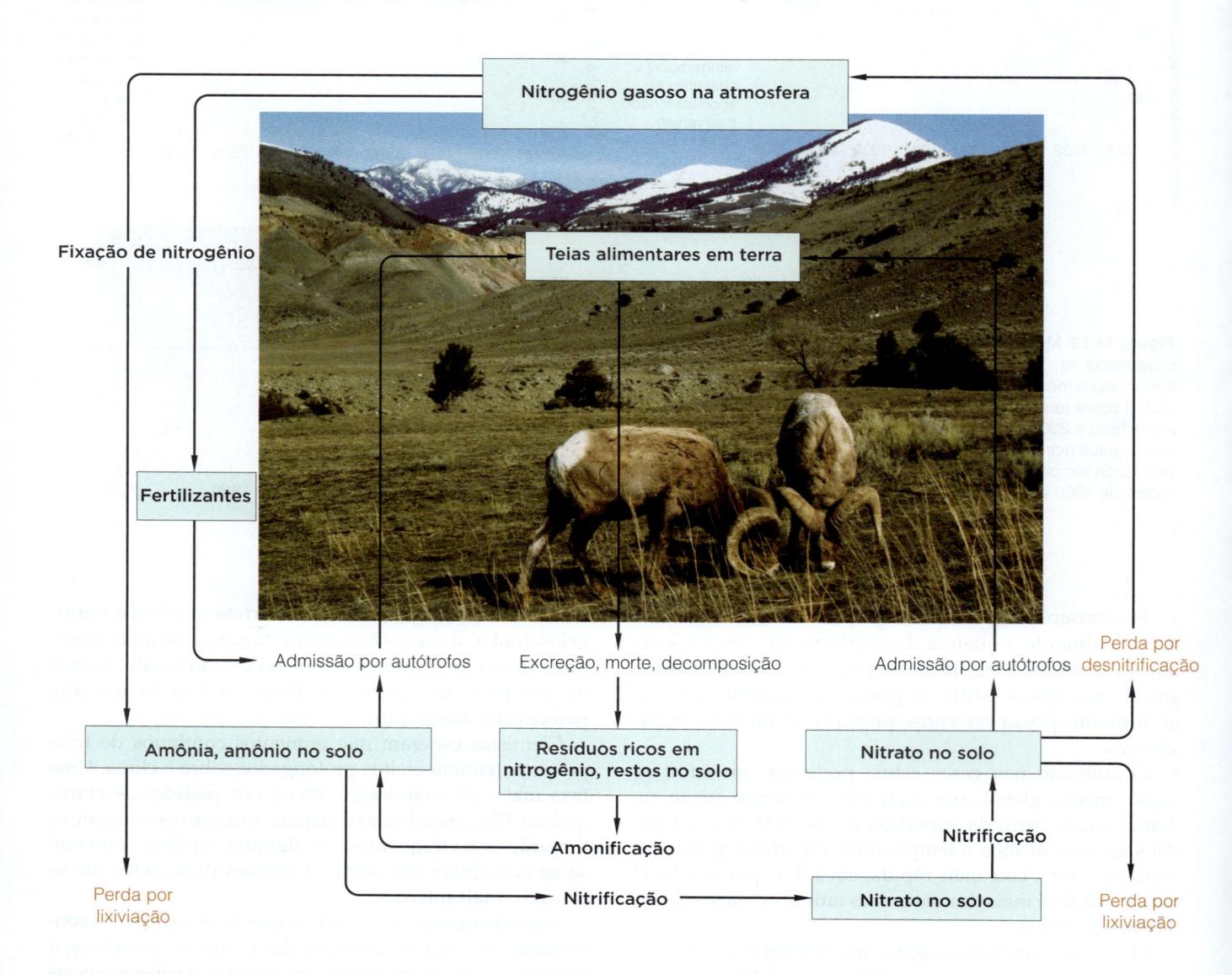

Figura 14.19 Ciclo do nitrogênio em um ecossistema em terra. O nitrogênio é disponibilizado para as plantas através das atividades de bactérias fixadoras. Outras espécies bacterianas circulam nitrogênio para as plantas. Elas decompõem resíduos orgânicos em amônio e nitratos.

Pelo processo de **amonificação**, tais organismos decompõem proteínas e outras moléculas que contêm nitrogênio e produzem amônio. Uma parte do produto amônio é liberada no solo, onde plantas e bactérias nitrificadoras a coletam. A **nitrificação** começa quando bactérias convertem amônio em nitrito (NO_2). Outras bactérias nitrificadoras, então, utilizam o nitrito em reações que terminam com a formação de nitrato. Nitrato, como amônio, pode ser coletado por raízes de plantas.

Perdas naturais de ecossistemas

Ecossistemas perdem nitrogênio por meio da **desnitrificação**. Por este processo, bactérias de desnitrificação convertem nitrato ou nitrito em nitrogênio gasoso ou óxido de nitrogênio (NO_2). Bactérias de desnitrificação tipicamente são anaeróbias e vivem em solos alagados e sedimentos aquáticos. Amônio, nitrito e nitrato também são perdidos de um ecossistema terrestre em rolamento e por lixiviação, que é a remoção de alguns nutrientes à medida que água desce pelo solo. Rolamento rico em nitrogênio entra em correntezas e outros ecossistemas aquáticos.

Interrupções por atividades humanas

O desflorestamento e a conversão de savanas em fazendas também causam perdas de nitrogênio em um ecossistema. Com os desmatamentos e colheitas, o nitrogênio armazenado no tecido de plantas é removido do ambiente. A remoção de plantas também torna o solo mais vulnerável a erosão e lixiviação.

Fazendeiros podem combater a depleção de nitrogênio ao fazer plantio rotativo. Por exemplo, plantam milho e soja no mesmo espaço em anos alternados. Bactérias fixadoras de nitrogênio que se associam a leguminosas, como a soja, adicionam nitrogênio ao solo.

Em países desenvolvidos, a maioria dos fazendeiros também espalha fertilizantes ricos em nitrogênio sintético. Temperatura e pressão altas convertem gases nitrogênio e hidrogênio em fertilizantes de amônia. Embora os fertilizantes fabricados melhorem a produtividade das lavouras, também modificam a química do solo. A adição de amônio ao solo aumenta a concentração de íons hidrogênio e também nitrogênio.

A alta acidez estimula a troca de íons. Íons nutrientes ligados a partículas de solo são substituídos por íons hidrogênio. Como resultado, íons cálcio e magnésio necessários para o crescimento das plantas são lavados na água do solo. A queima de combustível fóssil em usinas elétricas e por veículos libera óxidos de nitrogênio. Esses gases contribuem para o aquecimento global e a chuva ácida. Ventos frequentemente carregam poluentes gasosos para longe de suas origens.

De acordo com algumas estimativas, poluentes nos ventos que sopram para dentro do parque nacional Great Smoky Mountains aumentaram a quantidade de nitrogênio no solo em seis vezes (Figura 14.20). O nitrogênio na chuva ácida pode ter os mesmos efeitos do uso de fertilizantes manufaturados. Diferentes espécies de plantas reagem de formas diferentes ao maior nível de nitrogênio. Mudanças no nitrogênio do solo interrompem o equilíbrio entre espécies concorrentes em uma comunidade, fazendo a diversidade declinar. O impacto pode ser especialmente pronunciado em florestas de altitude ou em altas latitudes, onde solos tendem a ser naturalmente pobres em nitrogênio.

Figura 14.20 Árvores mortas e moribundas no parque nacional Great Smoky Mountains. As florestas estão entre as vitimas de óxidos de nitrogênio e outras formas de poluição do ar.

Algumas atividades humanas interrompem ecossistemas aquáticos pelo enriquecimento de nitrogênio. Por exemplo, cerca de metade do nitrogênio em fertilizantes aplicados nos campos rola para rios, lagos e estuários. Mais nitrogênio entra na água nos esgotos de cidades e em resíduos animais. Como resultado, os aportes de nitrogênio promovem proliferações de algas. O fósforo nos fertilizantes tem os mesmos efeitos negativos, como explicado na próxima seção.

> **Para pensar**
>
> *O que é o ciclo do nitrogênio?*
>
> - A fase de ecossistema do ciclo do nitrogênio começa com a fixação de nitrogênio. Bactérias convertem nitrogênio gasoso no ar em amônia e, depois, em amônio, que é uma forma que as plantas coletam facilmente.
> - Pela amonificação, bactérias e fungos disponibilizam amônio adicional a plantas quando decompõem resíduos orgânicos e restos ricos em nitrogênio.
> - Pela nitrificação, bactérias convertem nitritos no solo em nitrato, que também é uma forma que as plantas coletam facilmente.
> - O ecossistema perde nitrogênio quando bactérias de nitrificação convertem nitrito e nitrato de volta a nitrogênio gasoso, e quando nitrogênio é lixiviado do solo.

14.10 Ciclo do fósforo

- Diferentemente do carbono e do nitrogênio, o fósforo raramente ocorre como gás. Como o nitrogênio, ele pode ser admitido por plantas apenas na forma ionizada e também é frequentemente um fator limitador ao crescimento das plantas.

No **ciclo do fósforo**, ele passa rapidamente através de teias alimentares enquanto vai de sedimentos em terra para oceanos e lentamente de volta para terra seca. A crosta terrestre é o maior reservatório de fósforo.

O fósforo em rocha está principalmente na forma de fosfato (PO_4^{3-}). Desgaste e erosão colocam íons fosfato de rochas em correntezas e rios, que os fornecem aos oceanos (Figura 14.21). Ali, os fosfatos se acumulam como depósitos submarinos ao longo das bordas dos continentes. Depois de milhões de anos, movimentos da crosta terrestre resultam em soerguimento de partes do fundo do mar.

Uma vez soerguidos, depósitos de fosfato rochosos em terra são sujeitos a desgaste e erosão, que liberam fosfatos das rochas e começam o ciclo do fósforo novamente.

Fosfatos são blocos construtores necessários para ATP, fosfolipídios, ácidos nucleicos e outros compostos. Plantas absorvem fosfatos dissolvidos da água do solo. Herbívoros os recebem ao comer plantas; carnívoros, comendo herbívoros. Animais perdem fosfato na urina e nas fezes. Decompositores bacterianos e fúngicos liberam fosfato de resíduos e restos orgânicos, depois as plantas os coletam novamente.

O ciclo da água ajuda a mover o fósforo e outros minerais através de ecossistemas. Água evapora do oceano e cai em terra. À medida que volta para o oceano, transporta lodo e fosfatos dissolvidos que os produtores primários exigem para o crescimento.

De todos os minerais, o fósforo mais frequentemente atua como fator limitante ao crescimento das plantas. Apenas solo jovem e recém-desgastado tem abundância de fósforo. Muitos ecossistemas tropicais e subtropicais já pobres em fósforo provavelmente serão despidos ainda mais por ações humanas. Em uma floresta intocada, a decomposição libera fósforo armazenado na biomassa.

Quando a floresta é convertida em fazenda, o ecossistema perde o fósforo que havia sido armazenado em árvores. A produtividade das lavouras logo declina. Mais tarde, depois que os campos são abandonados, o novo crescimento continua escasso. Espalhar rochas finamente moídas e ricas em fósforo pode ajudar a recuperar a fertilidade, mas muitos países em desenvolvimento não têm esse recurso.

Muitos países desenvolvidos têm um problema diferente. O fósforo no rolamento de campos altamente fertilizados polui a água. Esgoto de cidades e fábricas também contém fósforo. O fósforo dissolvido que entra em ecossistemas aquáticos pode promover proliferações de algas destrutivas.

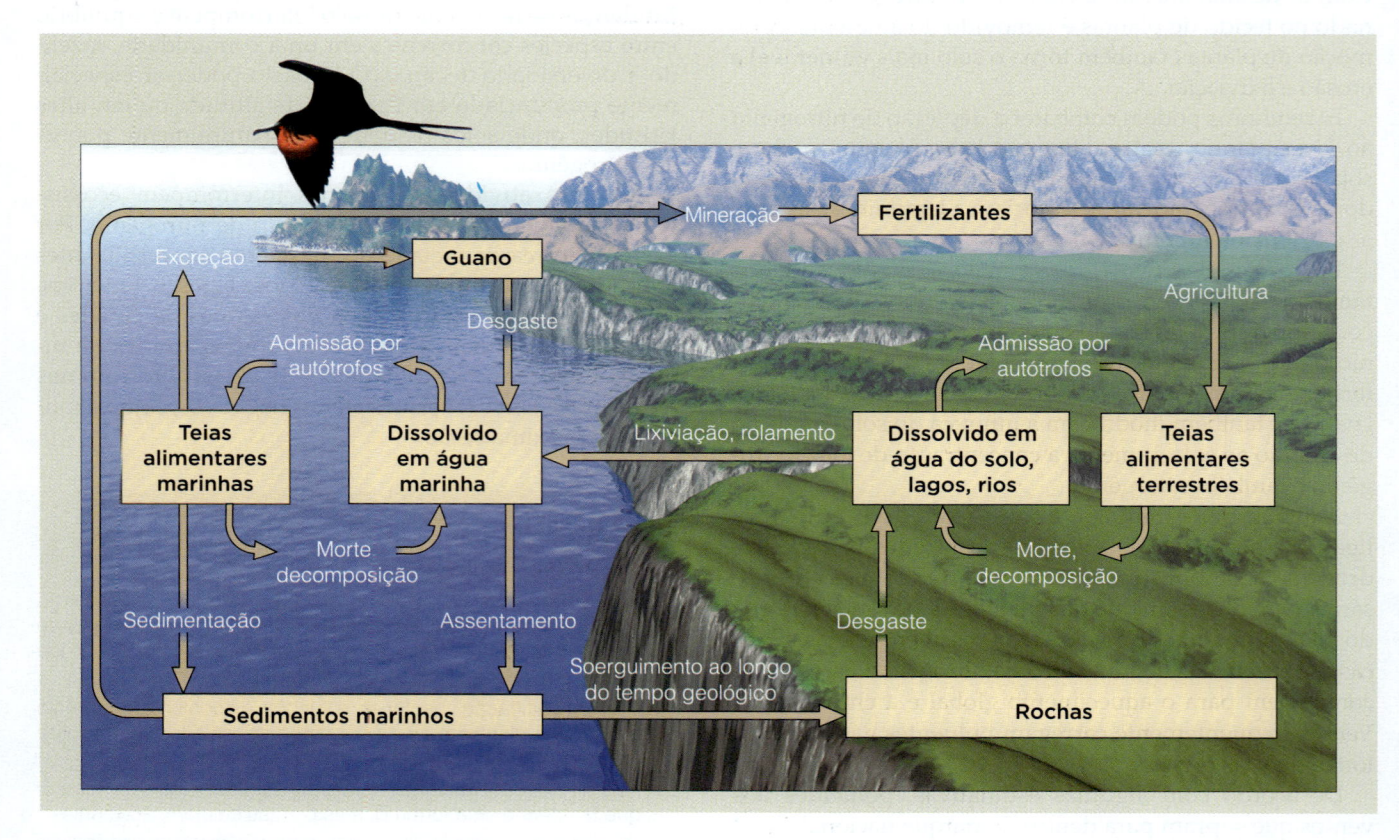

Figura 14.21 Ciclo do fósforo. Neste ciclo sedimentar, o fósforo se move principalmente na forma de íons fosfato (PO_4^{3-}) até o oceano. Ele atravessa fitoplânctons de teias alimentares marinhas, depois vai para peixes que comem plâncton. Aves marinhas comem peixes e seus excrementos (guano) se acumulam nas ilhas. Os humanos coletam e usam guano como um fertilizante rico em fosfato.

Como as plantas, as algas também exigem nitrogênio, fósforo e outros íons para continuar crescendo. Em muitos ecossistemas de água doce, bactérias fixadoras de nitrogênio mantêm seus níveis altos, portanto o fósforo se torna o fator limitante. Quando poluentes ricos em fosfato invadem o ambiente, populações de algas aumentam rapidamente e, depois, colapsam. À medida que decompositores aeróbicos decompõem restos de algas mortas, a água fica privada do oxigênio, que peixes e outros organismos exigem.

O termo **eutrofização** se refere ao enriquecimento de nutrientes de qualquer ecossistema, de outra forma pobre em nutrientes. Isso pode ocorrer naturalmente, mas as atividades humanas frequentemente a aceleram, como o experimento mostrado na Figura 14.22 demonstrou. A eutrofização de um lago é difícil de reverter. Pode levar anos para o excesso de nutrientes que estimulam o crescimento de algas esgotar.

Para pensar

O que é o ciclo do fósforo?

- O ciclo do fósforo é um ciclo sedimentar que leva este elemento de seu principal reservatório (crosta terrestre), através de solos e sedimentos, *habitats* aquáticos e corpos de organismos vivos.

Figura 14.22 Um experimento de eutrofização. Pesquisadores colocaram uma cortina plástica em volta de um canal entre duas bacias de um lago natural. Eles adicionaram nitrogênio, carbono e fósforo à água em um lado da cortina (aqui, a parte *inferior* do lago) e acrescentaram nitrogênio e carbono à água do outro lado. Em questão de meses, a bacia com fósforo estava eutrófica, com uma proliferação densa de algas (*verde*) cobrindo sua superfície.

Resumo

Seção 14.1 Um **ecossistema** consiste de uma gama de organismos em conjunto com componentes não vivos de seu ambiente. Há um fluxo unidirecional de energia para dentro e fora de um ecossistema e um ciclo de materiais entre espécies residentes. Todos os ecossistemas têm entradas e saídas de energia e nutrientes.

A luz solar fornece energia para a maioria dos ecossistemas. **Produtores primários** convertem energia da luz do sol em energia de ligação química. Também admitem os nutrientes que eles, e todos os consumidores, exigem. Herbívoros, carnívoros, onívoros, **decompositores** e **detritívoros** são **consumidores**.

A energia vai de organismos em um **nível trófico** para organismos em outro. Organismos estão no mesmo nível trófico se estão à mesma distância do aporte de energia para o ecossistema. Uma **cadeia alimentar** mostra uma rota de fluxo de energia e nutrientes entre organismos. Ela mostra quem come quem.

Seção 14.2 Cadeias alimentares se interconectam como **teias alimentares**. A eficiência das transferências de energia sempre é baixa, portanto a maioria dos ecossistemas não tem mais do que quatro ou cinco níveis tróficos. Em uma **cadeia alimentar de pastagem**, a maior parte da energia capturada por produtores flui para herbívoros. Em **cadeias alimentares detritais**, a maior parte da energia flui de produtores diretamente para detritívoros e decompositores. Ambos os tipos de cadeias alimentares se interconectam em quase todos os ecossistemas.

Seção 14.3 A **produção primária** de um sistema é a taxa na qual produtores capturam e armazenam energia em seus tecidos. Ela varia com o clima, mudanças sazonais, disponibilidade de nutrientes e outros fatores.
Pirâmides de energia e **pirâmides de biomassa** mostram como energia e compostos orgânicos são distribuídos entre organismos de um ecossistema. Todas as pirâmides de energia são mais largas na base. Se produtores são comidos tão rapidamente quanto se reproduzem, a biomassa de consumidores pode exceder a de produtores, portanto a pirâmide de biomassa fica de cabeça para baixo.

Seção 14.4 Com a **amplificação biológica**, uma substância química passa de organismos em cada nível trófico para aqueles acima e se torna cada vez mais concentrada em tecidos corporais.

Seção 14.5 Em um **ciclo biogeoquímico**, água ou algum nutriente sai de um reservatório ambiental, atravessa organismos e volta para o ambiente.

Seção 14.6 No **ciclo da água**, evaporação, condensação e precipitação movem a água de seu principal reservatório – os oceanos – para a atmosfera, a terra e de volta aos oceanos. **Rolamento** é água que flui acima do solo para correntezas. Uma **vertente** é uma área onde toda precipitação é drenada em um curso d'água específico. A água em **aquíferos** e no solo forma o **lençol freático**. O uso de irrigação pode causar **salinização** – acúmulo de sal – no solo.

QUESTÕES DE IMPACTO REVISITADAS | Adeus, Afluente Azul

Em 2006, a China ultrapassou os Estados Unidos como o país que emite mais dióxido de carbono. Mesmo assim, um norte-americano da classe média causa cerca de 20 toneladas de emissão por ano. Isso é mais de quatro vezes as emissões de uma pessoa média na China. Também é mais que o dobro do de pessoas na Europa ocidental. Emissões automotivas são um fator; os padrões de eficiência de combustíveis na China e na Europa são, também, mais rígidos do que nos Estados Unidos.

Qual sua opinião?
Deveríamos aumentar os padrões de eficiência de combustível para carros e caminhões, para diminuir a produção de dióxido de carbono?

Dessalinização é um método caro, e com elevado gasto de energia, para se obter água doce a partir de água salgada.

Seção 14.7 O **ciclo do carbono** move carbono de reservatórios em rochas e água salgada, através de suas formas gasosas (metano e CO_2) no ar e pelos ecossistemas. Desmatamento e queima de madeira e combustíveis fósseis adicionam mais dióxido de carbono à atmosfera do que os oceanos conseguem absorver.

Seção 14.8 O **efeito estufa** se refere à capacidade de alguns gases de prender calor na atmosfera inferior. Ele aquece a superfície da Terra. Atividades humanas colocam quantidades acima do normal de gases estufa, incluindo dióxido de carbono, na atmosfera. O aumento nesses gases está correlacionado a um aumento nas temperaturas globais (**aquecimento global**) e outras mudanças climáticas.

Seção 14.9 O **ciclo do nitrogênio** é um ciclo atmosférico. O ar é o principal reservatório para N_2, uma forma gasosa de nitrogênio que as plantas não conseguem utilizar. Na **fixação de nitrogênio**, algumas bactérias admitem N_2 e formam amônia. **Amonificação** libera amônia de restos orgânicos. **Nitrificação** envolve a conversão de amônio em nitrito e, depois, nitrato, que as plantas conseguem coletar. Uma parte do nitrogênio é perdida para a atmosfera por **desnitrificação** executada por bactérias. Atividades humanas adicionam nitrogênio a ecossistemas; por exemplo, através da queima de combustíveis fósseis (que libera óxidos de nitrogênio) e da aplicação de fertilizantes. O nitrogênio adicional pode interromper processos de ecossistemas.

Seção 14.10 O **ciclo do fósforo** é um ciclo sedimentar; a crosta terrestre é o maior reservatório e não há uma grande forma gasosa. Fósforo frequentemente é o fator que limita o crescimento populacional de plantas e algas produtoras. Entradas excessivas de fósforo em um ecossistema aquático podem acelerar a **eutrofização**.

Questões
Respostas no Apêndice III

1. Na maioria dos ecossistemas, os produtores primários utilizam energia da(o) ___ para construir compostos orgânicos.
    a. luz do sol
    b. calor
    c. decomposição de resíduos e dejetos
    d. decomposição de substâncias inorgânicas no *habitat*

2. Organismos no nível trófico mais baixo em um prado de gramíneas altas estão/são ____.
    a. no primeiro grau de distância do aporte de energia original
    b. autótrofos   d. respostas a e b
    c. heterótrofos   e. respostas a e c

3. Decompositores comumente são ____.
    a. fungos   b. plantas   c. bactérias   d. respostas a e c

4. Todos os organismos no primeiro nível trófico ____.
    a. capturam energia de uma fonte não viva
    b. obtêm carbono de uma fonte não viva
    c. estariam na parte inferior de uma pirâmide de energia
    d. todas as anteriores

5. A produtividade primária em terra é afetada por ____.
    a. disponibilidade de nutrientes   c. temperatura
    b. quantidade de luz solar   d. todas as anteriores

6. Se a amplificação biológica ocorre, os ____ terão os níveis de toxina mais altos em seus sistemas.
    a. produtores   c. carnívoros primários
    b. herbívoros   d. principais carnívoros

7. A maior parte da água doce da Terra está ____.
    a. em lagos e correntes   c. congelada como gelo
    b. em aquíferos e solo   d. em corpos de organismos

8. O maior reservatório de carbono da Terra é ____.
    a. a atmosfera   c. água do mar
    b. sedimentos e rochas   d. organismos vivos

9. Carbono é liberado na atmosfera por ____.
    a. fotossíntese
    b. respiração aeróbia
    c. queima de combustíveis fósseis
    d. respostas b e c

10. Gases estufa ____.
    a. desaceleram a fuga de energia térmica da Terra para o espaço
    b. são produzidos por atividades naturais e humanas
    c. estão nos níveis mais altos do que estavam há 100 anos
    d. todas as anteriores

11. O ciclo de ____ é um ciclo sedimentar.
    a. água
    b. carbono
    c. nitrogênio
    d. fósforo

12. O maior reservatório de fósforo da Terra é ____.
    a. a atmosfera
    b. guano
    c. sedimentos e rochas
    d. organismos vivos

Exercício de análise de dados

Para avaliar o impacto da atividade humana sobre o nível de dióxido de carbono na atmosfera da Terra, é útil olhar longe. Dados úteis vêm de amostras profundas do cerne ou núcleo de gelo antártico. O cerne de gelo mais antigo já analisado data de pouco mais de 400 mil anos. Bolhas de ar presas no gelo fornecem informações sobre o conteúdo de gases na atmosfera da Terra no momento em que gelo se formou. A combinação de dados do cerne de gelo com medições diretas mais recentes do dióxido de carbono atmosférico – como na Figura 14.23 – pode ajudar os cientistas a colocar as mudanças atuais no dióxido de carbono atmosférico em perspectiva histórica.

1. Qual foi o nível mais alto de dióxido de carbono entre 400 mil A.C. e 0 D.C.?

2. Durante esse período, quantas vezes o dióxido de carbono atingiu um nível comparável ao medido em 1980?

3. A revolução industrial ocorreu por volta de 1800. Qual era a tendência no nível de dióxido de carbono nos 800 anos antes desse evento? E quanto a 175 anos depois dele?

4. O aumento no nível de dióxido de carbono entre 1800 e 1975 foi maior ou menor que o entre 1980 e 2007?

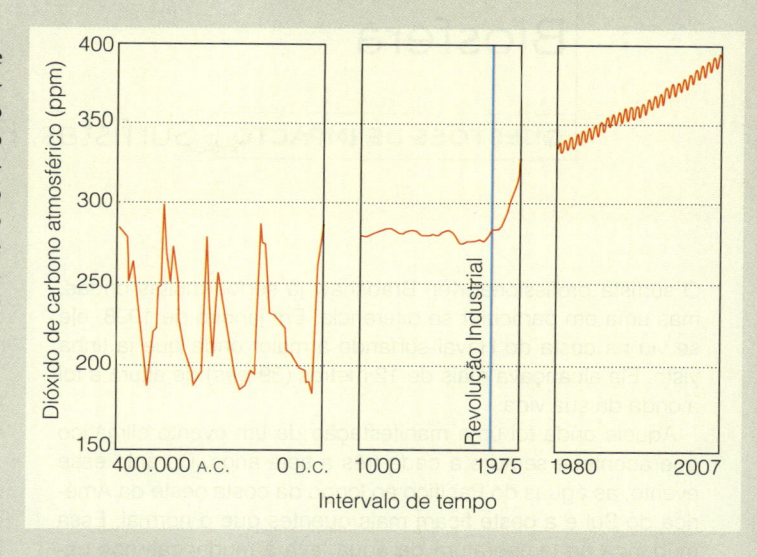

Figura 14.23 Mudanças nos níveis de dióxido de carbono atmosférico (em partes por milhão). As medições diretas começaram em 1980. Dados anteriores se baseiam em cernes de gelo.

---

13. O crescimento das plantas exige admissão de ___ do solo.
    a. nitrogênio
    b. carbono
    c. fósforo
    d. respostas a e c
    e. todas as anteriores

14. A fixação de nitrogênio converte ___ em ___.
    a. gás nitrogênio; amônia
    b. nitratos; nitritos
    c. amônia; gás nitrogênio
    d. amônia; nitratos
    e. gás nitrogênio; óxidos de nitrogênio

15. Una cada termo a sua descrição mais adequada.
    ___ produtores
    ___ herbívoros
    ___ decompositores
    ___ detritívoros
    ___ nível trófico
    ___ amplificação biológica

    a. graus da fonte de energia
    b. comem pequenos pedaços de matéria orgânica
    c. degradam resíduos e restos orgânicos em formas orgânicas
    d. capturam energia da luz solar
    e. comem plantas
    f. toxinas se acumulam

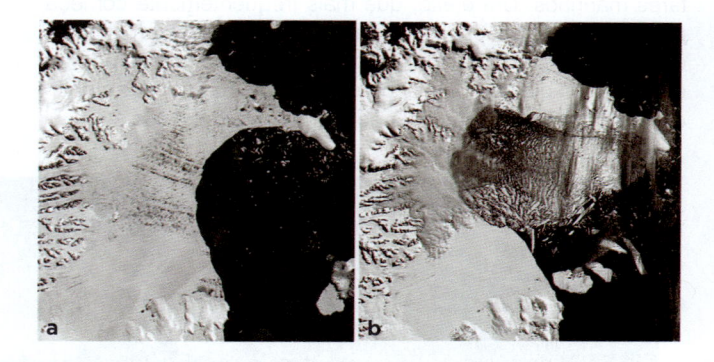

Figura 14.24 Prateleira de gelo Larsen B na Antártica em (**a**) janeiro e (**b**) março de 2002. Cerca de 720 bilhões de toneladas de gelo se soltaram da prateleira, formando milhares de icebergs. Alguns dos icebergs se projetam 25 m acima da superfície do mar. Aproximadamente 90% do volume de um iceberg está escondido sob a água.

Raciocínio crítico

1. De onde vem sua água? Um poço, um reservatório? Além disso, que área está incluída dentro de sua vertente e como são os fluxos atuais?

2. Olhe em sua volta e nomeie todos os objetos, naturais ou fabricados, que possam estar contribuindo para a amplificação do efeito estufa.

3. Prateleiras de gelo polar são camadas vastas e grossas de gelo que flutuam na água marinha. Em março de 2002, 3.200 km quadrados da maior prateleira de gelo da Antártica se soltou do continente e se dividiu em milhares de icebergs (Figura 14.24). Cientistas sabiam que a prateleira estava encolhendo e quebrando, mas esse evento foi a maior perda já observada de uma só vez. Por que isso deveria preocupar pessoas que vivem em climas mais quentes?

4. Bactérias fixadoras de nitrogênio vivem pelo oceano, desde as águas superficiais banhadas pelo sol até 200 m de profundidade. Lembre que o nitrogênio é um fator limitante em muitos *habitats*. Que efeito um aumento nas populações marinhas de fixadores de nitrogênio teria na produtividade primária nas águas? Que efeito essa mudança teria na admissão de carbono nessas águas?

15 Biosfera

QUESTÕES DE IMPACTO | Surfistas, Focas e o Mar

O surfista profissional Ken Bradshaw já surfou muitas ondas, mas uma em particular se diferencia. Em janeiro de 1998, ele se viu na costa do Havaí surfando a maior onda que já tinha visto. Ela alcançava mais de 12 metros (39 pés) de altura e foi a onda da sua vida.

Aquela onda foi uma manifestação de um evento climático que acontece sempre a cada três a sete anos. Durante esse evento, as águas do Pacífico ao longo da costa oeste da América do Sul e a oeste ficam mais quentes que o normal. Essa mudança na temperatura da água leva a mudanças nos padrões das correntes e ventos marinhos e provoca tempestades de inverno que geram ondas.

A elevação na temperatura da água também interrompe correntes que normalmente levariam nutrientes do fundo do oceano em direção às costas ocidentais das Américas. A escassez de nutrientes resultante reduz o crescimento de produtores primários marinhos, causando efeitos cascata nos ciclos alimentares marinhos. Um efeito, que mais frequentemente começa perto do Natal, é a escassez de peixes nas águas próximas à costa do Peru. Os pescadores peruanos notaram esse padrão e chamaram o efeito climático periódico de El Niño, que significa "o menino", em referência ao nascimento de Jesus.

O declínio nas populações de peixes durante El Niño pode ter efeitos devastadores sobre mamíferos marinhos que normalmente se alimentam desses peixes. Durante o El Niño de 1997–1998, aproximadamente metade dos leões marinhos nas Ilhas Galápagos morreu de fome. A população de leões marinhos da Califórnia também sofreu um declínio significativo.

A mudança de temperatura nas águas do Pacífico durante o El Niño de 1997–1998 foi a maior registrada e afetou o clima em todo o mundo. Ondas gigantes, inclusive aquela em que Bradshaw surfou, destruíram a costa leste do Pacífico. Chuvas torrenciais causaram enchentes massivas e deslizamentos de terra na Califórnia e no Peru. Ao mesmo tempo, menos chuva que o normal caiu na Austrália e na Indonésia, levando à quebra de safra e incêndios florestais.

Como você aprenderá neste capítulo, o padrão de circulação de água nos oceanos da Terra é apenas um dos fatores físicos que afetam a distribuição de espécies na biosfera. Nós definimos a biosfera como todos os lugares onde encontramos vida na Terra, incluindo a hidrosfera (o oceano, calotas polares e outros corpos d'água líquida e congelada), a litosfera (pedras, solos e sedimentos da Terra) e as porções mais baixas da atmosfera (gases e partículas que envolvem a Terra).

Figura 15.1 Um poderoso El Niño provocou ondas enormes no Pacífico, além de afetar as populações de peixes, fazendo com que filhotes de leões marinhos (fotografia à *esquerda*) e focas passassem fome.

Conceitos-chave

Padrões de circulação de ar
Os padrões de circulação de ar começam com diferenças regionais na entrada de energia proveniente do Sol, rotação e órbita da Terra, além da distribuição de terras e mares. Esses fatores ocasionam os grandes sistemas climáticos e climas regionais. **Seções 15.1, 15.2**

Padrões de circulação do oceano
Interações entre correntes oceânicas, padrões de circulação de ar e as formas naturais do terreno produzem climas regionais, que afetam onde diferentes organismos podem viver. **Seção 15.3**

Províncias terrestres
Reinos biogeográficos são vastas regiões caracterizadas por espécies que não evoluíram em nenhuma outra parte. Eles são divididos em biomas caracterizados principalmente pela vegetação dominante. Intensidade da luz solar, umidade, solo e história evolucionária variam entre biomas. **Seções 15.4–15.11**

Províncias aquáticas
As províncias aquáticas cobrem mais de 71% da superfície da Terra. Todos os ecossistemas de água doce e marinha têm gradientes em disponibilidade de luz, temperatura e gases dissolvidos que variam diariamente e de acordo com a época. As variações influenciam a produtividade primária. **Seções 15.12–15.16**

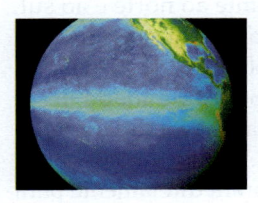

Aplicando os conceitos
Entender as interações entre a atmosfera, oceano e terra pode levar a descobertas sobre eventos específicos – em um caso, epidemias recorrentes de cólera – que afetam a vida dos seres humanos. **Seção 15.17**

Neste capítulo

- Com este capítulo, você alcançará o nível mais alto de organização na natureza.
- Você aprenderá mais sobre solos, distribuição de produtividade primária, vias de fixação de carbono e os efeitos do desmatamento.
- Nossas discussões sobre as províncias aquáticas exigirão seu conhecimento sobre propriedades da água, chuva ácida, o ciclo da água e eutrofização.
- Você aprenderá mais sobre recifes de coral e vida em aberturas hidrotérmicas.
- Você verá os efeitos do uso do combustível fóssil, incluindo o aquecimento global. Você aprenderá sobre ameaças à camada de ozônio.
- O capítulo termina com um exemplo de uma abordagem científica para resolução de problemas.

Qual sua opinião? Nós não podemos evitar que El Niño aconteça, mas poderíamos ser capazes de minimizar sua severidade. Você apoiaria o uso de dinheiro do contribuinte para financiar pesquisas sobre as causas e efeitos do El Niño?

15.1 Padrões globais de circulação de ar

- Quanta energia solar alcança a superfície da Terra varia de lugar para lugar e de acordo com a estação.

Circulação do ar e climas regionais

Clima se refere às condições do tempo em média, como cobertura de nuvens, temperatura, umidade e velocidade do vento com o passar do tempo. Os climas regionais diferem porque os fatores que influenciam os ventos e as correntes oceânicas – intensidade da luz solar, distribuição de massas terrestres, altitude etc. – variam de lugar para lugar.

a Solstício de verão. O hemisfério norte está mais inclinado em direção ao Sol; tem seu dia mais longo.

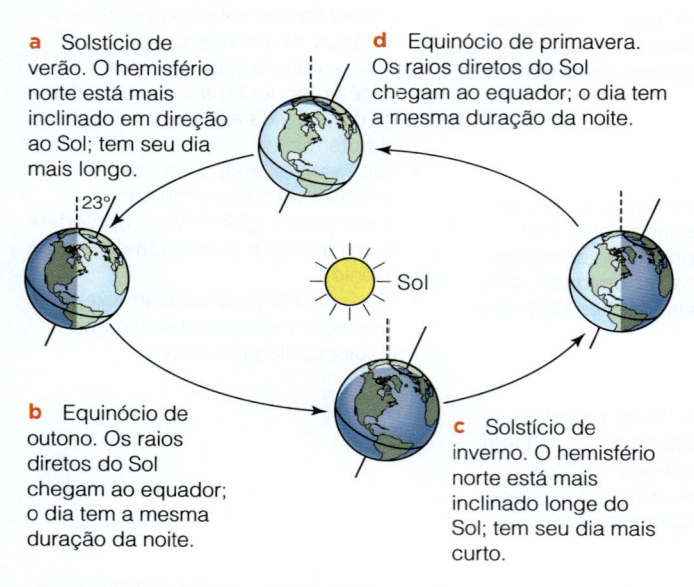

b Equinócio de outono. Os raios diretos do Sol chegam ao equador; o dia tem a mesma duração da noite.

c Solstício de inverno. O hemisfério norte está mais inclinado longe do Sol; tem seu dia mais curto.

d Equinócio de primavera. Os raios diretos do Sol chegam ao equador; o dia tem a mesma duração da noite.

Figura 15.2 Inclinação da Terra (23°) e rotação anual ao redor do Sol causam os efeitos sazonais.

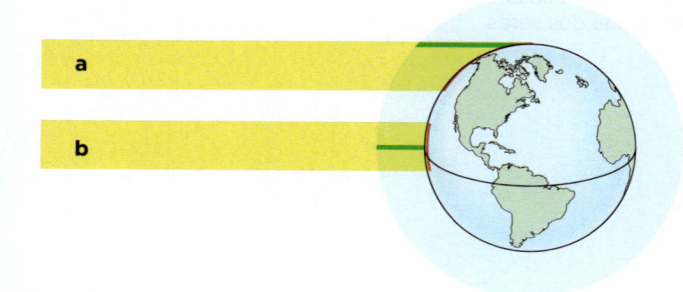

Figura 15.3 Variação em intensidade de radiação solar com latitude. Para simplificar, pintamos duas partes iguais de radiação que chegam em um equinócio, um dia em que os raios são perpendiculares ao eixo da Terra.
Os raios que chegam às latitudes altas (**a**) atravessam mais atmosfera (*azul*) que aqueles que insidem próximos ao equador (**b**). Compare o comprimento das linhas *verdes*. A atmosfera não está em escala.
Além disso, a energia nos raios que atingem a latitude alta é espalhada sobre uma área maior do que a energia que atinge o equador. Compare o comprimento das linhas *vermelhas*.

Todo ano, a Terra gira em torno do sol em uma rota elíptica (Figura 15.2). Mudanças sazonais ocorrem porque o eixo da Terra não é perpendicular ao plano desta elipse, mas inclinada a cerca de 23°. Em junho, quando o hemisfério norte está em ângulo em direção ao sol, ele recebe luz solar mais intensa e tem dias mais longos que o hemisfério sul (Figura 15.2*a*). Em dezembro, o oposto acontece (Figura 15.2*c*). Duas vezes ao ano – nos equinócios da primavera e outono – o eixo da Terra fica perpendicular aos raios de luz solar. Nesses dias, todos os lugares da Terra recebem exatamente 12 horas de luz no dia e têm 12 horas de escuridão (Figura 15.2*b,d*).

Em qualquer dia em particular, as regiões equatoriais recebem mais energia da luz solar que as latitudes mais altas por duas razões (Figura 15.3). Primeiro, partículas finas de pó, vapor d'água e gases que causam o efeito estufa absorvem alguma radiação solar ou a refletem de volta para o espaço. Como a luz solar que viaja para latitudes altas atravessa mais atmosfera para alcançar a superfície da Terra que a luz que viaja para o equador, menos energia chega ao chão. Segundo, a energia em qualquer parcela de luz solar é espalhada sobre uma área de superfície menor no equador do que nas latitudes mais altas. Como resultado destes fatores, a superfície da Terra esquenta mais no equador do que nos polos.

Essa diferença regional no aquecimento da superfície é o início dos padrões globais de circulação de ar (Figura 15.4). O ar quente pode segurar mais umidade do que o ar mais frio e é menos denso, então ele sobe. Próximo ao equador, o ar esquenta, pega umidade dos oceanos e sobe (Figura 15.4*a*). O ar esfria quando sobe a altitudes mais altas e flui para o norte e para o sul, liberando umidade na forma de chuva que sustenta as exuberantes florestas tropicais. Os desertos frequentemente se formam em latitudes a cerca de 30°, onde o ar mais seco e mais frio desce (Figura 15.4*b*). Mais distante ao norte e ao sul, o ar pega umidade novamente, sobe e depois libera a umidade em latitudes de cerca de 60° (Figura 15.4*c*). Nas regiões polares, o ar frio que tem pouca umidade desce (Figura 15.4*d*). A precipitação é esparsa e os desertos polares se formam.

Os ventos predominantes não sopram diretamente para o norte e sul, porque rotação e a curvatura da Terra influenciam o padrão de circulação de ar. As massas de ar não são presas à superfície da Terra, assim, enquanto uma massa de ar se move para o norte ou para o sul, esta superfície gira abaixo dela, mais rápido no equador do que nos polos. Como resultado, quando visualizadas da superfície da Terra, as massas de ar que se movem para o norte ou para o sul parecem ser defletidas para leste ou oeste, com maior deflexão ocorrendo em latitudes altas (Figura 15.4 *e,f*).

Os ventos regionais ocorrem onde a presença de massas de terra causam diferenças na pressão do ar próxima à superfície da Terra. Como a terra absorve e libera calor mais rápido que a água, o ar circula mais rápido sobre os continentes do que sobre o oceano. A pressão do ar é menor onde o ar sobe e maior onde o ar desce.

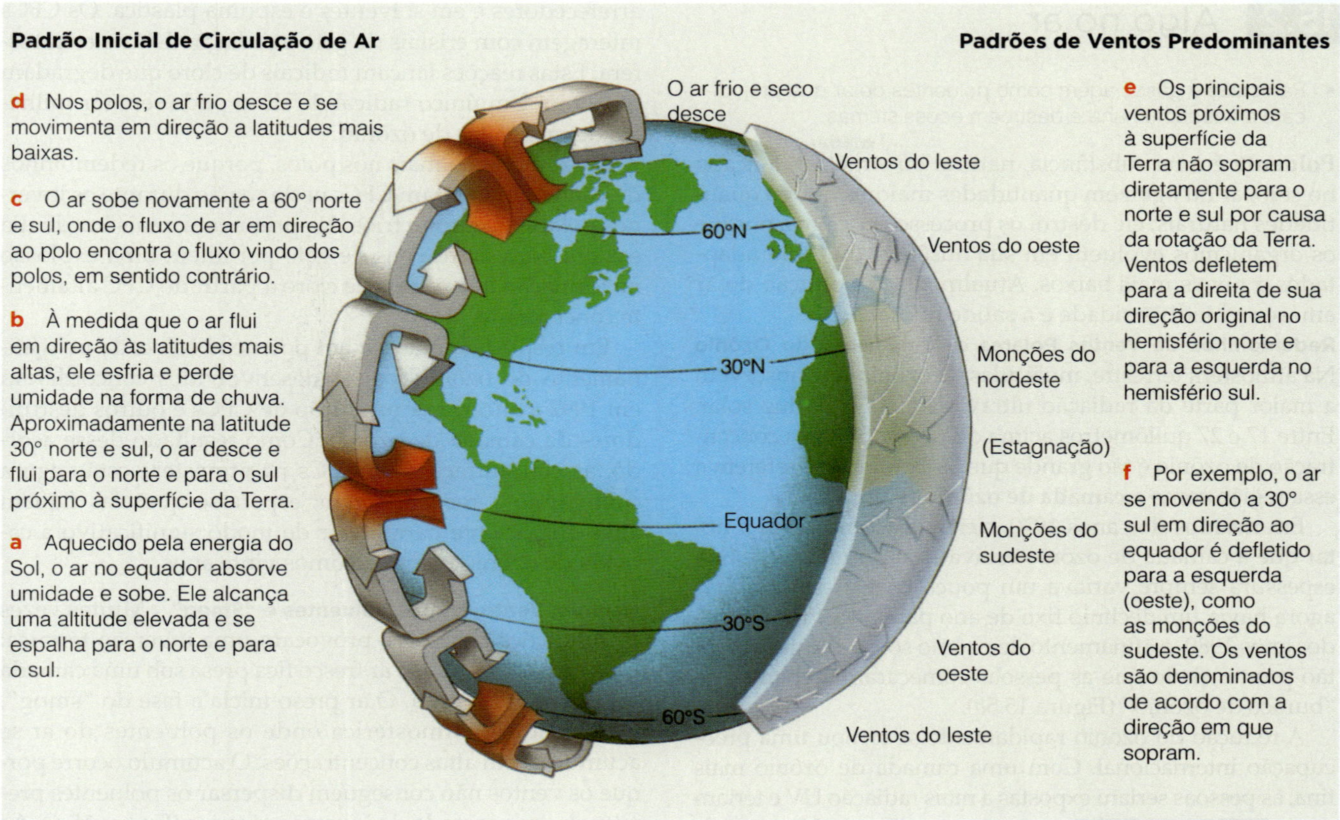

Padrão Inicial de Circulação de Ar

d Nos polos, o ar frio desce e se movimenta em direção a latitudes mais baixas.

c O ar sobe novamente a 60° norte e sul, onde o fluxo de ar em direção ao polo encontra o fluxo vindo dos polos, em sentido contrário.

b À medida que o ar flui em direção às latitudes mais altas, ele esfria e perde umidade na forma de chuva. Aproximadamente na latitude 30° norte e sul, o ar desce e flui para o norte e para o sul próximo à superfície da Terra.

a Aquecido pela energia do Sol, o ar no equador absorve umidade e sobe. Ele alcança uma altitude elevada e se espalha para o norte e para o sul.

Padrões de Ventos Predominantes

e Os principais ventos próximos à superfície da Terra não sopram diretamente para o norte e sul por causa da rotação da Terra. Ventos defletem para a direita de sua direção original no hemisfério norte e para a esquerda no hemisfério sul.

f Por exemplo, o ar se movendo a 30° sul em direção ao equador é defletido para a esquerda (oeste), como as monções do sudeste. Os ventos são denominados de acordo com a direção em que sopram.

O ar frio e seco desce

Ventos do leste
60°N
Ventos do oeste
30°N
Monções do nordeste
(Estagnação)
Equador
Monções do sudeste
30°S
Ventos do oeste
60°S
Ventos do leste

Figura 15.4 Padrões globais de circulação de ar e seus efeitos no clima.

Resolva: Qual a direção dos ventos predominantes no Brasil Central?

Resposta: Os ventos tendem a soprar de leste para oeste.

Aproveitando o sol e o vento

A necessidade de energia para sustentar as atividades humanas continua a aumentar. Combustíveis fósseis, incluindo gasolina e carvão, são fontes de energia não recicláveis. A energia solar e eólica são renováveis. A quantidade de energia solar que a Terra recebe por ano é aproximadamente dez vezes a energia de todas as reservas de combustíveis fósseis combinadas.

A energia solar pode ser diretamente aproveitada para aquecer o ar ou a água, que podem então ser bombeados por edifícios para aquecê-los. A energia solar também pode ser capturada por células fotovoltaicas e usada para gerar eletricidade. A eletricidade pode ser usada diretamente, armazenada em uma bateria ou usada para formar gases oxigênio e hidrogênio a partir da água. Os proponentes de energia solar-hidrogênio argumentam que o "smog" teria um fim, bem como os derramamentos de óleo e a chuva ácida, sem quaisquer riscos da energia nuclear. O gás hidrogênio poderia abastecer carros e aquecer edifícios. Porém, o hidrogênio é uma molécula pequena que vaza facilmente de canos ou recipientes. Não se sabe como um vazamento grande de hidrogênio no ar afetaria o ambiente.

Nós usamos energia solar indiretamente, tirando proveito dos ventos. A energia eólica só é prática onde os ventos sopram mais rápido que 8 metros por segundos (18 milhas por hora). Os ventos raramente sopram constantemente, mas sua energia pode carregar baterias até mesmo em dias com pouco vento. Por exemplo, a energia combinada dos ventos que sopram nos estados de São Paulo e Minas Gerais poderia satisfazer as necessidades de energia de todo o Brasil.

As "fazendas" de vento têm suas desvantagens. As lâminas da turbina podem ser barulhentas e podem matar pássaros e morcegos. As grandes instalações podem alterar padrões climáticos locais. Além disso, algumas pessoas veem as fazendas de vento como uma forma de "poluição visual" que estraga os cenários visuais e reduz o valor das propriedades.

Para pensar

O que causa os padrões de circulação do ar e as diferenças climáticas?

- As diferenças longitudinais na quantidade de radiação solar que chegam à Terra produzem os padrões globais de circulação de ar.
- O formato e a rotação da Terra também afetam os padrões de circulação de ar.

15.2 Algo no ar

- Partículas e gases agem como poluentes do ar que prejudicam a saúde humana e destroem ecossistemas.

Poluente é uma substância, natural ou sintética, lançada no solo, ar ou água em quantidades maiores que as quantidades naturais; ele destrói os processos normais, porque os organismos evoluem em sua ausência ou estão adaptados a níveis mais baixos. Atualmente, a poluição do ar ameaça a biodiversidade e a saúde humana.

Redemoinhos de Ventos Polares e Afinamento do Ozônio
Na atmosfera terrestre, moléculas de ozônio (O_3) absorvem a maior parte da radiação ultravioleta (UV) da luz solar. Entre 17 e 27 quilômetros acima do nível do mar, a concentração de ozônio é tão grande que os cientistas se referem a essa região como a **camada de ozônio** (Figura 15.5a).

Em meados dos anos 1970, cientistas começaram a notar que a camada de ozônio estava ficando mais fina. Sua espessura sempre variava um pouco com a estação, mas agora havia um declínio fixo de ano para ano. Em meados dos anos 1980, o afinamento de ozônio sobre a Antártica foi tão pronunciado que as pessoas começaram a chamar de "buraco de ozônio" (Figura 15.5b).

A redução do ozônio rapidamente se tornou uma preocupação internacional. Com uma camada de ozônio mais fina, as pessoas seriam expostas a mais radiação UV e teriam mais cânceres de pele. Níveis mais altos de UV prejudicam a vida selvagem, que não tem a opção de passar mais protetor solar. Níveis mais altos de UV poderiam até mesmo prejudicar plantas e outros produtores, diminuindo as taxas de fotossíntese e liberação de oxigênio na atmosfera.

Os clorofluorcarbonetos, ou CFCs, são os principais destruidores de ozônio. Estes gases inodoros já foram amplamente usados como propulsores em latas de aerossol, como líquidos arrefecedores e em solventes e espuma plástica. Os CFCs interagem com cristais de gelo e radiação UV na estratosfera. Estas reações lançam radicais de cloro que degradam o ozônio. Um único radical de cloro pode separar milhares de moléculas de ozônio.

O ozônio afina mais nos polos, porque os redemoinhos de ventos concentram CFCs nesta região durante os invernos polares escuros e frios. Na primavera, mais luz do dia e a presença de nuvens de gelo permitem uma explosão na formação de radicais de cloro a partir do CFC altamente concentrado.

Em resposta à ameaça em potencial colocada pelo afinamento do ozônio, países desenvolvidos concordaram em 1992 a encerrar a produção de CFCs e outros destruidores da camada de ozônio. Como resultado desse acordo, as concentrações de CFCs na atmosfera estão agora começando a recuar. Porém, espera-se que elas fiquem altas o suficiente para afetar de modo significativo a camada de ozônio pelos próximos vinte anos.

Nenhum Vento, Muitos Poluentes e "Smog" Muitas vezes as condições climáticas provocam uma inversão térmica: uma camada densa de ar fresco fica presa sob uma camada quente menos densa. O ar preso inicia a fase do "smog", uma condição atmosférica onde os poluentes do ar se acumulam em altas concentrações. O acúmulo ocorre porque os ventos não conseguem dispersar os poluentes presos sob uma camada de inversão térmica (Figura 15.6). As inversões térmicas contribuíram para alguns dos níveis de poluição de ar mais altos já registrados.

A fumaça industrial forma uma névoa cinza sobre as cidades que queimam muito carvão e outros combustíveis fósseis durante os invernos frios e úmidos. A fumaça fotoquímica se forma sobre as grandes cidades em zonas de clima quente. Ela é mais densa sobre cidades em bacias topográficas naturais, como Los Angeles e Cidade do México. Os escapamentos dos veículos contêm óxido nítrico, um poluente que se combina com o oxigênio e forma dióxido de nitrogênio. Eles também contêm hidrocarbonetos que reagem com dióxido de nitrogênio para formar ozônio e outros oxidantes fotoquímicos. Um alto nível de ozônio na atmosfera mais baixa prejudica plantas e animais.

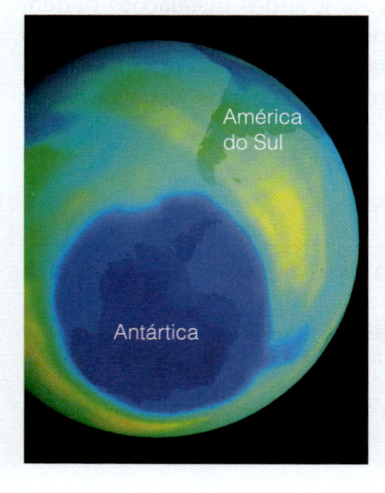

Figura 15.5 As camadas atmosféricas. O ozônio concentrado na estratosfera ajuda a proteger a vida contra a radiação UV. (**b**) Afinamento sazonal do ozônio sobre a Antártica em 2001. A porção *azul escura* representa a baixa concentração de ozônio no centro do buraco de ozônio.

Figura 15.6 (**a**) Circulação normal de ar em regiões onde se formam "smogs". (**b**) Poluentes do ar presos sob uma camada de inversão térmica.

FOCO SOBRE O MEIO AMBIENTE

Ventos e Chuva Ácida Usinas de energia que queimam carvão, fundições e fábricas emitem dióxidos de enxofre. Veículos, usinas de energia que queimam gás e óleo e fertilizantes ricos em nitrogênio emitem óxidos de nitrogênio. No tempo seco, os óxidos transportados pelo ar recobrem as partículas de poeira e caem na forma de deposição de ácido seco. No ar úmido, eles formam vapor de ácido nítrico, gotículas de ácido sulfúrico e sais de sulfato e nitrato. Os ventos tipicamente dispersam estes poluentes para longe de sua fonte. Eles caem na terra em forma de chuva e neve. Nós chamamos esse fenômeno de deposição ácida ou **chuva ácida**.

O pH típico da água da chuva é aproximadamente 5. A chuva ácida pode ser 10 a 100 vezes mais ácida – tão potente como suco de limão! Corrói metais, mármore, borracha, plásticos, meia de fibra sintética e outros materiais. Altera o pH do solo e pode matar árvores e outros organismos.

A chuva em grande parte do leste da América do Norte é de 30 a 40 vezes mais ácida do que era até algumas décadas atrás (Figura 15.7a). A acidez aumentada fez com que as populações de peixes desaparecessem de mais de 200 lagos nas Montanhas Adirondack de Nova York (Figura 15.7b). Isso também está contribuindo para o declínio de florestas.

Partículas Transportadas pelo Vento e a Saúde Pólen, esporos fúngicos e outras partículas naturais são levadas pelos ventos, junto com partículas de poluentes de muitos tamanhos. Inalar pequenas partículas podem irritar as passagens nasais, a garganta e os pulmões. Elas desencadeiam ataques de asma e podem aumentar sua severidade. As partículas menores podem alcançar os pulmões, onde podem interferir na função respiratória.

Os escapamentos de veículos são uma fonte importante de poluição por particulados. Os motores a diesel são os piores, porque emitem mais dessas partículas menores e mais perigosas do que os automóveis a gasolina.

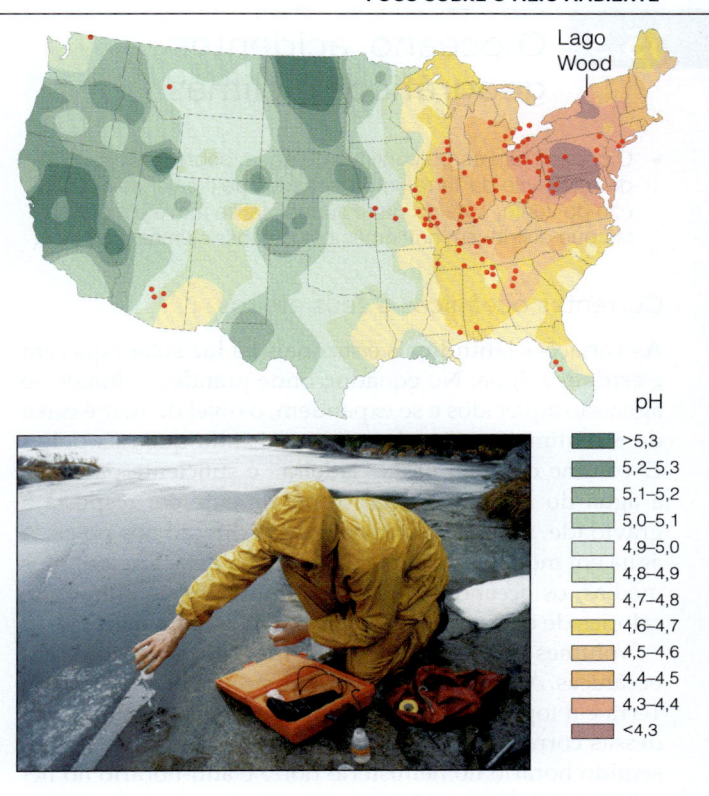

Figura 15.7 (**a**) Acidez média das precipitações nos Estados Unidos em 1998. (**b**) O biólogo medindo o pH do Lago Wood em Nova York. Em 1979, o pH da água do lago era 4,8. Desde então, a adição experimental de calcita ao solo ao redor do lago aumentou com sucesso o pH da água para mais de 6.

Independentemente de sua fonte, os poluentes do ar viajam com o vento pelos continentes e pelo oceano aberto. Como mostra a Figura 15.8, os poluentes aerotransportados não param nas fronteiras nacionais. Todos nós compartilhamos o mesmo ar.

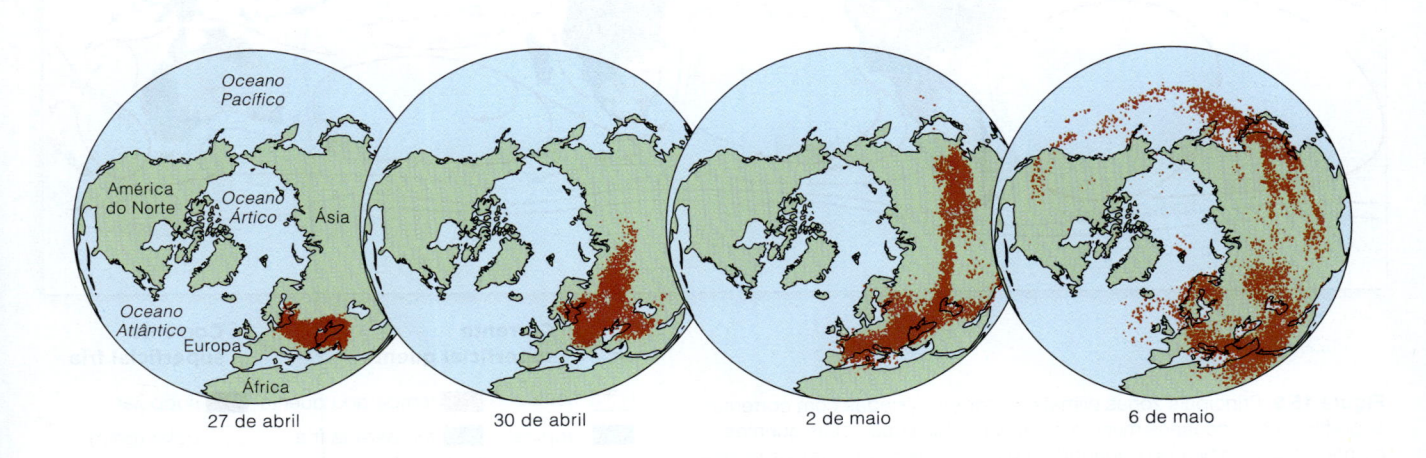

Figura 15.8 Distribuição global de precipitação radioativa lançada durante o acidente nuclear de Chernobyl em 1986 na Ucrânia. O acidente permitiu que partículas radioativas entrassem no ar, então os ventos as dispersaram por todo o mundo. A incidência de cânceres de tiroide na Ucrânia e a vizinha Bielorússia continua a subir, um legado da exposição infantil aos altos níveis de radiação.

15.3 O oceano, acidentes geográficos e climas

- O oceano, um corpo contínuo de água, cobre mais de 71% da superfície da Terra. Impulsionados pelo calor solar e fricção do vento, 10% da parte superficial se move em correntes que distribuem nutrientes pelos ecossistemas marinhos.

Correntes oceânicas e seus efeitos

As variações latitudinais e sazonais na luz solar aquecem e esfriam a água. No equador, onde grandes volumes de água são aquecidos e se expandem, o nível do mar é cerca de 8 centímetros (3 polegadas) mais alto que nos polos. O volume de água nesta "ladeira" é suficiente para que a água do mar superficial se movimente em resposta à gravidade, mais frequentemente em direção aos polos. A água em movimento aquece o ar acima dela. Em latitudes médias, os oceanos transferem 10 milhões de bilhões de calorias de energia de calor por segundo para o ar!

Volumes enormes da água fluem na forma de correntes oceânicas. A força dos ventos predominantes, a rotação da Terra e a topografia determinam o movimento direcional dessas correntes. As correntes de superfície circulam em sentido horário no hemisfério norte e anti-horário no hemisfério sul (Figura 15.9).

Correntes rápidas, profundas e estreitas de água pobre em nutrientes fluem a partir do equador ao longo da costa leste dos continentes. Pela costa leste da América do Norte, água quente flui para o norte, na Corrente do Golfo. Correntes mais lentas, mais rasas e mais largas de água fria paralelas à costa oeste dos continentes fluem em direção ao equador.

As correntes oceânicas afetam o clima. As costas no noroeste do Pacífico são frias e nebulosas no verão, porque a corrente fria da Califórnia esfria o ar, então a água condensa na forma de gotículas. Boston e Baltimore têm mormaço no verão, porque as massas de ar pegam calor e umidade da corrente quente do Golfo, depois os fornece a estas cidades.

Os padrões de circulação oceânica mudam com o tempo geológico à medida que as massas de terra se movimentam. Alguns se preocupam que o aquecimento global também poderia alterar esses padrões.

Sombras de chuva e monções

Montanhas, vales e outras características de superfície da terra afetam o clima. Por exemplo, suponha que você acompanhe uma massa de ar quente depois de ela absorver umidade na costa da Califórnia. Ela se movimentaria para o interior do continente, como o vento do oeste, e convergiria sobre Sierra Nevada.

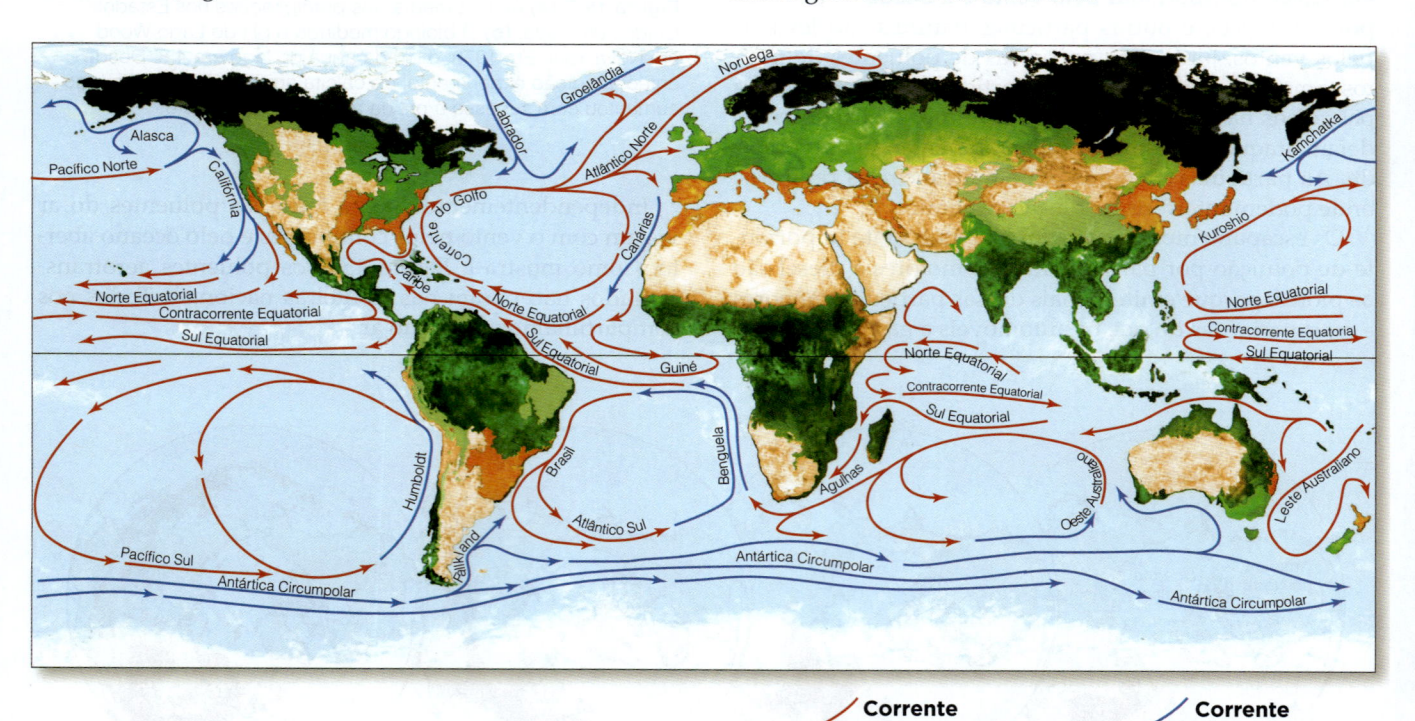

Figura 15.9 Principais zonas climáticas correlacionadas com correntes superficiais dos oceanos mundiais. As correntes superficiais quentes começam a se mover do equador em direção aos polos, mas os ventos predominantes, a rotação da Terra, a gravidade, o formato das bacias oceânicas e a forma natural dos continentes influenciam a direção do fluxo. As temperaturas da água, que diferem com latitude e profundidade, contribuem para as diferenças regionais na temperatura do ar e regime de chuvas.

a Os ventos predominantes movimentam a umidade do Oceano Pacífico para o continente.

b Nuvens se empilham e a chuva se forma do lado da montanha de frente para os ventos predominantes.

b Sombra de chuva do outro lado, onde os ventos se afastam, torna as condições áridas.

4.000/ 75
3.000/ 85
2.000/ 25
1.800/ 125
1.000/ 25
1.000/ 85
15/ 25

habitat úmido

Figura 15.10 Efeito da sombra de chuva. Do lado das montanhas, onde os ventos predominantes se distanciam, a chuva é rara. Os números *pretos* significam a precipitação anual, em centímetros, com média calculada em ambos os lados de Sierra Nevada, uma cordilheira. Os números *brancos* significam elevações, em metros.

Esta cordilheira fica paralela à costa distante. O ar esfria à medida que a altitude aumenta e perde umidade na forma de chuva (Figura 15.10). O resultado é uma **sombra de chuva** – uma região semiárida ou árida, com chuvas esparsas, do lado a sotavento das montanhas altas. "A sotavento" é a lateral oposta ao vento. Himalaia, Andes, Rochosas e outras grandes cadeias de montanhas provocam vastas sombras de chuva.

Diferenças na capacidade de aquecimento de água e terra ocasionam brisas costeiras. De dia, a água não esquenta tão rápido quanto a terra. O ar aquecido pela terra quente sobe e o ar frio do litoral se movimenta substituindo-o (Figura 15.11*a*). Depois do pôr do sol, a terra fica mais fria que a água, então a brisa inverte (Figura 15.11*b*).

O aquecimento diferencial de água e terra também provoca **monções**, ventos que mudam de direção de acordo com a época. Por exemplo, o interior continental da Ásia esquenta no verão, então o ar sobe. A baixa pressão resultante puxa umidade do Oceano Índico ao Sul, e estes ventos, que sopram para o norte, trazem chuvas pesadas. No inverno, o interior continental é mais frio que o oceano. Como resultado, ventos frios e secos soprando do norte em direção às costas do sul provocam uma seca sazonal.

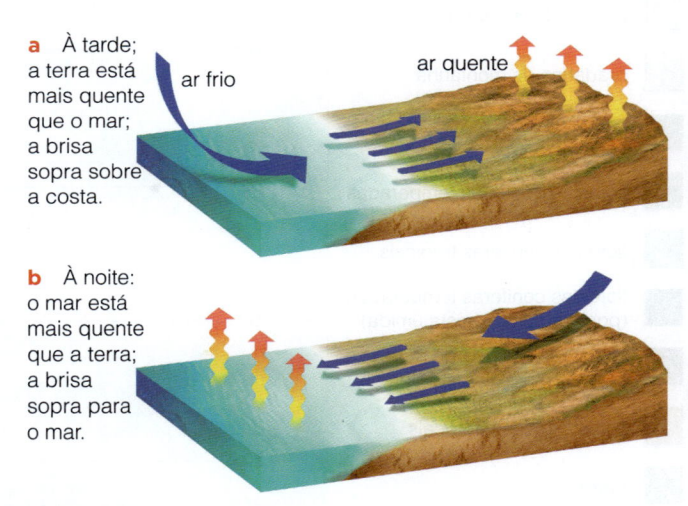

a À tarde; a terra está mais quente que o mar; a brisa sopra sobre a costa.

ar frio
ar quente

b À noite: o mar está mais quente que a terra; a brisa sopra para o mar.

Figura 15.11 Brisas costeiras.

Para pensar

Como as correntes oceânicas surgem e como elas afetam os climas regionais?

- Correntes oceânicas superficiais, que são colocadas em movimento por diferenças latitudinais na radiação solar, são afetadas por ventos e pela rotação da Terra.
- Efeitos coletivos de massas de ar, oceanos e acidentes geográficos determinam a temperatura e os níveis de umidade regionais.

15.4 Reinos biogeográficos e biomas

- Regiões com diferentes condições físicas sustentam diferentes tipos de organismos.

Suponha que você viva nas colinas costeiras da Califórnia e decide viajar pela costa mediterrânea, pelo extremo ao sul da África e pelo Chile central. Em cada região, você vê plantas lenhosas altamente ramificadas com folhas duras que parecem muito com os chaparrais com folhas duras de sua casa. Grandes distâncias geográficas e evolutivas separam essas plantas. Por que elas são semelhantes?

Você decide comparar suas localizações em um mapa global e descobre que as plantas dos desertos norte-americano e africano vivem quase à mesma distância do equador. Os chaparrais e seus semelhantes distantes crescem ao longo da costa ocidental e meridional dos continentes entre latitudes 30° e 40°. Você notou um dos muitos padrões na distribuição global de espécies.

Os primeiros naturalistas dividiram as massas de terra em seis **reinos biogeográficos** – vastas extensões onde eles poderiam esperar encontrar comunidades de certos tipos de plantas e animais (Figura 15.12). Por exemplo, palmeiras e camelos vivem no reino etíope. Posteriormente, os seis reinos clássicos foram subdivididos.

Biomas são subdivisões mais detalhadas dos reinos terrestres, mas ainda são identificáveis em uma escala global. A maioria dos biomas ocorre em mais de um continente. Por exemplo, a floresta seca (em laranja na Figura 15.12) cobre vastas regiões da América do Sul, Índia e Ásia. Semelhantemente, a pradaria norte-americana, o pampa sul-americano, a savana sul-africana e a estepe da Eurásia são todos tipos de pradarias temperadas (Figura 15.13).

A distribuição de biomas é influenciada pelo clima (especialmente temperatura e padrões de chuva), tipo de solo e interações entre as espécies que fazem parte de suas comunidades. Os consumidores são adaptados à vegetação dominante. Lembre-se de que cada espécie apresenta adaptações em sua forma, função, comportamento e padrão de história de vida.

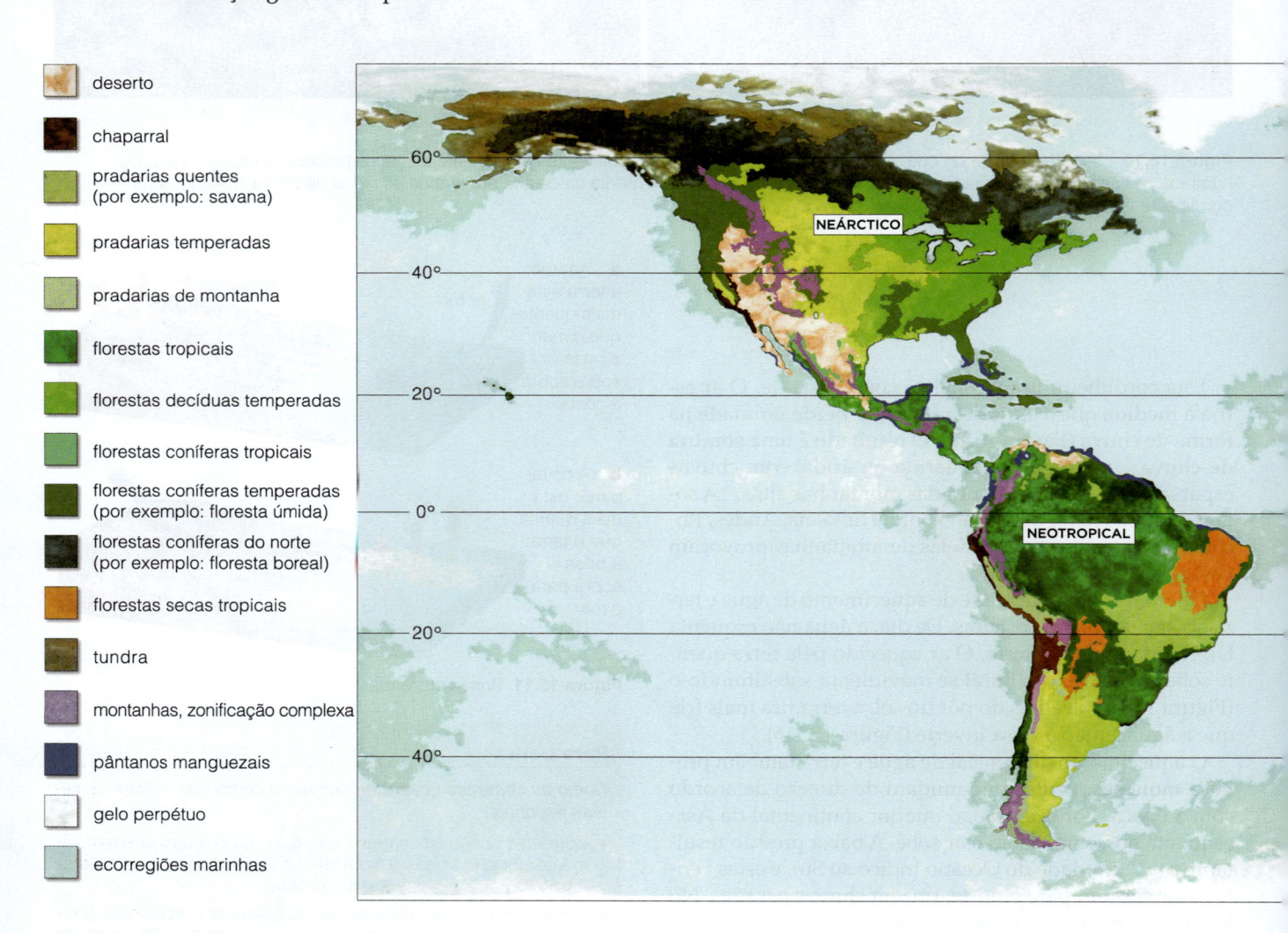

Figura 15.12 Distribuição global das principais categorias de biomas e ecorregiões marinhas.

A distribuição de biomas também foi influenciada pela história evolutiva. Por exemplo, espécies que evoluíram juntas na Pangea acabaram em massas de terra diferentes depois que o supercontinente se separou.

Semelhantemente, características ambientais e a história evolutiva ajudaram a formar a distribuição de espécies nos mares. A Figura 15.12 mostra as principais ecorregiões marinhas, bem como os biomas da Terra.

Figura 15.13 Dois exemplos de bioma das pradarias temperadas. *Acima*, o pampa argentino. *Abaixo*, estepe mongol. Veja também a Figura 15.16.

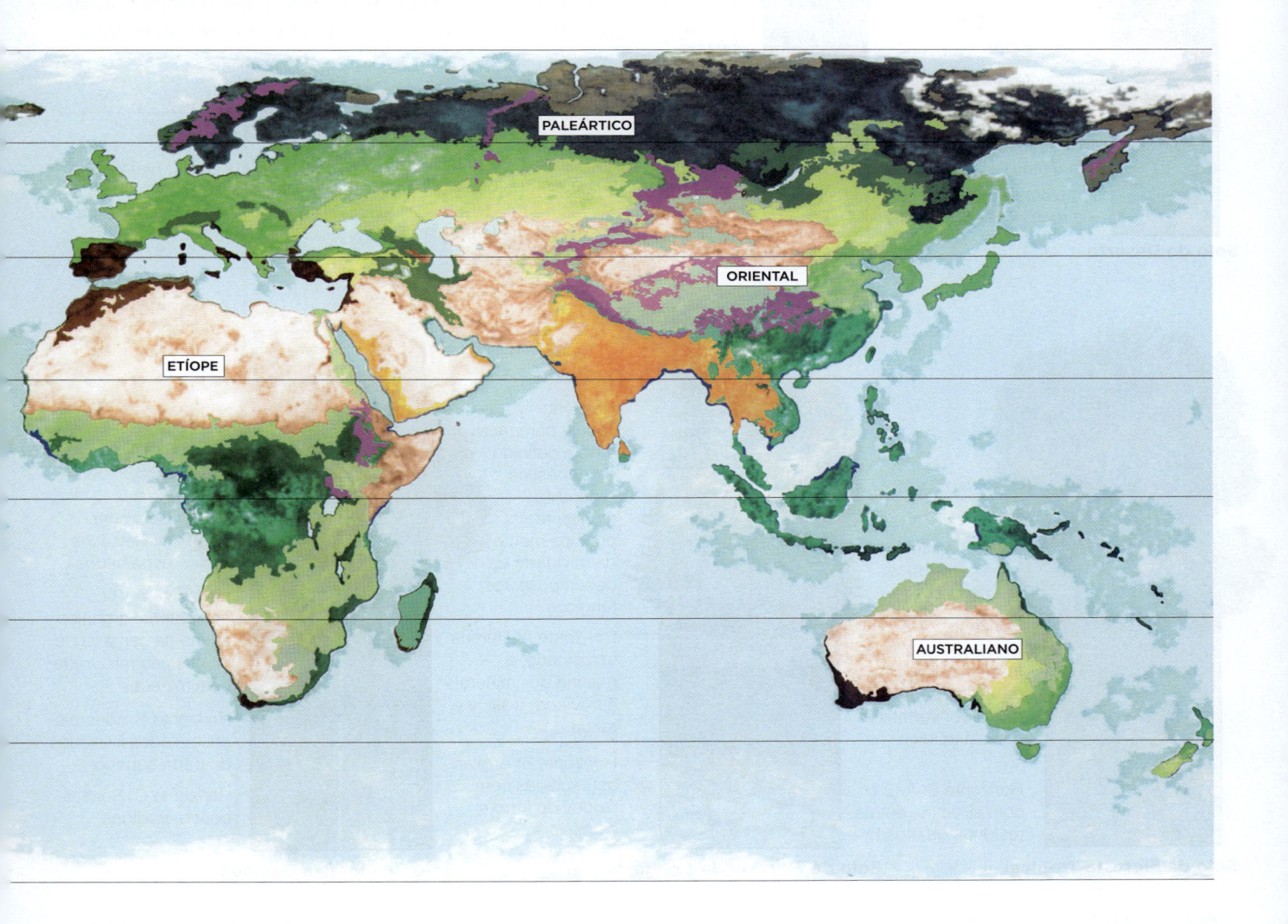

Para pensar

O que são biomas?

- Biomas são vastas extensões de terra dominadas por tipos distintos de plantas que sustentam comunidades características.
- A distribuição global de biomas é resultado da topografia, clima e história evolutiva.

15.5 Solos dos principais biomas

- As plantas obtêm os nutrientes necessários do solo. Como resultado, as propriedades do solo têm um grande impacto sobre a produção primária.

As plantas obtêm água e íons minerais dissolvidos no solo. O solo é formado por partículas minerais e matéria orgânica em decomposição chamada húmus. Água e ar preenchem os espaços entre as partículas de solo.

As propriedades dos solos variam. A argila é mais rica em minerais, mas suas partículas finas e densas proporcionam escoamento ruim; há pouco espaço para que as raízes absorvam oxigênio. Em solos arenosos ou rochosos, a lixiviação drena a água e os íons de minerais. A maioria das plantas cresce melhor em um solo que é uma mistura de partículas de tamanhos diferentes e tem uma quantidade moderada de húmus.

Cada bioma tem um **perfil de solo**, uma estrutura em camadas que se desenvolve com o passar do tempo (Figura 15.14). As camadas superiores são detritos superficiais (horizonte O) e solo arável (horizonte A). O solo arável é a camada mais importante para o crescimento da planta. Os desertos têm pouco solo arável e sua terra é pobre em nutrientes e rica em sais. As pradarias têm o solo arável mais profundo; pode ter mais de um metro de espessura. É por isso que as pradarias são favorecidas pela conversão em agricultura. Nas florestas tropicais, a decomposição é rápida, assim pouco solo arável se acumula sobre as camadas de solo mais baixas e pouco drenadas. Nas florestas de coníferas e florestas decíduas temperadas, a decomposição ocorre mais lentamente, assim os resíduos de folhas se acumulam e as camadas superiores tendem a ser mais ricas.

Para pensar

Como os solos afetam as características do bioma?

- Cada bioma tem um perfil de solo característico, com diferentes quantidades de componentes inorgânicos e orgânicos.
- As propriedades do solo arável são as mais importantes para o crescimento da planta.

Solo do Deserto
- Horizonte O: Pedras, pouca matéria orgânica
- Horizonte A: Solo raso e pobre
- Horizonte B: A evaporação provoca o acúmulo de sal; a lixiviação remove os nutrientes
- Horizonte C: Fragmentos de rochas das terras altas

Solo das Pradarias
- Horizonte A: Alcalino, profundo, rico em húmus
- Horizonte B: A água infiltrada enriquece a camada com carbonatos de cálcio

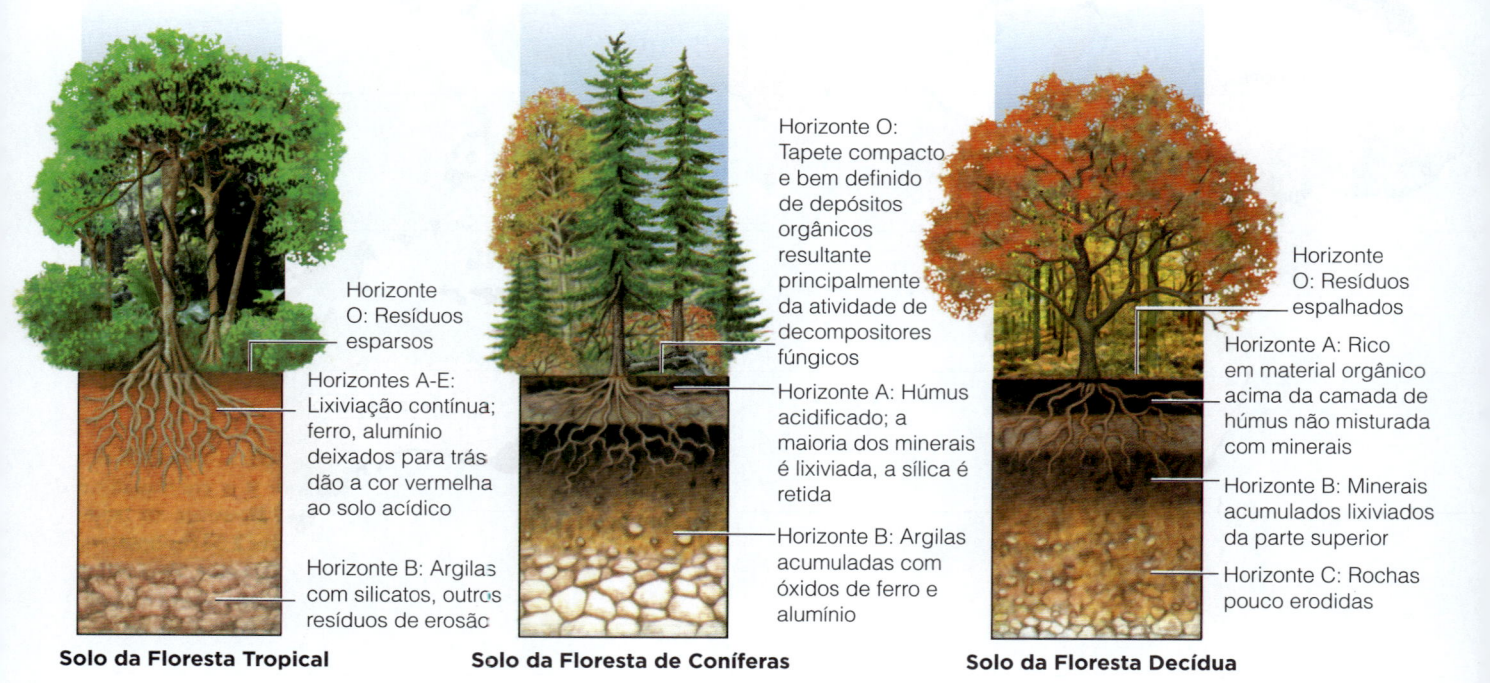

Solo da Floresta Tropical
- Horizonte O: Resíduos esparsos
- Horizontes A-E: Lixiviação contínua; ferro, alumínio deixados para trás dão a cor vermelha ao solo acídico
- Horizonte B: Argilas com silicatos, outros resíduos de erosão

Solo da Floresta de Coníferas
- Horizonte O: Tapete compacto e bem definido de depósitos orgânicos resultante principalmente da atividade de decompositores fúngicos
- Horizonte A: Húmus acidificado; a maioria dos minerais é lixiviada, a sílica é retida
- Horizonte B: Argilas acumuladas com óxidos de ferro e alumínio

Solo da Floresta Decídua
- Horizonte O: Resíduos espalhados
- Horizonte A: Rico em material orgânico acima da camada de húmus não misturada com minerais
- Horizonte B: Minerais acumulados lixiviados da parte superior
- Horizonte C: Rochas pouco erodidas

Figura 15.14 Perfis de solo para alguns dos principais biomas. O horizonte A, ou solo arável, é a fonte mais importante de nutrientes para o crescimento de plantas.

15.6 Desertos

- Com esta seção, começamos uma pesquisa dos principais biomas. Nossa primeira parada são os desertos, que são definidos pela baixa densidade de chuvas.

Desertos

Desertos são regiões que recebem, em média, menos de 10 centímetros (4 polegadas) de chuva por ano. A maioria se localiza aproximadamente na latitude 30° norte e sul, onde o ar sem umidade desce. Nestas regiões, a baixa umidade permite que muita luz solar alcance a superfície do solo, que aquece mais rápido durante o dia. A baixa umidade também faz com que o solo esfrie rápido à noite. Os solos são tipicamente pobres em nutrientes e salgados. Apesar dessas condições proibitivas, algumas plantas e animais sobrevivem, especialmente em áreas onde a umidade está disponível em mais de uma estação (Figura 15.15).

Muitas plantas do deserto possuem adaptações que reduzem a perda de água. Os espinhos ou pelos de cores claras podem ajudar a manter a umidade mais alta em torno dos estômatos e também refletem a luz solar. Vias fixadoras de carbono também ajudam as plantas do deserto a conservar água. Cactos e agaves são plantas MAC, que abrem seus estômatos somente à noite. Muitas plantas anuais que vivem em desertos são plantas C4. Arbustos lenhosos do deserto como "mesquitas" e creosotos possuem grandes e eficientes sistemas de raiz que absorvem a água residual disponível. Raízes de "mesquita" foram encontradas a até 60 metros abaixo da superfície do solo.

Os animais também têm adaptações que lhes permitem conservar água. O rato-canguru do deserto é um residente do Deserto de Sonora, assim como os animais mostrados na Figura 15.15.

O mais seco de todos os desertos pode ser o frio Deserto do Atacama no Chile, que fica em uma sombra de chuva atrás dos Andes. Partes desta área são tão secas que já se pensou não haver vida lá. Porém, os cientistas recentemente encontraram bactérias no solo.

Para pensar

Como se caracterizam os biomas do deserto?

- Um deserto tem muito pouca chuva e umidade baixa. Há bastante luz solar, mas o solo pobre e a falta de água evitam que a maioria das plantas sobreviva ali.
- Muitas plantas e animais dos desertos têm adaptações que minimizam sua necessidade por água.

Figura 15.15 Duas partes do mesmo bioma – o Deserto de Sonora no Arizona. Os raios do sol são tão intensos nas terras baixas do deserto (**a**) como nas partes altas (**b**), mas diferenças na disponibilidade de água, temperatura e tipos de solo influenciam o crescimento das plantas. O arbusto de creosoto (*Larrea*) domina as partes baixas. Uma variedade maior de plantas sobrevive nas terras altas mais úmidas e frias.
Exemplos de animais do deserto. (**c**) O cágado do deserto de Sonora foge do calor escavando uma toca. (**d**) Morcegos magueyeros passam a primavera e verão no Deserto de Sonora, onde evitam o calor do dia em cavernas e minas abandonadas. Os morcegos são importantes polinizadores de cactos e agaves.

CAPÍTULO 15 BIOSFERA 255

15.7 Pradarias, chaparrais e bosques

- Onde há mais chuva que nos desertos, nascem gramíneas. Em áreas com um pouco mais de chuva, crescem arbustos.

Pradarias, chaparrais e bosques

Pradarias

As **pradarias** se formam no interior dos continentes entre desertos e florestas temperadas (Figura 15.16). Os verões são quentes e os invernos, frios. A densidade de chuva anual é de 25 a 100 centímetros (10-40 polegadas), o que evita a formação de desertos, mas é muito pouca água para sustentar uma floresta. Produtores primários pequenos toleram ventos fortes, chuva escassa e não frequente e intervalos de seca. O crescimento tende a ser sazonal. O corte constante realizado por animais de pastagem, juntamente com incêndios periódicos, evita a implantação de árvores e da maioria dos arbustos.

Pradarias de grama baixa e alta (Figura 15.16a,b) são as principais pradarias da América do Norte. Gramas perenes que fixam carbono pela via C4 de conservação de água dominam esses biomas. As raízes da grama se estendem profusamente pelo solo arável e ajudam a mantê-la no lugar, evitando a erosão provocada por ventos constantes.

Durante os anos 1930, grande parte das pradarias de grama baixa das Grandes Planícies Americanas foram aradas para o plantio de trigo. Os ventos fortes, uma seca prolongada e práticas de agricultura inadequadas transformaram a região no que os jornais da época chamaram de 'Dust Bowl'. O romance histórico de John Steinbeck chamado *As Vinhas da Ira* descreve eloquentemente os custos humanos desse desastre ambiental.

As pradarias de grama alta já cobriram 140 milhões de acres, principalmente em Kansas. Gramas altas, leguminosas e herbáceas, como margaridas, prosperaram no interior do continente, que tinha solo arável um pouco mais rico e chuva mais frequente que na pradaria de grama curta. Quase toda a pradaria de grama alta foi convertida em plantações. O *The Tallgrass Prairie National Preserve* foi criado em 1996 para proteger o que resta dela.

Figura 15.16 Três exemplos de pradarias. (**a**) Pradaria de grama alta no leste do Kansas. Veja também a Figura 14.3. (**b**) Bisões pastando em pradaria de grama curta em Dakota do Sul. (**c**) Um rebanho de gnus pastando na savana africana. A Figura 15.13 mostra outras pradarias.

Figura 15.17 Chaparral da Califórnia. (**a**) As plantas dominantes são principalmente lenhosas ramificadas com menos de 2 metros de altura, com folhas duras. As folhas frequentemente contêm óleos que detêm os herbívoros e também tornam as plantas altamente inflamáveis.
(**b**) Toyon (*Heteromeles arbutifolia*), um arbusto do chaparral adaptado ao fogo, rebrotando de suas raízes depois de um incêndio.

Savanas são cinturões largos de pradarias com alguns arbustos e árvores dispersos. As savanas estão entre as florestas tropicais e os desertos quentes da África, Índia e Austrália. As temperaturas são quentes durante o ano todo. Durante a estação chuvosa, 90-150 centímetros de chuva caem. Os incêndios que acontecem durante a estação seca evitam que a floresta substitua a pradaria.

As savanas africanas são famosas por sua abundante vida selvagem (Figura 15.16c). Herbívoros incluem girafas, zebras, elefantes, uma variedade de antílopes e imensos rebanhos de gnus. Os leões e hienas são carnívoros que comem os animais que pastam. Os cerrados do Brasil central, tanto quanto a caatinga do nordeste brasileiro, são considerados tipos de savana.

Chaparrais e bosques secos

Chaparrais secos recebem menos de 25 a 60 centímetros de chuva anualmente. Nós os encontramos na África do Sul, em regiões mediterrâneas e na Califórnia, onde são conhecidos simplesmente como "chaparral". A Califórnia tem aproximadamente 6 milhões de acres de chaparral (Figura 15.17a).

As chuvas ocorrem sazonalmente e os incêndios causados por raios às vezes acontecem durante a estação seca. Na Califórnia, onde as casas são frequentemente construídas próximas ao chaparral, os incêndios causam danos às propriedades. A folhagem de muitos arbustos do chaparral é altamente inflamável. Porém, as plantas se adaptaram a incêndios ocasionais. Algumas voltam a crescer a partir das coroas de raiz depois de um incêndio (Figura 15.17b). As sementes de outras espécies do chaparral germinam somente depois de serem expostos ao calor ou fumaça, garantindo que as sementes brotem somente quando as mudas jovens tenham pouca concorrência.

Os **bosques secos** prevalecem onde a chuva anual é de 40 a 100 centímetros (16-40 polegadas). As árvores que toleram a seca são frequentemente altas, mas não formam uma copa contínua. Os exemplos incluem as florestas de eucalipto da Austrália e as florestas de carvalho da Califórnia e do Oregon.

Para pensar

O que são pradarias, chaparrais e bosques secos?

- As pradarias se formam no interior dos continentes. Grama e outras plantas não lenhosas pequenas predominam. A atividade de animais de pastagem e incêndios ocasionais ajudam a evitar que árvores e arbustos se estabeleçam.
- Chaparrais, como o chaparral da Califórnia, também incluem espécies adaptadas ao fogo – predominantemente arbustos lenhosos pequenos.
- Os bosques secos são dominados por árvores que são adaptadas para resistir à seca sazonal.

15.8 Florestas de folhas largas

- Árvores de folhas largas (angiospermas) dominam florestas úmidas tanto em regiões temperadas como equatoriais.

Florestas semiperenifólia e florestas decíduas

As **florestas semiperenifólias** ocorrem na região úmida dos trópicos do sudeste da Ásia e Índia. Estas florestas incluem uma mistura de árvores de folhas largas, que retêm as folhas durante todo o ano, e árvores decíduas. Árvores ou arbustos decíduos perdem as folhas uma vez por ano, antes da estação em que as condições frias ou secas não favoreceriam o crescimento. Árvores decíduas em uma floresta semiperenifólia perdem suas folhas na preparação para a estação seca.

Onde caem menos de 2,5 centímetros de chuva na estação seca, as **florestas decíduas tropicais** se formam. Nas florestas decíduas tropicais, a maioria das árvores perde as folhas no começo da estação seca.

As **florestas decíduas temperadas** se formam em partes do leste da América do Norte, Europa ocidental e central e partes da Ásia, incluindo o Japão. Cerca de 50 a 150 centímetros de precipitação caem ao longo do ano. As folhas ficam vermelhas, laranja e amarelas antes de se soltarem no outono (Figura 15.18). Depois de descartar suas folhas, as árvores entram em estado de dormência durante o inverno frio, quando a água fica presa na forma de neve e gelo. Na primavera, quando as condições passam a ser favoráveis novamente, as árvores decíduas florescem e novas folhas aparecem. Também durante a primavera, as folhas que caíram no outono anterior se decompõem e formam um húmus rico. O solo rico e uma copa aberta, que deixa a luz do sol entrar, permite o florescimento de muitas plantas no sub-bosque.

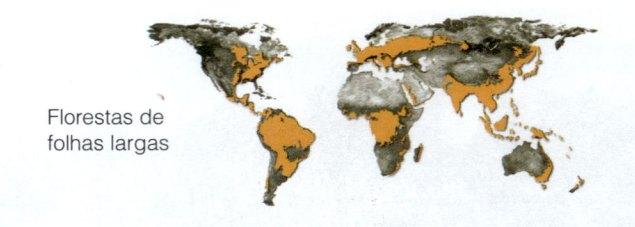

Florestas tropicais

As **florestas perenifólias de folhas largas** se formam entre as latitudes 10° norte e sul na África equatorial, nas Índias orientais, Malásia, sudeste da Ásia, América do Sul e América Central. As médias anuais de chuva são de 130 a 200 centímetros. Chuvas regulares, combinadas com uma temperatura média de 25 °C (77 °F) e alta umidade, sustentam as florestas tropicais do tipo mostrado na próxima seção. Em estrutura e diversidade, estes biomas são os mais complexos. Algumas árvores têm 30 metros de altura. Muitas formam uma copa fechada que impede a passagem da maior parte da luz solar até o chão da floresta. Trepadeiras e epífitas (plantas que crescem em outra planta, mas não retiram nutrientes dela) crescem na copa sombria.

A decomposição e a alternância cíclica de minerais acontecem rápido nessas florestas, então resíduos não se acumulam. Os solos são altamente erodidos, fortemente lixiviados, além de serem reservatórios muito pobres de nutrientes.

Figura 15.18 Floresta decídua temperada norte-americana. A série mostra as mudanças na folhagem de uma árvore decídua do inverno (*mais à esquerda*) passando pela primavera, verão e outono.

> **Para pensar**
>
> *O que é uma floresta de folhas largas?*
>
> - As condições em florestas de folhas largas favorecem esses grupos de árvores densas que formam uma copa contínua.
> - Árvores decíduas de folhas largas perdem as folhas sazonalmente. As folhas perenes se soltam em pequenos números ao longo do ano.

FOCO EM BIOÉTICA

15.9 Você e as florestas tropicais

- Abordaremos, agora, os fatores que atualmente ameaçam as florestas tropicais.

O sudeste da Ásia, parte da África e parte da América Latina se estendem por latitudes tropicais. Nações em desenvolvimento nesses continentes possuem as populações que crescem mais rapidamente e as mais altas demandas por comida, combustível e madeira. Por necessidade, as pessoas se voltam às florestas (Figura 15.19). A maior parte dessas florestas tropicais pode desaparecer ainda na nossa época. Essa possibilidade preocupa os povos nas nações altamente desenvolvidas, que usam a maior parte dos recursos mundiais, incluindo produtos provenientes da floresta.

Em termos puramente éticos, a destruição de tanta biodiversidade é uma preocupação. As florestas tropicais têm a maior variedade e números de insetos, e os maiores insetos do mundo. Elas são o lar da maioria das espécies de pássaros e plantas com as maiores flores (*Rafflesia*). As copas e sub-bosques da floresta sustentam macacos, antas e onças na América do Sul; e macacos, leopardos e okapis na África. Trepadeiras volumosas se contorcem ao redor dos troncos das árvores. Orquídeas, musgos, liquens e outros organismos crescem em galhos, absorvendo minerais da chuva. Comunidades de micro-organismos, insetos, aranhas e anfíbios vivem, procriam e morrem nas pequenas poças de água que se formam nas folhas dobradas.

Além disso, os produtos fornecidos por espécies da floresta tropical salvam e melhoram a vida dos seres humanos. A análise de compostos nas espécies da floresta tropical pode apontar a direção para novas drogas farmacológicas. A quinina, uma droga antimalárica, foi o primeiro derivado de um extrato da casca de *Cinchona*, uma árvore na floresta tropical amazônica. Duas drogas usadas em quimioterapia, vincristina e vinblastina, foram extraídas da pervinca rosa (*Catharanthus roseus*), uma planta baixa nativa das florestas tropicais de Madagascar. Atualmente, essas drogas ajudam na luta contra leucemia, linfoma, câncer de mama e câncer testicular. Muitas plantas ornamentais, especiarias e alimentos, incluindo canela, chocolate e café, se originaram nas florestas tropicais, assim como o látex, gomas, resinas, tinturas, ceras e óleos usados em pneus, sapatos, pasta de dentes, sorvete, xampu e preservativos.

Os biólogos que cuidam da preservação criticam a perda de espécies da floresta e seus recursos naturais essenciais. A perda da floresta tropical ainda continua acelerada. A quantidade de florestas temperadas está aumentando na América do Norte, Europa e China, mas esse aumento é ofuscado pelas perdas das florestas tropicais em outros lugares.

O desaparecimento de florestas tropicais poderia influenciar a atmosfera. As florestas absorvem e armazenam carbono e liberam oxigênio. A queima de enormes áreas da floresta tropical abrem caminho para que a agricultura lance gás carbônico, que contribui para o aquecimento global.

Ironicamente, preocupações com a liberação de gases do efeito estufa a partir de combustíveis fósseis podem incentivar a destruição da floresta tropical. Áreas de floresta tropical na Amazônia e na Indonésia estão sendo devastadas para abrir caminho para plantações de soja ou palma. Os óleos dessas plantas são exportados, principalmente para a Europa, onde são usados para produzir biodiesel.

Figura 15.19 Florestas tropicais no sudeste da Ásia e América Latina.

15.10 Florestas coníferas

- Comparadas às árvores de folhas largas, as coníferas são mais tolerantes ao frio e à seca e podem suportar solos mais pobres. Onde ocorrem essas condições, as florestas coníferas predominam.

Gimnospermas perenifólias com cones contendo sementes dominam as **florestas de coníferas**. Suas folhas têm tipicamente forma de agulha, com uma cutícula espessa. Os estômatos ficam abaixo da superfície da folha. Essas adaptações ajudam as coníferas a conservar água durante a seca ou em épocas em que a água do solo fica congelada. Como um grupo, as coníferas toleram solos mais pobres e *habitats* mais secos que as árvores de folhas largas.

No hemisfério norte, as florestas coníferas montanhosas se estendem pelo sul pelas grandes cordilheiras de montanhas (Figura 15.20a). Abetos dominam nas elevações mais altas, com abetos e pinheiros assumindo o cenário à medida que você vai descendo as ladeiras.

Florestas coníferas boreais ou do norte ocorrem na Ásia, Europa e América do Norte em áreas antes cobertas por gelo, onde lagos e riachos abundam (Figura 15.20b). Estas florestas são dominadas por pinheiros e abetos. Elas também são conhecidas como taigas, que significa "florestas de pântano". A maior parte da chuva cai no verão. Os invernos são longos, frios e secos. Os alces são os animais de pastagem dominantes neste bioma.

As coníferas também dominam as terras baixas temperadas junto à costa do Pacífico do Alasca até o norte da Califórnia. Essas florestas coníferas contam com as árvores mais altas do mundo, o abeto Sitka ao norte e sequoias canadenses costeiras ao sul. Grandes áreas têm sido derrubadas.

Encontramos outros ecossistemas dominados por coníferas no leste dos Estados Unidos. Cerca de $\frac{1}{4}$ de Nova Jersey é formado por uma floresta mista árida de pinheiros e carvalhos que crescem em terreno arenoso e ácido. A floresta de pinheiros cobre aproximadamente $\frac{1}{3}$ do sudeste. Pinheiros Loblolly de crescimento rápido dominam essas florestas e são uma fonte importante de madeira e polpa. Os pinheiros sobrevivem a incêndios periódicos que mataria a maioria das espécies de madeira dura. Se os incêndios forem suprimidos, essas madeiras duras substituirão os pinheiros.

Para pensar

O que são florestas de coníferas?

- As florestas de coníferas consistem em árvores perenifólias rígidas capazes de suportar condições que a maioria das árvores de folhas largas não suporta.

Figura 15.20 (a) Floresta conífera montanhosa próxima ao Monte Rainier, Washington. (b) Taiga em Ontario, Canadá.

15.11 Tundra

- Plantas baixas toleram frio e vento nas tundras, que se formam em altas altitudes e latitudes.

Tundra ártica

Figura 15.22 Tundra alpina no Alasca.

A **tundra ártica** se forma entre a calota de gelo polar e os cinturões das florestas boreais no hemisfério norte. A maioria se encontra na Rússia setentrional e Canadá. É o bioma mais jovem da Terra; apareceu há mais ou menos 10 mil anos, quando as geleiras retrocederam no final da última era do gelo.

A tundra ártica é coberta por neve por até nove meses do ano. A neve e chuva anual é de normalmente menos de 25 centímetros (10 polegadas). Durante um breve verão, as plantas crescem rapidamente sob a luz solar contínua. Liquens e plantas com raízes rasas são a base para uma rede alimentar que inclui ratos silvestres, lebres árticas, caribus, raposas árticas, lobos e ursos pardos (Figura 15.21). Números enormes de pássaros migratórios se aninham aqui no verão, quando o ar fica cheio de mosquitos.

Somente a camada superficial do solo da tundra descongela durante o verão. Abaixo dessa camada está o **permafrost**, uma camada congelada de 500 metros (1.600 pés) de espessura em alguns lugares. O permafrost age como uma barreira que evita o escoamento, assim, o solo acima permanece perpetuamente cheio de água. Condições frias e anaeróbicas desaceleram a decomposição, causando o acúmulo de restos orgânicos. A matéria orgânica no permafrost faz da tundra ártica um dos maiores estoques de carbono da Terra.

À medida que as temperaturas globais sobem, a quantidade de solo congelado que derrete todo verão aumenta. Com temperaturas mais altas, grande parte da neve e gelo que refletiria a luz solar está desaparecendo. Como resultado, o solo escuro recentemente exposto absorve calor dos raios solares, o que incentiva mais derretimento.

A **tundra alpina** ocorre em altitudes altas em todo o mundo (Figura 15.22). Até mesmo no verão, algumas porções de neve persistem em áreas sombreadas, mas não há permafrost. O solo alpino é bem drenado, mas fino e pobre em nutrientes. Como resultado, a produtividade primária é baixa. Grama, urzes e arbustos de folhas pequenas crescem nessas porções onde a terra se acumulou em uma profundidade maior. Estas plantas baixas podem resistir a ventos fortes que desencorajariam o crescimento de árvores.

Para pensar

O que é tundra?

- A tundra ártica prevalece em latitudes altas, onde os verões são curtos e frios alternados com invernos longos e frios. Os liquens e plantas pequenas crescem sobre a camada de solo congelado, o permafrost, que é um reservatório de carbono.
- A tundra alpina, também dominada por plantas pequenas, prevalece em altitudes altas.

Figura 15.21 Tundra ártica no verão.

Urso pardo

15.12 Ecossistemas de água doce

- Províncias de água doce e água salgada cobrem mais superfície na Terra do que todos os biomas terrestres combinados. Aqui começamos nosso estudo sobre esses reinos aquáticos.

Lagos

Um **lago** é um corpo de água doce parada. Se ele for suficientemente fundo, pode ser dividido em zonas que diferem em suas características físicas e composição de espécies (Figura 15.23).

Próximo à orla está a zona litorânea, do latim *litus* de orla. Aqui, a luz solar vai até o fundo do lago; plantas aquáticas e algas presas ali são os produtores primários. As águas abertas do lago incluem uma zona limnética superior bem servida pela luz e – se o lago é profundo – uma zona profunda escura onde a luz não penetra. Os produtores primários na zona limnética podem incluir plantas aquáticas, algas verdes, diatomáceas e cianobactérias. Estes organismos servem de alimento para rotíferos, copépodes e outros tipos de zooplâncton. Na zona profunda, onde não existe luz suficiente para fotossíntese, os consumidores se alimentam de fragmentos orgânicos que são levados pela água.

Conteúdo de Nutrientes e Sucessão Como um *habitat* na terra, o lago sofre sucessão; ele muda com o passar do tempo. Um lago formado recentemente é oligotrófico: fundo, claro e pobre em nutrientes, com produtividade primária baixa (Figura 15.24). Mais tarde, sedimentos se acumulam e plantas germinam. O lago se torna eutrófico.

Eutrofização se refere aos processos, naturais ou artificiais, que enriquecem um corpo d'água com nutrientes.

Mudanças Sazonais Lagos de zonas temperadas sofrem uma variação sazonal nos gradientes de temperatura, da superfície ao fundo. Durante o inverno, uma camada de gelo se forma na superfície do lago. Diferentemente da maioria das substâncias, a água é mais densa como líquido do que como sólido (gelo). À medida que a água esfria, sua densidade aumenta até alcançar 4 °C. Abaixo dessa temperatura, resfriamentos adicionais reduzem a densidade da água e é por isso que o gelo flutua sobre a água. Em um lago coberto de gelo, a água logo abaixo do gelo está próxima a seu ponto de congelamento e a sua densidade, mais baixa. A água mais densa (4 °C) está no fundo do lago (Figura 15.25a).

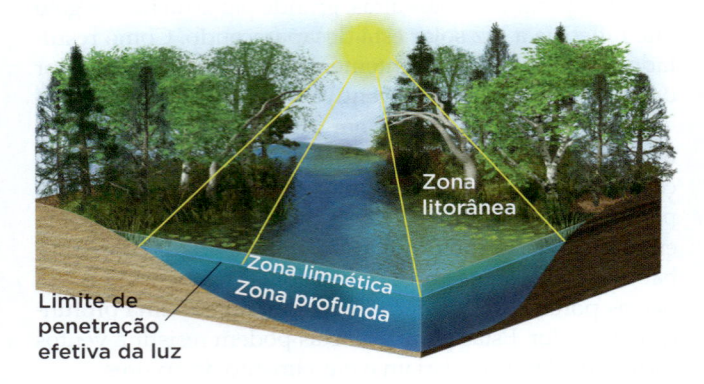

Figura 15.23 Zonificação do lago. A zona de litoral do lago estende-se em torno da orla por uma profundidade onde as plantas aquáticas enraizadas param de crescer. Sua zona limnética são as águas abertas onde a luz penetra e a fotossíntese acontece. Abaixo dela fica uma zona profunda fria e escura onde cadeias alimentares formadas por detritos predominam.

Figura 15.24 Lago de cratera, um lago oligotrófico em um vulcão cheio de neve derretida. O quadro compara lagos oligotróficos e eutróficos.

Lago oligotrófico	Lago eutrófico
Profundo, com bancos escarpados	Raso com litoral amplo
Grande volume de água profunda em relação ao volume de água superficial	Pequeno volume de água profunda em relação ao volume de água superficial
Altamente transparente	Transparência limitada
Água azul ou verde	Água verde a verde-amarelada ou amarronzada
Baixo conteúdo de nutrientes	Alto conteúdo de nutrientes
Oxigênio abundante em todos os níveis durante o ano	Oxigênio esgotado nas águas profundas durante o verão
Não tem muito fitoplâncton; algas verdes e diatomáceas predominam	Massas espessas e abundantes de fitoplâncton; cianobactérias predominantes
Decompositores aeróbicos favorecidos na zona de profundal	Decompositores anaeróbicos na zona de profundal
Baixa biomassa na zona profunda	Alta biomassa na zona profunda

Na primavera, o ar esquenta e o gelo derrete. Quando a temperatura da água derretida sobe para 4 °C, ela desce. Isso provoca uma **circulação total de primavera**, durante a qual a água rica em oxigênio na superfície se move em direção descendente enquanto a água rica em nutrientes das profundidades do lago sobe (Figura 15.25b). Os ventos ajudam na circulação.

No verão, um lago tem três camadas que diferem em temperatura e conteúdo de oxigênio (Figura 15.25c). A camada superior é quente e rica em oxigênio. Ela cobre a **termoclina**, uma camada fina onde a temperatura cai rapidamente. Sob a termoclina fica a água mais fria. A termoclina atua como uma barreira que evita que as camadas superior e inferior se combinem. Durante o verão, os decompositores consomem o oxigênio nas águas mais profundas do lago, sendo que os nutrientes das profundidades não conseguem escapar para as águas de superfície. No outono, a camada superior esfria e desce e a termoclina desaparece. Durante a circulação de outono, a água rica em oxigênio se movimenta para baixo enquanto a água rica em nutrientes sobe (Figura 15.25d).

As circulações influenciam a produtividade primária. Depois de uma circulação total de primavera, os dias mais longos e uma abundância de nutrientes sustentam a maior produtividade primária. Durante o verão, a mistura vertical cessa. Os nutrientes não sobem e a fotossíntese desacelera. No final do verão, a escassez de nutrientes limita o crescimento. A circulação de outono traz nutrientes para a superfície e favorece uma breve explosão de fotossíntese. A explosão termina quando o inverno traz dias mais curtos e a quantidade de luz solar diminui.

Riachos e rios

Riachos são ecossistemas de água corrente que começam em fontes ou infiltrações de água doce. À medida que eles descem ladeira abaixo, crescem e se fundem para formar rios. Chuva, neve derretida, a geografia, altitude e a sombra das plantas afetam o volume e a temperatura do fluxo.

As propriedades de um riacho ou rio variam ao longo de seu comprimento. A composição do leito do riacho afeta as concentrações de solutos, como quando pedras calcárias se dissolvem e adicionam cálcio. A água que flui rapidamente sobre as pedras se mistura ao ar e obtém mais oxigênio do que a água mais profunda que se move mais lentamente. A água fria também contém mais oxigênio que a água quente. Como resultado, partes diferentes de um riacho ou rio suportam espécies com necessidades de oxigênio diferentes.

Um riacho importa nutrientes para muitas redes alimentares. Nas florestas, as árvores fazem sombra e dificultam a fotossíntese, mas as folhas mortas sustentam as cadeias alimentares de detritos.

Espécies aquáticas absorvem e liberam nutrientes à medida que a água flui a jusante. Os nutrientes se movem rio acima nos tecidos de peixes migratórios e outros animais. Os nutrientes circulam entre organismos aquáticos e a água enquanto fluem em um curso unidirecional para o mar.

a Inverno. O gelo cobre a camada fina de água ligeiramente mais quente bem abaixo dele. A água mais densa (4 °C) fica no fundo. Os ventos não afetam a água sob o gelo, então existe pouca circulação.

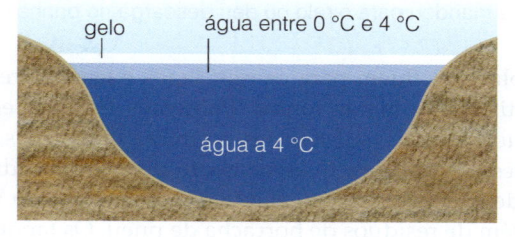

b Primavera. O gelo derrete. A água da parte superior aquece a 4 °C e desce. Os ventos que sopram pela água criam correntes verticais que ajudam a água a circular, trazendo nutrientes do fundo para cima.

c Verão. O sol aquece a água superficial, que flutua em uma termoclina, uma camada na qual a temperatura muda abruptamente. As água superficiais e do fundo não se misturam devido a este limite térmico.

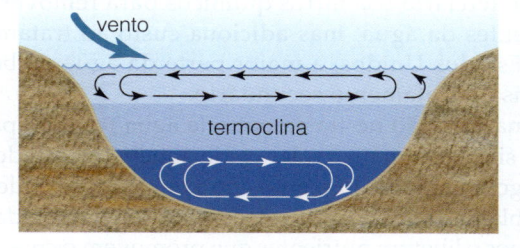

d Outono. A água superficial esfria e desce, eliminando a termoclina. Correntes verticais misturam a água que foi separada durante o verão.

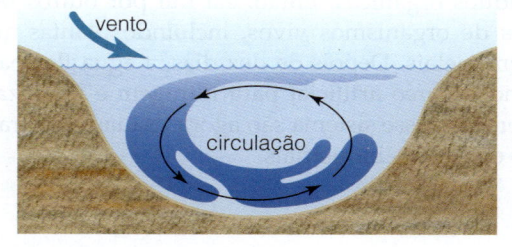

Figura 15.25 Mudanças sazonais em um lago de zona temperada.

Para pensar

Que fatores afetam a vida em províncias de água doce?

- Os lagos têm gradientes de luz, oxigênio dissolvido e nutrientes.
- A produtividade primária varia com a idade do lago e – em zonas temperadas – com a estação.
- Condições diferentes ao longo do comprimento de um riacho ou rio favorecem diferentes organismos.

15.13 Água "doce"?

- Toda água é reciclada. O que acontece com a água que você mandou para o ralo ou deu descarga no banheiro?

Os poluentes fluem para os rios, lagos e lençóis freáticos a partir de inúmeras fontes. Poluentes incluem esgoto, resíduos animais, substâncias químicas industriais, fertilizantes e pesticidas. O escoamento de estradas adiciona óleo de motor e anticongelante que gotejaram de veículos, além de resíduos de borracha de pneu. Os tanques de combustível mal vedados deixam gasolina e outros combustíveis vazarem para os lençóis freáticos.

Como podemos manter estes venenos fora da nossa água potável? Uma proteção é o tratamento de águas residuais. Existem três fases de tratamento. No tratamento primário, telas e tanques de assentamento removem pedaços grandes de material orgânico (barro), que é seco e queimado ou descartado em aterros sanitários. No tratamento secundário, os micróbios decompõem qualquer matéria orgânica que permaneceu depois do tratamento primário. A água é então tratada com cloro ou exposta à luz ultravioleta para matar os micro-organismos causadores de doenças. Nesse momento, a maioria dos resíduos orgânicos já se foi – mas não todo nitrogênio, fósforo, toxinas e metais pesados. O tratamento terciário usa filtros químicos para remover estes poluentes da água, mas adiciona custo ao tratamento. Nos Estados Unidos, a maior parte da água é liberada depois do tratamento secundário.

Uma variação no tratamento de água residual padrão é um sistema aquático solar como aquele construído pelo biólogo John Todd. O esgoto entra em tanques onde crescem plantas aquáticas. Os decompositores degradam os resíduos e liberam nutrientes que promovem o crescimento das plantas. O calor do sol acelera a decomposição. A água então flui por um charco artificial que filtra as algas e resíduos orgânicos. Então, ela flui por outros tanques cheios de organismos vivos, incluindo plantas que absorvem metais. Depois de dez dias, a água flui para um segundo charco artificial para filtragem e limpeza final. As versões desse sistema são agora usadas para tratar esgotos e resíduos industriais.

15.14 Zonas costeiras

- Encontramos regiões de alta produtividade primária onde o mar encontra a orla.

Áreas alagadas e zona entremarés

Assim como os ecossistemas de água doce, estuários e áreas alagadas de mangue têm características físicas e químicas distintas, incluindo sua profundidade, temperatura da água, salinidade e penetração da luz. Um **estuário** é uma região costeira fechada onde a água do mar se mistura à água doce rica em nutrientes proveniente de rios e riachos (Figura 15.26a). O influxo de água fornece continuamente nutrientes, que é um dos motivos pelos quais os estuários são altamente produtivos.

Os produtores primários incluem algas e outros tipos de fitoplâncton, além de plantas que toleram ser submergidas na maré alta. As cadeias alimentares de detritos são comuns. Estuários são berçários marinhos; muitos invertebrados em estágio larval e jovem, além de peixes, se desenvolvem ali. Os pássaros migratórios usam estuários como paradas de descanso.

Os estuários podem ser largos e rasos como a Baía de Chesapeake, a Baía de Mobile e a Baía de São Francisco, ou estreita e profunda como os 'fjords' da Noruega. Muitas enfrentam ameaças. A água doce que deveria abastecê-las é desviada para uso humano. Os rios jogam substâncias prejudiciais, como pesticidas e fertilizantes que entram nos riachos no escoamento de campos agrícolas.

Nas zonas entremarés em latitudes tropicais, encontramos mangues ricos em nutrientes. "Mangue" é o termo comum para determinar as plantas lenhosas que toleram sal e que vivem em áreas abrigadas nas costas tropicais. As plantas têm raízes de suporte que se estendem fora do tronco (Figura 15.26b). Células especializadas na superfície de algumas raízes permitem a troca de gases com o ar.

As crescentes populações humanas nas costas tropicais ameaçam as áreas alagadas de mangue. As pessoas tradicionalmente cortam essas árvores para serem usadas como lenha. Uma ameaça mais recente é a conversão dessas áreas alagadas em fazendas de camarão. O desaparecimento do mangue ameaça os peixes e pássaros migratórios que dependem deles para abrigo e comida.

Figura 15.26 Áreas alagadas. (**a**) Pântano salgado na Carolina do Sul. A grama do pântano (*Spartina*) é o principal produtor. (**b**) Nos Everglades da Flórida, uma área alagada delineada por mangues vermelhos (*Rhizophora*).

Litoral superior da zona entremarés; submerso somente na maré alta do ciclo lunar

Litoral mediano; submerso na maré regular mais alta e exposta na maré mais baixa

Litoral inferior; exposto somente na maré baixa do ciclo lunar

Figura 15.27 Costas contrastantes. (**a**,**b**) Orlas rochosas ricas em algas onde os invertebrados abundam.

Costas rochosas e arenosas

Os litorais rochosos e arenosos sustentam ecossistemas da zona entremarés. Os biólogos dividem um litoral em três zonas verticais que diferem em características e diversidade físicas. A zona litorânea superior é submersa somente na maré mais alta de um ciclo lunar. Ali estão algumas espécies. A zona mediana é submersa durante a maré média mais alta e exposta na maré mais baixa. A zona litorânea mais baixa só é exposta durante a maré mais baixa do ciclo lunar e tem a maior diversidade.

Você pode ver facilmente a zonação ao longo de uma orla rochosa (Figura 15.27a,b). Algas agarrando-se às pedras são os produtores primários para as cadeias alimentares predominantes. Os consumidores primários incluem uma variedade de caramujos.

A zonação é menos óbvia nas orlas arenosas onde as cadeias alimentares de detritos começam a partir de material proveniente da terra. Alguns crustáceos comem detritos na zona litorânea superior. Mais próximo à água, outros invertebrados se alimentam enquanto se enterram na areia.

Para pensar

Que tipos de ecossistemas aparecem ao longo dos litorais?

- Encontramos estuários onde os rios desembocam nos mares. Os rios fornecem nutrientes que nutrem a alta produtividade.
- As áreas alagadas de mangue são comuns ao longo da costa em latitudes tropicais.
- Orlas rochosas e arenosas mostram a zonação, com zonas diferentes sendo expostas durante diferentes fases do ciclo da maré. A diversidade é maior na zona que fica submersa a maior parte do tempo.

15.15 Os outrora corais do futuro

- Recifes de coral são altamente produtivos e muito ameaçados.

Os **recifes de coral** são formações resistentes às ondas, que consistem principalmente em carbonato de cálcio excretado por gerações de pólipos de coral. Os corais que formam o recife vivem principalmente em águas claras e quentes entre as latitudes 25° norte e 25° sul (Figura 15.28d). As paredes celulares endurecidas por minerais das algas vermelhas contribuem para a armação estrutural de muitos recifes. O recife resultante é o lar de uma gama notavelmente diversa de espécies de vertebrados e invertebrados.

A Grande Barreira de Recifes da Austrália é paralela à Queensland por 2.500 quilômetros e é o maior exemplo de arquitetura biológica. Na verdade, trata-se de uma série de recifes, alguns com 150 quilômetros. Ela sustenta 500 espécies de corais, 3.000 espécies de peixes, 1.000 tipos de moluscos e 40 tipos de serpentes do mar. A Figura 15.28e mostra uma riqueza de cores de advertência, tentáculos e comportamentos dissimulados – todos sinais de uma concorrência feroz pelos recursos entre espécies lutando pelo espaço limitado.

Os corais que compõem o recife têm dinoflagelados fotossintéticos em seus tecidos. Estes protistas dão ao coral sua cor e lhe fornecem oxigênio e açúcares. Quando um coral é estressado por condições adversas, ele expele os protistas e perde sua cor, um evento chamado branqueamento do coral (Figura 15.29). Se o coral permanecer em estado de estresse por mais de alguns meses, os protistas não voltam e o coral morre.

Figura 15.29 Branqueamento do coral na Grande Barreira de Recifes da Austrália.

O branqueamento anormal e difundido no Caribe e Pacífico tropical começou nos anos 1980. A temperatura da superfície do mar também aumentou, o que poderia ser uma fator estressante chave. O dano é um resultado do aquecimento global? Se for, como os biólogos marinhos Lucy Bunkley-Williams e Ernest Williams sugerem, o futuro parece tenebroso para os recifes, que podem ser destruídos dentro de três décadas.

Além disso, as pessoas podem destruir diretamente os recifes, como por meios de descargas de esgoto em águas costeiras de ilhas povoadas. Derramamentos massivos de óleo, operações de dragagem comercial e mineração em rochas de coral têm um impacto catastrófico. A exploração de áreas adjacentes aos recifes aumenta o escoamento de nutrientes e lodo, que pode prejudicar as espécies do recife.

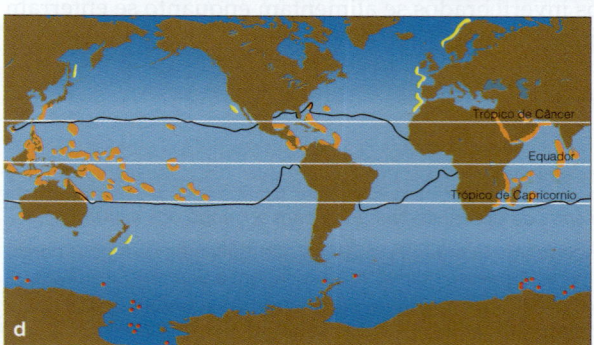

Figura 15.28 Formações de recifes de coral. (**a**) *Franjamentos* de recifes se formam próximo à terra quando a chuva e o escoamento são leves, como do lado do vento que sopra a favor nas jovens ilhas vulcânicas. Muitos recifes nas ilhas havaianas e no Taiti são assim.
(**b**) Atóis em forma de anel consistem em recifes de coral e fragmentos de corais. Eles envolvem completamente ou parcialmente uma lagoa rasa, frequentemente com um canal para o oceano aberto. A biodiversidade não é grande na água rasa, que pode ser muito quente para os corais.
(**c**) Recifes de *barreira* paralelos à orla dos continentes e ilhas vulcânicas, como em Bora Bora. Atrás deles estão lagoas tranquilas.
(**d**) Mapa de distribuição dos recifes de coral (*laranja*) e bancos de coral (*amarelo*). Quase todos os corais que compõem o recife vivem em mares quentes, aqui inclusos em linhas escuras. Em latitudes acima de 25° norte e sul, corais solitários e coloniais (*vermelhos*) formam bancos de coral nos mares temperados e nos mares frios sobre as plataformas continentais.
(**e**) *Na página da frente*, uma amostragem da biodiversidade do recife de coral.

FOCO NO MEIO AMBIENTE

As redes de pesca podem quebrar pedaços de corais, mas alguns pescadores preferem práticas até mais destrutivas, como jogar dinamite na água. Os peixes que se escondem no coral são jogados para fora e flutuam para a superfície, alguns mortos, mas outros apenas atordoados. A prática é ilegal em quase todos os lugares, mas a observância à lei é muitas vezes ineficiente.

LIONFISH

A captura de peixes para o comércio de peixes ornamentais também tem efeitos prejudiciais. Em alguns lugares, cianeto de sódio é esguichado na água para aturdir os peixes, que flutuam para a superfície. A maioria dos peixes que sobrevive ao cianeto são transportados para venda em lojas especializadas. Esses peixes, parcialmente evenenados, geralmente morrem alguns meses após a captura.

Espécies invasivas também ameaçam os recifes. No Havaí, os recifes estão sendo acrescidos por algas exóticas, incluindo várias espécies importadas para cultivo durante os anos 1970.

A biodiversidade dos recifes está em perigo em todo o mundo, da Austrália e sudeste da Ásia até as ilhas havaianas, os Galápagos, Golfo do Panamá, Flórida e Quênia. Por exemplo, a biodiversidade nos recifes de coral de Flórida Keys foi reduzida em 33% desde 1970.

PARTE DE UM RECIFE DE CORAL DE FIJI

MOREIA

NUDIBRÂNQUIO

LONGNOSE HAWKFISH E CHICOTE DO MAR VERMELHO

CAMARÃO CORAL

ESPONJA TUBULAR ROXA

PÓLIPO DE CORAL VERDE

CAPÍTULO 15 BIOSFERA 267

15.16 O oceano aberto

- Os vastos oceanos da Terra são amplamente inexplorados. Nós estamos apenas começando a classificar sua diversidade.

Zonas e *habitats* oceânicos

Como um lago, um oceano mostra gradientes de luz, disponibilidade de nutrientes, temperatura e concentração de oxigênio. Nós nos referimos a mares abertos do oceano como a **província pelágica** (Figura 15.30a). Estes mares abertos incluem a zona nerítica – a água acima de plataformas continentais – juntamente com a zona oceânica mais extensa mais distante da praia. A zona nerítica recebe nutrientes dos escoamentos de terra e é a zona de maior produtividade.

Na parte superior do oceano, nas águas brilhantemente iluminadas, micro-organismos fotossintéticos são os produtores primários e as cadeias alimentares predominam. Dependendo da região, um pouco de luz pode penetrar até 1.000 metros abaixo da superfície do mar. Abaixo dela, organismos vivem na escuridão e materiais orgânicos que descem são a base das cadeias alimentares de detritos. No topo das redes alimentares, os carnívoros variam de tubarões e lulas até os cnidários coloniais gigantes e os bizarros peixes-sapo do fundo do mar (Figura 15.31a,b). No que pode ser a maior migração circadiana, muitas espécies sobem milhares de metros à noite para se alimentar nas águas superiores, depois descem de manhã.

A **província bêntica** é a parte inferior do oceano – suas pedras e sedimentos. A biodiversidade bêntica é maior nas margens dos continentes ou das plataformas continentais. A província bêntica também inclui algumas concentrações amplamente inexploradas da biodiversidade em montanhas submarinas e nas aberturas hidrotérmicas.

Montanhas submarinas são montanhas abaixo do mar que têm 1.000 metros ou mais de altura, mas ainda estão abaixo da superfície (Figura 15.30b). Elas atraem grandes números de peixes e são o lar de muitos invertebrados marinhos (Figura 15.31c). Como as ilhas, as montanhas submarinas frequentemente são o lar de espécies que evoluíram no local e não são encontradas em outra parte.

A abundância de vida nas montanhas submarinas as torna atraentes para navios comerciais de pesca. Peixes e outros organismos são muitas vezes recolhidos por redes, uma técnica de pesca onde uma grande rede é arrastada pelo fundo, capturando tudo em seu caminho. O processo é ecologicamente devastador; as áreas pescadas com esta rede são desprovidas de vida e o lodo provocado pelas redes gigantes sufoca os peixes que se alimentam por filtragem em áreas adjacentes.

Água superaquecida que contém minerais dissolvidos saem do fundo do oceano por **aberturas hidrotérmicas**. Quando esta água aquecida e rica em minerais se mistura com a água do mar gelada, os minerais se organizam em grandes depósitos. Procariontes quimioautotróficos podem obter energia a partir destes depósitos. Os procariontes servem como produtores primários para as redes alimentares que incluem diversos invertebrados, como poliquetos e ofiuroides (Figura 15.32 d–f). Uma hipótese defende que a vida originou-se no fundo do mar em locais quentes e ricos em nutrientes.

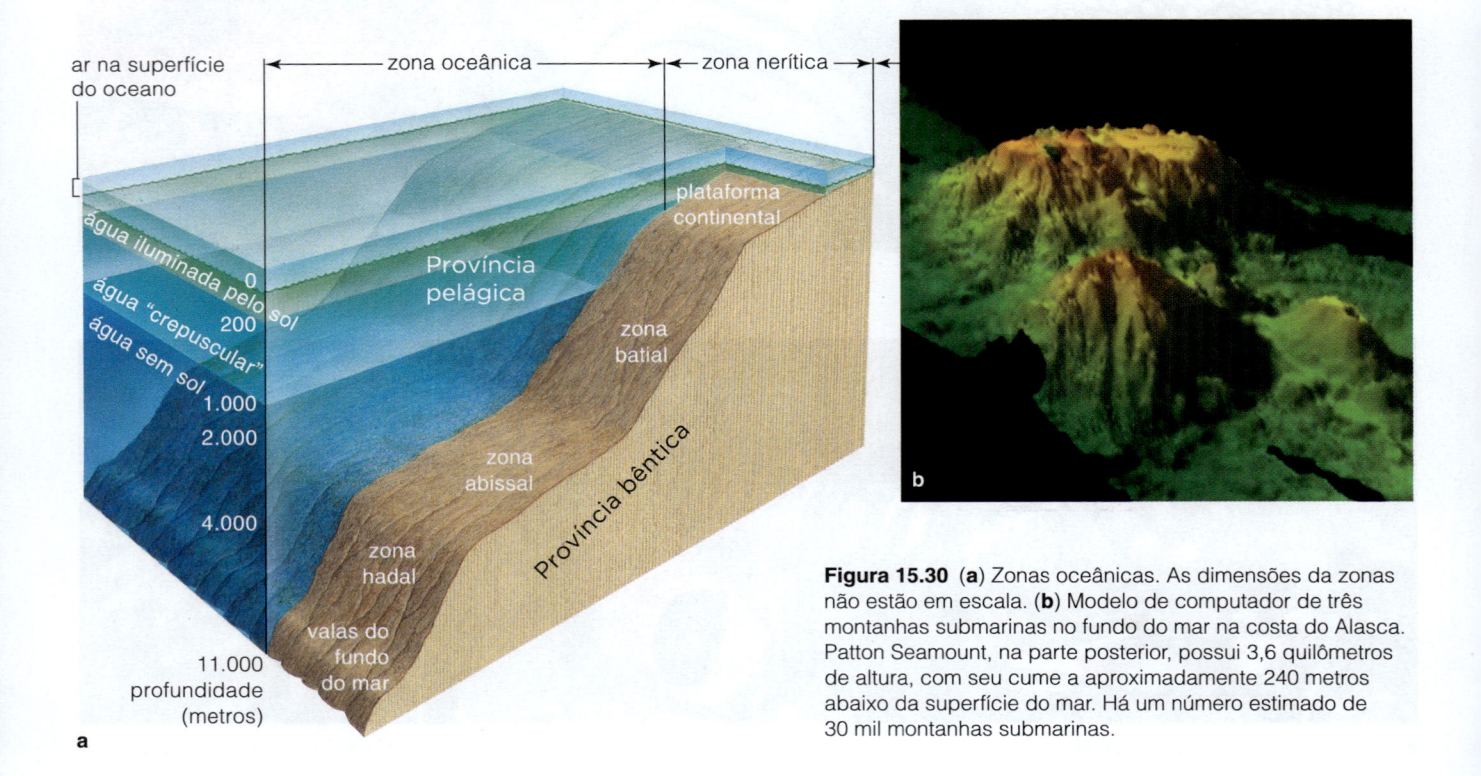

Figura 15.30 (**a**) Zonas oceânicas. As dimensões da zonas não estão em escala. (**b**) Modelo de computador de três montanhas submarinas no fundo do mar na costa do Alasca. Patton Seamount, na parte posterior, possui 3,6 quilômetros de altura, com seu cume a aproximadamente 240 metros abaixo da superfície do mar. Há um número estimado de 30 mil montanhas submarinas.

Figura 15.31 O que está abaixo: um mundo vasto, amplamente inexplorado de vida marinha. (**a**) Peixe-sapo do fundo do mar com iscas bioluminescentes. (**b**) Uma anêmona, de Davidson Seamount, na costa da Califórnia.
Residente de comunidades da abertura hidrotérmica: (**c**) Verme de Pompeia (*Alvinella*), outro polychaeta.

Ressurgência – Um sistema de fornecimento de nutrientes

Águas profundas e frias do oceano são ricas em nutrientes. Pelo processo de **ressurgência**, essa água cheia de nutrientes se movimenta para cima ao longo das costas dos continentes. Os ventos colocam as águas costeiras em movimento. Por exemplo, no hemisfério norte, os ventos predominantes que sopram do norte para o sul paralelos à costa oeste dos continentes dá início à movimentação das águas de superfície (Figura 15.32). A ressurgência ocorre à medida que a rotação da Terra deflete as massas de água que se movimentam lentamente da costa enquanto águas profundas e frias sobem verticalmente em seu lugar.

No hemisfério sul, os ventos vindos do sul puxam a água da superfície para longe da costa. Águas frias e mais profundas da Corrente de Humboldt se movimentam para substituí-la. Os nutrientes nesta água sustentam o fitoplâncton, que é a base para uma rica área de pesca.

A cada período de três a sete anos, as águas de superfície do Oceano Pacífico equatorial ocidental aquecem, causando uma mudança na direção do vento. Este aquecimento acontece mais frequentemente perto do Natal, assim os pescadores no Peru chamaram o evento de **El Niño**, conforme discutido na introdução do capítulo. O nome se tornou parte de um termo mais inclusivo: a Oscilação Sul el Niño ou ENSO. A próxima seção tratará mais detalhadamente de algumas consequências desse evento recorrente.

c A água fria se move para cima em substituição

b A força rotacional da Terra deflete a água em movimento para oeste

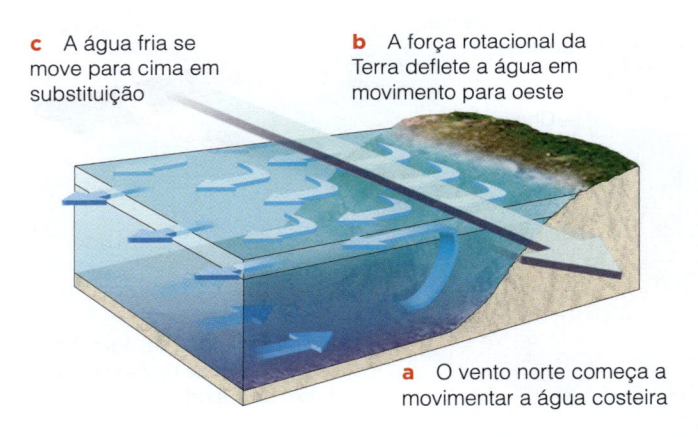

a O vento norte começa a movimentar a água costeira

Figura 15.32 Ressurgência costeira no hemisfério norte.

Para pensar

Que fatores afetam a vida nas províncias oceânicas?
- Os oceanos têm gradientes de luz, oxigênio dissolvido e nutrientes. Zonas próximas à praia e bem iluminadas são as mais produtivas e ricas em espécies.
- No fundo do mar, bolsões de diversidade ocorrem em montanhas marinhas e ao redor das aberturas hidrotérmicas.
- A ressurgência traz água rica em nutrientes das regiões profundas do mar para as águas de superfície ao longo da costa.

15.17 Clima, copépodes e cólera

- Eventos na atmosfera e oceanos, e na terra, interconectam-se de maneiras que afetam profundamente a biosfera.

Uma Oscilação Sul El Niño, ou ENSO, é definida por mudanças nas temperaturas da superfície do mar e nos padrões de circulação do ar. A "oscilação sul" se refere a um vai e vem da pressão atmosférica no Pacífico equatorial oriental, o maior reservatório de água e ar quentes da Terra. É a fonte de chuvas pesadas, que liberam energia calórica suficiente para acionar os padrões globais de circulação de ar.

Entre ENSOs, as águas quentes e chuvas pesadas se movem para oeste (Figura 15.33a). Durante uma ENSO, os ventos de superfície predominantes sobre o Pacífico equatorial ganham velocidade e "arrastam" as águas de superfície para o leste (Figura 15.33b). À medida que isso acontece, o transporte de água para oeste desacelera. As temperaturas da superfície do mar sobem, a evaporação acelera e a pressão do ar cai. Estas mudanças afetam o clima mundial.

Os episódios do El Niño persistem entre 6 e 18 meses. Muitas vezes são seguidos por um episódio de **La Niña**, onde as águas do Pacífico ficam mais frias que o habitual. Outros anos, as águas não são nem mais quentes nem mais frias que a média.

Como observado na introdução do capítulo, 1997 foi o ano em que ocorreu o El Niño mais poderoso do século. As temperaturas médias da superfície do mar no Pacífico oriental subiram para 5 °C (9 °F). Estas águas mais quentes se estenderam por 9.660 quilômetros a oeste da costa do Peru.

A montanha-russa do El Niño/La Niña em 1997-1998 teve efeitos extraordinários na produtividade primária no Pacífico equatorial. Com o fluxo massivo de água mais quente pobre em nutrientes para o leste, os fotoautotróficos foram quase indetectáveis em fotografias de satélite que mediam a produtividade primária (Figura 15.34a).

Durante a repercussão do La Niña, águas mais frias ricas em nutrientes brotaram até a superfície do mar e foram deslocadas para o oeste pelo equador. Como as imagens de satélite revelaram, a ressurgência sustentou um florescimento de algas que se estendeu pelo Pacífico equatorial (Figura 15.34b).

Durante o El Niño 1997–1998, 30 mil casos de cólera foram reportados somente no Peru, comparados a apenas 60 casos de janeiro até agosto de 1997. As pessoas sabiam que a água contaminada por *Vibrio cholerae* causa epidemias de cólera (Figura 15.35b). O agente de doença provoca diarreia severa. Fezes contaminadas por bactérias entram no fornecimento de água e os indivíduos que usam a água estragada são infectados.

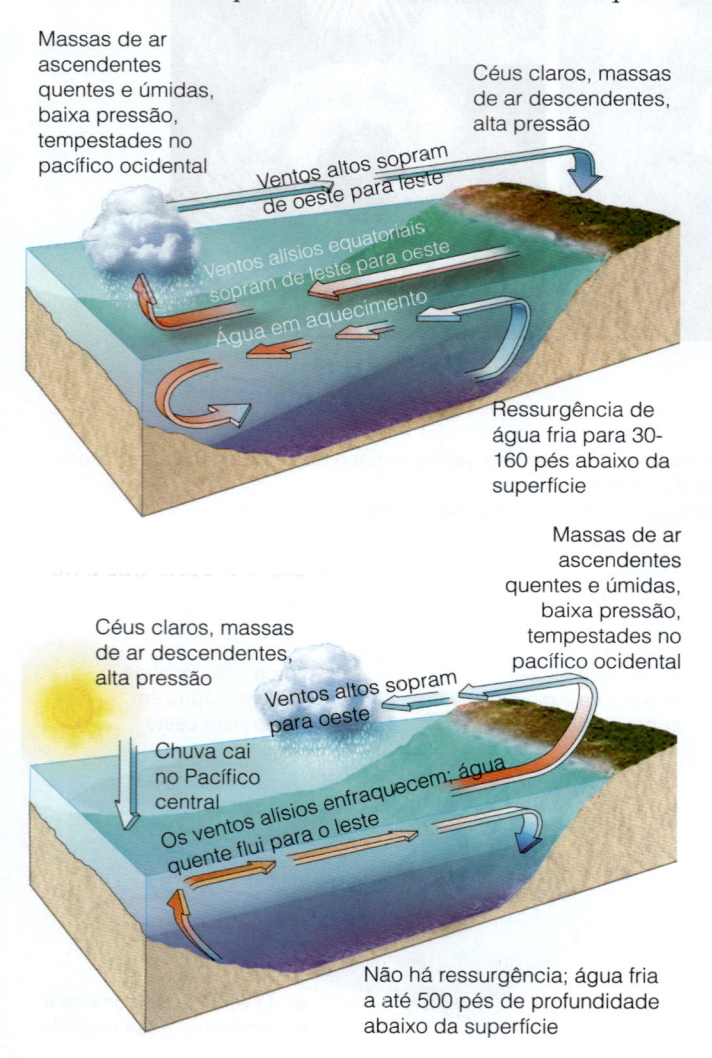

Figura 15.33 (a) Fluxo para oeste das águas de superfície frias entre ENSOs. (b) Deslocamento de águas quentes para o leste durante El Niño.

Figura 15.34 Dados de satélite sobre produtividade primária no Oceano Pacífico equatorial. A concentração de clorofila na água foi usada como medida.
(a) Durante o El Niño 1997-1998, uma grande quantidade de água pobre em nutrientes se moveu para o leste, e assim a atividade fotossintética foi desprezível.
(b) Durante um episódio de La Niña subsequente, a ressurgência massiva e o deslocamento a oeste da água rica em nutrientes levou a um afloramento de algas que se estendeu até a costa do Peru.

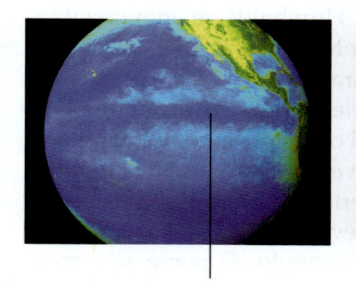

a Quase ausência de fitoplâncton no Pacífico equatorial durante El Niño.

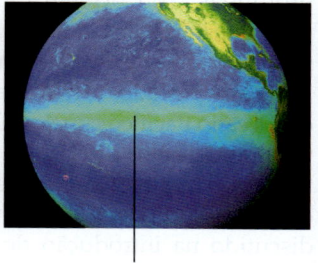

b Imenso afloramento de algas no Pacífico equatorial no evento La Niña.

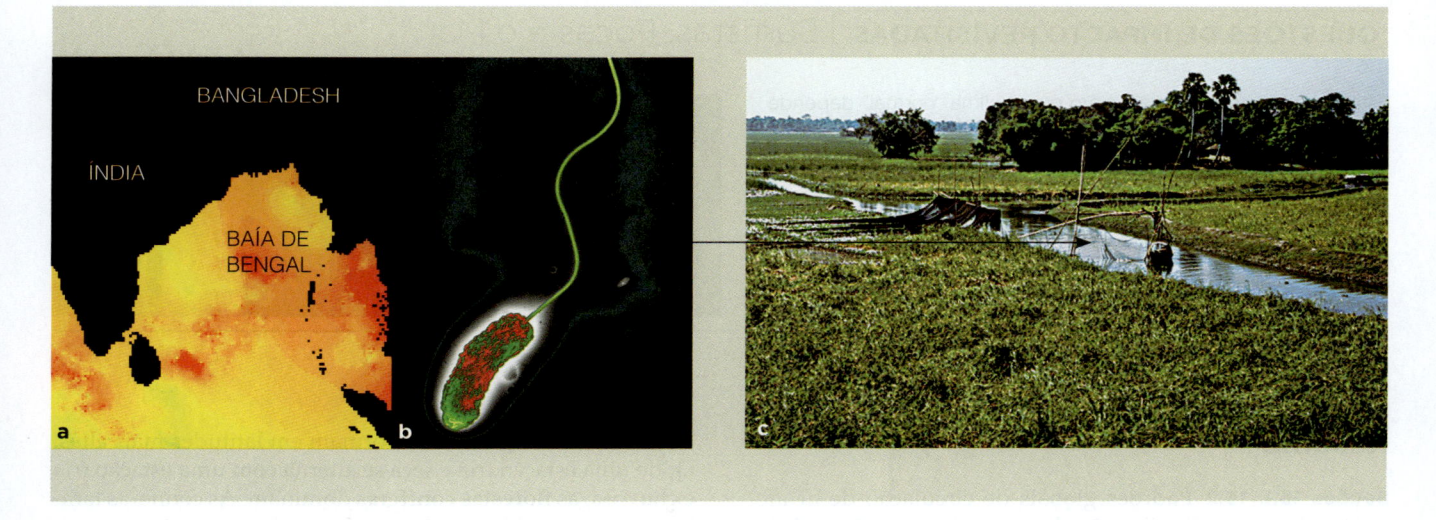

Figura 15.35 (**a**) Dados de satélite sob as temperaturas de superfície do mar na Baía de Bengal. As porções *vermelhas* mostram as temperaturas mais quentes do verão. (**b**) *Vibrio cholerae*, o agente do cólera. Os copépodes hospedam uma fase latente dessa bactéria que espera em prontidão por condições ambientais adversas que não favorecem seu crescimento e reprodução. (**c**) Um via fluvial típica de Bangladesh de onde amostras são retiradas para análise.

O que as pessoas não sabiam era onde *o V. cholerae* permanecia entre as epidemias de cólera. Não foi encontrado em seres humanos ou nos fornecimentos de água. Mesmo assim, o cólera apareceria com frequência simultaneamente em lugares distantes uns dos outros – cidades normalmente costeiras onde as pessoas mais pobres tiravam água de rios próximos ao mar.

A bióloga marinha Rita Colwell estivera pensado sobre o fato de que seres humanos não são o hospedeiro entre epidemias. Havia um reservatório ambiental para o patógeno? Talvez, mas ninguém havia detectado a bactéria nas amostras de água testadas pelo método padrão.

Então, Colwell teve um *insight*: e se ninguém encontrasse o patógeno porque ele muda sua forma e entra em uma fase de latência entre as epidemias?

Durante uma epidemia de cólera em Louisiana, Colwell percebeu que ela poderia usar um teste baseado em anticorpos para detectar uma proteína única para a *superfície do V. cholerae*. Mais tarde, testes em Bangladesh revelaram bactérias em 51 das 55 amostras de água. Os métodos de cultura padrão tinham falhado em todas, menos em sete amostras. O *V. cholerae* sobrevive em rios, estuários e mares. Como Colwell já sabia, o plâncton também prospera nestes ambientes aquáticos. Ela decidiu restringir sua procura pelo hospedeiro desconhecido em águas quentes próximas a Bangladesh, onde epidemias de cólera acontecem sazonalmente (Figura 15.35). Foi aí que Colwell descobriu um estágio latente do *V. cholerae* dentro de copépodes, um tipo de crustáceo marinho minúsculo, que compõe o zooplancton. Os copépodes comem fitoplâncton, assim a abundância de copépodes – e de células de *V. cholerae* dentro deles – aumenta e diminui com a abundância de fitoplâncton.

Colwell suspeitou que as mudanças de temperatura da água na Baía de Bengal estavam ligadas às epidemias de cólera, então ela leu os boletins médicos dos episódios do el Niño de 1990-1991 e 1997-1998. Ela descobriu que o número de casos de cólera reportados subiram quatro a seis semanas depois do início de um evento de El Niño. O El Niño traz água mais quente com mais nutrientes para a Baía de Bengal, incentivando o crescimento de fitoplâncton. Este acréscimo de alimento então aumenta o número de copépodes que carregam a cólera.

Hoje, Colwell e Anwarul Huq, um cientista de Bangladesh, estão investigando a salinidade e outros fatores que podem estar relacionados às epidemias. Sua meta é projetar um modelo para prever onde ocorrerá a próxima epidemia de cólera. Eles aconselharam as mulheres de Bangladesh a usarem pano de sari como um filtro para remover as células de *V. cholerae* da água. Os copépodes hospedeiros são muito grandes para passar pelos panos finos, que podem ser enxaguados em água limpa, secos ao sol e usados novamente. Esse método simples e barato reduziu as ocorrências de cólera à metade.

Para pensar

O que acontece durante um El Niño?

- Durante El Niño, mudanças nas temperaturas do oceano e dos ventos alteram correntes, afetando o clima, redes alimentares marinhas e a saúde humana.

QUESTÕES DE IMPACTO REVISITADAS | Surfistas, Focas e o Mar

Está ficando cada vez mais claro que o clima "normal" depende de qual período de tempo você considera. Ciclos de aquecimento e resfriamento no Oceano Pacífico alteram as condições no curso de três a sete anos. A evidência de ciclos mais longos também está emergindo. Alguns ciclos parecem ter um período de 50 a 70 anos. Estas descobertas sugerem que planos em longo prazo que se baseiam no clima e condições climáticas atuais podem não estar corretos.

Qual sua opinião?
Deveríamos aumentar os padrões de eficiência de combustível para carros e caminhões, para diminuir a produção de dióxido de carbono?

Resumo

Seções 15.1, 15.2 Padrões globais de circulação de ar afetam o **clima** e a distribuição de comunidades. Os padrões são colocados em movimento por variações latitudinais na radiação solar entrante. Os padrões de circulação de ar são influenciados pela rotação diária da Terra e a via anual ao redor do Sol, a distribuição de acidentes geográficos e mares e as elevações dos formatos naturais geográficos. A energia solar e os ventos que ela causa são fontes renováveis e limpas de energia.

O ser humano coloca **poluentes** na atmosfera. O uso de CFCs esgota a **camada de ozônio** na atmosfera superior e permite que mais radiação UV chegue à superfície da Terra.

Smog, uma forma de poluição do ar, ocorre quando combustíveis fósseis são queimados e transformados em ar quente e parado sobre as cidades. As usinas que queimam carvão também são grandes contribuintes para a **chuva ácida**, que altera *habitats* e mata muitos organismos.

Seção 15.3 Variações latitudinais e sazonais na luz do sol aquecem a água da superfície do mar e iniciam correntes. As correntes distribuem energia calórica pelo mundo e influenciam os padrões climáticos. Correntes oceânicas, correntes de ar e acidentes geográficos interagem para formar zonas de temperatura globais, como quando a presença de montanhas costeiras causa uma **sombra de chuva** ou **monção** sazonalmente.

Seções 15.4, 15.5 **Reinos biogeográficos** são vastas áreas com comunidades de plantas e animais que não são encontrados em nenhum outro lugar. **Biomas** são regiões menores com um tipo particular de vegetação dominante. As variações regionais no clima, elevação, **perfis de solo** e história evolucionária afetam a distribuição de biomas.

Seções 15.6–15.11 **Desertos** se formam nas latitudes 30° norte e sul. Vastas pradarias se formam no interior dos continentes em latitudes medianas. Regiões costeiras ligeiramente mais úmidas ao sul ou oeste suportam **chaparrais e bosques secos**.

- A partir do equador até as latitudes 10° norte e sul, alta densidade de chuvas, alta umidade e temperaturas médias podem suportar **florestas perenifólias de folhas largas**.

Florestas semiperenifólias e **florestas decíduas tropicais** se formam entre latitudes 10° e 25°, dependendo de quanta chuva cai anualmente em uma estação seca prolongada. **Florestas decíduas temperadas** se formam em latitudes mais altas. Onde uma estação fria e seca se alterna com uma estação fria e chuvosa, as **florestas coníferas** dominam. As coníferas também são favorecidas em áreas temperadas com solo pobre. Plantas baixas e robustas da **tundra ártica** ocorrem em latitudes altas, onde existe uma camada de **permafrost**. Em altitudes altas, plantas semelhantes crescem como **tundra alpina**.

Seções 15.12–15.15 A maioria dos **lagos**, riachos e outros ecossistemas aquáticos têm gradientes na penetração de luz solar, temperatura da água e gases e nutrientes dissolvidos. Estas características variam com o passar do tempo e afetam a produtividade primária.

Nos lagos de zona temperada, uma **circulação total de primavera** e uma **circulação total de outono** provocam uma mistura vertical das águas e ativam uma explosão de produtividade. No verão, uma **termoclina** evita que as águas mais altas e mais baixas se misturem.

Zonas costeiras sustentam ecossistemas diversos. Entre estes, as áreas alagadas costeiras, **estuários** e **recifes de coral** são especialmente produtivos.

Seções 15.16, 15.17 A vida persiste pelo oceano. A diversidade é mais alta nas águas iluminadas pelo sol na parte superior da **província pelágica**, ou águas do oceano. Na **província bêntica** – o fundo do mar – diversidade é alta próximo às **aberturas hidrotérmicas** e **montanhas submarinas**.

Ressurgência é um movimento para cima da água profunda, fria, muitas vezes rica em nutrientes do oceano, tipicamente ao longo das costas dos continentes. Um evento de **El Niño** é um aquecimento das águas do Pacífico oriental que ativa mudanças na queda de chuvas e outros padrões climáticos em todo o mundo. Uma **La Niña** é um resfriamento dessas mesmas águas; ela também influencia os padrões climáticos globais.

Questões
Respostas no Apêndice III

1. A radiação solar direciona a distribuição de sistemas climáticos e assim influencia _____.
   a. zonas de temperatura
   b. distribuição de chuvas
   c. variações sazonais
   d. todas as anteriores

2. _____ protegem os organismos vivos contra os comprimentos de onda UV do sol.
   a. Uma inversão térmica
   b. A precipitação ácida
   c. A camada de ozônio
   d. O efeito estufa

Exercício de análise de dados

Para tentar prever o efeito dos eventos de El Niño ou La Niña em um futuro próximo, o *National Oceanographic and Atmospheric Administration* coleta informações sobre temperatura da superfície do mar (TSM) e condições atmosféricas. Eles comparam médias de temperatura mensais no Oceano Pacífico oriental equatorial quanto aos dados históricos e calculam a diferença (o grau de anomalia) para determinar se as condições do El Niño, as condições da La Niña ou condições neutras estão se desenvolvendo. O El Niño é um aumento médio na TSM acima de 0,5 °C. Um declínio do mesmo valor é a La Niña. A Figura 15.36 mostra dados para quase 39 anos.

1. Quando a maior divergência positiva de temperatura ocorreu durante este período de tempo?
2. Que tipo de evento ocorreu durante o inverno de 1982-1983? E no inverno de 2001-2002?
3. Durante um evento da La Niña, menos chuva que o normal cai no oeste e sudoeste norte-americano. No intervalo de tempo mostrado, qual foi o intervalo mais longo sem um evento de La Niña?
4. Que tipo de condições surtiram efeito no outono de 2007 quando a Califórnia sofreu incêndios florestas graves?

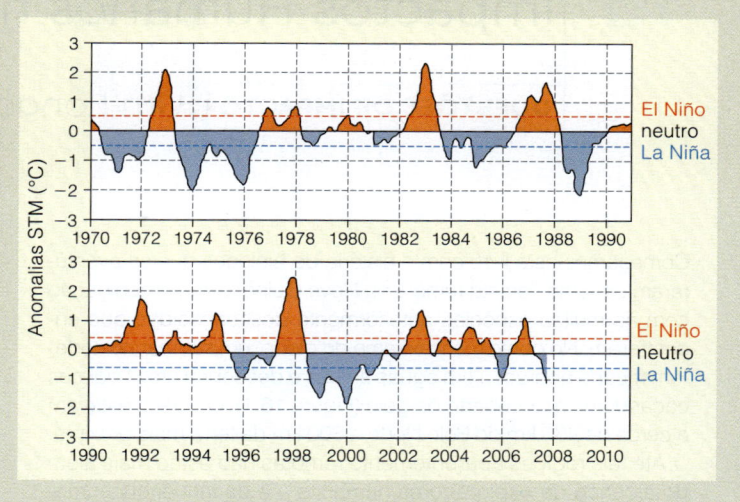

Figura 15.36 Anomalias na temperatura da superfície do mar (diferenças da média histórica) no Oceano Pacífico oriental equatorial. Um aumento acima da linha *vermelha* pontilhada é um evento de El Niño, um declínio abaixo da linha azul é a La Niña.

---

3. Variações regionais nos padrões globais de chuva e temperatura dependem da(s)_____.
   a. circulação global de ar
   b. correntes oceânicas
   c. topografia
   d. todas as anteriores

4. Uma sombra de chuva é uma redução nas chuvas_____
   a. no lado continental de uma cordilheira costeira
   b. durante um evento de El Niño
   c. que ocorre sazonalmente nos trópicos

5. As massas de ar sobem_____.
   a. no equador
   b. nos polos
   c. à medida que o ar esfria
   d. todas as anteriores

6. Biomas são_____.
   a. províncias aquáticas
   b. zonas de água e terra
   c. regiões de terra
   d. parcialmente caracterizados por plantas dominantes
   e. c e d

7. A distribuição do bioma depende do(s)_____.
   a. clima
   b. elevação
   c. solos
   d. todas as anteriores

8. As pradarias predominam mais frequentemente_____.
   a. próximo ao equador
   b. em altitudes altas
   c. no interior dos continentes
   d. b e c

9. O permafrost sustenta a(s)_____ e um grande estoque de carbono.
   a. tundra ártica
   b. tundra alpina
   c. florestas coníferas
   d. todas as anteriores

10. Durante a_____, águas mais profundas e muitas vezes ricas em nutrientes se movem para a superfície de um corpo d'água.
    a. circulação total de primavera
    b. circulação total de outono
    c. ressurgência
    d. todas as anteriores

11. Procariontes quimioautotróficos são os produtores primários para redes alimentares_____.
    a. nas pradarias
    b. em desertos
    c. em recifes de coral
    d. em aberturas hidrotérmicas

12. Ligue os termos à descrição mais apropriada.

    ___ tundra   a. floresta equatorial de folhas largas
    ___ chaparral   b. parcialmente cercado por terra onde água doce e salgada se misturam
    ___ deserto   c. tipo de pradaria com árvores
    ___ savana   d. tem plantas baixas em altas latitudes ou elevações
    ___ estuário   e. em latitudes de 30° norte e sul
    ___ floresta boreal f. água superaquecida rica em minerais sustenta comunidades
    ___ floresta tropical g. as coníferas dominam
    ___ aberturas hidrotérmicas h. chaparral

Raciocínio crítico

1. Londres, Inglaterra, está na mesma latitude que Calgary, na província canadense de Alberta. Porém, a temperatura média em janeiro em Londres é de 5,5 °C (42 °F), ao passo que em Calgary é menos 10 °C (14 °F). Compare as localizações destas duas cidades e sugira uma razão para esta diferença de temperatura.

2. A industrialização aumentada na China preocupa alguns ecólogos sobre a qualidade do ar em outros lugares. Os poluentes do ar de Pequim têm maior probabilidade de acabar na Europa Oriental ou nos oeste dos Estados Unidos? Por quê?

3. O uso de veículos recreativos *off-road* pode dobrar nos próximos 20 anos. Os entusiastas gostariam de ter maior acesso aos desertos. Alguns discutem que estes são o lugar perfeito para os veículos *off-road* porque "não existe nada lá." Explique se você concorda e por quê.

16 Impactos Humanos na Biosfera

QUESTÕES DE IMPACTO | Um Longo Alcance

Começamos este livro com a história de biólogos que se aventuraram em uma floresta remota na Nova Guiné, e sua empolgação com as muitas espécies anteriormente desconhecidas que encontraram. No ponto mais extremo do globo, um submarino norte-americano apareceu em águas árticas e descobriu ursos polares caçando no mar coberto de gelo (Figura 16.1). Os ursos estavam a cerca de 430 km do Polo Norte e 800 km da terra mais próxima.

Até tais regiões aparentemente remotas não estão mais além do alcance de exploradores humanos – e da influência humana. Você já sabe que níveis crescentes de gases estufa estão aumentando a temperatura na atmosfera e nos mares da Terra. No Ártico, o aquecimento está fazendo o gelo do mar ficar fino e romper no início da primavera. Isso aumenta o perigo de ursos polares que caçam longe da terra de ficarem presos e incapazes de retornar a terra firme antes de o gelo derreter.

Ursos polares são os principais predadores da região e seus tecidos contêm quantidades surpreendentemente altas de mercúrio e pesticidas orgânicos. Os poluentes entraram na água e no ar a uma grande distância, em regiões mais quentes. Ventos e correntes oceânicas os fornecem às regiões polares. Contaminantes também viajam para o norte nos tecidos de animais migratórios como aves marinhas que passam o inverno em regiões temperadas e fazem ninho no Ártico.

Em lugares menos remotos do que o Ártico, os efeitos de populações humanas são mais diretos. À medida que cobrimos cada vez mais o mundo com nossas cidades, fábricas e fazendas, menos *habitats* adequados permanecem para outras espécies. Também colocamos espécies em perigo ao competir com elas por recursos, ao colhê-las excessivamente e ao introduzir competidores não nativos.

Seria presunçoso pensar que só nós tivemos um impacto profundo no mundo da vida. Já na era Proterozoica, células fotossintéticas mudaram irrevogavelmente o curso da evolução ao enriquecerem a atmosfera com oxigênio. Ao longo da existência da vida, o sucesso evolutivo de alguns grupos garantiu o declínio de outros. O que é novo é o ritmo crescente das mudanças e a capacidade de nossa própria espécie de reconhecer e influenciar seu papel neste aumento.

Há um século, os recursos físicos e biológicos da Terra pareciam inesgotáveis. Agora, sabemos que muitas práticas realizadas têm um grande peso sobre a biosfera.

A taxa de extinções de espécies está aumentando e muitos tipos de biomas estão ameaçados. Tais mudanças, os métodos que os cientistas utilizam para documentá-las e as formas nas quais podemos abordá-las são o foco deste capítulo.

Figura 16.1 Três ursos polares investigam um submarino norte-americano que apareceu em águas cobertas de gelo do Ártico.

Conceitos-chave

Espécies recém-ameaçadas
As atividades humanas aceleraram a taxa de extinções. A perda de *habitats*, a degradação e a fragmentação levaram a extinções, assim como as introduções de espécies e a colheita excessiva. **Seções 16.1**

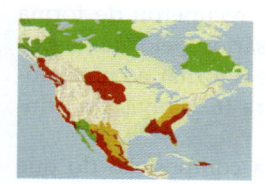

Avaliação da biodiversidade
Nosso conhecimento sobre as espécies pende em direção a grandes animais terrestres. Biólogos conservacionistas avaliam o estado de ecossistemas e sua biodiversidade, com o objetivo de preservar o máximo possível. **Seções 16.3-16.4**

Práticas danosas
Construir casas, usar energia, adquirir produtos, plantar lavouras e descartar lixo têm efeitos ambientais danosos que ameaçam espécies e ecossistemas. **Seções 16.5–16.7**

Soluções sustentáveis
Todas as nações têm riqueza biológica que pode beneficiar populações humanas. Reconhecer o valor da biodiversidade e colocá-la em uso de formas sustentáveis é bom para a Terra e todas as suas espécies. **Seção 16.8**

Neste capítulo

- Você já sabe sobre extinção e como extinções em massa foram utilizadas para criar a escala de tempo geológico. Aqui, veremos como o crescimento de populações humanas e o uso de recursos, incluindo o uso de combustíveis fósseis, estão acelerando as extinções.
- Você aprenderá como as atividades humanas podem causar cruzamentos consanguíneos ao interromper o fluxo gênico. Você também será lembrado dos efeitos da depleção de aquíferos, da chuva ácida, da erosão do solo e de emissões de gases estufa. Você verá como a transpiração afeta padrões locais de chuva.
- Veremos a história de liquens e a poluição de outra perspectiva e outro exemplo dos efeitos de oomicetos patogênicos.

Qual sua opinião? O Ártico contém reservas de gás, petróleo e minerais. Deveríamos pressionar para maior proteção do Ártico em vez da exploração desses recursos?

16.1 A crise da extinção

- A extinção é um processo natural, mas o estamos acelerando.

Era	Período	Grande evento de extinção
CENOZOICA	QUATERNÁRIO 1,8 milhões de anos TERCIÁRIO	Com altas taxas de crescimento populacional e práticas de cultivo (como agricultura, desmatamento), os humanos se tornam os principais agentes de extinção.
	65,5	*Grande evento de extinção*
MESOZOICA	CRETÁCEO 145,5 JURÁSSICO 199,6 TRIÁSSICO	Recuperação lenta depois da extinção no Permiano, depois radiações adaptativas de alguns grupos marinhos e plantas e animais em terra. Impacto de asteroides na divisão K-T, 85% de todas as espécies desaparecem da terra e dos mares.
	251	*Grande evento de extinção*
PALEOZOICA	PERMIANO 299 CARBONÍFERO	Pangea se forma; a área de terra excede a área de superfície oceânica pela primeira vez. Impacto de asteroide? Grande glaciação, jorros colossais de lava, 90% a 95% de todas as espécies perdidas.
	359	*Grande evento de extinção*
	DEVONIANO 416 SILURIANO	Mais de 70% dos grupos marinhos perdidos. Construtores de recifes, trilobitas, lampreias e placodermos gravemente afetados. Impacto de meteoritos, declínio do nível do mar, resfriamento global?
	443	*Grande evento de extinção*
	ORDOVICIANO 488 CAMBRIANO	Segunda extinção mais devastadora nos mares; quase 100 famílias de invertebrados marinhos perdidas.
	542	*Grande evento de extinção*
	(Pré-cambriano)	Glaciação maciça; 79% de todas as espécies perdidas, incluindo a maioria dos micro-organismos marinhos.

Extinções em massa e recuperações lentas

A extinção, como a especiação, é um processo natural. Espécies surgem e são extintas continuamente. Com base em várias linhas de evidências, cientistas estimam que 99% de todas as espécies que já viveram estão atualmente extintas.

A taxa de extinção aumenta drasticamente durante uma extinção em massa, quando muitos tipos de organismos em muitos *habitats* diferentes são extintos em um período relativamente curto. Cinco grandes extinções em massa marcam os limites dos períodos de tempo geológicos. Com cada evento de extinção em massa, a biodiversidade despencou em terra e nos mares. Depois, as espécies sobreviventes sofreram radiações adaptativas.

A cada vez, a biodiversidade se recuperou de forma extremamente lenta. Foram necessários pelo menos 10 milhões de anos para a diversidade retornar ao nível anterior ao evento de extinção. A Figura 16.2a revisa as principais extinções e recuperações.

Este padrão de extinções é uma composição do que aconteceu aos principais táxons. Entretanto, as linhagens diferem no momento de origem, tendência a se ramificar e originar novas espécies e quanto tempo perduram. Se considerarmos o número de espécies como a medida de sucesso para qualquer linhagem, nem todas são igualmente bem-sucedidas. A Figura 16.2b ilustra como o número de espécies mudou com o tempo em algumas grandes linhagens.

A expansão de uma linhagem às vezes ocorreu simultaneamente à contração de outra, como quando um declínio nas gimnospermas acompanhou a radiação adaptativa das angiospermas.

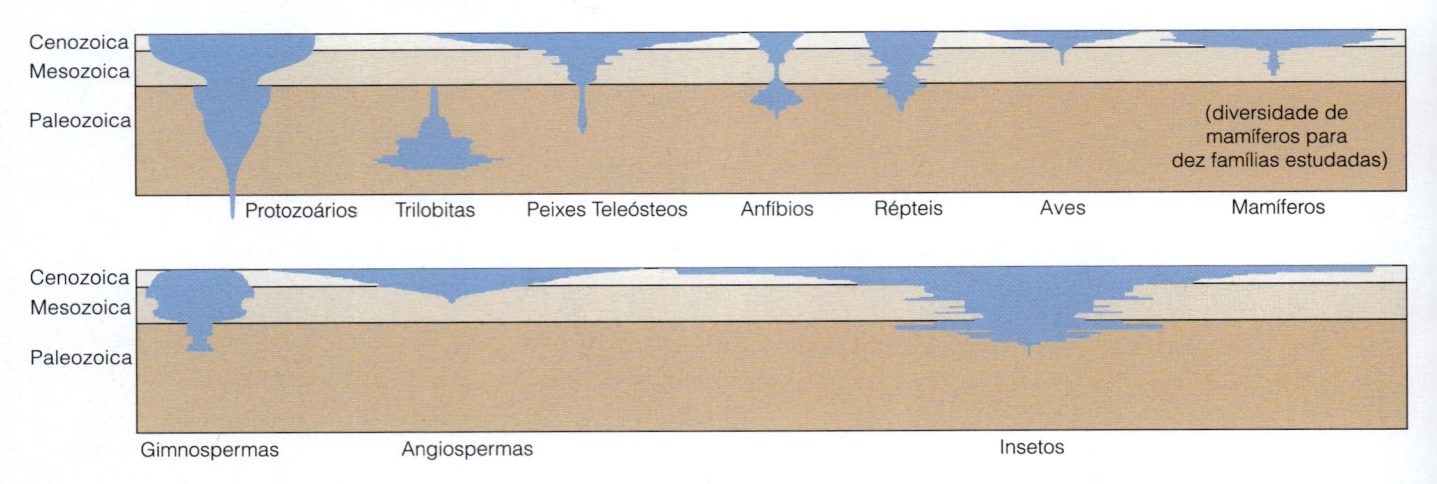

Figura 16.2 (a) Datas das cinco maiores extinções em massa e recuperações no passado. (b) Diversidade de espécies ao longo do tempo para uma amostragem de táxons. A largura de cada formato *azul* representa o número de espécies naquela linhagem. Observe a variação entre linhagens.

Figura 16.3 Desenho de um pássaro dodô (*Raphus cucullatus*). Extinto desde o final do século XVII, ele era maior que um peru e não voava.

Figura 16.4 Vivo ou extinto? Foto colorizada de um pica-pau-bico-de-marfim (*Campephilus principalis*). Ele é, ou era, o maior pica-pau da América do Norte e nativo dos Estados do sudeste norte-americano.

A sexta maior extinção em massa

Hoje, estamos no meio de uma extinção em massa. A taxa de extinção atual está estimada entre 100 e 1.000 vezes acima da taxa típica histórica, colocando-a no nível dos cinco maiores eventos de extinção. Diferentemente dos eventos anteriores, este não pode ser culpa de alguma catástrofe natural como o impacto de asteroide. Em vez disso, essa extinção em massa é o resultado do sucesso de uma única espécie – humanos – e seu efeito sobre a Terra.

O evento de extinção contínua pode ter começado 60 mil anos atrás. O tempo estimado de chegada dos humanos na Austrália e na América do Norte se correlaciona com um aumento na taxa de extinção de grandes mamíferos.

A mudança climática certamente desempenhou um papel nos declínios, mas a caça pode ter sido um fator contribuinte. É mais fácil colocar a culpa pelas extinções recentes nos humanos. A World Conservation Union compilou uma lista de mais de 800 extinções documentadas que ocorreram desde 1500. Como um exemplo, o pássaro dodô (Figura 16.3) era uma grande ave que não voava e vivia nas ilhas Maurício, no Oceano Índico. Dodôs eram abundantes em 1600, quando navegadores holandeses chegaram à ilha pela primeira vez, mas cerca de 80 anos depois, estavam extintos.

Alguns foram comidos pelos marinheiros. Entretanto, a destruição de ninhos e do *habitat* por ratos, gatos e porcos que acompanharam os humanos provavelmente teve um efeito maior. Extinções de animais tendem a atrair mais atenção do que as de plantas. Desaparecimentos de grandes animais terrestres, especialmente aves e mamíferos, normalmente são bem documentados. Sabemos menos sobre perdas de pequenos animais, especialmente invertebrados. Historicamente, as perdas de micro-organismos, protistas e fungos ficaram praticamente sem documentação alguma.

Pode ser difícil determinar se uma espécie está totalmente extinta. À medida que seus números desaparecem, aparições se tornarão raras, mas alguns indivíduos podem sobreviver em bolsões isolados do *habitat*. Considere, por exemplo, o pica-pau-bico-de-marfim, uma ave espetacular nativa de florestas e pântanos do Sudeste Americano (Figura 16.4). O desmatamento dessas florestas causou o declínio da espécie, e se acreditava que ela tinha sido extinta nos anos 1940. Uma possível aparição no Arkansas em 2004 levou a uma ampla caça a evidências de sobrevivência da ave. No final de 2007, esta busca havia produzido algumas fotos de má qualidade, trechos de vídeos e algumas gravações do que podem ou não ter sido chamados e ruídos do pica-pau. Provas definitivas de que o pássaro ainda vive continuam elusivas.

Se o pica-pau-bico-de-marfim ainda estiver por aí, é uma **espécie em perigo** (*endangered species*), que tem níveis de população tão baixos que enfrenta a possibilidade de extinção em toda ou em parte de sua área de distribuição. Uma **espécie ameaçada** é uma que provavelmente entrará em perigo no futuro próximo. Quase todas as espécies atualmente ameaçadas ou em perigo devem sua posição precária a influências humanas, conforme detalhado na próxima seção.

Para pensar

Como os humanos estão afetando o padrão de extinções?

- Humanos estão causando um aumento na taxa de extinção.
- Extinções em massa anteriores ocorreram como resultado de catástrofes globais. A diversidade das espécies leva milhões de anos para se recuperar depois de uma extinção em massa.
- Muitas espécies estão, atualmente, em perigo ou ameaçadas como resultado da atividade humana, no que está sendo chamada de sexta grande extinção em massa.

16.2 Ameaças atuais às espécies

- A expansão de populações humanas e a industrialização que a acompanha ameaçam inúmeras espécies.

Perda, fragmentação e degradação dos *habitats*

Cada espécie exige um tipo particular de *habitat*, e qualquer perda, degradação ou fragmentação desse *habitat* reduz os números da população. Uma **espécie endêmica**, confinada à área limitada na qual evoluiu, tem mais chance de ser extinta do que uma espécie com distribuição mais ampla.

Espécies com requerimentos de recursos altamente específicos são especialmente vulneráveis a alterações no *habitat*. Por exemplo, pandas gigantes (Figura 16.5) são endêmicos às florestas de bambu da China e se alimentam principalmente dessa planta. À medida que a população humana da China disparou, o bambu foi cortado para materiais de construção e para abrir espaço para fazendas. Enquanto as florestas de bambu desapareceram, pandas também. Seus números, que já chegaram a 100 mil, caíram para cerca de 1.000 animais na vida selvagem.

Além da perda de *habitat*, pandas são afetados pela fragmentação do *habitat*; o adequado para os pandas agora está limitado a trechos altamente separados no topo de montanhas. Devido a essa fragmentação, pandas que enfrentam condições adversas em uma área não podem se mudar para um novo local. A fragmentação também prejudica a dispersão de jovens fêmeas. Isso reduz o fluxo de genes, dividindo efetivamente a população em subunidades menores. O pequeno grupo estimula a procriação consanguínea e reduz a diversidade genética da espécie. Os esforços atuais para salvar pandas gigantes envolvem a proteção do *habitat* existente, a criação de corredores de *habitats* adequados para conectar reservas agora isoladas e programas de reprodução em cativeiro.

Nos Estados Unidos, a perda de *habitat* afeta quase todas das mais de 700 espécies de plantas com flores ameaçadas ou em perigo. Por exemplo, a conversão de prados e savanas em fazendas e conjuntos habitacionais colocou as espécies de orquídeas do gênero *Platanthera* na lista federal de espécies ameaçadas (Figura 16.6a).

Humanos também degradam *habitats* de formas menos diretas. Por exemplo, o aquífero Edwards no Texas consiste de formações calcárias subterrâneas cheias de água que fornecem água potável para a cidade de San Antonio. Retiradas excessivas de água desse aquífero, em conjunto com a poluição da água que o abastece, ameaçam as espécies que vivem no aquífero, como a salamandra cega do Texas (Figura 16.6b). Biólogos têm interesse nesta espécie porque ela demonstra os efeitos evolutivos de muitas gerações na escuridão total.

Chuva ácida, resíduos de pesticidas, rolamento de fertilizantes e emissões de gases estufa também degradam *habitats* e contribuem para o declínio de espécies. A introdução ao capítulo explicou como o derretimento de gelo polar pode prejudicar ursos polares. O reconhecimento dessa ameaça pode levar à listagem dessa espécie como em perigo.

Figura 16.5 Panda gigante (*Ailuropoda melanoleuca*), uma das espécies em perigo mais conhecidas. A dieta do panda consiste quase totalmente de bambu. A destruição e a fragmentação das florestas de bambu da China ameaçam sua sobrevivência.

Colheita excessiva e caça ilegal

Quando os colonizadores europeus chegaram à América do Norte, encontraram de 3 a 5 bilhões de pombos-passageiros. No século XIX, a caça comercial causou uma queda acentuada nos números das aves. A última vez em que alguém viu um pombo-passageiro selvagem foi em 1900 – e a pessoa atirou nele. A última ave em cativeiro morreu em 1914.

Ainda estamos "colhendo" excessivamente as espécies. O colapso da população de bacalhaus do Atlântico é um exemplo recente. Como outro exemplo, o abalone branco foi o primeiro invertebrado marinho listado como ameaçado nos Estados Unidos. A pesca comercial de abalones brancos acelerou nos anos 1970. Em 1990, apenas 1% da população restava.

O biólogo Boris Worm estima que as populações de cerca de 29% dos peixes e invertebrados marinhos pescados comercialmente já ruíram – a pesca anual dessas espécies agora é menos de 10% do máximo registrado. Se as tendências atuais continuarem, todas as populações de espécies marinhas que pescamos para venda comercial podem desaparecer até 2050.

A pesca ilegal de espécies é outra ameaça, especialmente em países menos desenvolvidos. Pessoas que têm poucas fontes de proteína matarão e comerão animais locais, independentemente do *status* de risco desses animais.

Figura 16.6 Duas espécies norte-americanas em ameaça. (**a**) A destruição do *habitat* ameaça a orquídea *Platanthera leucophaea*. (**b**) A depleção de aquíferos e a poluição ameaçam as salamandras cegas do Texas, *Typhlomolge rathbuni*. Gerações de vida em um aquífero escuro, onde não há seleção contra mutações que prejudicam o desenvolvimento dos olhos, reduziram os olhos dessa espécie a pontos pretos minúsculos.

Espécies em perigo também são caçadas ou mortas para lucro. É um comentário triste sobre a natureza humana o fato de que quanto mais rara uma espécie se torna, maior o preço que consegue no mercado negro. A globalização significa que espécies podem ser vendidas a preços altos em qualquer lugar do mundo. Por exemplo, o chifre de rinocerontes de animais em risco na África é usado como remédio tradicional na Ásia e como cabos de faca no Iêmen.

Introduções de espécies

Predadores exóticos são outra ameaça. Por exemplo, ratos que expandiram seu alcance ao entrar em navios agora ameaçam muitas espécies em ilhas. Ratos comem ovos e ninhos de aves. Eles também devoram outros animais pequenos, como lesmas. Humanos também dispersaram acidentalmente a cobra arbórea marrom, nativa de Samoa. A chegada dessa cobra a Guam resultou na extinção da maioria dos pássaros endêmicos da ilha e ameaça os últimos três que permanecem.

Espécies exóticas frequentemente concorrem com as nativas. No sudeste dos Estados Unidos, trepadeiras introduzidas como a kudzu e a madressilva crescem demasiadamente e ameaçam plantas nativas de baixo crescimento. Nas correntezas de montanhas da Califórnia, a competição pela truta marrom europeia e pela truta do lago oriental – ambas introduzidas para pesca esportiva – ameaça a truta dourada nativa.

Patógenos exóticos também causam declínios de espécies. Por exemplo, a malária aviária era desconhecida no Havaí até ser levada às ilhas por aves introduzidas e dispersada pelos mosquitos introduzidos. A malária aviária está contribuindo para a extinção dos "honeycreepers" nativos (pássaros descritos na introdução do Capítulo 10).

Efeitos interativos

Uma espécie frequentemente entra em perigo em razão de várias ameaças simultâneas. Frequentemente, o declínio ou a perda de uma espécie ameaça outra. Por exemplo, o *Trifolium stoloniferum* e o búfalo, ou bisão, que já foram comuns no Meio-Oeste norte-americano. As plantas prosperaram nas matas abertas que os búfalos favoreciam. Aqui, o solo era enriquecido pelos excrementos pesados do herbívoro e periodicamente remexido por seus chifres. O búfalo ajudou a dispersar as sementes do trevo, que sobreviviam à passagem pelo intestino do animal. Quando búfalos foram caçados até a beira da extinção, as populações de trevo declinaram. Agora listado como uma espécie em perigo, o trevo também é ameaçado pela conversão do *habitat* para uso humano, a competição de plantas introduzidas e ataques por insetos e patógenos introduzidos.

> **Para pensar**
>
> *Como as atividades humanas ameaçam as espécies existentes?*
> - Espécies declinam quando humanos destroem ou fragmentam o *habitat* natural ao convertê-lo para seu uso ou degradá-lo através da poluição ou da retirada de um recurso essencial.
> - Humanos também causam diretamente declínios pela colheita excessiva de espécies e pela caça ilegal.
> - Viagens e comércio globais podem introduzir espécies exóticas que prejudicam as nativas.
> - A maioria das espécies em perigo é afetada por múltiplas ameaças.

FOCO NA PESQUISA

16.3 Perdas desconhecidas

- Apenas começamos a avaliar as ameaças a muitos grupos de espécies, especialmente os micrc-organismos.

Listas de espécies em perigo se concentraram historicamente nos vertebrados. Biólogos acabaram de começar a avaliar as ameaças a invertebrados e plantas. Nosso impacto sobre protistas e fungos é essencialmente desconhecido, e a Lista Vermelha de Espécies Ameaçadas da IUCN da World Conservation Union (Tabela 16.1) nem menciona procariotos.

Em um artigo de 2006, o microbiologista Tom Curtis fez um apelo por mais pesquisas sobre ecologia e diversidade microbiana. Ele argumentou que mal começamos a compreender o vasto número de espécies microbianas e entender sua importância.

Curtis concluiu escrevendo: "Não peço desculpas por colocar micro-organismos em um pedestal acima de todas as outras coisas vivas. A morte da última baleia azul e do último panda seriam desastrosos, mas não o fim do mundo. No entanto, se envenenássemos acidentalmente as últimas duas espécies de oxidantes de amônia, a questão seria outra. Isso pode estar acontecendo agora, sem nem mesmo sabermos." As bactérias oxidantes de amônia são essenciais porque disponibilizam nitrogênio para as plantas.

Tabela 16.1 Lista global de espécies ameaçadas (2007)*

	Espécie Descrita	Avaliada quanto a Ameaças	Realmente Ameaçada
Vertebrados			
Mamíferos	5.416	4.863	1.094
Aves	9.956	9.956	1.217
Répteis	8.240	1.385	422
Anfíbios	6.199	5.915	1.808
Peixes	30.000	3.119	1.201
Invertebrados			
Insetos	959.000	1.255	623
Moluscos	81.000	2.212	978
Crustáceos	40.000	553	460
Corais	2.175	13	5
Outros	130.200	83	42
Plantas Terrestres			
Musgos	15.000	92	79
Psilófitas e semelhantes	13.025	211	139
Gimnospermas	980	909	321
Angiospermas	258.650	10.771	7.899
Protistas			
Algas verdes	3 715	2	0
Algas vermelhas	5.956	58	9
Algas marrons	2.849	15	6
Fungos			
Liquens	10.000	2	2
Cogumelos	16.000	1	1

* Lista Vermelha da IUCN–WCU, disponível no site www.iucnredlist.org

16.4 Avaliação da biodiversidade

- Biólogos conservacionistas estão ocupados pesquisando e buscando formas de proteger a biodiversidade atual do mundo.

Biologia da conservação

Biólogos reconhecem três níveis de **biodiversidade**: diversidade genética, diversidade das espécies e diversidade dos ecossistemas. A taxa de declínio na biodiversidade está acelerando nos três níveis. A biologia da conservação aborda esses declínios. As metas desse campo relativamente novo da biologia são (1) pesquisar a gama de biodiversidade; (2) investigar as origens evolutivas e ecológicas da biodiversidade; e (3) encontrar maneiras de manter e utilizar a biodiversidade de maneiras que beneficiem populações humanas. O objetivo é conservar o máximo possível de biodiversidade utilizando-a de maneiras sustentáveis.

Monitoramento de espécies indicadoras

O dano ao e a perda do *habitat* podem afetar espécies diferentes de formas diferentes. Uma **espécie indicadora** é uma espécie que alerta os biólogos para a degradação do *habitat* e a perda iminente de diversidade, quando suas populações declinam. Por exemplo, biólogos podem avaliar a saúde de uma correnteza ao monitorar alguns peixes e invertebrados. Um declínio em uma população de trutas pode ser um primeiro sinal de problemas em um *habitat* de água doce, porque a truta não tolera poluentes e baixos níveis de oxigênio.

Liquens funcionam como indicadores da qualidade do *habitat* em terra. Como liquens absorvem íons minerais da poeira, são danificados pela poluição do ar. Os liquens absorvem metais tóxicos como mercúrio e chumbo e não conseguem se livrar deles. Com o início da Revolução Industrial, o declínio de liquens nas florestas da Inglaterra selecionou um padrão de coloração em particular entre mariposas da floresta.

Identificação de regiões em perigo

Com tantas espécies em perigo, biólogos conservacionistas estão trabalhando para identificar *"hot spots"*, *habitats* ricos em espécies endêmicas e sob grande ameaça. A ideia é que, uma vez identificados, *hot spots* podem receber prioridade nos esforços mundiais de conservação.

A identificação de um *hot spot* envolve a realização de um inventário dos organismos em uma área limitada, como um vale isolado. Amostragem de quadrados e estudos de captura-recaptura identificam espécies presentes na área e permitem uma estimativa do tamanho de sua população.

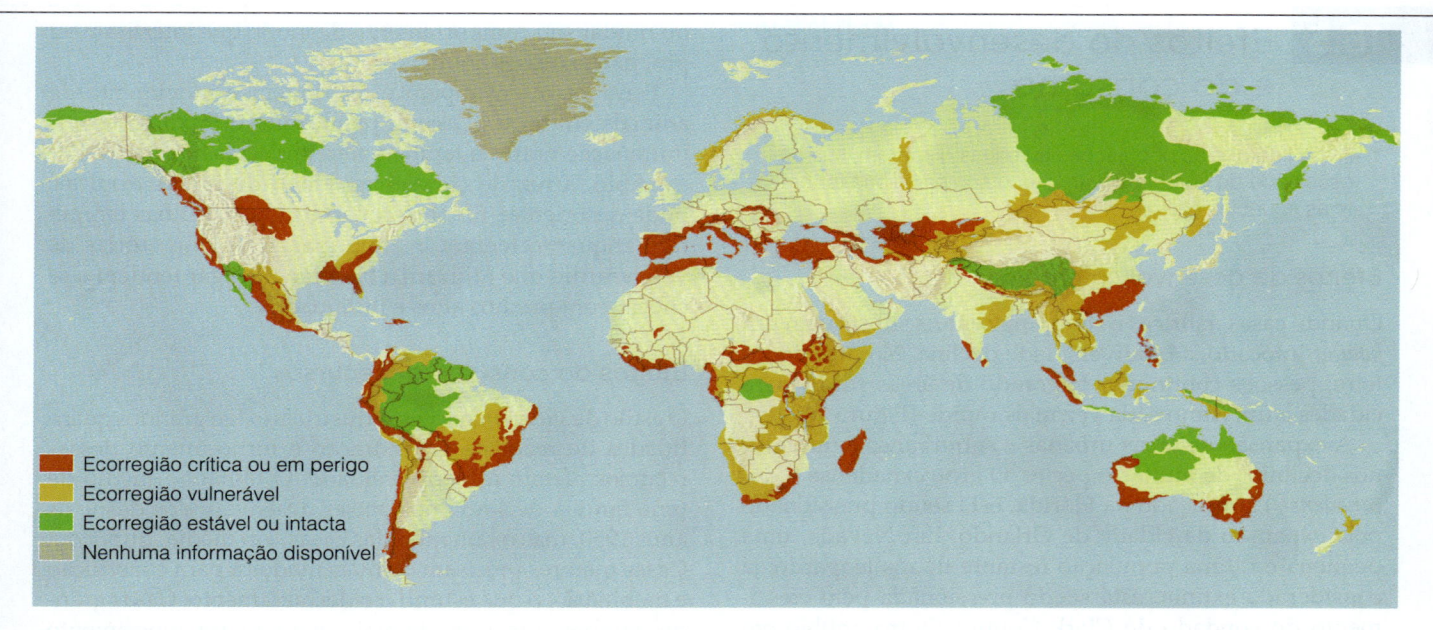

Figura 16.7 Localização e *status* de preservação atuais de ecorregiões terrestres consideradas mais importantes pelo World Wildlife Fund.

Legenda do mapa:
- Ecorregião crítica ou em perigo
- Ecorregião vulnerável
- Ecorregião estável ou intacta
- Nenhuma informação disponível

Em uma escala mais ampla, biólogos conservacionistas definem **ecorregiões**, que são regiões terrestres ou aquáticas caracterizadas pelo clima, pela geografia e pelas espécies encontradas dentro delas. O sistema de ecorregiões mais amplamente utilizado foi desenvolvido por cientistas do World Wildlife Fund. Esses cientistas definiram 867 ecorregiões terrestres diferentes. A Figura 16.7 mostra as localidades e o *status* de conservação de ecorregiões consideradas de prioridade máxima para os esforços de conservação.

O objetivo da priorização de ecorregiões é salvar exemplos representativos de todos os biomas existentes na Terra. Ao se concentrar em *hot spots* e ecorregiões cruciais, e não em espécies individuais em perigo, os cientistas esperam manter os processos de ecossistemas que naturalmente sustentam a diversidade biológica.

A Tabela 16.2 lista as ecorregiões críticas ou em perigo localizadas parcial ou totalmente nos Estados Unidos. Cada uma tem um grande número de espécies endêmicas e está ameaçada. Por exemplo, a floresta Klamath-Siskiyou no sudoeste do Oregon e noroeste da Califórnia é o lar de muitas coníferas raras. O desmatamento é a principal ameaça a esta região. No entanto, um patógeno de coníferas recém-introduzido, *Phytophthora lateralis*, também é uma preocupação. É um parente do protista oomiceto que causa a morte repentina do carvalho. Duas aves ameaçadas, a coruja-pintada do norte e o *Brachyramphus marmoratus*, fazem ninho nas partes mais antigas da floresta. O salmão coho ameaçado procria em correntezas que percorrem essa floresta.

Tabela 16.2 Ecorregiões críticas ou em perigo nos EUA

Ecorregião	Área (km quadrado)	Principais Ameaças
Prado do norte	700.000	Conversão para pastos ou fazendas; desenvolvimento de petróleo e gás
Floresta conífera Klamath-Siskiyou	50.300	Desmatamento, doença de raiz exótica espalhada pela construção de estradas
Floresta temperada do Pacífico	295.000	Desmatamento
Florestas de carvalho de Sierra Madre	289.000	Pastagem excessiva, desmatamento, uso excessivo para recreação
Chaparral e cerrados da Califórnia	121.000	Estabelecimento de espécies exóticas, pastagem excessiva, supressão de incêndios
Floresta de coníferas de Nevada	53.000	Desmatamento, expansão urbana
Florestas de coníferas e latifoliadas do Sudeste	585.000	Desmatamento, supressão de incêndios, expansão urbana

Para pensar

Como biólogos conservacionistas ajudam a proteger a biodiversidade?

- Biólogos *conservacionistas* avaliam a riqueza de espécies da Terra e criam sistemas para priorizar os esforços de conservação.
- *Hot spots* são áreas que incluem muitas espécies endêmicas e enfrentam um alto grau de ameaça. Ecorregiões são áreas maiores caracterizadas por fatores físicos e sua composição de espécies.

16.5 Efeitos do desenvolvimento e do consumo

- À medida que as populações humanas disparam, sua necessidade de energia e outros recursos pressiona fortemente as espécies nativas.

Efeitos do desenvolvimento urbano

Quando casas, fábricas e shopping centers substituem um *habitat* intocado, a biodiversidade declina. No mundo inteiro, pessoas continuam migrando de áreas rurais para cidades a um ritmo cada vez mais rápido (Figura 16.8).

A expansão de áreas urbanas e suburbanas é um fator nos declínios de muitas espécies. O grou canadense (*Grus canadensis*), ameaçado na Flórida, está sendo pressionado pela expansão da cidade de Orlando. Em Nevada, uma pequena e última população restante de rãs-leopardo, já considerada extinta, está sendo pressionada pelo crescimento do condado de Clark County. Outro anfíbio em perigo, o sapo de Houston, agora sobrevive apenas entre as cidades crescentes de Austin e Houston. No norte da Califórnia, novos projetos habitacionais perto de San Francisco podem ser prejudiciais à borboleta Mission Blue (*Aricia icarioides missionensis*) em perigo.

A proximidade com o desenvolvimento humano afeta espécies diferentes de formas diferentes. Plantas exóticas introduzidas para embelezar jardins podem lançar sementes que se estabelecem na floresta e competem com plantas nativas como as espécies de chaparral da Califórnia. Cães e gatos soltos podem matar animais selvagens ou mudar seu comportamento de modo que interfiram na procriação desses animais.

Estradas interrompem e restringem o movimento de animais em terra e, assim, prejudicam o fluxo gênico. A iluminação noturna também tem impactos negativos. Por exemplo, a luz de cidades ao longo de praias tropicais pode desorientar filhotes de tartarugas marinhas em perigo enquanto tentam ir até o mar. Aves migratórias de voo noturno que utilizam a luz para navegar tendem a se chocar com prédios altos e iluminados.

Efeitos do consumo de recursos

O estilo de vida em nações industriais exige grandes quantidades de recursos e a extração e fornecimento desses recursos afetam a biodiversidade. O tamanho médio de uma família declinou nos países desenvolvidos desde os anos 1950, mas o tamanho das casas, em média, duplicou. Casas maiores precisam de mais madeira para construção e mobiliário, o que estimula o desmatamento. Casas grandes também precisam de mais energia para aquecimento e resfriamento.

A maior parte da energia utilizada nos países desenvolvidos é fornecida por combustíveis fósseis – petróleo, gás natural e carvão (Figura 16.9). Você já sabe que o uso desses combustíveis não renováveis contribui para o aquecimento global e a chuva ácida. Além disso, a extração e o transporte desses combustíveis têm impactos negativos. O petróleo prejudica muitas espécies quando vaza de tubulações ou navios. A mineração de carvão degrada a área imediata e, frequentemente, reduz a qualidade da água de correntezas próximas.

Figura 16.8 Cidades deslocam espécies selvagens e exigem quantidades enormes de recursos. Em 2008, pela primeira vez, a maioria da população humana vivia nas cidades.

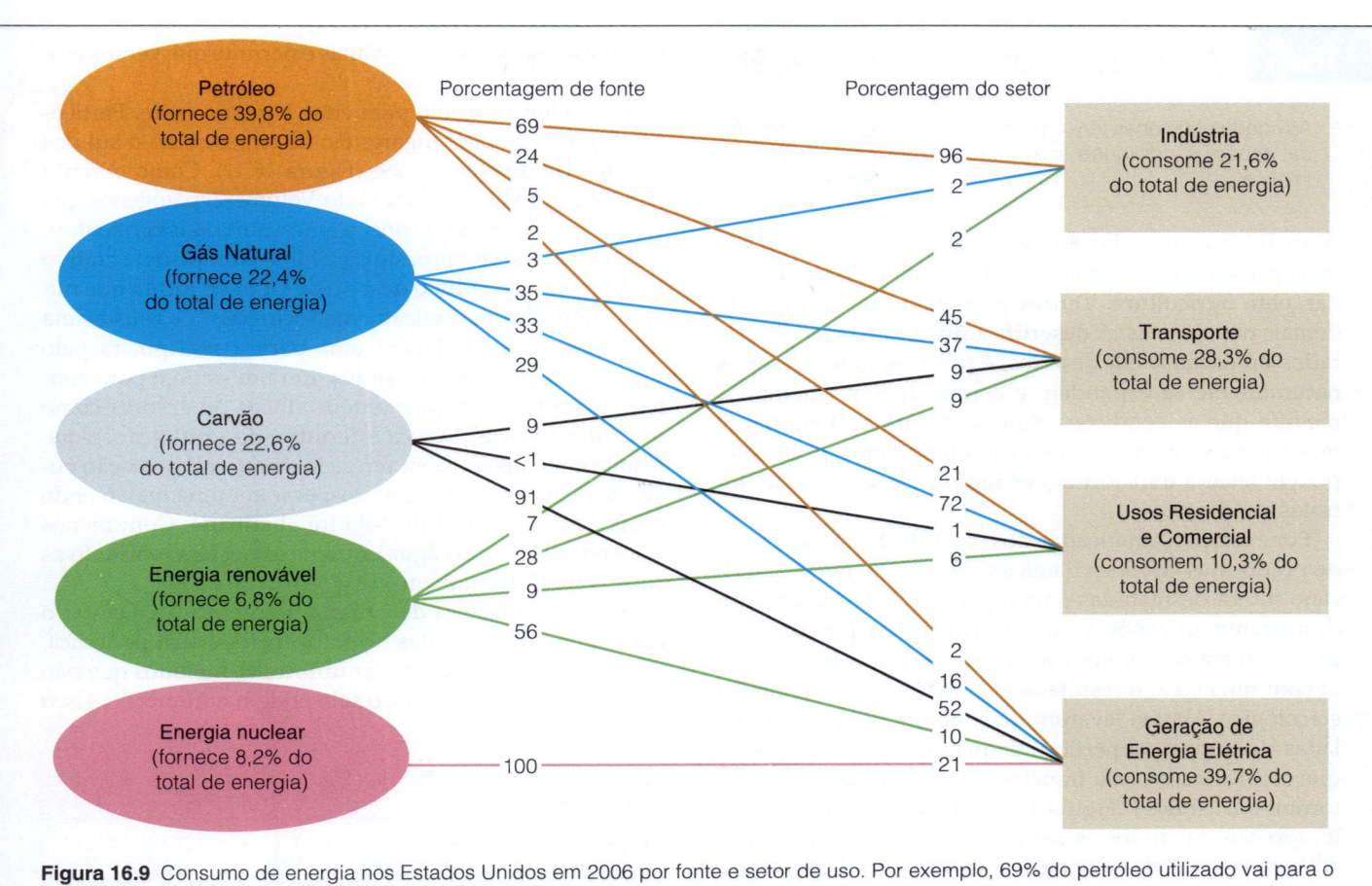

Figura 16.9 Consumo de energia nos Estados Unidos em 2006 por fonte e setor de uso. Por exemplo, 69% do petróleo utilizado vai para o transporte, e ele supre 96% das necessidades de energia do setor de transporte.
Resolva: Que porcentagem de carvão utilizado vai para gerar eletricidade? Que porcentagem da energia elétrica do país é derivada do carvão?

Resposta: 91%, 52%.

Por exemplo, o rolamento de minas de carvão no Tennessee está envenenando moluscos de água doce em perigo que vivem na água a jusante das minas.

Até fontes de energia renovável podem causar problemas. Por exemplo, barragens em rios do noroeste do Pacífico geram energia hidroelétrica renovável. Entretanto, elas também evitam que salmões em perigo retornem aos rios acima da barragem para procriar. À medida que essas populações de salmão declinaram, o mesmo ocorreu com baleias assassinas (orcas) em perigo que se alimentam do salmão adulto no oceano. Tais efeitos não são exatamente o que as pessoas têm em mente quando pensam em "energia verde".

A realidade é que toda energia produzida comercialmente tem algum tipo de impacto ambiental negativo. **A melhor maneira de minimizar esse impacto é utilizar menos energia.** A extração e o fornecimento de materiais que sustentam as economias de países desenvolvidos também têm custos ambientais. O petróleo é utilizado não apenas como combustível, mas também como matéria-prima para plásticos, um tópico que retomaremos mais adiante neste capítulo. Minas superficiais extraem minerais essenciais, como o cobre que utilizamos em computadores e outros produtos eletrônicos e o manganês usado para fabricar aço para construção, carros e aparelhos domésticos.

A mineração superficial elimina uma área de vegetação e solo, criando uma zona morta. Ela coloca poeira no ar, cria montanhas de resíduos rochosos e, às vezes, contamina cursos d'água vizinhos.

De onde vêm as matérias-primas dos produtos manufaturados que você compra? Com a globalização, é difícil saber. Minas em países em desenvolvimento operam sob regulamentos normalmente menos rígidos ou aplicados com menos rigor, portanto seu impacto ambiental é ainda maior.

> **Para pensar**
>
> *Como o desenvolvimento e o uso de recursos afetam a biodiversidade?*
>
> - A expansão de cidades e subúrbios tem impacto negativo sobre a biodiversidade. Áreas desenvolvidas deslocam espécies selvagens e também as danificam indiretamente, como ao introduzir plantas concorrentes ou ao causar poluição luminosa.
> - Processos que extraem ou capturam energia, renovável e não renovável, podem destruir ou degradar um *habitat*.
> - Obter as matérias-primas utilizadas nos produtos de consumo frequentemente envolvem a degradação do meio ambiente, o que reduz a biodiversidade.

16.6 A ameaça da desertificação

- Atividades humanas têm o potencial de não apenas prejudicar espécies individuais, mas também transformar biomas inteiros.

À medida que populações humanas aumentam, cada vez mais pessoas são forçadas a cultivar em áreas inadequadas para agricultura. Outras permitem que gado paste demais nas savanas. A **desertificação**, a conversão de cerrados ou savanas em desertos, é um resultado. Desertos naturalmente se expandem e contraem com o tempo à medida que as condições climáticas variam. Entretanto, más práticas agrícolas, que estimulam a erosão do solo, podem levar a transformações rápidas de savanas ou florestas em desertos.

Por exemplo, em meados dos anos 1930, imensas áreas de prados nas Grandes Planícies do sudeste norte-americano foram desmatadas para o plantio de lavouras. Esse desmatamento expôs a camada superficial profunda do prado à força dos ventos constantes da região. Em conjunto com uma seca, o resultado foi um desastre econômico e ecológico. Ventos levaram mais de um bilhão de toneladas de camada superficial enquanto nuvens de poeira que escureceram o céu transformaram a região no que se tornou o *Dust Bowl* (Figura 16.10). Toneladas de solo deslocado caíram em locais tão distantes quanto Nova York e Washington. A desertificação agora ameaça áreas vastas. Na África, o deserto do Saara está se expandindo para o sul, na região de Sahel. A pastagem excessiva nesta região elimina a vegetação das savanas e permite que ventos erodam o solo.

Ventos levam o solo para cima e para o oeste. Partículas de solo vão para lugares tão distantes como o sul dos Estados Unidos e o Caribe (Figura 16.11). Como descrito na introdução ao Capítulo 5 do Volume 2, patógenos que viajam em partículas de poeira ameaçam corais caribenhos.

Nas regiões do noroeste da China, o excesso de cultivo e pastagem expandiu o deserto de Gobi de forma que nuvens de poeira periodicamente escurecem os céus acima de Pequim. Ventos levam uma parte dessa poeira pelo Pacífico até os Estados Unidos. Em um esforço para conter o deserto, a China plantou bilhões de árvores como um "Muro Verde". A seca estimula a desertificação, o que resulta em mais seca, em um ciclo de retroalimentação positiva. Plantas não podem prosperar em uma região onde a camada superficial do solo foi eliminada. Com menos transpiração, menos água entra na atmosfera, portanto as chuvas locais diminuem.

A melhor maneira de evitar a desertificação é evitar o cultivo em áreas sujeitas a ventos fortes e seca periódica. Se essas áreas precisarem ser utilizadas, métodos que não perturbem repetidamente o solo podem minimizar o risco de desertificação.

Para pensar

O que é desertificação?

- A desertificação transforma savanas ou cerrados produtivos em uma região semelhante a um deserto.

Figura 16.10 Uma nuvem gigante de poeira prestes a descer em uma fazenda no Kansas nos anos 1930. Uma grande parte do sul das Grandes Planícies ficou conhecida como Dust Bowl. A seca e más práticas agrícolas permitiram que ventos eliminassem toneladas da camada superficial do solo e a carregassem para cima.

Figura 16.11 Nuvem de poeira atual soprando do deserto do Saara, na África, para o oceano Atlântico. A área do Saara está aumentando como resultado de uma prolongada seca, pastagem excessiva e desmatamento de savanas para obter lenha.

16.7 O problema do lixo

- A reciclagem economiza recursos limitados e também mantém lixo perigoso longe de *habitats* onde ele possa causar danos.

Sete bilhões de pessoas usam e descartam muita coisa. Aonde todo o lixo vai? Historicamente, o material indesejado era simplesmente enterrado no solo ou jogado no mar. O lixo ficava longe dos olhos, e também do pensamento. Hoje sabemos que substâncias químicas no lixo enterrado podem contaminar os lençóis freáticos e aquíferos. Os resíduos jogados no mar prejudicam a vida marinha. Por exemplo, aves marinhas comem pedaços flutuantes de plástico e os dão a seus filhotes, com resultados mortais (Figura 16.12).

Em 2006, somente os Estados Unidos geraram 251 milhões de toneladas de lixo, o que dá em média 2,1 kg por pessoa por dia. Por peso, cerca de um terço desse material foi reciclado, mas há muito espaço para melhoria. Dois terços das garrafas de refrigerante e três quartos das garrafas plásticas de água não foram reciclados. Atualmente, nos países desenvolvidos, o lixo não reciclável é queimado em incineradores de alta temperatura ou colocado em aterros, revestidos com material que minimiza o risco de contaminação do lençol freático. Nenhum resíduo sólido municipal pode ser jogado legalmente no mar.

Não obstante, plástico e outros lixos constantemente entram em águas costeiras. Copos de isopor e embalagens de lanche, sacolas plásticas, garrafas de água e outros materiais descartados como lixo acabam em piscinões. Dali, são levados para correntezas e rios, que podem transportá-los para o mar. Uma amostra de água do mar tirada perto da foz do rio San Gabriel, no sul da Califórnia, tinha 128 vezes mais plástico do que plâncton.

Uma vez no oceano, o lixo pode persistir por um tempo surpreendentemente longo. Componentes de uma fralda descartável durarão mais de 100 anos, assim como linhas de pesca. Um saco plástico dura mais de 50 anos, e um filtro de cigarro, mais de 10.

Para reduzir o impacto do lixo plástico, prefira objetos mais duráveis aos descartáveis e evite comprar plástico quando há outras alternativas menos danosas ao meio ambiente. Se você usa plástico, recicle ou o descarte adequadamente.

Figura 16.12 (**a**) Um filhote recém-falecido de albatroz de Laysan, dissecado para revelar o conteúdo de seu intestino. (**b**) Cientistas encontraram mais de 300 pedaços de plástico dentro da ave. Um dos pedaços perfurou a parede de seu intestino, resultando na sua morte. O filhote foi alimentado com o plástico por seus pais, que coletaram o material da superfície do oceano, confundindo-o com comida.

Para pensar

Quais são os efeitos ecológicos do lixo?

- O lixo, especialmente plástico, frequentemente acaba nos oceanos, onde prejudica a vida marinha.
- Você pode minimizar seu impacto ambiental ao evitar itens descartáveis e reciclar.

16.8 Manutenção da biodiversidade e de populações humanas

- O gerenciamento da biodiversidade pode sustentar a riqueza biológica e ao mesmo tempo fornecer oportunidades econômicas.

Considerações bioeconômicas

Cada nação tem três formas de riqueza – material, cultural e biológica. Sua riqueza biológica – a biodiversidade – pode ser uma fonte de alimentos, remédios e outros produtos. Entretanto, a proteção da riqueza biológica frequentemente é uma proposta arriscada. Até mesmo em países desenvolvidos, as pessoas frequentemente se opõem a proteções ambientais porque temem que tais medidas tenham consequências econômicas adversas. No entanto, cuidar do meio ambiente pode fazer muito sentido economicamente. As pessoas podem preservar e lucrar com sua riqueza biológica. Agora, veremos algumas histórias de sucesso

Utilização sustentável da riqueza biológica

Uso da Diversidade Genética Um universitário mexicano especialmente observador descobriu o *Zea diploperennis*, um milho selvagem que se acreditava estar extinto há muito tempo. Ele havia desaparecido da maior parte de sua distribuição original, mas uma população restante se agarrou à vida em uma região de 364 hectares de terreno montanhoso perto de Jalisco. Diferentemente do milho domesticado, o *Z. diploperennis* é perene e resistente à maioria dos vírus. As transferências de genes dessa espécie selvagem para plantas cultivadas podem aumentar a produção de milho no México e em outros lugares. Em reconhecimento ao potencial valor da espécie *Z. diploperennis*, o governo mexicano isolou seu *habitat* montanhoso como uma reserva biológica, a primeira já criada para proteger um parente selvagem de uma lavoura importante.

Descoberta de Substâncias Químicas Úteis Muitas espécies fazem compostos químicos que podem servir de remédios ou outros produtos comerciais. A maioria dos países em desenvolvimento não tem laboratórios para testar espécies quanto a possíveis produtos, mas grandes indústrias farmacêuticas em outros países, sim. O Instituto Nacional de Biodiversidade da Costa Rica coleta e identifica espécies que parecem promissoras e envia extratos delas para análises químicas. Se um produto de uma dessas espécies é comercializado, a Costa Rica recebe parte dos lucros, que são destinados a programas de conservação.

Ecoturismo O estabelecimento de reservas ricas em espécies e o estímulo a turistas a visitá-las podem ter benefícios biológicos e econômicos. Por exemplo, nos anos 1970, George Powell estudava aves na floresta nublada de Monteverde, na Costa Rica. Esta floresta estava sendo desmatada rapidamente e Powell teve a ideia de comprar parte dela como um santuário natural. Seus esforços inspiraram pessoas e grupos de conservação a doar fundos, e uma boa parte da floresta está protegida agora como uma reserva natural particular.

Figura 16.13 Desmatamento em faixas. A prática pode proteger a biodiversidade à medida que permite desflorestamento em montanhas tropicais. Um corredor estreito paralelo aos contornos da terra é desmatado. Uma estrada é feita no topo para levar as toras. Depois de alguns anos, mudas crescem no corredor desmatado. Outro corredor é desmatado acima da estrada. Nutrientes lixiviados do solo exposto entram no primeiro corredor. Ali, são coletados por mudas, que se beneficiam de todo o aporte de nutrientes crescendo mais rapidamente. Mais tarde, um terceiro corredor é cortado acima do segundo – e assim por diante, em um ciclo lucrativo de derrubada que o *habitat* sustenta ao longo do tempo.

- Floresta intocada
- Cortada há 1 ano
- Estrada de terra
- Cortada há 3-5 anos
- Cortada há 6–10 anos
- Floresta intocada
- Correnteza em vertente

As plantas e os animais da reserva incluem mais de 100 espécies de mamíferos, 400 de aves e 120 de anfíbios e répteis. A reserva é um dos poucos *habitats* restantes para jaguar, onça-pintada, puma e seus parentes.

Mais de 50 mil turistas agora visitam a reserva florestal Monteverde todos os anos. O ecoturismo centrado nessa reserva fornece emprego aos habitantes locais e tem outros efeitos benéficos. Por exemplo, uma escola sem fins lucrativos montada dentro da reserva ajuda a educar as crianças da área.

Exploração Sustentável de Madeira Uma floresta tropical gera madeira para as necessidades locais e para exportação a países desenvolvidos. Entretanto, a erosão grave frequentemente segue o desmatamento de florestas. Gary Hartshorn elaborou um método para minimizar a erosão. Como explicado na Figura 16.13, o desflorestamento em tiras permite ciclos de exploração da madeira. Ele produz benefícios econômicos sustentáveis para madeireiras locais enquanto minimiza os efeitos da erosão e maximiza a biodiversidade da floresta.

Criação Responsável de Gado Países desenvolvidos também estão implementando práticas de conservação que sustentam a riqueza biológica. Por exemplo, **zonas ribeirinhas ou ciliares** são corredores estreitos de vegetação ao longo de um rio ou curso d'água. Elas têm muita importância ecológica. Plantas em uma zona ripária atuam como uma linha de defesa contra danos por inundação ao absorver água durante rolamentos de primavera e tempestades de verão. A sombra feita por uma tela de arbustos mais altos e árvores em uma zona ripária ajuda a preservar água durante as secas. Uma zona ciliar fornece aos animais selvagens comida, abrigo e sombra, especialmente em regiões áridas e semiáridas. No oeste dos Estados Unidos, 67% a 75% das espécies endêmicas passam todo o ou parte de seu ciclo de vida em zonas ciliares. Entre elas, há 136 tipos de aves canoras, algumas das quais fazem ninhos apenas nas plantas de uma zona ciliar.

Em criações de gado, os animais tendem a se reunir perto de rios e correntezas, que frequentemente são sua única fonte de água. Ali, os animais pisam e comem até a grama e os arbustos acabarem. São necessárias poucas cabeças de gado para destruir uma zona ciliar. Só 10% da vegetação ciliar do Arizona e do Novo México ainda permanecem – o restante foi para o estômago do gado de pastagem.

Para preservar a biodiversidade em zonas ciliares, o gado em algumas fazendas agora é mantido longe das margens de rios e recebe uma fonte de água alternativa. A Figura 16.14 mostra como a exclusão do gado da zona ciliar pode fazer a diferença. Uma vez que o gado é excluído, a vegetação nativa cresce de novo rapidamente e a biodiversidade do *habitat* é restaurada.

Tais exemplos mostram como podemos colocar nossos conhecimentos sobre princípios biológicos em uso. A saúde de nosso planeta depende de nossa capacidade de reconhecer que os princípios de fluxo de energia e de limitação de recursos, que regem a sobrevivência de todos os sistemas vivos, não mudam. É nosso imperativo biológico e cultural aceitar esses princípios e nos fazer a seguinte pergunta: Qual será nosso efeito em longo prazo sobre o mundo da vida?

Figura 16.14 Restauração de zona ciliar. As fotos mostram o rio San Pedro, no Arizona, antes (*acima*) e depois (*abaixo*) da restauração.

Para pensar

Como atendemos às necessidades humanas e sustentamos a biodiversidade?

- Qualquer nação tem riqueza biológica, que as pessoas tenderão a proteger se reconhecerem seu valor.
- Práticas sustentáveis permitem que pessoas se beneficiem economicamente de recursos biológicos sem destruí-los.

QUESTÕES DE IMPACTO REVISITADAS | Um Longo Alcance

O aquecimento global está derretendo o gelo no Ártico e abrindo acesso a esse continente, que antes era protegido do desenvolvimento pela falta de rotas de navegação. Oito países, incluindo Estados Unidos, Canadá e Rússia, controlam partes do Ártico e têm direitos a seus depósitos de petróleo, gases e minérios. Conservacionistas se preocupam que a exploração desses recursos coloque mais pressão sobre espécies do Ártico já vulneráveis à extinção.

Resumo

Seção 16.1 A taxa atual de espécies perdidas é suficientemente alta para sugerir que uma crise de extinção está em andamento. Depois de outras extinções em massa, foram necessários milhões de anos para a biodiversidade retomar seu nível anterior. Extinções causadas por humanos podem ter começado quando eles chegaram às Américas e à Austrália. Muitas extinções mais recentes definitivamente resultaram de atividades humanas. **Espécies em perigo** atualmente enfrentam alto risco de extinção. **Espécies ameaçadas** provavelmente entrarão em perigo no futuro.

Seção 16.2 Espécies endêmicas, que evoluíram em um lugar e estão presentes apenas naquele *habitat*, são altamente vulneráveis à extinção. Espécies com necessidades de recursos altamente especializadas também são muito vulneráveis. Humanos causam perda, degradação e fragmentação de *habitats*, que podem ameaçar uma espécie. Os humanos também reduzem diretamente populações e as ameaçam com a colheita excessiva. Introduções de espécies também causam declínios de espécies nativas. Na maioria dos casos, uma espécie entra em perigo devido a múltiplos fatores. Às vezes, um declínio em uma espécie como resultado de atividade humana leva ao declínio de outra espécie.

Seção 16.3, 16.4 Nosso conhecimento sobre espécies existentes é limitado e pende para os vertebrados. Sabemos pouco sobre a abundância e a diversidade de espécies microbianas que realizam processos de ecossistemas essenciais. Reconhecemos três níveis de **biodiversidade**: diversidade genética, diversidade das espécies e diversidade dos ecossistemas. Todas estão ameaçadas. O campo da **biologia da conservação** pesquisa a gama de biodiversidade, investiga suas origens e identifica formas de mantê-la e usá-la de formas que beneficiem populações humanas.

Uma **espécie indicadora** é aquela especialmente sensível a mudanças ambientais e que pode ser monitorada para determinar a saúde de um ecossistema. Como esses recursos são limitados, biólogos tentam identificar **hot spots**, regiões ricas em espécies endêmicas e sob alto nível de ameaça. Biólogos também identificam **ecorregiões**, regiões maiores caracterizadas por seus aspectos físicos e suas espécies. Os biólogos priorizam ecorregiões com o objetivo de identificar aquelas cuja conservação garantirá que uma amostra representativa de todos os biomas atuais da Terra permaneça intacta. O Brasil têm várias ecorregiões consideradas críticas ou em perigo por organizações internacionais de conservação.

Seção 16.5 O crescimento de cidades e subúrbios desloca espécies selvagens. A proximidade com humanos também pode estressar algumas espécies, como pelos efeitos de competidores ou predadores introduzidos ou pelos efeitos nocivos da iluminação noturna. Pessoas em países desenvolvidos contribuem para extinções de espécies devido a seu padrão de consumo de recursos. O uso de grandes quantidades de combustíveis fósseis contribui para o aquecimento global e também tem outros efeitos adversos sobre o meio ambiente. Fontes de energia renováveis também podem degradar o *habitat*. A extração de combustível e recursos minerais exige mineração e outros processos que poluem e tornam *habitats* inadequados para organismos nativos.

Seção 16.6 A **desertificação** é a conversão de savanas ou cerrados em condições semelhantes às de um deserto. Nos anos 1930, uma seca e más práticas agrícolas causaram a desertificação de uma parte das Grandes Planícies, no que ficou conhecido como Dust Bowl.
A desertificação atualmente é um problema na China e na África. Alguns efeitos da desertificação são sentidos longe do local do problema porque ventos podem levar para longe o solo.

Seção 16.7 A produção de grandes quantidades de lixo é outra ameaça à biodiversidade. Plástico que entra nos oceanos é especialmente danoso e persistente.

Seção 16.8 Todas as nações têm riqueza biológica; elas têm espécies peculiares valiosas para os humanos. As pessoas tendem a preservar a riqueza biológica quando reconhecem e se beneficiam economicamente de sua existência. Preservar áreas e utilizá-las para o ecoturismo pode beneficiar habitantes locais e proteger espécies em perigo.

Os recursos também podem ser coletados sustentavelmente, como pelo desmatamento em tiras de florestas tropicais em montanhas. Este método minimiza a erosão e garante que sempre haja cobertura de árvores.

Nações desenvolvidas também se beneficiam com o uso de sua riqueza biológica de forma sustentável. Por exemplo, a criação de gado pode ter efeitos adversos sobre zonas ciliares, que são áreas de alta diversidade de espécies em margens de rios. Fazendeiros responsáveis tiram o gado de zonas ciliares para sustentar a biodiversidade.

Exercício de análise de dados

Ventos levam contaminantes químicos produzidos e liberados em latitudes temperadas para o Ártico, onde entram nas teias alimentares. Pelo processo de amplificação biológica, os principais carnívoros nas teias alimentares do Ártico – como ursos polares e pessoas – ficam com altas doses dessas substâncias. Por exemplo, nativos do ártico que comem muitos animais locais tendem a ter níveis anormalmente altos de bifenilpoliclorados, ou PCBs, no corpo. O Programa de Monitoramento e Avaliação do Ártico estuda os efeitos dessas substâncias químicas sobre a saúde e a reprodução. A Figura 16.15 mostra os efeitos de PCBs sobre a proporção de sexos no nascimento em populações nativas do Ártico Russo.

1. Que sexo foi mais comum nos filhos de mulheres com menos de 1 micrograma por mililitro de PCB no soro?
2. Em que concentrações de PCB as mulheres tinham mais probabilidade de ter filhas?
3. Em algumas vilas da Groenlândia, quase todas as recém-nascidas são do sexo feminino. Você espera que níveis de PCB nessas vilas estejam acima ou abaixo de 4 microgramas por mililitro?

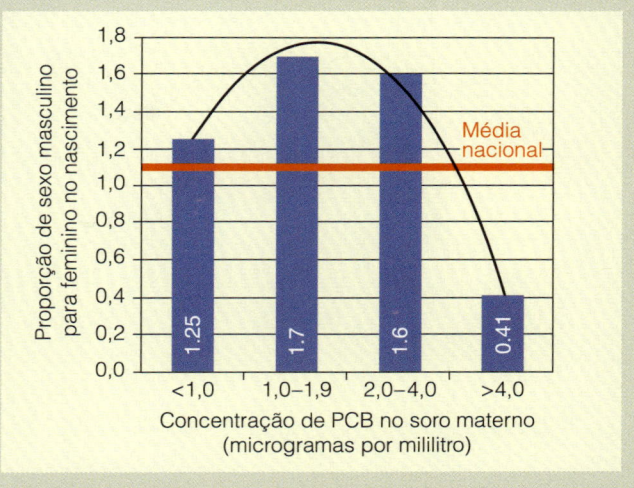

Figura 16.15 Efeito da concentração de PCB materna sobre a proporção de sexos de recém-nascidos em populações nativas do Ártico Russo. A linha vermelha indica a proporção média de sexo para nascimentos na Rússia – 1,06 homens por mulher.

Questões
Respostas no Apêndice III

1. Verdadeiro ou falso? A maioria das espécies que evoluiu já foi extinta.
2. Dodôs foram levados à extinção ___.
   a. quando humanos chegaram à América do Norte
   b. pela coleta excessiva e espécies introduzidas
   c. como resultado do aquecimento global
   d. respostas a e b
3. Uma espécie ___ tem níveis populacionais tão baixos que está em grande perigo de extinção no futuro próximo.
   a. endêmica   c. indicadora
   b. em perigo   d. exótica
4. O fluxo gênico entre populações é prejudicado por ___.
   a. fragmentação de *habitat*   c. caça ilegal
   b. introduções de espécies   d. todas as anteriores
5. ___, nativos dos Estados Unidos, foram levados à extinção.
   a. Dodôs   c. Pandas
   b. Pombos-passageiros   d. Bisões (búfalos)
6. Quais das seguintes alternativas têm mais representantes entre as espécies conhecidas ameaçadas?
   a. bactérias   c. vertebrados
   b. fungos   d. invertebrados
7. Uma espécie ___ pode ser monitorada para medir a saúde de seu ambiente.
   a. endêmica   c. indicadora
   b. em perigo   d. exótica
8. Um(a) ___ é uma área que os biólogos de conservação consideram de alta prioridade para a preservação.
   a. hot spot   c. bioma
   b. ecorregião   d. província biogeográfica
9. Verdadeiro ou falso? A iluminação artificial prejudica algumas espécies.
10. Barragens construídas para fornecer energia hidroelétrica renovável causaram declínios em populações de ___.
    a. salmões   c. tartarugas marinhas
    b. baleias assassinas   d. respostas a e b
11. A maior parte do plástico entra nos oceanos através de ___.
    a. descarte de lixo   c. perfuração em mar aberto
    b. navegadores descuidados   d. descarte municipal
12. Una os organismos com suas descrições.

    ___ zona ciliar   a. evoluído(a) e encontrado(a) em uma área
    ___ hot spot   b. causa de algumas tempestades de poeira
    ___ espécies endêmicas   c. locais se beneficiam com os visitantes
    ___ espécie indicadora   d. muitas espécies, sob ameaça
    ___ desertificação   e. menos erosão, sustenta a floresta
    ___ ecoturismo   f. área rica em espécies perto do rio
    ___ desmatamento em tiras g. altamente sensíveis a mudanças
    ___ biologia de conservação h. avalia e busca formas de preservar a biodiversidade

Raciocínio crítico

1. Muitos biólogos acreditam que a mudança climática global resultante de emissões de gases estufa é a maior ameaça à biodiversidade existente. Liste alguns efeitos negativos da mudança climática sobre espécies nativas de sua região.

2. Em uma comunidade litorânea de Nova Jersey, o Fish and Wildlife Service dos Estados Unidos sugeriu a remoção de gatos errantes (gatos domesticados que vivem soltos na floresta) para proteger algumas aves selvagens em perigo (batuíras) que faziam ninhos nas praias da cidade. Muitos residentes ficaram irritados com a proposta, argumentando que os gatos têm tanto direito de existir quanto as aves. Você concorda?

Apêndice I. Sistema de classificação

Este sistema de classificação revisado é uma composição de vários esquemas que microbiólogos, botânicos e zoologistas utilizam. Os principais agrupamentos são aceitos; porém, nem sempre existe acordo sobre o nome de um agrupamento em particular ou onde ele poderia se encaixar dentro da hierarquia global. Existem várias razões pelas quais não é possível chegar a um consenso geral neste momento.

Em primeiro lugar, o registro fóssil varia em sua composição e qualidade. Portanto, a relação filogenética de um grupo com outros grupos, às vezes, fica aberta à interpretação. Atualmente, estudos comparativos em nível molecular estão desnuviando e organizando o cenário, mas o trabalho ainda está em curso. Além disso, comparações moleculares nem sempre fornecem respostas definitivas a perguntas sobre filogenia. Comparações baseadas em um conjunto de genes podem conflitar com aquelas que comparam uma parte diferente do genoma. Ou, ainda, comparações com um membro de um grupo podem conflitar com comparações com base em outros membros do grupo.

Em segundo lugar, desde o tempo de Linnaeus, os sistemas de classificação têm se baseado nas semelhanças e diferenças morfológicas observadas entre organismos. Embora algumas interpretações originais estejam abertas ao questionamento, estamos tão acostumados a pensar em termos morfológicos, que a reclassificação em outras bases muitas vezes ocorre de forma lenta.

Alguns exemplos: tradicionalmente, pássaros e répteis eram agrupados em classes separadas (Reptilia e Aves); ainda existem argumentos persuasivos para agruparmos lagartos e serpentes em um grupo e os crocodilianos, dinossauros e pássaros em outro. Muitos biólogos ainda são a favor de um sistema de seis reinos de classificação (arqueas, bactérias, protistas, plantas, fungos e animais). Outros defendem uma troca para o sistema de domínio triplo proposto mais recentemente (Archaea, Bacteria e Eukarya).

Em terceiro lugar, pesquisadores em microbiologia, micologia, botânica, zoologia e outros campos de investigação herdaram uma literatura rica baseada em sistemas de classificação desenvolvidos com o passar do tempo em cada campo de investigação. Muitos estão relutantes em desistir da terminologia estabelecida, que oferece acesso ao passado.

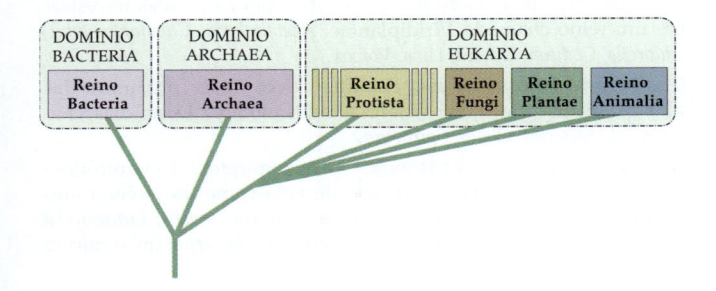

Por exemplo, botânicos e microbiólogos muitas vezes usam *divisão*, enquanto zoologistas, *filo*, para tachar os que são equivalentes em hierarquias de classificação.

Por que se preocupar com esquemas de classificação se nós sabemos que eles refletem de forma imperfeita a história evolucionária da vida? Nós fazemos isso pelas mesmas razões que um escritor poderia ter para desdobrar a história de uma civilização em vários volumes, cada um com vários capítulos. Ambos são esforços para dar estrutura a um corpo enorme de conhecimento e facilitar a recuperação de informações. Nesse contexto, a classificação pode servir para organizar o conhecimento. Mais importante, à medida que os esquemas de classificação moderna refletem com precisão as relações evolucionárias, elas fornecem a base para estudos biológicos comparativos, que ligam todos os campos da biologia.

Não se esqueça de que incluímos este apêndice somente para fins de referência. Além de estar aberto à revisão, não pretende ser completo. Os nomes mostrados entre aspas são grupos polifiléticos ou parafiléticos que estão passando por revisão. Por exemplo, "répteis" abrangem pelo menos três e possivelmente mais linhagens.

As espécies mais recentemente descobertas, a partir de uma província no meio do oceano, não estão listadas. Muitas espécies existentes e extintas dos filos mais obscuros também não estão representadas. Nossa estratégia é focar principalmente os organismos mencionados no texto ou familiares para a maioria dos alunos. Por exemplo, focamos mais profundamente as plantas que florescem do que as briófitas, e mais os cordatos do que os anelídeos.

Procariontes e eucariontes comparados

Como estrutura geral de referência, note que quase todas as bactérias e arqueas são microscópicas em tamanho. Seu DNA é concentrado em um nucleoide (uma região do citoplasma) em vez de um núcleo mediado por membrana. Todas são células únicas ou associações simples de células. Elas se reproduzem por fissão procariótica ou brotamento; transferem genes por conjugação bacteriana.

Para os procariontes autotróficos e heterotróficos, a referência oficial é o *Manual de Bacteriologia Sistemática* de Bergey, que se refere aos grupos principalmente por taxonomia numérica em vez de filogenia. Nosso sistema de classificação reflete evidências de relações evolucionárias para, pelo menos, alguns grupos bacterianos. Devemos ressaltar que os termos Procariontes e Procariotos são sinônimos. O mesmo ocorre com os termos Eucariontes e Eucariotos.

As primeiras formas de vida eram procarióticas. Semelhanças entre Bacteria e Archaea têm origens muito mais antigas do que as características de eucariontes.

Diferentemente dos procariontes, todas as células eucarióticas começam sua vida com um núcleo que envolve o DNA e outras organelas mediadas por membrana. Seus cromossomos têm muitas histonas e outras proteínas presas. Eles incluem espécies unicelulares e multicelulares espetacularmente diversas, que podem se reproduzir por meiose, mitose ou ambos.

DOMÍNIO DAS BACTÉRIAS

REINO DAS BACTÉRIAS

O maior e mais diverso grupo de células procarióticas, inclui autotróficos fotossintéticos, autotróficos quimiossintéticos e heterotróficos. Todos os patógenos procarióticos de vertebrados são bactérias.

FILO AQUIFACAE O ramo mais antigo da árvore bacteriana. Gram-negativo, a maioria quimioautotófica aeróbica, principalmente de fontes quentes vulcânicas. *Aquifex*.

FILO DEINOCOCCUS-THERMUS Gram-positivo, quimioautotróficos amantes do calor. *Deinococcus* é o organismo mais resistente à radiação conhecido. *Thermus* ocorre em fontes quentes e próximo às aberturas hidrotérmicas.

FILO CHLOROFLEXI Bactérias não sulfurosas verdes. Bactérias gram-negativo de fontes quentes, lagos de água doce e *habitats* marinhos. Agem como fotoautotróficas não produtoras de oxigênio ou quimioautotróficas aeróbicas. *Chloroflexus*.

FILO ACTINOBACTERIA Gram-positivo, a maioria heterotrófica aeróbica no solo, *habitat* de água doce e marinhos, e na pele dos mamíferos. *Propionibacterium, Actinomyces, Streptomyces*.

FILO CYANOBACTERIA Gram-negativo, fotoautotróficos liberadores de oxigênio principalmente em *habitats* aquáticos. Eles têm clorofila a e fotossistema I. Inclui muitos gêneros fixadores de nitrogênio. *Anabaena, Nostoc, Oscillatoria*.

FILO CHLOROBIUM Bactérias sulfurosas verdes. Fotossintetizadoras gram-negativo não produtoras de oxigênio, principalmente em sedimentos de água doce. *Chlorobium*.

FILO FIRMICUTES Células com parede gram-positivo e os micoplasmas sem parede celular. Todos são heterotróficos. Alguns sobrevivem no solo, fontes quentes, lagos ou oceanos. Outros vivem de ou em animais. *Bacillus, Clostridium, Heliobacterium, Lactobacillus, Listeria, Mycobacterium, Mycoplasma, Streptococcus*.

FILO CHLAMYDIAE Parasitas intracelulares gram-negativo de pássaros e mamíferos. *Chlamydia*.

FILO SPIROCHETES Bactérias de vida livre, parasitárias e mutualistas gram-negativo em forma de mola. *Borelia, Pillotina, Spirillum, Treponema*.

FILO PROTEOBACTERIA O maior grupo bacteriano. Inclui fotoautotróficos, quimioautotróficos e heterotróficos; grupos que vivem livre, parasitários e coloniais. Todos são gram-negativo.

Classe Alphaproteobacteria. *Agrobacterium, Azospirillum, Nitrobacter, Rickettsia, Rhizobium*.

Classe Betaproteobacteria. *Neisseria*.

Classe Gammaproteobacteria. *Chromatium, Escherichia, Haemopilius, Pseudomonas, Salmonella, Shigella, Thiomargarita, Vibrio, Yersinia*.

Classe Deltaproteobacteria. *Azotobacter, Myxococcus*.

Classe Epsilonproteobacteria. *Campylobacter, Helicobacter*.

DOMÍNIO DAS ARQUEAS

REINO DAS ARQUEAS

Procariotos que estão evolucionariamente entre células eucarióticas e bactérias. A maioria é anaeróbica. Nenhum é fotossintético. Originalmente descobertos em *habitats* extremos, agora são conhecidos por serem extensamente dispersos. Comparadas às bactérias, as arqueas têm uma estrutura de parede celular distintiva e lipídeos de membrana única, ribossomos e sequência de RNA. Algumas são simbióticas com animais, mas nenhuma é conhecida por ser patógeno animal.

FILO EURYARCHAEOTA Maior grupo arquea. Inclui termófilos, halófilos e metanógenos extremos. Outros são abundantes nas águas superiores do oceano e em outros *habitats* mais moderados. *Methanocaldococcus, Nanoarchaeum*.

FILO CRENARCHAEOTA Inclui termófilos extremos, bem como espécies que sobrevivem nas águas da Antártica e em *habitats* mais moderados. *Sulfolobus, Ignicoccus*.

FILO KORARCHAEOTA Conhecido somente pelo DNA isolado das piscinas hidrotérmicas. Até esta edição, nenhum havia sido cultivado e nenhuma espécie havia sido nomeada.

DOMÍNIO DOS EUCARIONTES

REINO PROTISTA

Uma coleção de linhagens unicelulares e multicelulares, que não constitui um grupo monofilético. Alguns biólogos consideram os grupos listados a seguir como reinos independentes, outros classificam esses grupos como filos.

PARABASALIA Parabasalídeos. Heterotróficos anaeróbicos flagelados unicelulares com "coluna vertebral" citoesquelética que atravessa o comprimento da célula. Não existem mitocôndrias, mas um hidrogenossomo que desempenha uma função semelhante. *Trichomonas, Trichonympha*.

DIPLOMONADIDA Diplomonados. Heterotróficos unicelulares anaeróbicos flagelados que não têm mitocôndrias ou complexos de Golgi e não formam um fuso bipolar na mitose. Podem ser uma das linhagens mais antigas. *Giardia*.

EUGLENOZOA Euglenoides e cinetoplastídeos. Flagelados de vida livre e parasitários. Todos com uma ou mais mitocôndrias. Alguns euglenoides fotossintéticos com cloroplastos, outros heterotróficos. *Euglena, Trypanosoma, Leishmania*.

RHIZARIA Foraminíferos e radiolários. Células ameboides heterotróficas de vida livre envoltas em carapaça. A maioria vive nas águas ou em sedimentos oceânicos. *Pterocorys, Stylosphaera*.

ALVEOLATA Unicelulares com um arranjo singular de bolsas mediadas por membrana (alvéolos) logo abaixo da membrana plasmática. Ciliados. Protozoários ciliados. Protistas heterotróficos com muitos cílios. *Paramecium, Didinium*.

Dinoflagelados. Diversos heterotróficos e células flageladas fotossintéticas que depositam celulose em seus alvéolos. *Gonyaulax, Gymnodinium, Karenia, Noctiluca*.

Apicomplexos. Parasitas unicelulares de animais. Um dispositivo microtubular único é usado para se prender e penetrar em uma célula hospedeira. *Plasmodium*.

STRAMENOPHILA Estramenófilos. Formas unicelulares e multicelulares; flagelos com filamentos.

Oomicotas. Oomicetos. Heterotróficos. Decompositores, alguns parasitas. *Saprolegnia, Phytophthora, Plasmopara*.

Crisófitas. Algas douradas, algas verdes amareladas, diatomáceas, cocolitoforídeos. Fotossintéticas. *Emiliania, Mischococcus*.

Faeófitas. Algas pardas. Fotossintéticas; quase todas vivem nas águas marinhas temperadas. Todas são multicelulares. *Macrocystis, Laminaria, Sargassum, Postelsia*.

RHODOPHYTA Algas vermelhas. Principalmente fotossintéticas, algumas parasitárias. Quase todas marinhas, algumas em *habitats* de água doce. A maioria multicelular. *Porphyra, Antithamion*.

CHLOROPHYTA Algas verdes. A maioria fotossintética, algumas parasitárias. A maioria vive em água doce, algumas são marinhas ou terrestres. Formas unicelulares, coloniais e multicelulares. Alguns biólogos colocam as clorófitas e carófitas com as plantas terrestres em um reino chamado Viridiplantae. *Acetabularia, Chlamydomonas, Chlorella, Codium, Udotea, Ulva, Volvox*.

CHAROPHYTA Fotossintéticas. Parentes vivos mais próximos das plantas. Inclui formas unicelulares e multicelulares. Desmídias, charales. *Micrasterias, Chara, Spirogyra*.

AMOEBOZOA Amebas verdadeiras e mixomicetos. Heterotróficos que passam todo ou parte do ciclo de vida como uma célula única que usa pseudópodes para capturar comida. *Ameba, Entoamoeba* (amebas), *Dictyostelium* (mixomiceto celular), *Physarum* (mixomiceto plasmodial).

REINO FUNGI

Quase todas as espécies eucarióticas multicelulares com paredes celulares contendo quitina. Heterotróficos, a maioria decompositores sapróbios, alguns parasitas. Nutrição baseada na digestão extracelular de matéria orgânica e absorção de nutrientes por células individuais. Espécies multicelulares formam micélio absortivo e estruturas reprodutivas que produzem esporos assexuais (e às vezes esporos sexuais).

FILO CHYTRIDIOMYCOTA Quitrídeos. Principalmente aquáticos; decompositores sapóbrios ou parasitas que produzem esporos flagelados. *Chytridium*.

FILO ZYGOMYCOTA Zigomicetos. Produtores de zigosporos (zigotos dentro de uma parede espessa) por meio de reprodução sexual. Mofos de pão, formas relacionada. *Rhizopus, Philobolus*.

FILO ASCOMYCOTA Ascomicetos. Fungos com asco. Células em forma de bolsa formam esporos sexuais (ascósporos). A maioria são leveduras, mofos e trufas. *Saccharomycetes, Morchella, Neurospora, Claviceps, Candida, Aspergillus, Penicillium*.

FILO BASIDIOMYCOTA Basidiomicetos. Grupo mais diverso. Produz basidiósporos dentro de estruturas em forma de bastão. Cogumelos, fungos de prateleira, cogumelos-falale. *Agaricus, Amanita, Craterellus, Gymnophilus, Puccinia, Ustilago*.

"FUNGOS IMPERFEITOS" Esporos sexuais ausentes ou não detectados. O grupo não tem nenhum *status* taxinômico formal. Quando mais bem conhecidas, algumas espécies poderão ser agrupadas aos fungos com asco ou basídios. *Arthobotrys, Histoplasma, Microsporum, Verticillium*.

"LIQUENS" Interações mutualistas entre espécies fúngicas e uma cianobactéria, alga verde ou ambos. *Lobaria, Usnea*.

REINO PLANTAE

A maioria fotossintética com clorofilas *a* e *b*. Algumas parasitárias. Quase todas vivem em terra. A reprodução sexuada predomina.

BRIÓFITAS (PLANTAS NÃO VASCULARES)

Pequenas gametófitas haploides achatadas dominam o ciclo de vida; esporófitas permanecem presas a elas. Os espermatozoides são flagelados; exigem água para nadar até os óvulos para fertilização.

FILO HEPATOPHYTA Hepáticas. *Marchantia*.
FILO ANTHOCEROPHYTA Antoceros.
FILO BRYOPHYTA Musgos. *Polytrichum, Sphagnum*.

PLANTAS VASCULARES SEM SEMENTES

Esporófitas diploides dominam, gametófitas livres, espermatozoides flagelados exigem água para fertilização.

FILO LYCOPHYTA Licófitas, musgos. Folhas pequenas com veia única, rizomas ramificados. *Lycopodium, Selaginella*.

FILO MONILOPHYTA

Subfilo Psilophyta. Samambaias. Nenhuma raiz óbvia ou folhas em esporófitas, muito reduzida. *Psilotum*.

Subfilo Sphenophyta. Cavalinha. Folhas reduzidas como escamas. Alguns caules fotossintéticos, outras produtoras de esporos. *Calamites* (extinta), *Equisetum*.

Subfilo Pterophyta. Samambaias. Folhas grandes, normalmente com estruturas reprodutivas. Maior grupo de plantas vasculares sem sementes (12 mil espécies), principalmente em *habitats* tropicais e temperados. *Pteris, Trichomanes, Cyathea* (samambaias de árvore), *Polystichum*.

PLANTAS VASCULARES COM SEMENTES

FILO CYCADOPHYTA Cicadáceas. Grupo de gimnospermas (vascular, contêm sementes "nuas"). Tropicais, subtropicais. Folhas compostas, cones simples em plantas machos e fêmeas. Plantas normalmente semelhantes às palmas. Espermatozoides móveis. *Zamia, Cycas*.

FILO GINKGOPHYTA Ginkgo (árvore avenca). Tipo de gimnosperma. Espermatozoides móveis. Sementes com camada carnosa. *Ginkgo*.

FILO GNETOPHYTA Gnetófitas. Somente gimnospermas com vasos no xilema e fertilização dupla (porém, não se forma endosperma). *Ephedra, Welwitchia, Gnetum*.

FILO CONIFEROPHYTA Coníferas. Gimnospermas mais comuns e familiares. Geralmente, espécies portadoras de cones com folhas em forma de agulha ou escamas. Inclui pinheiros (*Pinus*), sequoias canadenses (*Sequoia*), teixos (*Taxus*).

FILO ANTHOPHYTA Angiospermas (plantas com flores). Grupo maior e mais diverso de plantas vasculares portadoras de sementes. Somente organismos que produzem flores, frutas. Algumas famílias de várias ordens representativas estão listadas:

FAMÍLIAS BASAIS

Família Amborellaceae. *Amborella*.
Família Nymphaeaceae. Lírios-d'água.
Família Illiciaceae. Anis-estrelado.

MAGNOLIÍDEAS

Família Magnoliaceae. Magnólias.
Família Lauraceae. Canela, sassafrás, abacates.
Família Piperaceae. Pimenta-preta, pimenta-branca.

EUDICOTILEDÔNEAS

Família Papaveraceae. Papoulas.
Família Cactaceae. Cactos.
Família Euphorbiaceae. Eufórbio, poinsettia.
Família Salicaceae. Salgueiros, álamos.
Família Fabaceae. Ervilhas, feijões, lupinos, algarobeiras.
Família Rosaceae. Rosas, maçãs, amêndoas, morangos.
Família Moraceae. Figos, amoras.
Família Cucurbitaceae. Abóboras, melões, pepinos.
Família Fagaceae. Carvalhos, castanheiras, faias.
Família Brassicaceae. Mostardas, repolhos, rabanetes.
Família Malvaceae. Malva, quiabo, algodão, hibisco, cacau.
Família Sapindaceae. Saponáceas, lichia, bordo.
Família Ericaceae. Urzais, mirtilos, azaleias.
Família Rubiaceae. Café.
Família Lamiaceae. Hortelãs.
Família Solanaceae. Batatas, berinjela, petúnias.
Família Apiaceae. Salsas, cenouras, cicuta.
Família Asteraceae. Compostos. Crisântemos, girassóis, alfaces, dentes-de-leão.

MONOCOTILEDÔNEAS

Família Araceae. Antúrios, copo-de-leite, filodendros.
Família Liliaceae. Lírios, tulipas.
Família Alliaceae. Cebola, alho.
Família Iridaceae. Íris, gladíolos, açafrões.
Família Orchidaceae. Orquídeas.
Família Arecaceae. Palmeiras de tâmaras, coqueiros.
Família Bromeliaceae. Bromélias, abacaxis.
Família Cyperaceae. Caniços.
Família Poaceae. Grama, bambus, milho, trigo, cana-de-açúcar.
Família Zingiberaceae. Gengibres.

REINO ANIMALIA

Heterotróficos multicelulares, quase todos com tecidos e órgãos e sistemas de órgãos, que são móveis durante parte do seu ciclo de vida. A reprodução sexuada ocorre na maioria, mas alguns também se reproduzem assexuadamente. Os embriões se desenvolvem em uma série de estágios.

FILO PORIFERA Esponjas. Nenhuma simetria, tecidos.

FILO PLACOZOA Marinhos. Animais conhecidos mais simples. Duas camadas de célula, sem boca, nenhum órgão. *Trichoplax*.

FILO CNIDARIA Simetria radial, tecidos, cnidócitos, nematocistos.
    Classe Hydrozoa. Hidrozoários. *Hydra, Obelia, Physalia, Prya*.
    Classe Scyphozoa. Águas-vivas. *Aurelia*.
    Classe Anthozoa. Anêmonas-do-mar, corais. *Telesto*.

FILO PLATYHELMINTHES Platelmintos. Bilateral, cefalizado; animais mais simples com sistemas de órgãos. Intestino incompleto em forma de bolsa.
    Classe Turbellaria. Tricládidos (planárias), policládidos. *Dugesia*.
    Classe Trematoda. Fascíolas. *Clonorchis, Schistosoma, Fasciola*.
    Classe Cestoda. Tênias. *Diphyllobothrium, Taenia*.

FILO ROTIFERA Rotíferos. *Asplancha, Philodina*.

FILO MOLLUSCA Moluscos
    Classe Polyplacophora. Quítons. *Cryptochiton, Tonicella*.
    Classe Gastropoda. Caracóis, lesmas-do-mar, lesmas terrestres. *Aplysia, Ariolimax, Cypraea, Haliotis, Helix, Liguus, Limax, Littorina*.
    Classe Bivalvia. Bivalves, mexilhões mariscos, ostras, teredos. *Ensis, Chlamys, Mytelus, Patinopectin*.
    Classe Cephalopoda. Lulas, polvos, sépias, nautiloides. *Dosidiscus, Loligo, Nautilus, Polvo, Sepia*.

FILO ANNELIDA Vermes segmentados.
    Classe Polychaeta. Principalmente vermes marinhos. *Eunice, Neanthes*.
    Classe Oligochaeta. Principalmente vermes de água doce e terrestres, muitos marinhos. *Lumbricus* (minhocas), *Tubifex*.
    Classe Hirudinea. Sanguessugas. *Hirudo, Placobdella*.

FILO NEMATODA Nematódeos. *Ascaris, Caenorhabditis elegans, Necator* (anciióstomos), *Trichinella*.

FILO ARTHROPODA
    Subfilo Chelicerata. Quelicerados. Límulos, aranhas, escorpiões, carrapatos, ácaros.
    Subfilo Crustacea. Camarões, lagostins, lagostas, caranguejos, cracas, copépodes, isópodes (cochinilhas).
    Subfilo Myriapoda. Centopeia (Chilopoda), piolho-de-cobra (Diplopoda).
    Subfilo Hexapoda. Insetos e collembolos.

FILO ECHINODERMATA Equinodermos.
    Classe Asteroidea. Estrelas-do-mar. *Asterias*.
    Classe Ophiuroidea. Ofiúros.
    Classe Echinoidea. Ouriços-do-mar. bolachas-do-mar.
    Classe Holothuroidea. Pepino-do-mar.
    Classe Crinoidea. Crinoides, lírios-do-mar.
    Classe Concentricycloidea. Margaridas-do-mar.

FILO CHORDATA Cordatos.
    Subfilo Urochordata. Tunicados, formas relacionadas.
    Subfilo Cephalochordata. Anfioxos.

CRANIADOS

Classe Myxina. Enguias.

VERTEBRADOS (SUBGRUPO DE CRANIADOS)

Classe Cephalaspidomorphi. Lampreias.
Classe Chondrichthyes. Peixes cartilaginosos (tubarões, arraias, quimeras).
Classe "Osteichthyes". Peixes ósseos. Não monofiléticos (esturjões, poliodontídeos, arenques, carpas, bacalhaus, trutas, cavalos marinhos, atuns, peixes pulmonados e celacantos).

TETRAPÓDES (SUBGRUPO DE VERTEBRADOS)

Classe Amphibia. Anfíbios. Precisam de água para se reproduzir.
    Ordem Caudata. Salamandras e tritões.
    Ordem Anura. Rãs, sapos.
    Ordem Apoda. Ápodes (cobras-cega).

AMNIONTES (SUBGRUPO DE TETRÁPODES)

Classe "Reptilia". Pele com escamas, embrião protegido e nutricionalmente sustentado por membranas extraembrionárias.
    Subclasse Anapsida. Tartarugas, cágados.
    Subclasse Lepidosaura. *Sphenodon*, lagartos, serpentes.
    Subclasse Archosaura. Crocodilos, jacarés.
Classe Aves. Pássaros. Em algumas classificações, os pássaros são agrupados nos arcossauros.
    Ordem Struthioniformes. Avestruzes.
    Ordem Sphenisciformes. Pinguins.
    Ordem Procellariiformes. Albatrozes, petréis.
    Ordem Ciconiiformes. Garças, cegonhas, flamingos.
    Ordem Anseriformes. Cisnes, gansos, patos.
    Ordem Falconiformes. Águias, abutres, falcões.
    Ordem Galliformes. Perdizes, perus, aves domésticas.
    Ordem Columbiformes. Pombos, pombas.
    Ordem Strigiformes. Corujas.
    Ordem Apodiformes. Andorinhão, colibris.
    Ordem Passeriformes. Pardais, gaios, tentilhões, corvos, estorninhos, carriças.
    Ordem Piciformes. Pica-paus, tucanos.
    Ordem Psittaciformes. Papagaios, cacatuas, arara.
Classe Mammalia. Pele com pelo; os filhotes são nutridos pelas glândulas mamárias excretoras de leite do adulto.
    Subclasse Prototheria. Mamíferos que põem ovos (monotremados; ornitorrincos, tamanduás espinhosos).
    Subclasse Metatheria. Mamíferos ou marsupiais providos de bolsa (gambás, cangurus, fascólomos, diabos da Tasmânia).
    Subclasse Eutheria. Mamíferos placentários.
        Ordem Edentata. Tamanduás, bichos-preguiça, tatus.
        Ordem Insectivora. Musaranhos, topeiras, ouriços.
        Ordem Chiroptera. Morcegos.
        Ordem Scandentia. Musaranhos insetívoros.
        Ordem Primatas.
        Subordem Strepsirhini (prossímios). Lêmures, lóris.
        Subordem Haplorhini (tarsioides e antropoides).
            Infraordem Tarsiformes. Tarsioides.
            Infraordem Platyrrhini (macacos do Novo Mundo).
            Família Cebidae. Macacos-aranha, macacos-uivadores, capuchinos.
            Infraordem Catarrhini (Macacos do Velho Mundo e hominoides).
                Superfamília Cercopithecoidea. Babuínos, macacos, langures.
                Superfamília Hominoidea. Macacos e humanos.
                    Família Hylobatidae. Gibão.
                    Família Pongidae. Chimpanzés, gorilas, orangotangos.
                    Família Hominidae. Espécies humanas existentes e extintas (*Homo*) e espécies semelhantes ao ser humano, incluindo os australopitecos.

Ordem Lagomorpha. Coelhos, lebres, pikas.
Ordem Rodentia. A maioria dos animais roedores (esquilos, ratos, camundongos, cobaias, porcos-espinhos, castores etc.).
Ordem Carnivora. Carnívoros (lobos, gatos, ursos etc.).
Ordem Pinnipedia. Focas, morsas, leões-do-mar.
Ordem Proboscidea. Elefantes, mamutes (extintos).
Ordem Sirenia. Peixe-boi (manatis, dugongos).
Ordem Perissodactyla. Ungulados de cascos ímpares (cavalos, antas, rinocerontes).
Ordem Tubulidentata. Porco-da-terra africano.
Ordem Artiodactyla. Ungulados de casco pares (camelo, cervo, bisão, ovelha, cabra, antílope, girafa etc.).
Ordem Cetacea. Baleias.

Apêndice II. Respostas das questões

CAPÍTULO 1

1. c   1.1
2. d   1.1
3. alelos   1.1
4. d   1.1
5. d   1.2
6. b   1.2
7. d   1.2
8. d   1.3
9. a meiose dá origem à combinações não parentais de alelos   1.1, 1.4
10. cromatides irmãs se separaram   1.3
11. d   1.2
    a   1.1
    c   1.3
    b   1.2

CAPÍTULO 2

1. a   2.1
2. variação contínua   2.7
3. b   2.1
4. a   2.1
5. b   2.1
6. c   2.2
7. a   2.4
8. b   2.2
9. d   2.3
10. c   2.5
11. a   2.5
12. b   2.3
    d   2.2
    a   2.1
    c   2.1

CAPÍTULO 3

1. d   3.1
2. c   3.1
3. b   3.2
4. b   3.2
5. os três mencionados no texto são hemofilia, daltonismo vermelho-verde, DMD (distrofia muscular de Duchenne)   3.4
6. Genes para fotorreceptores de luz vermelha e verde se localizam no cromossomo X   3.4
7. Falso   3.4
8. d   3.4
9. e   3.5
10. d   3.6
11. Verdadeiro 3.6
12. c   36
13. a   3.7
14. c   3.6
    e   3.5
    f   3.6
    b   3.5
    a   3.1
    d   3.6

CAPÍTULO 4

1. bactérias   4.1
2. c   4.2
3. d   4.2
4. c   4.2
5. a   4.3
6. d   4.3
7. b   4.3
8. 3'-CCAAAGAAGTTCTCT-5'   4.3
9. d   4.4
10. d   4.1
    b   4.4
    a   4.2
    f   4.2
    e   4.3
    g   4.3
    c   4.2

CAPÍTULO 5

1. c   5.1
2. promotor   5.2
3. ligações de fosfato de alta energia de nucleotídeos livres   5.1
4. simples   5.1
5. b   5.1
6. b   5.3
7. 64   5.3
8. c   5.3
9. a   5.3
10. d   5.4
11. gly-phe-phe-lys-arg 5.3
12. erro de replicação, radiação ionizante ou não ionizante, elementos transponíveis e substâncias químicas tóxicas são mencionados no texto   5.5
13. c   5.3
    d   5.1
    e   5.4
    a   5.3
    f   5.3
    g   5.3
    b   5.5

CAPÍTULO 6

1. d   6.1
2. b   6.1
3. d   6.1
4. fatores de transcrição   6.1
5. b   6.1
6. c   6.1
7. a   6.2
8. b   6.2
9. b   6.2
10. c   6.2
11. c   6.3
12. d   6.3
13. c   6.4
14. operon   6.4
15. f   6.2
    a   6.2
    b   6.4
    e   6.2
    c   6.1
    d   6.1

CAPÍTULO 7

1. c   7.1
2. plasmídeo   7.1
3. b   7.1
4. b   7.2
5. biblioteca de DNA   7.2
6. d   7.2
7. b   7.3
8. d   7.3
9. b   7.10
   d   7.1
   e   7.10
   f   7.7
10. Terapia genética   7.10
11. c   7.4
    g   7.7
    d   7.2
    e   7.10
    a   7.6
    f   7.6
    b   7.1

CAPÍTULO 8

1. d 8.1
2. c 8.1
3. b 8.1
4. d 8.2–8.4
5. d 8.6
6. d 8.5, 8.6, 179
7. a 8.7
8. 65.5 8.7
9. a, c, e, f, g, h *introdução ao Capítulo*, 8.2, 8.8
10. Gondwana   8.8
11. a   8.3
    g   8.1
    e   8.3
    f   8.6
    c   8.2
    b   8.2
    d   8.5

CAPÍTULO 9

1. populações — 9.1
2. b — 9.1
3. a — 9.1
4. c — 9.3
5. b, c — 9.5
6. d — 9.4
7. a, d — 9.5
8. c — 9.6
9. polimorfismo equilibrado — 9.6
10. Fluxo genético — 9.8
11. especiação alopátrica — 9.10
12. c — 9.8
    d — 9.3
    f — 9.1
    b — 9.7
    e — 9.12
    a — 9.12

CAPÍTULO 10

1. d — 10.2
2. b — 10.2
3. c — 10.4
4. b — 10.3
5. d — 10.4
6. neutro — 10.4
7. c — 10.1
8. c — 10.1
9. b — 10.1
10. b — 10.1
    a — 10.1
    d — 10.3
    c — 10.2
    e — 10.4
    f — 10.2

CAPÍTULO 11

1. d — 11.1
2. b — 11.1
3. c — 11.3
4. a — 11.4
5. a — 11.4
6. b — 11.5
7. d — 11.6
8. c — 11.6
9. e — 11.7
10. c — 11.7
11. Verdadeiro — 11.7
12. c — 11.2
    d — 11.7
    b — 11.1, 11.2
    a — 11.2
    e — 11.4

CAPÍTULO 12

1. a — 12.1
2. f — 12.1
3. c — 12.2
4. b — 12.3
5. a — 12.3
6. d — 12.4
7. d — 12.5
8. b — 12.7
9. d — 12.9
10. a — 12.10
11. c — 12.4
    d — 12.3
    a — 12.3
    e — 12.4
    b — 12.4

CAPÍTULO 13

1. d — 13.1
2. d — 13.1
3. d — 13.1
4. e — 13.3
5. b — 13.3
6. b — 13.4
7. a — 13.4
   b — 13.2
   c — 13.1
   d — 13.6
   e — 13.3
8. b — 13.8
9. Falso — 13.6
10. c — 13.9
    d — 13.11
    a — 13.8
    e — 13.8
    b — 13.9
    g — 13.9
    f — 13.3

CAPÍTULO 14

1. a — 14.1
2. d — 14.1
3. d — 14.1
4. d — 14.1
5. d — 14.3
6. d — 14.4
7. c — 14.6
8. b — 14.7
9. d — 14.7
10. d — 14.8
11. d — 14.10
12. c — 14.10
13. d — 14.9, 14.10
14. a — 14.9
15. d — 14.1
    e — 14.1
    c — 14.1
    b — 14.1
    a — 14.1
    f — 14.4

CAPÍTULO 15

1. d — 15.1
2. c — 15.2
3. d — 15.3
4. a — 15.3
5. a — 15.1
6. e — 15.4
7. d — 15.4
8. c — 15.7
9. a — 15.11
10. d — 15.12, 15.16
11. d — 15.16
12. d — 15.11
    h — 15.7
    e — 15.6
    c — 15.7
    b — 15.14
    g — 15.10
    a — 15.8
    f — 15.16

CAPÍTULO 16

1. Verdadeiro — 16.1
2. b — 16.1
3. b — 16.1
4. a — 16.2
5. b — 16.2
6. c — 16.3
7. c — 16.4
8. a — 16.4
9. Verdadeiro — 16.5
10. d — 16.5
11. a — 16.7
12. f — 16.8
    d — 16.4
    a — 16.1
    g — 16.4
    b — 16.6
    c — 16.8
    e — 16.8
    h — 16.4

Apêndice III. Um mapa simples dos cromossomos humanos

Cromossomo 1:
- receptores do sabor doce
- tipo sanguíneo Rh
- receptor de marijuana
- (susceptibilidade à anorexia nervosa)
- receptor de leptina
- cadeia TSH β
- lamina A (progeria)
- antígeno do grupo sanguíneo Duffy

Cromossomo 2:
- receptor de LH/coriogonadotropina (micropênis)
- CD8; antígeno citotóxico de célula T
- cadeia leve de anticorpos
- lactase
- (lábio leporino)
- glucagon

Cromossomo 3:
- receptor de ocitocina
- receptor HIV
- rodopsina
- (alcaptonúria)
- (intolerância à sacarose)
- somatostatina

Cromossomo 4:
- (acondroplasia)
- (doença de Huntington)
- (síndrome de Ellis-van Creveld)
- álcool desidrogenase (susceptibilidade ao alcoolismo)
- cabelo ruivo

Cromossomo 5:
- síndrome de Cri-du-chat
- receptor do sabor amargo
- receptor do hormônio do crescimento (nanismo hipofisário)
- interleucina-4

Cromossomo 6:
- (intolerância ao glúten)
- HLA/MHC
- fator de necrose tumoral
- cadeias α de HCG, FSH, LH e TSH
- receptor de estrogênio

Cromossomo 7:
- citocromo c
- elastina
- genes homeóticos DLX 5/6
- CFTR (fibrose cística)
- leptina (obesidade)
- (daltonismo azul)
- subunidade TCR β

Cromossomo 8:
- hormônio liberador de gonadotropina
- helicase (síndrome de Werner)
- hormônio liberador de corticotropina

Cromossomo 9:
- (galactosemia)
- (paralisia cerebral)
- (ataxia de Friedreich)
- (intolerância à frutose)
- grupo sanguíneo ABO

Cromossomo 10:
- receptor de vitamina B12
- proteína de ligação manose
- perforina
- (intolerância ao glúten)

Cromossomo 11:
- cadeia de hemoglobina β (anemia falsiforme)
- insulina
- hormônio paratireoide
- catalase
- PAX6 (aniridia)
- cadeia β, FSH
- tirosinase (albinismo)

Cromossomo 12:
- antígeno auxiliar da célula T CD4
- oncogene KRAS2 (câncer de pulmão, câncer de bexiga, câncer de mama)
- queratinas
- lisozima
- (fenilcetonúria)
- aldeído desidrogenase (intolerância ao álcool)

Cromossomo 13:
- RNA ribossômico
- BRCA 2 (câncer de mama)
- (refluxo gastroesofágico)

Cromossomo 14:
- RNA ribossômico
- presilina (Alzheimer)
- receptor TSH
- cadeias pesadas de imunoglobina

Cromossomo 15:
- RNA ribossômico
- fibrilina 1 (síndrome de Marfan)
- (doença de Tay-Sachs)

Cromossomo 16:
- cadeia α de hemoglobina
- DNAse I
- (lúpus)

Cromossomo 17:
- (doença de Canavan)
- antígeno tumoral p53
- NF1 (neurofibromatose)
- transportador de serotonina
- BRCA 1 (câncer de mama, ovariano)
- hormônio do crescimento

Cromossomo 18:
- regulador da apoptose da célula B (linfoma celular)
- proteína básica mielina

Cromossomo 19:
- receptor LDL (doença das artérias coronárias)
- receptor de insulina
- cabelo castanho
- olhos verdes/azuis
- (resistência à warfarina)
- cadeia β, HCG
- cadeia β, LG

Cromossomo 20:
- proteína do príon (doença de Creutzfeld-Jacob)
- ocitocina
- GHRH (acromegalia)

Cromossomo 21:
- RNA ribossômico
- receptores de interferon (distúrbio bipolar, manifestação inicial)

Cromossomo 22:
- RNA ribossômico
- cadeias leves de imunoglobina
- mioglobina

Cromossomo X:
- distrofina (distrofia muscular)
- (displasia ectodérmica anidrótica)
- IL2RG (SCID-X1)
- controle de desativação do cromossomo XIST X
- (hemofilia B)
- (hemofilia A)
- daltonismo vermelho
- daltonismo verde

Cromossomo Y:
- região determinante do sexo (SRY)
- (sem espermatozoides)
- estatura masculina

Conjunto haploide de cromossomos humanos. A característica dos padrões de cada tipo de cromossomo aparece depois da coloração com um reagente chamado Giemsa. Os locais de alguns dos 20.065 genes conhecidos (a partir de novembro, 2005) são indicados. Também são mostrados os locais que, após passar por mutação, causam algumas das doenças genéticas discutidas no texto.

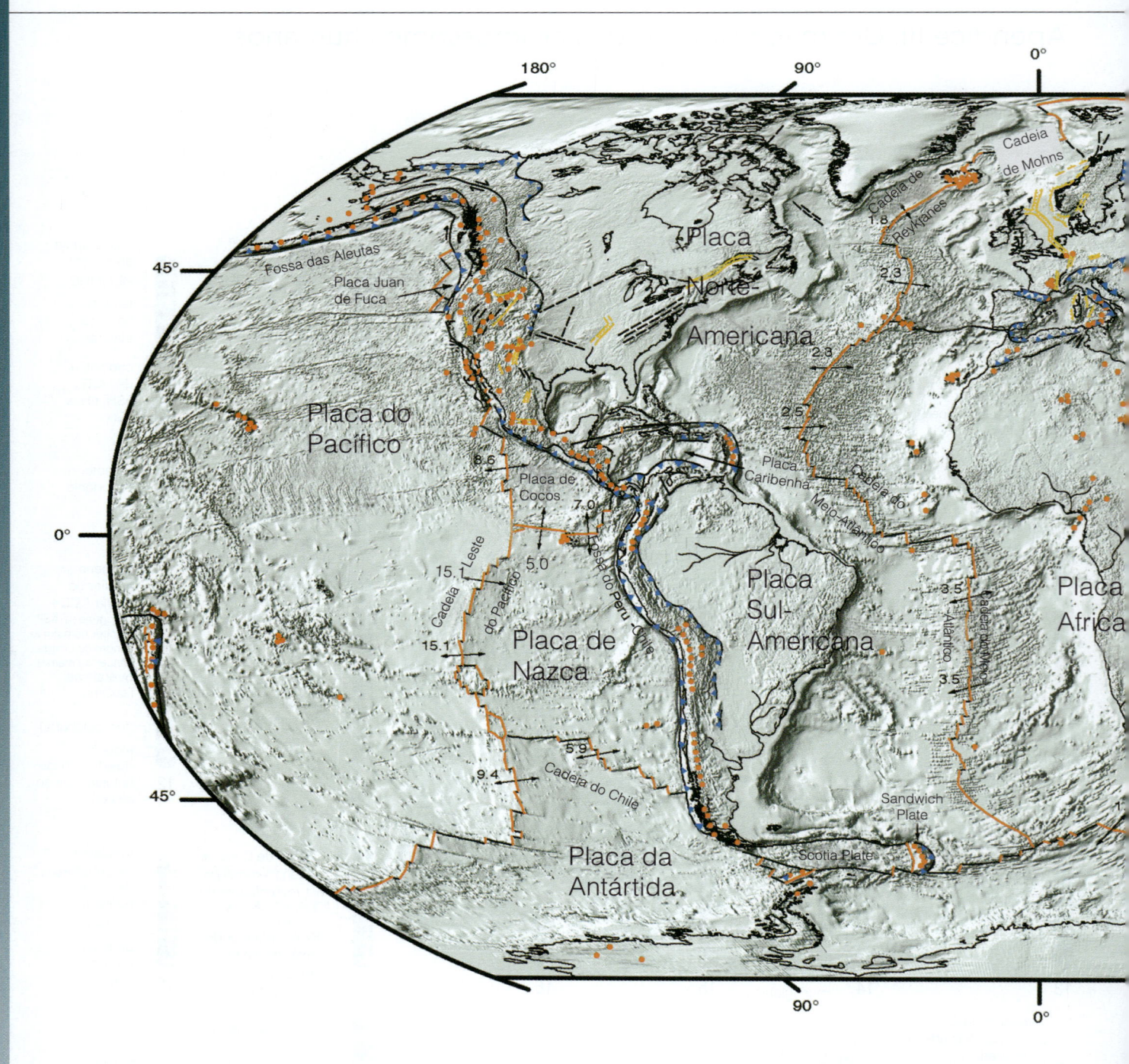

Apêndice IV. Terra sem descanso – estágios geológicos e alterações na vida

Este mapa da NASA resume a atividade tectônica e vulcânica da Terra durante o último milhão de anos. As reconstruções bem à direita indicam posições das principais massas de terras do planeta no decorrer do tempo geológico.

- Sulcos que se espalham ativamente e falhas de transformação
- Taxa total de dispersão, cm/ano
- Falha ou zona de falha mais ativa; pontilhada onde a natureza, a localização ou atividade são indeterminadas
- Falha ou fissura normal; serrilhados no lado do deslocamento
- Falha inversa (falha horizontal, zonas de subducção); generalizado; serrilhados no lado de subelevação
- Centros vulcânicos ativos no último milhão de anos; generalizado. Centros basálticos menores e montanhas marinhas omitidas.

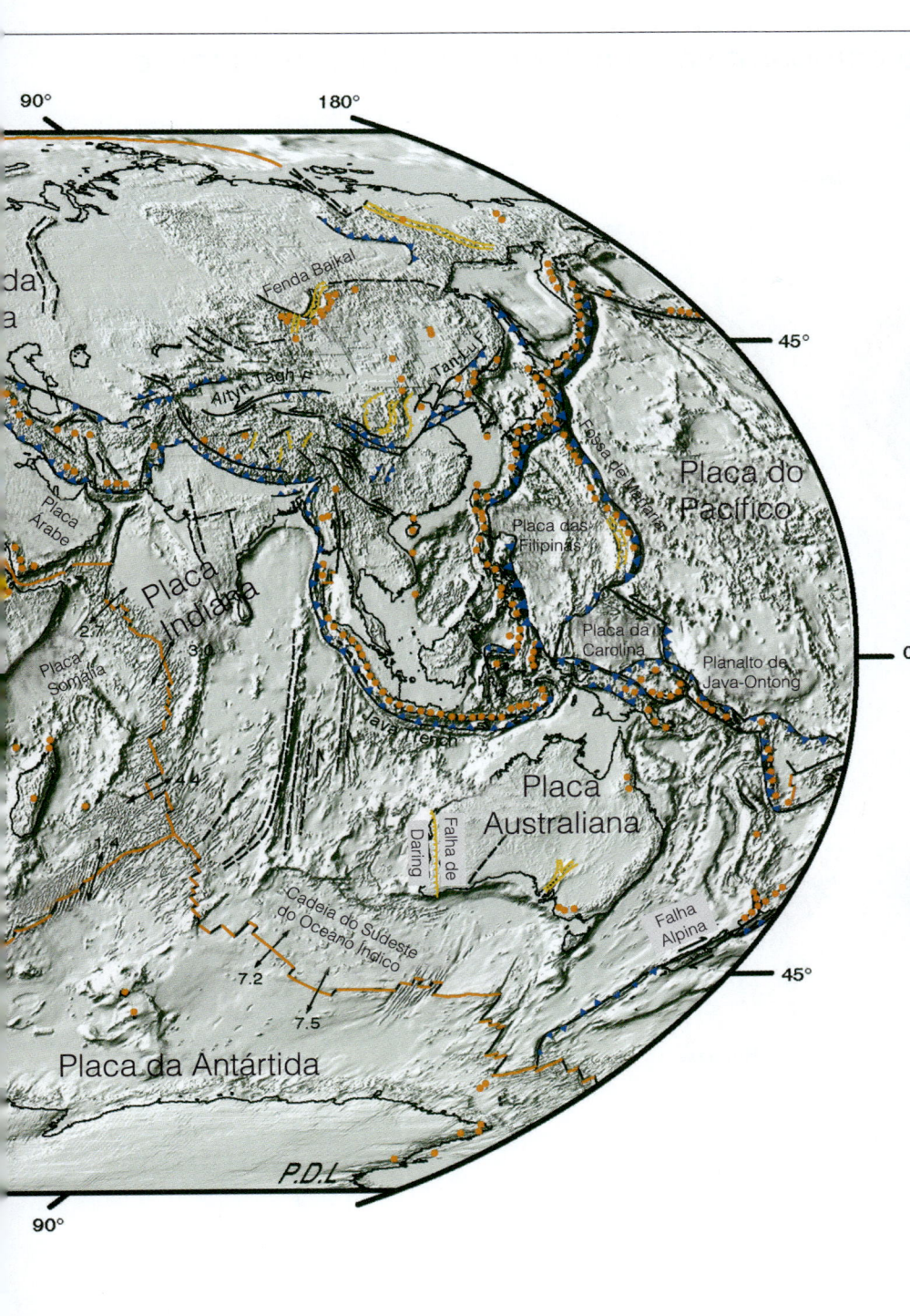

10 milhões de anos

Mioceno Médio. Regiões polares novamente congeladas, como no Cambriano. Todas as massas de terra estão assumindo sua distribuição atual

65 milhões de anos

Cretáceo para o Terciário. Extinção dos dinossauros; surgimento dos mamíferos

Pangea

240 milhões de anos

Permiano para o Triássico. Vastas florestas pantanosas (posterior fonte de carvão); as plantas com sementes evoluíram

370 milhões de anos

Devoniano. Os peixes com mandíbulas evoluíram, diversificação; ancestrais dos anfíbios invadem a terra

420 milhões de anos

Siluriano. O nível do mar sobe, vida marinha diversificada; plantas e invertebrados invadem a terra

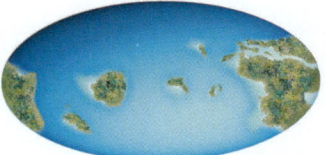

540 milhões de anos

Cambriano. Fragmentos de Rodínia, o primeiro supercontinente. Principais radiações adaptativas nos mares equatoriais; regiões polares congeladas

APÊNDICE IV

Apêndice V. Uma visão comparativa da mitose em células vegetais e animais

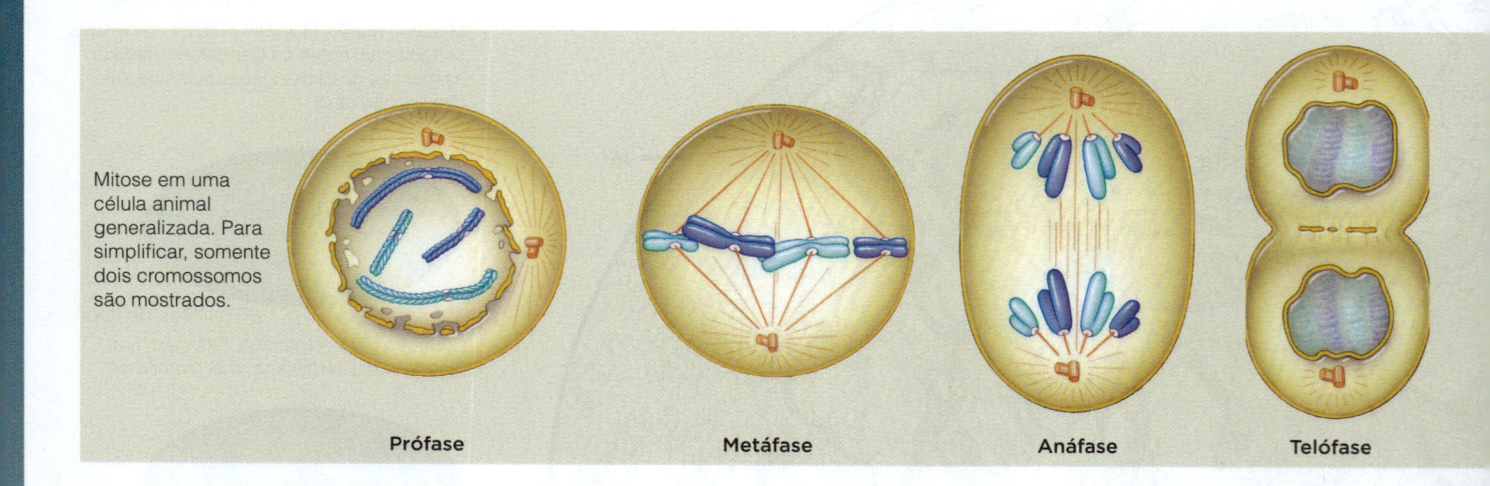

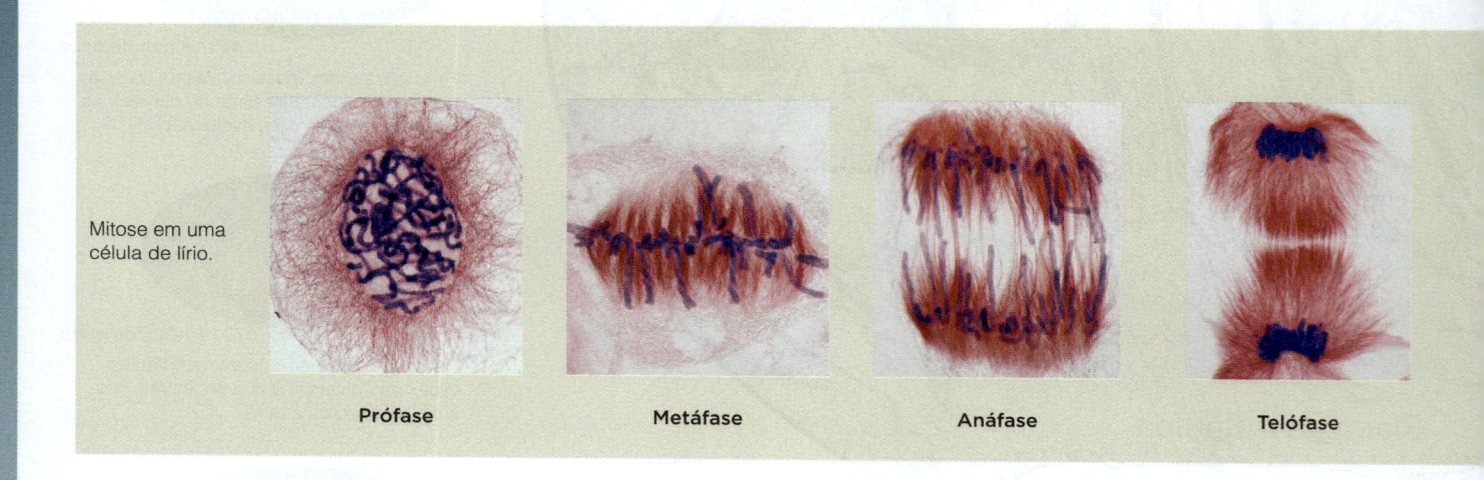

Mitose em uma célula animal generalizada. Para simplificar, somente dois cromossomos são mostrados.

Prófase — Metáfase — Anáfase — Telófase

Mitose em uma célula de lírio.

Prófase — Metáfase — Anáfase — Telófase

Glossário de Termos Biológicos

ácido desoxirribonucléico - *Veja* DNA.

adaptação - Uma característica hereditária que aumenta a capacidade de um indivíduo; uma característica adaptativa.

adenina (A) - Um tipo de base nitrogenada dos nucleotídeos; também um nucleotídeo com uma base adenina. Pares de base com timina no DNA e uracila no RNA.

adequação - Grau de adaptação a um ambiente, conforme medido pela contribuição genética relativa de um indivíduo a futuras gerações.

alelo - Uma de duas ou mais formas de um gene; alelos surgem por mutação e codificam versões levemente diferentes do mesmo produto genético.

amonificação - Processo pelo qual bactérias e fungos decompõem material orgânico que contém nitrogênio e liberam amônia e íons amônio.

aneuploidia - Uma anormalidade cromossômica na qual há excesso ou falta de cópias de um cromossomo em particular; ex.: ter três cópias do cromossomo 21, que causa a síndrome de Down.

anticódon - Conjunto de três nucleotídeos em um RNAt; pares de base com códon RNAm.

aprendizado observacional - Um animal adquire um novo comportamento ao observar e imitar o comportamento de outro.

aquecimento global - Aumento de longo prazo na temperatura da atmosfera inferior da Terra; os níveis crescentes de gases de efeito estufa contribuem para o aumento.

aquífero - Camadas de rocha permeável que acumula água.

ativador - Uma proteína reguladora que aumenta a taxa de transcrição quando se vincula a um promotor ou fortalecedor.

aumentador - Sítio de ligação no DNA para proteínas que aumentam a taxa de transcrição.

autossomo - Qualquer cromossomo diferente de um cromossomo sexual.

bacteriófago - Tipo de vírus que infecta bactérias.

base reprodutiva - Número de indivíduos realmente e potencialmente reprodutores de uma população.

biblioteca de DNA - Um grupo de células que hospeda diferentes fragmentos de DNA estrangeiro, frequentemente representando todo o genoma de um organismo.

biodiversidade - Variedade de formas de vida, em termos de diversidade genética, de espécies e de ecossistemas.

biogeografia - Estudo de padrões na distribuição geográfica de espécies e comunidades.

bioma - Uma subdivisão de uma região biogeográfica; normalmente descrito em termos de plantas dominantes; ex.: floresta tropical latifoliada, pradaria, tundra.

cadeia alimentar - Sequência linear de passos pela qual a energia armazenada nos autótrofos entra nos níveis tróficos superiores.

cadeia alimentar de detritos - Cadeia alimentar na qual a energia vai dos produtores para os detritívoros e decompositores (em vez de herbívoros).

cadeia alimentar de pastoreio - Cadeia alimentar na qual a energia flui dos produtores aos herbívoros.

camada de ozônio Uma camada atmosférica de alta concentração de ozônio.

campos - Bioma dominado por gramas e outras plantas não-lenhosas; comum em interiores de continentes com verões quentes, invernos frescos, incêndios recorrentes e 25 a 100 cm de chuva.

camuflagem - Coloração do corpo, manchas, forma ou comportamento que ajuda os predadores ou as presas a se misturarem com os arredores e possivelmente escapar da detecção.

capacidade de suporte - Número máximo de indivíduos de uma espécie que um ambiente em particular pode sustentar.

característica adaptativa - Uma característica hereditária que aumenta a capacidade de um indivíduo; uma adaptação evolucionária.

caráter - Característica ou traço quantificável e hereditário.

cariótipo conjunto de cromossomos de uma célula, organizado por tamanho, comprimento, formato e localização do centrômero.

catastrofismo - Hipótese, já abandonada, de que forças geológicas catastróficas diferentes das atuais moldaram a superfície da Terra. '

célula germinativa - Célula animal que pode sofrer meiose e originar gametas.

célula-mãe do endosperma - Uma célula com dois núcleos ($n + n$) que faz parte do gametófito feminino maduro de uma planta com flores. Na fertilização, um núcleo espermático se fundirá com ela, formando o endosperma.

chaparral / caatinga - Biomas de áreas que apresentam menos de 25 a 60 cm chuva; dominam arbustos lenhosos curtos e com muitos ramos.

chip de DNA Disposição microscópica de fragmentos de DNA que representam coletivamente um genoma; utilizado para estudar a expressão genética.

chuva ácida - Chuva ou neve que se torna ácida por óxidos de enxofre ou nitrogênio transportados pelo ar.

ciclo biogeoquímico - Movimento de um elemento químico dos reservatórios ambientais, passa através das teias alimentares e depois retorna aos reservatórios.

ciclo da água - Processo pelo qual a água se move entre o oceano, a atmosfera e reservatórios de água doce.

ciclo do carbono - Ciclo atmosférico. O carbono sai de seus reservatórios ambientais (sedimentos, rochas, oceano) passa pela atmosfera, (principalmente como CO_2), teias alimentares e volta aos reservatórios.

ciclo do nitrogênio - Ciclo atmosférico. O nitrogênio sai da atmosfera (seu maior reservatório), atravessa o oceano, sedimentos oceânicos, solos e teias alimentares voltando para a atmosfera.

ciclo hidrológico - *Veja* ciclo da água.

circulação de outono - Durante o outono, águas de uma zona temperada se misturam. A água superior, oxigenada se resfria, fica densa e afunda; a água rica em nutrientes da parte inferior vai para cima.

circulação de primavera - Em lagos de zonas temperadas, um movimento para baixo de água superficial oxigenada e um movimento para cima de água rica em nutrientes na primavera.

citosina (C) - Um tipo de base que contém nitrogênio em nucleotídeos; também um nucleotídeo com uma base citosina. Base pareada com guanina no DNA e no RNA.

clima - Tempo predominante de uma região, como temperatura, nebulosidade,, velocidade dos ventos, chuvas e umidade.

clonagem de DNA - Conjunto de procedimentos que utiliza células vivas, como bactérias, para fazer muitas cópias idênticas de um fragmento de DNA.

clonagem reprodutiva - Tecnologia que produz indivíduos geneticamente idênticos; ex.: gêmeos artificiais, SCNT.

clonagem terapêutica - Produção de embriões humanos por SCNT.

clone - Uma cópia geneticamente idêntica do DNA, de uma célula ou um organismo.

código genético - Conjunto de 64 códons de RNAm, cada um especificando um aminoácido ou sinal de parada na tradução.

codominância - Alelos não idênticos que são totalmente expressos em heterozigotos; nenhum é dominante nem recessivo.

códon - No RNAm, um trio de base de nucleotídeos que codifica um aminoácido ou interrompe o sinal durante a tradução. *Veja* código genético.

coevolução - Evolução em conjunto de duas espécies estreitamente relacionadas; cada espécie é um agente seletivo que muda a faixa de variação na outra.

coloração de advertência - Em muitas espécies tóxicas e suas imitadoras, cores vivas, estam-pas e outros sinais que predadores aprendem a reconhecer e evitar.

comensalismo - Uma interação interespecífica na qual uma espécie se beneficia e a outra não é beneficiada e nem prejudicada.

compartilhamento de recursos - Uso de partes diferentes de um recurso; permite que duas ou mais espécies semelhantes coexistam em um habitat.

compensação de dosagem - Teoria de que a desativação do cromossomo X equaliza a expressão gênica entre machos e fêmeas.

competição, interespecífica - Interação na qual indivíduos de diferentes espécies competem por um recurso limitado; reduz o tamanho da população de ambas as espécies.

comportamento altruísta - Comportamento social que pode reduzir o sucesso reprodutivo de um indivíduo, mas aumentar o de outros.

comportamento aprendido - Modificação duradoura de um comportamento como resultado da experiência no meio ambiente.

comportamento instintivo - Comportamento conduzido sem ter sido aprendido antes.

comunidade - Todas as populações de todas as espécies em um habitat.

condicionamento clássico - A resposta involuntária de um animal a um estímulo se torna associada a outro estímulo apresentado ao mesmo tempo.

condicionamento operante - Tipo de aprendizado no qual o comportamento voluntário de um animal é modificado pelas consequências de tal comportamento.

consumidor - Heterótrofo que obtém energia e carbono ao se alimentar de tecidos ou detritos de outros organismos.

convergência morfológica - Padrão evolucionário no qual partes do corpo semelhantes evoluem separadamente em linhagens diferentes.

coorte - Um grupo de indivíduos da mesma idade.

crescimento exponencial - A população aumenta de tamanho na mesma proporção de seu total em cada intervalo sucessivo.

crescimento logístico - Padrão de crescimento da população. Uma população cresce exponencialmente quando pequena, depois seu tamanho se estabiliza quando a capacidade de suporte é atingida.

crescimento populacional zero - Nenhum aumento ou redução líquida no tamanho da população durante um intervalo específico.

cromossomo homólogo - Um de um par de cromossomos nas células de organismos diploides; exceto cromossomos sexuais não idênticos; membros de um par têm o mesmo comprimento, formato e genes.

cromossomo sexual - Membro de um par de cromossomos que se diferencia entre machos e fêmeas.

cruzamento-teste - Método de determinação do genótipo; um cruzamento entre um indivíduo de genótipo desconhecido e um indivíduo homozigoto recessivo. Os fenótipos dos descendentes são analisados.

curta repetição em sequência - Trecho de DNA que consiste de muitas cópias de uma sequência curta; base da impressão digital de DNA.

curva de sobrevivência - Gráfico de sobrevivência específica da espécie de um coorte, do nascimento até o último indivíduo morrer.

curva em sino - Curva que normalmente ocorre quando o intervalo de variação para uma característica contínua é plotado contra a frequência na população.

datação radiométrica - Método de estimativa da idade de uma rocha ou fóssil ao medir o conteúdo e as proporções de um radioisótopo e seus elementos secundários.

decompositor – Procariotos heterótrofos ou fungos que obtêm carbono e energia ao decompor excretas ou resíduos de organismos.

deleção - Perda de uma parte do cromossomo; também uma mutação na qual um ou alguns pares de base são perdidos.

demografia - Estatística que descreve uma população; ex.: tamanho, estrutura etária.

densidade populacional - Número de indivíduos de uma população em um volume especificado ou área de um habitat.

deriva genética - Alteração nas frequências de alelos em uma população devido apenas ao acaso.

desativação do cromossomo X - Desligamento de um dos dois cromossomos X nas células de mamíferas. *Veja também* Compensação de dosagem.

desertificação - Conversão de pradarias ou áreas irrigadas ou molhadas pela chuva em condições semelhantes às do deserto.

deserto - Bioma de áreas onde a evaporação excede bastante as chuvas, onde o solo é fino e a vegetação, escassa.

deslocamento de caráter - Modificações de uma característica de uma espécie de forma que reduz a intensidade da competição com outra espécie; ocorre ao longo de gerações.

desnitrificação - Conversão de nitrato ou nitrito em nitrogênio gasoso (N_2) ou óxido de nitrogênio (NO_2) pelas bactérias do solo.

dessalinização - Remoção de sal da água salgada.

detritívoro - Qualquer animal que se alimenta de pequenas partículas de matéria orgânica; ex.: caranguejo ou minhoca.

diagrama evolucionário em forma de árvore - Tipo de diagrama que resume as relações evolucionárias entre um grupo de espécies. Cada ramo representa uma linha de descendência separada; cada nó, uma divergência.

diferenciação - Processo pelo qual as células se tornam especializadas; ocorre enquanto diferentes linhagens celulares começam a expressar subconjuntos diferentes de seus genes.

diferenciação celular - *Veja* diferenciação.

dimorfismo sexual - Com fenótipos femininos e masculinos distintos.

distribuição da população - Padrão no qual indivíduos de uma população estão distribuídos por seu habitat.

divergência morfológica - Padrão evolucionário no qual uma parte do corpo de um ancestral muda em seus descendentes.

DNA ligase - Enzima que une rupturas em DNA de filamento duplo.

DNA polimerase - Enzima de replicação de DNA; polimeriza um novo filamento de DNA a partir de nucleotídeos livres com base na sequência de um "molde" de DNA.

DNA recombinante - Uma molécula de DNA que contém material genético de mais de um organismo.

DNAc - DNA sintetizado a partir do RNA pela enzima transcriptase reversa.

dominância incompleta - Condição na qual um alelo não é totalmente dominante sobre o outro, de forma que o fenótipo heterozigoto fica em algum lugar entre os dois fenótipos homozigotos.

dominante - Com relação a um alelo, ter a capacidade de mascarar os efeitos de um alelo recessivo pareado a ele.

duplicação - Sequência de bases no DNA repetida duas ou mais vezes.

ecorregião - Grande área de terra ou oceano influenciada por fatores abióticos e bióticos.

ecossistema - Comunidade que interage com seu ambiente através de um fluxo unidirecional de energia e ciclo de materiais.

efeito da distância Um padrão biogeográfico. Ilhas distantes de um continente têm menos espécies que as mais próximas da possível fonte de espécies colonizadoras.

efeito de área - Padrão biogeográfico; ilhas maiores suportam mais espécies do que as menores em distâncias equivalentes de fontes de espécies colonizadoras.

efeito estufa - Alguns gases atmosféricos absorvem comprimentos de ondas infravermelhas (calor) da superfície aquecida pelo sol e, então, irradiam uma parte de volta à Terra, aquecendo-a.

efeito fundador - Uma forma de efeito de gargalo. Mudança nas frequências de alelos que ocorre depois que alguns poucos indivíduos estabelecem uma nova população.

El Niño - Deslocamento para o leste de águas superficiais quentes do Pacífico equatorial ocidental. É recorrente e altera o clima global.

elemento transponível - Pequeno segmento de DNA que pode se mudar espontaneamente para um novo local no DNA cromossômico de uma célula.

eletroforese - Técnica de separação de fragmentos de DNA por tamanho.

emigração - Mudança permanente de um ou mais indivíduos de uma população.

endosperma - Tecido nutritivo nas sementes das plantas com flores.

engenharia genética - Processo pelo qual mudanças deliberadas são introduzidas no(s) cromossomo(s) de um indivíduo.

enzima de restrição - Tipo de enzima que corta sequências de base específicas no DNA.

epistasia - Produtos da interação de dois ou mais pares de genes influenciam uma característica.

equilíbrio genético - Estado teórico no qual uma população não evolui com relação a um gene especificado.

escala de tempo geológico - Cronologia da história da Terra.

escoamento - Água que flui para corpos hídricos quando o solo está saturado.

especiação - Formação de espécies filhas de uma população ou subpopulação de uma espécie parental; as vias variam em seus detalhes e duração.

especiação alopátrica - Via de especiação na qual uma barreira física que separa membros de uma população encerra o fluxo de genes entre eles.

especiação parapátrica - Um modelo de especiação no qual diferentes pressões de seleção levam a divergências dentro de uma única população.

especiação simpátrica - Um modelo de especiação no qual a especiação ocorre na ausência de uma barreira física; ex.: poliploidia em plantas com flores.

espécie bioindicadora - Qualquer espécie que, por sua abundância ou escassez, é uma medida da saúde de seu habitat.

espécie endêmica - Uma espécie confinada à área limitada na qual evoluiu. Tem mais probabilidade de ser extinta do que uma espécie com uma distribuição mais espalhada.

espécie exótica - Espécie que se estabeleceu em uma nova comunidade, fora de sua área original de distribuição.

espécie pioneira - Um colonizador oportunista de habitats estéreis ou problemáticos. Adaptada para crescimento e dispersão rápidos.

espécie-chave - Uma espécie que tem um efeito desproporcionalmente grande sobre a estrutura da comunidade, com relação a sua própria abundância.

espécies ameaçadas - Espécies que provavelmente sofrerão risco no futuro próximo.

espécies ameaçadas - Uma espécie endêmica (nativa) a um habitat, não encontrada em outro lugar e altamente vulnerável à extinção.

espermatozoide - Gameta masculino maduro.

esporófito - Corpo diploide produtor de esporos de uma planta ou alga pluricelular.

estase - Padrão macroevolucionário no qual uma linhagem persiste com pouca ou nenhuma mudança sobre o tempo evolucionário.

estímulo - Uma forma específica de energia que ativa um receptor sensorial capaz de detectá-la; ex.: pressão.

estômato - Espaço que se abre entre duas células guardas; deixa vapor de água e gases se difundirem pela epiderme de uma folha ou tronco primário.

estrutura etária - De uma população, número de indivíduos em cada faixa etária.

estruturas análogas - Estruturas semelhantes que evoluíram separadamente em linhagens diferentes; ex.: superfícies de voo nas asas de morcegos e de moscas.

estruturas homólogas - Partes do corpo semelhantes entre linhagens; refletem a ancestralidade compartilhada.

estuário - Região costeira parcialmente fechada na qual a água do mar se mistura com a água doce.

eutrofização - Enriquecimento de nutrientes de um corpo d'água; promove o crescimento da população de fitoplâncton.

evolução Mudança em uma linha de descendência.

exaptação - Adaptação de uma estrutura existente para um fim completamente diferente; uma grande novidade evolucionária.

exclusão competitiva - Quando duas espécies necessitam do mesmo recurso limitado para sobreviver ou se reproduzir, a melhor espécie competidora levará a menos competitiva à extinção no habitat compartilhado.

éxon - sequência de nucleotídeos que não é separada do RNA durante o processamento.

experimento de nocaute - Um experimento no qual um organismo é projetado geneticamente para que um de seus genes não funcione.

experimento di-híbrido - Um experimento no qual indivíduos com diferentes alelos em dois locus são cruzados ou autofertilizados; ex.:, *AaBb* x *AaBb*. A proporção de fenótipos nos descendentes resultantes oferece informações sobre relações de dominância entre os alelos.

experimento monoíbrido - Um experimento no qual indivíduos com diferentes alelos em um locus são cruzados ou autofertilizados; ex.: *Aa* 3 *Aa*. A proporção de fenótipos nos descendentes resultantes oferece informações sobre relações de dominância entre os alelos.

expressão gênica - Processo pelo qual as informações contidas em um gene são convertidas em uma parte estrutural ou funcional de uma célula.

extinção - Eliminação permanente de uma espécie da Terra.

extinção em massa - Perda simultânea de muitas linhagens.

extinta - Refere-se a uma espécie eliminada permanentemente da Terra.

fator de transcrição - Proteína reguladora que influencia a transcrição; ex.: ativador, repressor.

fator dependente de densidade - Um fator que reduz o crescimento da população e aparece ou se agrava com a aglomeração; ex.: doenças, competição por alimento.

fator independente da densidade - Um fator que **reduz** o crescimento da população; sua probabilidade de ocorrência e magnitude de efeito não variam com a densidade populacional.

fator limitante - Qualquer recurso essencial cuja escassez limita o crescimento da população.

fenótipo - Características observáveis de um indivíduo.

fermentação láctica Via anaeróbia que decompõe a glicose, forma ATP e lactato. Começa com a glicólise; regenera NAD+ para que a glicólise continue. Produção líquida: 2 ATP por glicose.

feromônio - Molécula sinalizadora secretada por um indivíduo que afeta outro da mesma espécie; tem papéis no comportamento social.

fertilização - Fusão do núcleo de um espermatozoide com o núcleo de um ovo, cujo resultado é um zigoto unicelular.

filogenia - História evolucionária de uma espécie ou grupo de espécies.

fixação - De um alelo. Em uma população, perda de todos, exceto um alelo em um locus genético.

fixação do nitrogênio - Conversão de nitrogênio gasoso em amônia.

floresta semidecidual - Bioma nos trópicos úmidos que inclui uma mistura de árvores latifoliadas que mantêm folhas o ano inteiro e árvores latifoliadas decíduas que eliminam as folhas uma vez por ano na estação fria ou seca.

floresta conífera - Bioma dominado por coníferas, que toleram frio, seca e solos ruins

floresta equatorial - Bioma entre as latitudes 10° norte e 10° sul com médias de chuva de 130 a 200 cm por ano; floresta tropical.

floresta temperada decídua - Bioma com 50 a 150 cm de precipitação durante o ano, verões quentes e invernos frios. A vegetação dominante é de árvores que soltam folhas no outono.

floresta tropical decídua - Bioma equatorial com menos de 2,5 cm de chuvas na estação seca. A maioria das árvores elimina folhas no início da estação seca.

fluxo gênico - Movimento de alelos para dentro ou para fora de uma população, por indivíduos que imigram ou emigram.

fonte hidrotermal - Fissura subaquática onde a água rica em minerais e superaquecida é forçada para fora sob pressão.

formação de padrão - Processo pelo qual um organismo complexo se forma a partir de processos locais durante o desenvolvimento embrionário.

fóssil - Evidência física de um organismo que viveu no passado.

frequência de alelos - Em um locus específico, a abundância de um alelo em relação a outros entre indivíduos de uma população.

gameta - Célula reprodutiva haploide madura; ex.: óvulo ou espermatozoide.

gametófito - Uma estrutura haploide pluricelular, no qual gametas se formam durante o ciclo de vida de plantas e algumas algas.

gargalo - Redução severa no tamanho da população; pode reduzir a diversidade genética.

gene - Unidade herdável de informações no DNA; ocupa um lugar (*locus*) em particular em um cromossomo.

gene homeótico - Tipo de gene principal; sua expressão controla a formação de partes específicas do corpo durante o desenvolvimento.

gene principal - Gene que codifica um produto que afeta a expressão de muitos outros genes; cascatas de expressão do gene principal frequentemente resultam na conclusão de uma tarefa complexa como formação da flor.

genoma - Conjunto completo de material genético de um organismo.

genômica - Estudo de genomas. O ramo estrutural investiga a estrutura tri-dimensional das proteínas codificadas por um genoma; o ramo comparativo compara genomas de diferentes espécies.

genótipo - Os alelos que um indivíduo possui.

glicólise - Primeiro estágio da respiração aeróbia e fermentação; a glicose ou outra molécula de açúcar é rompida em dois piruvatos para uma produção líquida de 2 ATP.

Gondwana - Supercontinente formado há mais de 500 milhões de anos.

grupo de irmãs - Duas linhagens que emergem de um nó em um cladograma.

grupo de ligação gênica - Todos os genes em um cromossomo; tendem a ficar juntos durante a meiose, mas podem ser separados por cruzamentos.

grupo egoísta - Grupo animal que se forma quando cada indivíduo tenta se esconder em meio aos outros.

grupo monofilético - Um ancestral e todos os seus descendentes.

guanina (G) - Um tipo de base que contém nitrogênio nos nucleotídeos; também um nucleotídeo com uma base guanina. Pares de base com citosina no DNA e no RNA.

habitat - Lugar onde um organismo ou espécie vive; descrito por características físicas, químicas e por sua gama de espécies.

habituação - Um animal aprende por experiência a não reagir a um estímulo que não tem efeitos negativos nem positivos.

haploide - células que tem apenas um conjunto do número de cromossomos característico da espécie (n); ex.: um gameta humano é haploide.

heterozigoto - Possuindo dois alelos diferentes em um locus genético; ex.: *Aa*.

hibridização do ácido nucleico - Formação de pares de base entre DNA ou RNA de fontes diferentes.

híbrido - Heterozigoto. Indivíduo com dois alelos diferentes em um locus genético.

hipótese de perturbação intermediária - Uma explicação para a estrutura da comunidade; sustenta que a riqueza de espécies é maior em habitats onde as perturbações são moderadas em intensidade, frequência ou ambas.

homozigoto - Com alelos idênticos em um locus genético; ex.: *AA*.

homozigoto dominante - Com um par de alelos dominantes em um locus em cromossomos homólogos; ex.: *AA*.

homozigoto recessivo - Com um par de alelos recessivos em um locus em cromossomos homólogos; ex.: *aa*.

hormônio - *Veja* hormônio animal, hormônio vegetal.

imigração - Um ou mais indivíduos se mudam e fixam residência em outra população de sua espécie.

impressão digital de DNA - Organização, exclusiva de cada pessoa, de curtas repetições na sequência de DNA.

imprinting - Uma forma de aprendizado ativada pela exposição a estímulos de sinais; dependente de tempo, normalmente ocorre durante um período delicado enquanto o animal é jovem. Em português o termo seria equivalente a "estampagem", porém geralmente não é traduzido.

inovações chave - Uma adaptação evolucionária que dá a seu portador a oportunidade de explorar um ambiente em particular de forma mais eficiente ou nova.

inserção - Uma mutação na qual pares de base adicionais são inseridos no DNA.

íntron - Sequência de nucleotídeos que intervém entre éxons; removido durante o processamento de RNA.

inversão - Reorganização estrutural de um cromossomo na qual parte dele fica voltada para a direção oposta.

isolamento reprodutivo - Qualquer mecanismo que evita o fluxo de genes entre populações; parte da especiação.

junção alternativa - Eventos de processamento do mRNA no qual alguns éxons são removidos ou unidos em várias combinações. Por este processo, um gene pode especificar duas ou mais proteínas levemente diferentes.

La Niña - Evento climático em que as águas do Pacífico ficam mais frias do que a média. É o oposto do fenômeno conhecido como El Niño.

lago - Massa continental de água.

lençol freático - Água contida no solo e em aquíferos.

linhagem - Linha de descendência.

locus, plural **loci** - Localização de um gene em um cromossomo.

macroevolução - Padrões de evolução que ocorrem acima do nível da espécie.

magnificação biológica (bioacúmulo) - Um pesticida ou outra substância química que se torna cada vez mais concentrada nos tecidos de organismos em níveis tróficos mais altos.

mecanismo de reparo de DNA - Um de vários processos pelos quais enzimas reparam filamentos de DNA rompidos ou não combinados.

meia-vida - Tempo característico que leva para metade da quantidade de um radioisótopo se decompor.

meiose - Processo de divisão nuclear que divide o número de cromossomos ao meio, para o número haploide (n). Base da reprodução sexuada.

método de captura e recaptura - Indivíduos de uma espécie móvel são capturados (ou selecionados) aleatoriamente, marcados e, depois, liberados para se misturarem com indivíduos não marcados. Uma ou mais amostras são tomadas. A proporção entre indivíduos marcados e não marcados é utilizada para estimar o tamanho da população total.

Microevolução - De uma população ou de espécies, uma mudança em pequena escala na frequência de alelos. Ocorre por mutação, seleção natural, deriva genética, fluxo de genes.

migração - De muitos animais, um padrão recorrente de movimento entre duas ou mais regiões em resposta à mudança de estações ou outros ritmos ambientais.

mimetismo - Convergência evolucionária da forma do corpo; uma grande semelhança entre espécies. Uma espécie indefesa pode se parecer com uma espécie perigosa (bem defendida), ou várias espécies bem defendidas podem ser parecidas entre si.

Modelo ABC - Modelo da base genética da formação das flores; produtos de três genes principais (*A, B, C*) controlam o desenvolvimento de sépalas, pétalas e estames e carpelos.

modelo de equilíbrio da biogeografia de ilha - Modelo que descreve o número estimado de espécies que deve habitar um habitat de ilha, de um determinado tamanho e distância de um continente que serve como fonte de espécies colonizadoras.

modelo de transição demográfica - Modelo que correlaciona mudanças no crescimento da população com estágios do desenvolvimento econômico.

monção - Padrão de vento e clima que muda sazonalmente e é causado pelo aquecimento diferencial do interior de um continente e do oceano próximo

montanha submarina - Vulcão marinho extinto.

morfologia comparativa - Estudo científico de planos e estruturas corporais entre grupos de organismos.

mutação - Mudança permanente e de pequena escala no DNA. Fonte primária de novos alelos e, assim, da diversidade biológica.

mutação letal - Mutação que altera drasticamente o fenótipo; causa morte.

mutação neutra - Uma mutação sem efeito sobre a sobrevivência ou reprodução.

mutualismo - Uma interação interespecífica que beneficia ambos os participantes.

não-disjunção - Incapacidade de as cromátides irmãs ou cromossomos homólogos se separarem durante a meiose ou mitose. As células resultantes obtêm cromossomos demais ou de menos.

naturalista - Pessoa que observa a vida de uma perspectiva científica.

nicho - Papel ecológico de uma espécie; é descrito em termos de condições, recursos e interações necessários para a sobrevivência e a reprodução.

nitrificação - Um estágio do ciclo de nitrogênio. Bactérias do solo decompõem amônia ou amônio em nitrito; então, outras bactérias decompõem nitrito em nitrato, que as plantas podem absorver.

nível trófico - Todos os organismos que estão no mesmo número de passos de transferência para longe da entrada de energia em um ecossistema.

nucleotídeo - Composto orgânico com um açúcar de cinco carbonos, uma base que contém nitrogênio e pelo menos um grupo fosfato. Monômero de ácidos nucleicos.

operador - Parte de um operon; um sítio de ligação de DNA para um repressor.

operon - Grupo de genes em conjunto com uma sequência de DNA promotor–operador que controla sua transcrição.

organismo geneticamente modificado (OGM) - Um organismo cujo genoma foi deliberadamente modificado; ex.: um organismo transgênico.

os sedimentos terrestres, passa pelas teias alimentares, para os sedimentos marinhos e então retorna para o sedimento terrestre.

óvulo - Gameta feminino maduro.

padrão de ação fixa - Uma série de movimentos instintivos, ativada por um simples estímulo, que continua independentemente do que está acontecendo no ambiente.

padrão de história de vida - De uma espécie, padrão de quando e como os descendentes são produzidos durante um período de vida típico.

Pangea - Supercontinente formado há cerca de 237 milhões de anos e que se rompeu há aproximadamente 152 milhões de anos.

parasita - Organismo que obtém alguns ou todos os nutrientes de que necessita de um hospedeiro vivo, que normalmente não mata.

parasita social - Um animal que se aproveita do comportamento de seu hospedeiro, prejudicando-o assim; ex.: cuco.

parasitismo - Interação na qual uma espécie parasita se beneficia enquanto explora e prejudica (mas normalmente não mata) o hospedeiro.

parasitoide - Um tipo de inseto que, no estágio larval, cresce dentro de um hospedeiro (normalmente outro inseto), alimenta-se de seus tecidos e o mata.

PCR - Reação em cadeia de polimerase. Método que rapidamente gera muitas cópias de um fragmento de DNA específico.

pedigree Gráfico que mostra o padrão de herança de um gene em uma família.

perfil do solo - Camadas diferentes de solo que se formam com o tempo em um bioma

permafrost - Uma camada permanentemente congelada que fica sob a tundra ártica.

pirâmide de biomassa - Gráfico no qual apresenta a quantidade de biomassa (peso seco) de cada nível trófico do ecossistema.

pirâmide de energia - Diagrama que mostra a energia armazenada nos tecidos de organismos em cada nível trófico em um ecossistema. A camada inferior da pirâmide, representando os produtores primários, sempre é a maior.

piruvato - Produto final de três carbonos da glicólise.

plasmídeo - Uma pequena molécula circular de DNA nas bactérias, replicada independentemente do cromossomo.

pleiotropia - Efeito de um único gene sobre várias características.

polimorfismo balanceado - Manutenção de dois ou mais alelos para uma característica em algumas populações, como resultado da seleção natural contra homozigotos.

poliploide - Com três ou mais de cada tipo de cromossomo característico da espécie.

poluente Substância natural ou sintética liberada no solo, ar ou água em quantidades acima do normal; interfere nos processos naturais porque os organismos evoluíram em sua ausência ou são adaptados a níveis mais baixos.

ponto crítico (hot spot) - Um habitat que contém muitas espécies não encontradas em outro lugar e em alto risco de extinção.

pool gênico - Conjunto de genes em uma população; um conjunto de recursos genéticos.

população - Grupo de indivíduos da mesma espécie em uma área especificada.

potencial biótico - Taxa máxima de aumento, por indivíduo, para uma população que cresce em condições ideais.

predação - Interação ecológica na qual um predador mata e come a presa.

predador - Heterótrofo que come outros organismos vivos (sua presa).

presa - Um organismo que um predador mata e come.

primer - Filamento curto e simples de DNA projetado para hibridizar com um gabarito; as DNA polimerases iniciam a síntese nos primers durante PCR ou sequenciamento.

probabilidade - Chance de um resultado em particular de um evento ocorrer; depende do número total de resultados possíveis.

procriação consangüínea ("inbreeding") - Acasalamento não-aleatório entre parentes próximos.

produtividade primária - Taxa na qual os produtores primários de um ecossistema protegem e armazenam energia nos tecidos.

produtor primário - Um autótrofo no primeiro nível trófico de um ecossistema.

promotor - No DNA, uma sequência de nucleotídeos à qual a RNA polimerase se vincula.

quadrado - Uma de algumas áreas de amostragem do mesmo tamanho e formato utilizado para estimar o tamanho da população.

quadrado de Punnett - Diagrama utilizado para prever o resultado de um cruzamento-teste.

radiação adaptativa - Uma explosão de divergências genéticas de uma linhagem, que pode originar novas espécies.

recessivo - Com relação a um alelo, com efeitos mascarados por um alelo dominante no cromossomo homólogo.

recife de coral - Uma formação que consiste, principalmente, de carbonato de cálcio secretado por corais construtores de recifes.

Recombinação (crossing over) - Processo no qual cromossomos homólogos trocam segmentos correspondentes durante a prófase I da meiose. Coloca combinações não pareados de alelos nos gametas.

região biogeográfica - Uma vasta área definida pela presença de determinados tipos de plantas e animais.

relógio molecular - Método de estimativa de quando duas linhagens divergiram ao comparar o DNA ou sequências de proteínas. Assume que as mutações neutras se acumulam no DNA a uma taxa constante.

replicação semiconservadora - Descreve o processo de replicação do DNA, pelo qual um filamento de cada cópia de uma molécula de DNA é novo e o outro é um filamento do DNA original.

repressor - Fator de transcrição que bloqueia a transcrição ao se vincular a um promotor (eucariótico) ou operador (procariótico).

reprodução assexuada - Qualquer modo reprodutivo pelo qual as crias se originam de um pai e herdam os genes apenas dele; ex.: fissão procariótica, fissão transversal, germinação, propagação vegetativa.

reprodução sexuada - Produção de descendentes geneticamente variáveis pela formação e fertilização de gametas.

ressurgência - Movimento vertical de água fria das profundezas dos oceanos, produzido pelos ventos sopram água da superfície para longe da costa.

RNA de transferência (tRNA) - Tipo de RNA que fornece aminoácidos a um ribossomo durante a tradução. Seus anticódons fazem par com um códon de mRNA.

RNA mensageiro (RNAm) - Tipo de RNA que transporta uma mensagem construtora de proteína; intermediário entre o DNA e a síntese proteica.

RNA polimerase - Enzima que catalisa a transcrição de DNA em RNA.

RNA ribossômico (rRNA) - Um tipo de RNA que se torna parte dos ribossomos; alguns catalisam a formação de ligações peptídicas.

rubisco - Ribulose bisfosfato carboxilase, ou RuBP. Enzima fixadora de carbono de reações de fotossíntese independentes de luz.

salinização - Acúmulo de sal no solo.

savanas / cerrado - Bioma de áreas que apresentam cerca de 40 a 100 cm de chuva; podem ter muitas árvores altas, mas não mata densa.

segregação - Teoria de que os dois membros de cada par de genes em cromossomos homólogos se separam durante a meiose.

segregação independente - Teoria de que os alelos de um gene são distribuídos em gametas independentemente dos alelos de todos os outros genes durante a meiose.

seleção direcional - Modo de seleção natural; formas em uma extremidade de uma variação fenotípica são favorecidas.

seleção disruptiva - Modo de seleção natural que favorece formas extremas na gama de variação, desfavorecendo as formas intermediárias.

seleção estabilizante - Modo de seleção natural; fenótipos intermediários são favorecidos sobre os extremos.

seleção K - Seleção de traços que tornam os descendentes melhores competidores; ocorre em uma população próxima à capacidade de suporte.

seleção natural - Um processo evolutivo no qual indivíduos de uma população, que variam em suas características hereditárias, sobrevivem e se reproduzem com diferentes graus de sucesso.

seleção r - eleção que favorece características que maximizam o número de descendentes; ocorre quando a população está muito abaixo de sua capacidade de suporte.

seleção sexual - Modo de seleção natural no qual alguns indivíduos se reproduzem mais do que outros de uma população porque são melhores em garantir parceiros.

sequência - Ordem dos nucleotídeos em um filamento de DNA ou RNA.

sequenciamento de DNA - Método de determinação da ordem dos nucleotídeos no DNA.

simbiose - Interação ecológica na qual os membros de duas espécies vivem juntos ou interagem proximamente; ex.: mutualismo, parasitismo, comensalismo.

sinal de comunicação - Uma pista social codificada em estímulos, como a coloração ou marcas na superfície do corpo, odores, sons e posturas.

síndrome - Conjunto de sintomas que caracterizam uma condição médica.

sistema de alelos múltiplos - Três ou mais alelos persistem em uma população.

sistema de classificação de seis reinos - Sistema de classificação que agrupa todos os organismos nos reinos Bacteria, Archaea, Protista, Fungi, Plantae e Animalia.

sistema de três domínios - Sistema de classificação que agrupa todos os organismos nos domínios Bacteria, Archaea e Eukarya.

smog - Condição atmosférica na qual os ventos não conseguem dispersar poluentes do ar presos por uma inversão térmica.

sombra de chuva - Redução na chuva no lado de uma cadeia de montanhas altas direcionada contra o vento prevalecente; resulta em condições áridas ou semiáridas.

sonda - Fragmento curto de DNA rotulado com um rastreador; projetado para hibridizar com uma sequência de nucleotídeos de interesse.

substituição de par de bases - Tipo de mutação; uma única alteração de par de bases.

sucessão primária Uma comunidade surge e espécies chegam e substituem uma à outra ao longo do tempo em um ambiente que não tinha solo, como uma ilha recém-formada.

sucessão secundária - Uma comunidade surge e muda com o tempo em um habitat onde outra comunidade existia anteriormente.

tamanho da população - Número de indivíduos que realmente ou possivelmente contribuem para o grupo genético de uma população.

taxa - Para humanos, o número médio de crianças nascidas de uma fêmea durante sua vida.

taxa de crescimento per capita - Taxa obtida ao subtrair a taxa de mortalidade per capita da taxa de nascimentos per capita de uma população.

táxon, plural **táxons** - Um organismo ou conjunto de organismos.

taxonomia - Ciência de nomeação e classificação de espécies.

tectônica de placas - Teoria de que a camada mais externa de rocha da Terra é dividida em placas, cujo movimento lento leva os continentes para novos locais ao longo do tempo.

teia alimentar - Cadeias alimentares com conexão cruzada que consistem de produtores, consumidores e decompositores, detritívoros ou ambos.

tempo de duplicação - Tempo necessário para uma população duplicar de tamanho.

teoria da uniformidade - Ideia de que processos repetitivos graduais que ocorrem durante um longo período de tempo moldaram a superfície da Terra.

teoria de aptidão inclusiva - Ideia de que os genes associados ao altruísmo são adaptativos se causam comportamento que promove o sucesso reprodutivo dos parentes mais próximos de um altruísta.

terapia genética - Transferência de um gene normal ou modificado para um indivíduo com o objetivo de tratar uma desordem genética.

termoclina - Estratificação térmica em um grande corpo d'água; uma camada intermediária fresca para a mistura vertical entre a água superficial quente acima dela e a água fria abaixo dela.

timina (T) - Um tipo de base nitrogenada que contém nitrogênio nos nucleotídeos; também um nucleotídeo com uma base timina. Pares de base com adenina; não ocorre no RNA.

tradução - Nos ribossomos, informações codificadas em um mRNA guiam a síntese de uma cadeia de polipeptídeos a partir de aminoácidos. Segundo estágio da síntese proteica.

transcrição - Processo pelo qual um RNA é montado a partir de nucleotídeos utilizando uma região de genes no DNA como gabarito. Primeiro passo da síntese proteica.

transcriptase reversa - Uma enzima viral que catalisa a montagem de nucleotídeos em DNA, utilizando o RNA como gabarito.

transferência nuclear da célula somática (SCNT) - Método de clonagem reprodutiva no qual o material genético é transferido de uma célula somática adulta para um ovo fertilizado sem núcleo.

transgênico - Refere-se a um organismo que foi modificado geneticamente para carregar um gene de uma espécie diferente.

translocação - Acoplamento de um pedaço de um cromossomo rompido a outro cromossomo. Além disso, o movimento de compostos orgânicos através do floema.

tundra alpina - Bioma que prevalece em altitudes elevadas em todo o mundo; mesmo no verão, a neve persiste em áreas sombreadas, mas não ocorre permafrost.

tundra ártica - Bioma que prevalece em altas latitudes, onde verões curtos e frescos se alternam com invernos longos e frios; é formado entre a calota de gelo polar e os cinturões de florestas boreais no Hemisfério Norte.

uracila (u) - Um tipo de base nitrogenada que contém nitrogênio nos nucleotídeos; também um nucleotídeo com uma base uracila. Pares de base com adenina; ocorre no RNA, não no DNA.

variação contínua - Em uma população, uma gama de pequenas diferenças em uma característica; resultado da herança poligênica.

vertente - Região de qualquer tamanho específico na qual toda a precipitação escoa para uma corrente ou rio.

vetor - Um inseto ou algum outro animal que leva um patógeno entre hospedeiros; ex.: um mosquito que transmite malária. *Veja também* vetor de clonagem.

vetor de clonagem - Uma molécula de DNA que pode aceitar DNA estrangeiro, ser transferida para uma célula hospedeira e ser replicada nela.

xenotransplante - Transplante de um órgão de uma espécie para outra.

zigoto - Célula formada pela fusão de gametas; primeira célula de um novo indivíduo.

zona bêntica - Zona oceânica composta pelo fundo do oceano — suas rochas e sedimentos.

zona pelágica - As águas abertas do oceano.

zona ripariana - Corredor estreito de vegetação ao longo de um rio ou curso d'água.

Créditos das imagens

Página iii Biólogo/fotógrafo TIM Laman tirou essas fotos of mutualismo na Indonésia.

Sumário

Página v Francis Leroy, Biocosmos/SPL/ Photo Researchers. **Página vi** Moravian Museum, Brno; Pasieka/Science Photo Library/Latinstock; P. J. Maughan; Mango Stock/Photos.com. **Página vii** Cortesia de MU Extension and Agricultural Information; Jonathan Blair; Fotografia por Jack Jeffrey. **Página viii** Taro Taylor, www.flickr.com/photos/tjt195; Dmitry Knorre/ Photos.com; Omikron/Photoresearchers/ Latinstock; Lisa Starr. **Página ix** Monty Sloan, www.wolfphotography.com; Jacques Langevin/ Corbis Sygma; Duncan Murrell/ Taxi/ Getty Images. **Página x** Gráfico criado por FoodWeb3D, programa escrito por Rich Williams, cortesia de the Webs on the Web project (www.foodwebs.org); NOAA; Bill Grove/Photos.com.

CAPÍTULO 1 Página 2, Figura 1.1 a Jupiterimages; **b** Susumu Nishinaga/Photo Researchers. **Página 3,** Pasieka/Science Photo Library/Latinstock; Agradecimentos à John Innes Foundation Trustees, aprimorado no computador por Gary Head; Lisa Starr; Francis Leroy, Biocosmos/SPL/ Photo Researchers; Lisa Starr. **Página 4, Figura 1.2** Pasieka/Science Photo Library/ Latinstock; **Figura 1.3 a** Lisa Starr; **b** Lisa Starr. **Página 5 Figura 1.4** Leonard Lessin/ Photoresearchers/Latinstock; **demais** Lisa Starr. **Páginas 6-7 fotos** John Innes Foundation Trustees e melhoramento de Gary Head; **ilustrações** Lisa Starr. **Página 8 Figura 1.6** Lisa Starr. **Página 9 Figura 1.7** Lisa Starr. **Página 10** Robert Potts, California Academy of Sciences, **Figura 1.8 a,b** Lisa Starr. **Página 11 Figura 1.9** Lisa Starr; **Figura 1.10 foto** Francis Leroy, Biocosmos/SPL/ Photo Researchers; **(ilustrações)** Lisa Starr. **Páginas 12-13** Lisa Starr. **Página 15 Figura 1.12** Reimpresso de Current Biology, Vol 13, (Apr 03), Autores Hunt, Koehler, Susiarjo, Hodges, Ilagan, Voigt, Thomas, Thomas and Hassold, Bisphenol A Exposure Causes Meiotic Aneuploidy in the Female Mouse, pp. 546-553, © 2003 Cell Press. Publicado por Elsevier Ltd. Com permissão de Elsevier; **(quadro)** Lisa Starr.

CAPÍTULO 2 Página 16 Figura 2.1 Gary Roberts/ worldwidefeatures.com. **Página 17** Moravian Museum, Brno; Lisa Starr; Lisa Starr; Michael Stuckey/ Comstock, Inc. **Página 18 Figura 2.2** Moravian Museum, Brno; **Figura 2.3 foto** Jean M. Labat/ Ardea, London; **ilustrações** Lisa Starr. **Página 19 Figura 2.4** Lisa Starr. **Página 20 Figura 2.5** Lisa Starr; **Figura 2.6** Lisa Starr. **Página 21 Figura 2.7** Lisa Starr. **Página 22 Figura 2.8** Lisa Starr. **Página 23 Figura 2.9** Lisa Starr. **Página 24 Figura 2.10 foto** Dmitry Knorre/Photos.com; **(ilustração)** Lisa Starr. **Figura 2.11 (flores)** Jupiterimages; **(ilustração)** Lisa Starr. **Página 25 Figura 2.12** Tedd Somes; **Figura 2.13 quadro** Lisa Starr; **(cachorros, esquerda para direita)** Michael Stuckey/Comstock, Bosco Broyer, fotografia de Gary Head, Michael Stuckey/ Comstock; **rapaz** Cortesia da família de Haris Charalambous e Universidade Toledo. **Página 26** Jupiterimages; **Figura 2.15** Lisa Starr; Lisa Starr. **Página 27 Figura 2.16** Lisa Starr; **Figura 2.17 foto** Pamela Harper/ Harper Horticultural Slide Library; Lisa Starr a partir de Prof. Otto Wilhelm Thom©, Flora von Deutschland –sterreich und der Schweiz. 1885, Gera, Germany; **Figura 2.18 a** Daan Kalmeijer; **b** Dr. Christian Laforsch. **Página 28 Figura 2.19 gráfico** Lisa Starr a partir de Prof. Otto Wilhelm Thom©, Flora von Deutschland –sterreich und der Schweiz. 1885, Gera, Germany; **foto à esquerda** Cortesia de Ray Carson, University of florida News and Public Affairs; **foto à direita** Cortesia de Ray Carson, University of florida News and Public Affairs; **olhos** (de cima para baixo) Frank Cezus /FPG/Getty Images; Frank Cezus /FPG/Getty Images; Ted Beaudin/ FPG/Getty Images; Gansovsky Vladislav/ Photos.com; Lisa Starr. **Página 29 foto** Reimpresso de Brites MM et al. Familial camptodactyly, European Journal of Dermatology, 1998, 8, 355-6, com permissão de Editions John Libbey Eurotext, Paris; **quadro** Lisa Starr. **Página 30** Gary Roberts/ WorldWideFeatures. **Página 31 Figura 2.20** Lisa Starr; **foto** Jupiterimages/Photos.com.

CAPÍTULO 3 Página 32 Figura 3.1 Lincoln George Griessman, www.presidentlincoln.com. **Página 33** University of Washington Department of Pathology; Lisa Starr; Mango Stock/Photos.com; Tomas Markowski/ Photos.com; fotógrafo Dr. Victor A. McKusick. **Página 34 Figura 3.2 a** Lisa Starr; **b** De M. Cummings, Human Heredity: Principles and Issues, 3rd Edition, p. 126. © 1994 by Brooks/Cole. All rights reserved; **c** Conforme Patten, Carlson & others. **Página 35 Figura 3.3** University of Washington Department of Pathology. **Página 36 Figura 3.4** Lisa Starr. **Página 37 Figura 3.5** Julián Rovagnati/Photos.com. **Página 38 Figura 3.6** Lisa Starr; **(conversão da galactose)** Lisa Starr. **Página 39 Figura 3.8 plantas** Foto por Gary L. Friedman, www.FriedmanArchives.com; Mango Stock/Photos.com. **Página 40 Figura 3.9 a, b** Cortesia G. H. Valentine; **ilustrações** Lisa Starr. **Página 41 Figura 3.10** Gary Head; **Figura 3.11** Lisa Starr. **Página 42 Figura 3.12 a** Leonard Lessin/ Photoresearchers/Latinstock; **b** Lisa Starr. **Página 43 Figura 3.13 gráfico** Lisa Starr; **foto** Tomas Markowski/Photos.com; **Figura 3.14** UNC Medical Illustration and Photography. **Página 44 Figura 3.15** Georgios Kollidas/Photos.com. **Página 45 Figura 3.16 foto** Fotógrafo Dr. Victor A. McKusick; Lisa Starr. **Página 47 Figura 3.17a** © Howard Sochurek/ The Medical File/ Peter Arnold, Inc.; **b** Fran Heyl Associates © Jacques Cohen, computer-enhanced by © Pix Elation; **c** Ciaran Griffin/Photos.com. **Página 49 Figura 3.18** Lisa Starr.

CAPÍTULO 4 Página 50 Figura 4.1 Fotos por Victor Fisher, cortesia Genetic Savings & Clone. **Página 51** Lisa Starr; A C. Barrington Brown © 1968 J. D. Watson; Lisa Starr; Cortesia de Cyagra, Inc., www.cyagra.com. **Página 52 Figura 4.2** Lisa Starr. **Página 53 Figura 4.3 A-C** Lisa Starr; © JupiterImages Corporation. **Página 54 Figura 4.4** Lisa Starr. **Página 55** Lisa Starr; **Figura 4.5** A C. Barrington Brown © 1968 J. D. Watson; **estrutura do DNA** PDB ID: 1BBB; Silva, M. M., Rogers, P. H., Arnone, A.: A third quaternary structure of human hemoglobin A at 1.7-A resolution. J Biol Chem 267 pp. 17248 (1992). **Página 56 Figura 4.6 A-D** Lisa Starr; Lisa Starr. **Página 57 Figura 4.7** Lisa Starr; **Figura 4.8 a,b** Lisa Starr. **Página 58 Figura 4.9 a-f** Cortesia de Cyagra, Inc., www.cyagra.com. **Página 59 Figura 4.10** Cortesia de Cyagra, Inc., www.cyagra.com; **Figura 4.11** Domínio público. **Página 61** Lisa Starr; **Figura 4.12** Do Journal of General Physiology, 36(1), de 20 de setembro de 1952: "Independent Functions of Viral Protein and Nucleic Acid in Growth of Bacteriophage" (Funções independentes da proteína viral e do ácido nucleico no crescimento de bacteriófagos).

CAPÍTULO 5 Página 62 Figura 5.1 (esquerda) Lisa Starr; **(direita)** Vaughan Fleming/Science Photo Library/ Latinstock. **Página 63** Lisa Starr; O. L. Miller; Lisa Starr; Lisa Starr; P. J. Maughan. **Página 64 Figura 5.2 a, b** Lisa Starr. **Página 65, Figura 5.3** Lisa Starr. **Página 66 Figura 5.4 a, b** Lisa Starr; **Figura 5.5 a, b** Lisa Starr; **(página 67) c** Lisa Starr; **d** Modelo por © Dr. David B. Goodin, The Scripps Research Institute. **Página 67 Figura 5.6** O. L. Miller. **Página 68 Figura 5.7** Lisa Starr; **Figura 5.8** Lisa Starr. **Página 69 Figura 5.9** Lisa Starr; **Figura 5.10** Lisa Starr; **Figura 5.11** Lisa Starr. **Página 70** © Kiseleva and Donald Fawcett/ Visuals Unlimited; **Figura 5.12 (páginas 70-71)** Lisa Starr. **Página 72 Figura 5.13** Lisa Starr. **Página 73 Figura 5.14** P. J. Maughan; **Figura 5.15** Lisa Starr. **Página 74** Vaughan Fleming/Science Photo Library/ Latinstock; **Figura 5.16** Lisa Starr. **Página 75 Figura 5.17 quadro** Lisa Starr; **foto** ©

Dr. M. A. Ansary/ Science Photo Library/ Photo Researchers, Inc.

CAPÍTULO 6 **Página 76 Figura 6.1** Cortesia de Robin Shoulla e Young Survival Coalition; Dos arquivos de www.breastpath. com, cortesia de J.B. Askew, Jr., M.D., P.A. Reimpresso com permissão, copyright 2004 Breastpath.com. **Página 77** Da coleção de Jamos Werner e John T. Lis; Jose Luis Riechmann; Visuals Unlimited; PDB ID: 1CJG; Spronk, C. A. E. M., Bonvin, A. M. J. J., Radha, P. K., Melacini, G., Boelens, R., Kaptein, R.: The Solution Structure of Lac Repressor Headpiece 62 Complexed to a Symmetrical Lac Operator. Structure (London) 7 pp. 1483 (1999). Also PDB ID: 1LBI; Lewis, M., Chang, G., Horton, N. C., Kercher, M. A., Pace, H. C., Schumacher, M. A., Brennan, R. G., Lu, P.: Crystal structure of the lactose operon repressor and its complexes with DNA and inducer. Science 271 pp. 1247 (1996); lactose pdb files from the Hetero-Compound Information Centre - Uppsala (HIC-Up). **Página 78 Figura 6.2** Lisa Starr; **Figura 6.3 (páginas 78-79)** Lisa Starr. **Página 79 Figura 6.4** Da coleção de Jamos Werner e John T. Lis. **Página 80 Figura 6.5 a, b** Dr. William Strauss; **c** Bernard Cohen, MD, Dermatlas; http://www.dermatlas. org; **Figura 6.6** Thinkstock Images/ Jupiter Images. **Página 81 Figura 6.7 (ilustração)** Lisa Starr; **(flor)** Juergen Berger, Max Planck Institute for Developmental Biology, Tuebingen, Germany; **(etapas da flor – 4 fotos)** Jose Luis Riechmann. **Página 82** Foto porLisa Starr; **(ilustração)** Lisa Starr; **Figura 6.8 a** Jürgen Berger, Max-Planck-Institut for Developmental Biology, Tübingen; **b** Visuals Unlimited; **c** Cortesia de Edward B. Lewis, California Institute of Technology. **Página 83 Figura 6.9 a-e** Maria Samsonova and John Reinitz; **f** Jim Langeland, Jim Williams, Julie Gates, Kathy Vorwerk, Steve Paddock and Sean Carroll, HHMI, University of Wisconsin-Madison. **Página 84 Figura 6.10** PDB ID: 1CJG; Spronk, C. A. E. M., Bonvin, A. M. J. J., Radha, P. K., Melacini, G., Boelens, R., Kaptein, R.: The Solution Structure of Lac Repressor Headpiece 62 Complexed to a Symmetrical Lac Operator. Structure (London) 7 pp. 1483 (1999). Also PDB ID: 1LBI; Lewis, M., Chang, G., Horton, N. C., Kercher, M. A., Pace, H. C., Schumacher, M. A., Brennan, R. G., Lu, P.: Crystal structure of the lactose operon repressor and its complexes with DNA and inducer. Science 271 pp. 1247 (1996); lactose pdb files from the Hetero-Compound Information Centre - Uppsala (HIC-Up). **Página 85 Figura 6.11** Lisa Starr; **(foto)** Lowe Worldwide, Inc. as Agent for National Fluid Milk Processor Promotion Board. **Página 87 Figura 6.12** Lisa Starr.

CAPÍTULO 7 **Página 88 Figura 7.1 a-c** Cortesia de Golden Rice Humanitarian Board. **Página 89** Professor Stanley Cohen/ SPL/ Photo Researchers, Inc.; Lisa Starr; Cortesia de Genelex Corp; Argonne National Laboratory, U.S. Department of Energy; Foto cortesia de MU Extension and Agricultural Information. **Página 90 Figura 7.2** Lisa Starr; **Figura 7.3 a** Professor Stanley Cohen/ SPL/ Photo Researchers, Inc.; **b** Com permissão de QIAGEN, Inc. **Página 91** Lisa Starr; **Figura 7.4** Lisa Starr. **Página 92 Figura 7.5** Lisa Starr. **Página 93 Figura 7.6** Lisa Starr. **Página 94 Figura 7.7** Lisa Starr; **Figura 7.8** Lisa Starr. **Página 95 Figura 7.9** Cortesia de Genelex Corp. **Página 96 Figura 7.10** Lisa Starr. **Página 97 Figura 7.11 a** Argonne National Laboratory, U.S. Department of Energy; **b** Cortesia de Joseph DeRisa. De Science, 1997 Oct. 24; 278 (5338) 680-686. **Página 98** Foto Cortesia de Systems Biodynamics Lab, P.I. Jeff Hasty, UCSD Department of Bioengineering e Scott Cookson. **Página 99 Figura 7.12 A-C** Lisa Starr; **D** Maximilian Stock/StockFood/Latinstock; **E** Keith V. Wood; **Figura 7.13 a** The Bt and Non-Bt corn photos were taken as part of field trial conducted on the main campus of Tennessee State University at the Institute of Agricultural and Environmental Research. The work was supported by a competitive grant from the CSREES, USDA titled "Southern Agricultural Biotechnology Consortium for Underserved Communities, "(2000-2005). Dr. Fisseha Tegegne and Dr. Ahmad Aziz served as Principal and Co-principal Investigators respectively to conduct the portion of the study in the State of Tennessee; **b** Dr. Vincent Chiang, School of Forestry and Wood Products, Michigan Technology University. **Página 100 Figura 7.14 a** Adi Nes; **b** Cabra transgênica produzida usando transferência nuclear na GTC Biotherapeutics. Foto usada com permissão; **c** Foto cortesia de MU Extension and Agricultural Information. **Página 102** Jeans for Gene Appeal. **Página 103** Cortesia de Golden Rice Humanitarian Board. **Página 104 Figura 7.15 a** Laboratory of Matthew Shapiro enquanto na McGill University. Cortesia de Eric Hargreaves, www. pageoneuroplasticity.com; **b** Lisa Starr. **Página 105** Tim Stassines/Photos.com.

CAPÍTULO 8 **Página 106 Figura 8.1 a** Brad Snowder; **b** David A. Kring, NASA/ Univ. Arizona Space Imagery Center. **Página 107** Jim Mills/Photos.com e Peter Malsbury/Photos.com; Cortesia de George P. Darwin, Darwin Museum, Down House; Phillip Gingerich, Director, University of Michigan. Museum of Paleontology; USGS. **Página 108 Figura 8.2 a** Jim Mills/Photos.com; **b** Jupiterimages/Photos.com; **c** Peter Malsbury/Photos.com; **d** Jamie Pham/Alamy/Other Images; **e** Jupiterimages/Photos.com. **Página 109 Figura 8.3 a** Dr. John Cunningham/ Visuals Unlimited; **b** Gary Head; **Figura 8.4 a** © 2006 Dlloyd; **b** PhotoDisc/ Getty Images; **c** Cortesia de Daniel C. Kelley, Anthony J. Arnold e William C. Parker, Florida State University Department of Geological Science. **Página 110 Figura 8.5 a** Cortesia de George P. Darwin, Darwin Museum, Down House; **b** Christopher Ralling; (página 111) **c-d** Lisa Starr; **e** Dieter & Mary Plage/ Survival Anglia; **(pássaro)** Heather Angel. **Página 112 Figura 8.6 a** John White; **b** 2004 Arent. **Página 113 Figura 8.7 a** Gerra e Sommazzi/ www.justbirds.org; **b** Kevin Schafer/Corbis/Latinstock; **c** Alan Root/ Bruce Coleman Ltd. **Página 114 Figura 8.8** Down House and The Royal College of Surgeons of England. **Página 115 Figura 8.9 a** H. P. Banks; **b** Jonathan Blair; **c** Cortesia de Stan Celestian/ Glendale Comunity College Earth Science Image Archive; **Figura 8.10 a-b** JupiterImages Corporation. **Página 116 Figura 8.11** Lisa Starr; **Figura 8.12 a** PhotoDisc/ Getty Images; **b-c** Lisa Starr; Cortesia de Stan Celestian/ Glendale Comunity College Earth Science Image Archive. **Página 117 Figura 8.13 a** W. B. Scott (1894); **b (esqueleto)** John Klausmeyer, University of Michigan Exhibit of Natural History, **(ilustração)** Doug Boyer in P. D. Gingerich et al. (2001) American Association for Advancement of Science, e **(fotos menores)** P. D. Gingerich, University of Michigan. Museum of Paleontology e; **c (esqueleto)** P. D. Gingerich and M. D. Uhen (1996), University of Michigan. Museum of Paleontology, **(ilustração)** Bruce J. Mohn; **(osso, detalhe)** Phillip Gingerich, Director, University of Michigan, Museum of Paleontology. **Página 118-119 Figura 8.14 a-b (quadro)** Lisa Starr; **c** JupiterImages Corporation. **Página 120 Figura 8.15** Lisa Starr; **Figura 8.16** USGS. **Página 121 Figura 8.17 a-e** After A.M. Ziegler, C.R. Scotese, and S.F. Barrett, 'Mesozoic and Cenozoic Paleogeographic Maps', and J. Krohn and J. Sundermann (Eds.), Tidal Frictions and the Earth's Rotation II, Springer-Verlag, 1983; **(folha)** Martin Land/ Photo Researchers, Inc.; John Sibbick. **Página 122** David A. Kring, NASA/ Univ. Arizona Space Imagery Center. **Página 123 Figura 8.18 (quadro)** Lisa Starr; **(foto)** Lawrence Berkeley National Laboratory; **(relógio)** Lisa Starr.

CAPÍTULO 9 **Página 124 Figura 9.1** Rollin Verlinde/ Vilda. **Página 125** Alan Solem; Thomas Bates Smith; Peggy Greb/ USDA; Jo Wilkins; Foto por Marcel Lecoufle. **Página 126-127 Figura 9.2 a** JupiterImages Corporation; JupiterImages Corporation; Roderick Hulsbergen; http://www. photography.euweb.nl/; JupiterImages Corporation; JupiterImages Corporation; JupiterImages Corporation; **b** Alan Solem. **Página 128 Figura 9.3** Photodisc/ Getty Images; **(ilustrações)** Lisa Starr. **Página 129** Lisa Starr; **Figura 9.4** Lisa Starr. **Página 130 Figura 9.5** Lisa Starr. **Página 131 Figura 9.6 a-b** J. A. Bishop, L. M. Cook; **Figura 9.7 a-c** Cortesia de Hopi Hoekstra, University of California, San Diego.

Página 132 Figura 9.8 Lisa Starr; **Figura 9.9** Peter Chadwick/Science Photo Library/Latinstock; Lisa Starr. **Página 133 Figura 9.10** Lisa Starr; **Figura 9.11** Thomas Bates Smith. **Página 134 Figura 9.12** Cortesia de Gerald Wilkinson. **Página 135 Figura 9.13** Conforme Ayala e outros. **Página 136 Figura 9.14 a-b** Adaptado de S.S. Rich, A.E. Bell, and S.P. Wilson, "Genetic drift in small populations of Tribolium," Evolution 33:579-584, Fig. 1, p. 580, 1979. Usado com permissão da editora; **(besouro)** Nigel Cattlin/Alamy/Other Images. **Página 137 Figura 9.15** Daniel Parent/Photos.com. **Página 138** Andrea Wheeler/Photos.com; **Figura 9.16** De Meyer, A., Repeating Patterns of Mimicry. PLoS Biology Vol. 4, No. 10, e341 doi:10.1371/journal.pbio.0040341; **Figura 9.17** Lisa Starr. **Página 139 Figura 9.18** Cortesia de Dr. James French; Cortesia de Joe Decruyenaere. **Página 140 Figura 9.19 a** Jarno Gonzalez Zarraonandia/Shutterstock; **b** David Thyberg/Photos.com; **(mapa)** Ron Blakey, Northern Arizona University; **c** Alexander Gulevich/Photos.com. **Página 141 Figura 9.21 a-c** Lisa Starr. **Página 142 Figura 9.22** Lisa Starr. **Página 143 Figura 9.23 a** Ian Hutton; **b** Cortesia de Peter Richardson; **c** Jo Wilkins; **Figura 9.24 a-b** Cortesia de Dr. Robert Mesibov; **(mapa)** Lisa Starr. **Página 144 Figura 9.25** Foto por Marcel Lecoufle. **Página 145 Figura 9.26** Lisa Starr. **Página 146 Tabela 9.2** Lisa Starr. **Página 147 Figura 9.27** Lisa Starr.

CAPÍTULO 10 Página 148 Figura 10.1 a-b Fotografia por Jack Jeffrey; **c** Bill Sparklin/Ashley Dayer. **Página 149** Luc Viatour; Taro Taylor, www.flickr.com/photos/tjt195; De "Embryonic staging system for the short-tailed fruit bat, Carollia perspicillata, a model organism for the mammalian order Chiroptera, based upon timed pregnancies in captive-bred animals" C.J. Cretekos et al., Developmental Dynamics Volume 233, Issue 3, July 2005, Pages: 721-738. Reimpresso com permissão de of Wiley-Liss, Inc. uma subsidiária de John Wiley & Sons, Inc.; Lisa Starr; Lisa Starr. **Página 150 Figura 10.2 (da esquerda para a direita)** Joaquim Gaspar; Bogdan; Opiola Jerzy; Ravedave; Luc Viatour. **Página 151 Figura 10.3** Lisa Starr. **Página 152 Figura 10.4** Lisa Starr. **Página 153 Figura 10.5 a** Taro Taylor, www.flickr.com/photos/tjt195; **b** JupiterImages Corporation; **c** Linda Bingham; **d** Lisa Starr. **Página 154 Figura 10.6 a** Omikron/Photoresearchers/Latinstock; **b** Cortesia de Anna Bigas, IDIBELL-Institut de Recerca Oncologica, Spain; **c** De "Embryonic staging system for the short-tailed fruit bat, Carollia perspicillata, a model organism for the mammalian order Chiroptera, based upon timed pregnancies in captive-bred animals" C.J. Cretekos et al., Developmental Dynamics Volume 233, Issue 3, July 2005, Pages: 721-738. Reimpresso com permissão de Wiley-Liss, Inc. uma subsidiária de John Wiley & Sons, Inc.; **d** Cortesia de Prof. Dr. G. Elisabeth Pollerberg, Institut für Zoologie, Universität Heidelberg, Germany; **e** USGS. **Página 155 Figura 10.155 a** Cortesia de Smithsonian Institution; **b** Tait/Sunnucks Peripatus Research e Jennifer Grenier, Grace Boekhoff-Falk and Sean Carroll, HMI, University of Wisconsin-Madison; **c** Herve Chaumeton/ Agence Nature e Jennifer Grenier, Grace Boekhoff-Falk and Sean Carroll, HMI, University of Wisconsin-Madison; **d** Eric Isselée/Photos.com e Cortesia de Dr. Giovanni Levi; **Figura 10.8 a-b** Lisa Starr. **Página 156 Figura 10.9** Lisa Starr. **Página 157 Figura 10.10 a-b** Lisa Starr. **Página 158 Figura 10.11 (ilustrações)** Lisa Starr; **(fotos, de cima para baixo)** Donnie Nelson/Photos.com; Stockbyte/Photos.com; Tom Brakefield/Photos.com. **Página 159 Figura 10.12** Lisa Starr. **Página 160 Figura 10.13 a-b** Lisa Starr. **Página 161 Figura 10.14** Lisa Starr. **Página 162** Bill Sparklin/ Ashley Dayer. **Página 163 Figura 10.16** Lisa Starr; **Figura 10.17** Cortesia de Irving Buchbinder, DPM, DABPS, Community Health Services, Hartford CT.

CAPÍTULO 11 Página 164 Figura 11.1 Julian Money-Kyrle/Alamy/Other Images. **Página 165** Reprinted from Trends in Neuroscience, Vol. 21, Issue 2, 1998, L.J.Young, W. Zuoxin, T.R. Insel, "Neuroendocrine bases of monogamy", Pages 71 - 75, ©1998, com permissão de Elsevier Science; Sergey Korotkov/Photos.com; Hemera Technologies/Photos.com; Kenneth Lorenzen. **Página 166 Figura 11.2 a** Jupiterimages/Photos.com; **b** Stevan Arnold; **Figura 11.3** Chris Evers. **Página 167 Figura 11.4 a-b** Reimpresso de Trends in Neuroscience, Vol. 21, Issue 2, 1998, L.J.Young, W. Zuoxin, T.R. Insel, "Neuroendocrine bases of monogamy", Pages 71 - 75, © 1998, com permissão de Elsevier Science; Robert M. Timm & Barbara L. Clauson, University of Kansas. **Página 168 Figura 11.5** Stephen Dalton/Photo Researchers, Inc.; **Figura 11.6** Nina Leen//Time Life Pictures/Getty Images. **Página 169 Figura 11.7** Professor Jelle Atema, Boston University; **Figura 11.8** Bernhard Voelkl. **Página 170 Figura 11.9** Vassiliy Vishnevskiy/Photos.com; **Figura 11.10 a** Tom e Pat Leeson, leesonphoto.com; **b** Sergey Korotkov/Photos.com; **c** Monty Sloan, www.wolfphotography.com. **Página 171 Figura 11.11** Lisa Starr. **Página 172 Figura 11.12 a** John Alcock, Arizona State University; **b** D. Robert Franz/ Corbis. **Página 173 Figura 11.13** Michael Francis/ The Wildlife Collection; **Figura 11.14** Hemera Technologies/Photos.com. **Página 174 Figura 11.15 a** Tom and Pat Leeson, leesonphoto.com; **b** John Alcock, Arizona State University. **Página 175 Figura 11.16** Jupiterimages/Photos.com. **Página 176 Figura 11.17 a** Alexander Wild; **b** Professor Louis De Vos. **Página 177 Figura 11.18 a** Kenneth Lorenzen; **b** Nicola Kountoupes/Cornell University. **Página 179 Figura 11.19** ScEYEnce Studios.

CAPÍTULO 12 Página 180 Figura 12.1 Sergey Korotkov/Photos.com. **Página 181** Amos Nachoum/Corbis/Latinstock; Jeff Lepore/ Photo Researchers, Inc.; Jacques Langevin/ Corbis Sygma; Jupiterimages/Photos.com; CandyBox Images/Photos.com. **Página 182 Figura 12.2 a** Amos Nachoum/Corbis/Latinstock; **b** Corbis; **c** Jupiterimages/Photos.com. **Página 183 Figura 12.3** E. R. Degginger e Jeff Fott Productions/ Bruce Coleman, Ltd.; **Figura 12.4 a** Cynthia Bateman, Bateman Photography; **b** Tom Davis. **Página 184 Figura 12.5** Jeff Lepore/ Photo Researchers, Inc. **Página 187 Figura 12.8** Jacques Langevin/ Corbis Sygma. **Página 189 Figura 12.9 a-b** Jupiterimages/Photos.com; **c** Estuary to Abyss 2004. NOAA Office of Ocean Exploration. **Página 190 Figura 12.10 a-b** David Reznick/ University of California - Riverside; aprimorado no computador por Lisa Starr; **c** Helen Rodd. **Página 192 Figura 12.12** Nat Girish/Photos.com; Ton Koene/Visuals Unlimited/Getty Images. **Página 193 Figura 12.13** NASA. **Página 195 Figura 12.15** Dados de Population Reference Bureau after G.T. Miller, Jr., Living in the Environment, Eighth Edition, Brooks/Cole, 1993. Todos os direitos reservados. **Página 196 Figura 12.16 (foto)** CandyBox Images/Photos.com. **Página 197 Figura 12.17** Conforme G. T. Miller, Jr., Living in the Environment, Eighth Edition, Brooks/Cole, 1993. Todos os direitos reservados; **Figura 12.18** Polka Dot Images/ SuperStock. **Página 198** U.S. Department of the Interior, U.S. Geological Survey. **Página 199 Figura 12.19 (foto)** Reinhard Dirscherl/ www.bciusa.com.

CAPÍTULO 13 Página 200 Figura 13.1 a Fotografia por B. M. Drees, Texas A&M University. http://fireant.tamu; **b** Scott Bauer/USDA; **c** USDA. **Página 201** Chris Dascher/Photos.com; Nigel Jones; Duncan Murrell/ Taxi/ Getty Images; Pierre Vauthey/ Corbis Sygma. **Página 202** Donna Hutchins; **Figura 132 a** B. G. Thomson/ Photo Researchers, Inc.; **b** Chris Dascher/Photos.com. **Página 203 Figura 13.3** Harlo H. Hadow; **Figura 13.4** Thomas W. Doeppner. **Página 204 Figura 13.5 a-b** Pekka Komi. **Página 205 Figura 13.6 (fotos)** Michael Abbey/ Photo Researchers, Inc.; Eric V. Grave/ Photo Researchers, Inc.; **Figura 13.7** Stephen G. Tilley; **Figura 13.8 (gráfico)** Conforme N. Weldan e F. Bazazz, Ecology, 56:681-688, © 1975 Ecological Society of America; **(foto)** Joe McDonald/ Corbis. **Página 206 Figura 13.9** Conforme Rickleffs e Miller, Ecology, Fourth Edition, p. 459 (Fig. 23.13a) e p. 461 (Fig. 23.14). **Página 207 Figura 13.10**

Ed Cesar/ Photo Researchers, Inc.; Robert McCaw, www.robertmccaw.com. **Página 208 Figura 13.11 a** JH Pete Carmichael; **b** W. M. Laetsch. **Página 209 Figura 13.12 a** Michael P. Gadomski/ Photoresearchers/ Latinstock; **b** Nigel Jones; **Figura 13.13 a** Thomas Eisner, Cornell University; **b** David Burdick/ NOAA; **c** Fotografia por Bob Jensen. **Página 210 Figura 13.14 a** MSU News Service, foto por Montnan Water Center; **b** Karl Andree; **Figura 13.15** The Samuel Roberts Noble Foundation, Inc.; Cortesia de Colin Purrington, Swarthmore College. **Página 211 Figura 13.16 a** Erik Bettini/Photos.com; **b** E.R. Degginger/ Photo Researchers, Inc. **Página 212 Figura 13.17 a** Douglas Peebles Photography/ Alamy/Other Images; **b** Duncan Murrell/ Taxi/ Getty Images. **Página 213 Figura 13.18 a** R. Barrick/ USGS; **b** USGS; **c** P. Frenzen, USDA Forest Service. **Página 214 Figura 13.19 a** Jane Burton/ Bruce Coleman, Ltd. **b** Heather Angel; **c** Jane Burton/ Bruce Coleman, Ltd.; **d-e** Baseado em Jane Lubchenco, American Naturalist, 112:23-19, © 1978 University of Chicago Press. Usado com permissão. **Página 216 Figura 13.20 a** Pr. Alexande Meinesz, University of Nice-Sophia Antipolis; **b** Angelina Lax/ Photo Researchers, Inc.; **c** The University of Alabama Center for Public TV. **Página 218 Figura 13.21 a-b** Conforme W. Dansgaard et al., Nature, 364:218-220, July 15 1993; D. Raymond et al., Science, 259:926-933, February 1993; W. Post, American Scientist, 78:310-326, July-August 1990; **Figura 13.22 a** Pierre Vauthey/ Corbis Sygma; **b** Conforme S. Fridriksson, Evolution of Life on a Volcanic Island, Butterworth, London 1975. **Página 219 Figura 13.23** Modificado por Lisa Starr. **Página 220** John Kabashima.

CAPÍTULO 14 Página 222 Figura 14.1 C. C. Lockwood/ Cactus Clyde Productions; Diane Borden-Bilot, U.S. Fish and Wildlife Service. **Página 223** D. A. Rintoul; Gráfico criado por FoodWeb3D, programa escrito por Rich Williams, cortesia de the Webs on the Web project (www.foodwebs.org); NASA's Earth Observatory; USDA Forest Service, Northeastern Research Station. **Página 225 Figura 14.3** D. A. Rintoul; **(demais, de cima para baixo)** Lloyd Spitalnik/ lloydspitalnikphotos.com; D. A. Rintoul; D. A. Rintoul; Van Vives. **Página 226 Figura 14.4 (em linhas horizontais, da esquerda para a direita)** Bryan & Cherry Alexander/ Photo Researchers, Inc.; Dave Mech; Tom & Pat Leeson, Ardea London Ltd.; Tom Wakefield/ www.bciusa.com; Francis Bosse/Photos.com; Mihail Zhukov/Photos.com; Vassiliy Vishnevskiy/Photos.com; Dave Mech; Foto por James Gathany, Centers for Disease Control; Armando Frazao/Photos.com; Jim Steinborn; Jim Riley; Matt Skalitzky; Peter Firus, flagstaffotos.com.au. **Página 227 Figura 14.5** Cortesia de Dr. Chris Floyd; Gráfico criado por FoodWeb3D, programa escrito por Rich Williams, cortesia de the Webs on the Web project (www.foodwebs.org). **Página 228 Figura 14.6 a** NASA's Earth Observatory; **b-c** NASA. **Página 230 Figura 14.9** U.S. Department of the Interior, National Park Service; Gary Head. **Página 231 Figura 14.10** Jack Scherting, USC&GS, NOAA. **Página 233 Figura 14.12 a-b** USDA Forest Service, Northeastern Research Station. **Página 234 Figura 14.14 a-b** Lisa Starr conforme Paul Hertz; **(raposa deitada, usada com arte)** PhotoDisc/ Getty Images; **Figura 14.15** Lisa Starr e Gary Head, com base em fotografias da NASA da JSC Digital Image Collection. **Página 236 Figura 14.16 (arte)** Lisa Starr e Gary Head, com base em fotografias da NASA da JSC Digital Image Collection; **(foto)** NASA photograph from JSC Digital Image Collection; **Figura 14.17** Jupiterimages/Photos.com. **Página 238 Figura 14.19** Jupiterimages/Photos.com. **Página 239 Figura 14.20** Jerry Whaley/ Photos.com. **Página 240 Figura 14.21 (pássaro)** PhotoDisc/ Getty Images; Lisa Starr e Gary Head. **Página 241 Figura 14.22** Fisheries & Oceans Canada, Experimental Lakes Área. **Página 242** U.S. Department of Transportation, Federal Highway Administration. **Página 243 Figura 14.24 a-b** Cortesia de satélite Terra da NASA, supplied por Ted Scambos, National Snow and Ice Data Center, University of Colorado, Boulder.

CAPÍTULO 15 Página 244 Figura 15.1 Joshua Rainey/Photos.com; **(leão marinho)** Antoine Beyeler/Photos.com. **Página 245** Fotografia de NASA; Lisa Starr; Bill Grove/Photos.com; Jack Carey; NASA Goddard Space Flight Center Scientific Visualization Studio. **Página 248 Figura 15.5** NASA. **Página 249 Figura 15.7 a** Adapted from Living in the Environment by G. Tyler Miller, Jr., p. 428. © 2002 by Brooks/Cole, uma divisão da Thomson Learning; **b** Ted Spiegel/ Corbis; **Figura 15.8** Conforme M. H. Dickerson, "ARAC: Modeling an Ill Wind", in Energy and Technology Review, August 1987. Usado com permissão de University of California Lawrence Livermore National Laboratory and U.S. Dept. of Energy. **Página 250 Figura 15.9 (arte)** Lisa Starr; **(foto)** NASA. **Página 251 Figura 15.10 (fotos)** Nickolay Stanev/ Photos.com; Katherine Dickinson/Photos.com. **Página 252-253 Figura 15.12 (arte)** Lisa Starr; **(foto)** NASA. **Página 253 Figura 15.13** Yves Bilat, Ardea London Ltd.; Eagy Landau/ Photo Researchers, Inc. **Página 254 Figura 15.14** ScEYEnce Studios. **Página 255 Figura 15.15 a-b** Cortesia de Jim Deacon, The University of Edinburgh; **c** Jeff Servos, US Fish & Wildlife Service; **d** Bill Radke, US Fish & Wildlife Service. **Página 256 Figura 15.16 a** Ray Wagner/ Save the Tall Grass Prairie, Inc.; **b** Ian Grant/Photos.com; **c** Tom Brakefield/Photos.com. **Página 257 Figura 15.17 a** Jack Wilburn/ Animals Animals; **b** Richard W. Halsey, California Chaparral Institute. **Página 258 Figura 15.18** Bill Grove/Photos.com; **(sequência)** Joel Blit/ Photos.com. **Página 259 Figura 15.19 (de cima para baixo)** Szefei/Shutterstock; Focus on Nature/Photos.com; **(jaguares)** Adolf Schmidecker/ FPG/ Getty Images. **Página 260 Figura 15.20 a** Thomas Wiewandt / ChromoSohm Media Inc. / Photo Researchers, Inc.; **b** Anthony Seebaran/ Photos.com; **c** Donna Dewhurst, US Fish & Wildlife Service. **Página 261 Figura 15.21** Hemera Technologies/Photos.com; **(urso)** Thomas D. Mangelsen / Images of Nature; **Figura 15.22** Dan Harmeson/Photos.com. **Página 262 Figura 15.24** Jack Carey. **Página 263 Figura 15.25 a-d** ScEYEnce Studios. **Página 265 Figura 15.26 a** Jerry Dorris/ Photos.com; **b** Hemera Technologies/ Photos.com; **Figura 15.27 a** Cortesia de J. L. Sumich, Biology of Marine Life, 7th ed., W. C. Brown, 1999; **b** Nancy Sefton. **Página 266 Figura 15.28 a** C. B. & D. W. Frith/ Bruce Coleman, Ltd.; **b** Vladimir Ovchinnikov/Photos.com; **c** Douglas Faulkner/ Photo Researchers, Inc.; **d** De T. Garrison, Oceanography: An Invitation to Marine Science, Third Edition, Brooks/ Cole, 2000. Todos os direitos reservados; **Figura 15.29** Dr. Ray Berkelmans, Australian Institute of Marine Science. **Página 267 Figura 15.28 e (linofish)** Eric Isselée/ Photos.com; **(demais fotos)** John Easley, www.johneasley.com. **Página 268 Figura 15.30 b** NOAA. **Página 269 Figura 15.31 a** Peter Herring/ imagequestmarine.com; **b** Cortesia de NOAA and MBARI; **c** Peter Batson/ imagequestmarine.com. **Página 270 Figura 15.34 a-b** NASA Goddard Space Flight Center Scientific Visualization Studio. **Página 271 Figura 15.35 a** CHAART, at NASA Ames Research Center; **b** Eye of Science/ Photo Researchers, Inc.; **c** Cortesia de Dr. Anwar Huq and Dr. Rita Colwell, University of Maryland. **Página 272** Lars Christensen/Photos.com.

CAPÍTULO 16 Página 274 Figura 16.1 U.S. Navy, foto de Chief Yeoman Alphanso Braggs. **Página 275** George M. Sutton/ Cornell Lab of Ornithology; ScEYEnce Studios; NOAA; Bureau of Land Management. **Página 277 Figura 16.3** Photos.com; **Figura 16.4** George M. Sutton/ Cornell Lab of Ornithology. **Página 278 Figura 16.5** Hanquan Chen/Photos.com. **Página 279 figura 16.6 a** Dr. John Hilty; **b** Joe Fries, U.S. Fish & Wildlife Service. **Página 281 Figura 16.7** ScEYEnce Studios. **Página 282 Figura 16.8** Billy Grimes. **Página 284 Figura 16.10** NOAA; **Figura 16.11** Imagem fornecida por GeoEye e NASA SeaWIFS Project. **Página 285 Figura 16.12 a-b** Claire Fackler/ NOAA. **Página 286 Figura 16.13** PhotoDisc/ Getty Images. **Página 287 Figura 16.14** Bureau of Land Management. **Página 288** Jupiterimages/ Photos.com.

Índice remissivo

Números de página seguidos por *f* ou *t* indicam figuras e tabelas. ▪ indica aplicações. Termos em negrito indicam assuntos mais importantes.

A

Abelhas
  africanas, 164, 164*f*, 176, 179, 179*f*
  comportamento altruístico em, 176, 176*f*
  comunicação em, 165, 170, 170*f*, 171, 171*f*
  europeias, 179
  rainha, 176, 177*f*
abelhas africanas, 164, 164*f*, 178, 179, 179*f*
Abelhas assassinas. *Ver* Abelhas africanas
Abelha(s), como polinizadoras, 138-139, 139*f*. *Ver também* Abelhas
Aberturas hidrotérmicas, 268, 269*f*
Abetos, 260
Abeto vermelho de Sitka, 260
▪ Aborto
  espontâneo, 42, 46
  induzido, 47, 195
▪ Aborto (espontâneo)
  causas, 42
  triagem pré-natal e, 46
Absorção, de nutrientes e água
  micorriza e, 203
Ácaro, 170, 170*f*
Ácido aspártico, 157
Ácido desoxirribonucleico. *Ver* DNA
Ácido glutâmico, 68
Ácido ribonucleico. *Ver* RNA
▪ Acondroplasia, 36, 36*f*, 44*t*
▪ Aconselhamento genético, 46
Adaptabilidade, e seleção natural, 113
Adaptação, evolucionária, 113
  dos vírus, ao hospedeiro humano, 101, 104
  em pássaros
    bico, 133, 133*f*, 141*f*, 205
    na cor da pele, 16
Adaptações para conservação da água
  animais, 255
  plantas, 255, 261
Adenina (A), 54, 54*f*, 64, 65*f*, 65
Adenosina monofosfato cíclica. *Ver* AMPc
ADH. *Ver* Hormônio antidiurético

Administração Nacional Oceanográfica e Atmosférica (NOAA), 273
Afídeos, 211, 211*f*
África
  ▪ AIDS na, 194, 196
  ▪ desenvolvimento de econômico na, 196
  ▪ desertificação e tempestades de poeira, 284, 284*f*
  savana, 256*f*, 257
  ▪ taxa de fertilidade total, 194
Agave, 255
▪ **Agricultura**. *Ver também* Fertilizantes; Pesticidas
  ciclo do fósforo e, 240
  e capacidade de transporte, 192-193, 197
  e desertificação, 284, 284*f*
  e diversidade das plantas, 278
  impacto ambiental, 98
  nas Grandes Planícies, 256
  o ciclo do nitrogênio, 239
  rotação de culturas, 239
  substâncias químicas, efeitos ambientais, 230, 230*f*
  uso da água, 232-233
Agrobacterium tumefaciens, 98, 99*f*
Água
  ▪ água fresca, escassez global de, 232-233, 233*f*
  ciclo de água, 231-232, 231*f*, 232*f*, 240
  ▪ dessalinização, 233
  evaporação
    no ciclo da água, 232, 232*f*
  lençol freático
    como reservatório de água, 232*t*
    ▪ contaminação de, 233, 233*f*
    definição, 232
  potável
    ▪ poluição da, 233
    ▪ purificação da, 264, 264*f*
  reservatórios ambientais de, 232, 232*t*
  ▪ tratamento de águas residuais, 264, 264*f*
Águas subterrâneas (lençóis freáticos)

como reservatório de água, 232*t*
  ▪ contaminação de, 233, 233*f*
  definição, 232
Águia marinha (*Pandion haliaetus*), 230*f*
▪ **AIDS (Síndrome da Imunodeficiência Adquirida)**
  na África, 194, 196
Alarmes, 174, 174*f*
Albatroz, 139*f*, 285*f*
Albatroz de laysan, 285*f*
▪ Albinismo, 31, 44*t*
Alcaravões, 208, 208*f*
Alce, 260, 260*f*
Alelo dominante
  definição, 19
  herança dominante autossômica, 36, 36*f*, 44*t*
Alelo(s)
  codominância, 24
  definição, 4, 19, 19*f*, 126
  dominância incompleta, 24, 24*f*
  dominante
    definição, 19
    herança dominante autossômica, 36, 36*f*, 44*t*
  fixação de, 136
  humanos, número possível de, 126
  novas, fontes de, 126, 126*t*
  recessivo
    características recessivas associadas a X, 39, 39*f*, 44*t*
    definição, 19
    e transtornos associados ao gene X, 38
    herança recessiva autossômica, 36-37, 36*f*, 44*t*
  sistemas de alelos múltiplos, 24
Alelos recessivos
  características recessivas associadas a X, 39, 39*f*, 44*t*
  definição, 19
  e distúrbios genéticos associados a X, 38
  herança autossômica recessiva, 36-37, 36*f*, 44*t*
Alfa-hélice, 54

Algas. Ver também Algas pardas; Algas verdes; Algas vermelhas
- como espécies exóticas, 216, 216f
como espécies pioneiras, 213
em zonas costeiras, 214-215, 214f, 264, 265, 265f
florescimento de algas, 239, 241, 270, 270f
Algas carófitas, 161f
Algas clorófitas, 161f
Algas pardas
espécies ameaçadas, 280t
evolução das, 161f
Algas verdes
espécies ameaçadas, 280t
nos lagos, 262
Algas vermelhas
em recifes de coral, 266, 266f
espécies ameaçadas, 280t
evolução das, 161f
- **Alimento**
colheitas
geneticamente modificadas, 88, 88f, 98-99, 99f, 103
organismos geneticamente modificados como, 98-99, 99f
- Alimentos modificados, 99
Altitude
influências no fenótipo, 27, 27f
Alvarez, Luis, 123
Alvarez, Walter, 123
Alveolados, 161
Amebas, 15, 161f
Âmnio (âmnion), 46
- Amniocentese, 46, 46f
Amniotas
evolução dos, 151f
Amoebozoários, 161f
Amônia (NH3)
no ciclo do nitrogênio, 238, 238f
Amonificação, 238f, 239
Amônio (NH4+), no ciclo de nitrogênio, 238-239, 238f
Amonita, 109f
Amostragem de vilosidades coriônicas (CVS), 46
AMPc (adenosina monofosfato cíclica), 84
Anáfase (mitose), 12, 12f-13f
Anáfase I (meiose), 5, 6f-7f, 8, 9, 12, 12f-13f, 42
Anáfase II (meiose), 5, 6f-7f, 12f-13f
Análise de parcimônia, 158, 158f
- Análise genética, de humanos, 44-45, 44f, 45f
Anelídeos (Annelida)
evolução de, 161f

- Anemia falciforme, 44t, 46
causa, 72, 72f
e malária, 135, 135f
- Anemia fanconi, 44t
Anêmona pega-mosca, 269f
Anêmonas do mar, 203, 203f
Aneuploidia, 42
Anfíbios, 151f, 161f
Anfíbio(s)
espécies
diversidade, com o decorrer do tempo, 276f
espécies ameaçadas e em extinção, 280t
evolução de, 151f, 161f
óvulos, 78, 79f
Anfioxos (Cefalocordatos)
evolução dos, 161f
Angiosperma(s), 118f, 123f, 161f
como espécies pioneiras, 212, 212f, 219
espécies
diversidade de, 276f
espécies ameaçadas ou em extinção, 278, 280t
evolução de, 118f, 123f, 161f
poliploidia em, 42, 142
reprodução sexuada
polinização. Ver Polinização
Angraecum sesquipedale (orquídea de Darwin), 144f
- Animais de estimação
clonagem de, 50
impactos ecológicos do comércio de, 267
Animal de pastagem, 227
Animal(is), 118f, 161f
comunicação, 170-171, 170f, 171f, 174, 174f
desenvolvimento. Ver Desenvolvimento, animal
evolução de, 118f, 161f
formação de gametas, 10, 10f, 11f, 15, 15f
geneticamente modificados, 100-101, 100f, 101f, 104, 104f
- Aniridia, 83
- **Anomalias genéticas**
albinismo, 31, 44t
daltonismo, 39, 39f, 44t
definição, 45
metemoglobinemia, hereditária, 44t
polidactilia, 44t, 45f, 163f
Antártica
- buraco da camada de ozônio, 248, 248f

- encolhimento da plataforma de gelo, 243, 243f
placas tectônicas e, 114
Antera, 4f, 18f, 19
Anthocertophyta
evolução de, 161f
- **Antibióticos**
resistência a, 98, 131
- Anticoagulantes, como veneno de rato, 124, 131, 146, 147, 147f
Anticódons, 69, 69f
Antígeno(s). Ver Sistema imunológico
A Origem das Espécies (Darwin), 114
Aorta, 19
Apicomplexos (esporozoários), 161f
Aprendizado observacional, 169, 169f
Aptidão inclusiva, teoria da, 176
- **Aquecimento global**, 237, 237f
impacto do, 222, 222f, 250, 261, 266, 288
perda de floresta tropical e, 259
Aquífero de Ogallala, 233
Aquífero Edwards, 278
Aquíferos
- ameaças aos, 233, 233f, 278
definição, 232
Aquifex, 161f
Aquileia (*Achillea millefolium*), 27, 27f
Arabeta (*Arabidopsis thaliana*), 81, 81f, 154
Aranha-lobo, 182, 182f
Aranhas
como predadora, 206
Arber, Werner, 90
Arbusto creosoto (*Larrea*), 183f, 255, 255f
Arbustos abertos, 261
Archaea. Ver também Procariontes
classificação, 160, 160f
evolução do, 161f
Areia, no solo, 254
Arenito, 114, 115f
Argila, como solo, características da, 254
Aristóteles, 108
- Armas biológicas, 62, 62f, 62, 75
Arminho, 226f
Arnold, Steven, 166
arqueias, 161f
- Arquipélagos, especiação alopátrica no, 140-141, 141f
Arroz dourado, 88, 88f, 103
Arroz (*Oryza sativa*)
concorrência com ratos, 124f
engenharia genética do, 88, 88f, 103

Arsênico, 124
Artemísia, 204, 213
Arthropoda. *Ver* Artrópode
Ártico
- gelo, encolhimento do, 243, 243*f*, 274, 288
- poluição no, 275, 289, 289*f*
  rede alimentar, 226-227, 226*f*
Artiodáctilos, 117, 117*f*, 145*f*
artrópodes, 118*f*
Artrópode(s) (Arthropoda)
  evolução dos, 118*f*, 161*f*
Árvore da vida, 160, 161*f*
Árvore de eucalipto, 204
Árvore de Natal (em transcrição), 67*f*, 70, 70*f*
Árvore(s)
- chuva ácida e, 258
  evolução das, 118*f*
Árvores alder, 212*f*
Árvores de carvalho
  fluxo de genes em, 137, 137*f*
Árvores decíduas, em florestas perenifólias, 258
Asaro, Frank, 123
Asa(s)
  evolução das, 153, 153*f*
  inseto
    como estrutura homóloga, 153, 153*f*
  morcego
    como estrutura análoga, 153, 153*f*
    como estrutura homóloga, 152, 152*f*
  pássaro
    como estrutura análoga, 153, 153*f*
    como estrutura homóloga, 152, 152*f*
Ascomicetos. *Ver* Fungos com asco
Ásia
- taxa de fertilidade total, 194
- Asma, 258
- Aspartame, 47
- **Ataque cardíaco**
  tratamento, 100
- Ataques ao world Trade Center (11/09/2001), identificação dos restos das vítimas, 95
- Ataques terroristas de 11 de setembro, 95
Ativador(es), 78, 84
Atmosfera. *Ver também* Poluição do ar
  camada de ozônio, 248
    buraco na, 248, 248*f*

como componente da biosfera, 244
como reservatório de água, 232*t*
composição
  mudanças com o decorrer do tempo, 118*f*
dióxido de carbono na, 235, 243, 243*f*
efeito estufa, 236, 236*f*
gases do efeito estufa e, 235, 236-237, 236*f*, 237*f*, 278
no ciclo de carbono, 234-235, 234*f*-235*f*
perda de floresta tropical e, 259
Atóis, 266*f*
Austrália
- diagrama de estrutura de idade, 195*f*
- espécies exóticas na, 217, 217*f*
  Grande Barreia de Recifes, 266, 266*f*
- Autismo, 32, 104, 177
Autosacrifício. *Ver* Comportamento altruístico
Autossomos, 34
Ave-do-paraíso (*Paradisaea raggiana*), 134*f*
Avery, Oswald, 52-52
Avestruz, 108*f*
Axolotles, 155

B

Babuíno(s) 611, 170, 170*f*
- Baby boomers, 194, 195*f*, 197
Bacalhau, Atlântico (*Gadus morhua*), 191, 191*f*, 278
Bacalhau do Atlântico Norte (*Gadus morhua*), 191, 191*f*
Bacia de Hubbard Brook, 232, 233*f*
Bacia do Rio Mississippi, 232
Bacias hidrográficas, 232
Bactéria (bactérias). *Ver também* Cianobactérias; Procariontes
  classificação, 160, 160*f*
  clonando DNA em, 90-91, 90*f*, 91*f*
  como decompositoras, 224, 227, 239
  como espécie pioneira, 219
  crescimento populacional
    exponencial, 185, 185*f*
    fatores limitadores, 186
  desnitrificação, 239
  evolução das, 161*f*
  fixadoras de nitrogênio, 203, 203*f*, 212, 212*f*, 231, 238, 238*f*, 239, 241
  fotossintéticas. *Ver* Cianobactérias
  potencial biótico, 185
  resistência a antibióticos, 98, 131
  sucesso evolucionário das, 2

Bactérias, 161*f*
Bactérias fotossintéticas. *Ver* Cianobactérias
Bactérias gram-positivo, 161*f*
Bactérias verdes não sulfurosas, 161*f*
Bactérias verdes sulfurosas, 161*f*
Bacteriófago
  na pesquisa de DNA, 53, 53*f*, 61, 61*f*, 242*t*
Baía de Bengal, 271, 271*f*
Baleia assassina (orca), 283
Baleias
  baleia assassina (orca), 283
  evolução das, 118, 117*f*, 152
  radiação adaptativa, 145*f*
Bambu, 189
Bambuzais. *Ver* Equisetáceas
Banana, 97
Bancos de coral, 266*f*
Bando, definição, 188
Bangladesh, 194, 271
Barreira de recifes, 266*f*
Barr, Murray, 80
Base reprodutiva, definição, 182
Basidiomicetos. *Ver* Basídios
Basídios (Basidiomicetos), 161*f*
Beagle (navio), 110-111, 110*f*-111*f*
- Bebês de proveta, 47
Beethoven, Ludwig von, 32
Beija-flores havaianos, 141, 141*f*, 144, 148, 148*f*, 156*f*, 157, 157*f*, 157, 159*f*, 160, 162, 163, 163*f*, 279
Bergerub, Toha, 164
Berg, Paul, 101
Besouro-bicudo, 215*t*
Besouro (coleóptero)
  defesas, 209, 209*f*
  espécies exóticas, 215, 215*t*, 220
Besouro de chifre longo asiático, 215, 220
Besouro japonês, 215*t*
Besouros de farinha (*Tribolium castaneum*), 136, 136*f*
Betacaroteno, 88, 103
Beyer, Peter, 88, 103
Biblioteca de genoma, 92
Bibliotecas de DNA, 92
Bibliotecas de DNAc, 92
Bicarbonato (HCO3-)
  no ciclo de carbono, 234-235, 234*f*-235*f*
Bico-grosso de barriga preta (*Pyrenestes ostrinus*), 133, 133*f*
Bico, pássaro
  adaptações no, 133, 133*f*, 141*f*, 205

- Bifenóis policorados (PCBs), 289, 289f
- Biodiesel, 259

Biodiversidade
- agricultura e, 276
- avaliação da, 280-280
- com o decorrer do tempo, 276f
- como riqueza biológica, 286
- das algas, fatores de, 214-215, 214f
- dentro do habitat, como autorreforço, 218
- e consumo de recursos, 282
- e desenvolvimento terrestre, 282
- e extinções, 145, 145f, 276 (Ver também Extinção(ões))
- em ilhas, 218-219, 218f, 219f
- em recifes de coral, 266f-267f
- mantendo a, 286-287, 286f, 287f
- níveis de, 280

Biogeografia, 108, 109, 114, 218
Biologia de preservação, 280-281
Biomas, 252-253, 252f-253f.
- esforços de preservação, 281
- solos, 254, 254f

Biomassa, 234

Biosfera
- definição, 244
- Impacto humano sobre a, 274 (Ver também Poluição)
- ameaças atuais, 278-279
- avaliação da, 280-280
- desertificação, 284, 284f
- desmatamento, 233, 233f, 239
- ecorregiões ameaçadas, 281, 281f, 281t
- efeitos do desenvolvimento e consumo, 282-283, 282f
- espécies em risco ou ameaçadas, 277, 278-279, 278f, 280, 280t, 281, 282
- extinções, 277, 277f
- lixo, 285, 285f
- presença de, 272, 274f
- severidade da, 274

Bisão (búfalo norte-americano), 173f, 211, 211f, 256f
Bisfenol A (BPA), 15, 15f
Blair, Tony, 96
Boca-de-lobo, cor da flor em, 24, 24f
Boga do mar, 156f
Bois almiscarados (*Ovibos moschatus*), 174-175, 175f
Bolha de transcrição, 66f
Bolsa gular, 105
Borboleta
- espécies ameaçadas, 282

Borboleta-coruja da Costa Rica (*Caligo*), 183f
Borboleta do mar, 267f
Borboleta "Mission Blue", 282
Borboletas *Heliconius*, 138f
Bosque seco, 252f-253f, 257
Bradshaw, Ken, 244
Branqueamento de coral, 266, 266f
Branson, Herman, 54
Brasil, dados demográficos, 194f
Brisas costeiras, 251, 251f
Brodifacoum, 146
Bromadiolona, 147
Bt (*Bacillus thuringiensis*), 98, 99f
Bunkley-Williams, Lucy, 266
Byron, Lord, 32

C

- Caça ilegal, 278-279

Cactos
- classificação dos, 108f, 109
- como planta CAM, 255

Cadeias alimentares, 225, 225f
- aquáticas, 227
- e aumento biológico, 230, 230f
- pastagem, 226-227
- residuais, 227, 264, 268

Cães de pradaria, 174, 174f
Cães Labradores, cor do pelo em, 25, 25f
Cafeína
- como defesa da planta, 208

Cágado do Deserto de Sonora, 255f

Cálcio
- no solo, 239

Calicivírus, 217

Camada de ozônio, 248
- buraco na, 248, 248f

Camadas de rochas, 106, 106f, 109, 114, 115f, 118, 119f
Cama (híbrido de camelo e lhama), 147
Camarão de coral, 267f
Camarhynchus pallidus (Pica-pau), 113f
Camelídeos, 140, 140f
- Camptodactilia, 29, 29f, 44t

Camuflagem, 208, 208f, 209, 209f

Camundongo (camundongos)
- como predador, 209, 209f
- comportamento, base genética de, 167
- crescimento populacional, exponencial, 184-185, 184f
- embrião, 155f

em pesquisa genética, 97, 100, 101f, 102, 104
experiências em pneumonia de Griffith, 52, 52f
genoma, *vs.* outras espécies, 97
órfão, 3, 14
sequências de proteína de aminoácidos, 156f

Canadá, diagrama de estrutura de idade, 195f

Câncer. Ver também Câncer de mama; Câncer de pulmão; Tumor(es)
- desregulagem genética no, 97
- leucemias, 102
- mutação genética e, 57, 73, 76, 86, 87, 129
- ovariano, 59, 76
- pele, 73
- pesquisa sobre o, 87
- terapia genética e, 102
- tratamento, 102, 259

- Câncer de mama
- mutações genéticas e, 86, 129
- remoção preventiva da mama, 77, 86
- tratamento, 76, 76f

Canguru, 145f
Cannabis. Ver Maconha
Cão(ães)
- comunicação em, 171
- condicionamento clássico de, 169
- número de cromossomos, 15

Capacidade de transporte, 186-187, 186f, 187f
- e crescimento populacional humano, 192-193, 192f, 193f, 196-197, 197f
- e desenvolvimento econômico, 196-197, 197f

'Cap' de guanina, em RNAm, 68, 68f

Caracóis
- caracol-do-mar (*Littorina littorea*), 214-215, 214f
- nas zonas costeiras, 265
- variação fenotípica entre os, 126f-127f

Caracol-do-mar (*Littorina littorea*), 214-215, 214f

Característica(s). Ver também Fenótipo
- dimorfismos, 126
- polimorfismos, 126
- variação dentro de populações, 126, 126f-127f

Características adaptativas, 113
Características comportamentais, 126

Características culturais, transmissão de, em animais, 174-176, 175*f*
Características morfológicas, 126
Características recessivas associadas a X, daltonismo, 39, 39*f*, 44*t*
Características sexuais, secundárias, em seres humanos, 35
Caranguejo violinista, 169, 172, 172*f*
Caráter(caracteres) (cladística), 151, 151*f*
    características bioquímicas, 156
    deslocamento de caráter, 205
    matriz de caráter, 158
Carbonato de cálcio, em recifes de coral, 266
Carbono
    em nucleotídeos, 55*f*, 56, 56*f*
Carbono 12, 116, 116*f*
Carbono 14, 116, 116*f*
Cariotipagem, 35, 35*f*, 40, 41
Carnívoros
    como consumidores, 224, 228, 228*f*, 229*f*
    radiação adaptativa, 145*f*
Carotenos
    β-caroteno, 88, 103
Carpelo, 18*f*, 81, 81*f*
Carroll, Lewis, 2
Carson, Rachel, 230
Carvão
    ▪ e a poluição do ar, 230
Castor, 215
Catastrofismo, 110
Cauda poli-A, em RNAm, 68, 68*f*, 79
Caulerpa taxifolia (alga invasiva), 216, 216*f*
Cavalo(s)
    membros, estruturas homólogas, 152
    radiação adaptativa, 145*f*
Celacantos (*Latimeria*), 144, 161*f*
Celera Genomics, 96, 96*f*
Célula(s). *Ver também* Células animais; Núcleo, celular; Célula(s) vegetal(is)
    diferenciação. *Ver* Diferenciação
    metabolismo. *Ver* Metabolismo
Célula espermática, definição, 4
Células da glândula salivar, cromossomos politenos nas, 79, 79*f*
Células fotossintéticas. *Ver* Cloroplasto(s)
Células germinativas
    meiose e, 4
    mutação genética em, 73

Célula(s) somática(s), mutação genética em, 73
Células-tronco
    ▪ aplicações, 59
Celulose
    digestão de, 229
Cenoura (*Daucus carota*), 150*f*, 170, 170*f*
Centríolo, 6*f*-7*f*
Cerrado seco, 252*f*-253*f*, 257, 257*f*
Cervo, 145*f*
    Cervo de Florida Key, 183*f*
    com cauda branca (*Odocoileus virginianus*), 180, 190
    e concorrência exploratória, 204
    ▪ superpopulação de, 180, 197
Cervo de Florida Keys, 183*f*
Cestoide. *Ver* Tênia
CFCs. *Ver* Clorofluorocarbonetos
Chaparral, 257, 257*f*, 281*f*
Charalambous, Haris, 19, 19*f*
Chargaff, Erwin, 54
Chase, Martha, 53, 53*f*, 61, 61*f*
Chicote do mar vermelho, 267*f*
Chile, Deserto do Atacama, 255
Chimpanzé(s)
    características culturais, transmissão de, 174-174, 175*f*
    desenvolvimento, 154-155, 155*f*
    genes, 104
China
    ▪ desertificação na, 284
    ▪ diagrama de estrutura de idade, 195*f*
    ▪ e desenvolvimento econômico, 197
    ▪ emissões de carbono, 242
    ▪ população da, 194
    ▪ programas de controle populacional, 194-195
    ▪ taxa de fertilidade total, 195
Chips de DNA, 97, 97*f*
Chita, 209
Chlamydia, 161*f*
Chumbo, como produto da decomposição de urânio, 116
Churchill, Winston, 32
    ▪ Chuva ácida, 239, 258, 258*f*, 278
    ▪ Chuva radioativa, do desastre da usina nuclear de Chernobyl, 258*f*
Cianeto, 124
Cianeto de sódio, 267
Cianobactérias, 161*f*
    evolução de, 161*f*
    fixação de nitrogênio, 238
    nos lagos, 262
cicadáceas, 118*f*, 161*f*

Cicadáceas
    evolução de, 118*f*, 161*f*
Ciclídeos, 190*f*, 191, 191*f*
Ciclo de carbono, 234-235, 234*f*-235*f*
    dióxido de carbono atmosférico e, 235
    fotossíntese e, 234*f*-235*f*, 235
    ▪ interrupção humana do, 235
Ciclo de fósforo, 240-241, 240*f*
Ciclo de nitrogênio, 238-239, 238*f*
Ciclo menstrual
    humano, sincronização de, 177
Ciclos biogeoquímicos
    ciclo da água, 231-232, 231*f*, 232*f*, 240
    ciclo de carbono, 234-235, 234*f*-235*f*
    ciclo de nitrogênio, 238-239, 238*f*
    ciclo do fósforo, 240-241, 240*f*
    definição, 231, 231*f*
Ciclos de vida
    planta, 10, 10*f*
Cidade do México, 236*f*
Ciência natural, trabalho inicial sobre, 108-114
Cigarra, 138, 138*f*
Ciliados, 161*f*
Circulação total de outono, 263, 263*f*
Circulação total de primavera, 263, 263*f*
Citocromo *b*, sequência de aminoácido, 156-157, 156*f*, 157*f*, 163*f*
Citosina (C), 54, 54*f*, 64, 65*f*, 66
Cladística. *Ver também* Caráter(caracteres)
    análise de parcimônia em, 158, 158*f*
    definição, 151
Clado, definição, 151
Cladogramas, 151, 151*f*
Clark, Larry, 170
Classe, em nomenclatura lineana, 150, 150*f*
Classificação. *Ver* Taxonomia
Clima. *Ver também* Aquecimento global
    e biomas, 252-253
    cerrado seco, 257
    ciclos no, 272
    correntes oceânicas e, 250, 250*f*
    definição, 246
    deserto, 255
    El Niño e, 270
    floresta perenifólia de folhas largas, 258
    florestas decíduas tropicais, 258
    gases de efeito estufa e, 236-237, 236*f*, 237*f*

monções, 251
sombras de chuva, 250-251, 251f
pradarias, 256
regional, origens do, 246
savanas, 257
Clinton, William "Bill", 96
Clonagem
- benefícios em potencial da, 50
- como assunto ético, 50, 52, 59, 60
de células, 90-91
de DNA, 90-91, 90f, 91f
- de seres humanos, 50, 59
- reprodutiva, 50, 50f, 58-59
- terapêutica, 59, 60
- Clonagem terapêutica, 59, 60
- Clorofluorocarbonetos (CFCs), 236, 237f, 248
Cloroplasto(s)
DNA, em análise filogenética, 157
evolução de, 161f
Cnidaria. *Ver* Cnidários
Cnidários (Cnidaria)
evolução de, 161f
na cadeia alimentar do oceano, 268
Coala (*Phascolarctos cinereus*), 209
Coanoflagelados, 161f
Cobertura de gelo, perpétua, 252f-253f
Cobra-arbórea-marrom, 279
Cobras
como espécies introduzidas, 279
comportamento aprendido em, 168
comportamentos alimentares, 166, 166f
evolução das, 161f
- Introdução nas ilhas havaianas, 148
membros, que restam como vestígio, como estrutura homóloga, 152
Cobras-garter, 166, 166f, 166
Cóccix, humano, 109, 109f
Código genético, 68, 69f, 72, 157
Codominância, 24
Códon(s), 68, 69, 69f, 70, 70f-71f
Códon AUG, 68, 69f, 70
Códons de parada, 68, 70, 70f-71f
Códon UAA, 68, 69f
Códon UAG, 68, 69f
Códon UGA, 68, 69f
Coelhos
europeus (*Oryctolagus curiculus*), 217, 217f
radiação adaptativa, 145f
transgênicos, 100, 100f
Coevolução, 144f, 144
definição, 202

Cogumelos
espécies ameaçadas, 280t
Colágeno
mutação genética, 127
Colchicina, 35, 142
Coleóptero. *Ver* Besouro
- Cólera, 193, 270-271, 271f
Coloração de advertência, 208
Colwell, Rita, 271, 271f
- **Combustíveis fósseis**. *Ver também* Carvão
e aquecimento global, 222
e ciclo de carbono, 234f-235f, 235
e gases de efeito estufa, 237, 239
e Revolução Industrial, 193
extração e transporte, impacto ecológico, 282-283, 283f
reservas conhecidas, 234
Comensalismo, 202, 202t
Compensação de dosagem, teoria de, 80-80
Competição, 202, 202t, 204-205, 204f, 205f. *Ver também* Seleção natural
efeitos da, 204-206
exclusão competitiva, 204
exploratória, 205
interferência, 204, 204f
Complexo de iniciação, 70, 70f-71f
Comportamento. *Ver também* Comportamento de acasalamento
adaptativo
definição, 170, 170f
Vs. moralidade, 177
aprendido, 168-169, 168f, 169f
aprendizado observacional, 169, 169f
base genética do, 166-167, 166f, 167f
habituação, 169
instintivo, 168, 168f
respostas condicionadas, 169, 169f
ser humano
base evolucionária, 177
fatores que afetam, 178
Comportamento adaptativo
definido, 171, 170f
Comportamento alimentar
base genética do, 166-167, 166f
caça em grupo, 174, 175f
Comportamento altruístico 176-793, 176f
Comportamento aprendido, 168-169, 168f, 169f
Comportamento de acasalamento
cuidado parental e, 134, 173, 173f
e isolamento reprodutivo, 138f, 139, 139f

e seleção sexual, 134, 134f, 172-173, 172f, 173f
hormônios e, 167, 167f
lesbites, 190
sinais visuais, 170f, 171
Comportamento de namoro. *Ver* Comportamento de acasalamento
Comportamento instintivo, 168, 168f
Comunicação.
animal
chamados de alarme, 174, 174f
tipos de sinal, 170-171, 170f, 171f
Comunidade
definição, 202
estrutura de, fatores em, 202
estrutura, padrões de biogeografia em, 218-219, 218f, 219f
interações de espécies em. *Ver* Espécies, interação
sucessão ecológica em, 212-213, 212f, 213f
Concha(s)
animal, evolução das, 118f
Concorrência exploratória, 204
Concorrência por interferência, 204, 204f
- Condição XXY, 43
- Condição XYY, 43, 44t
Condicionamento clássico, 169
Condicionamento operante, 169
Conífera(s)
evolução de, 118f, 161f
Coníferas, 118f, 161f
Consumidores
na rede alimentar, 226f
papel no ecossistema, 224, 224f
Consumo de recursos, impacto na biosfera, 282-283, 283f
- **Contracepção**
e controle populacional, 194
- Controles biológicos, 200, 211, 211f, 221, 221f
Convergência morfológica, 153, 153f
Cooksonia (primeira planta vascular), 115f
Copépodos, 262, 271
Coprólitos, 115f
Coral, 266
espécies ameaçadas, 280t
evolução de, 118f
recifes, 266-267, 266f-267f
Corey, Robert, 54
Cormorões, 175, 175f
Corpo polar, 58f
primeiro, 10, 11f
segundo, 10, 11f

Corpos de Barr, 80, 80*f*
Corrente de Humboldt, 269, 269*f*
Corrente do Golfo, 250, 250*f*
Correntes, oceano, 250, 250*f*
- Corte de madeira, sustentável, 286*f*, 287
- Corte em lâmina, 286*f*, 287

Cortisol
    nível no sangue
        regulagem de, 177

Coruja da neve, 226*f*
Coruja pintada do norte, 188, 281

Corujas
    da neve, 226*f*
    pintadas do norte, 188, 281

Covas, Rita, 132

Crânio
    chimpanzé, desenvolvimento, 154-155, 155*f*
    ser humano
        desenvolvimento, 154-155, 155*f*

Cratera de Barringer, 106, 106*f*
Crenarchaeotas, 161*f*

Crescimento
    planta
        fósforo e, 240-241

Crescimento e declínio populacional
    exponencial, 184-185, 184*f*, 185*f*
    fatores limitadores, 186-187, 186*f*, 187*f*, 192-193
    humano, 192-193, 192*f*, 193*f*, 195
        desenvolvimento econômico e, 196, 196*f*
        efeitos econômicos do, 196-197, 196*f*, 197*f*
    tipos e terminologia, 183-183, 184*f*, 185*f*
    zero, definição, 184

Crescimento exponencial, da população, 184-185, 184*f*, 185*f*
Crescimento logístico, 186-187, 186*f*
Crescimento populacional zero, 184
- Criações, impacto ambiental, redução de, 287, 287*f*
- Criatividade, transtornos neurobiológicos e, 32, 32*f*, 48

Crick, Francis, 54-55, 55*f*, 59, 101
Cristalografia de raio X, 54, 59
Crocodilianos, 161*f*
    cuidado parental em, 173

Cromátide(s), irmã
    na meiose, 5, 6*f*-7*f*, 8, 8*f*, 12*f*-13*f*
    na mitose, 12*f*-13*f*

Cromátides-irmãs
    em meiose, 5, 6*f*-7*f*, 8, 8*f*, 12*f*-13*f*
    em mitose, 12*f*-13*f*

Cromossomo(s)
- anomalias, em seres humanos, 35
autossomos, 34
cariotipagem, 35, 35*f*
duplicação em, 40
estrutura
    evolução da, 41, 41*f*
    mudanças hereditárias na, 40, 44*t*
exclusões em, 40
homólogos, 4, 19*f*
humanos, 35*f*
    anomalias, 35
    autossomos, 34
    cromossomos sexuais, 34-35, 34*f*
    vs. cromossomos do macaco, 41, 41*f*
intercruzamento, 8, 8*f*, 12*f*-13*f*, 40, 126*t*
inversões em, 40
na meiose, 5, 6*f*-7*f*, 9, 9*f*, 12, 12*f*-13*f*
na mitose, 12, 12*f*-13*f*
na reprodução sexuada, 4
politeno, 79, 79*f*
segregação em gametas, 9, 9*f*
translocação na, 40

Cromossomos homólogos, 4, 19*f*, 34
Cromossomos politenos, 79, 79*f*

Cromossomos sexuais
animais, 34
definição, 34
humanos, 34-35, 34*f*
número de cromossomos, mudanças no, 43, 44*t*

Cromossomo X
Corpos de Barr, 80, 80*f*
e determinação do sexo, 34-35, 34*f*
evolução dos, 41, 41*f*
genes, 35, 38
inativação do, 80-81, 80*f*, 86
mutações no, 38-39

Cromossomo Y
e determinação de sexo, 34-35, 34*f*
evolução do, 41, 41*f*
genes, 35

Cronograma geológico, 118, 118*f*, 123*f*, 276*f*

Crustáceos
espécies ameaçadas, 280*t*
Cruzamento consanguíneo
    em espécies eussociais, 178
    e oscilações genéticas, 137
Cruzamento-teste, 20
Cuco, 168, 168*f*, 210
Cuidado parental
    e comportamento de namoro, 134, 173, 173*f*
    e curva de sobrevivência, 189
- Cuidados com a saúde, e envelhecimento das populações, 197
- **Culturas (alimentos)**
    concorrência com insetos por, 98-99, 99*f*
    concorrência com ratos por, 124, 124*f*
    geneticamente modificados, 88, 88*f*, 98-99, 99*f*, 103

Cupins (*Nasutitermes*)
    comportamento altruístico em, 176, 176*f*
    rei, 176

Curtas repetições consecutivas, 95
Curtis, Tom, 280
Curva de sino, variação de fenótipo e, 28*f*, 29
Curva em forma de S, em crescimento logístico, 186*f*, 187
Curva em J, 184*f*, 185
Curvas de sobrevivência, 188-189, 189*f*
Cuvier, Georges, 110

D

Dafnia, 27, 27*f*
Dale, B. W., 206*f*
- Daltonismo, 39, 39*f*, 44*t*
- Daltonismo vermelho-verde, 39, 39*f*, 44*t*

Darwin, Charles
    a viagem do *beagle*, 110-111, 110*f*-111*f*
    pesquisa sobre evolução, 110-114
    sobre a coevolução, 144*f*
    sobre a herança genética, 18
    Sobre a Origem das Espécies, 114
    sobre a seleção natural, 112-113, 204

Datação por carbono, 116, 116*f*
- Datação radiométrica, 116, 116*f*,
da vida (árvore da vida), 160, 161*f*
- DDT (difenil-tricloroetano)
    amplificação biológica de, 230, 230*f*

Decompositores
bactérias como, 224, 227, 239
fungos como, 224, 227, 239
nos lagos, 263
papel dos, 223, 226*f*, 227, 228*f*, 229*f*, 239

Dedo polegar opositivo, 152
Defesa(s), 208-209, 208*f*, 209*f*. Ver também Concha
    camuflagem e subterfúgio, 208, 208*f*

espinhos e ferrões, 204, 203f, 208
secreções e ejaculações, 208, 209, 209f
venenos, 164, 200, 208, 216
Demografia
   crescimento populacional e declínio
      fatores limitadores de, 186-187, 186f, 187f, 192-193
      tipos e terminologia, 183-183, 184f, 185f
   curvas de sobrevivência, 188-189, 189f
   definição, 182
   diagramas de estrutura de idade, 194, 195f
   padrões de história de vida, 188
   taxas de fertilidade, 194, 194f
   terminologia, 182
Densidade populacional
   definição, 182
   e estratégia reprodutiva, 189
- Departamento Norte-Americano de Agricultura (USDA)
  - pesquisa sobre controles biológicos, 221, 221f
  - Serviço de Inspeção de Saúde Animal e Vegetal (APHIS), 99

Depressão, 247f
- Depressão, como distúrbio genético, 32, 32f

Descendente com modificação, 114. Ver também Evolução
Desenvolvimento
   chimpanzé, 154-155, 155f
   Drosophila melanogaster (mosca-das-frutas), 82-83, 82f-83f
   em análise filogenética, 154-155, 154f, 155f
   formação de padrão, 83
   ser humano
      crânio, 154-155, 155f
      visão geral, 47f
   vertebrados
      genes mestre em, 154
Desenvolvimento econômico, e crescimento populacional, 196, 196f
Desenvolvimento terrestre, impacto na biosfera, 282
- Desertificação, 284, 284f

Deserto, 255, 255f
   distribuição global, 246, 252f-253f
   solo, 254, 254f
Deserto de Gobi, 284
Deserto de Sonora, Arizona, 255, 255f
Deserto do Atacama, 255
Deserto do Saara, 284, 284f
- Desmatamento, 233, 233f, 239

Desmatamento excessivo, 278
Desnitrificação, 238-239, 238f
- Dessalinização, da água, 233

Detritívoros, 224, 226f, 227, 228f, 229f
Detritos, carbono contido em, 234
- **Diabetes mellitus**
  pesquisa sobre, 100
- Diagnóstico pré-implantação, 46-47
- Diagnóstico pré-natal, 42, 46

Diagramas de árvore evolucionária, 151, 151f, 157f, 158, 159f
Diagramas de árvore, evolucionário, 151, 151f
Diagramas de estrutura de era, 194, 195f
Diatomácea(s)
   evolução de, 161f
   nos lagos, 262
Didesoxinucleotídeos, 93, 93f
Diferenciação
   clonagem e, 67
   controle de, 83
   expressão de gene e, 78
Dímeros de timina, 61, 73, 73f
Dimorfismos, 126
Dimorfismo sexual, 134
Dinoflagelados, 161f, 266
Dinoflagelados fotossintéticos, 266
Dinossauros, 118f, 123f
   evolução de, 118f, 123f
   extinção de, 106
Dióxido de carbono
   atmosférico, 235, 243, 243f
      como gás de efeito estufa, 236, 237f, 259
   no ciclo de carbono, 234-235, 234f-235f
Dióxido de nitrogênio, 248-248
Diplomonados, 161f
Dispersão em salto, 215
Dispersão geográfica, 215
Disputas de paternidade, impressão digital no DNA, 95
Distribuição
   aleatória da população, 182, 182f
   da população, tipos de, 182, 182f
   populacional aglutinada, 182, 182f
   populacional uniforme, 182, 182f
- Distrofia muscular de Duchenne (DMD), 39
- Distrofias musculares, 39, 44t, 47

Distrofina, 39
- Distúrbios associados a X, 38-39, 38f, 39f, 44t, 80-81, 80f

- **Distúrbios genéticos**, 36-37, 189f. Ver também Anemia falciforme; distúrbios associados a X
acondroplasia, 36, 36f, 44t
aconselhamento genético, 46
anemia falciforme, 44t, 46, 72, 72f
anemia fanconi, 44t
anomalias no cromossomo sexual, 43
associado a X, 38-39, 38f, 39f, 44t, 80-81, 80f
autismo, 177
camptodactilia, 29, 29f, 44t
condição XXY, 43
condição XYY, 43, 44t
definição, 45
diagnóstico pré-natal, 42
displasia anidrônica associada a X, 44t
distrofia muscular de Duchenne, 39
distrofias musculares, 39, 44t, 47
doença de Huntington, 36, 40, 44t, 45f, 72
estrutura de cromossomo, mudanças em, 40, 44t
fenilcetonuria, 44t, 47
fibrose cística, 44t, 46, 47, 100, 102
galactosemia, 36-37, 37f, 44t
hemocromatose hereditária, 129
hemofilia, 38-39, 38f, 44t, 113
hipercolesterolemia familiar, 44t
leucemia mielógena crônica, 44t
mudanças no número de cromossomos, hereditárias, 42-43, 42f, 44t
neurofibromatose, 44t, 75, 75f
persistência de, 46
progeria, 37, 37f, 44t
raras, pesquisa sobre, 102
SCIDs, 102
síndrome de Cri-du-chat, 40, 40f, 44t
síndrome de Down (Trisomia 21), 42, 42f, 43f, 44t, 46
síndrome de Ellis-van Creveld, 44t, 45f, 137
síndrome de Hutchinson-Gilford progeria, 37, 37f, 44t
síndrome de insensibilidade andrógena, 44t
síndrome de Klinefelter, 44t
síndrome de Marfan, 19, 44t
síndrome de Turner, 43, 43f, 44t
síndrome do X frágil, 44t
síndrome do Xxx, 43, 44t
terapia genética, 102

tratamento, 47
triagem para, 46-47
xeroderma pigmentoso, 61
- **Distúrbios neurobiológicos (NBDs)**
  fatores ambientais, 37
  fatores genéticos, 32, 32f, 37, 48, 104
  triagem para, 33, 48
Divergência morfológica, 152
Diversidade. *Ver* Biodiversidade; Diversidade genética
Diversidade genética, ser humano, fontes de, 8, 8f, 9, 10-11, 126, 126t
Divisão celular. *Ver também* Meiose; Mitose; Fissão procariótica
Divisão de recursos, 205
Divisão do embrião, 67
DNA (ácido desoxirribonucleico). *Ver também* Cromossomo
  clonagem de, 90-91, 90f, 91f
  código genético, 68, 69f, 72, 157
  comparado ao RNA, 64, 65f
  corte de, 90, 90f
  duplicações, 40
  estrutura
    descoberta do, 54-54, 55f, 59
    dupla hélice, 55, 55f
    estrutura principal de açúcar-fosfato, 55f
    na análise filogenética, 156-157, 156f, 157f, 158
    nucleotídeos, 54, 54f, 55, 55f, 64f, 65f (*Ver também* Nucleotídeo(s))
    pareamento de bases, 55, 55f
  exclusões, 40
  "extremidade coesiva" de, 90, 90f, 91f
  fragmentos
    cópia/multiplicação de, 92-93, 93f
    união de, 90, 90f, 91f
  informações genéticas, natureza das, 64
  inversões em, 40
  mitocondrial
    em análise filogenética, 157
  pareamento de bases, 55, 55f, 66, 66f
  pesquisa sobre, 52-55, 59
  recombinante, 90, 90f
  sequência de bases, 55, 56, 56f, 64
  ser humano, elementos transponíveis em, 72
  transcrição. *Ver* Transcrição
  translocação de, 40
DNA à prova de leitura, 57, 72

DNAc (DNA complementar)
  clonagem de, 91
  montagem de, 91
DNA complementar. *Ver* DNAc
DNA helicase, 56
DNA ligase, 56, 56f, 57f, 90, 90f, 91f
DNA polimerase, 56-57, 57f
  à prova de leitura por, 57, 72
  na reação em cadeia da polimerase, 92-93, 93f
  no sequenciamento de DNA, 93, 93f
  Taq polimerase, 93, 93f
DNA recombinante, 90, 90f
Dodo (*Raphus cucullatus*), 277
- **Doença**. *Ver também nomes de doenças específicas.*
  como fator limitante dependente de densidade, 187, 192-193
  comportamentos sociais e, 175
  definição, 45
  parasitas e, 210
- **Doença de Huntington**, 36, 40, 44t, 45f, 72
- **Doença holandesa do ulmeiro (grafiose)**, 215t, 230
- **Doença rodopiante**, 210, 210f, 215
- **Dolly, a ovelha**, 50, 59
Dominância incompleta, 24, 24f
Domínio, em nomenclatura lineana, 150, 150f
Dormência
  em plantas, 258
Dorudon atrox (baleia fóssil), 117, 117f
- **Droga(s), prescrição**
  fontes naturais de, 259, 286
  pesquisa sobre drogas, 259, 287
Drosophila melanogaster
  comportamento alimentar, 166-167, 167f
  comportamentos de namoro, 167
  desenvolvimento, 82-83, 82f-83f
  em pesquisa
    as vantagens de usar, 82
    pesquisa genética, 82-83, 82f-83f
  gene *da procura por alimentos* (for), 166-167, 166f
  gene *infrutífero ou sem fruta* (*fru*), 167
  genoma, *vs.* genoma humano, 156
  número de cromossomos, 15
  tamanho, 82f
Drosophila (mosca-das-frutas), espécies nas ilhas havaianas, 141
Duffin, Richard, 32
Duncan, Ruth, 216f
Duplicação, de DNA, 40

- 'Dust Bowl', 256, 284, 284f

E

Ecologia populacional
  capacidade de transporte, 186-187, 186f, 187f
    e crescimento populacional humano, 192-193, 192f, 193f, 196-197, 197f
    e desenvolvimento econômico, 196-197, 197f
  crescimento populacional, efeitos econômicos, 196-197, 196f, 197f
  foco das, 180
  terminologia, 182
Ecorregiões
  críticas ou em extinção, 281, 281f, 281t
  marinhas, 252f-253f
- **Ecorregiões ameaçadas**, 281, 281f, 281t
Ecorregiões marinhas, 252f-253f
Ecossistema(s)
  água doce, 262-263, 262f, 263f
  água salgada, 265-269
  ciclo de elemento em. *Ver* Ciclos biogeoquímicos
  ciclos de nutrientes nos, 224, 224f
  definição, 224
  fluxo de energia, 224, 224f, 228-229, 228f, 229f
  níveis tróficos, 224-227, 225f, 226f
  oceanos como, 268-269, 268f
  pirâmides de biomassa, 228, 228f
  pirâmides de energia, 229, 229f
Ecossistemas aquáticos
  cadeias alimentares, 227, 229
- enriquecimento de nitrogênio, 239
- eutrofização, 241, 241f
- níveis de fósforo em, 240-241
- poluição da água e, 233
Ecossistemas de água doce, 262-263, 262f, 263f
Ecossistemas de água salgada, 265-269
Ecossistemas terrestres, redes alimentares, 227
Ecoturismo, 286-287
Ectotérmicos, 229
Efeito de área, 219, 219f
Efeito distância, 219, 219f
Efeito estufa, 236, 236f
Efeito fundador, 137
Eixo bipolar, 5, 6f-7f, 9, 12, 12f-13f
Elefante(s), 145f

ÍNDICE REMISSIVO 325

curva de sobrevivência, 188
membro dianteiro, como estrutura homóloga, 152, 152f
Elefantes marinhos do norte, 136-137
Elemento(s).
ciclos de, em ecossistemas. *Ver* Ciclos biogeoquímicos
filha, 116
Elementos-filho, 116
Elementos transponíveis, 72, 73f
Eletroforese, 94, 93f, 95, 95f
Eletroforese em gel. *Ver* Eletroforese
El Niño, 199, 244, 244f, 269-271, 270f
Elomeryx (parente extinto da baleia), 117, 117f
Embrião
ser humano
definição, 46
órgãos reprodutivos, 34f
vertebrado
embriologia comparativa, 154, 154f
Emigração
e frequência de alelo, 137
e tamanho da população, 184
Emmer (*Triticum turgidum*), 142, 142f
Emu, 108f
Endler, John, 190
Endoscópio, 46
Endossimbiose
definição, 202
Energia
fluxo, pelo ecossistema, 224, 224f, 228-229, 228f, 229f
luz solar como fonte de, 224, 229f (*Ver também* Fotossíntese)
para uso humano (*Ver também* Combustíveis fósseis)
impacto ecológico, 282-283, 283f
Energia solar, 247
- Energia solar-hidrogênio, 247
- **Engenharia genética**, 98. *Ver também* Organismos modificados geneticamente
de seres humanos, 102
história da, 101
questões de segurança, 101
questões éticas, 3, 14, 88, 89, 99, 100, 102, 103, 104
use da, 98, 98f
Enguia de Moray, 267f
Enguia-do-lodo, 151f, 161f
Enteromorpha (alga verde), 214f, 215
Entrecruzamento, 8, 8f, 12f-13f, 40, 126t
- **Envelhecimento**

da população em nações desenvolvidas, 197
Envelope nuclear
na meiose, 6f-7f, 12f-13f
Enxofre
dióxidos, 248
Enzima *Bam* HI, 90f
Enzima *Bst* XI, 90f
Enzima *Eco*RI, 90, 90f
Enzima *Kpn* I, 90f
Enzima *Not* I, 90f
Enzima *Pst* I, 90f
Enzima *Sac* I, 90f
Enzima *Sal* I, 90f
Enzimas de restrição, 90, 90f, 91f
Enzima *Sph* I, 90f
Enzima *Xba* I, 90f
Enzima *Xho* I, 90f
Eoceno
Américas no, 140f
definição, 118f
Eomaia scansoria (primeiro mamífero placentário), 145f
Epístase, 25
Equilíbrio genético
definição, 127, 128
Fórmula de Hardy-Weinberg, 128-129, 129f
Equinócio de outono, 246f
Equinócio de primavera, 246f
Equinodermo (Equinodermoata)
evolução do, 161f
Equisetáceas (*Equisetum*), 161f
número de cromossomos, 15
Era Arqueia
definição, 118f
origem e evolução da vida, 118f, 123f
Era Cenozoica, eventos importantes, 118f, 276f
Era do Gelo, e especiação alopátrica, 140
Era Fanerozoica, 118f, 123f
Era Mesozoica
eventos importantes, 118f, 276f
Era Paleozoica, 118f, 276f
Erosão
corte de madeira e, 287
e desertificação, 284
Erro de amostragem, 21, 44, 183
- Erva-de-bicho, 205f
Erva-de-rato, 156f
Ervilha de jardim (*Pisum sativum*)
anatomia, 18f
características de, 18-19, 18f
cromossomos, 19f

Experiências de Mendel com, 18-22, 18f, 20f, 21f, 22f, 26
número de cromossomos, 15, 26
Escherichia coli, 61
e intolerância à lactose, 85
expressão de gene, 84, 84f, 85f
reprodução, 132
transgênica, 98, 98f
Escoamento, 232, 239, 240, 240f
- Esgoto, 239, 258
Espartina (*Spartina*), 265f
Especiação
alopátrica, 140-141, 140f, 141f
isolamento reprodutivo e, 138f
parapátrica, 143, 143f
simpátrica, 142-143, 142f, 143f
Especiação alopátrica, 140-141, 140f, 141f
Especiação parapátrica, 143, 143f
Especiação simpática, 142-143, 142f, 143f
Espécie principais, 214-215, 215f
Espécies
definição, 138
desenvolvimento das. *Ver* Especiação
diversidade. *Ver* Biodiversidade
endêmicas, 278
indicadoras, 280
interação (*Ver também* Coevolução; Comensalismo; Concorrência; Mutualismo; Parasitas e parasitismo; Predadores e depredação; Simbiose)
e estabilidade de comunidade, 214-215, 214f, 215t
tipos, 202
nomenclatura, 150, 150f
padrão de história de vida das, 188
potencial biótico das, 185
Espécies alopoliploides, 142
- Espécies ameaçadas, 278, 278f, 280, 280t, 281
ameaças atuais às, 278-279
definição, 277
- Espécies ameaçadas, 277, 282
Espécies autopoliploides, 142
Espécies de anel, 143
Espécies endêmicas, 278
Espécies exóticas
impacto de, 214-217, 215t, 216f, 217f, 280
números crescentes de, 220
Espécies indicadoras, 280
- Espécies introduzidas, 279. *Ver também* Espécies exóticas

Espécies pioneiras, 212-213, 212f
Espermatídeos, 10, 11f
Espermatócito primário, 10, 11f
Espermatócitos
  primários, 10, 11f
  secundários, 11f
Espermatócito secundário, 11f
Espermatozoide
  angiosperma, 18f, 19
  estrutura, 10
  formação, 10, 11f
  humano, 10, 11f
    cromossomo, 34
Espinhos e ferrões, como defesa, 204, 203f, 208
Espiroquetas, 161f
Esponjas (Porifera)
  evolução das, 161f
Esponja tubular roxa, 267f
Esporófitas
  no ciclo de vida da planta, 10, 10f
Esporo(s), 10, 10f.
Esporozoários. Ver Apicomplexos
Esquilo cinza (Sciurus carolinensis), 217
Esquilo(s)
  como espécies exóticas, 217
Esquilo vermelho (Sciurus vulgaris), 217
- Esquizofrenia
  - como distúrbio genético, 32
Estação(ões)
  causa das, 247, 246f
  em ecossistemas de lago, 262-263, 263f
  variação na produção primária, 228, 228f
Estados Unidos
  - consumo de recursos naturais, 282, 283f
  - diagrama de estrutura de idade, 194, 195f
  - emissões de carbono, 242
  - população e demografia
    - dados demográficos, 194f
    - idade da população, 197
    - população atual, 194
    - tabela de vida, 188t
  - uso de recursos naturais, 196-197
Estágio de alongamento, de tradução, 70, 70f-71f
Estágio de iniciação, de tradução, 70, 70f-71f
Estágio industrial, do modelo de transição demográfico, 196, 196f
Estágio pós-industrial, de modelo de transição demográfica, 196, 196f

Estágio pré-industrial, de modelo de transição demográfica, 196, 196f
Estágio terminal, de tradução, 70, 70f-71f
Estágio transitivo, modelo de transição demográfica, 196, 196f
Estame, 81, 81f
Estase, em macroevolução, 144
Esterilidade
  em animais eussociais, 176-177
  parasitas e, 210
Estímulo
  definição, 166
  detecção e resposta ao, 166
Estoma(s)
  de coníferas, 260
  de plantas CAM, 255
Estorninho(s), 170, 170f
Estramenópilas
  evolução das, 161f
Estrela do mar. Ver Estrelas do mar
Estrelas do mar
  como espécie básica, 214
  embrião, 155f
Estreptomicinas, 131
- Estresse
  gene transportador de serotonina e, 27
Estrogênio(s)
  funções, 35
Estrutura de era, definição, 182
Estrutura de fosfato de açúcar, de DNA, 55f
Estruturas análogas, 153, 153f
Estruturas homólogas, 152-153, 152f
Estuário, 264, 265f
Eucariontes, 118f, 123f
  classificação dos, 160, 160f
  expressão de gene, controle de, 78-81, 78f, 80f, 81f
  origem dos, 118f, 123f
  transcrição em, 68
Eufórbio, classificação de, 108f, 108
Euglenoides, 161f
Europa
  - famílias reais, hemofilia em, 38f, 39
Euryarchaeotas, 161f
- Eutrofização, 241, 241f, 262
Evans, Rhys, 102
Evaporação
  no ciclo da água, 232, 232f
Everglades da Flórida, 265f
Evidência
  inicial, 108-111
  semelhanças genéticas, 83, 156-157

Evolução, 2. Ver também Adaptação; Radiação adaptativa; Seleção natural
  amebas, 161f
  amniotas, 151f
  comportamento altruístico, 176-177
  respiração aeróbica, 118f
Exaptação (pré-adaptação), 144
Exibições táteis, 171, 171f
Exons, 68, 68f, 79
Experimento 'knockout', 82, 97, 100, 167
Experimentos di-híbridos, 22, 22f
Experimentos monohíbridos, 20-21, 20f, 21f
Expressão de gene
  controle de
    em eucariontes, 78-81, 78f, 80f, 81f
    em procariontes, 84-85, 84f, 85f
  definição, 19
  em desenvolvimento, 82-83, 82f-83f
  pesquisa sobre, 97, 97f
  visão geral, 64-65 (Ver também Transcrição; Tradução)
Extinção(ões)
  dos beija-flores havaianos, 148
  em massa, 145, 145f, 276, 276f
    atual, 277
      impactos de asteroides e, 106, 106f, 118f, 122
      limite C-T (Cretáceo-Terciário), 106, 106f, 114, 114f, 122, 123, 123f, 145
      na escala cronológica geológica, 118f, 276f
  taxa atual de, 274
  verificação, 277
Extremidades coesivas, de DNA, 90, 90f, 91f

F

Falcão, 226f
Falcão(ões), 225, 225f
- Falha de San Andreas, 120f
Falta de propósito na, 129
Família, na nomenclatura lineana, 150, 150f
Família real russa
  - hemofilia na, 38f, 39
  - Identificação de restos, 95
Farro (Triticum turgidum), 142, 142f
Fascíolas (trematódeos), 210
Fase haploide
  do ciclo de vida animal, 10, 10f
  do ciclo de vida da planta, 10, 10f

Fatores de liberação, 70
Fatores de transcrição, 78
Fatores limitadores dependentes da densidade, 187, 193
Fatores limitadores, na população, 186-187, 186f, 187f, 192-193
Fatores limitantes independentes da densidade, 187
- Fazendas de camarão, 264
Febre escarlate, 131
Fêmea(s)
    humanas. *Ver* Mulher
    seleção sexual feminina e, 172
Fenilalanina, 47
- Fenilcetonuria (PKU), 44t, 47
Fenótipo, 28f, 29. *Ver também* Característica(s)
    alelos codominantes, 24
    alelos dominantes, 19
    alelos incompletamente dominantes, 24, 24f
    alelos recessivos, 19
    como indicação de evolução, 16
    definição, 19, 126
    epistasia, 25
    fatores ambientais, 27, 27f, 29, 126
    herança autossômica dominante, 36, 36f, 44t
    herança autossômica recessiva, 36-37, 36f, 44t
    lei de segregação, 20, 20f
    pleiotropia, 25
    variação dentro de populações, 126, 126f-127f
    variações complexas em, 28-29, 28f, 29f
Feromônio-alarme, 164, 164f, 170
Feromônios, 170, 170f
    alarme, 164, 164f, 170
    - e comportamento humano, 177
    preparação, 170
    sexo, 172, 176
Feromônios de preparação, 170
Feromônios sexuais, 172, 176
Feromônios sinalizadores, 170, 170f
Fertilidade
    de híbridos, e isolamento reprodutivo, 139
    mudança estrutural de cromossomo e, 40
Fertilização
    combinação genética e, 10-11, 21
- Fertilização in vitro, 46
Fertilizantes
    amônia, 239

- como contaminante, 240, 240f, 258, 278
Festival de Camarão e Petróleo da Louisiana, 222
Feto
    humano
        definição, 46
- Fetoscopia, 46
Fibrilina, 19
- Fibrose cística (FC), 44t, 46, 47, 100, 102
Fiji, recifes, 267f
Filogenia. *Ver também* Diagramas de árvore evolucionários
    DNA e estrutura de proteína em, 156-157, 156f, 157f, 158
    morfologia em, 152-152, 152f, 153f
    padrões de desenvolvimento em, 154-155, 154f, 155f
    pesquisa, utilização de, 160
    sistemas de classificação filogenética, 151, 151f
    taxonomia lineana e, 151
Filo (phyla), 150, 150f
Fios-de-ovos (*Cuscuta*), 210, 210f
Fisiologia
    características fisiológicas, 126
Fitoplâncton, 264
Fixação, de alelo, 136
Fixação de nitrogênio
    bactérias fixadoras de nitrogênio, 203, 203f, 212, 212f, 231, 238, 238f, 239, 241
Fleischer, Robert, 163
Flor(es)
    estrutura, 4f
    formação, 81, 81f
    polinizadores. *Ver* Polinizador(es)
Floresta(s)
    coníferas, 260, 260f
        boreais (taigas), 252f-253f, 260, 260f
        ecorregiões ameaçadas, 281f
        montanhosas, 260, 260f
        solo, 254, 254f
        temperadas, 252f-253f
        tropicais, 252f-253f
    decíduas
        solo, 254, 254f
        temperadas, 252f-253f, 258, 258f
        tropicais, 258
    - desmatamento, 233, 233f, 239
    florestas tropicais
        coníferas, 252f-253f
        decíduas, 258

        floresta tropical úmida, 254, 254f, 258, 259, 259f
        folhas largas, 252f-253f
        secas, 252, 252f-253f
    floresta tropical
        ecorregiões ameaçadas, 281t
        tropicais, 254, 254f, 258, 259, 259f
    folhas largas
        ecorregiões ameaçadas, 281f
        perenifólias, 258
        tropicais, 252f-253f
    perenifólias, 258
    temperadas, 259
        coníferas, 252f-253f
        decíduas, 252f-253f, 258, 258f
        ecorregiões ameaçadas, 281t
    tropicais secas, 252, 252f-253f
Floresta conífera, 260, 260f
    boreal (taigas), 252f-253f, 260, 260f
    do norte, 252f-253f
    - ecorregiões ameaçadas, 281f
    montanhosa, 260, 260f
    solo, 254, 254f
    temperada, 252f-253f
    tropical, 252f-253f
Floresta decídua
    solo, 254, 254f
    temperada, 252f-253f, 258, 258f
    tropical, 258
Floresta de folhas largas, 252f-253f, 258, 263f
Floresta de Klamath-Siskiyou, 281, 281t
Floresta perenefólia de folhas largas, 258
Florestas coníferas boreais (do norte) (taigas), 252f-253f, 260, 260f
Florestas coníferas do norte (boreal) (taigas), 252f-253f, 260, 260f
Florestas coníferas montanhosas, 260, 260f
Floresta semiperenifólia, 258
Florestas tropicais
    ecorregiões ameaçadas, 281t
    tropicais
        características de, 258
        perda de, 259, 259f
        solo, 254, 254f
Floresta temperada, 259
    conífera, 252f-253f
    decídua, 252f-253f, 258, 258f
    ecorregiões ameaçadas, 281t
Floresta tropical
    características de floresta tropical, 258
    conífera, 252f-253f

decídua, 258
folhas largas, 252f-253f
- perda de, 259, 259f
solo, 254, 254f
seca, 252, 252f-253f
Florida Keys, 140
Flox
curva de sobrevivência, 189
tabela de vida, 188t
Fluxo genético
e frequência de alelo, 137, 137f
e fuga de transgene para o meio-ambiente, 99, 104, 137
e microevolução, 127
fragmentação de habitat e, 278
Focas
elefantes marinhos do norte, 136-137
leões marinhos do norte, 244
Foraminíferos, 109f, 161f, 234
Forma. *Ver* Morfologia
Formação de padrão, 83
Formiga(s), 176, 176f
Formigas-de-fogo (*Solenopsis invicta*), 200, 200f, 215, 221, 221f
Fórmula de Hardy-Weinberg, 128-129, 129f
Fosfato
no ciclo de fósforo, 240
utilizações por parte dos organismos, 240
Fosforilação
transferência de elétrons, 48
Fosforilação de transferência de elétrons, 48
Fóssil(eis)
animais, 155f,
coprólitos, 115f
datação de, 116, 116f
Eomaia scansoria (primeiro mamífero placentário), 145f
formação, 114, 115f
pesquisa de Darwin sobre, 110f-111f, 111-112, 112f
pesquisa inicial sobre, 109, 110
placas tectônicas e, 120-114, 114f
plantas, 115f
registro fóssil
compleição do, 114-115
correlação com mutações genéticas, 156
especiação alopátrica em, 140
extinções de massa em, 145
répteis, marinhos, 115f
Fotossíntese
ciclo de carbono e, 234f-235f, 235

e gases de efeito estufa, 236, 237f
Fragmentos de Okazaki, 57f
Franklin, Rosalind, 54-55, 59, 59f
Frequência de alelo
definição, 127
e oscilações (drifts) genéticas, 136-137, 136f
fórmula de Hardy-Weinberg, 128-129, 129f
seleção natural e, 129 (*Ver também* Seleção natural)
Freud, Sigmund, 32
- Frutas sem sementes, 142
Fundo Mundial para Vida Selvagem, 282
- Fungo do cancro da castanheira, 215t
Fungo (fungos), 118f, 161f
como decompositor, 224, 227, 239
como espécies pioneiras, 219
curva de sobrevivência, 189
espécies ameaçadas, 280t
espécies ameaçadas, 280
evolução dos, 118f, 161f
micorriza, 203
Fungos com asco (ascomicetos), 161f
Fungo-zigoto (zigomicetos), 161f
- Furacão Katrina, 222

G

- Gado
clonagem de, 50, 58-59, 58f, 59f
dosagem de antibiótico, 125, 131
engenharia genética de, 100, 100f
Gafanhoto(s), 225, 225f
Gaios azuis, 137, 137f, 204
Gaivota de pés azuis, 110f-111f
Gaivotas, 218f, 219, 230f
Gaivotas prateadas, 175
Galactosemia, 36-37, 37f, 44t
Galinha(s)
combinações, variação em, 25, 25f
membro dianteiro, como estrutura homóloga, 152, 152f
transgênicas, 100, 100f
Galo silvestre (*Centrocercus urophasianus*), 172-172, 172f
Gambá, 10, 209
Gametas
animal, 10, 10f, 14, 15f
definição, 4
incompatibilidade, e isolamento reprodutivo, 138f, 139
número de cromossomos, 5
planta, 10, 10f
Gametófito, 10, 10f

Ganso (gansos), 168, 168f
Garçota da neve, 189f
Gargalo, genético 136-137
Gases do efeito estufa
ciclo de carbono e, 235
- e degradação de habitat, 278
- e mudança do clima, 236-237, 236f, 237f
- Gás nervoso, 100
Gato(s)
coloração, 80, 80f
Gatos Manx, 31
Gause, G., 204
Gazela de Thomson, 209
Gelo
- Ártico, encolhimento do, 243, 243f, 274, 288
Gelsinger, Jesse, 102
- Gêmeos
geminação artificial, 67
idênticos, 58
Genealogia (pedigree), 38f, 45, 45f, 46
Gene(s)
conectados, 26, 26f
convertendo em RNA, 64
definição de, 4, 19, 64
e comportamento, 166-167, 166f, 167f
exons, 68, 68f
íntrons, 68, 68f
isolamento de, 92, 92f
mestre. *Ver* Genes mestre
mutação. *Ver* Mutação(ões)
transferência de, métodos, 98 (*Ver também* Vetores de clonagem)
Gene *Antennapedia*, 82, 82f
Gene *Apetala1*, 154
Gene *APOA5*, 97
Gene *Bt*, 98, 99f, 137
Gene da procura por alimentos (*for*), 166-167, 166f
Gene *DCT*, 16
Gene de *Dunce*, 82
Gene *Dlx*, 154, 155f
Gene *eyeless*, 82-83, 82f-83f
Gene *FOXP2*, 104
Gene *fru. Ver* Gene infrutífero ou sem fruta (*fru*)
Gene *Groucho*, 82
Gene *Hb*, 135
Gene *Hox*, 154, 155f
Gene *IL2RG*, 102
Gene *infrutífero* (*fru*), 167
Gene *Minibrain*, 82
Gene *NF1*, 75, 75f
Gene *PAX6*, 82-83

Gênero, nomenclatura, 150, 150f
Genes *BRCA*, 86, 87, 129
Genes da cadeia de globina, 41
Genes do fator de crescimento, regulagem dos, 86
Genes homeóticos, 82-83, 82f-83f, 145, 154-155
Gene *SLC24A5*, 16, 30
Genes ligados, 26, 26f
Genes mestre, 81, 81f
    homeóticos, 82-83, 82f-83f, 145, 154-155
Gene *SRY*, 34f, 35, 41, 41f
Genes supressores de tumor, 76
Genética, terminologia, 19
Gene *tinman*, 82
Gene *toll*, 82
Gene transportador de serotonina, mutações em, 27
Gene *wingless*, 82
Gene *wrinkled*, 82
Genoma(s)
    isolamento de genes em, 92, 92f
    Projeto Genoma Humano, 96, 96f
Genômica, 97
Genômica comparativa, 97
Genômica estrutural, 97
Genótipo
    cariotipagem, 35, 35f
    definição, 19, 126
    determinação, 20
    fatores ambientais. *Ver* Seleção natural
    grupos de ligação e, 26, 26f
    lei de segregação independente, 22, 22f, 22f, 22, 24f, 126t
Geologia
    camadas de rocha, 106, 106f, 109, 114, 115f, 118, 119f
    Cronograma geológico, 118, 118f, 123f, 276f
    rocha, datação de, 116
    teoria de uniformidade, 111
Geração (genética), 19
Geringer, Fransie, 37, 37f
Gilbert, Walter, 96
Gimnospermas
    espécies
        diversidade, com o decorrer do tempo, 276f
        espécies ameaçadas, 280t
Gingerich, Philip, 117
Ginkgos, 118f, 161f
Ginkgo(s)
    evolução dos, 118f, 161f
Glicose-1-fosfato, 37f

Glicose-6-fosfato, 36-37, 37f
Glifosato, 99
Gliptodontes, 112, 112f
Glossopteris (planta fóssil), 114, 114f
Gnetófitas, 161f
Gnu, 256f, 257
Golfinhos, 117, 145f
Gondwana, 118f, 122, 114f
Gorilas
    genes, 104
Grama indiana, 225, 225f
Gran Canyon, 119f
Grande cadeia do ser, 108
Grande Muralha da China, 140
Grandes Planícies, Norte-Americanas, crise de `Dust Bowl', 256, 284, 284f
Grant, Peter, 205
Grant, Rosemary, 205
Grão de pólen, 2f
    angiosperma, 18f, 19
- **Gravidez**. *Ver também* Contracepção
    exposição ao DDT e, 230
    exposição ao mercúrio e, 230
Griffith, Frederick, 52, 52f
- **Gripe**. *Ver também* Gripe aviária
- Gripe aviária, 104
Grous da Flórida, 282
Grupos de irmãs, em cladograma, 151
Grupos de ligação, 26, 26f
Grupos metila
    presos ao DNA, 78-79
Grupos monofiléticos, 151
Grupos sociais, custos e benefícios de, 174-175, 174f, 175f
GTP, 70
- Guam, espécies introduzidas em, 279
Guanina (G), 54, 54f, 64, 65f, 66

H

Habitat
    capacidade de transporte, 186-187, 186f, 187f
        e crescimento da população humana, 192-193, 192f, 193f, 196-197, 197f
        e desenvolvimento econômico, 196-197, 197f
    características de, e estrutura da comunidade, 202
    caracterização de, 182
    definição de, 202
    e crescimento populacional, fatores limitadores, 186-187, 186f, 187f, 192-193

- fragmentação, impacto de, 278, 278f
interações de espécies em. *Ver* Espécies, interação
- nos, espécies indicadoras, 280
- perda de, impacto de, 278, 278f
sucessão ecológica em, 212-213, 212f, 213f
Habituação, 169
Hairston, Nelson, 204-204
Haliote branco, 278
Hamilton, William, 176-176
Hardy, Godfrey, 128
Hartshorn, Gary, 287
Hays, Mickey, 37, 37f
- Hemacromatose hereditária (HH), 129
Hemingway, Ernest, 32
- Hemocromatose, hereditária, 129
- Hemofilia, 44t
- Hemofilia A, 38-39, 38f, 102
Hemoglobina
    genes da cadeia beta, mutações nos, 72, 72f
    HbA, 135
    HbS, 72f, 135
Henslow, John, 111
Hepáticas
    evolução das, 161f
Herança autossômica dominante, 36, 36f, 44t
Herança autossômica recessiva, 36-37, 36f, 44t
Herança genética
    alelos codominantes, 24
    alelos incompletamente dominantes, 24, 24f
    cariotipagem, 35, 35f
    como indicação de evolução, 16
    diversidade genética, ser humano, fontes de, 8, 8f, 9, 10-11, 126, 126t
    epistase, 25
    eventos genéticos em, 126, 126t
    lei de segregação, 20, 20f
    lei de segregação independente, 22, 22f, 22, 126t
    padrões, análise de, 44-45, 44f, 45f
    pleiotropia, 25
Herança genética como indicação de, 16
Herbicidas
- resistência, 99, 137
Herbívoros, papel nos ecossistemas, 224, 228f, 229f
Hershey, Alfred, 53, 53f, 61, 61f
HH. *Ver* Hemocromatose hereditária

Hibridação de ácido nucleico, 92, 92f
Híbrido
    definição, 19
    e isolamento reprodutivo, 138f, 139
Hidrogênio
    energia hidrogênio solar, 247
Hidrosfera, definição, 244
Hierarquias de dominância, 175, 175f
Hipercolesterolemia, familiar, 44t
- Hipercolesterolemia familiar, 44t
Hipótese da Rainha Vermelha, 2
Hipótese do distúrbio intermediário, 213
Hipótese do impacto do asteroide K-T, 106, 122, 123, 123f
Histonas, 78-79
Homens
    - anomalias no cromossomo sexual, 43
    cromossomos, 34-35, 34f
Horizonte A, 254, 254f
Horizonte B, 254f
Horizonte C, 254f
Horizonte O, 254, 254f
Horizontes, solo, 254, 254f
Hormônio antidiurético (ADH; vasopressinas)
    ação, 167
Hormônio(s), humanos
    e comportamento, 177
Hormônios sexuais
    humanos, 35
Hrdy, Sarah Blaffer, 177
Huber, Ludwig, 169
Huq, Anwarul, 271

I

Ictiossauro, 115, 115f
Iguanas, 199, 199f
- Ilha de Páscoa, 180, 180f
Ilha de St. Matthew, 187f
Ilha Lord Howe, 142-143, 143f
Ilhas Galápagos, 110f-111f
    especiação alopátrica nas, 140-141
    leões-marinhos, 244, 244f
    população de iguanas, 199, 199f
    recifes, 267
    tertilhões nas, 105f, 112, 113f, 205
Ilhas habitat, 219
Ilhas havaianas
    controles biológicos nas, 211
    especiação alopátrica nas, 140-141, 141f
    espécies *Drosophila* nas, 141
    formação das, 120f

impacto humano nas, 148
insetos, 211
ondas, 244, 244f
pássaros das, 141, 141f, 144, 148, 148f, 156f, 156, 157f, 156, 159f, 162, 160f, 162, 163, 163f, 279
patógenos exóticos, 279
recifes, 266f, 267
- Ilha(s), padrões de biodiversidade em, 218-219, 218f, 219f
Imigração
    e frequência de alelos, 137
    e tamanho da população, 184
Impactos de asteroides
    e extinções, 106, 106f, 118f, 122
    e formações geológicas, 114
Impressão de DNA, 95, 95f
Imprinting, 168, 168f
- Imunodeficiências severas combinadas (SCIDs), 102
- Incontinentia pigmenti, 80, 80f
Índia
    diagrama de estrutura de idade, 195f
    e desenvolvimento econômico, 197
    população, 194
Indivíduo heterozigoto
    definição, 19
    herança dominante autossômica e, 36, 36f
    herança recessiva autossômica e, 36, 36f
Indivíduos homozigotos
    definição, 19
    herança dominante autossômica e, 36, 36f
    herança recessiva autossômica e, 36, 36f
Indivíduos homozigotos dominantes, 19
Indivíduos homozigotos recessivos, 19
Indivíduos pós-reprodutivos, 182
Indivíduos pré-reprodutivos, 182
- Indivíduos XO, 43
Indonésia, população, 194
- Industrialização, e utilização de recursos, 196-197
Infanticida
    em animais, 177
    na China, 195
Informações genéticas, natureza das, 64
Inovação chave, e radiação adaptativa, 145
Inseticidas. *Ver* Pesticidas
Insetívoros, 145f

Inseto de Koa, 211
Inseto(s), 118f. *Ver também* Mosquito
    asas, como estrutura homóloga, 153, 153f
    como detritívoros, 227
    como polinizadores, 138-138, 139f
    como vetor de doença, 230
    competição pelas colheitas humanas, 98-99, 99f
    comportamento altruístico em, 176, 176f
    curva de sobrevivência, 189
    defesas da planta contra, 208
    diversidade de espécies, com o decorrer do tempo, 276f
    espécies ameaçadas, 280t
    espécies poliploides, 42
    eussociais, 176, 176f
    evolução dos, 118f
    larva, glândulas salivares, 79, 79f
    parasitoides, 200, 210-211, 211f
Insetos de eussociais, 176, 176f
Instituto nacional de Biodiversidade (Costa Rica), 286
Institutos Nacionais de Saúde (NIH)
    diretrizes de segurança de engenharia genética, 101
    e Projeto Genoma Humano, 96
Insulina
    - sintética, 98
Interfase
    meiose e, 5
Interferência de RNA, 79
Interleucina-2, 100
- Intolerância à lactose, 84-85
Íntrons, 68, 68f, 91
Inversão, de DNA, 40
Inversões térmicas, 248, 248f
Invertebrado(s)
    espécies ameaçadas, 280t
    fenótipo, influências do ambiente sobre, 27, 27f
    marinhos, curva de sobrevivência, 189
Irídio, 122
- Irrigação, 232-233
Isaacson, Peter, 230f
Isolamento reprodutivo, 138-139, 138f, 139f
Isolamento reprodutivo comportamental, 138f, 139, 139f
Isolamento reprodutivo ecológico, 138f, 139
Isolamento reprodutivo mecânico, 138-139, 138f, 139f

Isolamento reprodutivo temporal, 138, 138*f*
Isoleucina, 69, 156-156
Istmo do Panamá, 140
Iúca (*Iúca*), 203, 203*f*
IUNC Lista Vermelha de Espécies Ameaçadas, 280, 280*t*

J

Jacinto aquático, 215*t*
Japão, 197
Joyce, James, 32
Junco. *Ver* Equisetáceas

K

Kaguya (rato órfão), 15
Kauai, formação de, 148
Kettlewell, H. B., 130
Key Largo, recifes, 267
Khan, Genghis, 44*f*
Klein, David, 187*f*
Kohn, Michael H., 147
Korarchaeotas, evolução de, 161*f*
Krebs, Charles, 207
Kudzu (*Pueraria Montana*), 216-217, 216*f*, 279

L

Lactase, 84
Lactose
    digestão de, 36-36, 37*f*
Lagarta, 230
    defesas, 208, 208*f*
Lagartas, 174, 174*f*
Lagarto, 161*f*
Lagarto cego do Texas, 200
Lagartos
    curva de sobrevivência, 189
    evolução dos, 161*f*
Lago de cratera, 262*f*
Lagos
    ▪ chuva ácida e, 258, 258*f*
    como ecossistema, 262-263, 262*f*
    como reservatório de água, 232*t*
    ▪ Lagos eutróficos, 262, 262*f*
Lagos oligotróficos, 262, 262*f*
Lagosta (*Homarus americanus*), 169, 169*f*
Lagostim, 10
Lamarck, Jean-Baptiste, 110
Laminas, 37
Lampreias
    características das, 215*t*
    evolução das, 151*f*, 161*f*

La Niña, 270, 270*f*, 273, 273*f*
Lapas (moluscos), 269*f*
Latitude, e estrutura de comunidade, 218, 218*f*
Leão, 174, 177
Leão-marinho, 268
Lebistes (*Poecilia reticulata*), seleção natural em, 190-191, 190*f*, 191*f*
Lebre alpina, como presa, 206-207, 207*f*
Lebre, no ciclo alimentar ártico, 226*f*, 227
Lei da segregação, 20, 20*f*
Lei da segregação independente, 22, 22*f*, 22, 126*t*
Lek, 172
Lemingues, na rede alimentar ártica, 226*f*, 227
Leões marinhos, 244, 244*f*
Leões marinhos do norte, 244
Lesmas-da-banana, 166, 166*f*
▪ Leucemia mielógena crônica (LMC), 44*t*
▪ Leucemia(s), 102
Leucina, 156-156
Levedura
    expressão de gene em, 97*f*
    ▪ fermento de pão (Saccharomyces cerevisiae), 156*f*
    genoma, *vs.* genoma humano, 156
Levedura do padeiro, 156*f*
LH. *Ver* Hormônio luteinizante
Lhamas
    evolução das, 140, 140*f*
Licófitas, 118*f*
Licófitas
    evolução das, 118*f*, 161*f*
Lignina
    em estruturas vegetais, 228
    síntese, supressão de, 99*f*
Ligres, 139
Limite Cretáceo-Terciário (C-T), 106, 106*f*, 114, 114*f*, 122, 123, 123*f*, 145
Limite K-T (Cretáceo-Terciário). *Ver* Limite Cretáceo-Terciário (K-T)
Lince canadense, 206-207, 207*f*
Lincoln, Abraham, 32*f*
Linguagem
    vantagens da, 192
Linhagem(ns), registro fóssil e, 115*f*
Linnaeus, Carolus, 150
Lipídio(s). *Ver também* Gordura(s); Fosfolipídios; Esteroide(s); Ceras
Liquens
    como espécie pioneira, 212, 212*f*, 219

como espécies indicadoras, 280
como relação mutualista, 203
espécies ameaçadas, 280*t*
Lisina, 157
Lisozima, 100
Lithops, 208, 208*f*
Litorais arenosos, 265, 265*f*
Litorais rochosos, 265, 265*f*
Litorais, rochosos e arenosos, 265, 265*f*
Litosfera, definição, 244
Lixiviação, do solo, 239
▪ Lixo, impacto ecológico, 285, 285*f*
LMC. *Ver* Leucemia mielógena crônica
Lobo ártico, 226*f*
Lobo (*Canis lupus*), 170*f*
    ártico, 226*f*
    como predador, 206, 206*f*
    comportamentos em bando, 174, 175, 175*f*
    comunicação em, 171
Locus, genético, definição, 19, 19*f*
Lorenz, Konrad, 168*f*
Louisiana, pântanos, 222, 222*f*
Louva-deus, 209, 209*f*
Lubchenco, Jane, 214
Luciferase, 99*f*
Luz. *Ver* Luz solar
Luz solar
    como fonte de energia, 224, 229*f* (*Ver também* Fotossíntese)
    e correntes oceânicas, 250
    e vento, 246, 247*f*
    intensidade, variação com a latitude, 246, 246*f*
Lyell, Charles, 111
Lystrosaurus, 114, 114*f*

M

Macaco rhesus, 104
Macacos 41, 41*f*
Maçã (*Malus domestica*), 150*f*
MacArthur, Robert H., 219
Macho(s)
    humano. *Ver* Homens
    seleção sexual e, 172
Maconha (*Cannabis*), 150*f*
Macroevolução
    definição, 144
    definição, 144
    divergência morfológica, 152
    divergência morfológica, 152
    mecanismos de, 145
    mecanismos de, 145
    tipos/padrões de, 144-145
    tipos/padrões de, 144-145

Madressilva japonesa, 279
- Magnificação biológica, 230, 230f

Malária
- anemia falciforme e, 135, 135f
- aviária, 148f, 279
- controle da, 230
- distribuição global, 135f
- Malária aviária, 148f, 279

Malthus, Thomas, 112
Malva indiana, 205f

Mama
tecido da, regulagem do fator de crescimento, 86

Mamífero(s), 118f, 123f, 152, 161f
cuidado parental em, 173, 173f
curva de sobrevivência, 189
diversidade de espécies, com o decorrer do tempo, 276f
espécies ameaçadas, 280t
evolução dos, 118f, 123f, 152, 161f
monogamia em, 173
tecidos em mosaico em, 80

Mangues/terras úmidas, 252f-253f, 264, 265f
Mangues vermelhos (*Rhizophora*), 265f
Mangusto, introdução nas ilhas havaianas, 148
Mariposa Esfinge (*Xanthopan morgani praedicta*), 144f

Mariposas
como polinizadoras, 203, 203f

Mariposas salpicadas (*Biston betularia*), 130, 131f
Markov, Georgi, 62
Marsupiais, 145f
Martinez, Neo, 227
Mason, Russell, 170
- Mastectomia, radical, 76
- Mastectomia radical, 76

Mayr, Ernst, 138
McCarty, Maclyn, 52-52
McClintock, Barbara, 73f
MCP. *Ver* 1-metilciclopropeno
Mecanismos de reparo do DNA, 55-56, 57f
defeitos nos, 61, 86
na meiose *vs.* mitose, 12

Meia-vida, 116, 116f

Meio-ambiente
agricultura, impacto da, 98 (*Ver também* Agricultura)
capacidade de transporte, 186-187, 186f, 187f
e crescimento da população humana, 192-193, 192f, 193f, 196-197, 197f

e desenvolvimento econômico, 196-197, 197f
e crescimento populacional, fatores limitadores, 186-187, 186f, 187f, 192-193
e determinação de sexo, em animais, 34
e fenótipo, 27, 27f, 29, 126

Meiose
anomalias na, 15, 15f
comparação à mitose, 12, 12f-13f
cruzamento na, 8, 8f, 12f-13f, 40, 126t
estágios da, 5, 6f-7f
e variação em características, 8-9, 8f, 9f
meiose I, 5, 6f-7f, 12f-13f
meiose II, 5, 6f-7f, 12f-13f
no ciclo de vida da planta, 10, 10f
segregação independente em, 22, 22f, 22f, 22, 24f, 126t
visão geral, 4-5

- Melancia, sem semente, 142

Melancolia de inverno. *Ver* Distúrbio afetivo sazonal

Melaninas
e cor de olho, 28, 28f
e cor de pele, 16, 31
e cor de pelo, 25, 27, 27f

Melanossomos, 16
Melhoradores, 78

Membro(s)
vertebrados
divergência morfológica, 152, 152f
estruturas homólogas, 152, 152f

Mendel, Gregor, 18f
experiências com ervilhas, 18-22, 18f, 20f, 21f, 22f, 26
informações biográficas, 18, 22
lei de segregação, 20, 20f
lei de segregação independente, 22, 22f, 22

Mercúrio
em ursos polares, 274
nos peixes, 230

Meselson, Matthew, 61
Mesquita, 255

Metabolismo. *Ver também* Respiração aeróbica; Síntese de ATP; Digestão; Cadeia de transferência de elétrons; Fermentação; Glicólise; Fotossíntese; Síntese de proteína

Metabolismo de ácido crassulaceano. *Ver* plantas CAM

Metáfase II (meiose), 5, 6f-7f, 12f-13f, 22f

Metáfase I (meiose), 5, 6f-7f, 9, 9f, 12f-13f, 22f
Metáfase (mitose), 12f-13f
Metamorfose(s), 126

Metano
- como gás de efeito estufa, 236, 237f
- Metemoglobinemia, hereditária, 44t
- Metemoglobinemia hereditária, 44t

Metilação, de DNA, 78-79
Metionina (met), 68, 70, 70f-71f
Métodos de captura-recaptura, 183
México, diagrama de estrutura de idade, 195f
Mexilhões, 214
Michel, Helen, 123
Micorriza(s), 203
Micos, 169, 169f

Microevolução
análise de parcimônia em, 158, 158f
baleias, 117, 117f, 152
cobras, 161f
da reprodução sexuada, 12
definição, 127
direcionamento de processos, 127
do pênis, 118f
e taxonomia, 150-151
mitocôndrias, 161f, 203
mutações como relógio molecular, 156
pesquisa de Wallace sobre, 114
placas tectônicas e, 114
plantas, 118f
terrestres, 118f, 161f
vasculares, 118f
procariontes, 118f, 123f
protistas, 118f
répteis, 152
terapsídeos, 114f
tetrápodes, 118f
vagina, 118f

Microfilamentos, 262
MicroRNAs, 64, 79
Microsporídios, 161f

Microtúbulos. *Ver também* Eixo bipolar
colchicina e, 142

Miescher, Johann, 52

Migração
e frequência de alelos, 137
e tamanho da população, 184

Milho. *Ver* Milho
Milho indiano, 73f
Milho selvagem (*Zea diploperennis*), 286

Milho (*Zea mays*)

coloração do milho indiano, 73f
- geneticamente modificado, 98, 99f
milho selvagem (*Zea diploperennis*), 286

Mimetismo, como defesa, 208-209, 209f
- Mineração de superfície, impacto da, 283

Minhocas
número de cromossomos, 15

Mioceno
definição, 118f
evolução
animais, 140f
placas tectônicas no, 114f

Mirta rosa (*Catharanthus roseus*), 259

Mitocôndria (mitocôndrias)
DNA
em análise filogenética, 157
origem, 161f, 203
sequências do aminoácido *b* citocromo, 156-157, 156f, 157f, 163f
ser humano, 156f

Mitose
comparação à meiose, 12, 12f-13f
funções da, 12
no ciclo de vida da planta, 10, 10f

Mixomatose, 217

Mixomicetos
evolução de, 161f

Modelo ABC de desenvolvimento floral, 81, 81f

Modelo de equilíbrio de ilha biogeografia, 219

Modelo de transição demográfica, 196, 196f

Modificações pós-translacionais, e controle de expressão de gene, 78f, 79

Moldes da água (oomicotas), 161f

Mollusca. *Ver* Moluscos

Molotro (*Molothrus ater*), 211, 211f

Moluscos (Mollusca)
espécies ameaçadas, 280t
evolução dos, 161f

Monções, 251

Monogamia, em mamíferos, 173

Monossomia, 42

Monotremados, 145f

Montanha avens (*Dryas*), 212, 212f

Montanha(s)
como bioma, 252f-253f
formação de, 120f
montanhas marinhas, 268, 268f

sombras de chuva, 250-251, 251f

Montanhas marinhas, 268, 268f
- Monte Santa Helena, e sucessão ecológica, 213, 213f

Morcego(s)
asa
como estrutura análoga, 153, 153f
como estrutura homóloga, 152, 152f
como polinizadores, 255f
morcegos magueyeros, 255f
radiação adaptativa, 145f

Morcegos magueyeros, 255f

Morfologia
comparativo, 109
em filogenia, 151-151, 152f, 153f
estruturas análogas, 153, 153f
estruturas homólogas, 152-153, 152f

Morfologia comparativa, 109
- Morte súbita do carvalho, 215

Mosca-das-frutas. *Ver Drosophila melanogaster*

Mosca de olhos saltados (*Cyrtodiopsis dalmanni*), 134, 134f

Mosca-escorpião (*Harpobittacus*), 172, 172f

Moscas forídeas, 200, 200f, 210

Mosquito
como vetor de doença, 135, 135f, 230
introdução nas ilhas havaianas, 148

Mula, 139
- **Mulheres**. *Ver também* Gravidez
  - cromossomos, 34-35, 34f
  - cromossomo sexual anomalias, 43

Musaranhos, 145f

Musgos
como espécies pioneiras, 212, 212f, 219
espécies ameaçadas, 280t
evolução de, 161f

Mutação de exclusão, 40, 72, 72f

Mutação de inserção, 72

Mutação genética e, 57, 73

Mutação(ões). *Veja também* Radiação adaptativa; Anomalias genéticas; Distúrbios genéticos
benéficas, 127
causas de, 72
como relógio molecular, 156
definição, 19
- e câncer, 57, 73, 76, 86, 87, 129
e evolução, 57, 72
e microevolução, 127

e reprodução sexuada, 4
letais, 127
neutro, 127, 156
replicação de DNA e, 57
síntese de proteína e, 72-73, 72f, 73f
taxa média de, em humanos, 127

Mutações benéficas, 127

Mutações letais, 127

Mutações neutras, 127

Mutualismo, 202, 202t, 203, 203f
micorrizas, 203

Myxobolus cerebralis, 210, 210f

N

Nações desenvolvidas
população, envelhecimento da, 197
uso de recursos pelas, 196-197

Nações em desenvolvimento
e capacidade de transporte, 197
impacto ambiental, 283

Nações Unidas
Divisão de população, 194

Não-disjunção, 42, 42f, 43

Nash, John Forbes, Jr., 32, 48
- Nativos norte-americanos, herança genética, 16

Naturalistas, primeiras evidência de evolução, 108-114

Náutilo, 109f

Nematocistos, 201, 208

Nematódeo (Platyhelminthes)
evolução do, 161f

Nematódeos. *Veja* Nematódeos

Nematódeos (nematódeos), 210, 210f
como detritívoros, 227
espermatozoides, 10
evolução dos, 161f
genoma, *vs.* genoma humano, 156

Nereis. *Ver* Poliquetos
- Neurofibromatose, 44t, 75, 75f

Neuroligina 3, 104

Newton, Isaac, 32

Nicho(s)
características de, 202
definição, 202
e radiação adaptativa, 144-145

Nicotina
como defesa das plantas, 208

Nigéria
dados demográficos, 194f
população, 194

NIH. *Ver* Institutos Nacionais de Saúde

Nitrato (NO_3^-), no ciclo de nitrogênio, 238-239, 238f

Nitrificação, 238f, 239
Nitritos, 239-239, 238f
Níveis tróficos, 224-227, 225f, 226f
Nó
  em cladograma, 151
NOAA. *Ver* Administração Nacional Oceanográfica e Atmosférica
Nogueira negra, 204
Noroeste do Pacífico, clima, 250
no tempo geológico, 118f, 123f
Nucleotídeo(s)
  código genético, 68, 69f, 72, 157
  em DNA, 54, 54f, 55, 55f, 64, 64f, 65f
  em RNA, 64, 64f, 65f
  estrutura, 57
Número de cromossomos
  cromossomos sexuais, mudanças em, 43, 44t
  de espécies selecionadas, 15
  de gametas, 5
  diploides, 19, 19f
  mudanças no, hereditários, 42-43, 42f, 44t
  seres humanos, 5, 5f, 15
Número de cromossomos diploides, 19, 19f, 34
Nútria, 215t
- **Nutrição, humana.** *Ver também* Vitamina; Alimentos

Nutriente(s)
  micorrizas e absorção, 203
  circulação de, em ecossistemas, 224, 224f (*Ver também* Ciclos biogeoquímicos)
  no solo, desmatamento e, 232, 233f
  micorrizas e planta, 203
Nuvens, origem das, 232

O

Oceano(s)
  como reservatório de água, 232t
  correntes, 250, 250f
  ecossistemas, 268-269, 268f
  fundo do, placa tectônica e, 120-114
  no ciclo de carbono, 234-235, 234f-235f
  produtividade primária, 228
  ressurgência nos, 269, 269f
  zonas, 268, 268f
Ocitocina (OT)
  ação, 167, 167f, 177
Ofiúro, 268, 269f
OGMs. *Ver* Organismos geneticamente modificados
Olho(s). *Ver também* Visão
  humano, variações de cor nos, 28, 28f
Oligoceno
  definição, 118f
Oligomeros, 92
Omnívoros, 224, 225
Oócito(s)
  primários, 10, 11f
  secundários, 10, 11f
Oócito primário, 10, 11f
Oócito secundário, 10, 11f
Oomicetos. *Ver* Mofos de água
Operadores, 84, 84f, 85f
Operon lactose (lac), 84-85, 84f, 85f
Operons, 84, 84f, 85f
Orca (baleia assassina), 283
Ordem, em nomenclatura lineana, 150, 150f
Orelha
  evolução do, 118f
Orelhas, 118f
- **Organismos geneticamente modificados (OGMs)**
  animais, 100-101, 100f, 101f
  colheitas de alimentos, 88, 88f, 98-99, 99f, 103
  como questão ética, 88, 89
  fuga de transgenes para o ambiente, 99, 103, 135
  seres humanos, 102
  uso de, 99
- Organismos transgênicos, 98. *Ver também* Organismos geneticamente modificados

Órgão(s)
- transplantes, animais como fonte de órgãos, 100-101

Órgãos reprodutivos.
  embrião humano, 34f
  planta, 4f
  Ser humano, 4f
Ornitina transcarbamilase, 102
Ornitorrinco, 145f
Orquídea
  coevolução com polinizador, 144f
  em extinção, 279, 279f
Orquídeas de pradaria (*Platanthera*), 278, 279f
Oscilação continental. *Ver* Teoria das placas tectônicas
Oscilação genética, 127, 136-137, 136f
OT. *Veja* Ocitocina
Ouriços do mar
  curva de sobrevivência, 189, 189f
Ovário(s)
  câncer de, 59, 76
  formação, 35
  humano, 4f, 34f
  regulagem de fator de crescimento, 86
Ovelha
- clonada (Dolly), 50, 59
- transgênica, 100

Ovo (ovos)
  animal
    inseto, 82
  definição, 4
  humano, 11f
    cromossomos, 34
  planta
    desenvolvimento de, 18f
    formação de, 10, 11f
Óvulo. *Ver* Ovo (ova)
Óvulo(s)
  angiosperma, 4f
Óxido nítrico (NO), 248
Óxido nitroso, como gás de efeito estufa, 236, 237f
- Óxidos de nitrogênio, e aquecimento global, 239, 239f

P

Padrões de circulação de ar, 246-247, 247f
Padrões de história de vida, 188
  seleção natural e, 190-191, 190f, 191f
  utilizações de, 191
Padrões fixos de ação, 168
Paine, Robert, 214
Paleoceno
  definição, 118f
Palma ondulada (*Howea belmoreana*), 142-143, 143f
Palmeira de leque (*Howea forsteriana*), 142-143, 143f
Panda gigante, 278, 278f
Pangea
  formação e colapso de, 114f, 142-145
  Gondwana e, 122
  na escala de tempo geológico, 118f
  registro fóssil e, 120
Papua-Nova Guiné
  espécies de pombos em, 202f
- infanticida em, 177

Paquistão, população, 194
Parabasalídeos, 161f
Parada cardíaca. *Ver* Ataque cardíaco
Paramecium
  concorrência entre, 204, 205f
Parasitas e parasitismo, 202, 202t, 210-211, 210f, 211f

como consumidores, 224
como fator limitador dependente de densidade, 187
comportamentos de grupo social e, 175
parasitismo social, 210
parasitoides, 200, 210-211, 211f
seleção natural em, 210
Parasitas sociais, 210
Parasitoides, 200, 210-211, 211f
Pardal, 168, 225, 225f
Pardal cantor, 156f
Pardal do pântano (*Melospiza georgiana*), 163f
Pareamento básico
em DNA, 55, 55f
na síntese de DNA, 66, 66f
na transcrição, 66, 66f
Parque Nacional de Great Smoky Moutains, 239, 239f
Partes atrofiadas do corpo, 109, 109f
Pássaro "marble murlet", 279
Pássaro(s), 109, 108f, 152, 161f
bico, 133, 133f, 141f, 205
como dispersores de sementes, 215
comportamento
acasalamento, 134f, 139f, 170f, 172-173, 172
aprendido, 168-169, 168f
canibalismo, 175
cuidados parentais, 173, 173f
instintivo, 168, 168f
migração 447, 264
nidificação 447, 175, 175f, 182, 182f
curva de sobrevivência, 189
das ilhas Galápagos, 105f, 112, 113f, 205
das ilhas havaianas, 141, 141f, 144, 148, 148f, 156f, 157, 157f, 157, 159f, 160, 160f, 162, 163, 163f, 279
defesas, 208, 208f
diversidade, 276f
evolução dos, 107, 108f, 152, 161f
impactos humanos sobre os, 230, 230t, 274, 280t
não voadores, evolução de, 108, 108f
Pássaros canoros esverdeados (*Phylloscopus trochiloides*), 143
Pássaros de fragata (*Fregata secundária*), 105f
Pato carolino (*Aix sponsa*), 186f
Patógeno(s).
exóticos, 279
Patógenos exóticos, 279

Pauling, Linus, 54
Pavlov, Ivan, 169
- PCBs (bifenil policlorado), 289, 289f
PCR. *Ver* Reação em cadeia de polimerase
Peixe-boi, 145f
Peixe com barbatana em raio, 151f
Peixe de canal (Killifish), 190f, 191, 191f
Peixe-escorpião, 209, 209f
Peixe-esquilo, 182f
Peixe falcão, 267f
Peixe-lua azulado, 174
Peixe-palhaço, 203, 203f
Peixe-palhaço rosa (*Amphiprion perideraion*), 203
peixes, 118f, 151f, 161f
Peixes
barbatana em raia, 151f
cartilaginosos (Chondrichthyes)
evolução dos, 151f, 161f
- chuva ácida e, 258
com barbatanas em lóbulo, 151f
curva de sobrevivência, 189
espécies ameaçadas, 280t
espécies poliploides, 42
evolução dos, 118f, 151f, 161f
mercúrio e, 230
ósseos (Osteichthyes)
diversidade de espécies, com o decorrer do tempo, 276f
evolução dos, 118f, 161f
parasitas, 210, 210f
perda de habitat, 262
Peixe-sapo, 269, 269f
Peixes cartilaginosos (Chondrichthyes)
evolução dos, 151f, 161f
peixes com barbatanas lobulares, 151f
Peixes ósseos (Osteichthyes)
diversidade de espécies, com o decorrer do tempo, 276f
evolução dos, 118f, 161f
Peixes pulmonados
evolução dos, 151f, 161f
Pele.
- cânceres de, 73
- cor, genética da, 16, 16f, 30, 31
- radiação UV e, 61
Penicilina
ação, 131
Pênis
evolução do, 118f
ser humano, 34f
Per capita, definição, 184
Percevejos fedorentos, 211

Perfis de solo, 254, 254f
Período Cambriano
eventos importantes, 118f, 276f
fósseis, animais, 154, 155f
Período Carbonífero
eventos importantes, 118f, 276f
Período Cretáceo
eventos importantes, 118f, 276f
Período de Devoniano
eventos importantes, 118f, 276f
Período Jurássico
eventos importantes, 118f, 276f
placas tectônicas no, 114f
Período Ordoviciano
eventos importantes, 118f, 276f
Período Permiano
eventos importantes, 118f, 276f
Período Pré-Cambriano, 276f
Período Proterozoico
definição, 118f
evolução no, 123f
Período quaternário, eventos importantes, 118f, 276f
Período Siluriano
eventos importantes, 118f, 276f
placas tectônicas no, 114f
Período terciário
eventos importantes, 118f, 276f
Período Triássico
eventos importantes, 118f, 276f
Perípato gigante (*Tasmanipatus barretti*), 143f
Peripatus, 155f
Perissodactilos, 145f
Permafrost, 234, 261
- Pesca com rede de arrasto, impacto ecológico da, 268
- Peso corporal, humano, variação no, 28, 28f
Pesquisa. *Ver* Pesquisa científica
- **Pesquisa científica**. *Ver também* Pesquisa genética
  - pesquisa de Darwin sobre evolução, 110-114
  - pesquisa de Wallace sobre evolução, 114
  - precisão de conclusões, 207f
  - sobre controles biológicos, 221, 221f
  - sobre diabetes, 100
  - sobre DNA, 52-55, 59
  - sobre drogas prescritas, 259, 287
  - sobre estrutura das proteínas, 97
  - sobre fósseis, 109, 110, 110f-111f, 111-112, 112f
  - sobre o câncer, 87

pesquisa de Darwin sobre, 110-114
Pesquisa genética
  chips de DNA em, 97, 97*f*
  cruzamentos de teste, 20
  Drosophila melanogaster em, 82-83, 82*f*-83*f*
  - em animais, 100-101, 100*f*, 101*f*, 104, 104*f*
  - em distúrbios genéticos, 102
  em expressão de gene, 97, 97*f*
  experiências com ervilhas de Mendel, 18-22, 18*f*, 20*f*, 21*f*, 22*f*, 26
  experiências di-híbridas, 22, 22*f*
  experiências monohíbridas, 20-21, 20*f*, 21*f*
  genômica, 97
  - Impressão de DNA, 95
  - Projeto Genoma Humano, 96, 96*f*
  ratos em, 97, 100, 101*f*, 100, 104
Pesquisa sobre dispersão da população, DNA impressão digital em, 95
- Peste bubônica, 124, 187, 193
- **Pesticidas**
  como contaminantes, 278
  e aumento biológico, 230, 230*f*
  redução no uso, em plantas geneticamente modificadas, 98-99
  resíduo
    em tecido animal, 274
Pétalas, flor, 81, 81*f*
pH
  - de chuva ácida, 258, 258*f*
Phytophthora, 281
Pica-pau, bico de marfim (*Campephilus principalis*), 277, 277*f*
Picasso, Pablo, 32*f*
Pigmento(s)
  na pele, 16, 80, 80*f*
  no milho indiano, 73*f*
Pinguins, 152, 152*f*, 170*f*, 182*f*
Pinho de alcatrão, 260
Pinho de Arkansas, 260
Pinho (*Pinus*)
  como esporófita, 10
  em floresta conífera, 260
Pirâmides de biomassa, 228, 228*f*
Pirâmides de energia, 229, 229*f*
Pirâmides ecológicas, 228-229, 228*f*, 229*f*
Pirimidinas, 54, 54*f*
Pistilo. *Ver* Carpelo
Píton, 154
PKG, 166-167, 166*f*

PKU. *Ver* Fenilcetonuria
Placa tectônica, 120*f*
Placenta, 46
Placozoa. *Ver* Placozoários
Placozoários (Placozoa)
  evolução dos, 161*f*
Plâncton. *Ver também* Diatomácea(s); Foraminíferos
  fitoplâncton, 264
  nos lagos, 262
Planta CAM, 255
Planta de ervilha. *Ver* Ervilha de jardim
Planta de óleo de rícino (*Ricinus communis*), 62, 62*f*, 208
Planta de tabaco (*Nicotiana tabacum*)
  defesas, 208
Planta(s). *Ver também tipos específicos*
  água e adaptações que conservam água, 255, 260
  anual, curva de sobrevivência, 189
  ciclo de fósforo e, 240
  ciclo de nitrogênio e, 238-239
  ciclo de vida, 10, 10*f*
  concorrência por interferência em, 204, 204*f*
  crescimento
    fósforo e, 240-241
  defesas, 208, 208*f*
  deserto, 255, 255*f*
  divisão de recursos em, 205, 205*f*
  doenças. *Ver* Doença, plantas
  espécies pioneiras, 212, 212*f*, 219
  evolução, 118*f*
    terrestre, 118*f*, 161*f*
  extinções, 277
  formação de gametas, 10, 10*f*
  genes, semelhanças em, 154
  nutrientes, micorrizas e, 203
  órgãos reprodutivos, 4*f*
  poliploidia em, 142
Plantas C4, 255
Plantas que florescem. *Ver* Angiosperma(s)
Plantas terrestres. *Ver também* Angiosperma(s); Briófita(s); Gimnospermas
  adaptações que conservam água, 255, 260
  espécies ameaçadas, 280*t*
  evolução das, 118*f*, 161*f*
Plantas vasculares.
  evolução das, 118*f*
Plasmídeo(s)
  como vetor, 90-91, 90*f*, 91*f*, 98, 99*f*, 102

Plasmídeo Ti, 98, 99*f*
Plasmodium
  ciclo de vida, 135
  e seleção naturais, 135
- Plástico, impacto ecológico, 285, 285*f*
Pleiotropia, 25
Pleistoceno, 118*f*
Plioceno, 118*f*
- Pneumonia, 52, 131
Poe, Edgar Allan, 32
- Polidactilia, 44*t*, 45*f*, 163*f*
Polimorfismo balanceado, 135
Polimorfismos, 126, 135
Polinização
  como relação mutualista, 203, 203*f*
Polinizador(es)
  insetos como, 138-141, 139*f*
  morcegos como, 255*f*
Poliploidia, 42
  definição, 42
  e especiação, 142
  em animais, 142
  em plantas, 142
Poliquetos, 269*f*
Polissomos, 70
- **Poluição**. *Ver também* Poluição do ar; Poluição da água
  em regiões polares, 274, 289, 289*f*
  poluente, definição, 248
  substâncias químicas agrícolas, 230, 230*f*
- **Poluição da água**
  água potável, 233
  em estuários, 264
  escoamento de fertilizante, 240
  fontes de, 264
  impacto sobre ecossistemas aquáticos, 233
  lençol freático, 233, 233*f*
  lixo como, 285, 285*f*
  mercúrio, 230
- **Poluição do ar**
  circulação global de, 250, 258*f*
  e chuva ácida, 239, 258, 258*f*, 278
  efeitos na saúde, 250
  e o buraco de ozônio, 248, 248*f*
  e seleção natural, 130
  mercúrio, 230
  óxidos de nitrogênio, 239, 239*f*, 248-248
  particulados, 258
Poluição industrial, 248
Pomba soberba da fruta, 202*f*
Pombo coroado Victoria, 202*f*
Pombo imperial bicolor, 202*f*

Pombos
  em Papua-Nova Guiné, 202*f*
  pombos-viajantes, 278
Pombo-viajante, 278
Pontos quentes
  - de destruição de habitat, 280
  nas placas tectônicas, 120*f*
Pool genético
  definição, 126
  diversidade em, origem de, 127, 126*f*
Poouli (*Melamprosops phaeosoma*), 141*f*, 148*f*, 160, 163, 163, 163*f*
População(ões)
  colapso das, 180, 180*f*, 186, 187, 187*f*, 191, 197, 197*f*
  definição, 126, 182
  envelhecimento das, 197
  gargalo, 136-136
  impacto ecológico das, 180, 180*f*
  isolamento reprodutivo, 138-139, 138*f*, 139*f*
  pool genético das, 126
  potencial biótico das, 185
  ser humano. *Ver* Humano(s)
  variação fenotípica dentro das, 126, 126*f*-127*f*
Porco(s)
  - como fonte de órgãos humanos, 101
  parasitas, 210*f*
  - transgênicos, 100, 100*f*
Porífera. *Ver* Esponjas
Potencial biótico, 185
Potrykus, Ingo, 88, 103
Pradaria, 256-257, 256*f*
  - ecorregiões ameaçadas, 281*t*
  grama alta, 256, 256*f*
  grama curta, 256, 256*f*
  montanha, 252*f*-253*f*
  pradaria de grama alta, 256, 256*f*
  pradaria de grama curta, 256, 256*f*
  quente, 252*f*-253*f*
  solo, 254, 254*f*
  temperada, 252, 252*f*-253*f*, 253*f*
Pradaria da montanha, 252*f*-253*f*
Pradaria de grama alta, 225, 225*f*, 256, 256*f*
Pradaria de grama baixa, 256, 256*f*
Pradaria quente, 252*f*-253*f*
Pradaria temperada, 252, 252*f*-253*f*, 253*f*
Praya dubia (sifonóforo), 269*f*
Pré-adaptação. *Ver* Exaptação
Precipitação
  - chuva ácida, 239, 258, 258*f*, 278

no ciclo da água, 232, 232*f*
origem da, 246
Predadores e depredação, 202, 202*t*
  definição, 206
  e seleção natural, 130-131, 131*f*, 190-191, 190*f*, 191*f*, 208-210, 208*f*, 209*f*
  grupos sociais como defesa contra, 174, 174*f*
  modelos de interação presa-predador, 206-207, 206*f*
  respostas adaptativas, 209, 209*f*
Presa. *Ver também* Predadores e depredação
  defesas, 208-209, 208*f*, 209*f*
  definição, 206
Pressão de seleção
  atividade humana como, 191
  mudanças na, 125
Primata(s)
  genes da cadeia de globina, 41
  radiação adaptativa, 145*f*
  primeira evidência da, 108-111
  Primeira Guerra Mundial, 193
Primers
  na reação em cadeia da polimerase, 93, 93*f*
  no sequenciamento de DNA, 93, 93*f*
Princípios da Geologia (Lyell), 111
Probabilidade
  e combinação genética, 21
  e oscilação genética, 136
Proboscídeos, 145*f*
Procariontes
  classificação, 160
  evolução, 118*f*, 123*f*
  expressão de gene, controle de, 84-85, 84*f*, 85*f*
  quimioautotróficos, 268
Processamento pós-transcrição, 68, 68*f*, 79
Procriação cruzada, 100, 100*f*
Produção primária, 228, 228*f*
  em oceanos, 268, 270, 270*f*
  em zonas costeiras, 264, 265, 265*f*
  nos lagos, 262, 263
Produção primária bruta, 228
Produção primária de rede, 228, 228*f*
Produtores
  na rede alimentar, 226*f*
  papel no ecossistema, 224, 224*f*, 228, 228*f*, 229*f*, 231
Produtores primários, 224, 226*f*, 231
Prófase (mitose), 12*f*-13*f*
Prófase I (meiose), 5, 6*f*-7*f*, 8, 8*f*, 9, 12*f*-13*f*, 26, 34-35, 34*f*, 40
Prófase II (meiose), 5, 6*f*-7*f*, 12*f*-13*f*

- Progeria, 37, 37*f*, 44*t*
- Programas de Seguro Social, e envelhecimento da população, 197
- Projeto Genoma Humano, 96, 96*f*
Promotor(es), 66-66, 66*f*, 84, 85*f*
Proteína(s). *Ver também* Enzima(s); Síntese de proteína
  estrutura
    em análise filogenética, 156-157, 156*f*, 157*f*, 158
    pesquisa sobre, 97
  fatores de transcrição, 78
  funções, 65
Proteobactérias, 161*f*
Protistas
  classificação, 160, 160*f*
  e ciclo de carbono, 234
  espécies ameaçadas, 280*t*
  espécies ameaçadas, 280
  evolução dos, 118*f*
Protocolo de Genebra, 62, 62*f*
Protozoários
  diversidade de espécies, com o decorrer do tempo, 276*f*
  flagelados
    evolução dos, 161*f*
Protozoários flagelados, 161*f*
Província bêntica, 268, 268*f*
Província pelágica, 268, 268*f*
Pterossauro, 118*f*, 152, 152*f*
Purinas, 54, 54*f*

Q

Quadrado de Punnett, 21, 21*f*, 34*f*
Quadrats, 183
- Queijo, fabricação de, 98
- Questões éticas
  antibióticos de gado, 125, 146
  caça ao cervo como controle de população, 181, 190
  clonagem, 50, 51, 59, 60
  corrida, 18, 30
  custeio de pesquisa sobre o El Niño, 245, 272
  engenharia genética
    animais, 4, 14, 99, 100
    colheitas de alimentos e plantas, 88, 89, 99, 103
    humanos, 102
    vírus, 104
  espécies exóticas, inspeção de frete de, 201, 220
  evidência indireta de eventos passados, 107, 122
  floresta tropical, perda de, 259

padrões de economia de combustível, 223, 242
pesquisa sobre abelhas assassinas, 165, 178
programas de procriação em cativeiro, 149, 162
recursos árticos, exploração de, 275, 288
remoção de mama preventiva, 77, 86
triagem de distúrbios neurobiológicos, 33, 48
triagem genética, 33, 47, 48
vacinas contra agentes biológicos, 63, 75
Quimioautotróficos, 268
- Quimioterapia, drogas, fontes de, 259
Quimiotripsina, 98
Quinina, 259
Quitina em estruturas animais, 153
Quitrídios, 161*f*

R

Rabo-de-raposa (cactácea), 205*f*
Radiação
dano ao DNA, 40, 56, 73, 73*f*
ionizante, dano genético a partir da, 73, 73*f*
não-ionizante, dano genético a partir da, 73
Radiação adaptativa, 144-145
depois das extinções em massa, 145, 145*f*, 276
dos pássaros havaianos, 148
Radiação infravermelha
e efeito estufa, 236, 236*f*
Radiação ionizante, dano genético provocado por, 73, 73*f*
Radiação não-ionizante, danos genéticos provocados por, 73
Radiação ultravioleta. *Ver* Radiação UV (ultravioleta)
radiação UV (ultravioleta)
camada de ozônio e, 248
como ameaça à vida, 73
e cor da pele, 16, 31
- efeitos na pele, 61, 73
para a purificação de água, 264
Radicais livres
dano genético provocado por, 73
Radioisótopos, 116, 116*f*
Radiolários, 161*f*
Rainha(s), em espécies eussociais, 176, 177*f*
Raios X

- como ameaça à vida, 73
Raiz(es)
divisão de recursos e, 205, 205*f*
Raposa, 226*f*
Raposa ártica, 226*f*
Rato canguru, 255
Rato-canguru deserto, 255
Rato-gafanhoto, 209, 209*f*
Ratos
- como espécies exóticas, 148, 279
- como vetor de doença, 187
- impacto sobre os seres humanos, 124, 124*f*
Rato canguru, 255
- resistência ao veneno de rato, 124, 124*f*, 131, 147, 147*f*
- veneno de rato na cadeia alimentar, 146
viscacha, número de cromossomos, 15
Ratos de bolso das rochas (*Chaetodipus intermedius*), 130-131, 131*f*
Rato silvestre da montanha (*Microtus montanus*), 167, 167*f*
Rato silvestre da pradaria (*Microtus pennsylvanicus*), 167
Rato silvestre de pradaria (*Microtus ochrogaster*), 167, 167*f*
Ratos silvestres
base hormonal do comportamento de acasalamento em, 167, 167*f*
no ciclo alimentar ártico, 226*f*, 227
Ratos-topeira
Damaraland, 179
pelados (*Heterocephalus glaber*), 176, 177*f*
Ratos-toupeira de Damaraland, 179
Rato-topeira pelado (*Heterocephalus glaber*), 176, 177*f*
Reação em cadeia de polimerase (PCR), 92-93, 93*f*, 95, 96
Reações redox. *Ver* Reações de oxidação-redução (redox)
Rebanho egoísta, 174
Receptor(es)
receptores de estrogênio, 86
Receptores de estrogênio
Proteínas *BRCA* e, 86
Receptores de progesterona, proteínas *BRCA* e, 86
- Reciclagem, 285
Recife litoral, 266*f*
Recifes, coral, 266-267, 266*f*-267*f*
- Recursos naturais. *Ver também* Capacidade de transporte

consumo, impacto na biosfera, 282-283, 283*f*
industrialização e, 196-197, 197*f*
Redes alimentares, 226-227, 226*f*, 227*f*
Região polar
como deserto, 246
gelo
- como reservatório de água, 232*t*
- encolhimento do, 243, 243*f*, 274, 288
Reino
em nomenclatura lineana, 150, 150*f*
sistema de classificação dos seis reinos, 160, 160*f*
sistema de classificação dos três reinos, 160, 160*f*
Reino australiano, 252*f*-253*f*
Reino etíope, 252*f*-253*f*
Reino Neártico, 252*f*-253*f*
Reino Neotropical, 252*f*-253*f*
Reino Oriental, 252*f*-253*f*
Reino Paleártico, 252*f*-253*f*
Reinos biogeográficos, 252, 252*f*-253*f*
Relógio molecular, mutações como, 156
Rena, 187*f*
Replicação de DNA
mutações em, 72
processo, 56-58, 56*f*, 57*f*
velocidade de, 72
vs. transcrição, 66
Replicação semiconservativa de DNA, 56, 57*f*
Repolho, 154
- Represa(s), impacto ecológico, 283
Repressor(es), 78
Reprodução. *Ver também* Reprodução assexuada; Ciclos de vida; Reprodução sexuada; *taxons específicos*
estratégias, fatores ambientais que afetam, 189
Reprodução assexuada
visão geral, 4
vs. reprodução sexuada, 2, 12
Reprodução sexuada. *Ver também* Humano(s)
angiospermas
polinização. *Ver* Polinização
evolução de, 12
vantagens da, 2
visão geral, 4
vs. reprodução assexuada, 2, 12
Réptil(eis). *Ver também* Dinossauros
espécies

diversidade com o decorrer do tempo, 276f
espécies ameaçadas, 280t
evolução dos, 152
Reserva Florestal Monteverde Cloud, 286-287
Respiração aeróbica
evolução da, 118f
no ciclo de carbono, 234f-235f, 235
Respostas condicionadas, 169, 169f
Ressurgência, em oceanos, 269, 269f
Retina
doença, tratamento de, 102
Reverência para brincar (cães), 170f, 171
Revolução industrial, 193
Reznick, David, 190, 190f
Rhea, 108f
Rhizobium, 238
Riachos, como ecossistema, 263
Ribossomos
envenenamento por ricino e, 62, 62f
na tradução, 69, 69f
polissomos, 70
subunidades, 69, 69f, 70, 70f-71f
Rich, Steven, 136, 136f
- Ricino, 62, 62f, 74, 208
Rinoceronte, 279
Rio(s)
como ecossistema, 263
como reservatório de água, 232t
- Riqueza biológica, 286
RNA (ácido ribonucleico)
comparado ao DNA, 64, 65f
estrutura, 64, 64f
fita dupla, 64, 79
funções, 64, 65f
nucleotídeos, 65f
síntese. *Ver* Transcrição
tipos, 64
RNA de transferência (RNAt)
estrutura, 67, 69f
funções, 64, 68, 69, 70, 70f-71f
iniciador, 70, 70f-71f
RNAm. *Ver* RNA mensageiro
RNA mensageiro (RNAm)
'cap' de guanina, 68, 68f
cauda poli-A, 68, 68f, 79
estabilidade de, 79
estrutura, 67
função, 64, 69, 69, 69, 70f-71f
localização, 79
Na clonagem de DNAc, 91
processamento pós-transcrição, 68, 68f, 79
tradução, 64-65

transporte, e controle expressão de gene, 78f, 79
RNA polimerase, 66-67, 66f, 67f
controle de, 78-79, 78f, 81, 84, 85f
RNAr. *Ver* RNA ribossômico
RNA ribossômico (RNAr), 64, 68, 69
RNAt. *Ver* RNA de transferência
RNA XIST, 86
Rocha sedimentar, 114, 115f
Rodhocetus (baleia fóssil), 117, 117f
Roedores
radiação adaptativa, 145f
Rosa ártica (*Rosa acicularis*), 150f
Rosa canina (*Rosa canina*), 150, 150f
Rotífera. *Ver* Rotíferas
Rotíferas (Rotífera)
evolução de, 161f
nos lagos, 262
Rótula. *Ver* Patela

S

SAF. *Ver* Síndrome alcoólica fetal
Salamandra cega do Texas (*Typhlomolge rathbuni*), 278, 279f
Salamandras
concorrência entre, 204-205, 205f
desenvolvimento em, 155
Salamandras de bochecha vermelha (*Plethodon jordani*), 204-205, 205f
Salamandras glutinosas (*Plethodon glutinosus*), 204-205, 205f
Salamandra tigre, 155
Salgueiro ártico, 226f
- Salinização, do solo, 233
Sal(is)
sal de cozinha. *Ver* Cloreto de sódio
Salmão, 189, 210, 281, 283
Salmão coho, 281
Salmão do Pacífico, 189
Sálvia
branca (*Salvia apiana*), 138-139, 139f
negra (*Salvia mellilfera*), 138-139, 139f
Sálvia branca (*Salvia apiana*), 138-139, 139f
Sálvia negra (*Salvia mellilfera*), 138-139, 139f
Samambaias
espécies ameaçadas, 280t
evolução das, 118f, 161f
poliploidia em, 142
Samambaias psilófitas (*Psilotum*), 161f
Sangue.
coagulação
transtornos, 40-40, 38f, 100 (*Ver também* Anemia falciforme)

warfarina e, 124, 131
níveis de triglicérides, fatores genéticos no, 97
- tipificação, 24, 24f
Sapo de Houston, 282
Sapo leopardo (*Rana pipiens*), 282
Sapo-parteiro, 173, 173f
Sapos
comunicação em, 171
espécies ameaçadas, 282
genes, gene *PAX6*, 83
Houston, 282
número de cromossomos, 15
parteiro, 173, 173f
Sapos Tungara, 173
Savana
características, 256f, 257
distribuição global, 252f-253f
Saxífraga roxa, 226f
SCIDs. *Ver* Imunodeficiências severas combinadas
- SCID-X1, 102
SCNT. *Ver* Transferência nuclear de célula somática
Segmentação
em moscas de fruta, controle de, 83f
Segregação independente, lei da, 22, 22f, 22, 126t
Segregação, lei de, 20, 20f
Segunda Guerra Mundial, 187f, 194
Seleção. *Ver* Seleção artificial; Seleção natural
Seleção artificial, 112
Seleção direcional, 129, 129f, 130-131, 130f, 131f
Seleção disruptiva, 129, 129f, 133, 133f
Seleção *K*, 189
Seleção natural. *Ver também* Seleção sexual
aceitação pela comunidade científica, 114
Darwin sobre, 112-113, 204
definição, 129
depredação e, 130-131, 131f, 191-191, 190f, 191f, 207-210, 208f, 209f
deslocamento de caráter, 205
e histórias de vida, 190-191, 190f, 191f
e microevolução, 127
em parasitas, 210
pressões de seleção
atividade humana como, 191
mudanças em, 125
princípios de, 113t
seleção direcional, 129, 129f, 130-131, 130f, 131f

seleção disruptiva, 129, 129*f*, 133, 133*f*
seleção por estabilização, 129, 129*f*, 132-133, 132*f*
tipos de, 129, 129*f*
Seleção por estabilização, 129, 129*f*, 132-133, 132*f*
Seleção r, 189
Seleção sexual, 134, 134*f*
comportamento de namoro e, 134, 172-173, 172*f*, 173*f*
em seres humanos, 147
Semente(s)
desenvolvimento de, 18*f*
dispersão de, 202*f*, 215
Sensação somática. *Ver também* Dor
Sépala, 81, 81*f*
Sequência de bases, em DNA, 55, 56, 56*f*, 64
Sequenciamento de DNA, 93, 93*f*
automatizado, 96
Projeto Genoma Humano, 96, 96*f*
Sequoias canadenses costeiras, 260
Ser(es) humano(s) 41, 41*f*, 118*f*, 123*f*, 155, 177
alelos, número possível de, 126
altura do corpo, variação na, 28, 28*f*
ciclo de nitrogênio e, 239, 239*f*
- clonagem de, 50, 59
comportamento
base evolucionária, 177
fatores que afetam, 178
crescimento. *Ver* Crescimento
cromossomo(s), 35*f*
anomalias, 35
autossomos, 34
cromossomos sexuais, 34-35, 34*f*, 35*f*
vs. cromossomos do macaco, 41, 41*f*
desenvolvimento. *Ver* Desenvolvimento, humano
diversidade genética, fontes de, 9, 8*f*, 9, 10-11, 126, 126*t*
DNA, elementos transponíveis em, 72
e ciclo de carbono, 235
embrião
definição, 46
órgãos reprodutivos, 34*f*
- engenharia genética de, 102
espécies exóticas e, 215-217, 215*t*, 216*f*, 217*f*
espermatozoides, 10, 11*f*
cromossomo, 34

evolução do, 41, 41*f*, 118*f*, 123*f*, 155, 178
fêmea. *Veja* Mulheres
fenótipo
efeitos ambientais no, 27
variação dentro do, 126, 126*f*-127*f*
feto
definição, 46
genes
APOA5, 97
FOXP2, 104
gene *Hb*, 135
gene *PAX6*, 82-83
IL2RG, 102
genes da cadeia globina, 41
genoma, *vs.* outras espécies, 97, 156
hormônios sexuais, 35
impacto na biosfera. *Ver* Biosfera, impacto humano na
linguagem
vantagens da, 192
masculina. *Ver* Homens
membro dianteiro, como estrutura homóloga, 152, 152*f*
mitocôndrias, 156*f*
mutações, taxa média de, 127
na rede alimentar ártica, 226*f*
número de cromossomos, 5, 5*f*, 15
nutrição. *Ver* Nutrição
olho
variações de cor no, 28, 28*f*
órgãos reprodutivos
adulto, 4*f*
embrião, 34*f*
ovários, 4*f*, 34*f*
óvulo, 11*f*
cromossomos, 34
pele
- cor, genética da, 16, 16*f*, 30, 31
percepção dos sentidos. *Ver* Percepção sensorial; Receptores sensoriais
população e demografia
agricultura e, 192-192, 197
capacidade de transporte, 197-197, 197*f*
censo, 183
colapsos da, 180, 180*f*, 197, 197*f*
crescimento, 192-193, 192*f*, 193*f*, 194
curva de sobrevivência, 188
desenvolvimento econômico e crescimento populacional, 196, 196*f*

efeitos econômicos do crescimento populacional, 196-197, 196*f*, 197*f*
fatores limitadores, 192-193
potencial biótico, 185
programas de controle populacional, 194-195
tabela de vida, 188*t*
taxa de fertilidade total, 194
Rim. *Ver* Rim, ser humano
sangue. *Ver* Sangue
seleção sexual em, 147
testículos
formação dos, 34*f*, 35
localização, 4*f*
Sexo
determinação, em humanos, 34-35, 34*f*
Shoulla, Robin, 76, 76*f*
SIDS. *Ver* Síndrome Infantil da Defunção Súbita
Sifonóforos, 269*f*
Signer, Rudolf, 59
Silent Spring (Carson), 230
Sillén-Tullberg, Birgitta, 174, 174*f*
Silver Springs, Flórida, ecossistema, 228, 228*f*
Simbiose. *Ver também* Endossimbiose
definição, 202
Simetria. *Ver* Simetria corporal
Sinais de comunicação acústica, 170
Sinais de comunicação visual, 170-171, 170*f*
- Síndrome Cri-du-chat, 40, 40*f*, 44*t*
Síndrome da Imunodeficiência Adquirida. *Ver* AIDS
- Síndrome da insensibilidade ao andrógeno, 44*t*
- Síndrome de Down (Trisomia 21), 42, 42*f*, 43*f*, 44*t*, 46
- Síndrome de Ellis-van Creveld, 44*t*, 45*f*, 137
Síndrome, definição, 45
- Síndrome de Klinefelter, 43, 44*t*
- Síndrome de Marfan, 19, 44*t*
- Síndrome de progeria de Hutchinson-Gilford, 37, 37*f*, 44*t*
- Síndrome de Turner, 43, 43*f*, 44*t*
- Síndrome do X frágil, 44*t*
- Síndrome do XXX, 43, 44*t*
Síndrome respiratória aguda severa. *Ver* SARS
Síntese de proteína. *Ver também* Transcrição; Tradução
mutação genética e, 72-73, 72*f*, 73*f*
visão geral, 74*f*

Sistema cardiovascular. *Ver* Vasos sanguíneos; Sistema circulatório; Coração
Sistema circulatório. *Ver também* Vasos sanguíneos; Coração
Sistema de classificação dos seis reinos, 160, 160*f*
Sistema de classificação dos três reinos, 160, 160*f*
Sistema digestório. *Ver também* Digestão
Sistema endócrino. *Ver também* Hormônio(s), animal; *componentes específicos*
Sistema imunológico
- distúrbios, tratamento, 102
- transplantes de órgãos e, 101

Sistema lineano de taxonomia, 150-151, 150*f*
Sistemas de alelos múltiplos, 24
- Sistema solar aquático de tratamento da água residual, 264, 264*f*

Sistemas respiratórios. *Ver também* Brânquia(s); Pulmão(ões); Respiração
Sistema tegumentário. *Ver também* Pele
Smith, Hamilton, 90
- 'Smog', 236*f*, 248-248, 248*f*
- 'Smog' fotoquímico, 248

Sócrates, 32
Soja
- geneticamente modificada, 98

Sokolowski, Marla, 166
Solo
   como reservatório de água, 232*t*
   de biomas, principais, 254, 254*f*
   deserto, 255
   - escoamento do, 232, 239, 240, 240*f*
   floresta conífera, 254, 254*f*
   floresta perenifólia de folhas largas, 258
   horizontes, 254, 254*f*
   - lixiviação de nutrientes do, 239
   na tundra, 261
   no ciclo de nitrogênio, 238-239, 238*f*
   salinização do, 233
   sucessão ecológica e, 212
Solstício de inverno, 246*f*
Solstício de verão, 246*f*
Sombras de chuvas, 250-251, 251*f*
Sonda, na hibridização do ácido nucleico, 92, 92*f*
Stahl, Franklin, 61
Steinbeck, John, 256
Stoneworts (tipo de alga). *Ver* Charales

Streptococcus, 52, 52*f*
Substituições de par de bases, 72, 72*f*
Sucessão
   nos lagos, 262
   primária, 212, 212*f*
   secundária, 212, 212*f*
Sucessão ecológica, 212-213, 212*f*, 213*f*
Sucessão primária, 212, 212*f*
Sucessão secundária, 212, 212*f*
Supressor de tumor(es), 75, 75*f*
Surf grass (planta marinha), 213
Surtsey, 218-219, 218*f*

T

- Tabagismo
   dano genético devido ao, 73, 75
Tabagismo (tabaco). *Ver* Tabagismo
Tabelas de vida, 188, 188*t*
Tabuchi, Katsuhiko, 104
Taigas (florestas coníferas boreais), 252*f*-253*f*, 260, 260*f*
Taiti, recifes, 266*f*
Tamanduás, 145*ff*
Tamanho da população
   definição, 182
   estimativa do, 183, 183*f*
   ganhos e perdas no, 184-184, 184*f*, 185*f*
   tempo de duplicação, 185
Taq polymerase, 93, 93*f*
Tardigrada. *Ver* Tardigrados
Tartarugas, 161*f*
Tartarugas do mar, 34, 282
Tasmânia, especiação na, 143*f*
Tasmanipatus anophthalmus (verme cego), 143*f*
Tasmanipatus barretti (verme gigante), 143*f*
Tatus, 112, 112*f*, 145*f*
Taxa de crescimento per capita, da população, 184
Taxa de fertilidade total (TFT), 194
Taxa de mortalidade
   e crescimento populacional, 184-185, 185*f*
   humana, 195
   tabelas de vida e, 188, 188*t*
Taxa de mortalidade infantil, declínio global na, 194
Taxa de natalidade, ser humano, 184-185, 185*f*, 188, 188*t*, 194
Taxas de fertilidade, 194, 194*f*
Taxonomia. *Ver também* Filogenia
   cladística, 151, 158, 158*f*
   definição, 150
   evolução e, 150-151

sistema de classificação dos seis reinos, 160, 160*f*
sistema de classificação dos três reinos, 160, 160*f*
sistema lineano, 150-151, 150*f*
sistemas de classificação filogenética, 151, 151*f*
Taxon (taxa), 151, 150*f*
TCE. *Ver* Tricloroetileno
TCRs. *Ver* Receptores de célula T
Tecelões sociáveis (*Philetairus socius*), 132-133, 132*f*
Tecido(s)
   formação de, 83
Tecidos em mosaico, inativação do cromossomo X e, 80, 80*f*
Telófase II (meiose), 5, 6*f*-7*f*, 9, 12*f*-13*f*
Telófase I (meiose), 5, 6*f*-7*f*, 9, 12*f*-13*f*
Telófase (mitose), 12*f*-13*f*
Telômero, função, 50
Tênias (cestoide), 210
Tentilhão (*Carpodacus*), 141*f*
Tentilhão da Ilha de Gough, 156*f*
Tentilhão zebra, 168-168
Teoria. *Ver* Teoria científica
Teoria das placas tectônicas, 120-114, 120*f*, 114*f*
   e dispersão geográfica, 215
   e especiação alopátrica, 140
   e evolução, 114
Teoria da uniformidade, 111, 120
Teorias iniciais de concorrência, 110
- Terapia genética, 102
Terapsídeos, evolução dos, 114*f*
Termoclina, 263, 263*f*
Terra. *Ver também* impactos de asteroides; Atmosfera
   crosta
      carbono na, 234
      e ciclo de fósforo, 240, 240*f*
      solidificação da, 118*f*, 123*f*
   idade da, 110, 111
   padrões de circulação de ar, 246-247, 247*f*
   recursos, limites em, 274
   rotação, e estações, 246, 246*f*
Testículo(s)
   humanos
      formação de, 34*f*, 35
      localização, 4*f*
Testosterona
   ação, 35
Tetrápode, evolução de, 118*f*
TF. *Ver* Tetralogia de Fallot
TFR. *Ver* Taxa de fertilidade total
THC. *Veja* Tetrahidrocanabinol

Thelohania solenopsae, 221, 221f
Thermus, 161f
Thermus aquaticus, 93
Through the Looking Glass (Carroll), 2
- Tifo, 124, 187, 230
Tigre, 209
Tigreões, 139
Timina (T), 54, 54f, 64, 65f
- Tipificação sanguínea ABO, 24, 24f
Tirosina, 16, 47
Tirosinase, 27, 31
Todd, John, 264, 264f
Tomografia por emissão de pósitrons. *Ver* PET
Toninha, membro anterior, como estrutura homóloga, 152, 152f
Tório, 82, 116
Toyon (*Heteromeles arbutifolia*), 257f
TPM. *Ver* Tensão Pré-Menstrual
Tradução
    código genético, 68, 69f, 72, 157
    contagem de tempo de, 70, 70f
    controle de, 78f, 79
    modificações pós-translacionais, 78f, 79
    processo, 70, 70f-71f
    visão geral, 65, 68, 69, 74f
Trágulo malaio, 156f
Transcrição
    código genético, 68, 69f, 72, 157
    contagem de tempo de, 67f, 70, 70f
    controle de, 78-79, 78f, 83, 84, 84f, 85f
    modificações pós-transcrição, 68, 68f, 79
    processo, 66-68, 66f, 67f
    visão geral, 64, 74f
    vs. replicação de DNA, 66
Transdução (de sinal). *Ver* Recepção de sinal
- Transferência nuclear de célula somática (SCNT), 60
Transferências de grupo fosfato. *Ver também* Fosforilação por transferência de elétrons; fosforilação em nível de substrato
    em nucleotídeos, 56
- Transgenes, fuga para o ambiente, 99, 103, 135
Translocação
    de DNA, 40
Transpiração, 232
Transtorno bipolar, 32, 48
Traqueófitas. *Ver* Plantas vasculares sem sementes

- Tratamento de águas residuais, 264, 264f
tratamento fenotípico de distúrbios genéticos, 47
Trematódeo. *Ver* Fascíola
Trepadeiras. *Ver* Estolões
- Triagem genética
    como questão ética, 33, 47, 48
    processo, 46-46, 46f
Triglicerídeos
    níveis no sangue, fatores genéticos em, 97
Trigo de Einkorn (*Triticum monococcum*), 142, 142f
Trigo de pão (*Triticum aestivum*), 142, 142f
Trilobitas, 118f, 276f
Trincheiras
    em placas tectônicas, 120f
    fundo do mar, 268f
Trinidad, seleção natural de lebistes em, 190-191, 190f, 191f
Tripanossomas, 161f
Triptofano, 68
Trismo. *Ver* Tétano
Trissomia, 42. *Ver* Síndrome de Down
Triticum aestivum (trigo de pão), 142, 142f
Triticum monococcum (trigo einkorn), 142, 142f
Triticum turgidum (trigo emmer; farro), 142, 142f
Trompas de falópio. *Ver* Ovidutos
Troyer, Verne, 36f
Truta, 210, 210f, 279, 280
TSH. *Ver* Hormônio estimulante da tireoide
Tsunami, Indonésia (2004), 187
Tuatara, 161f
- Tuberculose
    - tratamento, 131
Tubo de pólen
    angiospermas, 2f
Tubulina, 35
Tundra, 252f-253f, 261, 261f
Tundra alpina, 261, 261f
Tundra ártica, 261, 261f
Tunicados (Urochordata), 161f
Turfeira, 235
Tutano. *Ver* Medula óssea

U

UNFAO. *Ver* Nações Unidas, Organização para Agricultura e Alimentação

União alternativa, 68
União para Preservação Mundial, 277, 280
Uniformidade, teoria de, 111, 120
Uracila (U), 64, 65f, 66
Urânio, 86, 116
Urso da água. *Ver* Tardigrado
urso pardo, 261, 261f
Urso polar (*Ursus maritimus*), 209, 274, 274f, 289
Ursos, 156f, 173f, 261, 261f
USDA. *Ver* Departamento Norte-Americano de Agricultura
USGA. *Ver* Serviço Geológico dos Estados Unidos
- Usina nuclear de Chernobyl, desastre, 258f
Útero
    humano, 34f

V

Vaca(s)
- clonagem de, 59
- transgênicas, 100
Vagalume, norte-americano (*Photinus pyralis*), 171
Vagina
    evolução da, 118f
    humana, 34f
Válvula AV. *Ver* Válvula atrioventricular (AV)
Van Gogh, Vincent, 32
Variação contínua, em características, 28-29, 28f, 29f
Varicela. *Ver* Catapora
Vasopressina. *Ver* Hormônio antidiurético
Vasos sanguíneos. *Ver também* Artéria(s); Veia(s)
Veado/rena (*Rangifer tarandus*), 187f, 206, 206f
Veado-de-cauda-branca (*Odocoileus virginianus*), 180, 190
- Veículos automotores. *Ver também* Combustíveis fósseis
    e emissões de carbono, 242
    e poluição do ar, 248-250
- Velha Ordem Amish, cruzamento consanguíneo na, 137
Veneno
    abelhas, 164
    - arsênico, 124
    como defesa, 164, 201, 208, 217
    formigas-de-fogo, 200
    - ricino, 62, 62f, 74
Venter, Craig, 96

Vento(s)
  brisas costeiras, 251, 251f
  energia dos, 247
  origem e padrões de prevalência global, 246-247, 247f
Verme cego (*Tasmanipatus anophthalmus*), 143f
Verme de Pompeia, 269f
Vermes tubulares, 269, 269f
Vertebrado(s)
  desenvolvimento
    genes mestre em, 154
  embrião
    embriologia comparativa, 154, 154f
  espécies ameaçadas, 280t
  membros
    divergência morfológica, 152, 152f
    estruturas homólogas, 152, 152f
Vespa comum, 209f
Vespas
  mimetismo das, 209, 209f
Vetor(es)
  DNA, 90-91, 90f, 91f, 98, 99f, 102
  doença, 230
Vetores de clonagem, como plasmídeos, 90-91, 90f, 91f
Vibrio cholerae, 270-271, 271f
- Victoria, rainha da Inglaterra, 38f
Vicunhas, 140, 140f
Vida.
  diversidade da. *Ver* Biodiversidade
  história evolucionária (árvore da vida), 160, 161f
  origem e desenvolvimento, 118f
    (*Ver também* Evolução)
  unidade da, 55
Vinblastina, 259
Vincristina, 259
Vírus
  animal, adaptação ao hospedeiro humano, 101, 104
  patogênico. *Ver* agente viral
Vírus da gripe
  cepa A (H1N1), 104
  - pandemia (1918), 104
Vírus da Imunodeficiência Humana. *Ver* HIV
Vírus de mixoma, 217
Visão. *Ver também* Olho
  - daltonismo, 39, 39f, 44t
  Vitamina A e, 88
Visco, 210
- **Vitamina (s)**
  efeitos 43, 88, 88f,
VLPs. *Ver* Partículas semelhantes a vírus
Voelkel, Bernhard, 169

W

Wallace, Alfred, 108-108, 114, 114f
Warfarina, 124, 131, 147, 147f
Watson, James, 54-55, 55f, 59, 96, 101
Weinberg, Wilhelm, 128
Wexler, Nancy, 45f
Wikelsky, Martin, 199
Wilkins, Maurice, 59
Wilkinson, Gerald, 134
Williams, Ernest, 266
Wilmut, Ian, 50
Wilson, Edward O., 219
Woodwell, George, 230f
Woolf, Virgínia, 32f
Worm, Boris, 278
Wurster, Charles, 230f

X

- Xenotransplante, 101
- Xeroderma pigmentoso, 61
Xisto, 114, 115f

Z

Zigomicetos. *Ver* Fungo-zigoto
Zigoto(s)
  clivagem. *Ver* Clivagem
  definição, 5
  plantas, 10
Zircão, 116
Zona batial, 268f
Zona de litoral intermediário, 265
Zona limnética, do lago, 262, 262f
Zona litorânea inferior, 265
Zona litorânea superior, 265
Zona nerítica, 268, 268f
Zona oceânica, 268, 268f
Zona profundal, do lago, 262, 262f
Zonas costeiras, 264-265, 265f
Zonas litorâneas
  das costas, 265
  do lago, 262, 262f
- Zonas ribeirinhas, preservação de, 287, 287f
Zooplâncton, nos lagos, 262

A Sanepar e Learning soluções aderiram ao Programa Carbon Free, que, pela utilização da metodologia aprovada pela ONU, e farão antes da Análise de Ciclo de Vida, calculam as emissões (o gases de efeito estufa referentes à produção destes itens impressos em CO_2 equivalente). Com base no resultado, será realizado um plantio de árvores, que visa compensar estas emissões e minimizar o impacto ambiental da atuação de empresas no meio ambiente.

CARBON FREE

CARBON FREE | A Cengage Learning Edições aderiu ao Programa Carbon Free, que, pela utilização de metodologias aprovadas pela ONU e ferramentas de Análise de Ciclo de Vida, calculou as emissões de gases de efeito estufa referentes à produção desta obra (expressas em CO_2 equivalente). Com base no resultado, será realizado um plantio de árvores, que visa compensar essas emissões e minimizar o impacto ambiental da atuação da empresa no meio ambiente.